建筑工程施工监理手册

第 三 版

欧震修　主　编

黄苏生

欧　谦　副主编

欧　谨

中国建筑工业出版社

图书在版编目（CIP）数据

建筑工程施工监理手册/欧震修主编. —3 版. —北
京：中国建筑工业出版社，2013.12
ISBN 978-7-112-16250-5

Ⅰ.①建… Ⅱ.①欧… Ⅲ.①建筑工程-施工监理-手
册 Ⅳ.①TU712-62

中国版本图书馆 CIP 数据核字（2013）第 306753 号

建筑工程施工监理手册

第 三 版

欧震修 主 编

黄苏生

欧 谦 副主编

欧 谨

*

中国建筑工业出版社出版、发行（北京西郊百万庄）

各地新华书店、建筑书店经销

北京科地亚盟排版公司制版

北京圣夫亚美印刷有限公司印刷

*

开本：850×1168毫米 1/32 印张：22⅜ 字数：600 千字
2014 年 6 月第三版 2014 年 6 月第十四次印刷
定价：49.00 元
ISBN 978-7-112-16250-5
（24978）

《建筑工程施工监理手册》第三版，是为了适应国家在监理方面所增加和修改的法律、法规，对原书大部分内容作了修改。

全手册共分 8 章，其内容包括：建设工程监理、工程建设监理组织与管理、施工监理中的合同管理、施工监理中的造价控制、施工监理中的进度控制、施工监理中的质量控制、建设监理信息管理、施工监理中的安全生产管理。

本手册适用于土木工程施工监理人员和施工单位工程技术人员及土木类大专院校师生学习参考。

＊　　＊　　＊

责任编辑：郦锁林　朱晓瑜

责任设计：董建平

责任校对：陈晶晶　赵　颖

第三版前言

第二版自 2001 年 5 月修改出版至今已有 12 年余，12 年来国家在建设工程监理方面取得了很大发展。国家为监理事业的发展所制定的法律、法规、规章、条例、规范、规定已基本配套，监理工作经验基本成熟，监理人员素质也在不断提高。12 年来由于读者对本书的厚爱，截至 2008 年 6 月本书累计出版 13 次，印刷数量累计 40300 册；本书使得社会各界对监理行业有了系统的认识，使得监理从业人员有了工作指南，从近三年读者对本书的书评和反馈意见中得知本书的内容和质量对读者所从事的工作很有帮助，但有些内容已不能适应时代发展需要。为满足广大读者业务发展需要，并帮助读者在新的形势下更好地了解和熟悉工程监理的新动态，以便更好地指导所从事的工作，作者根据近几年来我国新颁布的法律、法规、规章、条例、规范、规定进行修改。修改后的第三版，更具有时代性、应用性、规范化和可操作性等特点，使读者能更直接地查找和应用。感谢读者长期以来对本书的厚爱和支持。

本手册第 1、2、3、5 章由欧震修编写，第 4 章由黄苏生编写，第 6、8 章由欧谦编写，第 7 章由欧谨、杨伯成编写。全手册由主编审核。

由于本手册作者知识面和工作经验的局限性，在修改第三版的内容中定会存在不少缺点，敬请读者批评指正。

2013 年 12 月

第二版前言

第一版第一次印刷于 1995 年 1 月，5 年来，特别是从 1996 年开始全国全面推行工程建设监理制以来，国家在监理工作方面所制定的法律、法规有新的增加和修改，能较全面、系统地为在全国推行工程建设监理制提供了法律、法规依据。由于参编人员在近五年来的监理工作实践中，又积累了较多的经验。为修改第一版和使第二版更富于实践性、先进性、科学性创造了有利条件。第一版截止于 2000 年 6 月，已印刷过八次。我们十分感谢广大读者对本手册的厚爱。为弥补第一版中的不足，急需使手册内容更体现当前监理工作发展的水平，因此对手册进行了全面的修订。

本手册第 1、2、5、8 章由欧震修编写，第 3 章由赵瑞清、王小平编写，第 4 章由黄苏生编写，第 6 章由赵琳、欧震修、欧谦、赵倩编写，第 7 章由欧谨、杨伯成编写。全手册由主编审核。

由于全国范围内的建筑工程施工监理工作还在不断发展和积累经验之中，为提高建筑工程施工监理水平，修改后的第二版能起到抛砖引玉的作用，手册中有缺点和不妥之处，敬请读者批评指正。

2001 年 5 月

第一版前言

在我国推行工程建设监理，是基本建设管理体制的又一项重大改革，是社会主义市场经济发展的客观要求，是提高工程质量、加速工程进度、降低工程造价、提高经济效益的重大措施，也是研究和学习国际上工程管理先进经验的产物。

我国自 1988 年起在工程建设领域试行建设监理制度以来，已在全国范围内进行了数千个工程项目的监理，有数万人参加监理工作，建设监理单位已达数百个。通过六年来的监理工作实践，总结了经验，提高了理论水平，更可喜的是提高了人们对建设监理工作的认识，逐步克服着在建设管理上的传统观念，增强了人们对工程项目要求实行监理的自觉性和积极性，有些城市已明文规定对新开工的大中型项目实行建设监理的制度。建设监理事业的发展，进一步促使建设监理单位在独立、公正、科学、服务等特征上提高自身的水平，把我国的建设监理工作更迅速地与国际要求接轨。

工程项目建设监理的范围甚广，包括项目建设前期的可行性研究阶段、项目的设计阶段、项目的施工阶段和项目的保修阶段等各建设阶段多方面的监理工作。以工程类别区分，有建筑工程、道路桥梁工程、水利电力工程等土木工程方面的监理，另外有机械、化工、化纤、石油、冶金、动力等管道与设备安装工程方面的监理。本手册的任务是：结合目前面广、量大的建筑工程施工监理业务，以我们长期从事建筑工程施工所积累的经验和所掌握的理论知识，为读者在建筑工程施工监理业务上实现理论与实践相结合作出我们的贡献。

本手册由长期从事建筑工程施工的专家编写：欧震修编写第

1、2、5 章，赵瑞清、王小平编写第 3 章，黄苏生编写第 4 章，赵琳、葛正云、王守祥、周永凯编写第 6 章，杨伯诚、欧谨编写第 7 章，陈晓荣编写第 8 章。全手册由主编、副主编共同审核，最后由主编统稿。

本手册在编写过程中参阅了很多资料，对资料作者，本手册不能一一列出，特请鉴谅并表示感谢。另外还得到不少同志的指点和帮助，在此也表示感谢。

由于我们水平有限，手册中如有错误和不足之处，望广大读者批评指正。

1995 年 1 月

目　录

1 建设工程监理 ……………………………………………………… 1

1.1 建设工程监理涵义的演变过程 …………………………… 1

1.2 我国实行建设监理制的简况 ……………………………… 2

1.3 政府监督管理与工程建设监理 …………………………… 3

　1.3.1 政府监督管理…………………………………………… 3

　1.3.2 工程建设监理…………………………………………… 4

1.4 建设工程施工监理内容、程序和手段…………………… 4

　1.4.1 施工监理内容和程序…………………………………… 4

　1.4.2 施工监理手段…………………………………………… 12

1.5 工程建设监理法规 ………………………………………… 13

1.6 工程建设监理工作守则 …………………………………… 16

2 工程建设监理组织与管理 ……………………………………… 18

2.1 工程建设监理组织模式 …………………………………… 18

2.2 工程建设监理单位与委托 ………………………………… 19

　2.2.1 工程建设监理单位 ……………………………………… 19

　2.2.2 工程建设监理的委托 …………………………………… 20

　2.2.3 工程建设监理的取费 …………………………………… 24

2.3 项目监理的组织机构与人员配备 ………………………… 28

　2.3.1 项目监理的组织机构 …………………………………… 28

　2.3.2 项目监理机构的人员配备 ……………………………… 32

2.4 监理工程师 ………………………………………………… 35

　　2.4.1　监理工程师的资质与素质 ································ 35

　　2.4.2　监理工程师岗位职责 ···································· 37

　　2.4.3　监理工程师守则 ·· 39

附件 2.1　工程监理企业资质管理规定　中华人民共和国建
　　　　　　设部令第 158 号 2007 年 6 月 26 日 ·············· 40

附件 2.2　注册监理工程师管理规定　中华人民共和国建设
　　　　　　部令第 147 号 2006 年 1 月 26 日 ················ 62

附件 2.3　国家发展改革委、建设部关于印发《建设工程监
　　　　　　理与相关服务收费管理规定》的通知　发改价格
　　　　　　〔2007〕670 号 2007 年 3 月 30 日 ··············· 71

3　施工监理中的合同管理 ·· 90

3.1　与建筑工程《合同》有关的《合同法》条款 ········· 90

　　3.1.1　《合同法》的一般规定 ································· 90

　　3.1.2　合同的订立 ·· 91

　　3.1.3　合同的效力 ·· 93

　　3.1.4　合同的履行 ·· 94

　　3.1.5　合同的变更和转让 ····································· 95

　　3.1.6　合同的权利义务终止 ··································· 96

　　3.1.7　违约责任 ·· 97

3.2　《施工合同》内容及监理管理 ······················· 99

　　3.2.1　施工合同概述 ·· 99

　　3.2.2　《建设工程施工合同（示范文本）》GF-2013-0201
　　　　　　的内容 ··· 102

　　3.2.3　施工合同的监理管理 ································· 213

3.3　《建筑材料采购合同》内容及监理管理 ············· 219

　　3.3.1　《建筑材料采购合同》的内容 ······················ 219

　　　3.3.2 《建筑材料采购合同》的监理管理 ……………… 222

　　3.4 《建设工程设备采购合同》内容及监理管理………… 224

　　　3.4.1 《建设工程设备采购合同》的内容 ……………… 224

　　　3.4.2 《建设工程设备采购合同》的监理管理 ………… 228

　　3.5 《建设工程勘察合同》内容及监理管理 …………… 231

　　　3.5.1 《建设工程勘察合同》的内容 ………………… 231

　　　3.5.2 《建设工程勘察合同》的监理管理 …………… 235

　　3.6 《建设工程设计合同》内容及监理管理 …………… 240

　　　3.6.1 《建设工程设计合同》的内容 ………………… 240

　　　3.6.2 《建设工程设计合同》的监理管理 …………… 245

　　3.7 建设工程监理合同 …………………………………… 249

　　　3.7.1 《建设工程监理合同》GF-2012-0202 的内容 …… 249

　　　3.7.2 《建设工程监理合同》的监理管理 …………… 268

4　施工监理中的造价控制 ………………………………… 271

　　4.1 建设工程造价控制的涵义 ………………………… 271

　　　4.1.1 建设程序和建设项目组成………………………… 272

　　　4.1.2 建设工程造价构成 ……………………………… 282

　　　4.1.3 建筑安装工程费用项目组成 …………………… 283

　　　4.1.4 设备、工器具费用构成 ………………………… 292

　　　4.1.5 工程建设其他费用构成 ………………………… 293

　　　4.1.6 预备费 …………………………………………… 296

　　　4.1.7 投资方向调节税、建设期贷款利息、铺底流动资金和外汇

　　　　　汇率差 ……………………………………………… 296

　　　4.1.8 建设工程造价管理………………………………… 297

　　　4.1.9 建设工程造价的控制 …………………………… 301

　　4.2 建设项目投资决策阶段的投资控制 ……………… 304

　　　4.2.1 投资决策分类、监理的主要任务和投资控制措施……… 304

4.2.2 可行性研究的内容及作用 ················· 306

4.2.3 建设项目总投资估算 ·················· 307

4.2.4 建设项目资金筹措 ···················· 318

4.2.5 建设项目经济评价 ···················· 320

4.3 建设项目设计阶段的投资控制 ·············· 322

4.3.1 初步设计概算的作用和组成内容 ············ 322

4.3.2 建设项目设计阶段的投资控制措施 ·········· 325

4.3.3 初步设计概算编制方法 ················· 326

4.3.4 影响设计方案主要的经济性因素 ············ 342

4.3.5 初步设计概算的审查 ·················· 345

4.3.6 设计阶段控制投资的主要方法 ············· 348

4.4 建设项目招标发包阶段的投资控制 ··········· 351

4.4.1 建设项目推行招投标发承包制 ············· 351

4.4.2 建设项目招标发包阶段的投资控制措施 ········ 352

4.4.3 工程量清单 ························ 356

4.4.4 招标控制价 ························ 358

4.4.5 投标报价 ························· 359

4.4.6 施工图预算的编制和审查 ··············· 361

4.4.7 招标发包阶段的工程造价控制 ············· 370

4.4.8 签约合同价（合同价款） ··············· 379

4.4.9 某省建筑安装工程费用取费标准及有关规定 ····· 381

4.5 建设项目施工阶段的投资控制 ·············· 384

4.5.1 施工阶段投资控制的基本原理和控制任务 ······ 384

4.5.2 建设项目施工阶段的投资控制措施 ·········· 385

4.5.3 工程变更控制 ······················ 386

4.5.4 工程计量与支付的控制 ················· 394

4.5.5 合同价款调整 ······················ 406

4.5.6 加强对项目投资支出的分析和预测 …………………… 412

4.5.7 竣工结算与支付 ………………………………………… 414

4.5.8 建设项目竣工决算的编制和审查 …………………… 419

5 施工监理中的进度控制 ……………………………………… 423

5.1 进度控制的主要任务 ………………………………………… 423

5.1.1 施工招投标阶段进度控制的任务 …………………… 423

5.1.2 勘察、设计准备阶段进度控制的任务 …………… 423

5.1.3 勘察、设计阶段进度控制的任务 …………………… 423

5.1.4 施工阶段进度控制的任务 …………………………… 423

5.2 施工招标阶段的进度控制 …………………………………… 425

5.2.1 提出招标申请 ………………………………………… 425

5.2.2 编制招标文件和招标工程量清单及招标控制价 … 429

5.2.3 组织投标、开标、评标、定标 …………………… 431

5.2.4 与中标单位商签承包合同 ………………………… 432

5.3 横道图进度计划的编制 ……………………………………… 433

5.3.1 建筑施工流水作业理论 ……………………………… 433

5.3.2 横道图进度计划的编制方法 ………………………… 438

5.4 双代号网络计划的绘制 ……………………………………… 442

5.4.1 双代号网络图的绘制 ………………………………… 442

5.4.2 双代号网络图的时间参数计算 …………………… 444

5.4.3 双代号时标网络计划的绘制 ………………………… 446

5.5 施工阶段的进度控制 ………………………………………… 450

5.5.1 施工总进度计划的控制方法与控制过程 ………… 450

5.5.2 施工实际进度的信息收集与分析 ………………… 453

5.5.3 影响进度计划控制的因素 ………………………… 459

5.5.4 实施进度计划控制的措施 ………………………… 460

5.6 施工总进度计划的优化 ……………………………………… 463

附件 5.1 中华人民共和国招标投标法实施条例 中华人

民共和国国务院第 613 号令，2012 年 2 月 1 日

起施行 ……………………………………… 465

6 施工监理中的质量控制 ……………………………… 484

6.1 质量和工程质量 ……………………………… 484

6.1.1 质量和工程质量 ……………………………… 484

6.1.2 工程质量和工程施工质量 …………………… 486

6.1.3 几个重要的质量术语 ………………………… 487

6.2 施工质量保证体系 ……………………………… 489

6.2.1 施工质量保证体系的原则 …………………… 489

6.2.2 施工质量保证体系的结构和程序 …………… 490

6.3 施工准备阶段的质量控制 ……………………… 490

6.4 施工过程的质量控制 …………………………… 498

6.4.1 施工过程的质量控制内容 …………………… 498

6.4.2 主要分部分项工程的质量控制要点 ………… 504

6.4.3 工程测量质量控制要点 ……………………… 600

6.5 竣工验收阶段的质量控制 ……………………… 602

6.5.1 建设工程竣工验收应当具备的条件 ………… 602

6.5.2 建设工程竣工验收的程序 …………………… 604

6.5.3 项目监理机构组织工程竣工预验收与编写工程质量评估

报告 ……………………………………… 605

6.5.4 建设单位组织工程竣工验收 ………………… 606

6.5.5 工程竣工验收备案 …………………………… 608

6.5.6 工程质量的评优 ……………………………… 609

7 建设监理信息管理 ……………………………… 610

7.1 建筑工程监理信息及其管理 …………………… 610

7.1.1 信息的概念……………………………… 610

7.1.2 建筑工程监理信息管理……………………………… 614

7.2 监理管理信息系统 ……………………………… 620

7.2.1 监理管理信息系统的涵义……………………………… 620

7.2.2 监理管理信息系统的作用……………………………… 620

7.2.3 监理管理信息系统的结构形式……………………………… 620

7.2.4 监理管理信息系统的模型……………………………… 621

7.2.5 监理管理信息系统的建立……………………………… 622

7.3 监理管理信息系统的主要内容 ……………………………… 626

7.3.1 投资控制子系统……………………………… 626

7.3.2 进度控制子系统……………………………… 629

7.3.3 质量控制子系统……………………………… 630

7.3.4 合同管理子系统……………………………… 631

7.4 施工监理文件资料管理……………………………… 634

7.4.1 监理文件资料内容……………………………… 634

7.4.2 监理文件资料归档……………………………… 635

7.4.3 建设工程监理基本表式……………………………… 638

8 施工监理中的安全生产管理 ……………………………… 666

8.1 国家有关法规、规章的规定 ……………………………… 666

8.1.1 《建设工程安全生产管理条例》中规定的监理安全责任 ·· 667

8.1.2 《关于落实建设工程安全生产监理责任的若干意见》 …… 668

8.1.3 《建筑工程安全生产监督管理工作导则》中对监理单位的
监督管理……………………………… 672

8.2 《工程建设标准强制性条文》房屋建筑部分、施工安全
方面的强制性条文 ……………………………… 673

8.3 监理规划和监理实施细则中的安全监理条款 ………… 674

8.3.1　监理规划中有关安全生产管理的监理工作条款·············· 674

8.3.2　监理实施细则中有关安全生产管理的监理工作条款········· 675

8.4　项目监理机构审查施工单位报审的安全专项施工方案
　　　的程序和内容 ····················· 676

8.5　项目监理机构对于安全事故隐患的发现与处理 ········ 680

8.6　工程监理单位如何预防监理承担安全责任 ············· 683

附件 8.1　建设工程安全生产管理条例　中华人民共和国
　　　　国务院令第 393 号，2004 年 2 月 1 日起施行 ··· 685

主要参考文献 ···························· 700

1 建设工程监理

1.1 建设工程监理涵义的演变过程

建设部、国家计委建监（1995）737 号文件《工程建设监理规定》第一章第三条：工程建设监理是指监理单位受项目法人的委托，依据国家批准的项目建设文件，有关工程建设的法律、法规和工程建设监理合同及其他工程建设合同，对工程建设实施的监督管理；第三章第九条称：工程建设监理的主要内容是控制工程建设的投资、建设工期和工程质量，进行工程建设合同管理，协调有关单位间的工作关系。

住房和城乡建设部、国家质量技术监督局联合发布的国家规范《建设工程监理规范》GB/T 50319—2013 第 2.0.2 条：工程监理单位受建设单位委托，根据法律法规、工程建设标准、勘察设计文件及合同，在施工阶段对建设工程质量、进度、造价进行控制，对合同、信息进行管理，对工程建设相关方的关系进行协调，并履行建设工程安全生产管理法定职责的服务活动。

从 1995 年至 2013 年共经历了 18 年的监理实践活动后，国家在制定文件或规范时，对建设工程监理的定义发生了一些变化，可以对照检查其相同与不同点。

相同点：

（1）实施建设工程监理的过程相同。均应受建设单位委托，与建设单位签订《建设工程监理合同》，对工程建设实施监督管理。

（2）实施建设工程监理的主要依据相同。均依据：法律法规及建设工程相关标准，建设工程勘察设计文件，建设工程监理合同及其他合同文件。

（3）实施建设工程监理的主要内容基本相同。均包括：对建设工程质量、进度、造价进行控制，对合同、信息进行管理，对工程建设相关方的关系进行协调，俗称"三控"、"二管"、"一协调"。

不同点：

（1）监理阶段上的不同点：《建设工程监理规范》GB/T 50319—2013 第 2.0.2 条：监理是指施工阶段的服务活动；《建设工程监理规范》GB/T 50319—2013 第 2.0.3 条：将勘察、设计、保修等阶段的服务列入相关服务；737 号文件在监理阶段未明确规定，但在事后的实施中，通常称为设计监理和施工监理，并将保修阶段监理纳入施工阶段监理，监理费用不另行计算。

（2）监理内容上的不同点：737 号文件监理内容为俗称"三控"、"二管"、"一协调"；《建设工程监理规范》GB/T 50319—2013 中增加了"履行建设工程安全生产管理法定职责的服务活动"，简称"三控"、"三管"、"一协调"。

综合上述分析和我国自 1988 年实施监理制以来，在近 25 年的监理实践中，已形成了一套习惯性做法，即上述的相同点。今后的做法就是将不同点补充到相同点中，成为更完整的做法。再经过若干年，又积累了经验，又可以将建设工程监理涵义作进一步补充。

1.2　我国实行建设监理制的简况

工程建设监理是商品经济发展的产物。当资本占有者在进行一项新的投资时，可委托监理单位进行可行性研究，制定投资决策等咨询服务；项目确定后，又可委托监理单位参与项目招标活动，从事项目管理服务。随着商品经济的不断发展，工程建设监理业务将进一步得到充实和完善，逐渐成为工程建设程序的组成部分和工程实施的国际惯例。

我国政府提倡在工程建设中实行建设监理制度，始于 1988 年。原建设部《关于开展建设监理工作的通知》（88）建建字第 142 号文件，对这种制度的实施作了明确的规定。1988 年后原建设部为了推进建设监理工作的稳步发展，提出了"试点起步，法规先导，形式多样，讲究实效，逐步提高，健康发展"的指导方针。事后相继经历了试点和稳步发展阶段，使监理工作在控制投资，确保工程质量和进度方面取得明显成效；监理组织、工作程序和监理方法等方面已向规范化迈进。工程建设监理经历了八年的实践后，从 1996 年开始工程建设监理在全国范围内进入全面推行阶段。并于 2006 年 12 月 11 日经原建设部第 112 次常务会议讨论通过，自 2007 年 8 月 1 日起施行的《工程监理企业资质管理规定》（中华人民共和国建设部令第 158 号）的公布，同时废止了 2001 年 8 月 29 日原建设部颁布的《工程监理企业资质管理规定》（建设部令第 102 号）。该法规的修订和公布，给国家监理事业的发展指明了方向，如监理企业资质等级向上下延伸，向上增加综合资质标准，向下增加事务所资质标准。新法规规定的企业资质等级为监理创业者提供了申请新办监理企业的等级标准；为原有监理企业提供了企业升级的奋斗目标。新法规规定了企业业务承接范围，监理企业应按企业的资质等级对号入座承接监理业务。监理企业不能越级承接监理业务。在新法规中对监理企业所作出的严格规定，有利于国家对监理行业市场的进一步整顿。建立一个兴旺发达的监理行业市场，对国家监理事业的发展，对监理企业的兴隆，对监理从业人员的前途和命运都是十分有利的。当然目前监理行业中存在的问题还有很多，有不少地方从理论到实践的概念和关系尚未理顺，要与国际接轨还有不少差距。这些存在于前进中的问题，有待于政府、从业机构和从业人员研究解决。

1.3　政府监督管理与工程建设监理

1.3.1　政府监督管理

政府监督管理是指政府制订有关法律、法规，并通过政府有关部门对工程建设实施中的投资主体（投资者）、承建主体（承建商）、管理主体（监理单位）实行纵向的、宏观的、强制性的、执法性的监督管理。

对投资者的监督管理，包括审批建设项目可行性报告、立项计划、设计任务书；审查资金来源；审批工程建设项目的开工、竣工报告；控制建设规模；推行工程建设设计、施工、监理的招投标制度；实施建筑工程施工许可证制度等。

对承建商的监督管理，包括审批从业资格，确定资质等级；组织建造师的资格考试，颁发证书；管理招标投标活动；检查工程质量，评定优质工程；检查工程安全生产和文明施工等。

对监理单位的监督管理，包括审批从业资格，确定资质等级；管理招标投标活动；组织监理工程师的资格考试，颁发证书；指导和管理监理工作等。

1.3.2   工程建设监理

根据《建设工程监理规范》GB/T 50319—2013 第 2 章对工程建设监理的定义，将工程建设监理分为施工阶段监理和相关服务两部分，第 2.0.2 条：工程监理单位受建设单位委托，根据法律法规、工程建设标准、勘察设计文件及合同，在施工阶段对建设工程质量、进度、造价进行控制，对合同、信息进行管理，对工程建设相关方的关系进行协调，并履行建设工程安全生产管理法定职责的服务活动。第 2.0.3 条：工程监理单位受建设单位委托，按照建设工程监理合同约定，在建设工程勘察、设计、保修等阶段提供的服务活动。这是从 2014 年 3 月 1 日起实施的国家标准《建设工程监理规范》GB/T 50319—2013 所定义的范围。

1.4   建设工程施工监理内容、程序和手段

1.4.1   施工监理内容和程序

施工监理程序是按照法律、法规、《建设工程监理规范》的要求进行系统设计，不同的监理内容，按照其内在规则进行安排。在安排中，随着监理经验的不断积累，对监理程序的考虑亦越来越周密，因而不可能有一个固定不变的版本。为此，下面给

出了施工阶段监理内容的控制程序模式，仅供读者参考。

（1）施工质量控制程序图，见图 1-1。

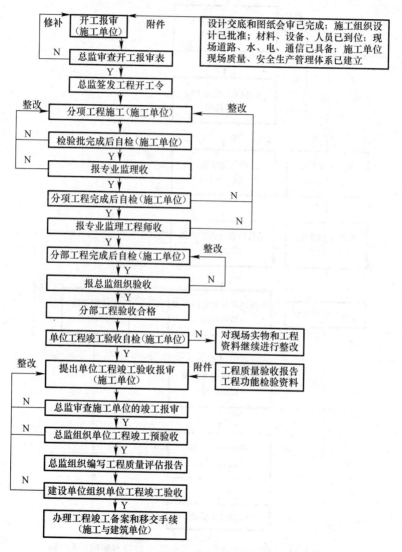

注：按《建设工程监理规范》GB/T 50319—2013 规定的要求绘制

图 1-1　施工质量控制程序图

（2）施工进度控制程序图，见图 1-2。

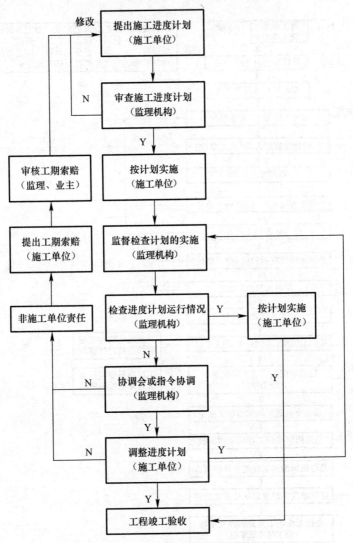

注：按《建设工程监理规范》GB/T 50319—2013 规定的要求绘制

图 1-2　施工进度控制程序图

（3）施工造价控制程序图，见图 1-3 和图 1-4。

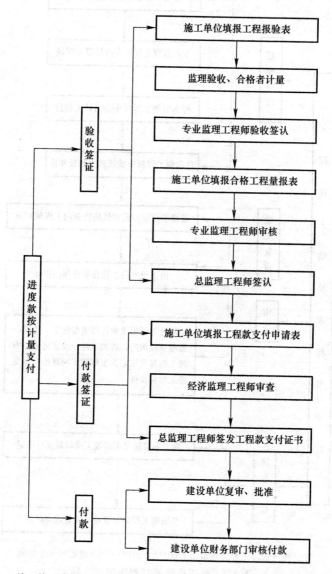

注：按《建设工程监理规范》GB/T 50319—2013 规定的要求绘制

图 1-3　施工造价控制程序图（一）

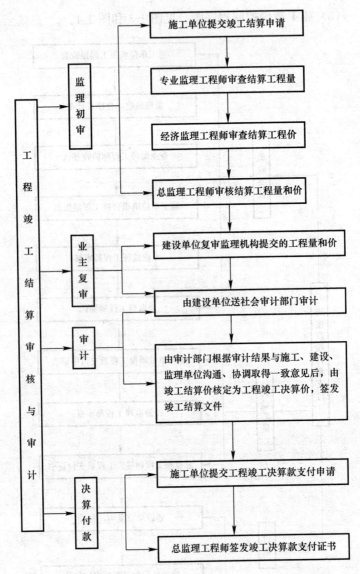

注：按《建设工程监理规范》GB/T 50319—2013 规定的要求绘制

图 1-4　施工造价控制程序图（二）

（4）施工合同管理程序图，见图1-5。

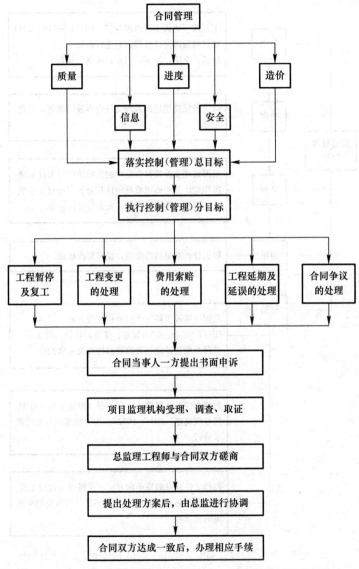

注：按《建设工程监理规范》GB/T 50319—2013规定的要求绘制

图 1-5 施工合同管理程序图

（5）施工信息管理程序图，见图1-6。

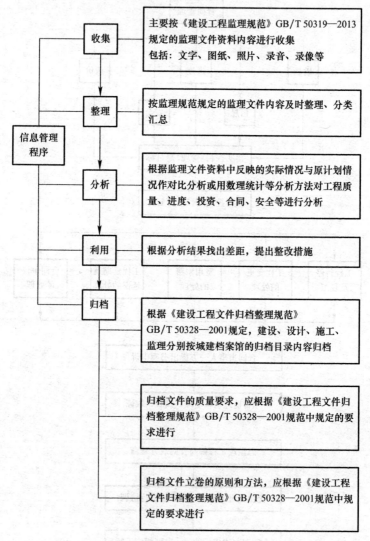

注：按《建设工程监理规范》GB/T 50319—2013 和《建设工程文件归档
整理规范》GB/T 50328—2001 规定的要求绘制

图 1-6   施工信息管理程序图

（6）施工安全生产管理程序图，见图1-7。

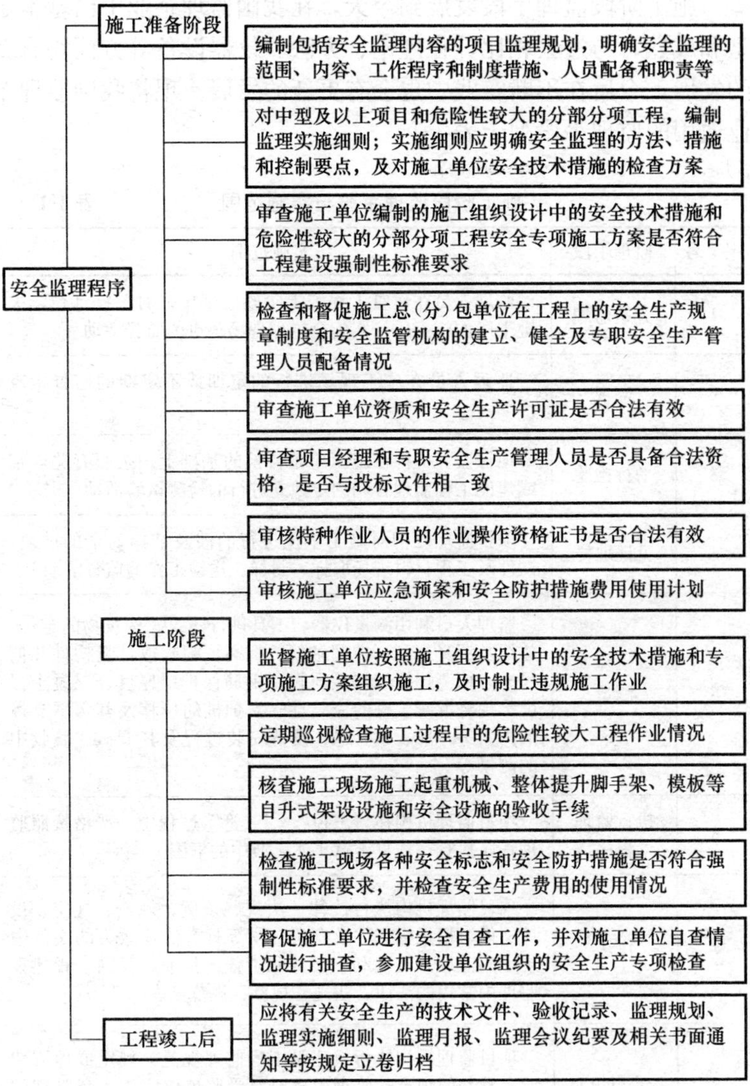

```
施工准备阶段 ── 编制包括安全监理内容的项目监理规划，明确安全监理的
                范围、内容、工作程序和制度措施、人员配备和职责等

              ── 对中型及以上项目和危险性较大的分部分项工程，编制
                监理实施细则；实施细则应明确安全监理的方法、措施
                和控制要点，及对施工单位安全技术措施的检查方案

              ── 审查施工单位编制的施工组织设计中的安全技术措施和
                危险性较大的分部分项工程安全专项施工方案是否符合
                工程建设强制性标准要求

              ── 检查和督促施工总（分）包单位在工程上的安全生产规
                章制度和安全监管机构的建立、健全及专职安全生产管
                理人员配备情况

              ── 审查施工单位资质和安全生产许可证是否合法有效

              ── 审查项目经理和专职安全生产管理人员是否具备合法资
                格，是否与投标文件相一致

              ── 审核特种作业人员的作业操作资格证书是否合法有效

              ── 审核施工单位应急预案和安全防护措施费用使用计划

施工阶段 ── 监督施工单位按照施工组织设计中的安全技术措施和专
            项施工方案组织施工，及时制止违规施工作业

          ── 定期巡视检查施工过程中的危险性较大工程作业情况

          ── 核查施工现场施工起重机械、整体提升脚手架、模板等
            自升式架设施和安全设施的验收手续

          ── 检查施工现场各种安全标志和安全防护措施是否符合强
            制性标准要求，并检查安全生产费用的使用情况

          ── 督促施工单位进行安全自查工作，并对施工单位自查情
            况进行抽查，参加建设单位组织的安全生产专项检查

工程竣工后 ── 应将有关安全生产的技术文件、验收记录、监理规划、
              监理实施细则、监理月报、监理会议纪要及相关书面通
              知等按规定立卷归档
```

安全监理程序

注：按《关于落实建设工程安全生产监理责任的若干意见》建设部（建市
　　[2006] 248号）制

图1-7　施工安全生产管理程序图

1.4.2 施工监理手段

施工阶段监理手段发展到今天，在我国监理企业中已基本定型和成熟，与过去相比，在理论、方法、仪器设备等方面均有新的发展，今后在不断实践中也会有更新的发展。现将我国监理企业通用的监理手段列于表1-1。

施工阶段监理手段与实施范围 表 1-1

序 号	监理手段	实施范围
1	旁站监理	监理人员在建筑工程施工阶段监理中，对关键部位、关键工序的施工质量实施全过程现场跟班的监督活动
2	巡视	监理人员在施工现场进行的定期或不定期的监督检查活动
3	平行检验	项目监理机构在施工单位自检的基础上，按照有关规定或建设工程监理合同约定独立进行的检测试验活动
4	见证取样	项目监理机构对施工单位进行的涉及结构安全的试块、试件及工程材料现场取样、封样、送检工作的监督活动
5	测量	监理人员利用测量仪器、工具进行建筑、构筑物的定位、放线及沉降观测，控制轴线、标高，验收或计量构件几何尺寸，探测焊缝的焊接质量、钢筋保护层厚度、混凝土强度、现浇混凝土桩的完整性、支护桩的位移及其水平支撑的内力等，风、水、电、设备安装过程及其调试、验收中的测量等
6	执行监理程序	项目监理机构在"三控"、"三管"过程中，严格按照监理程序执行，详见本章1.4.1节中的框图
7	执法	项目监理机构执行法律、法规、条例、规范、规定、设计文件、招投标文件及有关合同等具有法律效力的文件中规定的监理人的权利、义务和责任。目前，我国工程建设监理中常用的法律、法规、规章、规范见表1.2
8	指令性文件	项目监理机构执行《建设工程监理规范》规定或地方建设主管部门规定的监理用表时对受监单位实施监督管理的书面文件

序 号	监理手段	实施范围
9	工地会议	包括第一次工地会议和施工过程中定期的监理例会。用于布置、督促检查、协调各参建单位之间的工作。监管工程质量、进度、造价和安全生产、文明施工等，实现预定目标
10	专家会议	对于复杂的技术问题或安全问题可事先由建设或施工单位组织专家论证后实施。如原建设部（建质〔2004〕213号）文件规定：对深基坑、地下暗挖、高大模板及作业面距离坠落基准面30m及以上高空作业等工程必须由施工单位组织专家论证后方能实施
11	计量支付与竣工结算审核	计量支付是指工程款的支付先通过专业监理人员计量（质量合格者计量，不合格者不计量），再经经济监理工程师计价，后报总监理工程师审核，并签发支付证书；竣工结算审核是指专业监理人员先行审查结算，后由总监审核，再报建设单位送审计
12	问责项目经理	当项目施工单位无视项目监理机构的指令和施工合同条款的约定进行工程活动时，由项目总监理工程师约见项目经理进行工作性问责，查明原因，提出整改措施，限期整改到位

1.5 工程建设监理法规

工程建设监理的一个显著特点，是以国家法律、法规、规章、条例、规范、规定作为依据。因此，健全的法规体系为我国推行工程建设监理制度奠定了基础，国家从监理工作试点阶段开始就以法规建设为先导，到目前为止，我国有关监理工作的法律、法规、规章、条例、规范、规定已基本齐全，其中有的已更新过多次，这说明我国的工程建设监理事业在不断前进，监理工作经验在不断积累，有关的法律、法规、规章、条例、规范、规定也在不断完善、不断更新，以适应新形势的发展。目前，在我国工程建设监理工作中常用的法律、法规、规章、条例、规范规定等列于表 1-2。

目前工程建设监理中常用的法律、法规、规章、条例、规范、规定

表 1-2

类 别	名 称	发布单位
监理管理	(1)《中华人民共和国建筑法》(2011 年修正版)	全国人民代表大会
	(2)《工程建设监理规定》建监[1995]第 737 号	建设部、国家计委
	(3)《工程监理企业资质管理规定》[2007]第158 号	建设部
	(4)《注册监理工程师管理规定》[2006]第 147 号	建设部
	(5)《建设工程监理规范》GB/T 50319—2013	住房和城乡建设部
	(6)《建设工程监理与相关服务收费管理规定》发改价格[2007]第 670 号	国家发展改革委、建设部
招标投标管理	(7)《中华人民共和国招标投标法》(1999)	全国人民代表大会
	(8)《中华人民共和国招标投标法实施条例》(2011)第 613 号	国务院
	(9)《工程建设施工招标投标管理办法》(92)第 23 号	建设部
	(10)《工程建设项目施工招标投标办法》(2003)	国家发展计划委员会、建设部等七部委
合同管理	(11)《中华人民共和国合同法》(1999)	全国人民代表大会
	(12)《建设工程监理合同》(示范文本)GF-2012-0202	住房和城乡建设部、国家工商行政管理总局
	(13)《建设工程施工合同》(示范文本)GF-2013-0201	住房和城乡建设部、国家工商行政管理总局
	(14)《建设工程勘察合同》(一)[岩土工程勘察、水文地质勘察(含凿井)、工程测量、工程物探] GF-2000-0203	建设部、国家工商行政管理总局
	(15)《建设工程设计合同》(一)[民用建设工程设计合同] GF-2000-0209	建设部、国家工商行政管理总局
	(16)《建设工程设计合同》(二)[专业建设工程设计合同] GF-2000-0210	建设部、国家工商行政管理总局
	(17)《土木工程施工合同条件》	FIDIC、国际通用条款

续表

类 别	名 称	发布单位
质量管理	(18)《建设工程质量管理条例》(2001)第279号	国务院
	(19)《建设项目(工程)竣工验收办法》(1990)计建1215号	国家计委
	(20)《房屋建筑工程和市政基础设施工程竣工验收备案管理暂行办法》(2000)第78号	建设部
	(21)《房屋建筑工程质量保修办法》(2000)第80号	建设部
	(22)《实施工程建设强制性标准监督规定》(2000)第81号	建设部
	(23)《工程建设标准强制性条文》房屋建筑部分(2002版)	建设部
	(24)《建设工程质量管理办法》(1993)第29号	建设部
	(25)《建筑装饰装修管理规定》(1995)第46号	建设部
	(26)《房屋建筑工程和市政基础设施工程实行见证取样和送检的规定》(2000)第211号	建设部
	(27)《房屋建筑工程施工旁站监理管理办法》(试行)〔2002〕第189号	建设部
	(28)《建筑工程施工质量验收统一标准》GB 50300—2001	建设部等
	(29)《建筑工程施工质量评价标准》GB/T 50375—2006	建设部
安全生产与文明施工管理	(30)《中华人民共和国安全生产法》(2002)第70号	全国人民代表大会
	(31)《建设工程安全生产管理条例》(2003)第393号	国务院
	(32)《建筑施工企业安全生产许可证管理规定》(2004)第128号	建设部
	(33)《建设工程施工现场管理规定》(1991)第15号	建设部
	(34)《建筑安全生产监督管理规定》(1991)第13号	建设部
	(35)《建筑施工企业安全生产管理机构设置及专职安全生产管理人员配置办法》和《危险性较大工程安全专项施工方案编制及专家论证审查办法》〔2004〕建质第213号	建设部
	(36)《工程建设标准强制性条文》房屋建筑部分(2002版)第九篇施工安全强制性条文	建设部

类　别	名　称	发布单位
安全生产与文明施工管理	（37）《建筑工程施工许可管理办法》（2001）第91号	建设部
	（38）《关于落实建设工程安全生产监理责任的若干意见》建〔2006〕第248号	建设部
	（39）《建筑工程安全生产监督工作导则》建质〔2005〕第184号	建设部
工期、造价管理	（40）《全国统一建筑安装工程工期定额》建标（2000）第38号	建设部
	（41）《建设工程工程量清单计价规范》GB 50500—2013	住房和城乡建设部
	（42）《建筑安装工程费用项目组成》建标（2013）第44号	住房和城乡建设部、财政部
	（43）《房屋建筑与装饰工程工程量计量规范》GB 50854—2013	住房和城乡建设部、财政部
勘察设计、施工企业资质管理	（44）《建设工程勘察设计资质管理规定》（2007）第160号	建设部
	（45）《建筑业企业资质管理规定》（2007）第159号	建设部
档案管理	（46）《城市建设档案管理规定》（2001）第90号	建设部
	（47）《建设工程文件归档整理规范》GB/T 50328—2001	建设部等
	（48）《建设电子文件与电子档案管理规范》CJJ/T 117—2007	建设部

1.6　工程建设监理工作守则

根据中华人民共和国建筑法（2011年修正版）第三十二条、第三十四条和第三十五条规定，对工程建设监理工作提出如下守则：

（1）建筑工程监理应当依照法律、行政法规及有关的技术标准、设计文件和建筑工程承包合同，对承包单位在施工质量、建设工期和建设资金使用等方面，代表建设单位实施监督。

工程监理人员认为工程施工不符合工程设计要求、施工技术标准和合同约定的，有权要求建筑施工企业改正。

工程监理人员发现工程设计不符合建筑工程质量标准或者合同约定的质量要求的，应当报告建设单位要求设计单位改正。

（2）工程监理单位应当在其资质等级许可的监理范围内，承担工程监理业务，并不得转让工程监理业务。

（3）工程监理单位应当根据建设单位的委托，客观、公正地执行监理任务。

（4）工程监理单位与被监理工程的承包单位以及建筑材料、建筑配件和设备供应单位不得有隶属关系或者其他利害关系。

（5）工程监理单位不按照委托监理合同的约定履行监理义务，对应当监督检查的项目不检查或者不按照规定检查，给建设单位造成损失的，应当承担相应的赔偿责任。

（6）工程监理单位与承包单位串通，为承包单位谋取非法利益，给建设单位造成损失的，应当与承包单位承担连带赔偿责任。

2 工程建设监理组织与管理

2.1 工程建设监理组织模式

我国工程建设监理模式，经历了二十多年的演变，目前主要有以下几种模式，见表2-1。

目前国内工程建设监理组织的主要模式及其特点　　表2-1

序	类　别	模　式	特　点
1	按隶属关系分	独立法人	专项从事工程建设监理工作的监理公司或监理事务所
		附属机构	为企事业法人下设机构，专项从事工程建设监理工作，如设计、科研、大专院校单位中的监理企业
2	按经济性质分	全民所有制或改制	一般由公有制企事业单位组建的全民所有制企业或改制成全民控股的股份制企业
		集体所有制	一般属于民营的股份制企业
3	按资质等级分	综合资质标准	具有5个以上工程类别的专业甲级工程监理资质，注册资本不少于600万元
		专业资质标准甲级	企业近2年内独立监理过3个以上相应专业的二级工程项目，注册资本不少于300万元，注册监理工程师不少于25人
		专业资质标准乙级	注册资本不少于100万元，注册监理工程师不少于15人
		专业资质标准丙级	注册资本不少于50万元，注册监理工程师不少于5人
		事务所资质标准	合伙人中有3名以上注册监理工程师，合伙人均有5年以上从事建设工程监理的工作经历

续表

序	类 别	模 式	特 点
4	按专业 结构分	房屋建筑、冶炼、矿山、化工石油、水利水电、电力、农林、铁路、公路、港口与航道、航天航空、通信、市政公用、机电安装	专业资质注册监理工程师人数配备见本章附件2.1《工程监理企业资质管理规定》中的附表1

2.2 工程建设监理单位与委托

2.2.1 工程建设监理单位

工程建设监理单位是指依法成立的工程建设监理企业,他们均具有单位名称、法人代表、组织机构、场所、资金和从业人员。

工程建设监理单位开业,必须向政府主管部门提出申请、审批。申请综合资质、专业甲级资质的,经省、自治区、直辖市人民政府建设主管部门初审后,报国务院建设主管部门根据初审意见审批。申请专业乙级、丙级资质和事务所资质由企业所在地省、自治区、直辖市人民政府建设主管部门审批。

工程监理企业资质证书由国务院建设主管部门统一印制并发放。工程监理企业资质证书的有效期为5年。

申请工程监理企业资质,应当提交以下材料:

(1)工程监理企业资质申请表(一式三份)及相应电子文档;

(2)企业法人、合伙企业营业执照;

(3)企业章程或合伙人协议;

(4)企业法定代表人、企业负责人和技术负责人的身份证明、工作简历及任命(聘用)文件;

(5)工程监理企业资质申请表中所列注册监理工程师及其他注册执业人员的注册执业证书;

（6）有关企业质量管理体系、技术和档案等管理制度的证明材料；

（7）有关工程试验检测设备的证明材料。

取得专业资质的企业申请晋升专业资质等级或者取得专业甲级资质的企业申请综合资质的，除前款规定的材料外，还应当提交企业原工程监理企业资质证书正、副本复印件，企业《监理业务手册》及近两年已完成代表工程的监理合同、监理规划、工程竣工验收报告及监理工作总结。

资质有效期届满，工程监理企业需要继续从事工程监理活动的，应当在资质证书有效期届满 60 日前，向原资质许可机关申请办理延续手续。

对在资质有效期内遵守有关法律、法规、规章、技术标准，信用档案中无不良记录，且专业技术人员满足资质标准要求的企业，经资质许可机关同意，有效期延续 5 年。

工程监理企业资质分为综合资质、专业资质和事务所资质。其中，专业资质按照工程性质和技术特点划分为若干工程类别。综合资质、事务所资质不分级别。专业资质分为甲级、乙级；其中，房屋建筑、水利水电、公路和市政公用专业资质可设立丙级。每一资质（级别）应具备的条件和监理业务范围见本章附件 2.1《工程监理企业资质管理规定》。

2.2.2　工程建设监理的委托

《中华人民共和国建筑法》第三十一条规定：实行监理的建筑工程，由建设单位委托具有相应资质条件的工程监理单位监理。建设单位与其委托的工程监理单位应当订立书面委托监理合同。

按照《中华人民共和国招标投标法》（1999）总则第三条规定，在中华人民共和国境内进行了下列工程建设项目包括项目的勘察、设计、施工、监理以及与工程建设有关的重要设备、材料等的采购，必须进行招标：

（1）大型基础设施、公用事业等关系社会公共利益、公众安全的项目；

（2）全部或者部分使用国有资金投资或者国家融资的项目；

（3）使用国际组织或者外国政府贷款、援助资金的项目。

按照《中华人民共和国招标投标法实施条例》（2011）总则第二条规定，招标投标法第三条所称工程建设项目，是指工程以及与工程建设有关的货物、服务。其中，工程是指建设工程，包括建筑物和构筑物的新建、改建、扩建及其相关的装修、拆除、修缮等；与工程建设有关的货物是指构成工程不可分割的组成部分，且为实现工程基本功能所必需的设备、材料等；与工程建设有关的服务是指为完成工程所需的勘察、设计、监理等服务。

目前，监理企业的业务来源，有的是通过公开招标、投标活动获得的；有的不属于招标、投标范围的工程，也是通过邀请议标，竞标进入的。所以，现在的所谓委托是建立在监理企业中标的基础之上的，不是任意委托的。

有关省、市又对工程建设监理招标、投标办法制定了地区性法规，切实可行地解决了以下内容。

（1）招标单位（或者招标代理机构）应按下列程序进行监理招标：

1）成立工程建设监理招标小组；

2）向招投标管理机构递交招标申请书；

3）编制招标文件和评标、定标办法，并报招投标管理机构审定；

4）发布招标公告或发出招标邀请书；

5）对申请投标单位进行资质（资格）审核，并将结果通知投标申请单位；

6）向合格的投标申请单位发出招标文件；

7）组织投标单位进行答疑；

8）确定评标、定标小组组成人员；

9）召开开标会议，当众开标，组织评标，决定中标单位；

10）签发中标通知书；

11）与中标单位签订监理合同。

（2）招标文件应包括下列内容：

1）工程项目综合说明，包括项目主要建设内容、规模、地点，总投资，现场条件，开竣工日期；

2）委托监理的范围和监理业务；

3）业主提供的现场办公条件（包括交通、通信、住宿等）；

4）对监理单位和现场监理人员的要求；

5）监理检测手段要求，工程技术难点要求；

6）必要的设计文件、图纸和有关资料；

7）投标起止时间、开标评标、定标时间和地点；

8）投标须知；

9）其他事项。

（3）投标单位应向招标单位提供下列材料：

1）企业营业执照、资质证书或其他有效证明文件；

2）投标书（须单位盖章、法定代表人印鉴）；

3）企业简历；

4）投标单位检测设备一览表；

5）近年来的主要工程监理业绩。

（4）投标书应包括下列内容：

1）投标综合说明；

2）监理大纲；

3）监理人员一览表（其中应确定项目总监理工程师、主要专业监理工程师）；

4）监理人员学历证书、职称证书及上岗证复印件；

5）用于工程的检测设备、仪器一览表或委托有关单位进行检测的协议；

6）近三年来的监理工程一览表及奖惩情况；

7）监理费报价。

（5）投标书有下列情况之一的，应当宣布为无效标书，摘自《中华人民共和国招标投标法实施条例》第五十一条规定：

1）投标文件未经投标单位盖章和单位负责人签字；

2）投标联合体没有提交共同投标协议；

3）投标人不符合国家或者招标文件规定的资格条件；

4）同一投标人提交两个以上不同的投标文件或者投标报价，但招标文件要求提交备选投标的除外；

5）投标报价低于成本或者高于招标文件设定的最高投标限价；

6）投标文件没有对招标文件的实质性要求和条件作出响应；

7）投标人有串通投标、弄虚作假、行贿等违法行为。

（6）评标、定标一般按下列要求进行：

评标：一般采用综合计分法，对投标单位的监理大纲、投标报价、企业资质及业绩、总监资质、监理人员配备、监理设备等进行全面评审。

1）主要评议内容和分值分配

① 监理大纲：15～25 分；

② 投标报价：15～20 分；

③ 企业资质及业绩：10～15 分；

④ 总监资质：10～15 分；

⑤ 监理组人员配备：10～20 分；

⑥ 监理设备：0～5 分。

满分为 100 分。具体操作应根据招标单位拟定的项目工程监理招标评分细则实施。

2）评分办法

各评标委员应按照招标单位的"工程监理招标评分标准"的评分要点进行综合评审打分，以各评委的评分（去掉一个最高分、一个最低分）计算平均值为该项得分，小数点后保留两位。

定标：定标办法应按照《中华人民共和国招标投标法实施条例》中的下列条例办理。

第五十三条 评标完成后，评标委员会应当向招标人提交书面评标报告和中标候选人名单。中标候选人应当不超过 3 个，并标明排序。

第五十四条　依法必须进行招标的项目，招标人应当自收到评标报告之日起 3 日内公示中标候选人，公示期不得少于 3 日。

第五十五条　国有资金占控股或者主导地位的依法必须进行招标的项目，招标人应当确定排名第一的中标候选人为中标人。

第五十七条　招标人和中标人应当依照招标投标法和本条例的规定签订书面合同，合同的标的、价款、质量、履行期限等主要条款应当与招标文件和中标人的投标文件的内容一致。招标人和中标人不得再行订立背离合同实质性内容的其他协议。

第五十九条　中标人应当按照合同约定履行义务，完成中标项目。中标人不得向他人转让中标项目，也不得将中标项目肢解后分别向他人转让。

2.2.3　工程建设监理的取费

工程建设监理单位的服务具有营业性质，但又区别于一般的商业经营，是属于智力密集型的高智能服务，这种服务必须通过收取费用得到补偿。

(1) 监理费用的组成，如图 2-1 所示。

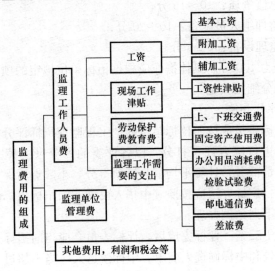

图 2-1　监理费用的组成

（2）监理费用的计取方法

为规范建设工程监理及相关服务收费行为，维护委托双方合法权益，促进工程监理行业健康发展，国家发展改革委、建设部制定了《建设工程监理与相关服务收费管理规定》（发改价格〔2007〕670号），自2007年5月1日起执行（详见本章附件2.3）。

根据《建设工程监理与相关服务收费管理规定》中的有关条款：

第四条 建设工程监理与相关服务收费根据建设项目性质不同情况，分别实行政府指导价或市场调节价。依法必须实行监理的建设工程施工阶段的监理收费实行政府指导价；其他建设工程施工阶段的监理收费和其他阶段的监理与相关服务收费实行市场调节价。

第五条 实行政府指导价的建设工程施工阶段监理收费，其基准价根据《建设工程监理与相关服务收费标准》计算，浮动幅度为上下20%。发包人和监理人应当根据建设工程的实际情况在规定的浮动幅度内协商确定收费额。实行市场调节价的建设工程监理与相关服务收费，由发包人和监理人协商确定收费额。

第七条 监理人应当按照《关于商品和服务实行明码标价的规定》，告知发包人有关服务项目、服务内容、服务质量、收费依据以及收费标准。

监理费收费标准，应按《建设工程监理与相关服务收费管理规定》中的附件2.3《建设工程监理与相关服务收费标准》进行计算而得，作者在此提供表2-2供参考（表2-2是经有关人员根据《建设工程监理与相关服务收费标准》计算的局部内容，是否准确，仅供参考）。建设工程监理与相关服务人员人工日费用标准见《建设工程监理与相关服务收费标准》附表四。

监理服务收费一览表（仅供参考）   表 2-2

计费额 （万元）	收费基价 （万元）	复杂程度系数调整			综合浮动幅度±20%后		
		一般 （0.85） 万元	较复杂 （1.0） 万元	复杂 （1.15） （万元）	一般 （万元）	较复杂 （万元）	复杂 （万元）
100	3.3	2.805	3.3	3.795	2.244～ 3.366	2.64～ 3.96	3.036～ 4.554
200	6.6	5.61	6.6	7.59	4.488～ 6.732	5.28～ 7.92	6.072～ 9.108
300	9.9	8.415	9.9	11.385	6.732～ 10.098	7.92～ 11.88	9.108～ 13.662
400	13.2	11.22	13.2	15.18	8.976～ 13.464	10.56～ 15.84	12.144～ 18.216
500	16.5	14.025	16.5	18.975	11.22～ 16.83	13.2～ 19.8	15.18～ 22.77
600	19.22	16.337	19.22	22.103	13.06～ 19.604	15.376～ 23.064	17.6824～ 26.5236
700	21.94	18.649	21.94	25.231	14.91～ 22.37	17.552～ 26.328	20.1848～ 30.2772
800	24.66	20.961	24.66	28.359	16.76～ 25.15	19.728～ 29.592	22.6872～ 34.0308
900	27.38	23.273	27.38	31.487	18.61～ 27.92	21.904～ 32.856	25.1896～ 37.7844
1000	30.1	25.585	30.1	34.615	20.468～ 30.702	24.08～ 36.12	27.692～ 41.538
1500	42.1	35.785	42.1	48.415	28.628～ 42.942	33.68～ 50.52	38.732～ 58.098
2000	54.1	45.985	54.1	62.215	36.788～ 55.182	43.28～ 64.92	49.772～ 74.658
2500	66.1	56.185	66.1	76.015	44.948～ 67.422	52.88～ 79.32	60.812～ 91.218
3000	78.1	66.385	78.1	89.815	53.108～ 79.662	62.48～ 93.72	71.852～ 107.778

续表

计费额 (万元)	收费基价 (万元)	复杂程度系数调整			综合浮动幅度±20%后		
		一般 (0.85) 万元	较复杂 (1.0) 万元	复杂 (1.15) (万元)	一般 (万元)	较复杂 (万元)	复杂 (万元)
3500	88.775	75.4587	88.775	102.091	60.367~ 90.55	71.025~ 106.53	81.673~ 122.5095
4000	99.45	84.5325	99.45	114.367	67.626~ 101.43	79.56~ 119.34	91.494~ 137.241
4500	110.125	93.6062	110.125	126.643	74.885~ 112.32	88.1~ 132.15	101.315~ 151.9725
5000	120.8	102.68	120.8	138.92	82.144~ 123.216	96.64~ 144.96	111.136~ 166.704
5500	130.83	111.205	130.83	150.454	88.964~ 133.44	104.664~ 156.996	120.3636~ 180.545
6000	141.1	119.935	141.1	162.265	95.948~ 143.922	112.88~ 169.32	129.812~ 194.718
6500	151.4	128.69	151.4	174.11	102.95~ 154.428	121.12~ 181.68	139.288~ 208.932
7000	161.74	137.479	161.74	186.001	109.98~ 164.97	129.392~ 194.088	148.3008~ 223.201
7500	172.04	146.234	172.04	197.846	116.98~ 175.48	137.632~ 206.448	158.2768~ 237.415
8000	181	153.85	181	208.15	123.08~ 184.62	144.8~ 217.2	166.52~ 249.78
8500	190.4	161.84	190.4	218.96	129.47~ 194.208	152.32~ 228.48	175.168~ 262.752
9000	199.8	169.83	199.8	229.77	135.864~ 203.79	159.84~ 239.76	183.816~ 275.724
9500	209.2	177.82	209.2	240.58	142.25~ 213.384	167.36~ 251.04	192.464~ 288.696
10000	218.6	185.81	218.6	251.39	148.64~ 222.97	174.88~ 262.32	201.112~ 301.668

续表

计费额 （万元）	收费基价 （万元）	复杂程度系数调整			综合浮动幅度±20%后		
		一般 （0.85） 万元	较复杂 （1.0） 万元	复杂 （1.15） （万元）	一般 （万元）	较复杂 （万元）	复杂 （万元）
11000	236.08	200.668	236.08	271.492	160.53～ 240.80	188.864～ 283.296	217.1936～ 325.790
12000	253.56	215.526	253.56	291.594	172.42～ 258.63	202.848～ 304.272	233.2752～ 349.912
13000	271.04	230.384	271.04	311.696	184.30～ 276.46	216.832～ 325.248	249.3568～ 374.035
14000	288.52	245.242	288.52	331.798	196.19～ 294.29	230.816～ 346.224	265.4384～ 398.157
15000	306	260.1	306	351.9	208.08～ 312.12	244.8～ 367.2	281.52～ 422.28
16000	323.48	274.958	323.48	372.002	219.96～ 329.94	258.784～ 388.176	297.6016～ 446.502
17000	340.96	289.816	340.96	392.104	231.85～ 347.77	272.768～ 409.152	313.6832～ 407.524
18000	358.44	304.674	358.44	412.206	243.73～ 365.308	286.752～ 430.128	329.7648～ 494.647
19000	375.92	319.532	375.92	432.308	255.625～ 383.438	300.736～ 451.104	345.8464～ 518.769
20000	393.4	334.39	393.4	452.41	267.512～ 401.268	314.72～ 472.08	361.928～ 542.892

2.3　项目监理的组织机构与人员配备

2.3.1　项目监理的组织机构

项目监理机构是监理单位接受建设单位委托项目监理任务后，在项目施工现场设置的监理工作组织机构，项目施工任务完成后，该机构就宣告结束。所以项目监理机构是监理单位设置在项目现场的临时性机构。这种机构是完全为现场监理服务的组织机构。

（1）项目监理机构的组织形式

项目监理机构的组织形式是服从于项目监理任务的大小、规模、复杂程度和建设单位委托的受权范围。因此，其组织形式多种多样，以下介绍几种典型模式。

1）直线制监理组织，如图 2-2、图 2-3。

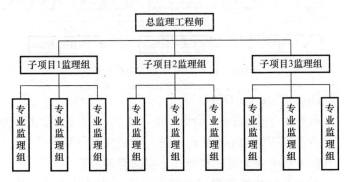

图 2-2 按建设子项目分解设置的直线制组织形式

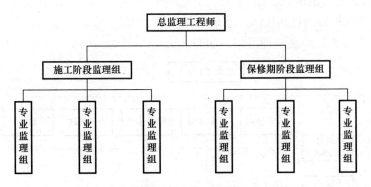

图 2-3 按建设阶段分解设置的直线制组织形式

直线制组织形式的特点：

① 机构简单，权责分明，能充分调动各级主管人的积极性；

② 权力集中，命令统一，决策迅速，下级只接受一个上级

主管人的命令和指挥，命令单一严明；

③ 对主管领导者的专业技能和管理知识要求较高。总监理工程师的人选物色较困难。

2）职能制监理组，如图 2-4。

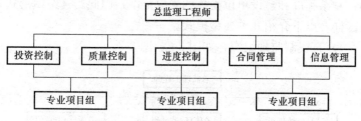

图 2-4   按职能制设置的组织形式

职能制组织形式的特点：

① 既能保持指挥统一，命令一致，又能发挥专业人员的作用；

② 管理组织结构系统比较完整，隶属关系分明；

③ 能发挥专业人员的积极性，提高管理水平；

④ 职能部门与指挥部门易发生矛盾，信息传递路线长，不利于互通情报；

⑤ 管理机构庞大，管理费用增加。

3）矩阵制监理组织，如图 2-5。

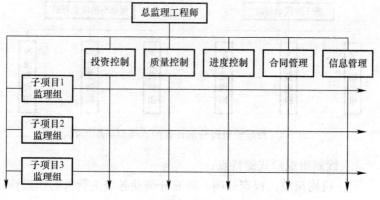

图 2-5   按矩阵制设置的组织形式

矩阵制组织形式的特点：

① 能以尽可能少的人力，实现多个项目的高效管理；

② 有利于人才的全面培养；

③ 由于人员来自职能部门，且仍受职能部门的控制，影响他们在项目上的积极性发挥；

④ 项目上的监理人员与职能部门发生矛盾时，由于双重关系，往往难于处理；

⑤ 监理人员若管理多个项目，有时难免顾此失彼。

（2）项目监理机构的设置原则

1）目的性原则

设置监理机构的目的是为了产生组织功能，实现管理总目标。由此要求该机构因目标设事，因事设岗，按岗定员，以员定职责、制度和权力。

2）高效精干原则

监理机构的人员编制要求专业、精干、一专多能，尽量减少行政人员。为此要求监理人员要有一定的业务水平和组织协调能力，才能确保高效精干。

3）管理跨度和分层统一的原则

根据主管领导的业务水平和工作能力及项目规模大小、复杂程度等因素，综合考虑管理跨度和管理层次，选择合适的监理机构组织形式。

4）专业分工与协作统一的原则

专业分工是监理任务的需要，分工不能分家，要强调专业与专业之间，专业自身的监理人员之间在做好本职工作的同时，要做好相互协作。

5）弹性和流动性原则

由于建设项目的单一性，流动性，阶段性等特点，要求监理机构，监理人员在专业、数量等的配置要做相应调整。如项目的基础阶段，主体阶段，装饰阶段所要求的专业和人员的数量应该是不同的，那么监理机构在人员配置上，其专业和人员数量也应作相应调整。

6）权责一致的原则

监理机构中设置的岗位人员，应职权分明。做到有职有权，职责一致。

7）才能相称的原则

使每个人的才能与其职务相适应，做到人尽其才。

2.3.2　项目监理机构的人员配备

项目监理机构的人员配备，应根据工作特点、监理任务及合理的监理深度与密度，优化组合，形成整体素质高的监理组织。项目监理机构的人员配备包括：总监理工程师、专业监理工程师、监理员以及必要的行政管理人员。在组建时要注意合理的专业结构、职称结构和年龄结构。

关于项目监理人员数量的配备，目前国家没有统一的标准。但是有些省市建设主管部门规定了一个《项目监理机构人员配备最低数量标准》（表 2-3），是为了便于政府建设主管部门到项目现场检查时，对项目监理机构的监理人员数量是否到位，有个衡量标准。因为有些监理企业监理收费标准偏低，为了不使企业利润率太低，就以减少项目监理人员数量作为补偿，这样会直接影响到项目的监理力度。所以政府建设主管部门的规定，实际上是对企业的一种制约。

项目监理机构人员配备最低数量标准　　　　　表 2-3

工程类别	工程规模（M——对于公共建筑和厂房，为单位工程建筑面积；对于住宅小区，为小区总建筑面积（m^2）；N——工程造价（万元））	监理人员配备数量（单位：人）					
		基础阶段		主体阶段		装饰阶段	
		监理工程师	监理员	监理工程师	监理员	监理工程师	监理员

续表

房屋建筑工程	公共建筑及厂房	M≤3000	1	1	1	2	1	1
		3000<M≤10000	2	2	2	2	1	2
		10000<M≤30000	2	3	2	3	2	3(2)*
		M>30000	以 30000m² 为基数，建筑面积每增加 30000m²，各阶段监理工程师、监理员均增加 1 人，不足 30000m² 时按 30000m² 计					
	住宅小区	M≤30000	2	2	2	2	2	2
		30000<M≤60000	2	3	2	3	2	2
		60000<M≤120000	3	4	3	5	3	3
		M>120000	以 120000m² 为基数，建筑面积每增加 30000m²，各阶段监理工程师、监理员均增加 1 人，不足 30000m² 时按 30000m² 计					
市政公用工程及园林工程		N≤1000	监理工程师 2 人，监理员 2 人					
		1000<N≤5000	监理工程师 3 人，监理员 3 人					
		5000<N≤10000	监理工程师 3 人，监理员 5 人					
		N>10000	以 10000 万元为基数，工程造价每增加 5000 万元，监理工程师、监理员均增加 1 人，不足 5000 万元时按 5000 万元计					

注：1. 表中监理工程师人数指总监理工程师和专业监理工程师人数之和。

2. 表中加 * 处，括号外数字适用于公共建筑，括号内数字适用于厂房。

还有一种比较科学的办法是按照项目建设的投资额计算监理人员的配备数量。例如：以每年完成 100 万美元为单位（称投资密度），监理人员需要量定额如表 2-4。

监理人员需要量定额（每 100 万美元/年） 表 2-4

工程复杂程度	监理工程师	监理员	行政人员
简单	0.20	0.75	0.10
一般	0.25	1.00	0.10
较复杂	0.35	1.10	0.25
复杂	0.50	1.50	0.35
极复杂	0.50	1.50	0.35

采用此方法计算某高层综合楼施工时所需的监理人员数量，

地下二层，地上十七层，框筒结构，建筑面积 28400m²，委托监理的项目施工合同工期为 30 个月，施工合同总价 1000 万美元，工程极复杂，计算过程如下所示：

1）确定监理人员密度系数，根据表 2-4 查出各类人员密度系数监理工程师 0.50，监理员 1.50，行政人员 0.35。

2）计算投资密度

$$M = P/T = (1000 \text{ 万美元} \div 100)/(30 \div 12) = 10/2.5 = 4$$

式中 M——投资密度；

P——投资额（万美元）/100（万美元）；

T——工期（月）/12（月）。

3）计算各类监理人员数量

监理工程师数量：$0.5 \times M = 0.5 \times 4 = 2.0$ 人，取 2 人。

监理员数量：$1.5 \times M = 1.5 \times 4 = 6.0$ 人，取 6 人。

行政人员数量：$3.5 \times M = 3.5 \times 4 = 1.4$ 人，取 1 人。

合计应配置监理人员 9 人。

① 根据我国深圳地区 2000 年监理人员配置参考表中 5000 万～1 亿人民币投资额，施工阶段高峰期间监理人员配置数量为 7 人。

② 根据我国上海地区 2001 年 12 月规定的项目监理最少人数配置参照表中规定，项目投资额 5000 万～1 亿人民币，施工阶段高峰期间监理人员最少配置人数为 7 人。

③ 根据表 2-4 规定的项目监理最少人数配置，公共建筑投资额在 3000～1 亿人民币，施工阶段高峰期间监理人员最低配置数量为 4 人。

④ 本例项目在南京地区，实际配置监理人员数量，高峰期间为 7 人。实践证明配置 7 人，且专业配套是可行的方案。

由此可见，实例采用的监理人员人数配置与上海、深圳等地的规定相同；比较以投资 100 万美元/年的计算数量低 2 人；与按最低人员配置数量相比，显然低于 4 人会影响到监理质量。

在配备监理人员时，还应考虑各级监理人员和各类专业人员的比例。根据工程实践经验，建议可参考下列比例：

（1）高级监理人员应占 10%左右。他们是由具有丰富的施工和设计经验，而且对合同条件比较精通的高级工程师和高级经济师组成，负责全面的管理和重大问题的决策；

（2）中级监理人员应占 60%左右。他们是由工程师和水平较高的助理工程师组成，应具有解决一般性的技术问题和合同管理能力，能够承担现场监理工作；

（3）初级监理人员应占 20%左右。他们是由具有高中以上文化程度，经过短期培训可以承担一般性的现场试验、测量或一些辅助性工作；

（4）行政人员应占 10%左右，负责打字、录像、文档、财务及生活方面的管理。

2.4　监理工程师

2.4.1　监理工程师的资质与素质

监理工程师是具有专业特长的工程项目管理专家。我国的监理工程师是岗位职务，不是专业技术职称。监理工程师分为建筑、建筑结构、工程测量、工程地质、给水排水、采暖通风、电气、通信、城市燃气、工程机械及设备安装、焊接工艺、建筑经济等岗位。

（1）监理工程师的资质

我国对监理工程师实行注册制度。申请监理工程师注册，必须先通过监理工程师岗位资格培训，接受经济、管理、法律、监理业务知识等教育，并取得合格证书。同时还必须具备下列条件：

获得高级建筑师、高级工程师、高级经济师等任职资格；或获得建筑师、工程师、经济师等任职资格后具有 3 年以上工程设计或施工实践经验。

然后经全国监理工程师资格统一考试或考核合格，并通过注册对申请者的素质和岗位责任能力进一步全面考查。考查合格者，政府注册机关才能批准注册。

监理工程师的工作单位为工程建设监理公司或工程建设监理事务所，或兼承建设监理业务的设计、科研单位和大专院校。监理工程师退出所在建设监理单位或被解聘，由该单位报告原注册管理机关核销注册，收回监理工程师资格证书。要求再次从事监理业务的，应当重新申请注册。未经注册不得以监理工程师名义从事监理工程业务。监理工程师不得以个人名义承接建设监理业务。

有关注册监理工程师的权利和义务及注册监理工程师的法律责任，详见本章附件 2.2《注册监理工程师管理规定》[2006]建设部第 147 号令。

（2）监理工程师的素质

监理工程师在工程监理中处于核心地位，在工程建设中与各方的关系如图 2-6 所示。

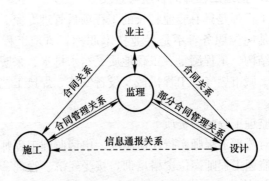

图 2-6 工程建设中监理工程师与各方的关系

因此，对监理工程师的素质要求更为全面，应比一般工程师具有更好的素质，在国际上被视为高智能人才。其素质由下列要素构成。

1）要有良好的品质。包括：具有热爱社会主义祖国，热爱人民，热爱建设事业；具有科学态度和综合分析能力；具有廉洁奉公，为人正直和办事公道的高尚情操；具有良好的性格，善于同各方面合作共事。

2）要有较高的学历和广泛的理论知识。因为现代工程建设投资规模大，要求多功能兼备，应用科技门类复杂，如果没有深厚的现代科技理论知识、经济管理理论知识和法律知识作基础，是不可能胜任其监理岗位工作的。在国外，监理工程师、咨询工程师，都具有大专学校毕业以上学历，大部分具有硕士、博士学位。

3）要有丰富的工程实践经验。据研究表明，一些工程建设中的失误，常与实践者的经验不足有关。所以世界各国都把工程实践经验放在重要地位。英国咨询工程师协会规定，入会的会员年龄必须在 38 岁以上，新加坡要求工程结构方面的监理工程师，必须具有 8 年以上的工程结构设计经验。我国在监理工程师注册制度中作出类似的规定也是必要的。

4）要有健康的体魄和充沛的精力。由于监理工作现场性强、流动性大、工作条件差、任务繁忙所决定的。

2.4.2 监理工程师岗位职责

根据国家《建设工程监理规范》GB/T 50319—2013 规定，项目监理人员职责如下：

（1）总监理工程师职责

1）确定项目监理机构人员及其岗位职责；

2）组织编制监理规划，审批监理实施细则；

3）根据工程进展情况安排监理人员进场，检查监理人员工作，调换不称职监理人员；

4）组织召开监理例会；

5）组织审核分包单位的资格；

6）组织审查施工组织设计、（专项）施工方案、应接救援预案；

7）审查开复工报审表，签发工程开工令、暂停令和复工令；

8）组织检查施工单位现场质量、安全生产管理体系的建立及运行情况；

9）组织审核施工单位的付款申请，签发工程款支付证书，组织审核竣工结算；

10）组织审查和处理工程变更；

11）调解建设单位与施工单位的合同争议、处理费用与工期索赔；

12）组织验收分部工程，组织审查单位工程质量检验资料；

13）审查施工单位的竣工申请，组织工程竣工预验收，组织编写工程质量评估报告，参与工程竣工验收；

14）参与或配合工程质量安全事故的调查和处理；

15）组织编写监理月报、监理工作总结，组织整理监理文件资料。

总监理工程师不得将下列工作委托给总监理工程师代表：

1）组织编制监理规划，审批监理实施细则；

2）根据工程进展情况安排监理人员进场，调换不称职监理人员；

3）组织审查施工组织设计、（专项）施工方案、应接救援预案；

4）签发工程开工令、暂停令和复工令；

5）签发工程款支付证书，组织审核竣工结算；

6）调解建设单位与施工单位的合同争议、处理费用与工期索赔；

7）审查施工单位的竣工申请，组织工程竣工预验收，组织编写工程质量评估报告，参与工程竣工验收；

8）参与或配合工程质量安全事故的调查和处理。

（2）专业监理工程师的职责

1）参与编制监理规划，负责编制监理实施细则；

2）审查施工单位提交的涉及本专业的报审文件，并向总监理工程师报告；

3）参与审核分包单位资格；

4）指导、检查监理员的工作，定期向总监理工程师报告本专业监理工作实施情况；

5）检查进场的工程材料、构配件、设备的质量是否满足要求；

6）验收检验批、隐蔽工程、分项工程，参与验收分部工程；

7）处置发现的质量问题和安全事故隐患；

8）进行工程计量；

9）参与工程变更的审查和处理；

10）填写监理日志，参与编写监理月报；

11）收集、汇总、参与整理监理文件资料；

12）参与工程竣工预验收和竣工验收。

（3）监理员的职责

1）检查施工单位投入工程的人力、主要设备的使用及运行状况；

2）进行见证取样；

3）复核工程计量有关数据；

4）检查和记录工艺过程或施工工序；

5）处置发现的施工作业问题，并向专业监理工程师报告；

6）记录施工现场监理工作情况。

2.4.3 监理工程师守则

（1）认真学习贯彻国家有关建设监理的法律、法规、政令和政策；

（2）坚持原则，秉公办事，自觉抵制不正之风；

（3）严格按国家规范、标准监理工程，对工作严肃认真，一丝不苟；

（4）努力钻研监理业务，坚持科学的工作态度，对工程以科学数据为认定质量的依据；

（5）尊重客观事实，准确反映建设监理情况，及时妥善处理问题；

（6）虚心听取受监单位意见，接受建设管理部门指导，及时总结经验教训，不断提高监理水平。

附件 **2.1**

工程监理企业资质管理规定

中华人民共和国建设部令第 158 号

《工程监理企业资质管理规定》已于 2006 年 12 月 11 日经建设部第 112 次常务会议讨论通过，现予发布，自 2007 年 8 月 1 日起施行。

建设部部长　汪光焘

二〇〇七年六月二十六日

工程监理企业资质管理规定

第一章　总　　则

第一条　为了加强工程监理企业资质管理，规范建设工程监理活动，维护建筑市场秩序，根据《中华人民共和国建筑法》、《中华人民共和国行政许可法》、《建设工程质量管理条例》等法律、行政法规，制定本规定。

第二条　在中华人民共和国境内从事建设工程监理活动，申请工程监理企业资质，实施对工程监理企业资质监督管理，适用本规定。

第三条　从事建设工程监理活动的企业，应当按照本规定取得工程监理企业资质，并在工程监理企业资质证书（以下简称资质证书）许可的范围内从事工程监理活动。

第四条　国务院建设主管部门负责全国工程监理企业资质的统一监督管理工作。国务院铁路、交通、水利、信息产业、民航等有关部门配合国务院建设主管部门实施相关资质类别工程监理企业资质的监督管理工作。

省、自治区、直辖市人民政府建设主管部门负责本行政区域内工程监理企业资质的统一监督管理工作。省、自治区、直辖市人民政府交通、水利、信息产业等有关部门配合同级建设主管部门实施相关资质类别工程监理企业资质的监督管理工作。

第五条　工程监理行业组织应当加强工程监理行业自律管理。鼓励工程监理企业加入工程监理行业组织。

第二章　资质等级和业务范围

第六条　工程监理企业资质分为综合资质、专业资质和事务所资质。其中，专业资质按照工程性质和技术特点划分为若干工程类别。

综合资质、事务所资质不分级别。专业资质分为甲级、乙级；其中，房屋建筑、水利水电、公路和市政公用专业资质可设立丙级。

第七条　工程监理企业的资质等级标准如下：

（一）综合资质标准

1. 具有独立法人资格且注册资本不少于 600 万元。

2. 企业技术负责人应为注册监理工程师，并具有 15 年以上从事工程建设工作的经历或者具有工程类高级职称。

3. 具有 5 个以上工程类别的专业甲级工程监理资质。

4. 注册监理工程师不少于 60 人，注册造价工程师不少于 5 人，一级注册建造师、一级注册建筑师、一级注册结构工程师或者其他勘察设计注册工程师合计不少于 15 人次。

5. 企业具有完善的组织结构和质量管理体系，有健全的技术、档案等管理制度。

6. 企业具有必要的工程试验检测设备。

7. 申请工程监理资质之日前一年内没有本规定第十六条禁止的行为。

8. 申请工程监理资质之日前一年内没有因本企业监理责任

造成重大质量事故。

9. 申请工程监理资质之日前一年内没有因本企业监理责任发生三级以上工程建设重大安全事故或者发生两起以上四级工程建设安全事故

（二）专业资质标准

1. 甲级

（1）具有独立法人资格且注册资本不少于 300 万元。

（2）企业技术负责人应为注册监理工程师，并具有 15 年以上从事工程建设工作的经历或者具有工程类高级职称。

（3）注册监理工程师、注册造价工程师、一级注册建造师、一级注册建筑师、一级注册结构工程师或者其他勘察设计注册工程师合计不少于 25 人次；其中，相应专业注册监理工程师不少于《专业资质注册监理工程师人数配备表》（附表 1）中要求配备的人数，注册造价工程师不少于 2 人。

（4）企业近 2 年内独立监理过 3 个以上相应专业的二级工程项目，但是，具有甲级设计资质或一级及以上施工总承包资质的企业申请本专业工程类别甲级资质的除外。

（5）企业具有完善的组织结构和质量管理体系，有健全的技术、档案等管理制度。

（6）企业具有必要的工程试验检测设备。

（7）申请工程监理资质之日前一年内没有本规定第十六条禁止的行为。

（8）申请工程监理资质之日前一年内没有因本企业监理责任造成重大质量事故。

（9）申请工程监理资质之日前一年内没有因本企业监理责任发生三级以上工程建设重大安全事故或者发生两起以上四级工程建设安全事故。

2. 乙级

（1）具有独立法人资格且注册资本不少于 100 万元。

（2）企业技术负责人应为注册监理工程师，并具有 10 年以上从事工程建设工作的经历。

（3）注册监理工程师、注册造价工程师、一级注册建造师、一级注册建筑师、一级注册结构工程师或者其他勘察设计注册工程师合计不少于15人次。其中，相应专业注册监理工程师不少于《专业资质注册监理工程师人数配备表》（附表1）中要求配备的人数，注册造价工程师不少于1人。

（4）有较完善的组织结构和质量管理体系，有技术、档案等管理制度。

（5）有必要的工程试验检测设备。

（6）申请工程监理资质之日前一年内没有本规定第十六条禁止的行为。

（7）申请工程监理资质之日前一年内没有因本企业监理责任造成重大质量事故。

（8）申请工程监理资质之日前一年内没有因本企业监理责任发生三级以上工程建设重大安全事故或者发生两起以上四级工程建设安全事故。

3. 丙级

（1）具有独立法人资格且注册资本不少于50万元。

（2）企业技术负责人应为注册监理工程师，并具有8年以上从事工程建设工作的经历。

（3）相应专业的注册监理工程师不少于《专业资质注册监理工程师人数配备表》（附表1）中要求配备的人数。

（4）有必要的质量管理体系和规章制度。

（5）有必要的工程试验检测设备。

（三）事务所资质标准

1. 取得合伙企业营业执照，具有书面合作协议书。

2. 合伙人中有3名以上注册监理工程师，合伙人均有5年以上从事建设工程监理的工作经历。

3. 有固定的工作场所。

4. 有必要的质量管理体系和规章制度。

5. 有必要的工程试验检测设备。

第八条　工程监理企业资质相应许可的业务范围如下：

（一）综合资质

可以承担所有专业工程类别建设工程项目的工程监理业务。

（二）专业资质

1. 专业甲级资质

可承担相应专业工程类别建设工程项目的工程监理业务（见附表 2）。

2. 专业乙级资质：

可承担相应专业工程类别二级以下（含二级）建设工程项目的工程监理业务（见附表 2）。

3. 专业丙级资质：

可承担相应专业工程类别三级建设工程项目的工程监理业务（见附表 2）。

（三）事务所资质

可承担三级建设工程项目的工程监理业务（见附表 2），但是，国家规定必须实行强制监理的工程除外。

工程监理企业可以开展相应类别建设工程的项目管理、技术咨询等业务。

第三章　资质申请和审批

第九条　申请综合资质、专业甲级资质的，应当向企业工商注册所在地的省、自治区、直辖市人民政府建设主管部门提出申请。

省、自治区、直辖市人民政府建设主管部门应当自受理申请之日起 20 日内初审完毕，并将初审意见和申请材料报国务院建设主管部门。

国务院建设主管部门应当自省、自治区、直辖市人民政府建设主管部门受理申请材料之日起 60 日内完成审查，公示审查意见，公示时间为 10 日。其中，涉及铁路、交通、水利、通信、民航等专业工程监理资质的，由国务院建设主管部门送国务院有关部门审核。国务院有关部门应当在 20 日内审核完毕，并将审核意见报国务院建设主管部门。国务院建设主管部门根据初审意见审批。

第十条　专业乙级、丙级资质和事务所资质由企业所在地省、自治区、直辖市人民政府建设主管部门审批。

专业乙级、丙级资质和事务所资质许可、延续的实施程序由省、自治区、直辖市人民政府建设主管部门依法确定。

省、自治区、直辖市人民政府建设主管部门应当自作出决定之日起 10 日内，将准予资质许可的决定报国务院建设主管部门备案。

第十一条　工程监理企业资质证书分为正本和副本，每套资质证书包括一本正本，四本副本。正、副本具有同等法律效力。

工程监理企业资质证书的有效期为 5 年。

工程监理企业资质证书由国务院建设主管部门统一印制并发放。

第十二条　申请工程监理企业资质，应当提交以下材料：

（一）工程监理企业资质申请表（一式三份）及相应电子文档；

（二）企业法人、合伙企业营业执照；

（三）企业章程或合伙人协议；

（四）企业法定代表人、企业负责人和技术负责人的身份证明、工作简历及任命（聘用）文件；

（五）工程监理企业资质申请表中所列注册监理工程师及其他注册执业人员的注册执业证书；

（六）有关企业质量管理体系、技术和档案等管理制度的证明材料；

（七）有关工程试验检测设备的证明材料。

取得专业资质的企业申请晋升专业资质等级或者取得专业甲级资质的企业申请综合资质的，除前款规定的材料外，还应当提交企业原工程监理企业资质证书正、副本复印件，企业《监理业务手册》及近两年已完成代表工程的监理合同、监理规划、工程竣工验收报告及监理工作总结。

第十三条　资质有效期届满，工程监理企业需要继续从事工程监理活动的，应当在资质证书有效期届满 60 日前，向原资质许可机关申请办理延续手续。

对在资质有效期内遵守有关法律、法规、规章、技术标准，信用档案中无不良记录，且专业技术人员满足资质标准要求的企业，经资质许可机关同意，有效期延续 5 年。

第十四条 工程监理企业在资质证书有效期内名称、地址、注册资本、法定代表人等发生变更的，应当在工商行政管理部门办理变更手续后 30 日内办理资质证书变更手续。

涉及综合资质、专业甲级资质证书中企业名称变更的，由国务院建设主管部门负责办理，并自受理申请之日起 3 日内办理变更手续。

前款规定以外的资质证书变更手续，由省、自治区、直辖市人民政府建设主管部门负责办理。省、自治区、直辖市人民政府建设主管部门应当自受理申请之日起 3 日内办理变更手续，并在办理资质证书变更手续后 15 日内将变更结果报国务院建设主管部门备案。

第十五条 申请资质证书变更，应当提交以下材料：

（一）资质证书变更的申请报告；

（二）企业法人营业执照副本原件；

（三）工程监理企业资质证书正、副本原件。

工程监理企业改制的，除前款规定材料外，还应当提交企业职工代表大会或股东大会关于企业改制或股权变更的决议、企业上级主管部门关于企业申请改制的批复文件。

第十六条 工程监理企业不得有下列行为：

（一）与建设单位串通投标或者与其他工程监理企业串通投标，以行贿手段谋取中标；

（二）与建设单位或者施工单位串通弄虚作假、降低工程质量；

（三）将不合格的建设工程、建筑材料、建筑构配件和设备按照合格签字；

（四）超越本企业资质等级或以其他企业名义承揽监理业务；

（五）允许其他单位或个人以本企业的名义承揽工程；

（六）将承揽的监理业务转包；

（七）在监理过程中实施商业贿赂；

（八）涂改、伪造、出借、转让工程监理企业资质证书；

（九）其他违反法律法规的行为。

第十七条　工程监理企业合并的，合并后存续或者新设立的工程监理企业可以承继合并前各方中较高的资质等级，但应当符合相应的资质等级条件。

工程监理企业分立的，分立后企业的资质等级，根据实际达到的资质条件，按照本规定的审批程序核定。

第十八条　企业需增补工程监理企业资质证书的（含增加、更换、遗失补办），应当持资质证书增补申请及电子文档等材料向资质许可机关申请办理。遗失资质证书的，在申请补办前应当在公众媒体刊登遗失声明。资质许可机关应当自受理申请之日起3日内予以办理。

第四章　监督管理

第十九条　县级以上人民政府建设主管部门和其他有关部门应当依照有关法律、法规和本规定，加强对工程监理企业资质的监督管理。

第二十条　建设主管部门履行监督检查职责时，有权采取下列措施：

（一）要求被检查单位提供工程监理企业资质证书、注册监理工程师注册执业证书，有关工程监理业务的文档，有关质量管理、安全生产管理、档案管理等企业内部管理制度的文件；

（二）进入被检查单位进行检查，查阅相关资料；

（三）纠正违反有关法律、法规和本规定及有关规范和标准的行为。

第二十一条　建设主管部门进行监督检查时，应当有两名以上监督检查人员参加，并出示执法证件，不得妨碍被检查单位的正常经营活动，不得索取或者收受财物、谋取其他利益。

有关单位和个人对依法进行的监督检查应当协助与配合，不得拒绝或者阻挠。

监督检查机关应当将监督检查的处理结果向社会公布。

第二十二条　工程监理企业违法从事工程监理活动的，违法行为发生地的县级以上地方人民政府建设主管部门应当依法查处，并将违法事实、处理结果或处理建议及时报告该工程监理企业资质的许可机关。

第二十三条　工程监理企业取得工程监理企业资质后不再符合相应资质条件的，资质许可机关根据利害关系人的请求或者依据职权，可以责令其限期改正；逾期不改的，可以撤回其资质。

第二十四条　有下列情形之一的，资质许可机关或者其上级机关，根据利害关系人的请求或者依据职权，可以撤销工程监理企业资质：

（一）资质许可机关工作人员滥用职权、玩忽职守作出准予工程监理企业资质许可的；

（二）超越法定职权作出准予工程监理企业资质许可的；

（三）违反资质审批程序作出准予工程监理企业资质许可的；

（四）对不符合许可条件的申请人作出准予工程监理企业资质许可的；

（五）依法可以撤销资质证书的其他情形。

以欺骗、贿赂等不正当手段取得工程监理企业资质证书的，应当予以撤销。

第二十五条　有下列情形之一的，工程监理企业应当及时向资质许可机关提出注销资质的申请，交回资质证书，国务院建设主管部门应当办理注销手续，公告其资质证书作废：

（一）资质证书有效期届满，未依法申请延续的；

（二）工程监理企业依法终止的；

（三）工程监理企业资质依法被撤销、撤回或吊销的；

（四）法律、法规规定的应当注销资质的其他情形。

第二十六条　工程监理企业应当按照有关规定，向资质许可机关提供真实、准确、完整的工程监理企业的信用档案信息。

工程监理企业的信用档案应当包括基本情况、业绩、工程质量和安全、合同违约等情况。被投诉举报和处理、行政处罚等情况应当作为不良行为记入其信用档案。

工程监理企业的信用档案信息按照有关规定向社会公示，公众有权查阅。

第五章　法 律 责 任

第二十七条　申请人隐瞒有关情况或者提供虚假材料申请工程监理企业资质的，资质许可机关不予受理或者不予行政许可，并给予警告，申请人在 1 年内不得再次申请工程监理企业资质。

第二十八条　以欺骗、贿赂等不正当手段取得工程监理企业资质证书的，由县级以上地方人民政府建设主管部门或者有关部门给予警告，并处 1 万元以上 2 万元以下的罚款，申请人 3 年内不得再次申请工程监理企业资质。

第二十九条　工程监理企业有本规定第十六条第七项、第八项行为之一的，由县级以上地方人民政府建设主管部门或者有关部门予以警告，责令其改正，并处 1 万元以上 3 万元以下的罚款；造成损失的，依法承担赔偿责任；构成犯罪的，依法追究刑事责任。

第三十条　违反本规定，工程监理企业不及时办理资质证书变更手续的，由资质许可机关责令限期办理；逾期不办理的，可处以 1 千元以上 1 万元以下的罚款。

第三十一条　工程监理企业未按照本规定要求提供工程监理企业信用档案信息的，由县级以上地方人民政府建设主管部门予以警告，责令限期改正；逾期未改正的，可处以 1 千元以上 1 万元以下的罚款。

第三十二条　县级以上地方人民政府建设主管部门依法给予

工程监理企业行政处罚的，应当将行政处罚决定以及给予行政处罚的事实、理由和依据，报国务院建设主管部门备案。

第三十三条 县级以上人民政府建设主管部门及有关部门有下列情形之一的，由其上级行政主管部门或者监察机关责令改正，对直接负责的主管人员和其他直接责任人员依法给予处分；构成犯罪的，依法追究刑事责任：

（一）对不符合本规定条件的申请人准予工程监理企业资质许可的；

（二）对符合本规定条件的申请人不予工程监理企业资质许可或者不在法定期限内作出准予许可决定的；

（三）对符合法定条件的申请不予受理或者未在法定期限内初审完毕的；

（四）利用职务上的便利，收受他人财物或者其他好处的；

（五）不依法履行监督管理职责或者监督不力，造成严重后果的。

第六章　附　　则

第三十四条 本规定自 2007 年 8 月 1 日起施行。2001 年 8 月 29 日建设部颁布的《工程监理企业资质管理规定》（建设部令第 102 号）同时废止。

附表 1

专业资质注册监理工程师人数配备表（单位：人）

序号	工程类别	甲级	乙级	丙级
1	房屋建筑工程	15	10	5
2	冶炼工程	15	10	
3	矿山工程	20	12	
4	化工石油工程	15	10	
5	水利水电工程	20	12	5
6	电力工程	15	10	
7	农林工程	15	10	
8	铁路工程	23	14	

续表

序号	工程类别	甲级	乙级	丙级
9	公路工程	20	12	5
10	港口与航道工程	20	12	
11	航天航空工程	20	12	
12	通信工程	20	12	
13	市政公用工程	15	10	5
14	机电安装工程	15	10	

注：表中各专业资质注册监理工程师人数配备是指企业取得本专业工程类别注册的注册监理工程师人数。

附表 2

专业工程类别和等级表

序号	工程类别		一级	二级	三级
一	房屋建筑工程	一般公共建筑	28 层以上；36m 跨度以上（轻钢结构除外）；单项工程建筑面积 3 万 m² 以上	14～28 层；24～36m 跨度（轻钢结构除外）；单项工程建筑面积 1 万～3 万 m²	14 层以下；24m 跨度以下（轻钢结构除外）；单项工程建筑面积 1 万 m² 以下
		高耸构筑工程	高度 120m 以上	高度 70～120m	高度 70m 以下
		住宅工程	小区建筑面积 12 万 m² 以上；单项工程 28 层以上	建筑面积 6 万～12 万 m²；单项工程 14～28 层	建筑面积 6 万 m² 以下；单项工程 14 层以下
二	冶炼工程	钢铁冶炼、连铸工程	年产 100 万 t 以上；单座高炉炉容 1250m³ 以上；单座公称容量转炉 100t 以上；电炉 50t 以上；连铸年产 100 万 t 以上或板坯连铸单机 1450mm 以上	年产 100 万 t 以下；单座高炉炉容 1250m³ 以下；单座公称容量转炉 100t 以下；电炉 50t 以下；连铸年产 100 万 t 以下或板坯连铸单机 1450mm 以下	

序号	工程类别		一级	二级	三级
二	冶炼工程	轧钢工程	热轧年产100万t以上，装备连续、半连续轧机；冷轧带板年产100万t以上，冷轧线材年产30万t以上或装备连续、半连续轧机	热轧年产100万t以下，装备连续、半连续轧机；冷轧带板年产100万t以下，冷轧线材年产30万t以下或装备连续、半连续轧机	
		冶炼辅助工程	炼焦工程年产50万t以上或炭化室高度4.3m以上；单台烧结机100m² 以上；小时制氧300m³ 以上	炼焦工程年产50万t以下或炭化室高度4.3m以下；单台烧结机100m² 以下；小时制氧300m³ 以下	
		有色冶炼工程	有色冶炼年产10万t以上；有色金属加工年产5万t以上；氧化铝工程40万t以上	有色冶炼年产10万t以下；有色金属加工年产5万t以下；氧化铝工程40万t以下	
		建材工程	水泥日产2000t以上；浮化玻璃日熔量400t以上；池窑拉丝玻璃纤维、特种纤维；特种陶瓷生产线工程	水泥日产2000t以下；浮化玻璃日熔量400t以下；普通玻璃生产线；组合炉拉丝玻璃纤维；非金属材料、玻璃钢、耐火材料、建筑及卫生陶瓷厂工程	

续表

序号	工程类别		一级	二级	三级
三	矿山工程	煤矿工程	年产 120 万 t 以上的井工矿工程；年产 120 万 t 以上的洗选煤工程；深度 800m 以上的立井井筒工程；年产 400 万 t 以上的露天矿山工程	年产 120 万 t 以下的井工矿工程；年产 120 万 t 以下的洗选煤工程；深度 800m 以下的立井井筒工程；年产 400 万 t 以下的露天矿山工程	
		冶金矿山工程	年产 100 万 t 以上的黑色矿山采选工程；年产 100 万 t 以上的有色砂矿采、选工程；年产 60 万 t 以上的有色脉矿采、选工程	年产 100 万 t 以下的黑色矿山采选工程；年产 100 万 t 以下的有色砂矿采、选工程；年产 60 万 t 以下的有色脉矿采、选工程	
		化工矿山工程	年产 60 万 t 以上的磷矿、硫铁矿工程	年产 60 万 t 以下的磷矿、硫铁矿工程	
		铀矿工程	年产 10 万 t 以上的铀矿；年产 200t 以上的铀选冶	年产 10 万 t 以下的铀矿；年产 200t 以下的铀选冶	
		建材类非金属矿工程	年产 70 万 t 以上的石灰石矿；年产 30 万 t 以上的石膏矿、石英砂岩矿	年产 70 万 t 以下的石灰石矿；年产 30 万 t 以下的石膏矿、石英砂岩矿	

续表

序号	工程类别		一级	二级	三级
四	化工石油工程	油田工程	原油处理能力 150 万 t/年以上、天然气处理能力 150 万方/d 以上、产能 50 万 t 以上及配套设施	原油处理能力 150 万 t/年以下、天然气处理能力 150 万方/d 以下、产能 50 万 t 以下及配套设施	
		油气储运工程	压力容器 8MPa 以上；油气储罐 10 万 m³/台以上；长输管道 120km 以上	压力容器 8MPa 以下；油气储罐 10 万 m³/台以下；长输管道 120km 以下	
		炼油化工工程	原油处理能力在 500 万 t/年以上的一次加工及相应二次加工装置和后加工装置	原油处理能力在 500 万 t/年以下的一次加工及相应二次加工装置和后加工装置	
		基本原材料工程	年产 30 万 t 以上的乙烯工程；年产 4 万 t 以上的合成橡胶、合成树脂及塑料和化纤工程	年产 30 万 t 以下的乙烯工程；年产 4 万 t 以下的合成橡胶、合成树脂及塑料和化纤工程	
		化肥工程	年产 20 万 t 以上合成氨及相应后加工装置；年产 24 万 t 以上磷氨工程	年产 20 万 t 以下合成氨及相应后加工装置；年产 24 万 t 以下磷氨工程	
		酸碱工程	年产硫酸 16 万 t 以上；年产烧碱 8 万 t 以上；年产纯碱 40 万 t 以上	年产硫酸 16 万 t 以下；年产烧碱 8 万 t 以下；年产纯碱 40 万 t 以下	

续表

序号	工程类别		一级	二级	三级
四	化工石油工程	轮胎工程	年产 30 万套以上	年产 30 万套以下	
		核化工及加工工程	年产 1000t 以上的铀转换化工工程；年产 100t 以上的铀浓缩工程；总投资 10 亿元以上的乏燃料后处理工程；年产 200t 以上的燃料元件加工工程；总投资 5000 万元以上的核技术及同位素应用工程	年产 1000t 以下的铀转换化工工程；年产 100t 以下的铀浓缩工程；总投资 10 亿元以下的乏燃料后处理工程；年产 200t 以下的燃料元件加工工程；总投资 5000 万元以下的核技术及同位素应用工程	
		医药及其他化工工程	总投资 1 亿元以上	总投资 1 亿元以下	
五	水利水电工程	水库工程	总库容 1 亿 m³ 以上	总库容 1 千万～1 亿 m³	总库容 1 千万 m³ 以下
		水力发电站工程	总装机容量 300MW 以上	总装机容量 50～300MW	总装机容量 50MW 以下
		其他水利工程	引调水堤防等级 1 级；灌溉排涝流量 5m³/s 以上；河道整治面积 30 万亩以上；城市防洪城市人口 50 万人以上；围垦面积 5 万亩以上；水土保持综合治理面积 1000 平方公里以上	引调水堤防等级 2、3 级；灌溉排涝流量 0.5～5m³/s；河道整治面积 3 万～30 万亩；城市防洪城市人口 20 万～50 万人；围垦面积 0.5 万～5 万亩；水土保持综合治理面积 100～1000 平方公里	引调水堤防等级 4、5 级；灌溉排涝流量 0.5m³/s 以下；河道整治面积 3 万亩以下；城市防洪城市人口 20 万人以下；围垦面积 0.5 万亩以下；水土保持综合治理面积 100 平方公里以下

续表

序号	工程类别		一级	二级	三级
六	电力工程	火力发电站工程	单机容量 30 万 kW 以上	单机容量 30 万 kW 以下	
		输变电工程	330kV 以上	330kV 以下	
		核电工程	核电站；核反应堆工程		
七	农林工程	林业局（场）总体工程	面积 35 万公顷以上	面积 35 万公顷以下	
		林产工业工程	总投资 5000 万元以上	总投资 5000 万元以下	
		农业综合开发工程	总投资 3000 万元以上	总投资 3000 万元以下	
		种植业工程	2 万亩以上或总投资 1500 万元以上；	2 万亩以下或总投资 1500 万元以下	
		兽医/畜牧工程	总投资 1500 万元以上	总投资 1500 万元以下	
		渔业工程	渔港工程总投资 3000 万元以上；水产养殖等其他工程总投资 1500 万元以上	渔港工程总投资 3000 万元以下；水产养殖等其他工程总投资 1500 万元以下	
		设施农业工程	设施园艺工程 1 公顷以上；农产品加工等其他工程总投资 1500 万元以上	设施园艺工程 1 公顷以下；农产品加工等其他工程总投资 1500 万元以下	
		核设施退役及放射性三废处理处置工程	总投资 5000 万元以上	总投资 5000 万元以下	

续表

序号	工程类别		一级	二级	三级
八	铁路工程	铁路综合工程	新建、改建一级干线；单线铁路 40km 以上；双线 30km 以上及枢纽	单线铁路 40km 以下；双线 30km 以下；二级干线及站线；专用线、专用铁路	
		铁路桥梁工程	桥长 500m 以上	桥长 500m 以下	
		铁路隧道工程	单线 3000m 以上；双线 1500m 以上	单线 3000m 以下；双线 1500m 以下	
		铁路通信、信号、电力电气化工程	新建、改建铁路（含枢纽、配、变电所、分区亭）单双线 200km 及以上	新建、改建铁路（不含枢纽、配、变电所、分区亭）单双线 200km 及以下	
九	公路工程	公路工程	高速公路	高速公路路基工程及一级公路	一级公路路基工程及二级以下各级公路
		公路桥梁工程	独立大桥工程；特大桥总长 1000m 以上或单跨跨径 150m 以上	大桥、中桥桥梁总长 30～1000m 或单跨跨径 20～150m	小桥总长 30m 以下或单跨跨径 20m 以下；涵洞工程
		公路隧道工程	隧道长度 1000m 以上	隧道长度 500～1000m	隧道长度 500m 以下
		其他工程	通信、监控、收费等机电工程，高速公路交通安全设施、环保工程和沿线附属设施	一级公路交通安全设施、环保工程和沿线附属设施	二级及以下公路交通安全设施、环保工程和沿线附属设施

续表

序号	工程类别	一级	二级	三级
十	港口与航道工程	港口工程	集装箱、件杂、多用途等沿海港口工程20000t级以上；散货、原油沿海港口工程30000t级以上；1000t级以上内河港口工程	集装箱、件杂、多用途等沿海港口工程20000t级以下；散货、原油沿海港口工程30000t级以下；1000t级以下内河港口工程	
		通航建筑与整治工程	1000t级以上	1000t级以下	
		航道工程	通航30000t级以上船舶沿海复杂航道；通航1000t级以上船舶的内河航运工程项目	通航30000t级以下船舶沿海航道；通航1000t级以下船舶的内河航运工程项目	
		修造船水工工程	10000t位以上的船坞工程；船体重量5000t位以上的船台、滑道工程	10000t位以下的船坞工程；船体重量5000t位以下的船台、滑道工程	
		防波堤、导流堤等水工工程	最大水深6m以上	最大水深6m以下	
		其他水运工程项目	建安工程费6000万元以上的沿海水运工程项目；建安工程费4000万元以上的内河水运工程项目	建安工程费6000万元以下的沿海水运工程项目；建安工程费4000万元以下的内河水运工程项目	

续表

序号	工程类别		一级	二级	三级
十一	航天航空工程	民用机场工程	飞行区指标为 4E 及以上及其配套工程	飞行区指标为 4D 及以下及其配套工程	
		航空飞行器	航空飞行器（综合）工程总投资 1 亿元以上；航空飞行器（单项）工程总投资 3000 万元以上	航空飞行器（综合）工程总投资 1 亿元以下；航空飞行器（单项）工程总投资 3000 万元以下	
		航天空间飞行器	工程总投资 3000 万元以上；面积 3000m² 以上；跨度 18m 以上	工程总投资 3000 万元以下；面积 3000m² 以下；跨度 18m 以下	
十二	通信工程	有线、无线传输通信工程，卫星、综合布线	省际通信、信息网络工程	省内通信、信息网络工程	
		邮政、电信、广播枢纽及交换工程	省会城市邮政、电信枢纽	地市级城市邮政、电信枢纽	
		发射台工程	总发射功率 500kW 以上短波或 600kW 以上中波发射台；高度 200m 以上广播电视发射塔	总发射功率 500kW 以下短波或 600kW 以下中波发射台；高度 200m 以下广播电视发射塔	

续表

序号	工程类别		一级	二级	三级
十三	市政公用工程	城市道路工程	城市快速路、主干路，城市互通式立交桥及单孔跨径100m以上桥梁；长度1000m以上的隧道工程	城市次干路工程，城市分离式立交桥及单孔跨径100m以下的桥梁；长度1000m以下的隧道工程	城市支路工程、过街天桥及地下通道工程
		给水排水工程	10万t/d以上的给水厂；5万t/d以上污水处理工程；3m³/s以上的给水、污水泵站；15m³/s以上的雨泵站；直径2.5m以上的给排水管道	2万～10万t/d的给水厂；1万～5万t/d污水处理工程；1～3m³/s的给水、污水泵站；5～15m³/s的雨泵站；直径1～2.5m的给水管道；直径1.5～2.5m的排水管道	2万t/d以下的给水厂；1万t/d以下污水处理工程；1m³/s以下的给水、污水泵站；5m³/s以下的雨泵站；直径1m以下的给水管道；直径1.5m以下的排水管道
		燃气热力工程	总储存容积1000m³以上液化气贮罐场（站）；供气规模15万m³/d以上的燃气工程；中压以上的燃气管道、调压站；供热面积150万m²以上的热力工程	总储存容积1000m³以下的液化气贮罐场（站）；供气规模15万m³/d以下的燃气工程；中压以下的燃气管道、调压站；供热面积50万～150万m²的热力工程	供热面积50万m²以下的热力工程
		垃圾处理工程	1200t/d以上的垃圾焚烧和填埋工程。	500～1200t/d的垃圾焚烧及填埋工程	500t/d以下的垃圾焚烧及填埋工程

续表

序号	工程类别		一级	二级	三级
十三	市政公用工程	地铁轻轨工程	各类地铁轻轨工程。		
		风景园林工程	总投资 3000 万元以上	总投资 1000 万～3000 万元	总投资 1000 万元以下
十四	机电安装工程	机械工程	总投资 5000 万元以上	总投资 5000 万元以下	
		电子工程	总投资 1 亿元以上；含有净化级别 6 级以上的工程	总投资 1 亿元以下；含有净化级别 6 级以下的工程	
		轻纺工程	总投资 5000 万元以上	总投资 5000 万元以下	
		兵器工程	建安工程费 3000 万元以上的坦克装甲车辆、炸药、弹箭工程；建安工程费 2000 万元以上的枪炮、光电工程；建安工程费 1000 万元以上的防化民爆工程	建安工程费 3000 万元以下的坦克装甲车辆、炸药、弹箭工程；建安工程费 2000 万元以下的枪炮、光电工程；建安工程费 1000 万元以下的防化民爆工程	
		船舶工程	船舶制造工程总投资 1 亿元以上；船舶科研、机械、修理工程总投资 5000 万元以上	船舶制造工程总投资 1 亿元以下；船舶科研、机械、修理工程总投资 5000 万元以下	
		其他工程	总投资 5000 万元以上	总投资 5000 万元以下	

注：1. 表中的"以上"含本数，"以下"不含本数。
　　2. 未列入本表中的其他专业工程，由国务院有关部门按照有关规定在相应的工程类别中划分等级。
　　3. 房屋建筑工程包括结合城市建设与民用建筑修建的附建人防工程。

附件 2.2

注册监理工程师管理规定

中华人民共和国建设部令
第 147 号

《注册监理工程师管理规定》已于 2005 年 12 月 31 日经建设部第 83 次常务会议讨论通过，现予发布，自 2006 年 4 月 1 日起施行。

建设部部长　汪光焘

二〇〇六年一月二十六日

注册监理工程师管理规定

第一章　总　　则

第一条　为了加强对注册监理工程师的管理，维护公共利益和建筑市场秩序，提高工程监理质量与水平，根据《中华人民共和国建筑法》、《建设工程质量管理条例》等法律法规，制定本规定。

第二条　中华人民共和国境内注册监理工程师的注册、执业、继续教育和监督管理，适用本规定。

第三条　本规定所称注册监理工程师，是指经考试取得中华人民共和国监理工程师资格证书（以下简称资格证书），并按照本规定注册，取得中华人民共和国注册监理工程师注册执业证书（以下简称注册证书）和执业印章，从事工程监理及相关业务活动的专业技术人员。

未取得注册证书和执业印章的人员，不得以注册监理工程师的名义从事工程监理及相关业务活动。

第四条 国务院建设主管部门对全国注册监理工程师的注册、执业活动实施统一监督管理。

县级以上地方人民政府建设主管部门对本行政区域内的注册监理工程师的注册、执业活动实施监督管理。

第二章 注 册

第五条 注册监理工程师实行注册执业管理制度。

取得资格证书的人员，经过注册方能以注册监理工程师的名义执业。

第六条 注册监理工程师依据其所学专业、工作经历、工程业绩，按照《工程监理企业资质管理规定》划分的工程类别，按专业注册。每人最多可以申请两个专业注册。

第七条 取得资格证书的人员申请注册，由省、自治区、直辖市人民政府建设主管部门初审，国务院建设主管部门审批。

取得资格证书并受聘于一个建设工程勘察、设计、施工、监理、招标代理、造价咨询等单位的人员，应当通过聘用单位向单位工商注册所在地的省、自治区、直辖市人民政府建设主管部门提出注册申请；省、自治区、直辖市人民政府建设主管部门受理后提出初审意见，并将初审意见和全部申报材料报国务院建设主管部门审批；符合条件的，由国务院建设主管部门核发注册证书和执业印章。

第八条 省、自治区、直辖市人民政府建设主管部门在收到申请人的申请材料后，应当即时作出是否受理的决定，并向申请人出具书面凭证；申请材料不齐全或者不符合法定形式的，应当在 5 日内一次性告知申请人需要补正的全部内容。逾期不告知的，自收到申请材料之日起即为受理。

对申请初始注册的，省、自治区、直辖市人民政府建设主管部门应当自受理申请之日起 20 日内审查完毕，并将申请材料和初审意见报国务院建设主管部门。国务院建设主管部门自收到省、自治区、直辖市人民政府建设主管部门上报材料之日起，应当在 20 日内审批完毕并作出书面决定，并自作出决定之日起 10 日内，在公众媒体上公告审批结果。

对申请变更注册、延续注册的，省、自治区、直辖市人民政府建设主管部门应当自受理申请之日起 5 日内审查完毕，并将申请材料和初审意见报国务院建设主管部门。国务院建设主管部门自收到省、自治区、直辖市人民政府建设主管部门上报材料之日起，应当在 10 日内审批完毕并作出书面决定。

对不予批准的，应当说明理由，并告知申请人享有依法申请行政复议或者提起行政诉讼的权利。

第九条　注册证书和执业印章是注册监理工程师的执业凭证，由注册监理工程师本人保管、使用。

注册证书和执业印章的有效期为 3 年。

第十条　初始注册者，可自资格证书签发之日起 3 年内提出申请。逾期未申请者，须符合继续教育的要求后方可申请初始注册。

申请初始注册，应当具备以下条件：

（一）经全国注册监理工程师执业资格统一考试合格，取得资格证书；

（二）受聘于一个相关单位；

（三）达到继续教育要求；

（四）没有本规定第十三条所列情形。

初始注册需要提交下列材料：

（一）申请人的注册申请表；

（二）申请人的资格证书和身份证复印件；

（三）申请人与聘用单位签订的聘用劳动合同复印件；

（四）所学专业、工作经历、工程业绩、工程类中级及中级以上职称证书等有关证明材料；

（五）逾期初始注册的，应当提供达到继续教育要求的证明材料。

第十一条　注册监理工程师每一注册有效期为 3 年，注册有效期满需继续执业的，应当在注册有效期满 30 日前，按照本规定第七条规定的程序申请延续注册。延续注册有效期 3 年。延续注册需要提交下列材料：

（一）申请人延续注册申请表；

（二）申请人与聘用单位签订的聘用劳动合同复印件；

（三）申请人注册有效期内达到继续教育要求的证明材料。

第十二条　在注册有效期内，注册监理工程师变更执业单位，应当与原聘用单位解除劳动关系，并按本规定第七条规定的程序办理变更注册手续，变更注册后仍延续原注册有效期。

变更注册需要提交下列材料：

（一）申请人变更注册申请表；

（二）申请人与新聘用单位签订的聘用劳动合同复印件；

（三）申请人的工作调动证明（与原聘用单位解除聘用劳动合同或者聘用劳动合同到期的证明文件、退休人员的退休证明）。

第十三条　申请人有下列情形之一的，不予初始注册、延续注册或者变更注册：

（一）不具有完全民事行为能力的；

（二）刑事处罚尚未执行完毕或者因从事工程监理或者相关业务受到刑事处罚，自刑事处罚执行完毕之日起至申请注册之日止不满 2 年的；

（三）未达到监理工程师继续教育要求的；

（四）在两个或者两个以上单位申请注册的；

（五）以虚假的职称证书参加考试并取得资格证书的；

（六）年龄超过 65 周岁的；

（七）法律、法规规定不予注册的其他情形。

第十四条　注册监理工程师有下列情形之一的，其注册证书和执业印章失效：

（一）聘用单位破产的；

（二）聘用单位被吊销营业执照的；

（三）聘用单位被吊销相应资质证书的；

（四）已与聘用单位解除劳动关系的；

（五）注册有效期满且未延续注册的；

（六）年龄超过 65 周岁的；

（七）死亡或者丧失行为能力的；

（八）其他导致注册失效的情形。

第十五条　注册监理工程师有下列情形之一的，负责审批的部门应当办理注销手续，收回注册证书和执业印章或者公告其注册证书和执业印章作废：

（一）不具有完全民事行为能力的；

（二）申请注销注册的；

（三）有本规定第十四条所列情形发生的；

（四）依法被撤销注册的；

（五）依法被吊销注册证书的；

（六）受到刑事处罚的；

（七）法律、法规规定应当注销注册的其他情形。

注册监理工程师有前款情形之一的，注册监理工程师本人和聘用单位应当及时向国务院建设主管部门提出注销注册的申请；有关单位和个人有权向国务院建设主管部门举报；县级以上地方人民政府建设主管部门或者有关部门应当及时报告或者告知国务院建设主管部门。

第十六条　被注销注册者或者不予注册者，在重新具备初始注册条件，并符合继续教育要求后，可以按照本规定第七条规定的程序重新申请注册。

第三章　执　　业

第十七条　取得资格证书的人员，应当受聘于一个具有建设工程勘察、设计、施工、监理、招标代理、造价咨询等一项或者多项资质的单位，经注册后方可从事相应的执业活动。从事工程监理执业活动的，应当受聘并注册于一个具有工程监理资质的单位。

第十八条 注册监理工程师可以从事工程监理、工程经济与技术咨询、工程招标与采购咨询、工程项目管理服务以及国务院有关部门规定的其他业务。

第十九条 工程监理活动中形成的监理文件由注册监理工程师按照规定签字盖章后方可生效。

第二十条 修改经注册监理工程师签字盖章的工程监理文件，应当由该注册监理工程师进行；因特殊情况，该注册监理工程师不能进行修改的，应当由其他注册监理工程师修改，并签字、加盖执业印章，对修改部分承担责任。

第二十一条 注册监理工程师从事执业活动，由所在单位接受委托并统一收费。

第二十二条 因工程监理事故及相关业务造成的经济损失，聘用单位应当承担赔偿责任；聘用单位承担赔偿责任后，可依法向负有过错的注册监理工程师追偿。

第四章 继续教育

第二十三条 注册监理工程师在每一注册有效期内应当达到国务院建设主管部门规定的继续教育要求。继续教育作为注册监理工程师逾期初始注册、延续注册和重新申请注册的条件之一。

第二十四条 继续教育分为必修课和选修课，在每一注册有效期内各为 48 学时。

第五章 权利和义务

第二十五条 注册监理工程师享有下列权利：

（一）使用注册监理工程师称谓；

（二）在规定范围内从事执业活动；

（三）依据本人能力从事相应的执业活动；

（四）保管和使用本人的注册证书和执业印章；

（五）对本人执业活动进行解释和辩护；

（六）接受继续教育；

（七）获得相应的劳动报酬；

（八）对侵犯本人权利的行为进行申诉。

第二十六条　注册监理工程师应当履行下列义务：

（一）遵守法律、法规和有关管理规定；

（二）履行管理职责，执行技术标准、规范和规程；

（三）保证执业活动成果的质量，并承担相应责任；

（四）接受继续教育，努力提高执业水准；

（五）在本人执业活动所形成的工程监理文件上签字、加盖执业印章；

（六）保守在执业中知悉的国家秘密和他人的商业、技术秘密；

（七）不得涂改、倒卖、出租、出借或者以其他形式非法转让注册证书或者执业印章；

（八）不得同时在两个或者两个以上单位受聘或者执业；

（九）在规定的执业范围和聘用单位业务范围内从事执业活动；

（十）协助注册管理机构完成相关工作。

第六章　法　律　责　任

第二十七条　隐瞒有关情况或者提供虚假材料申请注册的，建设主管部门不予受理或者不予注册，并给予警告，1 年之内不得再次申请注册。

第二十八条　以欺骗、贿赂等不正当手段取得注册证书的，由国务院建设主管部门撤销其注册，3 年内不得再次申请注册，并由县级以上地方人民政府建设主管部门处以罚款，其中没有违法所得的，处以 1 万元以下罚款，有违法所得的，处以违法所得 3 倍以下且不超过 3 万元的罚款；构成犯罪的，依法追究刑事责任。

第二十九条　违反本规定，未经注册，擅自以注册监理工程师的名义从事工程监理及相关业务活动的，由县级以上地方人民政府建设主管部门给予警告，责令停止违法行为，处以 3 万元以下罚款；造成损失的，依法承担赔偿责任。

第三十条　违反本规定，未办理变更注册仍执业的，由县级以上地方人民政府建设主管部门给予警告，责令限期改正；逾期不改的，可处以 5000 元以下的罚款。

第三十一条　注册监理工程师在执业活动中有下列行为之一的，由县级以上地方人民政府建设主管部门给予警告，责令其改正，没有违法所得的，处以 1 万元以下罚款，有违法所得的，处以违法所得 3 倍以下且不超过 3 万元的罚款；造成损失的，依法承担赔偿责任；构成犯罪的，依法追究刑事责任：

（一）以个人名义承接业务的；

（二）涂改、倒卖、出租、出借或者以其他形式非法转让注册证书或者执业印章的；

（三）泄露执业中应当保守的秘密并造成严重后果的；

（四）超出规定执业范围或者聘用单位业务范围从事执业活动的；

（五）弄虚作假提供执业活动成果的；

（六）同时受聘于两个或者两个以上的单位，从事执业活动的；

（七）其他违反法律、法规、规章的行为。

第三十二条　有下列情形之一的，国务院建设主管部门依据职权或者根据利害关系人的请求，可以撤销监理工程师注册：

（一）工作人员滥用职权、玩忽职守颁发注册证书和执业印章的；

（二）超越法定职权颁发注册证书和执业印章的；

（三）违反法定程序颁发注册证书和执业印章的；

（四）对不符合法定条件的申请人颁发注册证书和执业印章的；

（五）依法可以撤销注册的其他情形。

第三十三条　县级以上人民政府建设主管部门的工作人员，在注册监理工程师管理工作中，有下列情形之一的，依法给予处分；构成犯罪的，依法追究刑事责任：

（一）对不符合法定条件的申请人颁发注册证书和执业印章的；

（二）对符合法定条件的申请人不予颁发注册证书和执业印章的；

（三）对符合法定条件的申请人未在法定期限内颁发注册证书和执业印章的；

（四）对符合法定条件的申请不予受理或者未在法定期限内初审完毕的；

（五）利用职务上的便利，收受他人财物或者其他好处的；

（六）不依法履行监督管理职责，或者发现违法行为不予查处的。

第七章　附　　则

第三十四条　注册监理工程师资格考试工作按照国务院建设主管部门、国务院人事主管部门的有关规定执行。

第三十五条　香港特别行政区、澳门特别行政区、台湾地区及外籍专业技术人员，申请参加注册监理工程师注册和执业的管理办法另行制定。

第三十六条　本规定自 2006 年 4 月 1 日起施行。1992 年 6 月 4 日建设部颁布的《监理工程师资格考试和注册试行办法》（建设部令第 18 号）同时废止。

附件 2.3

国家发展改革委、建设部关于印发《建设工程监理与相关服务收费管理规定》的通知

发改价格〔2007〕670 号

国务院有关部门，各省、自治区、直辖市发展改革委、物价局、建设厅（委）：

为规范建设工程监理及相关服务收费行为，维护委托双方合法权益，促进工程监理行业健康发展，我们制定了《建设工程监理与相关服务收费管理规定》，现印发给你们，自 2007 年 5 月 1 日起执行。原国家物价局、建设部下发的《关于发布工程建设监理费有关规定的通知》（〔1992〕价费字 479 号）自本规定生效之日起废止。

二〇〇七年三月三十日

建设工程监理与相关服务收费管理规定

第一条　为规范建设工程监理与相关服务收费行为，维护发包人和监理人的合法权益，根据《中华人民共和国价格法》及有关法律、法规，制定本规定。

第二条　建设工程监理与相关服务，应当遵循公开、公平、公正、自愿和诚实信用的原则。依法须招标的建设工程，应通过招标方式确定监理人。监理服务招标应优先考虑监理单位的资信程度、监理方案的优劣等技术因素。

第三条　发包人和建立人应当遵守国家有关价格法律法规的规定，接受政府价格主管部门的监督、管理。

第四条　建设工程监理与相关服务收费根据建设项目性质不

同情况，分别实行政府指导价或市场调节价。依法必须实行监理的建设工程施工阶段的监理收费实行政府指导价；其他建设工程施工阶段的监理收费和其他阶段的监理与相关服务收费实行市场调节价。

第五条 实行政府指导价的建设工程施工阶段监理收费，其基准价根据《建设工程监理与相关服务收费标准》计算，浮动幅度为上下 20%。发包人和监理人应当根据建设工程的实际情况在规定的浮动幅度内协商确定收费额。实行市场调节价的建设工程监理与相关服务收费，由发包人和监理人协商确定收费额。

第六条 建设工程监理与相关服务收费，应当体现优质优价的原则。在保证工程质量的前提下，由于监理人提供的监理与相关服务节省投资，缩短工期，取得显著经济效益的，发包人可根据合同约定奖励监理人。

第七条 监理人应当按照《关于商品和服务实行明码标价的规定》，告知发包人有关服务项目、服务内容、服务质量、收费依据，以及收费标准。

第八条 建设工程监理与相关服务的内容、质量要求和相应的收费金额以及支付方式，由发包人和监理人在监理与相关服务合同中约定。

第九条 监理人提供的监理与相关服务，应当符合国家有关法律、法规和标准规范，满足合同约定的服务内容和质量等要求。监理人不得违反标准规范规定或合同约定，通过降低服务质量、减少服务内容等手段进行恶性竞争，扰乱正常市场秩序。

第十条 由于非监理人原因造成建设工程监理与相关服务工作量增加或减少的，发包人应当按照合同约定与监理人协商另行支付或扣减相应的监理与相关服务费用。

第十一条 由于监理人原因造成监理与相关服务工作量增加的，发包人不另行支付监理与相关服务费用。

监理人提供的监理与相关服务不符合国家有关法律、法规和标准规范的，提供的监理服务人员、执业水平和服务时间未达到监理工作要求的，不能满足合同约定的服务内容和质量等要求的，发包人可按合同约定扣减相应的监理与相关服务费用。

由于监理人工作失误给发包人造成经济损失的，监理人应当按照合同约定依法承担相应赔偿责任。

第十二条　违反本规定和国家有关价格法律、法规规定的，由政府价格主管部门依据《中华人民共和国价格法》、《价格违法行为行政处罚规定》予以处罚。

第十三条　本规定及所附《建设工程监理与相关服务收费标准》，由国家发展改革委会同建设部负责解释。

第十四条　本规定自 2007 年 5 月 1 日其施行，规定生效之日前已签订服务合同及在建项目的相关收费不再调整。原国家物价局与建设部联合发布的《关于发布工程建设监理费有关规定的通知》（〔1992〕价费字 479 号）同时废止。国务院有关部门及各地制定的相关规定与本规定相抵触的，以本规定为准。

附件：建设工程监理与相关服务收费标准。

附件：

建设工程监理与相关服务收费标准

1　总　　则

1.0.1　建设工程监理与相关服务是指监理人接受发包人的委托，提供建设工程施工阶段的质量、进度、费用控制管理和安全生产监督管理、合同、信息等方面协调管理服务，以及勘察、设计、保修等阶段的相关服务；各阶段的工作内容见《建设工程监理与相关服务的主要工作内容》（附表一）。

1.0.2　建设工程监理与相关服务收费包括建设工程施工阶段的工程监理（以下简称"施工监理"）服务收费和勘察、设计、保修等阶段的相关服务（以下简称"其他阶段的相关服务"）收费。

1.0.3　铁路、水运、公路、水电、水库工程的施工监理服务收费按建筑安装工程费分档定额计费方式计算收费。其他工程的施工监理服务收费按照建设项目工程概算投资额分档定额计费方式计算收费。

1.0.4　其他阶段的相关服务收费一般按相关服务工作所需工日和《建设工程监理与相关服务人员人工日费用标准》（附表四）收费。

1.0.5　施工监理服务收费按照下列公式计算：

（1）施工监理服务收费＝施工监理服务收费基准价×（1±浮动幅度值）

（2）施工监理服务收费基准价＝施工监理服务收费基价×专业调整系数×工程复杂程度调整系数×高程调整系数

1.0.6　施工监理服务收费基价

施工监理服务收费基价是完成国家法律法规、规范规定的施工阶段监理基本服务内容的价格。施工监理服务收费基价按《施工监理服务收费基价表》(附表二) 确定, 计费额处于两个数值区间的, 采用直线内插法确定施工监理服务收费基价。

1.0.7　施工监理服务收费基价

施工监理服务收费基价是完成国家法律法规、行业规范规定的基价和 1.0.5 (2) 计算出的施工监理服务基准收费额。发包人与监理人根据项目的实际情况, 在规定的浮动幅度范围内协商确定施工监理服务收费合同额。

1.0.8　施工监理服务收费的计费额

施工监理服务收费以建设项目工程概算投资额分档定额计费方式收费的, 其计费额为工程概算中的建筑安装工程费、设备购置费和联合试运转费之和, 即工程概算投资额。对设备购置费和联合试运转费占工程概算投资额 40% 以上的工程项目, 其建筑安装工程费全部计入计费额, 设备购置费和联合试运转费按 40% 的比例计入计费额。但其计费额不应小于建筑安装工程费与其相同且设备购置费和联合试运转费等于工程概算投资额 40% 的工程项目的计费额。

工程中有利用原有设备并进行安装调试服务的, 以签订工程监理合同时同类设备的当期价格作为施工监理服务收费的计费额; 工程中有缓配设备的, 应扣除签订监理合同时同类设备的当期价格作为施工监理服务收费的计费额; 工程中有引进设备的, 按照购进设备的离岸价格折换成人民币作为施工监理服务收费的计费额。

施工监理服务收费以建筑安装工程费分档定额计费方式收费的, 其计费额为工程概算中的建筑安装工程费。

作为施工监理服务收费计费额的建设项目工程概算投资额或建筑安装工程费均指每个监理合同中约定的工程项目范围的计费额。

1.0.9　施工监理服务收费调整系数

施工监理服务收费调整系数包括: 专业调整系数、工程复杂程度调整系数和高程调整系数。

(1) 专业调整系数是对不同专业建设工程的施工监理工作复杂程度和工作量差异进行调整的系数。计算施工监理服务收费时，专业调整系数在《施工监理服务收费专业调整系数表》（附表三）中查找确定。

(2) 工程复杂程度调整系数是对同一专业不同建设工程项目的施工监理复杂程度和工作量差异进行调整的系数。工程复杂程度分为一般、较复杂和复杂三个等级，其调整系数分别为：一般（Ⅰ级）0.85；较复杂（Ⅱ级）1.0；复杂（Ⅲ级）1.15。计算施工监理服务收费时，工程复杂程度在相应章节的《工程复杂程度表》（附录）中查找确定。

(3) 高程调整系数如下：

海拔高程 2001m 以下的为 1；

海拔高程 2001～3000m 为 1.1；

海拔高程 3001～3500m 为 1.2；

海拔高程 3501～4000m 为 1.3；

海拔高程 4001m 以上的，高程调整系数由发包人和监理人协商确定。

1.0.10 发包人将施工监理服务中的某一部分工作单独发包给监理人，按照其占施工监理服务工作量的比例计算施工监理服务收费，其中质量控制和安全生产监督管理服务收费不宜低于施工监理服务收费额的 70%。

1.0.11 建设工程项目施工监理服务由两个或者两个以上监理人承担的，各监理人按照其占施工监理服务工作量的比例计算施工监理服务收费。发包人委托其中一个监理人对建设工程项目施工监理服务总负责的，该监理人按照各监理人合计监理服务收费额的 4%～6% 向发包人加收总体协调费。

1.0.12 本收费标准不包括本总则 1.0.1 以外的其他服务收费。其他服务收费，国家有规定的，从其规定；国家没有规定的，由发包人与监理人协商确定。

2　矿山采选工程

2.1　矿山采选工程范围

适用于有色金属、黑色冶金、化学、非金属、黄金、铀、煤炭以及其他矿种采选工程。

2.2　矿山采选工程复杂程度

2.2.1　采矿工程

采矿工程复杂程度表　　　　　　　表 2.2-1

等　级	工程特征
Ⅰ级	1. 地形、地质、水文条件简单 2. 煤层、煤质稳定，全区可采，无岩浆岩侵入，无自然发火的矿井工程 3. 立井筒深<300m，斜井筒斜长<500m 4. 矿田地形为Ⅰ、Ⅱ类，煤层赋存条件属Ⅰ、Ⅱ类，可采煤层2层及以下，煤层埋藏深度<100m，采用单一开采工艺的煤炭露天采矿工程 5. 两种矿石品种，有分采、分贮、分运设施的露天采矿工程 6. 矿体埋藏垂深<120m的山坡与深凹露天矿 7. 矿石品种单一，斜井，平硐溜井，主、副、风井条数<4条的矿井工程
Ⅱ级	1. 地形、地质、水文条件较复杂 2. 低瓦斯、偶见少量岩浆岩、自然发火倾向小的矿井工程 3. 300m≤立井筒垂深<800m，500m≤斜井筒斜长<1000m，表土层厚度<300m 4. 矿田地形为Ⅲ类及以上，煤层赋存条件属Ⅲ类，煤层结构复杂，可采煤层多于2层，煤层埋藏深度≥100m，采用综合开采工艺的煤炭露天采矿工程 5. 有两种矿石品种，主、副、风井条数≥4条，有分采、分贮、分运设施的矿井工程 6. 两种以上开拓运输方式，多采场的露天矿 7. 矿体埋藏垂深≥120m的深凹露天矿 8. 采金工程

续表

等　级	工程特征
Ⅲ级	1. 地形、地质、水文条件复杂 2. 水患严重、有岩浆岩侵入、有自然发火危险的矿井工程 3. 地压大，地温局部偏高，煤尘具爆炸性，高瓦斯矿井，煤层及瓦斯突出的矿井工程 4. 立井筒垂深≥800m，斜井筒斜长≥1000m，表土层厚度≥300m 5. 开采运输系统复杂，斜井胶带，联合开拓运输系统，有复杂的疏干、排水系统及设施 6. 两种以上矿石品种，有分采、分贮、分运设施，采用充填采矿法或特殊采矿法的各类采矿工程 7. 铀矿采矿工程

2.2.2　选矿工程

选矿工程复杂程度表　　　　　　表 2.2-2

等　级	工程特征
Ⅰ级	1. 新建筛选厂（车间）工程 2. 处理易选矿石，单一产品及选矿方法的选矿工程
Ⅱ级	1. 新建和改扩建入洗下限≥25mm 选煤厂工程 2. 两种矿产品及选矿方法的选矿工程
Ⅲ级	1. 新建和改扩建入洗下限＜25mm 选煤厂、水煤浆制备及燃烧应用工程 2. 两种以上矿产品及选矿方法的选矿工程

3　加工冶炼工程

3.1　加工冶炼工程范围

适用于机械、船舶、兵器、航空、航天、电子、核加工、轻工、纺织、商物粮、建材、钢铁、有色等各类加工工程，钢铁、有色等冶炼工程。

3.2 加工冶炼工程复杂程度

加工冶炼工程复杂程度表　　　　　　表 3. 2-1

等　级	工程特征
I 级	1. 一般机械辅机及配套厂工程 2. 船舶辅机及配套厂，船舶普航仪器厂，吊车道工程 3. 防化民爆工程、光电工程 4. 文体用品、玩具、工艺美术品、日用杂品、金属制品厂等工程 5. 针织、服装厂工程 6. 小型林产加工工程 7. 小型冷库、屠宰厂，制冰厂，一般农业（粮食）与内贸加工工程 8. 普通水泥、砖瓦水泥制品厂工程 9. 一般简单加工及冶炼辅助单体工程和单体附属工程 10. 小型、技术简单的建筑铝材、铜材加工及配套工程
II 级	1. 试验站（室）、试车台、计量检测站、自动化立体和多层仓库工程 2. 造船厂、修船厂、坞修车间、船台滑道、海洋开发工程设备厂、水声设备及水中兵器厂工程 3. 坦克装甲车车辆、枪炮工程 4. 航空装配厂、维修厂、辅机厂，航空、航天试验测试及零部件厂，航天产品部装厂工程 5. 电子整机及基础产品项目工程，显示器件项目工程 6. 食品发酵烟草工程、制糖工程、制盐及盐化工工程、皮革毛皮及其制品工程、家电及日用机械工程、日用硅酸盐工程 7. 纺织工程 8. 林产加工工程 9. 商物粮加工工程 10. <2000t/d 的水泥生产线，普通玻璃、陶瓷、耐火材料工程、特种陶瓷生产线工程，新型建筑材料工程 11. 焦化、耐火材料、烧结球团及辅助、加工和配套工程、有色、钢铁冶炼等辅助、加工和配套工程
III 级	1. 机械主机制造厂工程 2. 船舶工业特种涂装车间，干船坞工程 3. 火炸药及火工品工程、弹箭引信工程 4. 航空主机厂、航天产品总装厂工程 5. 微电子产品项目工程、电子特种环境工程、电子系统工程 6. 核燃料元/组件、铀浓缩、核技术及同位素应用工程 7. 制浆造纸工程、日用化工工程 8. 印染工程 9. ≥2000t/d 的水泥生产线，浮法玻璃生产线 10. 有色、钢铁冶炼（含连铸）工程，轧钢工程

4　石油化工工程

4.1　石油化工工程范围

适用于石油、天然气、石油化工、化工、火化工、核化工、化纤、医药工程。

4.2　石油化工工程复杂程度

石油化工工程复杂程度表　　　表 4.2-1

等　级	工程特征
Ⅰ级	1. 油气田井口装置和内部集输管线，油气计量站、接转站等场站、总容积<50000m³ 或品种<5 种的独立油库工程 2. 平原微丘陵地区长距离油、气、水煤浆等各种介质的输送管道和中间场站工程 3. 无机盐、橡胶制品、混配肥工程 4. 石油化工工程的辅助生产设施和公用工程
Ⅱ级	1. 油气田原油脱水转油站、油气水联合处理站、总容积≥50000m³ 或品种≥5 种的独立油库、天然气处理和轻烃回收厂站、三次采油回注水处理工程；硫磺回收及下游装置、稠油及三次采油联合处理站、油气田天然气液化及提氦、地下储气库 2. 山区沼泽地带长距离油、气、水煤浆等各种介质的输送管道和首站、末站、压气站、调度中心工程 3. 500 万 t/年以下的常、减压蒸馏及二次加工装置，丁烯氧化脱氢、MTBE、丁二烯抽提、乙腈生产装置工程 4. 磷肥、农药、精细化工、生物化工、化纤工程 5. 医药工程 6. 冷冻、脱盐、联合控制室、中高压热力站、环境监测、工业监视、三级污水处理工程
Ⅲ级	1. 海上油气田工程 2. 长输管道的穿跨越工程 3. 500 万 t/年以上的常减压蒸馏及二次加工装置，芳烃抽提、芳烃（PX），乙烯、精对苯二甲酸等单体原料，合成材料，LPG、LNG 低温储存运输设施工程 4. 合成氨、制酸、制碱、复合肥、火化工、煤化工工程 5. 核化工、放射性药品工程

5　水利电力工程

5.1　水利电力工程范围

适用于水利、发电、送电、变电、核能工程。

5.2　水利电力工程复杂程度

水利、发电、送电、变电、核能工程复杂程度表　表 5.2-1

等　级	工程特征
Ⅰ级	1. 单机容量 200MW 及以下凝汽式机组发电工程，燃气轮机发电工程，50MW 及以下供热机组发电工程 2. 电压等级 220kV 及以下的送电、变电工程 3. 最大坝高＜70m，边坡高度＜50m，基础处理深度＜20m 的水库水电工程 4. 施工明渠导流建筑物与土石围堰 5. 总装机容量＜50MW 的水电工程 6. 单洞长度＜1km 的隧洞 7. 无特殊环保要求
Ⅱ级	1. 单机容量 300MW～600MW 凝汽式机组发电工程，单机容量 50MW 及以上供热机组发电工程，新能源发电工程（可再生能源、风电、潮汐等） 2. 电压等级 330kV 的送电、变电工程 3. 70m≤最大坝高＜100 或 1000 万 m^3≤库容＜1 亿 m^3 的水库水电工程 4. 地下洞室的跨度＜15m，50m≤边坡高度＜100m，20≤基础处理深度＜40m 的水库水电工程 5. 施工隧洞导流建筑物（洞径＜10m）或混凝土围堰（最大堰高＜20m） 6. 50MW≤总装机容量＜1000MW 的水电工程 7. 1km≤单洞长度＜4km 的隧洞 8. 工程位于省级重点环境（生态）保护区内，或毗邻省级重点环境（生态）保护区，有较高的环保要求
Ⅲ级	1. 单机容量 600MW 以上凝汽式机组发电工程 2. 换流站工程，电压等级≥500kV 送电、变电工程 3. 核能工程 4. 最大坝高≥100m 或库容≥1 亿 m^3 的水库水电工程 5. 地下洞室的跨度≥15m，边坡高度≥100m，基础处理深度≥40m 的水库水电工程

续表

等级	工程特征
Ⅲ级	6. 施工隧洞导流建筑物（洞径≥10m）或混凝土围堰（最大堰高≥20m） 7. 总装机容量≥1000MW 的水库水电工程 8. 单洞长度≥4km 的水工隧洞 9. 工程位于国家级重点环境（生态）保护区内，或毗邻国家级重点环境（生态）保护区，有特殊的环保要求

5.2.2 其他水利工程

其他水利工程复杂程度度表 　　　表 5.2-2

等级	工程特征
Ⅰ级	1. 流量＜15m³/s 的引调水渠道管线工程 2. 堤防等级Ⅴ级的河道治理建（构）筑物及河道堤防工程 3. 灌区田间工程 4. 水土保持工程
Ⅱ级	1. 15m³/s≤流量＜25m³/s 引调水渠道管线工程 2. 引调水工程中的建筑物工程 3. 丘陵、山区、沙漠地区的引调水渠道管线工程 4. 堤防等级Ⅲ、Ⅳ级的河道治理建（构）筑物及河道堤防工程
Ⅲ级	1. 流量≥25m³/s 的引调水渠道管线工程 2. 丘陵、山区、沙漠地区的引调水建筑物工程 3. 堤防等级Ⅰ、Ⅱ级的河道治理建（构）筑物及河道堤防工程 4. 护岸、防波堤、围堰、人工岛、围垦工程，城镇防洪、河口整治工程

6 交通运输工程

6.1 交通运输工程范围

适用于铁路、公路、水运、城市交通、民用机场、索道工程。

6.2 交通运输工程复杂程度

6.2.1 铁路工程

铁路工程复杂程度表　　　　　表 6.2-1

等　级	工程特征
Ⅰ级	Ⅱ、Ⅲ、Ⅳ级铁路
Ⅱ级	1. 时速 200km/h 客货共线 2. Ⅰ级铁路 3. 货运专线 4. 独立特大桥 5. 独立隧道
Ⅲ级	1. 客运专线 2. 技术特别复杂的工程

注：1. 复杂程度调整系数Ⅰ级为 0.85，Ⅱ级为 1，Ⅲ为 0.95。
　　2. 复杂等级Ⅱ级的新建双线复杂程度调整系数为 0.85。

6.2.2　公路、城市道路、轨道交通、索道工程

公路、城市道路、轨道交通、索道工程复杂程度表

表 6.2-2

等　级	工程特征
Ⅰ级	1. 三级、四级公路及相应的机电工程 2. 一级公路、二级公路的机电工程
Ⅱ级	1. 一级公路、二级公路 2. 高速公路的机电工程 3. 城市道路、广场、停车场工程
Ⅲ级	1. 高速公路工程 2. 城市地铁、轻轨 3. 客（货）运索道工程

注：穿越山岭重丘区的复杂程度Ⅱ、Ⅲ级公路工程项目的部分复杂程度调整系
　　数分别为 1.1 和 1.26。

6.2.3　公路桥梁、城市桥梁和隧道工程

公路桥梁、城市桥梁和隧道工程复杂程度表　　表 6.2-3

等　级	工程特征
Ⅰ级	1. 总长＜1000m 或单孔跨径＜150m 的公路桥梁 2. 长度＜1000m 的隧道工程 3. 人行天桥、涵洞工程

续表

等　级	工程特征
Ⅱ级	1. 总长≥1000m 或 150m≤单孔跨径＜250m 的公路桥梁 2. 1000m≤长度＜3000m 的隧道工程 3. 城市桥梁、分离式立交桥、地下通道工程
Ⅲ级	1. 主跨≥250m 拱桥，单跨≥250m 预应力混凝土连续结构，≥400m 斜拉桥，≥800m 悬索桥 2. 连拱隧道、水底隧道、长度≥3000m 的隧道工程 3. 城市互通式立交桥

6.2.4　水运工程

水运工程复杂程度表 表 6.2-4

等　级	工程特征
Ⅰ级	1. 沿海港口、航道工程：码头＜1000t 级，航道＜5000t 级 2. 内河港口、航道整治、通航建筑工程：码头、航道整治、船闸＜100t 级 3. 修造船厂水工工程：船坞、舾装码头＜3000t 级，船台、滑道船体重量＜1000t 4. 各类疏浚、吹填、造陆工程
Ⅱ级	1. 沿海港口、航道工程：1000t 级≤码头≤10000t 级，5000t 级≤航道＜30000t 级，护岸、引堤、防波堤等建筑物 2. 油、气等危险品码头工程＜1000t 级 3. 内河港口、航道整治、通航建筑工程：100t 级≤码头＜1000t 级，100t 级≤航道整治＜1000t 级，100t 级≤船闸＜500t 级，升船机＜300t 级 4. 修造船厂水工工程：3000t 级≤船坞、舾装码头＜10000t 级，1000t≤船台、滑道船体重量＜5000t
Ⅲ级	1. 沿海港口、航道工程：码头≥10000t 级，航道≥30000t 级 2. 油、气等危险品码头工程≥1000t 级 3. 内河港口、航道整治、通航建筑工程：码头、航道整治≥1000t 级，船闸≥500t 级，升船机≥300t 级 4. 航运（电）枢纽工程 5. 修造船厂水工工程：船坞、舾装码头≥10000t 级，船台、滑道船体重量≥5000t 6. 水上交通管制工程

6.2.5 民用机场工程

民用机场工程复杂程度表 表 6.2-5

等 级	工程特征
Ⅰ级	3C 及以下场道、空中交通管制及助航灯光工程（项目单一或规模较小工程）
Ⅱ级	4C、4D 场道及空中交通管制及助航灯光工程（中等规模工程）
Ⅲ级	4E 及以上场道、空中交通管制及助航灯光工程（大型综合工程含配套措施）

注：工程项目规模划分标准见《民用机场飞行区技术标准》。

7 建筑市政工程

7.1 建筑市政工程范围

适用于建筑、人防、市政公用、园林绿化、电信、广播电视、邮政、电信工程。

7.2 建筑市政工程复杂程度

7.2.1 建筑、人防工程

建筑、人防工程复杂程度表 表 7.2-1

等 级	工程特征
Ⅰ级	1. 高度＜24m 的公共建筑和住宅工程 2. 跨度＜24m 厂房和仓储建筑工程 3. 室外工程及简单的配套用房 4. 高度＜70m 的高耸构筑物
Ⅱ级	1. 24m≤高度＜50m 的公共建筑工程 2. 24m≤跨度＜36m 厂房和仓储建筑工程 3. 高度≥24m 的住宅工程 4. 仿古建筑，一般标准的古建筑、保护性建筑以及地下建筑工程 5. 装饰、装修工程 6. 防护级别为四级及以下的人防工程 7. 70m≤高度＜120m 的高耸构筑物

续表

等级	工程特征
Ⅲ级	1. 高度≥50m 或跨度≥36m 的厂房和仓储建筑工程 2. 高标准的古建筑、保护性建筑 3. 防护级别为四级以上的人防工程 4. 高度≥120m 的高耸构筑物

7.2.2 市政公用、园林绿化工程

市政公用、园林绿化工程复杂程度表　　　表 7. 2-2

等　级	工程特征
Ⅰ级	1. DN<1.0m 的给排水地下管线工程 2. 小区内燃气管道工程 3. 小区供热管网工程，<2MW 的小型换热站工程 4. 小型垃圾中转站，简易堆肥工程
Ⅱ级	1. DN≥1.0m 的给排水地下管线工程；<3m³/s 的给水、污水泵站；<10 万 t/日给水厂工程，<5 万 t/日污水处理厂工程 2. 城市中、低压燃气管网（站），<1000m³ 液化气贮罐场（站） 3. 锅炉房，城市供热管网工程，≥2MW 换热站工程 4. ≥100t/天的大型垃圾中转站，垃圾填埋工程 5. 园林绿化工程
Ⅲ级	1. ≥3m³/s 的给水、污水泵站，≥10 万 t/日给水厂工程，≥5 万 t/日污水处理厂工程 2. 城市高压燃气管网（站），≥1000m³ 液化气贮罐场（站） 3. 垃圾焚烧工程 4. 海底排污管线，海水取排水、淡化及处理工程

7.2.3 广播电视、邮政、电信工程

广播电视、邮政、电信工程复杂程度表　　　表 7. 2-3

等　级	工程特征
Ⅰ级	1. 广播电视中心设备（广播 2 套及以下，电视 3 套及以下）工程 2. 中短波发射台（中波单机功率 P<1kW，短波单机功率 P<50kW）工程 3. 电视、调频发射塔（台）设备（单机功率 P<1kW）工程 4. 广播电视收测台设备工程；三级邮件处理中心工艺工程

续表

等 级	工程特征
Ⅱ级	1. 广播电视中心设备（广播3～5套，电视4～6套）工程 2. 中短波发射台（中波单机功率1kW≤P<20kW，短波单机功率50kW≤P<150kW）工程 3. 电视、调频发射塔（台）设备（中波单机功率1kW≤P<10kW，塔高<200m）工程 4. 广播电视传输网络工程；二级邮件处理中心工艺工程 5. 电声设备、演播厅、录（播）音馆、摄影棚设备工程 6. 广播电视卫星地球站、微波站设备工程 7. 电信工程
Ⅲ级	1. 广播电视中心设备（广播6套以上，电视7套以上）工程 2. 中短波发射台设备（中波单机功率P≥20kW，短波单机功率P≥150kW）工程 3. 电视、调频发射塔（台）设备（中波单机功率P≥10kW，塔高≥200m）工程 4. 一级邮件处理中心工艺工程

8 农业林业工程

8.1 农业林业工程范围
适用于农业、林业工程。

8.2 农业林业工程复杂程度
农业、林业工程复杂程度为Ⅱ级。

附表一

建设工程监理与相关服务的主要工作内容

服务阶段	具体服务范围构成	备 注
勘察阶段	协助发包人编制勘察要求、选择勘察单位，核查勘察方案并监督实施和进行相应的控制，参与验收勘察成果	建设工程勘察、设计、施工、保修等阶段监理与相关服务的具体工作内容执行国家、行业有关规范、规定
设计阶段	协助发包人编制设计要求、选择设计单位，组织评选设计方案，对各设计单位进行协调管理，监督合同履行，审查设计进度计划并监督实施，核查设计大纲和设计深度、使用技术规范合理性，提出设计评估报告（包括各阶段设计的核查意见和优化建议），协助审核设计概算	

续表

服务阶段	具体服务范围构成	备　注
施工阶段	施工过程中的质量、进度、费用控制，安全生产监督管理、合同、信息等方面的协调管理	建设工程勘察、设计、施工、保修等阶段监理与相关服务的具体工作内容执行国家、行业有关规范、规定
保修阶段	检查和记录工程质量缺陷，对缺陷原因进行调查分析并确定责任归属，审核修复方案，监督修复过程并验收，审核修复费用	

附表二

施工监理服务收费基价表　　　单位：万元

序　号	计费额	收费基价
1	500	16.5
2	1000	30.1
3	3000	78.1
4	5000	120.8
5	8000	181.0
6	10000	218.6
7	20000	393.4
8	40000	708.2
9	60000	991.4
10	80000	1255.8
11	100000	1507.0
12	200000	2712.5
13	400000	4882.6
14	600000	6835.6
15	800000	8658.4
16	1000000	10390.1

注：计费额大于 1000000 万元的，以计费额乘以 1.039% 的收费率计算收费基价。其他未包含的其收费由双方协商议定。

附表三

施工监理服务收费专业调整系数表

序　号	工程类型	专业调整系数
1. 矿山采选工程	黑色、有色、黄金、化学、非金属及其他矿采选工程	0.9
	选煤及其他煤炭工程	1.0
	矿井工程，铀矿采选工程	1.1
2. 加工冶炼工程	冶炼工程	0.9
	船舶水工工程	1.0
	各类加工	1.0
	核加工工程	1.2
3. 石油化工工程	石油工程	0.9
	化工、石化、化纤、医药工程	1.0
	核化工工程	1.2
4. 水利电力工程	风力发电、其他水利工程	0.9
	火电工程、送变电工程	1.0
	核能、水电、水库工程	1.2
5. 交通运输工程	机场场道、助航灯光工程	0.9
	铁路、公路、城市道路、轻轨及机场空管工程	1.0
	水运、地铁、桥梁、隧道、索道工程	1.1
6. 建筑市政工程	园林绿化工程	0.8
	建筑、人防、市政公用工程	1.0
	邮政、电信、广播电视工程	1.0
7. 农业林业工程	农业工程	0.9
	林业工程	0.9

附表四

建设工程监理与相关服务人员人工日费用标准

建设工程监理与相关服务人员职级	工日费用标准（元）
一、高级专家	1000～1200
二、高级专业技术职称的监理与相关服务人员	800～1000
三、中级专业技术职称的监理与相关服务人员	600～800
四、初级及以下专业技术职称监理与相关服务人员	300～600

注：本表适用于提供短期服务的人工费用标准。

3 施工监理中的合同管理

施工监理中的合同管理是指项目监理机构在建设单位委托的范围内对被监理的单位（含勘察、设计、施工、材料采购、设备采购）的《合同》进行监督管理。为了对有关《合同》进行有效的监督管理，项目监理机构中的有关人员必须熟悉或精通有关《合同》的条款内容。在此基础上，通过动态管理，实现全过程监督。《合同》是项目监理机构控制工程质量、进度和投资的重要依据。或者说，质量、进度、投资三大控制是在《合同》条款约定的条件下进行的。一旦背离条款的约定，就会引起合同争议。此时，项目监理机构可以通过《合同管理》妥善处理相关事宜。本章将叙述与建筑工程《合同》有关的《合同法》条款；重点叙述《施工合同》，一般介绍《勘察合同》、《设计合同》、《材料采购合同》、《设备采购合同》等《合同》的基本内容和《合同》的监理管理工作；并附有《委托监理合同》内容及其管理工作。

3.1 与建筑工程《合同》有关的《合同法》条款

3.1.1 《合同法》的一般规定

（1）本法所称合同是平等主体的自然人、法人、其他组织之间设立、变更、终止民事权利义务关系的协议。

（2）合同当事人的法律地位平等，一方不得将自己的意志强加给另一方。

（3）当事人依法享有自愿订立合同的权利，任何单位和个人不得非法干预。

（4）当事人应当遵循公平原则确定各方的权利和义务。

（5）当事人行使权利、履行义务应当遵循诚实信用原则。

（6）当事人订立、履行合同，应当遵守法律、行政法规，尊重社会公德，不得扰乱社会经济秩序，损害社会公共利益。

（7）依法成立的合同，对当事人具有法律约束力。当事人应当按照约定履行自己的义务，不得擅自变更或者解除合同。

依法成立的合同，受法律保护。

3.1.2 合同的订立

（1）当事人订立合同，应当具有相应的民事权利能力和民事行为能力。当事人依法可以委托代理人订立合同。

（2）当事人订立合同，有书面形式、口头形式和其他形式。法律、行政法规规定采用书面形式的，应当采用书面形式。当事人约定采用书面形式的，应当采用书面形式。书面形式是指合同书、信件和数据电文（包括电报、电传、传真、电子数据交换和电子邮件）等可以有形地表现所载内容的形式。

（3）合同的内容由当事人约定，一般包括以下条款：

1）当事人的名称或者姓名和住所；

2）标的；

3）数量；

4）质量；

5）价款或者报酬；

6）履行期限、地点和方式；

7）违约责任；

8）解决争议的方法。

当事人可以参照各类合同的示范文本订立合同。

（4）当事人订立合同，采取要约、承诺方式。

（5）要约是希望和他人订立合同的意思表示，该意思表示应当符合下列规定：

1）内容具体确定；

2）表明经受要约人承诺，要约人即受该意思表示约束。

（6）要约邀请是希望他人向自己发出要约的意思表示。寄送的价目表、拍卖公告、招标公告、招股说明书、商业广告等为要约邀请。

（7）要约到达受要约人时生效。要约可以撤回。撤回要约的通知应当在要约到达受要约人之前或者与要约同时到达受要约人。要约可以撤销。撤销要约的通知应当在受要约人发出承诺通知之前到达受要约人。

（8）有下列情形之一的，要约不得撤销：

1）要约人确定了承诺期限或者以其他形式明示要约不可撤销；

2）受要约人有理由认为要约是不可撤销的，并已经为履行合同作了准备工作。

（9）有下列情形之一的，要约失效：

1）拒绝要约的通知到达要约人；

2）要约人依法撤销要约；

3）承诺期限届满，受要约人未作出承诺；

4）受要约人对要约的内容作出实质性变更。

（10）承诺是受要约人同意要约的意思表示。承诺应当以通知的方式作出。承诺应当在要约确定的期限内到达要约人。承诺生效时合同成立。承诺可以撤回。撤回承诺的通知应当在承诺通知到达要约人之前或者与承诺通知同时到达要约人。

（11）承诺的内容应当与要约的内容一致。受要约人对要约的内容作出实质性变更的，为新要约。有关合同标的、数量、质量、价款或者报酬、履行期限、履行地点和方式、违约责任和解决争议方法等的变更，是对要约内容的实质性变更。承诺对要约的内容作出非实质性变更的，除要约人及时表示反对或者要约表明承诺不得对要约的内容作出任何变更的以外，该承诺有效，合同的内容以承诺的内容为准。

（12）当事人采用合同书形式订立合同的，自双方当事人签字或者盖章时合同成立。

（13）采用格式条款订立合同的，提供格式条款的一方应当遵循公平原则确定当事人之间的权利和义务，并采取合理的方式提请对方注意免除或者限制其责任的条款，按照对方的要求，对该条款予以说明。

3.1.3　合同的效力

（1）依法成立的合同，自成立时生效。法律、行政法规规定应当办理批准、登记等手续生效的，依照其规定。

（2）当事人对合同的效力可以约定附条件。附生效条件的合同，自条件成就时生效。附解除条件的合同，自条件成就时失效。当事人为自己的利益不正当地阻止条件成就的，视为条件已成就；不正当地促成条件成就的，视为条件不成就。

（3）当事人对合同的效力可以约定附期限。附生效期限的合同，自期限届至时生效。附终止期限的合同，自期限届满时失效。

（4）有下列情形之一的，合同无效：

1）一方以欺诈、胁迫的手段订立合同，损害国家利益；

2）恶意串通，损害国家、集体或者第三人利益；

3）以合法形式掩盖非法目的；

4）损害社会公共利益；

5）违反法律、行政法规的强制性规定。

（5）合同中的下列免责条款无效：

1）造成对方人身伤害的；

2）因故意或者重大过失造成对方财产损失的。

（6）下列合同，当事人一方有权请求人民法院或者仲裁机构变更或者撤销：

1）因重大误解订立的；

2）在订立合同时显失公平的。

一方以欺诈、胁迫的手段或者乘人之危，使对方在违背真实意思的情况下订立的合同，受损害方有权请求人民法院或者仲裁机构变更或者撤销。

当事人请求变更的，人民法院或者仲裁机构不得撤销。

（7）有下列情形之一的，撤销权消灭：

1）具有撤销权的当事人自知道或者应当知道撤销事由之日起一年内没有行使撤销权；

2）具有撤销权的当事人知道撤销事由后明确表示或者以自己的行为放弃撤销权。

（8）无效的合同或者被撤销的合同自始没有法律约束力。合同部分无效，不影响其他部分效力的，其他部分仍然有效。

3.1.4 合同的履行

（1）当事人应当按照约定全面履行自己的义务。

当事人应当遵循诚实信用原则，根据合同的性质、目的和交易习惯履行通知、协助、保密等义务。

（2）合同生效后，当事人就质量、价款或者报酬、履行地点等内容没有约定或者约定不明确的，可以协议补充；不能达成补充协议的，按照合同有关条款或者交易习惯确定。

（3）当事人就有关合同内容约定不明确，依照上条（2）的规定仍不能确定的，适用下列规定：

1）质量要求不明确的，按照国家标准、行业标准履行；没有国家标准、行业标准的，按照通常标准或者符合合同目的的特定标准履行。

2）价款或者报酬不明确的，按照订立合同时履行地的市场价格履行；依法应当执行政府定价或者政府指导价的，按照规定履行。

3）履行地点不明确，给付货币的，在接受货币一方所在地履行；交付不动产的，在不动产所在地履行；其他标的，在履行义务一方所在地履行。

4）履行期限不明确的，债务人可以随时履行，债权人也可以随时要求履行，但应当给对方必要的准备时间。

5）履行方式不明确的，按照有利于实现合同目的的方式履行。

6）履行费用的负担不明确的，由履行义务一方负担。

（4）执行政府定价或者政府指导价的，在合同约定的交付期限内政府价格调整时，按照交付时的价格计价。逾期交付标的物的，遇价格上涨时，按照原价格执行；价格下降时，按照新价格执行。逾期提取标的物或者逾期付款的，遇价格上涨时，按照新价格执行；价格下降时，按照原价格执行。

（5）债权人分立、合并或者变更住所没有通知债务人，致使履行债务发生困难的，债务人可以中止履行或者将标的物提存。

（6）因债务人怠于行使其到期债权，对债权人造成损害的，债权人可以向人民法院请求以自己的名义代位行使债务人的债权，但该债权专属于债务人自身的除外。代位权的行使范围以债权人的债权为限。债权人行使代位权的必要费用，由债务人负担。

（7）因债务人放弃其到期债权或者无偿转让财产，对债权人造成损害的，债权人可以请求人民法院撤销债务人的行为。债务人以明显不合理的低价转让财产，对债权人造成损害，并且受让人知道该情形的，债权人也可以请求人民法院撤销债务人的行为。撤销权的行使范围以债权人的债权为限。债权人行使撤销权的必要费用，由债务人负担。

（8）合同生效后，当事人不得因姓名、名称的变更或者法定代表人、负责人、承办人的变动而不履行合同义务。

3.1.5　合同的变更和转让

（1）当事人协商一致，可以变更合同。法律、行政法规规定变更合同应当办理批准、登记等手续的，依照其规定。当事人对合同变更的内容约定不明确的，推定为未变更。

（2）债权人可以将合同的权利全部或者部分转让给第三人，但有下列情形之一的除外：

1）根据合同性质不得转让；

2）按照当事人约定不得转让；

3）依照法律规定不得转让。

（3）债权人转让权利的，应当通知债务人。未经通知，该转让对债务人不发生效力。债权人转让权利的通知不得撤销，但经受让人同意的除外。法律、行政法规规定转让权利或者转移义务应当办理批准、登记等手续的，依照其规定。当事人一方经对方同意，可以将自己在合同中的权利和义务一并转让给第三人。

3.1.6   合同的权利义务终止

（1）有下列情形之一的，合同的权利义务终止：

1）债务已经按照约定履行；

2）合同解除；

3）债务相互抵销；

4）债务人依法将标的物提存；

5）债权人免除债务；

6）债权债务同归于一人；

7）法律规定或者当事人约定终止的其他情形。

（2）合同的权利义务终止后，当事人应当遵循诚实信用原则，根据交易习惯履行通知、协助、保密等义务。

（3）当事人协商一致，可以解除合同。当事人可以约定一方解除合同的条件。解除合同的条件成就时，解除权人可以解除合同。

（4）有下列情形之一的，当事人可以解除合同：

1）因不可抗力致使不能实现合同目的；

2）在履行期限届满之前，当事人一方明确表示或者以自己的行为表明不履行主要债务；

3）当事人一方迟延履行主要债务，经催告后在合理期限内仍未履行；

4）当事人一方迟延履行债务或者有其他违约行为致使不能实现合同目的；

5）法律规定的其他情形。

（5）合同解除后，尚未履行的，终止履行；已经履行的，根据履行情况和合同性质，当事人可以要求恢复原状、采取其他补救措施，并有权要求赔偿损失。

（6）合同的权利义务终止，不影响合同中结算和清理条款的效力。

3.1.7 违约责任

（1）当事人一方不履行合同义务或者履行合同义务不符合约定的，应当承担继续履行、采取补救措施或者赔偿损失等违约责任。

（2）当事人一方明确表示或者以自己的行为表明不履行合同义务的，对方可以在履行期限届满之前要求其承担违约责任。

（3）当事人一方未支付价款或者报酬的，对方可以要求其支付价款或者报酬。

（4）当事人一方不履行非金钱债务或者履行非金钱债务不符合约定的，对方可以要求履行，但有下列情形之一的除外：

1）法律上或者事实上不能履行；

2）债务的标的不适于强制履行或者履行费用过高；

3）债权人在合理期限内未要求履行。

（5）质量不符合约定的，应当按照当事人的约定承担违约责任。对违约责任没有约定或者约定不明确，依照《合同法》第六十一条的规定仍不能确定的，受损害方根据标的的性质以及损失的大小，可以合理选择要求对方承担修理、更换、重作、退货、减少价款或者报酬等违约责任。

（6）当事人一方不履行合同义务或者履行合同义务不符合约定的，在履行义务或者采取补救措施后，对方还有其他损失的，应当赔偿损失。

（7）因不可抗力不能履行合同的，根据不可抗力的影响，部分或者全部免除责任，但法律另有规定的除外。当事人迟延履行后发生不可抗力的，不能免除责任。《合同法》所称不可抗力，是指不能预见、不能避免并不能克服的客观情况。当事人一方因不可抗力不能履行合同的，应当及时通知对方，以减轻可能给对方造成的损失，并应当在合理期限内提供证明。

（8）当事人一方违约后，对方应当采取适当措施防止损失的扩大；没有采取适当措施致使损失扩大的，不得就扩大的损失要求赔偿。当事人因防止损失扩大而支出的合理费用，由违约方承担。

（9）当事人双方都违反合同的，应当各自承担相应的责任。当事人一方因第三人的原因造成违约的，应当向对方承担违约责任。当事人一方和第三人之间的纠纷，依照法律规定或者按照约定解决。

（10）因当事人一方的违约行为，侵害对方人身、财产权益的，受损害方有权选择依照《合同法》要求其承担违约责任或者依照其他法律要求其承担侵权责任。

根据上述各节条款中有关《合同法》的法律精神，对构成《合同》必备的条件或者说形成《合同》的框架，可用图 3-1 表示。

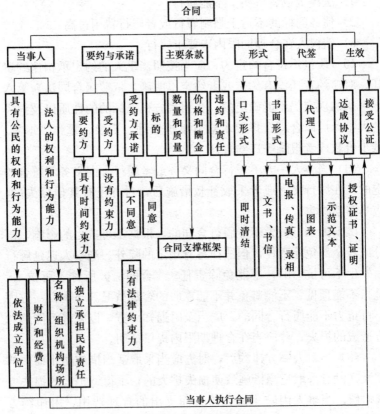

图 3-1　合同的形成框架

3.2 《施工合同》内容及监理管理

《建设工程施工合同（示范文本）》GF-2013-0201 是工程发包人与工程承包人之间为完成双方商定的工程项目，明确双方权利、义务关系的协议书。组成本合同的文件包括：本合同协议书；中标通知书；投标书及其附件；本合同专用条款；本合同通用条款；标准、规范及有关技术文件；图纸；工程量清单；工程报价单或预算书。双方有关工程的洽谈、变更等书面协议或文件视为本合同的组成部分。

《建设工程施工合同（示范文本）》的性质和适用范围，根据《建设工程施工合同（示范文本）》GF-2013-0201 的修订说明，《示范文本》为非强制性使用文本。《示范文本》适用于房屋建筑工程、土木工程、线路管道和设备安装工程、装修工程等建设工程的施工承发包活动，合同当事人可结合建设工程具体情况，根据《示范文本》订立合同，并按照法律法规规定和合同约定承担相应的法律责任及合同权利义务。

施工合同文件是合同当事人行为的依据，也是项目监理机构对工程进行质量、进度、投资等控制，合同管理、组织协调等工作的主要依据。

3.2.1 施工合同概述

（1）施工合同的特征

1）合同"标的"特殊，即建筑产品的特殊性，投资大、工期长、质量要求高、功能复杂多变等；

2）合同执行期长，影响工期的因素多；

3）合同内容多，涉及面广；

4）合同管理严格，对合同签订、履行和主体管理的严格性。

（2）施工合同的作用

1）明确工程发包人与工程承包人在工程施工中的权利和义务；

2）是建筑工程施工实行社会监督的依据；

3）在合同当事人之间产生纠纷时，作为调解、仲裁的法律依据。

（3）施工合同的分类（表 3-1）

施工合同分类一览表   表 3-1

分类性质	类别名称及内涵
一　按合同计价方式分类	1. 单价合同：即指整个合同期间执行同一单价，而工程量则按实际完成的数量进行计算的合同 2. 总价合同：即根据招标文件的要求，详细而全面地准备好设计图纸及说明书，准确计算工程量，对工程项目一次性报总价的合同 3. 成本加酬金合同：即由建设单位向承建单位支付工程项目的实际成本，并按事先约定的方式支付酬金的合同
二　按施工内容分类	1. 土木工程施工合同 2. 设备安装施工合同 3. 管道线路敷设施工合同 4. 装饰装修及房屋修缮施工合同
三　按承包合同的数量分类	1. 总承包施工合同：即将全部工程发包给一个施工企业总承包的合同。 2. 分包承包施工合同：即因工程内容复杂，专业较多，发包方将工程分别发包给几个施工企业承包的合同

（4）施工合同签订注意事项（表 3-2）

施工合同签订注意事项一览表   表 3-2

序号	事　项	应注意的内容
1	承建单位资质审查	（1）证书的审查：包括营业执照；安全生产合格证；企业资质等级证书；外地建筑施工企业进驻许可证 （2）实地考察
2	承包方式	（1）包工包料形式。即承建单位根据合同规定除了提供劳务以外还承担材料和设备的购置 （2）包工不包料形式。即由建设单位提供全部材料和设备，承建单位只安排施工人员
3	安全问题	建筑安装工程施工高空作业多，工艺程序复杂，交叉作业量大，在施工合同签订时须制定安全条款

续表

序号	事　项	应注意的内容
4	合同分析	重视合同的法律性质和结构分析；合同的审查和风险分析；合同的利润和正当权益分析等
5	合同的法律依据	在我国，签订施工合同的法律依据主要是指现行的有关法律、法规、政策和国内施工规范、技术规定等 在国际工程承包中，必须注明采用哪国法律、语言解释，执行哪国的施工技术规范等
6	保险责任和范围	合同中必须明确哪些范围应该投保，投保的数额和责任人

（5）违约责任（表 3-3）

违约责任一览表　　　　　　　　　　　　　　表 3-3

违约项目序号　违约责任　违约方	建设单位	承建单位
1	未按施工合同规定履行职责，引起延误工期，赔偿由此产生的实际损失	工程质量不符合规定，应负责无偿修理和返工
2	因工程停（缓）建、设计变更或设计错误而造成承建单位返工，应赔偿损失	因修理或返工造成逾期交付，应偿付逾期违约金
3	工程未经验收，建设单位擅自使用而发生质量或其他问题，应承担全部责任	工程交付时间不符合合同规定，按合同中违约责任条款的规定偿付逾期违约金
4	超过合同验收日期验收，应偿付逾期违约金	
5	未按合同规定拨付工程款，应按银行有关规定的逾期付款办法执行	
6	因建设单位要求提前竣工，承建单位采取措施满足要求，应付奖金	

3.2.2 《建设工程施工合同（示范文本）》GF-2013-0201 的内容

一、《建设工程施工合同》GF-2013-0201 的组成

该合同文本由三个部分组成：第一部分 合同协议书；第二部分 通用合同条款；第三部分 专用合同条款。

（一）合同协议书

《示范文本》合同协议书共计 13 条，主要包括：工程概况、合同工期、质量标准、签约合同价和合同价格形式、项目经理、合同文件构成、承诺以及合同生效条件等重要内容，集中约定了合同当事人基本的合同权利、义务。

（二）通用合同条款

通用合同条款是合同当事人根据《中华人民共和国建筑法》、《中华人民共和国合同法》等法律、法规的规定，就工程建设的实施及相关事项，对合同当事人的权利、义务作出的原则性约定。

通用合同条款共计 20 条，具体条款分别为：一般约定、发包人、承包人、监理人、工程质量、安全文明施工与环境保护、工期和进度、材料与设备、试验与检验、变更、价格调整、合同价格、计量与支付、验收和工程试车、竣工结算、缺陷责任与保修、违约、不可抗力、保险、索赔和争议解决。前述条款安排既考虑了现行法律法规对工程建设的有关要求，也考虑了建设工程施工管理的特殊需要。

（三）专用合同条款

专用合同条款是对通用合同条款原则性约定的细化、完善、补充、修改或另行约定的条款。合同当事人可以根据不同建设工程的特点及具体情况，通过双方的谈判、协商对相应的专用合同条款进行修改补充。在使用专用合同条款时，应注意以下事项：

（1）专用合同条款的编号应与相应的通用合同条款的编号一致；

（2）合同当事人可以通过对专用合同条款的修改，满足具体建设工程的特殊要求，避免直接修改通用合同条款；

（3）在专用合同条款中有横道线的地方，合同当事人可针对相应的通用合同条款进行细化、完善、补充、修改或另行约定；如无细化、完善、补充、修改或另行约定，则填写"无"或划"/"。

由合同双方根据招标与投标文件要求商定，由合同双方法定代表人（或法人委托代理人）签字，并盖法人单位公章后生效。

二、《建设工程施工合同》GF-2013-0201 的内容

第一部分 合同协议书

发包人（全称）：＿＿＿＿＿＿＿＿＿＿＿＿＿＿＿＿＿

承包人（全称）：＿＿＿＿＿＿＿＿＿＿＿＿＿＿＿＿＿

根据《中华人民共和国合同法》、《中华人民共和国建筑法》及有关法律规定，遵循平等、自愿、公平和诚实信用的原则，双方就＿＿＿＿＿＿＿＿＿＿＿＿＿工程施工及有关事项协商一致，共同达成如下协议：

一、工程概况

1. 工程名称：＿＿＿＿＿＿＿＿＿＿＿＿＿＿＿＿＿。

2. 工程地点：＿＿＿＿＿＿＿＿＿＿＿＿＿＿＿＿＿。

3. 工程立项批准文号：＿＿＿＿＿＿＿＿＿＿＿＿＿。

4. 资金来源：＿＿＿＿＿＿＿＿＿＿＿＿＿＿＿＿＿。

5. 工程内容：＿＿＿＿＿＿＿＿＿＿＿＿＿＿＿＿＿。

群体工程应附《承包人承揽工程项目一览表》（附件1）。

6. 工程承包范围：

＿＿＿＿＿＿＿＿＿＿＿＿＿＿＿＿＿＿＿＿＿＿＿＿

＿＿＿＿＿＿＿＿＿＿＿＿＿＿＿＿＿＿＿＿＿＿＿＿。

二、合同工期

计划开工日期：＿＿＿＿＿年＿＿＿＿＿月＿＿＿＿＿日。

计划竣工日期：＿＿＿＿年＿＿＿＿月＿＿＿＿日。

工期总日历天数：＿＿＿＿天。工期总日历天数与根据前述计划开竣工日期计算的工期天数不一致的，以工期总日历天数为准。

三、质量标准

工程质量符合＿＿＿＿＿＿＿＿＿＿＿＿＿＿＿＿＿标准。

四、签约合同价与合同价格形式

1. 签约合同价为：

人民币（大写）＿＿＿＿＿＿（￥＿＿＿＿元）；

其中：

（1）安全文明施工费：

人民币（大写）＿＿＿＿＿＿（￥＿＿＿＿元）；

（2）材料和工程设备暂估价金额：

人民币（大写）＿＿＿＿＿＿（￥＿＿＿＿元）；

（3）专业工程暂估价金额：

人民币（大写）＿＿＿＿＿＿（￥＿＿＿＿元）；

（4）暂列金额：

人民币（大写）＿＿＿＿＿＿（￥＿＿＿＿元）。

2. 合同价格形式：＿＿＿＿＿＿＿＿＿＿＿＿。

五、项目经理

承包人项目经理：＿＿＿＿＿＿＿＿＿＿＿＿。

六、合同文件构成

本协议书与下列文件一起构成合同文件：

（1）中标通知书（如果有）；

（2）投标函及其附录（如果有）；

（3）专用合同条款及其附件；

（4）通用合同条款；

（5）技术标准和要求；

（6）图纸；

（7）已标价工程量清单或预算书；

（8）其他合同文件。

在合同订立及履行过程中形成的与合同有关的文件均构成合同文件组成部分。

上述各项合同文件包括合同当事人就该项合同文件所作出的补充和修改，属于同一类内容的文件，应以最新签署的为准。专用合同条款及其附件须经合同当事人签字或盖章。

七、承诺

1. 发包人承诺按照法律规定履行项目审批手续、筹集工程建设资金并按照合同约定的期限和方式支付合同价款。

2. 承包人承诺按照法律规定及合同约定组织完成工程施工，确保工程质量和安全，不进行转包及违法分包，并在缺陷责任期及保修期内承担相应的工程维修责任。

3. 发包人和承包人通过招投标形式签订合同的，双方理解并承诺不再就同一工程另行签订与合同实质性内容相背离的协议。

八、词语含义

本协议书中词语含义与第二部分通用合同条款中赋予的含义相同。

九、签订时间

本合同于_____年____月____日签订。

十、签订地点

本合同在_____签订。

十一、补充协议

合同未尽事宜，合同当事人另行签订补充协议，补充协议是合同的组成部分。

十二、合同生效

本合同自_____生效。

十三、合同份数

本合同一式____份，均具有同等法律效力，发包人执____份，承包人执____份。

发包人：　（公章）　　　　　　承包人：　（公章）

法定代表人或其委托代理人：　　法定代表人或其委托代理人：
（签字）　　　　　　　　　　　（签字）

组织机构代码：＿＿＿＿＿＿＿　组织机构代码：＿＿＿＿＿＿＿

地址：＿＿＿＿＿＿＿＿＿＿＿　地址：＿＿＿＿＿＿＿＿＿＿＿

邮政编码：＿＿＿＿＿＿＿＿＿　邮政编码：＿＿＿＿＿＿＿＿＿

法定代表人：＿＿＿＿＿＿＿＿　法定代表人：＿＿＿＿＿＿＿＿

委托代理人：＿＿＿＿＿＿＿＿　委托代理人：＿＿＿＿＿＿＿＿

电话：＿＿＿＿＿＿＿＿＿＿＿　电话：＿＿＿＿＿＿＿＿＿＿＿

传真：＿＿＿＿＿＿＿＿＿＿＿　传真：＿＿＿＿＿＿＿＿＿＿＿

电子信箱：＿＿＿＿＿＿＿＿＿　电子信箱：＿＿＿＿＿＿＿＿＿

开户银行：＿＿＿＿＿＿＿＿＿　开户银行：＿＿＿＿＿＿＿＿＿

账号：＿＿＿＿＿＿＿＿＿＿＿　账号：＿＿＿＿＿＿＿＿＿＿＿

第二部分　通用合同条款

1. 一般约定

1.1　词语定义与解释

合同协议书、通用合同条款、专用合同条款中的下列词语具有本款所赋予的含义：

1.1.1　合同

1.1.1.1　合同：是指根据法律规定和合同当事人约定具有约束力的文件，构成合同的文件包括合同协议书、中标通知书（如果有）、投标函及其附录（如果有）、专用合同条款及其附件、通用合同条款、技术标准和要求、图纸、已标价工程量清单或预算书以及其他合同文件。

1.1.1.2　合同协议书：是指构成合同的由发包人和承包人共同签署的称为"合同协议书"的书面文件。

1.1.1.3　中标通知书：是指构成合同的由发包人通知承包

人中标的书面文件。

1.1.1.4　投标函：是指构成合同的由承包人填写并签署的用于投标的称为"投标函"的文件。

1.1.1.5　投标函附录：是指构成合同的附在投标函后的称为"投标函附录"的文件。

1.1.1.6　技术标准和要求：是指构成合同的施工应当遵守的或指导施工的国家、行业或地方的技术标准和要求，以及合同约定的技术标准和要求。

1.1.1.7　图纸：是指构成合同的图纸，包括由发包人按照合同约定提供或经发包人批准的设计文件、施工图、鸟瞰图及模型等，以及在合同履行过程中形成的图纸文件。图纸应当按照法律规定审查合格。

1.1.1.8　已标价工程量清单：是指构成合同的由承包人按照规定的格式和要求填写并标明价格的工程量清单，包括说明和表格。

1.1.1.9　预算书：是指构成合同的由承包人按照发包人规定的格式和要求编制的工程预算文件。

1.1.1.10　其他合同文件：是指经合同当事人约定的与工程施工有关的具有合同约束力的文件或书面协议。合同当事人可以在专用合同条款中进行约定。

1.1.2　合同当事人及其他相关方

1.1.2.1　合同当事人：是指发包人和（或）承包人。

1.1.2.2　发包人：是指与承包人签订合同协议书的当事人及取得该当事人资格的合法继承人。

1.1.2.3　承包人：是指与发包人签订合同协议书的，具有相应工程施工承包资质的当事人及取得该当事人资格的合法继承人。

1.1.2.4　监理人：是指在专用合同条款中指明的，受发包人委托按照法律规定进行工程监督管理的法人或其他组织。

1.1.2.5　设计人：是指在专用合同条款中指明的，受发包人委托负责工程设计并具备相应工程设计资质的法人或其他组织。

1.1.2.6 分包人：是指按照法律规定和合同约定，分包部分工程或工作，并与承包人签订分包合同的具有相应资质的法人。

1.1.2.7 发包人代表：是指由发包人任命并派驻施工现场在发包人授权范围内行使发包人权利的人。

1.1.2.8 项目经理：是指由承包人任命并派驻施工现场，在承包人授权范围内负责合同履行，且按照法律规定具有相应资格的项目负责人。

1.1.2.9 总监理工程师：是指由监理人任命并派驻施工现场进行工程监理的总负责人。

1.1.3 工程和设备

1.1.3.1 工程：是指与合同协议书中工程承包范围对应的永久工程和（或）临时工程。

1.1.3.2 永久工程：是指按合同约定建造并移交给发包人的工程，包括工程设备。

1.1.3.3 临时工程：是指为完成合同约定的永久工程所修建的各类临时性工程，不包括施工设备。

1.1.3.4 单位工程：是指在合同协议书中指明的，具备独立施工条件并能形成独立使用功能的永久工程。

1.1.3.5 工程设备：是指构成永久工程的机电设备、金属结构设备、仪器及其他类似的设备和装置。

1.1.3.6 施工设备：是指为完成合同约定的各项工作所需的设备、器具和其他物品，但不包括工程设备、临时工程和材料。

1.1.3.7 施工现场：是指用于工程施工的场所，以及在专用合同条款中指明作为施工场所组成部分的其他场所，包括永久占地和临时占地。

1.1.3.8 临时设施：是指为完成合同约定的各项工作所服

务的临时性生产和生活设施。

1.1.3.9 永久占地：是指专用合同条款中指明为实施工程需永久占用的土地。

1.1.3.10 临时占地：是指专用合同条款中指明为实施工程需要临时占用的土地。

1.1.4 日期和期限

1.1.4.1 开工日期：包括计划开工日期和实际开工日期。计划开工日期是指合同协议书约定的开工日期；实际开工日期是指监理人按照第 7.3.2 项〔开工通知〕约定发出的符合法律规定的开工通知中载明的开工日期。

1.1.4.2 竣工日期：包括计划竣工日期和实际竣工日期。计划竣工日期是指合同协议书约定的竣工日期；实际竣工日期按照第 13.2.3 项〔竣工日期〕的约定确定。

1.1.4.3 工期：是指在合同协议书约定的承包人完成工程所需的期限，包括按照合同约定所作的期限变更。

1.1.4.4 缺陷责任期：是指承包人按照合同约定承担缺陷修复义务，且发包人预留质量保证金的期限，自工程实际竣工日期起计算。

1.1.4.5 保修期：是指承包人按照合同约定对工程承担保修责任的期限，从工程竣工验收合格之日起计算。

1.1.4.6 基准日期：招标发包的工程以投标截止日前 28 天的日期为基准日期，直接发包的工程以合同签订日前 28 天的日期为基准日期。

1.1.4.7 天：除特别指明外，均指日历天。合同中按天计算时间的，开始当天不计入，从次日开始计算，期限最后一天的截止时间为当天 24：00 时。

1.1.5 合同价格和费用

1.1.5.1 签约合同价：是指发包人和承包人在合同协议书中确定的总金额，包括安全文明施工费、暂估价及暂列金额等。

1.1.5.2 合同价格：是指发包人用于支付承包人按照合同

约定完成承包范围内全部工作的金额，包括合同履行过程中按合同约定发生的价格变化。

1.1.5.3 费用：是指为履行合同所发生的或将要发生的所有必需的开支，包括管理费和应分摊的其他费用，但不包括利润。

1.1.5.4 暂估价：是指发包人在工程量清单或预算书中提供的用于支付必然发生但暂时不能确定价格的材料、工程设备的单价、专业工程以及服务工作的金额。

1.1.5.5 暂列金额：是指发包人在工程量清单或预算书中暂定并包括在合同价格中的一笔款项，用于工程合同签订时尚未确定或者不可预见的所需材料、工程设备、服务的采购，施工中可能发生的工程变更、合同约定调整因素出现时的合同价格调整以及发生的索赔、现场签证确认等的费用。

1.1.5.6 计日工：是指合同履行过程中，承包人完成发包人提出的零星工作或需要采用计日工计价的变更工作时，按合同中约定的单价计价的一种方式。

1.1.5.7 质量保证金：是指按照第 15.3 款〔质量保证金〕约定承包人用于保证其在缺陷责任期内履行缺陷修补义务的担保。

1.1.5.8 总价项目：是指在现行国家、行业以及地方的计量规则中无工程量计算规则，在已标价工程量清单或预算书中以总价或以费率形式计算的项目。

1.1.6 其他

1.1.6.1 书面形式：是指合同文件、信函、电报、传真等可以有形地表现所载内容的形式。

1.2 语言文字

合同以中国的汉语简体文字编写、解释和说明。合同当事人在专用合同条款中约定使用两种以上语言时，汉语为优先解释和说明合同的语言。

1.3 法律

合同所称法律是指中华人民共和国法律、行政法规、部门规章，以及工程所在地的地方性法规、自治条例、单行条例和地方政府规章等。

合同当事人可以在专用合同条款中约定合同适用的其他规范性文件。

1.4 标准和规范

1.4.1 适用于工程的国家标准、行业标准、工程所在地的地方性标准，以及相应的规范、规程等，合同当事人有特别要求的，应在专用合同条款中约定。

1.4.2 发包人要求使用国外标准、规范的，发包人负责提供原文版本和中文译本，并在专用合同条款中约定提供标准规范的名称、份数和时间。

1.4.3 发包人对工程的技术标准、功能要求高于或严于现行国家、行业或地方标准的，应当在专用合同条款中予以明确。除专用合同条款另有约定外，应视为承包人在签订合同前已充分预见前述技术标准和功能要求的复杂程度，签约合同价中已包含由此产生的费用。

1.5 合同文件的优先顺序

组成合同的各项文件应互相解释，互为说明。除专用合同条款另有约定外，解释合同文件的优先顺序如下：

(1) 合同协议书；

(2) 中标通知书（如果有）；

(3) 投标函及其附录（如果有）；

(4) 专用合同条款及其附件；

(5) 通用合同条款；

(6) 技术标准和要求；

(7) 图纸；

(8) 已标价工程量清单或预算书；

(9) 其他合同文件。

上述各项合同文件包括合同当事人就该项合同文件所作出的补充和修改，属于同一类内容的文件，应以最新签署的为准。

在合同订立及履行过程中形成的与合同有关的文件均构成合同文件组成部分，并根据其性质确定优先解释顺序。

1.6　图纸和承包人文件

1.6.1　图纸的提供和交底

发包人应按照专用合同条款约定的期限、数量和内容向承包人免费提供图纸，并组织承包人、监理人和设计人进行图纸会审和设计交底。发包人至迟不得晚于第 7.3.2 项〔开工通知〕载明的开工日期前 14 天向承包人提供图纸。

因发包人未按合同约定提供图纸导致承包人费用增加和（或）工期延误的，按照第 7.5.1 项〔因发包人原因导致工期延误〕约定办理。

1.6.2　图纸的错误

承包人在收到发包人提供的图纸后，发现图纸存在差错、遗漏或缺陷的，应及时通知监理人。监理人接到该通知后，应附具相关意见并立即报送发包人，发包人应在收到监理人报送的通知后的合理时间内作出决定。合理时间是指发包人在收到监理人的报送通知后，尽其努力且不懈怠地完成图纸修改补充所需的时间。

1.6.3　图纸的修改和补充

图纸需要修改和补充的，应经图纸原设计人及审批部门同意，并由监理人在工程或工程相应部位施工前将修改后的图纸或补充图纸提交给承包人，承包人应按修改或补充后的图纸施工。

1.6.4　承包人文件

承包人应按照专用合同条款的约定提供应当由其编制的与工程施工有关的文件，并按照专用合同条款约定的期限、数量和形式提交监理人，并由监理人报送发包人。

除专用合同条款另有约定外，监理人应在收到承包人文件后 7 天内审查完毕，监理人对承包人文件有异议的，承包人应予以修改，并重新报送监理人。监理人的审查并不减轻或免除承包人根据合同约定应当承担的责任。

1.6.5 图纸和承包人文件的保管

除专用合同条款另有约定外，承包人应在施工现场另外保存一套完整的图纸和承包人文件，供发包人、监理人及有关人员进行工程检查时使用。

1.7 联络

1.7.1 与合同有关的通知、批准、证明、证书、指示、指令、要求、请求、同意、意见、确定和决定等，均应采用书面形式，并应在合同约定的期限内送达接收人和送达地点。

1.7.2 发包人和承包人应在专用合同条款中约定各自的送达接收人和送达地点。任何一方合同当事人指定的接收人或送达地点发生变动的，应提前3天以书面形式通知对方。

1.7.3 发包人和承包人应当及时签收另一方送达至送达地点和指定接收人的来往信函。拒不签收的，由此增加的费用和（或）延误的工期由拒绝接收一方承担。

1.8 严禁贿赂

合同当事人不得以贿赂或变相贿赂的方式，谋取非法利益或损害对方权益。因一方合同当事人的贿赂造成对方损失的，应赔偿损失，并承担相应的法律责任。

承包人不得与监理人或发包人聘请的第三方串通损害发包人利益。未经发包人书面同意，承包人不得为监理人提供合同约定以外的通信设备、交通工具及其他任何形式的利益，不得向监理人支付报酬。

1.9 化石、文物

在施工现场发掘的所有文物、古迹以及具有地质研究或考古价值的其他遗迹、化石、钱币或物品属于国家所有。一旦发现上述文物，承包人应采取合理有效的保护措施，防止任何人员移动或损坏上述物品，并立即报告有关政府行政管理部门，同时通知监理人。

发包人、监理人和承包人应按有关政府行政管理部门要求采取妥善的保护措施，由此增加的费用和（或）延误的工期由发包人承担。

承包人发现文物后不及时报告或隐瞒不报,致使文物丢失或损坏的,应赔偿损失,并承担相应的法律责任。

1.10 交通运输

1.10.1 出入现场的权利

除专用合同条款另有约定外,发包人应根据施工需要,负责取得出入施工现场所需的批准手续和全部权利,以及取得因施工所需修建道路、桥梁以及其他基础设施的权利,并承担相关手续费用和建设费用。承包人应协助发包人办理修建场内外道路、桥梁以及其他基础设施的手续。

承包人应在订立合同前查勘施工现场,并根据工程规模及技术参数合理预见工程施工所需的进出施工现场的方式、手段、路径等。因承包人未合理预见所增加的费用和(或)延误的工期由承包人承担。

1.10.2 场外交通

发包人应提供场外交通设施的技术参数和具体条件,承包人应遵守有关交通法规,严格按照道路和桥梁的限制荷载行驶,执行有关道路限速、限行、禁止超载的规定,并配合交通管理部门的监督和检查。场外交通设施无法满足工程施工需要的,由发包人负责完善并承担相关费用。

1.10.3 场内交通

发包人应提供场内交通设施的技术参数和具体条件,并应按照专用合同条款的约定向承包人免费提供满足工程施工所需的场内道路和交通设施。因承包人原因造成上述道路或交通设施损坏的,承包人负责修复并承担由此增加的费用。

除发包人按照合同约定提供的场内道路和交通设施外,承包人负责修建、维修、养护和管理施工所需的其他场内临时道路和交通设施。发包人和监理人可以为实现合同目的使用承包人修建的场内临时道路和交通设施。

场外交通和场内交通的边界由合同当事人在专用合同条款中

约定。

1.10.4 超大件和超重件的运输

由承包人负责运输的超大件或超重件，应由承包人负责向交通管理部门办理申请手续，发包人给予协助。运输超大件或超重件所需的道路和桥梁临时加固改造费用和其他有关费用，由承包人承担，但专用合同条款另有约定除外。

1.10.5 道路和桥梁的损坏责任

因承包人运输造成施工场地内外公共道路和桥梁损坏的，由承包人承担修复损坏的全部费用和可能引起的赔偿。

1.10.6 水路和航空运输

本款前述各项的内容适用于水路运输和航空运输，其中"道路"一词的涵义包括河道、航线、船闸、机场、码头、堤防以及水路或航空运输中其他相似结构物；"车辆"一词的涵义包括船舶和飞机等。

1.11 知识产权

1.11.1 除专用合同条款另有约定外，发包人提供给承包人的图纸、发包人为实施工程自行编制或委托编制的技术规范以及反映发包人要求的或其他类似性质的文件的著作权属于发包人，承包人可以为实现合同目的而复制、使用此类文件，但不能用于与合同无关的其他事项。未经发包人书面同意，承包人不得为了合同以外的目的而复制、使用上述文件或将之提供给任何第三方。

1.11.2 除专用合同条款另有约定外，承包人为实施工程所编制的文件，除署名权以外的著作权属于发包人，承包人可因实施工程的运行、调试、维修、改造等目的而复制、使用此类文件，但不能用于与合同无关的其他事项。未经发包人书面同意，承包人不得为了合同以外的目的而复制、使用上述文件或将之提供给任何第三方。

1.11.3 合同当事人保证在履行合同过程中不侵犯对方及第三方的知识产权。承包人在使用材料、施工设备、工程设备或采用施工工艺时，因侵犯他人的专利权或其他知识产权所引起的责任，由承包人承担；因发包人提供的材料、施工设备、工程设备或施工工艺导致侵权的，由发包人承担责任。

1.11.4 除专用合同条款另有约定外，承包人在合同签订前和签订时已确定采用的专利、专有技术、技术秘密的使用费已包含在签约合同价中。

1.12 保密

除法律规定或合同另有约定外，未经发包人同意，承包人不得将发包人提供的图纸、文件以及声明需要保密的资料信息等商业秘密泄露给第三方。

除法律规定或合同另有约定外，未经承包人同意，发包人不得将承包人提供的技术秘密及声明需要保密的资料信息等商业秘密泄露给第三方。

1.13 工程量清单错误的修正

除专用合同条款另有约定外，发包人提供的工程量清单，应被认为是准确的和完整的。出现下列情形之一时，发包人应予以修正，并相应调整合同价格：

(1) 工程量清单存在缺项、漏项的；

(2) 工程量清单偏差超出专用合同条款约定的工程量偏差范围的；

(3) 未按照国家现行计量规范强制性规定计量的。

2. 发包人

2.1 许可或批准

发包人应遵守法律，并办理法律规定由其办理的许可、批准或备案，包括但不限于建设用地规划许可证、建设工程规划许可证、建设工程施工许可证、施工所需临时用水、临时用电、中断道路交通、临时占用土地等许可和批准。发包人应协助承包人办理法律规定的有关施工证件和批件。

因发包人原因未能及时办理完毕前述许可、批准或备案，由发包人承担由此增加的费用和（或）延误的工期，并支付承包人合理的利润。

2.2 发包人代表

发包人应在专用合同条款中明确其派驻施工现场的发包人代表的姓名、职务、联系方式及授权范围等事项。发包人代表在发包人的授权范围内,负责处理合同履行过程中与发包人有关的具体事宜。发包人代表在授权范围内的行为由发包人承担法律责任。发包人更换发包人代表的,应提前7天书面通知承包人。

发包人代表不能按照合同约定履行其职责及义务,并导致合同无法继续正常履行的,承包人可以要求发包人撤换发包人代表。

不属于法定必须监理的工程,监理人的职权可以由发包人代表或发包人指定的其他人员行使。

2.3 发包人人员

发包人应要求在施工现场的发包人人员遵守法律及有关安全、质量、环境保护、文明施工等规定,并保障承包人免于承受因发包人人员未遵守上述要求给承包人造成的损失和责任。

发包人人员包括发包人代表及其他由发包人派驻施工现场的人员。

2.4 施工现场、施工条件和基础资料的提供

2.4.1 提供施工现场

除专用合同条款另有约定外,发包人应最迟于开工日期7天前向承包人移交施工现场。

2.4.2 提供施工条件

除专用合同条款另有约定外,发包人应负责提供施工所需要的条件,包括:

(1) 将施工用水、电力、通信线路等施工所必需的条件接至施工现场内;

(2) 保证向承包人提供正常施工所需要的进入施工现场的交通条件;

(3) 协调处理施工现场周围地下管线和邻近建筑物、构筑

物、古树名木的保护工作，并承担相关费用；

（4）按照专用合同条款约定应提供的其他设施和条件。

2.4.3 提供基础资料

发包人应当在移交施工现场前向承包人提供施工现场及工程施工所必需的毗邻区域内供水、排水、供电、供气、供热、通信、广播电视等地下管线资料，气象和水文观测资料，地质勘察资料，相邻建筑物、构筑物和地下工程等有关基础资料，并对所提供资料的真实性、准确性和完整性负责。

按照法律规定确需在开工后方能提供的基础资料，发包人应尽其努力及时地在相应工程施工前的合理期限内提供，合理期限应以不影响承包人的正常施工为限。

2.4.4 逾期提供的责任

因发包人原因未能按合同约定及时向承包人提供施工现场、施工条件、基础资料的，由发包人承担由此增加的费用和（或）延误的工期。

2.5 资金来源证明及支付担保

除专用合同条款另有约定外，发包人应在收到承包人要求提供资金来源证明的书面通知后 28 天内，向承包人提供能够按照合同约定支付合同价款的相应资金来源证明。

除专用合同条款另有约定外，发包人要求承包人提供履约担保的，发包人应当向承包人提供支付担保。支付担保可以采用银行保函或担保公司担保等形式，具体由合同当事人在专用合同条款中约定。

2.6 支付合同价款

发包人应按合同约定向承包人及时支付合同价款。

2.7 组织竣工验收

发包人应按合同约定及时组织竣工验收。

2.8 现场统一管理协议

发包人应与承包人、由发包人直接发包的专业工程的承包人签订施工现场统一管理协议，明确各方的权利义务。施工现场统一管理协议作为专用合同条款的附件。

3. 承包人

3.1 承包人的一般义务

承包人在履行合同过程中应遵守法律和工程建设标准规范，并履行以下义务：

（1）办理法律规定应由承包人办理的许可和批准，并将办理结果书面报送发包人留存；

（2）按法律规定和合同约定完成工程，并在保修期内承担保修义务；

（3）按法律规定和合同约定采取施工安全和环境保护措施，办理工伤保险，确保工程及人员、材料、设备和设施的安全；

（4）按合同约定的工作内容和施工进度要求，编制施工组织设计和施工措施计划，并对所有施工作业和施工方法的完备性和安全可靠性负责；

（5）在进行合同约定的各项工作时，不得侵害发包人与他人使用公用道路、水源、市政管网等公共设施的权利，避免对邻近的公共设施产生干扰。承包人占用或使用他人的施工场地，影响他人作业或生活的，应承担相应责任；

（6）按照第6.3款〔环境保护〕约定负责施工场地及其周边环境与生态的保护工作；

（7）按第6.1款〔安全文明施工〕约定采取施工安全措施，确保工程及其人员、材料、设备和设施的安全，防止因工程施工造成的人身伤害和财产损失；

（8）将发包人按合同约定支付的各项价款专用于合同工程，且应及时支付其雇用人员工资，并及时向分包人支付合同价款；

（9）按照法律规定和合同约定编制竣工资料，完成竣工资料立卷及归档，并按专用合同条款约定的竣工资料的套数、内容、时间等要求移交发包人；

（10）应履行的其他义务。

3.2 项目经理

3.2.1 项目经理应为合同当事人所确认的人选，并在专用合同条款中明确项目经理的姓名、职称、注册执业证书编号、联系方式及授权范围等事项，项目经理经承包人授权后代表承包人负责履行合同。项目经理应是承包人正式聘用的员工，承包人应向发包人提交项目经理与承包人之间的劳动合同，以及承包人为项目经理缴纳社会保险的有效证明。承包人不提交上述文件的，项目经理无权履行职责，发包人有权要求更换项目经理，由此增加的费用和（或）延误的工期由承包人承担。

项目经理应常驻施工现场，且每月在施工现场时间不得少于专用合同条款约定的天数。项目经理不得同时担任其他项目的项目经理。项目经理确需离开施工现场时，应事先通知监理人，并取得发包人的书面同意。项目经理的通知中应当载明临时代行其职责的人员的注册执业资格、管理经验等资料，该人员应具备履行相应职责的能力。

承包人违反上述约定的，应按照专用合同条款的约定，承担违约责任。

3.2.2 项目经理按合同约定组织工程实施。在紧急情况下为确保施工安全和人员安全，在无法与发包人代表和总监理工程师及时取得联系时，项目经理有权采取必要的措施保证与工程有关的人身、财产和工程的安全，但应在48h内向发包人代表和总监理工程师提交书面报告。

3.2.3 承包人需要更换项目经理的，应提前14天书面通知发包人和监理人，并征得发包人书面同意。通知中应当载明继任项目经理的注册执业资格、管理经验等资料，继任项目经理继续履行第3.2.1项约定的职责。未经发包人书面同意，承包人不得擅自更换项目经理。承包人擅自更换项目经理的，应按照专用合同条款的约定承担违约责任。

3.2.4 发包人有权书面通知承包人更换其认为不称职的项目经理，通知中应当载明要求更换的理由。承包人应在接到更换通知后 14 天内向发包人提出书面的改进报告。发包人收到改进报告后仍要求更换的，承包人应在接到第二次更换通知的 28 天内进行更换，并将新任命的项目经理的注册执业资格、管理经验等资料书面通知发包人。继任项目经理继续履行第 3.2.1 项约定的职责。承包人无正当理由拒绝更换项目经理的，应按照专用合同条款的约定承担违约责任。

3.2.5　项目经理因特殊情况授权其下属人员履行其某项工作职责的，该下属人员应具备履行相应职责的能力，并应提前 7 天将上述人员的姓名和授权范围书面通知监理人，并征得发包人书面同意。

3.3　承包人人员

3.3.1　除专用合同条款另有约定外，承包人应在接到开工通知后 7 天内，向监理人提交承包人项目管理机构及施工现场人员安排的报告，其内容应包括合同管理、施工、技术、材料、质量、安全、财务等主要施工管理人员名单及其岗位、注册执业资格等，以及各工种技术工人的安排情况，并同时提交主要施工管理人员与承包人之间的劳动关系证明和缴纳社会保险的有效证明。

3.3.2　承包人派驻到施工现场的主要施工管理人员应相对稳定。施工过程中如有变动，承包人应及时向监理人提交施工现场人员变动情况的报告。承包人更换主要施工管理人员时，应提前 7 天书面通知监理人，并征得发包人书面同意。通知中应当载明继任人员的注册执业资格、管理经验等资料。

特殊工种作业人员均应持有相应的资格证明，监理人可以随时检查。

3.3.3　发包人对于承包人主要施工管理人员的资格或能力有异议的，承包人应提供资料证明被质疑人员有能力完成其岗位工作或不存在发包人所质疑的情形。发包人要求撤换不能按照合同约定履行职责及义务的主要施工管理人员的，承包人应当撤换。承包人无正当理由拒绝撤换的，应按照专用合同条款的约定承担违约责任。

3.3.4　除专用合同条款另有约定外，承包人的主要施工管理人员离开施工现场每月累计不超过 5 天的，应报监理人同意；离开施工现场每月累计超过 5 天的，应通知监理人，并征得发包人书面同意。主要施工管理人员离开施工现场前应指定一名有经验的人员临时代行其职责，该人员应具备履行相应职责的资格和能力，且应征得监理人或发包人的同意。

3.3.5　承包人擅自更换主要施工管理人员，或前述人员未经监理人或发包人同意擅自离开施工现场的，应按照专用合同条款约定承担违约责任。

3.4　承包人现场查勘

承包人应对基于发包人按照第 2.4.3 项〔提供基础资料〕提交的基础资料所做出的解释和推断负责，但因基础资料存在错误、遗漏导致承包人解释或推断失实的，由发包人承担责任。

承包人应对施工现场和施工条件进行查勘，并充分了解工程所在地的气象条件、交通条件、风俗习惯以及其他与完成合同工作有关的其他资料。因承包人未能充分查勘、了解前述情况或未能充分估计前述情况所可能产生后果的，承包人承担由此增加的费用和（或）延误的工期。

3.5　分包

3.5.1　分包的一般约定

承包人不得将其承包的全部工程转包给第三人，或将其承包的全部工程肢解后以分包的名义转包给第三人。承包人不得将工程主体结构、关键性工作及专用合同条款中禁止分包的专业工程分包给第三人，主体结构、关键性工作的范围由合同当事人按照法律规定在专用合同条款中予以明确。

承包人不得以劳务分包的名义转包或违法分包工程。

3.5.2　分包的确定

承包人应按专用合同条款的约定进行分包，确定分包人。已标价工程量清单或预算书中给定暂估价的专业工程，按照第

10.7款〔暂估价〕确定分包人。按照合同约定进行分包的，承包人应确保分包人具有相应的资质和能力。工程分包不减轻或免除承包人的责任和义务，承包人和分包人就分包工程向发包人承担连带责任。除合同另有约定外，承包人应在分包合同签订后7天内向发包人和监理人提交分包合同副本。

3.5.3 分包管理

承包人应向监理人提交分包人的主要施工管理人员表，并对分包人的施工人员进行实名制管理，包括但不限于进出场管理、登记造册以及各种证照的办理。

3.5.4 分包合同价款

（1）除本项第（2）目约定的情况或专用合同条款另有约定外，分包合同价款由承包人与分包人结算，未经承包人同意，发包人不得向分包人支付分包工程价款；

（2）生效法律文书要求发包人向分包人支付分包合同价款的，发包人有权从应付承包人工程款中扣除该部分款项。

3.5.5 分包合同权益的转让

分包人在分包合同项下的义务持续到缺陷责任期届满以后的，发包人有权在缺陷责任期届满前，要求承包人将其在分包合同项下的权益转让给发包人，承包人应当转让。除转让合同另有约定外，转让合同生效后，由分包人向发包人履行义务。

3.6 工程照管与成品、半成品保护

（1）除专用合同条款另有约定外，自发包人向承包人移交施工现场之日起，承包人应负责照管工程及工程相关的材料、工程设备，直到颁发工程接收证书之日止。

（2）在承包人负责照管期间，因承包人原因造成工程、材料、工程设备损坏的，由承包人负责修复或更换，并承担由此增加的费用和（或）延误的工期。

（3）对合同内分期完成的成品和半成品，在工程接收证书颁发前，由承包人承担保护责任。因承包人原因造成成品或半成品损坏的，由承包人负责修复或更换，并承担由此增加的费用和

（或）延误的工期。

3.7　履约担保

发包人需要承包人提供履约担保的，由合同当事人在专用合同条款中约定履约担保的方式、金额及期限等。履约担保可以采用银行保函或担保公司担保等形式，具体由合同当事人在专用合同条款中约定。

因承包人原因导致工期延长的，继续提供履约担保所增加的费用由承包人承担；非因承包人原因导致工期延长的，继续提供履约担保所增加的费用由发包人承担。

3.8　联合体

3.8.1　联合体各方应共同与发包人签订合同协议书。联合体各方应为履行合同向发包人承担连带责任。

3.8.2　联合体协议经发包人确认后作为合同附件。在履行合同过程中，未经发包人同意，不得修改联合体协议。

3.8.3　联合体牵头人负责与发包人和监理人联系，并接受指示，负责组织联合体各成员全面履行合同。

4.　监理人

4.1　监理人的一般规定

工程实行监理的，发包人和承包人应在专用合同条款中明确监理人的监理内容及监理权限等事项。监理人应当根据发包人授权及法律规定，代表发包人对工程施工相关事项进行检查、查验、审核、验收，并签发相关指示，但监理人无权修改合同，且无权减轻或免除合同约定的承包人的任何责任与义务。

除专用合同条款另有约定外，监理人在施工现场的办公场所、生活场所由承包人提供，所发生的费用由发包人承担。

4.2　监理人员

发包人授予监理人对工程实施监理的权利由监理人派驻施工现场的监理人员行使，监理人员包括总监理工程师及监理工程师。监理人应将授权的总监理工程师和监理工程师的姓名及授权范围以书面形式提前通知承包人。更换总监理工程师的，监理人应提前 7 天书面通知承包人；更换其他监理人员，监理人应提前48h 书面通知承包人。

4.3 监理人的指示

监理人应按照发包人的授权发出监理指示。监理人的指示应采用书面形式，并经其授权的监理人员签字。紧急情况下，为了保证施工人员的安全或避免工程受损，监理人员可以口头形式发出指示，该指示与书面形式的指示具有同等法律效力，但必须在发出口头指示后 24h 内补发书面监理指示，补发的书面监理指示应与口头指示一致。

监理人发出的指示应送达承包人项目经理或经项目经理授权接收的人员。因监理人未能按合同约定发出指示、指示延误或发出了错误指示而导致承包人费用增加和（或）工期延误的，由发包人承担相应责任。除专用合同条款另有约定外，总监理工程师不应将第 4.4 款〔商定或确定〕约定应由总监理工程师作出确定的权力授权或委托给其他监理人员。

承包人对监理人发出的指示有疑问的，应向监理人提出书面异议，监理人应在 48h 内对该指示予以确认、更改或撤销，监理人逾期未回复的，承包人有权拒绝执行上述指示。

监理人对承包人的任何工作、工程或其采用的材料和工程设备未在约定的或合理期限内提出意见的，视为批准，但不免除或减轻承包人对该工作、工程、材料、工程设备等应承担的责任和义务。

4.4 商定或确定

合同当事人进行商定或确定时，总监理工程师应当会同合同当事人尽量通过协商达成一致，不能达成一致的，由总监理工程师按照合同约定审慎做出公正的确定。

总监理工程师应将确定以书面形式通知发包人和承包人，并附详细依据。合同当事人对总监理工程师的确定没有异议的，按照总监理工程师的确定执行。任何一方合同当事人有异议，按照第 20 条〔争议解决〕约定处理。争议解决前，合同当事人暂按总监理工程师的确定执行；争议解决后，争议解决的结果与总监理工程师的确定不一致的，按照争议解决的结果执行，由此造成的损失由责任人承担。

5. 工程质量

5.1 质量要求

5.1.1 工程质量标准必须符合现行国家有关工程施工质量验收规范和标准的要求。有关工程质量的特殊标准或要求由合同当事人在专用合同条款中约定。

5.1.2 因发包人原因造成工程质量未达到合同约定标准的，由发包人承担由此增加的费用和（或）延误的工期，并支付承包人合理的利润。

5.1.3 因承包人原因造成工程质量未达到合同约定标准的，发包人有权要求承包人返工直至工程质量达到合同约定的标准为止，并由承包人承担由此增加的费用和（或）延误的工期。

5.2 质量保证措施

5.2.1 发包人的质量管理

发包人应按照法律规定及合同约定完成与工程质量有关的各项工作。

5.2.2 承包人的质量管理

承包人按照第 7.1 款〔施工组织设计〕约定向发包人和监理人提交工程质量保证体系及措施文件，建立完善的质量检查制度，并提交相应的工程质量文件。对于发包人和监理人违反法律规定和合同约定的错误指示，承包人有权拒绝实施。

承包人应对施工人员进行质量教育和技术培训，定期考核施工人员的劳动技能，严格执行施工规范和操作规程。

承包人应按照法律规定和发包人的要求，对材料、工程设备以及工程的所有部位及其施工工艺进行全过程的质量检查和检验，并作详细记录，编制工程质量报表，报送监理人审查。此外，承包人还应按照法律规定和发包人的要求，进行施工现场取样试验、工程复核测量和设备性能检测，提供试验样品、提交试验报告和测量成果以及其他工作。

5.2.3 监理人的质量检查和检验

监理人按照法律规定和发包人授权对工程的所有部位及其施工工艺、材料和工程设备进行检查和检验。承包人应为监理人的检查和检验提供方便，包括监理人到施工现场，或制造、加工地点，或合同约定的其他地方进行察看和查阅施工原始记录。监理人为此进行的检查和检验，不免除或减轻承包人按照合同约定应当承担的责任。

监理人的检查和检验不应影响施工正常进行。监理人的检查和检验影响施工正常进行的，且经检查检验不合格的，影响正常施工的费用由承包人承担，工期不予顺延；经检查检验合格的，由此增加的费用和（或）延误的工期由发包人承担。

5.3 隐蔽工程检查

5.3.1 承包人自检

承包人应当对工程隐蔽部位进行自检，并经自检确认是否具备覆盖条件。

5.3.2 检查程序

除专用合同条款另有约定外，工程隐蔽部位经承包人自检确认具备覆盖条件的，承包人应在共同检查前48h书面通知监理人检查，通知中应载明隐蔽检查的内容、时间和地点，并应附有自检记录和必要的检查资料。

监理人应按时到场并对隐蔽工程及其施工工艺、材料和工程设备进行检查。经监理人检查确认质量符合隐蔽要求，并在验收记录上签字后，承包人才能进行覆盖。经监理人检查质量不合格的，承包人应在监理人指示的时间内完成修复，并由监理人重新检查，由此增加的费用和（或）延误的工期由承包人承担。

除专用合同条款另有约定外，监理人不能按时进行检查的，应在检查前24h向承包人提交书面延期要求，但延期不能超过48h，由此导致工期延误的，工期应予以顺延。监理人未按时进行检查，也未提出延期要求的，视为隐蔽工程检查合格，承包人可自行完成覆盖工作，并作相应记录报送监理人，监理人应签字确认。监理人事后对检查记录有疑问的，可按第 5.3.3 项〔重新检查〕的约定重新检查。

5.3.3　重新检查

承包人覆盖工程隐蔽部位后，发包人或监理人对质量有疑问的，可要求承包人对已覆盖的部位进行钻孔探测或揭开重新检查，承包人应遵照执行，并在检查后重新覆盖恢复原状。经检查证明工程质量符合合同要求的，由发包人承担由此增加的费用和（或）延误的工期，并支付承包人合理的利润；经检查证明工程质量不符合合同要求的，由此增加的费用和（或）延误的工期由承包人承担。

5.3.4　承包人私自覆盖

承包人未通知监理人到场检查，私自将工程隐蔽部位覆盖的，监理人有权指示承包人钻孔探测或揭开检查，无论工程隐蔽部位质量是否合格，由此增加的费用和（或）延误的工期均由承包人承担。

5.4　不合格工程的处理

5.4.1　因承包人原因造成工程不合格的，发包人有权随时要求承包人采取补救措施，直至达到合同要求的质量标准，由此增加的费用和（或）延误的工期由承包人承担。无法补救的，按照第 13.2.4 项〔拒绝接收全部或部分工程〕约定执行。

5.4.2　因发包人原因造成工程不合格的，由此增加的费用和（或）延误的工期由发包人承担，并支付承包人合理的利润。

5.5　质量争议检测

合同当事人对工程质量有争议的，由双方协商确定的工程质量检测机构鉴定，由此产生的费用及因此造成的损失，由责任方承担。

合同当事人均有责任的，由双方根据其责任分别承担。合同当事人无法达成一致的，按照第 4.4 款〔商定或确定〕执行。

6. 安全文明施工与环境保护

6.1 安全文明施工

6.1.1 安全生产要求

合同履行期间，合同当事人均应当遵守国家和工程所在地有关安全生产的要求，合同当事人有特别要求的，应在专用合同条款中明确施工项目安全生产标准化达标目标及相应事项。承包人有权拒绝发包人及监理人强令承包人违章作业、冒险施工的任何指示。

在施工过程中，如遇到突发的地质变动、事先未知的地下施工障碍等影响施工安全的紧急情况，承包人应及时报告监理人和发包人，发包人应当及时下令停工并报政府有关行政管理部门采取应急措施。

因安全生产需要暂停施工的，按照第7.8款〔暂停施工〕的约定执行。

6.1.2 安全生产保证措施

承包人应当按照有关规定编制安全技术措施或者专项施工方案，建立安全生产责任制度、治安保卫制度及安全生产教育培训制度，并按安全生产法律规定及合同约定履行安全职责，如实编制工程安全生产的有关记录，接受发包人、监理人及政府安全监督部门的检查与监督。

6.1.3 特别安全生产事项

承包人应按照法律规定进行施工，开工前做好安全技术交底工作，施工过程中做好各项安全防护措施。承包人为实施合同而雇用的特殊工种的人员应受过专门的培训并已取得政府有关管理机构颁发的上岗证书。

承包人在动力设备、输电线路、地下管道、密封防震车间、易燃易爆地段以及临街交通要道附近施工时，施工开始前应向发包人和监理人提出安全防护措施，经发包人认可后实施。

实施爆破作业，在放射、毒害性环境中施工（含储存、运输、使用）及使用毒害性、腐蚀性物品施工时，承包人应在施工前7天以书面通知发包人和监理人，并报送相应的安全防护措施，经发包人认可后实施。

需单独编制危险性较大分部分项专项工程施工方案的，及要求进行专家论证的超过一定规模的危险性较大的分部分项工程，承包人应及时编制和组织论证。

6.1.4　治安保卫

除专用合同条款另有约定外，发包人应与当地公安部门协商，在现场建立治安管理机构或联防组织，统一管理施工场地的治安保卫事项，履行合同工程的治安保卫职责。

发包人和承包人除应协助现场治安管理机构或联防组织维护施工场地的社会治安外，还应做好包括生活区在内的各自管辖区的治安保卫工作。

除专用合同条款另有约定外，发包人和承包人应在工程开工后 7 天内共同编制施工场地治安管理计划，并制定应对突发治安事件的紧急预案。在工程施工过程中，发生暴乱、爆炸等恐怖事件，以及群殴、械斗等群体性突发治安事件的，发包人和承包人应立即向当地政府报告。发包人和承包人应积极协助当地有关部门采取措施平息事态，防止事态扩大，尽量避免人员伤亡和财产损失。

6.1.5　文明施工

承包人在工程施工期间，应当采取措施保持施工现场平整，物料堆放整齐。工程所在地有关政府行政管理部门有特殊要求的，按照其要求执行。合同当事人对文明施工有其他要求的，可以在专用合同条款中明确。

在工程移交之前，承包人应当从施工现场清除承包人的全部工程设备、多余材料、垃圾和各种临时工程，并保持施工现场清洁整齐。经发包人书面同意，承包人可在发包人指定的地点保留承包人履行保修期内的各项义务所需要的材料、施工设备和临时工程。

6.1.6　安全文明施工费

安全文明施工费由发包人承担，发包人不得以任何形式扣减该部分费用。因基准日期后合同所适用的法律或政府有关规定发生变化,增加的安全文明施工费由发包人承担。

承包人经发包人同意采取合同约定以外的安全措施所产生的费用,由发包人承担。未经发包人同意的,如果该措施避免了发包人的损失,则发包人在避免损失的额度内承担该措施费。如果该措施避免了承包人的损失,由承包人承担该措施费。

除专用合同条款另有约定外,发包人应在开工后 28 天内预付安全文明施工费总额的 50%,其余部分与进度款同期支付。发包人逾期支付安全文明施工费超过 7 天的,承包人有权向发包人发出要求预付的催告通知,发包人收到通知后 7 天内仍未支付的,承包人有权暂停施工,并按第 16.1.1 项〔发包人违约的情形〕执行。

承包人对安全文明施工费应专款专用,承包人应在财务账目中单独列项备查,不得挪作他用,否则发包人有权责令其限期改正;逾期未改正的,可以责令其暂停施工,由此增加的费用和(或)延误的工期由承包人承担。

6.1.7 紧急情况处理

在工程实施期间或缺陷责任期内发生危及工程安全的事件,监理人通知承包人进行抢救,承包人声明无能力或不愿立即执行的,发包人有权雇佣其他人员进行抢救。此类抢救按合同约定属于承包人义务的,由此增加的费用和(或)延误的工期由承包人承担。

6.1.8 事故处理

工程施工过程中发生事故的,承包人应立即通知监理人,监理人应立即通知发包人。发包人和承包人应立即组织人员和设备进行紧急抢救和抢修,减少人员伤亡和财产损失,防止事故扩大,并保护事故现场。需要移动现场物品时,应作出标记和书面记录,妥善保管有关证据。发包人和承包人应按国家有关规定,及时如实地向有关部门报告事故发生的情况,以及正在采取的紧急措施等。

6.1.9 安全生产责任

6.1.9.1 发包人的安全责任

发包人应负责赔偿以下各种情况造成的损失：

(1) 工程或工程的任何部分对土地的占用所造成的第三者财产损失；

(2) 由于发包人原因在施工场地及其毗邻地带造成的第三者人身伤亡和财产损失；

(3) 由于发包人原因对承包人、监理人造成的人员人身伤亡和财产损失；

(4) 由于发包人原因造成的发包人自身人员的人身伤害以及财产损失。

6.1.9.2 承包人的安全责任

由于承包人原因在施工场地内及其毗邻地带造成的发包人、监理人以及第三者人员伤亡和财产损失，由承包人负责赔偿。

6.2 职业健康

6.2.1 劳动保护

承包人应按照法律规定安排现场施工人员的劳动和休息时间，保障劳动者的休息时间，并支付合理的报酬和费用。承包人应依法为其履行合同所雇用的人员办理必要的证件、许可、保险和注册等，承包人应督促其分包人为分包人所雇用的人员办理必要的证件、许可、保险和注册等。

承包人应按照法律规定保障现场施工人员的劳动安全，并提供劳动保护，并应按国家有关劳动保护的规定，采取有效的防止粉尘、降低噪声、控制有害气体和保障高温、高寒、高空作业安全等劳动保护措施。承包人雇佣人员在施工中受到伤害的，承包人应立即采取有效措施进行抢救和治疗。

承包人应按法律规定安排工作时间，保证其雇佣人员享有休息和休假的权利。因工程施工的特殊需要占用休假日或延长工作时间的，应不超过法律规定的限度，并按法律规定给予补休或付酬。

6.2.2 生活条件

承包人应为其履行合同所雇用的人员提供必要的膳宿条件和生活环境；承包人应采取有效措施预防传染病，保证施工人员的健康，并定期对施工现场、施工人员生活基地和工程进行防疫和卫生的专业检查和处理，在远离城镇的施工场地，还应配备必要的伤病防治和急救的医务人员与医疗设施。

6.3 环境保护

承包人应在施工组织设计中列明环境保护的具体措施。在合同履行期间，承包人应采取合理措施保护施工现场环境。对施工作业过程中可能引起的大气、水、噪音以及固体废物污染采取具体可行的防范措施。

承包人应当承担因其原因引起的环境污染侵权损害赔偿责任，因上述环境污染引起纠纷而导致暂停施工的，由此增加的费用和（或）延误的工期由承包人承担。

7. 工期和进度

7.1 施工组织设计

7.1.1 施工组织设计的内容

施工组织设计应包含以下内容：

（1）施工方案；

（2）施工现场平面布置图；

（3）施工进度计划和保证措施；

（4）劳动力及材料供应计划；

（5）施工机械设备的选用；

（6）质量保证体系及措施；

（7）安全生产、文明施工措施；

（8）环境保护、成本控制措施；

（9）合同当事人约定的其他内容。

7.1.2 施工组织设计的提交和修改

除专用合同条款另有约定外，承包人应在合同签订后 14 天内，但至迟不得晚于第 7.3.2 项〔开工通知〕载明的开工日期前

7 天，向监理人提交详细的施工组织设计，并由监理人报送发包人。除专用合同条款另有约定外，发包人和监理人应在监理人收到施工组织设计后 7 天内确认或提出修改意见。对发包人和监理人提出的合理意见和要求，承包人应自费修改完善。根据工程实际情况需要修改施工组织设计的，承包人应向发包人和监理人提交修改后的施工组织设计。

施工进度计划的编制和修改按照第 7.2 款〔施工进度计划〕执行。

7.2 施工进度计划

7.2.1 施工进度计划的编制

承包人应按照第 7.1 款〔施工组织设计〕约定提交详细的施工进度计划，施工进度计划的编制应当符合国家法律规定和一般工程实践惯例，施工进度计划经发包人批准后实施。施工进度计划是控制工程进度的依据，发包人和监理人有权按照施工进度计划检查工程进度情况。

7.2.2 施工进度计划的修订

施工进度计划不符合合同要求或与工程的实际进度不一致的，承包人应向监理人提交修订的施工进度计划，并附具有关措施和相关资料，由监理人报送发包人。除专用合同条款另有约定外，发包人和监理人应在收到修订的施工进度计划后 7 天内完成审核和批准或提出修改意见。发包人和监理人对承包人提交的施工进度计划的确认，不能减轻或免除承包人根据法律规定和合同约定应承担的任何责任或义务。

7.3 开工

7.3.1 开工准备

除专用合同条款另有约定外，承包人应按照第 7.1 款〔施工组织设计〕约定的期限，向监理人提交工程开工报审表，经监理人报发包人批准后执行。开工报审表应详细说明按施工进度计划正常施工所需的施工道路、临时设施、材料、工程设备、施工设备、施工人员等落实情况以及工程的进度安排。

除专用合同条款另有约定外，合同当事人应按约定完成开工准备工作。

7.3.2 开工通知

发包人应按照法律规定获得工程施工所需的许可。经发包人同意后，监理人发出的开工通知应符合法律规定。监理人应在计划开工日期 7 天前向承包人发出开工通知，工期自开工通知中载明的开工日期起算。

除专用合同条款另有约定外，因发包人原因造成监理人未能在计划开工日期之日起 90 天内发出开工通知的，承包人有权提出价格调整要求，或者解除合同。发包人应当承担由此增加的费用和（或）延误的工期，并向承包人支付合理利润。

7.4 测量放线

7.4.1 除专用合同条款另有约定外，发包人应在至迟不得晚于第 7.3.2 项〔开工通知〕载明的开工日期前 7 天通过监理人向承包人提供测量基准点、基准线和水准点及其书面资料。发包人应对其提供的测量基准点、基准线和水准点及其书面资料的真实性、准确性和完整性负责。

承包人发现发包人提供的测量基准点、基准线和水准点及其书面资料存在错误或疏漏的，应及时通知监理人。监理人应及时报告发包人，并会同发包人和承包人予以核实。发包人应就如何处理和是否继续施工作出决定，并通知监理人和承包人。

7.4.2 承包人负责施工过程中的全部施工测量放线工作，并配置具有相应资质的人员、合格的仪器、设备和其他物品。承包人应矫正工程的位置、标高、尺寸或准线中出现的任何差错，并对工程各部分的定位负责。

施工过程中对施工现场内水准点等测量标志物的保护工作由承包人负责。

7.5 工期延误

7.5.1 因发包人原因导致工期延误

在合同履行过程中，因下列情况导致工期延误和（或）费用增加的，由发包人承担由此延误的工期和（或）增加的费用，且发包人应支付承包人合理的利润：

（1）发包人未能按合同约定提供图纸或所提供图纸不符合合同约定的；

（2）发包人未能按合同约定提供施工现场、施工条件、基础资料、许可、批准等开工条件的；

（3）发包人提供的测量基准点、基准线和水准点及其书面资料存在错误或疏漏的；

（4）发包人未能在计划开工日期之日起 7 天内同意下达开工通知的；

（5）发包人未能按合同约定日期支付工程预付款、进度款或竣工结算款的；

（6）监理人未按合同约定发出指示、批准等文件的；

（7）专用合同条款中约定的其他情形。

因发包人原因未按计划开工日期开工的，发包人应按实际开工日期顺延竣工日期，确保实际工期不低于合同约定的工期总日历天数。因发包人原因导致工期延误需要修订施工进度计划的，按照第 7.2.2 项〔施工进度计划的修订〕执行。

7.5.2 因承包人原因导致工期延误

因承包人原因造成工期延误的，可以在专用合同条款中约定逾期竣工违约金的计算方法和逾期竣工违约金的上限。承包人支付逾期竣工违约金后，不免除承包人继续完成工程及修补缺陷的义务。

7.6 不利物质条件

不利物质条件是指有经验的承包人在施工现场遇到的不可预见的自然物质条件、非自然的物质障碍和污染物，包括地表以下物质条件和水文条件以及专用合同条款约定的其他情形，但不包括气候条件。

承包人遇到不利物质条件时，应采取克服不利物质条件的合理措施继续施工，并及时通知发包人和监理人。通知应载明不利物质条件的内容以及承包人认为不可预见的理由。监理人经发包人同意后应当及时发出指示，指示构成变更的，按第 10 条〔变更〕约定执行。承包人因采取合理措施而增加的费用和（或）延误的工期由发包人承担。

7.7 异常恶劣的气候条件

异常恶劣的气候条件是指在施工过程中遇到的，有经验的承包人在签订合同时不可预见的，对合同履行造成实质性影响的，但尚未构成不可抗力事件的恶劣气候条件。合同当事人可以在专用合同条款中约定异常恶劣的气候条件的具体情形。

承包人应采取克服异常恶劣的气候条件的合理措施继续施工，并及时通知发包人和监理人。监理人经发包人同意后应当及时发出指示，指示构成变更的，按第 10 条〔变更〕约定办理。承包人因采取合理措施而增加的费用和（或）延误的工期由发包人承担。

7.8 暂停施工

7.8.1 发包人原因引起的暂停施工

因发包人原因引起暂停施工的，监理人经发包人同意后，应及时下达暂停施工指示。情况紧急且监理人未及时下达暂停施工指示的，按照第 7.8.4 项〔紧急情况下的暂停施工〕执行。

因发包人原因引起的暂停施工，发包人应承担由此增加的费用和（或）延误的工期，并支付承包人合理的利润。

7.8.2 承包人原因引起的暂停施工

因承包人原因引起的暂停施工，承包人应承担由此增加的费用和（或）延误的工期，且承包人在收到监理人复工指示后 84 天内仍未复工的，视为第 16.2.1 项〔承包人违约的情形〕第（7）目约定的承包人无法继续履行合同的情形。

7.8.3 指示暂停施工

监理人认为有必要时，并经发包人批准后，可向承包人作出暂停施工的指示，承包人应按监理人指示暂停施工。

7.8.4 紧急情况下的暂停施工

因紧急情况需暂停施工，且监理人未及时下达暂停施工指示的，承包人可先暂停施工，并及时通知监理人。监理人应在接到通知后 24h 内发出指示，逾期未发出指示，视为同意承包人暂停施工。监理人不同意承包人暂停施工的，应说明理由，承包人对监理人的答复有异议，按照第 20 条〔争议解决〕约定处理。

7.8.5 暂停施工后的复工

暂停施工后，发包人和承包人应采取有效措施积极消除暂停施工的影响。在工程复工前，监理人会同发包人和承包人确定因暂停施工造成的损失，并确定工程复工条件。当工程具备复工条件时，监理人应经发包人批准后向承包人发出复工通知，承包人应按照复工通知要求复工。

承包人无故拖延和拒绝复工的，承包人承担由此增加的费用和（或）延误的工期；因发包人原因无法按时复工的，按照第 7.5.1 项〔因发包人原因导致工期延误〕约定办理。

7.8.6 暂停施工持续 56 天以上

监理人发出暂停施工指示后 56 天内未向承包人发出复工通知，除该项停工属于第 7.8.2 项〔承包人原因引起的暂停施工〕及第 17 条〔不可抗力〕约定的情形外，承包人可向发包人提交书面通知，要求发包人在收到书面通知后 28 天内准许已暂停施工的部分或全部工程继续施工。发包人逾期不予批准的，则承包人可以通知发包人，将工程受影响的部分视为按第 10.1 款〔变更的范围〕第（2）项的可取消工作。

暂停施工持续 84 天以上不复工的，且不属于第 7.8.2 项〔承包人原因引起的暂停施工〕及第 17 条〔不可抗力〕约定的情形，并影响到整个工程以及合同目的实现的，承包人有权提出价格调整要求，或者解除合同。解除合同的，按照第 16.1.3 项〔因发包人违约解除合同〕执行。

7.8.7 暂停施工期间的工程照管

暂停施工期间，承包人应负责妥善照管工程并提供安全保障，由此增加的费用由责任方承担。

7.8.8 暂停施工的措施

暂停施工期间，发包人和承包人均应采取必要的措施确保工程质量及安全，防止因暂停施工扩大损失。

7.9 提前竣工

7.9.1 发包人要求承包人提前竣工的，发包人应通过监理人向承包人下达提前竣工指示，承包人应向发包人和监理人提交提前竣工建议书，提前竣工建议书应包括实施的方案、缩短的时间、增加的合同价格等内容。发包人接受该提前竣工建议书的，监理人应与发包人和承包人协商采取加快工程进度的措施，并修订施工进度计划，由此增加的费用由发包人承担。承包人认为提前竣工指示无法执行的，应向监理人和发包人提出书面异议，发包人和监理人应在收到异议后 7 天内予以答复。任何情况下，发包人不得压缩合理工期。

7.9.2 发包人要求承包人提前竣工，或承包人提出提前竣工的建议能够给发包人带来效益的，合同当事人可以在专用合同条款中约定提前竣工的奖励。

8. 材料与设备

8.1 发包人供应材料与工程设备

发包人自行供应材料、工程设备的，应在签订合同时在专用合同条款的附件《发包人供应材料设备一览表》中明确材料、工程设备的品种、规格、型号、数量、单价、质量等级和送达地点。

承包人应提前 30 天通过监理人以书面形式通知发包人供应材料与工程设备进场。承包人按照第 7.2.2 项〔施工进度计划的修订〕约定修订施工进度计划时，需同时提交经修订后的发包人供应材料与工程设备的进场计划。

8.2 承包人采购材料与工程设备

承包人负责采购材料、工程设备的，应按照设计和有关标准要求采购，并提供产品合格证明及出厂证明，对材料、工程设备质量负责。合同约定由承包人采购的材料、工程设备，发包人不得指定生产厂家或供应商，发包人违反本款约定指定生产厂家或供应商的，承包人有权拒绝，并由发包人承担相应责任。

8.3   材料与工程设备的接收与拒收

8.3.1   发包人应按《发包人供应材料设备一览表》约定的内容提供材料和工程设备，并向承包人提供产品合格证明及出厂证明，对其质量负责。发包人应提前 24h 以书面形式通知承包人、监理人材料和工程设备到货时间，承包人负责材料和工程设备的清点、检验和接收。

发包人提供的材料和工程设备的规格、数量或质量不符合合同约定的，或因发包人原因导致交货日期延误或交货地点变更等情况的，按照第 16.1 款〔发包人违约〕约定办理。

8.3.2   承包人采购的材料和工程设备，应保证产品质量合格，承包人应在材料和工程设备到货前 24h 通知监理人检验。承包人进行永久设备、材料的制造和生产的，应符合相关质量标准，并向监理人提交材料的样本以及有关资料，并应在使用该材料或工程设备之前获得监理人同意。

承包人采购的材料和工程设备不符合设计或有关标准要求时，承包人应在监理人要求的合理期限内将不符合设计或有关标准要求的材料、工程设备运出施工现场，并重新采购符合要求的材料、工程设备，由此增加的费用和（或）延误的工期，由承包人承担。

8.4   材料与工程设备的保管与使用

8.4.1   发包人供应材料与工程设备的保管与使用

发包人供应的材料和工程设备，承包人清点后由承包人妥善保管，保管费用由发包人承担，但已标价工程量清单或预算书已经列支或专用合同条款另有约定除外。因承包人原因发生丢失毁损的，由承包人负责赔偿；监理人未通知承包人清点的，承包人不负责材料和工程设备的保管，由此导致丢失毁损的由发包人负责。

发包人供应的材料和工程设备使用前，由承包人负责检验，检验费用由发包人承担，不合格的不得使用。

8.4.2 承包人采购材料与工程设备的保管与使用

承包人采购的材料和工程设备由承包人妥善保管，保管费用由承包人承担。法律规定材料和工程设备使用前必须进行检验或试验的，承包人应按监理人的要求进行检验或试验，检验或试验费用由承包人承担，不合格的不得使用。

发包人或监理人发现承包人使用不符合设计或有关标准要求的材料和工程设备时，有权要求承包人进行修复、拆除或重新采购，由此增加的费用和（或）延误的工期，由承包人承担。

8.5 禁止使用不合格的材料和工程设备

8.5.1 监理人有权拒绝承包人提供的不合格材料或工程设备，并要求承包人立即进行更换。监理人应在更换后再次进行检查和检验，由此增加的费用和（或）延误的工期由承包人承担。

8.5.2 监理人发现承包人使用了不合格的材料和工程设备，承包人应按照监理人的指示立即改正，并禁止在工程中继续使用不合格的材料和工程设备。

8.5.3 发包人提供的材料或工程设备不符合合同要求的，承包人有权拒绝，并可要求发包人更换，由此增加的费用和（或）延误的工期由发包人承担，并支付承包人合理的利润。

8.6 样品

8.6.1 样品的报送与封存

需要承包人报送样品的材料或工程设备，样品的种类、名称、规格、数量等要求均应在专用合同条款中约定。样品的报送程序如下：

（1）承包人应在计划采购前 28 天向监理人报送样品。承包人报送的样品均应来自供应材料的实际生产地，且提供的样品的规格、数量足以表明材料或工程设备的质量、型号、颜色、表面处理、质地、误差和其他要求的特征。

（2）承包人每次报送样品时应随附申报单，申报单应载明报送样品的相关数据和资料，并标明每件样品对应的图纸号，预留监理人批复意见栏。监理人应在收到承包人报送的样品后 7 天向承包人回复经发包人签认的样品审批意见。

（3）经发包人和监理人审批确认的样品应按约定的方法封样，封存的样品作为检验工程相关部分的标准之一。承包人在施工过程中不得使用与样品不符的材料或工程设备。

（4）发包人和监理人对样品的审批确认仅为确认相关材料或工程设备的特征或用途，不得被理解为对合同的修改或改变，也并不减轻或免除承包人任何的责任和义务。如果封存的样品修改或改变了合同约定，合同当事人应当以书面协议予以确认。

8.6.2　样品的保管

经批准的样品应由监理人负责封存于现场，承包人应在现场为保存样品提供适当和固定的场所并保持适当和良好的存储环境条件。

8.7　材料与工程设备的替代

8.7.1　出现下列情况需要使用替代材料和工程设备的，承包人应按照第 8.7.2 项约定的程序执行：

（1）基准日期后生效的法律规定禁止使用的；

（2）发包人要求使用替代品的；

（3）因其他原因必须使用替代品的。

8.7.2　承包人应在使用替代材料和工程设备 28 天前书面通知监理人，并附下列文件：

（1）被替代的材料和工程设备的名称、数量、规格、型号、品牌、性能、价格及其他相关资料；

（2）替代品的名称、数量、规格、型号、品牌、性能、价格及其他相关资料；

（3）替代品与被替代产品之间的差异以及使用替代品可能对工程产生的影响；

（4）替代品与被替代产品的价格差异；

（5）使用替代品的理由和原因说明；

（6）监理人要求的其他文件。

监理人应在收到通知后 14 天内向承包人发出经发包人签认的书面指示；监理人逾期发出书面指示的，视为发包人和监理人同意使用替代品。

8.7.3 发包人认可使用替代材料和工程设备的，替代材料和工程设备的价格，按照已标价工程量清单或预算书相同项目的价格认定；无相同项目的，参考相似项目价格认定；既无相同项目也无相似项目的，按照合理的成本与利润构成的原则，由合同当事人按照第 4.4 款〔商定或确定〕确定价格。

8.8 施工设备和临时设施

8.8.1 承包人提供的施工设备和临时设施

承包人应按合同进度计划的要求，及时配置施工设备和修建临时设施。进入施工场地的承包人设备需经监理人核查后才能投入使用。承包人更换合同约定的承包人设备的，应报监理人批准。

除专用合同条款另有约定外，承包人应自行承担修建临时设施的费用，需要临时占地的，应由发包人办理申请手续并承担相应费用。

8.8.2 发包人提供的施工设备和临时设施

发包人提供的施工设备或临时设施在专用合同条款中约定。

8.8.3 要求承包人增加或更换施工设备

承包人使用的施工设备不能满足合同进度计划和（或）质量要求时，监理人有权要求承包人增加或更换施工设备，承包人应及时增加或更换，由此增加的费用和（或）延误的工期由承包人承担。

8.9 材料与设备专用要求

承包人运入施工现场的材料、工程设备、施工设备以及在施工场地建设的临时设施，包括备品备件、安装工具与资料，必须专用于工程。未经发包人批准，承包人不得运出施工现场或挪作他用；经发包人批准，承包人可以根据施工进度计划撤走闲置的施工设备和其他物品。

9. 试验与检验

9.1 试验设备与试验人员

9.1.1 承包人根据合同约定或监理人指示进行的现场材料试验,应由承包人提供试验场所、试验人员、试验设备以及其他必要的试验条件。监理人在必要时可以使用承包人提供的试验场所、试验设备以及其他试验条件,进行以工程质量检查为目的的材料复核试验,承包人应予以协助。

9.1.2 承包人应按专用合同条款的约定提供试验设备、取样装置、试验场所和试验条件,并向监理人提交相应进场计划表。

承包人配置的试验设备要符合相应试验规程的要求并经过具有资质的检测单位检测,且在正式使用该试验设备前,需要经过监理人与承包人共同校定。

9.1.3 承包人应向监理人提交试验人员的名单及其岗位、资格等证明资料,试验人员必须能够熟练进行相应的检测试验,承包人对试验人员的试验程序和试验结果的正确性负责。

9.2 取样

试验属于自检性质的,承包人可以单独取样。试验属于监理人抽检性质的,可由监理人取样,也可由承包人的试验人员在监理人的监督下取样。

9.3 材料、工程设备和工程的试验和检验

9.3.1 承包人应按合同约定进行材料、工程设备和工程的试验和检验,并为监理人对上述材料、工程设备和工程的质量检查提供必要的试验资料和原始记录。按合同约定应由监理人与承包人共同进行试验和检验的,由承包人负责提供必要的试验资料和原始记录。

9.3.2 试验属于自检性质的,承包人可以单独进行试验。试验属于监理人抽检性质的,监理人可以单独进行试验,也可由承包人与监理人共同进行。承包人对由监理人单独进行的试验结

果有异议的，可以申请重新共同进行试验。约定共同进行试验的，监理人未按照约定参加试验的，承包人可自行试验，并将试验结果报送监理人，监理人应承认该试验结果。

9.3.3　监理人对承包人的试验和检验结果有异议的，或为查清承包人试验和检验成果的可靠性要求承包人重新试验和检验的，可由监理人与承包人共同进行。重新试验和检验的结果证明该项材料、工程设备或工程的质量不符合合同要求的，由此增加的费用和（或）延误的工期由承包人承担；重新试验和检验结果证明该项材料、工程设备和工程符合合同要求的，由此增加的费用和（或）延误的工期由发包人承担。

9.4　现场工艺试验

承包人应按合同约定或监理人指示进行现场工艺试验。对大型的现场工艺试验，监理人认为必要时，承包人应根据监理人提出的工艺试验要求，编制工艺试验措施计划，报送监理人审查。

10. 变更

10.1　变更的范围

除专用合同条款另有约定外，合同履行过程中发生以下情形的，应按照本条约定进行变更：

（1）增加或减少合同中任何工作，或追加额外的工作；

（2）取消合同中任何工作，但转由他人实施的工作除外；

（3）改变合同中任何工作的质量标准或其他特性；

（4）改变工程的基线、标高、位置和尺寸；

（5）改变工程的时间安排或实施顺序。

10.2　变更权

发包人和监理人均可以提出变更。变更指示均通过监理人发出，监理人发出变更指示前应征得发包人同意。承包人收到经发包人签认的变更指示后，方可实施变更。未经许可，承包人不得擅自对工程的任何部分进行变更。

涉及设计变更的，应由设计人提供变更后的图纸和说明。如变更超过原设计标准或批准的建设规模时，发包人应及时办理规划、设计变更等审批手续。

10.3　变更程序

10.3.1　发包人提出变更

发包人提出变更的，应通过监理人向承包人发出变更指示，变更指示应说明计划变更的工程范围和变更的内容。

10.3.2　监理人提出变更建议

监理人提出变更建议的，需要向发包人以书面形式提出变更计划，说明计划变更工程范围和变更的内容、理由，以及实施该变更对合同价格和工期的影响。发包人同意变更的，由监理人向承包人发出变更指示。发包人不同意变更的，监理人无权擅自发出变更指示。

10.3.3　变更执行

承包人收到监理人下达的变更指示后，认为不能执行，应立即提出不能执行该变更指示的理由。承包人认为可以执行变更的，应当书面说明实施该变更指示对合同价格和工期的影响，且合同当事人应当按照第 10.4 款〔变更估价〕约定确定变更估价。

10.4　变更估价

10.4.1　变更估价原则

除专用合同条款另有约定外，变更估价按照本款约定处理：

(1) 已标价工程量清单或预算书有相同项目的，按照相同项目单价认定；

(2) 已标价工程量清单或预算书中无相同项目，但有类似项目的，参照类似项目的单价认定；

(3) 变更导致实际完成的变更工程量与已标价工程量清单或预算书中列明的该项目工程量的变化幅度超过 15% 的，或已标价工程量清单或预算书中无相同项目及类似项目单价的，按照合理的成本与利润构成的原则，由合同当事人按照第 4.4 款〔商定或确定〕确定变更工作的单价。

10.4.2　变更估价程序

承包人应在收到变更指示后 14 天内，向监理人提交变更估价申请。监理人应在收到承包人提交的变更估价申请后 7 天内审查完毕并报送发包人，监理人对变更估价申请有异议，通知承包人修改后重新提交。发包人应在承包人提交变更估价申请后 14 天内审批完毕。发包人逾期未完成审批或未提出异议的，视为认可承包人提交的变更估价申请。

因变更引起的价格调整应计入最近一期的进度款中支付。

10.5 承包人的合理化建议

承包人提出合理化建议的，应向监理人提交合理化建议说明，说明建议的内容和理由，以及实施该建议对合同价格和工期的影响。

除专用合同条款另有约定外，监理人应在收到承包人提交的合理化建议后 7 天内审查完毕并报送发包人，发现其中存在技术上的缺陷，应通知承包人修改。发包人应在收到监理人报送的合理化建议后 7 天内审批完毕。合理化建议经发包人批准的，监理人应及时发出变更指示，由此引起的合同价格调整按照第 10.4 款〔变更估价〕约定执行。发包人不同意变更的，监理人应书面通知承包人。

合理化建议降低了合同价格或者提高了工程经济效益的，发包人可对承包人给予奖励，奖励的方法和金额在专用合同条款中约定。

10.6 变更引起的工期调整

因变更引起工期变化的，合同当事人均可要求调整合同工期，由合同当事人按照第 4.4 款〔商定或确定〕并参考工程所在地的工期定额标准确定增减工期天数。

10.7 暂估价

暂估价专业分包工程、服务、材料和工程设备的明细由合同当事人在专用合同条款中约定。

10.7.1 依法必须招标的暂估价项目

对于依法必须招标的暂估价项目，采取以下第 1 种方式确定。合同当事人也可以在专用合同条款中选择其他招标方式。

第 1 种方式：对于依法必须招标的暂估价项目，由承包人招标，对该暂估价项目的确认和批准按照以下约定执行：

(1) 承包人应当根据施工进度计划，在招标工作启动前 14 天将招标方案通过监理人报送发包人审查，发包人应当在收到承包人报送的招标方案后 7 天内批准或提出修改意见。承包人应当按照经过发包人批准的招标方案开展招标工作；

(2) 承包人应当根据施工进度计划，提前 14 天将招标文件通过监理人报送发包人审批，发包人应当在收到承包人报送的相关文件后 7 天内完成审批或提出修改意见；发包人有权确定招标控制价并按照法律规定参加评标；

(3) 承包人与供应商、分包人在签订暂估价合同前，应当提前 7 天将确定的中标候选供应商或中标候选分包人的资料报送发包人，发包人应在收到资料后 3 天内与承包人共同确定中标人；承包人应当在签订合同后 7 天内，将暂估价合同副本报送发包人留存。

第 2 种方式：对于依法必须招标的暂估价项目，由发包人和承包人共同招标确定暂估价供应商或分包人的，承包人应按照施工进度计划，在招标工作启动前 14 天通知发包人，并提交暂估价招标方案和工作分工。发包人应在收到后 7 天内确认。确定中标人后，由发包人、承包人与中标人共同签订暂估价合同。

10.7.2 不属于依法必须招标的暂估价项目

除专用合同条款另有约定外，对于不属于依法必须招标的暂估价项目，采取以下第 1 种方式确定：

第 1 种方式：对于不属于依法必须招标的暂估价项目，按本项约定确认和批准：

(1) 承包人应根据施工进度计划，在签订暂估价项目的采购合同、分包合同前 28 天向监理人提出书面申请。监理人应当在收到申请后 3 天内报送发包人，发包人应当在收到申请后 14 天内给予批准或提出修改意见，发包人逾期未予批准或提出修改意见的，视为该书面申请已获得同意；

（2）发包人认为承包人确定的供应商、分包人无法满足工程质量或合同要求的，发包人可以要求承包人重新确定暂估价项目的供应商、分包人；

（3）承包人应当在签订暂估价合同后 7 天内，将暂估价合同副本报送发包人留存。

第 2 种方式：承包人按照第 10.7.1 项〔依法必须招标的暂估价项目〕约定的第 1 种方式确定暂估价项目。

第 3 种方式：承包人直接实施的暂估价项目

承包人具备实施暂估价项目的资格和条件的，经发包人和承包人协商一致后，可由承包人自行实施暂估价项目，合同当事人可以在专用合同条款约定具体事项。

10.7.3 因发包人原因导致暂估价合同订立和履行迟延的，由此增加的费用和（或）延误的工期由发包人承担，并支付承包人合理的利润。因承包人原因导致暂估价合同订立和履行迟延的，由此增加的费用和（或）延误的工期由承包人承担。

10.8 暂列金额

暂列金额应按照发包人的要求使用，发包人的要求应通过监理人发出。合同当事人可以在专用合同条款中协商确定有关事项。

10.9 计日工

需要采用计日工方式的，经发包人同意后，由监理人通知承包人以计日工计价方式实施相应的工作，其价款按列入已标价工程量清单或预算书中的计日工计价项目及其单价进行计算；已标价工程量清单或预算书中无相应的计日工单价的，按照合理的成本与利润构成的原则，由合同当事人按照第 4.4 款〔商定或确定〕确定变更工作的单价。

采用计日工计价的任何一项工作，承包人应在该项工作实施过程中，每天提交以下报表和有关凭证报送监理人审查：

（1）工作名称、内容和数量；

（2）投入该工作的所有人员的姓名、专业、工种、级别和耗用工时；

（3）投入该工作的材料类别和数量；

（4）投入该工作的施工设备型号、台数和耗用台时；

（5）其他有关资料和凭证。

计日工由承包人汇总后，列入最近一期进度付款申请单，由监理人审查并经发包人批准后列入进度付款。

11. 价格调整

11.1 市场价格波动引起的调整

除专用合同条款另有约定外，市场价格波动超过合同当事人约定的范围，合同价格应当调整。合同当事人可以在专用合同条款中约定选择以下一种方式对合同价格进行调整：

第1种方式：采用价格指数进行价格调整。

（1）价格调整公式

因人工、材料和设备等价格波动影响合同价格时，根据专用合同条款中约定的数据，按以下公式计算差额并调整合同价格：

$$\Delta P = P_0\left[A+\left(B_1\times\frac{F_{t1}}{F_{01}}+B_2\times\frac{F_{t2}}{F_{02}}+B_3\times\frac{F_{t3}}{F_{03}}+\cdots+B_n\times\frac{F_{tn}}{F_{0n}}\right)-1\right]$$

公式中： ΔP——需调整的价格差额；

P_0——约定的付款证书中承包人应得到的已完成工程量的金额。此项金额应不包括价格调整、不计质量保证金的扣留和支付、预付款的支付和扣回。约定的变更及其他金额已按现行价格计价的，也不计在内；

A——定值权重（即不调部分的权重）；

B_1；B_2；B_3……B_n——各可调因子的变值权重（即可调部分的权重），为各可调因子在签约合同价中所占的比例；

F_{t1}；F_{t2}；F_{t3}……F_{tn}——各可调因子的现行价格指数，指约定的付款证书相关周期最后一天的

前42天的各可调因子的价格指数;

F_{01};F_{02};F_{03}……F_{0n}——各可调因子的基本价格指数,指基准日期的各可调因子的价格指数。

以上价格调整公式中的各可调因子、定值和变值权重,以及基本价格指数及其来源在投标函附录价格指数和权重表中约定,非招标订立的合同,由合同当事人在专用合同条款中约定。价格指数应首先采用工程造价管理机构发布的价格指数,无前述价格指数时,可采用工程造价管理机构发布的价格代替。

(2)暂时确定调整差额

在计算调整差额时无现行价格指数的,合同当事人同意暂用前次价格指数计算。实际价格指数有调整的,合同当事人进行相应调整。

(3)权重的调整

因变更导致合同约定的权重不合理时,按照第4.4款〔商定或确定〕执行。

(4)因承包人原因工期延误后的价格调整

因承包人原因未按期竣工的,对合同约定的竣工日期后继续施工的工程,在使用价格调整公式时,应采用计划竣工日期与实际竣工日期的两个价格指数中较低的一个作为现行价格指数。

第2种方式:采用造价信息进行价格调整。

合同履行期间,因人工、材料、工程设备和机械台班价格波动影响合同价格时,人工、机械使用费按照国家或省、自治区、直辖市建设行政管理部门、行业建设管理部门或其授权的工程造价管理机构发布的人工、机械使用费系数进行调整;需要进行价格调整的材料,其单价和采购数量应由发包人审批,发包人确认需调整的材料单价及数量,作为调整合同价格的依据。

(1)人工单价发生变化且符合省级或行业建设主管部门发布的人工费调整规定,合同当事人应按省级或行业建设主管部门或其授权的工程造价管理机构发布的人工费等文件调整合同价格,但承包人对人工费或人工单价的报价高于发布价格的除外。

（2）材料、工程设备价格变化的价款调整按照发包人提供的基准价格，按以下风险范围规定执行：

① 承包人在已标价工程量清单或预算书中载明材料单价低于基准价格的：除专用合同条款另有约定外，合同履行期间材料单价涨幅以基准价格为基础超过 5％时，或材料单价跌幅以在已标价工程量清单或预算书中载明材料单价为基础超过 5％时，其超过部分据实调整。

② 承包人在已标价工程量清单或预算书中载明材料单价高于基准价格的：除专用合同条款另有约定外，合同履行期间材料单价跌幅以基准价格为基础超过 5％时，材料单价涨幅以在已标价工程量清单或预算书中载明材料单价为基础超过 5％时，其超过部分据实调整。

③ 承包人在已标价工程量清单或预算书中载明材料单价等于基准价格的：除专用合同条款另有约定外，合同履行期间材料单价涨跌幅以基准价格为基础超过±5％时，其超过部分据实调整。

④ 承包人应在采购材料前将采购数量和新的材料单价报发包人核对，发包人确认用于工程时，发包人应确认采购材料的数量和单价。发包人在收到承包人报送的确认资料后 5 天内不予答复的视为认可，作为调整合同价格的依据。未经发包人事先核对，承包人自行采购材料的，发包人有权不予调整合同价格。发包人同意的，可以调整合同价格。

前述基准价格是指由发包人在招标文件或专用合同条款中给定的材料、工程设备的价格，该价格原则上应当按照省级或行业建设主管部门或其授权的工程造价管理机构发布的信息价编制。

（3）施工机械台班单价或施工机械使用费发生变化超过省级或行业建设主管部门或其授权的工程造价管理机构规定的范围时，按规定调整合同价格。

第 3 种方式：专用合同条款约定的其他方式。

11.2　法律变化引起的调整

基准日期后，法律变化导致承包人在合同履行过程中所需要的费用发生除第 11.1 款〔市场价格波动引起的调整〕约定以外的增加时，由发包人承担由此增加的费用；减少时，应从合同价格中予以扣减。基准日期后，因法律变化造成工期延误时，工期应予以顺延。

因法律变化引起的合同价格和工期调整，合同当事人无法达成一致的，由总监理工程师按第 4.4 款〔商定或确定〕的约定处理。

因承包人原因造成工期延误，在工期延误期间出现法律变化的，由此增加的费用和（或）延误的工期由承包人承担。

12. 合同价格、计量与支付

12.1 合同价格形式

发包人和承包人应在合同协议书中选择下列一种合同价格形式：

1. 单价合同

单价合同是指合同当事人约定以工程量清单及其综合单价进行合同价格计算、调整和确认的建设工程施工合同，在约定的范围内合同单价不作调整。合同当事人应在专用合同条款中约定综合单价包含的风险范围和风险费用的计算方法，并约定风险范围以外的合同价格的调整方法，其中因市场价格波动引起的调整按第 11.1 款〔市场价格波动引起的调整〕约定执行。

2. 总价合同

总价合同是指合同当事人约定以施工图、已标价工程量清单或预算书及有关条件进行合同价格计算、调整和确认的建设工程施工合同，在约定的范围内合同总价不作调整。合同当事人应在专用合同条款中约定总价包含的风险范围和风险费用的计算方法，并约定风险范围以外的合同价格的调整方法，其中因市场价格波动引起的调整按第 11.1 款〔市场价格波动引起的调整〕、因法律变化引起的调整按第 11.2 款〔法律变化引起的调整〕约定执行。

3. 其他价格形式

合同当事人可在专用合同条款中约定其他合同价格形式。

12.2 预付款

12.2.1 预付款的支付

预付款的支付按照专用合同条款约定执行，但至迟应在开工通知载明的开工日期 7 天前支付。预付款应当用于材料、工程设备、施工设备的采购及修建临时工程、组织施工队伍进场等。

除专用合同条款另有约定外，预付款在进度付款中同比例扣回。在颁发工程接收证书前，提前解除合同的，尚未扣完的预付款应与合同价款一并结算。

发包人逾期支付预付款超过 7 天的，承包人有权向发包人发出要求预付的催告通知，发包人收到通知后 7 天内仍未支付的，承包人有权暂停施工，并按第 16.1.1 项〔发包人违约的情形〕执行。

12.2.2 预付款担保

发包人要求承包人提供预付款担保的，承包人应在发包人支付预付款 7 天前提供预付款担保，专用合同条款另有约定除外。预付款担保可采用银行保函、担保公司担保等形式，具体由合同当事人在专用合同条款中约定。在预付款完全扣回之前，承包人应保证预付款担保持续有效。

发包人在工程款中逐期扣回预付款后，预付款担保额度应相应减少，但剩余的预付款担保金额不得低于未被扣回的预付款金额。

12.3 计量

12.3.1 计量原则

工程量计量按照合同约定的工程量计算规则、图纸及变更指示等进行计量。工程量计算规则应以相关的国家标准、行业标准等为依据，由合同当事人在专用合同条款中约定。

12.3.2 计量周期

除专用合同条款另有约定外，工程量的计量按月进行。

12.3.3 单价合同的计量

除专用合同条款另有约定外，单价合同的计量按照本项约定执行：

（1）承包人应于每月 25 日向监理人报送上月 20 日至当月 19 日已完成的工程量报告，并附具进度付款申请单、已完成工程量报表和有关资料。

（2）监理人应在收到承包人提交的工程量报告后 7 天内完成对承包人提交的工程量报表的审核并报送发包人，以确定当月实际完成的工程量。监理人对工程量有异议的，有权要求承包人进行共同复核或抽样复测。承包人应协助监理人进行复核或抽样复测，并按监理人要求提供补充计量资料。承包人未按监理人要求参加复核或抽样复测的，监理人复核或修正的工程量视为承包人实际完成的工程量。

（3）监理人未在收到承包人提交的工程量报表后的 7 天内完成审核的，承包人报送的工程量报告中的工程量视为承包人实际完成的工程量，据此计算工程价款。

12.3.4 总价合同的计量

除专用合同条款另有约定外，按月计量支付的总价合同，按照本项约定执行：

（1）承包人应于每月 25 日向监理人报送上月 20 日至当月 19 日已完成的工程量报告，并附具进度付款申请单、已完成工程量报表和有关资料。

（2）监理人应在收到承包人提交的工程量报告后 7 天内完成对承包人提交的工程量报表的审核并报送发包人，以确定当月实际完成的工程量。监理人对工程量有异议的，有权要求承包人进行共同复核或抽样复测。承包人应协助监理人进行复核或抽样复测并按监理人要求提供补充计量资料。承包人未按监理人要求参加复核或抽样复测的，监理人审核或修正的工程量视为承包人实际完成的工程量。

（3）监理人未在收到承包人提交的工程量报表后的 7 天内完成复核的，承包人提交的工程量报告中的工程量视为承包人实际完成的工程量。

12.3.5   总价合同采用支付分解表计量支付的，可以按照第12.3.4项〔总价合同的计量〕约定进行计量，但合同价款按照支付分解表进行支付。

12.3.6   其他价格形式合同的计量

合同当事人可在专用合同条款中约定其他价格形式合同的计量方式和程序。

12.4   工程进度款支付

12.4.1   付款周期

除专用合同条款另有约定外，付款周期应按照第12.3.2项〔计量周期〕的约定与计量周期保持一致。

12.4.2   进度付款申请单的编制

除专用合同条款另有约定外，进度付款申请单应包括下列内容：

(1) 截至本次付款周期已完成工作对应的金额；

(2) 根据第10条〔变更〕应增加和扣减的变更金额；

(3) 根据第12.2款〔预付款〕约定应支付的预付款和扣减的返还预付款；

(4) 根据第15.3款〔质量保证金〕约定应扣减的质量保证金；

(5) 根据第19条〔索赔〕应增加和扣减的索赔金额；

(6) 对已签发的进度款支付证书中出现错误的修正，应在本次进度付款中支付或扣除的金额；

(7) 根据合同约定应增加和扣减的其他金额。

12.4.3   进度付款申请单的提交

(1) 单价合同进度付款申请单的提交

单价合同的进度付款申请单，按照第12.3.3项〔单价合同的计量〕约定的时间按月向监理人提交，并附上已完成工程量报表和有关资料。单价合同中的总价项目按月进行支付分解，并汇总列入当期进度付款申请单。

(2) 总价合同进度付款申请单的提交

总价合同按月计量支付的，承包人按照第12.3.4项〔总价合同的计量〕约定的时间按月向监理人提交进度付款申请单，并附上已完成工程量报表和有关资料。

总价合同按支付分解表支付的，承包人应按照第 12.4.6 项〔支付分解表〕及第 12.4.2 项〔进度付款申请单的编制〕的约定向监理人提交进度付款申请单。

（3）其他价格形式合同的进度付款申请单的提交

合同当事人可在专用合同条款中约定其他价格形式合同的进度付款申请单的编制和提交程序。

12.4.4 进度款审核和支付

（1）除专用合同条款另有约定外，监理人应在收到承包人进度付款申请单以及相关资料后 7 天内完成审查并报送发包人，发包人应在收到后 7 天内完成审批并签发进度款支付证书。发包人逾期未完成审批且未提出异议的，视为已签发进度款支付证书。

发包人和监理人对承包人的进度付款申请单有异议的，有权要求承包人修正和提供补充资料，承包人应提交修正后的进度付款申请单。监理人应在收到承包人修正后的进度付款申请单及相关资料后 7 天内完成审查并报送发包人，发包人应在收到监理人报送的进度付款申请单及相关资料后 7 天内，向承包人签发无异议部分的临时进度款支付证书。存在争议的部分，按照第 20 条〔争议解决〕的约定处理。

（2）除专用合同条款另有约定外，发包人应在进度款支付证书或临时进度款支付证书签发后 14 天内完成支付，发包人逾期支付进度款的，应按照中国人民银行发布的同期同类贷款基准利率支付违约金。

（3）发包人签发进度款支付证书或临时进度款支付证书，不表明发包人已同意、批准或接受了承包人完成的相应部分的工作。

12.4.5 进度付款的修正

在对已签发的进度款支付证书进行阶段汇总和复核中发现错误、遗漏或重复的，发包人和承包人均有权提出修正申请。经发包人和承包人同意的修正，应在下期进度付款中支付或扣除。

12.4.6 支付分解表

1. 支付分解表的编制要求

（1）支付分解表中所列的每期付款金额，应为第 12.4.2 项〔进度付款申请单的编制〕第（1）目的估算金额；

（2）实际进度与施工进度计划不一致的，合同当事人可按照第 4.4 款〔商定或确定〕修改支付分解表；

（3）不采用支付分解表的，承包人应向发包人和监理人提交按季度编制的支付估算分解表，用于支付参考。

2. 总价合同支付分解表的编制与审批

（1）除专用合同条款另有约定外，承包人应根据第 7.2 款〔施工进度计划〕约定的施工进度计划、签约合同价和工程量等因素对总价合同按月进行分解，编制支付分解表。承包人应当在收到监理人和发包人批准的施工进度计划后 7 天内，将支付分解表及编制支付分解表的支持性资料报送监理人。

（2）监理人应在收到支付分解表后 7 天内完成审核并报送发包人。发包人应在收到经监理人审核的支付分解表后 7 天内完成审批，经发包人批准的支付分解表为有约束力的支付分解表。

（3）发包人逾期未完成支付分解表审批的，也未及时要求承包人进行修正和提供补充资料的，则承包人提交的支付分解表视为已经获得发包人批准。

3. 单价合同的总价项目支付分解表的编制与审批

除专用合同条款另有约定外，单价合同的总价项目，由承包人根据施工进度计划和总价项目的总价构成、费用性质、计划发生时间和相应工程量等因素按月进行分解，形成支付分解表，其编制与审批参照总价合同支付分解表的编制与审批执行。

12.5 支付账户

发包人应将合同价款支付至合同协议书中约定的承包人账户。

13. 验收和工程试车

13.1 分部分项工程验收

13.1.1 分部分项工程质量应符合国家有关工程施工验收规

范、标准及合同约定，承包人应按照施工组织设计的要求完成分部分项工程施工。

13.1.2 除专用合同条款另有约定外，分部分项工程经承包人自检合格并具备验收条件的，承包人应提前48h通知监理人进行验收。监理人不能按时进行验收的，应在验收前24h向承包人提交书面延期要求，但延期不能超过48h。监理人未按时进行验收，也未提出延期要求的，承包人有权自行验收，监理人应认可验收结果。分部分项工程未经验收的，不得进入下一道工序施工。

分部分项工程的验收资料应当作为竣工资料的组成部分。

13.2 竣工验收

13.2.1 竣工验收条件

工程具备以下条件的，承包人可以申请竣工验收：

（1）除发包人同意的甩项工作和缺陷修补工作外，合同范围内的全部工程以及有关工作，包括合同要求的试验、试运行以及检验均已完成，并符合合同要求；

（2）已按合同约定编制了甩项工作和缺陷修补工作清单以及相应的施工计划；

（3）已按合同约定的内容和份数备齐竣工资料。

13.2.2 竣工验收程序

除专用合同条款另有约定外，承包人申请竣工验收的，应当按照以下程序进行：

（1）承包人向监理人报送竣工验收申请报告，监理人应在收到竣工验收申请报告后14天内完成审查并报送发包人。监理人审查后认为尚不具备验收条件的，应通知承包人在竣工验收前承包人还需完成的工作内容，承包人应在完成监理人通知的全部工作内容后，再次提交竣工验收申请报告。

（2）监理人审查后认为已具备竣工验收条件的，应将竣工验收申请报告提交发包人，发包人应在收到经监理人审核的竣工验收申请报告后28天内审批完毕并组织监理人、承包人、设计人等相关单位完成竣工验收。

（3）竣工验收合格的，发包人应在验收合格后 14 天内向承包人签发工程接收证书。发包人无正当理由逾期不颁发工程接收证书的，自验收合格后第 15 天起视为已颁发工程接收证书。

（4）竣工验收不合格的，监理人应按照验收意见发出指示，要求承包人对不合格工程返工、修复或采取其他补救措施，由此增加的费用和（或）延误的工期由承包人承担。承包人在完成不合格工程的返工、修复或采取其他补救措施后，应重新提交竣工验收申请报告，并按本项约定的程序重新进行验收。

（5）工程未经验收或验收不合格，发包人擅自使用的，应在转移占有工程后 7 天内向承包人颁发工程接收证书；发包人无正当理由逾期不颁发工程接收证书的，自转移占有后第 15 天起视为已颁发工程接收证书。

除专用合同条款另有约定外，发包人不按照本项约定组织竣工验收、颁发工程接收证书的，每逾期一天，应以签约合同价为基数，按照中国人民银行发布的同期同类贷款基准利率支付违约金。

13.2.3　竣工日期

工程经竣工验收合格的，以承包人提交竣工验收申请报告之日为实际竣工日期，并在工程接收证书中载明；因发包人原因，未在监理人收到承包人提交的竣工验收申请报告 42 天内完成竣工验收，或完成竣工验收不予签发工程接收证书的，以提交竣工验收申请报告的日期为实际竣工日期；工程未经竣工验收，发包人擅自使用的，以转移占有工程之日为实际竣工日期。

13.2.4　拒绝接收全部或部分工程

对于竣工验收不合格的工程，承包人完成整改后，应当重新进行竣工验收，经重新组织验收仍不合格的且无法采取措施补救的，则发包人可以拒绝接收不合格工程，因不合格工程导致其他工程不能正常使用的，承包人应采取措施确保相关工程的正常使用，由此增加的费用和（或）延误的工期由承包人承担。

13.2.5 移交、接收全部与部分工程

除专用合同条款另有约定外，合同当事人应当在颁发工程接收证书后 7 天内完成工程的移交。

发包人无正当理由不接收工程的，发包人自应当接收工程之日起，承担工程照管、成品保护、保管等与工程有关的各项费用，合同当事人可以在专用合同条款中另行约定发包人逾期接收工程的违约责任。

承包人无正当理由不移交工程的，承包人应承担工程照管、成品保护、保管等与工程有关的各项费用，合同当事人可以在专用合同条款中另行约定承包人无正当理由不移交工程的违约责任。

13.3 工程试车

13.3.1 试车程序

工程需要试车的，除专用合同条款另有约定外，试车内容应与承包人承包范围相一致，试车费用由承包人承担。工程试车应按如下程序进行：

（1）具备单机无负荷试车条件，承包人组织试车，并在试车前 48h 书面通知监理人，通知中应载明试车内容、时间、地点。承包人准备试车记录，发包人根据承包人要求为试车提供必要条件。试车合格的，监理人在试车记录上签字。监理人在试车合格后不在试车记录上签字，自试车结束满 24h 后视为监理人已经认可试车记录，承包人可继续施工或办理竣工验收手续。

监理人不能按时参加试车，应在试车前 24h 以书面形式向承包人提出延期要求，但延期不能超过 48h，由此导致工期延误的，工期应予以顺延。监理人未能在前述期限内提出延期要求，又不参加试车的，视为认可试车记录。

（2）具备无负荷联动试车条件，发包人组织试车，并在试车前 48h 以书面形式通知承包人。通知中应载明试车内容、时间、地点和对承包人的要求，承包人按要求做好准备工作。试车合格，合同当事人在试车记录上签字。承包人无正当理由不参加试车的，视为认可试车记录。

13.3.2   试车中的责任

因设计原因导致试车达不到验收要求，发包人应要求设计人修改设计，承包人按修改后的设计重新安装。发包人承担修改设计、拆除及重新安装的全部费用，工期相应顺延。因承包人原因导致试车达不到验收要求，承包人按监理人要求重新安装和试车，并承担重新安装和试车的费用，工期不予顺延。

因工程设备制造原因导致试车达不到验收要求的，由采购该工程设备的合同当事人负责重新购置或修理，承包人负责拆除和重新安装，由此增加的修理、重新购置、拆除及重新安装的费用及延误的工期由采购该工程设备的合同当事人承担。

13.3.3   投料试车

如需进行投料试车的，发包人应在工程竣工验收后组织投料试车。发包人要求在工程竣工验收前进行或需要承包人配合时，应征得承包人同意，并在专用合同条款中约定有关事项。

投料试车合格的，费用由发包人承担；因承包人原因造成投料试车不合格的，承包人应按照发包人要求进行整改，由此产生的整改费用由承包人承担；非因承包人原因导致投料试车不合格的，如发包人要求承包人进行整改的，由此产生的费用由发包人承担。

13.4   提前交付单位工程的验收

13.4.1   发包人需要在工程竣工前使用单位工程的，或承包人提出提前交付已经竣工的单位工程且经发包人同意的，可进行单位工程验收，验收的程序按照第 13.2 款〔竣工验收〕的约定进行。

验收合格后，由监理人向承包人出具经发包人签认的单位工程接收证书。已签发单位工程接收证书的单位工程由发包人负责照管。单位工程的验收成果和结论作为整体工程竣工验收申请报告的附件。

13.4.2   发包人要求在工程竣工前交付单位工程，由此导致承包人费用增加和（或）工期延误的，由发包人承担由此增加的费用和（或）延误的工期，并支付承包人合理的利润。

13.5 施工期运行

13.5.1 施工期运行是指合同工程尚未全部竣工，其中某项或某几项单位工程或工程设备安装已竣工，根据专用合同条款约定，需要投入施工期运行的，经发包人按第 13.4 款〔提前交付单位工程的验收〕的约定验收合格，证明能确保安全后，才能在施工期投入运行。

13.5.2 在施工期运行中发现工程或工程设备损坏或存在缺陷的，由承包人按第 15.2 款〔缺陷责任期〕约定进行修复。

13.6 竣工退场

13.6.1 竣工退场

颁发工程接收证书后，承包人应按以下要求对施工现场进行清理：

（1）施工现场内残留的垃圾已全部清除出场；

（2）临时工程已拆除，场地已进行清理、平整或复原；

（3）按合同约定应撤离的人员、承包人施工设备和剩余的材料，包括废弃的施工设备和材料，已按计划撤离施工现场；

（4）施工现场周边及其附近道路、河道的施工堆积物，已全部清理；

（5）施工现场其他场地清理工作已全部完成。

施工现场的竣工退场费用由承包人承担。承包人应在专用合同条款约定的期限内完成竣工退场，逾期未完成的，发包人有权出售或另行处理承包人遗留的物品，由此支出的费用由承包人承担，发包人出售承包人遗留物品所得款项在扣除必要费用后应返还承包人。

13.6.2 地表还原

承包人应按发包人要求恢复临时占地及清理场地，承包人未按发包人的要求恢复临时占地，或者场地清理未达到合同约定要求的，发包人有权委托其他人恢复或清理，所发生的费用由承包人承担。

14. 竣工结算

14.1 竣工结算申请

除专用合同条款另有约定外，承包人应在工程竣工验收合格后 28 天内向发包人和监理人提交竣工结算申请单，并提交完整的结算资料，有关竣工结算申请单的资料清单和份数等要求由合同当事人在专用合同条款中约定。

除专用合同条款另有约定外，竣工结算申请单应包括以下内容：

（1）竣工结算合同价格；

（2）发包人已支付承包人的款项；

（3）应扣留的质量保证金；

（4）发包人应支付承包人的合同价款。

14.2 竣工结算审核

（1）除专用合同条款另有约定外，监理人应在收到竣工结算申请单后 14 天内完成核查并报送发包人。发包人应在收到监理人提交的经审核的竣工结算申请单后 14 天内完成审批，并由监理人向承包人签发经发包人签认的竣工付款证书。监理人或发包人对竣工结算申请单有异议的，有权要求承包人进行修正和提供补充资料，承包人应提交修正后的竣工结算申请单。

发包人在收到承包人提交竣工结算申请书后 28 天内未完成审批且未提出异议的，视为发包人认可承包人提交的竣工结算申请单，并自发包人收到承包人提交的竣工结算申请单后第 29 天起视为已签发竣工付款证书。

（2）除专用合同条款另有约定外，发包人应在签发竣工付款证书后的 14 天内，完成对承包人的竣工付款。发包人逾期支付的，按照中国人民银行发布的同期同类贷款基准利率支付违约金；逾期支付超过 56 天的，按照中国人民银行发布的同期同类贷款基准利率的两倍支付违约金。

（3）承包人对发包人签认的竣工付款证书有异议的，对于有异议部分应在收到发包人签认的竣工付款证书后 7 天内提出异议，并由合同当事人按照专用合同条款约定的方式和程序进行复核，或按照第 20 条〔争议解决〕约定处理。对于无异议部分，发包人应签发临时竣工付款证书，并按本款第（2）项完成付款。承包人逾期未提出异议的，视为认可发包人的审批结果。

14.3 甩项竣工协议

发包人要求甩项竣工的，合同当事人应签订甩项竣工协议。在甩项竣工协议中应明确，合同当事人按照第 14.1 款〔竣工结算申请〕及 14.2 款〔竣工结算审核〕的约定，对已完合格工程进行结算，并支付相应合同价款。

14.4 最终结清

14.4.1 最终结清申请单

（1）除专用合同条款另有约定外，承包人应在缺陷责任期终止证书颁发后 7 天内，按专用合同条款约定的份数向发包人提交最终结清申请单，并提供相关证明材料。

除专用合同条款另有约定外，最终结清申请单应列明质量保证金、应扣除的质量保证金、缺陷责任期内发生的增减费用。

（2）发包人对最终结清申请单内容有异议的，有权要求承包人进行修正和提供补充资料，承包人应向发包人提交修正后的最终结清申请单。

14.4.2 最终结清证书和支付

（1）除专用合同条款另有约定外，发包人应在收到承包人提交的最终结清申请单后 14 天内完成审批并向承包人颁发最终结清证书。发包人逾期未完成审批，又未提出修改意见的，视为发包人同意承包人提交的最终结清申请单，且自发包人收到承包人提交的最终结清申请单后 15 天起视为已颁发最终结清证书。

（2）除专用合同条款另有约定外，发包人应在颁发最终结清证书后 7 天内完成支付。发包人逾期支付的，按照中国人民银行发布的同期同类贷款基准利率支付违约金；逾期支付超过 56 天的，按照中国人民银行发布的同期同类贷款基准利率的两倍支付违约金。

（3）承包人对发包人颁发的最终结清证书有异议的，按第20条〔争议解决〕的约定办理。

15. 缺陷责任与保修

15.1 工程保修的原则

在工程移交发包人后，因承包人原因产生的质量缺陷，承包人应承担质量缺陷责任和保修义务。缺陷责任期届满，承包人仍应按合同约定的工程各部位保修年限承担保修义务。

15.2 缺陷责任期

15.2.1 缺陷责任期自实际竣工日期起计算，合同当事人应在专用合同条款约定缺陷责任期的具体期限，但该期限最长不超过24个月。

单位工程先于全部工程进行验收，经验收合格并交付使用的，该单位工程缺陷责任期自单位工程验收合格之日起算。因发包人原因导致工程无法按合同约定期限进行竣工验收的，缺陷责任期自承包人提交竣工验收申请报告之日起开始计算；发包人未经竣工验收擅自使用工程的，缺陷责任期自工程转移占有之日起开始计算。

15.2.2 工程竣工验收合格后，因承包人原因导致的缺陷或损坏致使工程、单位工程或某项主要设备不能按原定目的使用的，则发包人有权要求承包人延长缺陷责任期，并应在原缺陷责任期届满前发出延长通知，但缺陷责任期最长不能超过24个月。

15.2.3 任何一项缺陷或损坏修复后，经检查证明其影响了工程或工程设备的使用性能，承包人应重新进行合同约定的试验和试运行，试验和试运行的全部费用应由责任方承担。

15.2.4 除专用合同条款另有约定外，承包人应于缺陷责任期届满后7天内向发包人发出缺陷责任期届满通知，发包人应在收到缺陷责任期满通知后14天内核实承包人是否履行缺陷修复义务，承包人未能履行缺陷修复义务的，发包人有权扣除相应金额的维修费用。发包人应在收到缺陷责任期届满通知后14天内，向承包人颁发缺陷责任期终止证书。

15.3 质量保证金

经合同当事人协商一致扣留质量保证金的，应在专用合同条款中予以明确。

15.3.1 承包人提供质量保证金的方式

承包人提供质量保证金有以下三种方式：

（1）质量保证金保函；

（2）相应比例的工程款；

（3）双方约定的其他方式。

除专用合同条款另有约定外，质量保证金原则上采用上述第（1）种方式。

15.3.2 质量保证金的扣留

质量保证金的扣留有以下三种方式：

（1）在支付工程进度款时逐次扣留，在此情形下，质量保证金的计算基数不包括预付款的支付、扣回以及价格调整的金额；

（2）工程竣工结算时一次性扣留质量保证金；

（3）双方约定的其他扣留方式。

除专用合同条款另有约定外，质量保证金的扣留原则上采用上述第（1）种方式。

发包人累计扣留的质量保证金不得超过结算合同价格的5%，如承包人在发包人签发竣工付款证书后28天内提交质量保证金保函，发包人应同时退还扣留的作为质量保证金的工程价款。

15.3.3 质量保证金的退还

发包人应按14.4款〔最终结清〕的约定退还质量保证金。

15.4 保修

15.4.1 保修责任

工程保修期从工程竣工验收合格之日起算，具体分部分项工程的保修期由合同当事人在专用合同条款中约定，但不得低于法定最低保修年限。在工程保修期内，承包人应当根据有关法律规定以及合同约定承担保修责任。

发包人未经竣工验收擅自使用工程的，保修期自转移占有之日起算。

15.4.2 修复费用

保修期内，修复的费用按照以下约定处理：

（1）保修期内，因承包人原因造成工程的缺陷、损坏，承包人应负责修复，并承担修复的费用以及因工程的缺陷、损坏造成的人身伤害和财产损失；

（2）保修期内，因发包人使用不当造成工程的缺陷、损坏，可以委托承包人修复，但发包人应承担修复的费用，并支付承包人合理利润；

（3）因其他原因造成工程的缺陷、损坏，可以委托承包人修复，发包人应承担修复的费用，并支付承包人合理的利润，因工程的缺陷、损坏造成的人身伤害和财产损失由责任方承担。

15.4.3 修复通知

在保修期内，发包人在使用过程中，发现已接收的工程存在缺陷或损坏的，应书面通知承包人予以修复，但情况紧急必须立即修复缺陷或损坏的，发包人可以口头通知承包人并在口头通知后48h内书面确认，承包人应在专用合同条款约定的合理期限内到达工程现场并修复缺陷或损坏。

15.4.4 未能修复

因承包人原因造成工程的缺陷或损坏，承包人拒绝维修或未能在合理期限内修复缺陷或损坏，且经发包人书面催告后仍未修复的，发包人有权自行修复或委托第三方修复，所需费用由承包人承担。但修复范围超出缺陷或损坏范围的，超出范围部分的修复费用由发包人承担。

15.4.5 承包人出入权

在保修期内，为了修复缺陷或损坏，承包人有权出入工程现场，除情况紧急必须立即修复缺陷或损坏外，承包人应提前24h通知发包人进场修复的时间。承包人进入工程现场前应获得发包人同意，且不应影响发包人正常的生产经营，并应遵守发包人有关保安和保密等规定。

16. 违约

16.1 发包人违约

16.1.1 发包人违约的情形

在合同履行过程中发生的下列情形，属于发包人违约：

（1）因发包人原因未能在计划开工日期前7天内下达开工通知的；

（2）因发包人原因未能按合同约定支付合同价款的；

（3）发包人违反第10.1款〔变更的范围〕第（2）项约定，自行实施被取消的工作或转由他人实施的；

（4）发包人提供的材料、工程设备的规格、数量或质量不符合合同约定，或因发包人原因导致交货日期延误或交货地点变更等情况的；

（5）因发包人违反合同约定造成暂停施工的；

（6）发包人无正当理由没有在约定期限内发出复工指示，导致承包人无法复工的；

（7）发包人明确表示或者以其行为表明不履行合同主要义务的；

（8）发包人未能按照合同约定履行其他义务的。

发包人发生除本项第（7）目以外的违约情况时，承包人可向发包人发出通知，要求发包人采取有效措施纠正违约行为。发包人收到承包人通知后28天内仍不纠正违约行为的，承包人有权暂停相应部位工程施工，并通知监理人。

16.1.2 发包人违约的责任

发包人应承担因其违约给承包人增加的费用和（或）延误的工期，并支付承包人合理的利润。此外，合同当事人可在专用合同条款中另行约定发包人违约责任的承担方式和计算方法。

16.1.3 因发包人违约解除合同

除专用合同条款另有约定外，承包人按第16.1.1项〔发包人违约的情形〕约定暂停施工满 28 天后，发包人仍不纠正其违约行为并致使合同目的不能实现的，或出现第 16.1.1 项〔发包人违约的情形〕第（7）目约定的违约情况，承包人有权解除合同，发包人应承担由此增加的费用，并支付承包人合理的利润。

16.1.4   因发包人违约解除合同后的付款

承包人按照本款约定解除合同的，发包人应在解除合同后 28 天内支付下列款项，并解除履约担保：

（1）合同解除前所完成工作的价款；

（2）承包人为工程施工订购并已付款的材料、工程设备和其他物品的价款；

（3）承包人撤离施工现场以及遣散承包人人员的款项；

（4）按照合同约定在合同解除前应支付的违约金；

（5）按照合同约定应当支付给承包人的其他款项；

（6）按照合同约定应退还的质量保证金；

（7）因解除合同给承包人造成的损失。

合同当事人未能就解除合同后的结清达成一致的，按照第 20 条〔争议解决〕的约定处理。

承包人应妥善做好已完工程和与工程有关的已购材料、工程设备的保护和移交工作，并将施工设备和人员撤出施工现场，发包人应为承包人撤出提供必要条件。

16.2   承包人违约

16.2.1   承包人违约的情形

在合同履行过程中发生的下列情形，属于承包人违约：

（1）承包人违反合同约定进行转包或违法分包的；

（2）承包人违反合同约定采购和使用不合格的材料和工程设备的；

（3）因承包人原因导致工程质量不符合合同要求的；

（4）承包人违反第 8.9 款〔材料与设备专用要求〕的约定，未经批准，私自将已按照合同约定进入施工现场的材料或设备撤离施工现场的；

（5）承包人未能按施工进度计划及时完成合同约定的工作，造成工期延误的；

（6）承包人在缺陷责任期及保修期内，未能在合理期限对工程缺陷进行修复，或拒绝按发包人要求进行修复的；

（7）承包人明确表示或者以其行为表明不履行合同主要义务的；

（8）承包人未能按照合同约定履行其他义务的。

承包人发生除本项第（7）目约定以外的其他违约情况时，监理人可向承包人发出整改通知，要求其在指定的期限内改正。

16.2.2　承包人违约的责任

承包人应承担因其违约行为而增加的费用和（或）延误的工期。此外，合同当事人可在专用合同条款中另行约定承包人违约责任的承担方式和计算方法。

16.2.3　因承包人违约解除合同

除专用合同条款另有约定外，出现第 16.2.1 项〔承包人违约的情形〕第（7）目约定的违约情况时，或监理人发出整改通知后，承包人在指定的合理期限内仍不纠正违约行为并致使合同目的不能实现的，发包人有权解除合同。合同解除后，因继续完成工程的需要，发包人有权使用承包人在施工现场的材料、设备、临时工程、承包人文件和由承包人或以其名义编制的其他文件，合同当事人应在专用合同条款约定相应费用的承担方式。发包人继续使用的行为不免除或减轻承包人应承担的违约责任。

16.2.4　因承包人违约解除合同后的处理

因承包人原因导致合同解除的，则合同当事人应在合同解除后 28 天内完成估价、付款和清算，并按以下约定执行：

（1）合同解除后，按第 4.4 款〔商定或确定〕商定或确定承包人实际完成工作对应的合同价款，以及承包人已提供的材料、工程设备、施工设备和临时工程等的价值；

（2）合同解除后，承包人应支付的违约金；

（3）合同解除后，因解除合同给发包人造成的损失；

（4）合同解除后，承包人应按照发包人要求和监理人的指示完成现场的清理和撤离；

（5）发包人和承包人应在合同解除后进行清算，出具最终结清付款证书，结清全部款项。

因承包人违约解除合同的，发包人有权暂停对承包人的付款，查清各项付款和已扣款项。发包人和承包人未能就合同解除后的清算和款项支付达成一致的，按照第 20 条〔争议解决〕的约定处理。

16.2.5　采购合同权益转让

因承包人违约解除合同的，发包人有权要求承包人将其为实施合同而签订的材料和设备的采购合同的权益转让给发包人，承包人应在收到解除合同通知后 14 天内，协助发包人与采购合同的供应商达成相关的转让协议。

16.3　第三人造成的违约

在履行合同过程中，一方当事人因第三人的原因造成违约的，应当向对方当事人承担违约责任。一方当事人和第三人之间的纠纷，依照法律规定或者按照约定解决。

17. 不可抗力

17.1　不可抗力的确认

不可抗力是指合同当事人在签订合同时不可预见，在合同履行过程中不可避免且不能克服的自然灾害和社会性突发事件，如地震、海啸、瘟疫、骚乱、戒严、暴动、战争和专用合同条款中约定的其他情形。

不可抗力发生后，发包人和承包人应收集证明不可抗力发生及不可抗力造成损失的证据，并及时认真统计所造成的损失。合同当事人对是否属于不可抗力或其损失的意见不一致的，由监理人按第 4.4 款〔商定或确定〕的约定处理。发生争议时，按第 20 条〔争议解决〕的约定处理。

17.2　不可抗力的通知

合同一方当事人遇到不可抗力事件，使其履行合同义务受到阻碍时，应立即通知合同另一方当事人和监理人，书面说明不可抗力和受阻碍的详细情况，并提供必要的证明。

不可抗力持续发生的，合同一方当事人应及时向合同另一方当事人和监理人提交中间报告，说明不可抗力和履行合同受阻的情况，并于不可抗力事件结束后 28 天内提交最终报告及有关资料。

17.3　不可抗力后果的承担

17.3.1　不可抗力引起的后果及造成的损失由合同当事人按照法律规定及合同约定各自承担。不可抗力发生前已完成的工程应当按照合同约定进行计量支付。

17.3.2　不可抗力导致的人员伤亡、财产损失、费用增加和（或）工期延误等后果，由合同当事人按以下原则承担：

（1）永久工程、已运至施工现场的材料和工程设备的损坏，以及因工程损坏造成的第三人人员伤亡和财产损失由发包人承担；

（2）承包人施工设备的损坏由承包人承担；

（3）发包人和承包人承担各自人员伤亡和财产的损失；

（4）因不可抗力影响承包人履行合同约定的义务，已经引起或将引起工期延误的，应当顺延工期，由此导致承包人停工的费用损失由发包人和承包人合理分担，停工期间必须支付的工人工资由发包人承担；

（5）因不可抗力引起或将引起工期延误，发包人要求赶工的，由此增加的赶工费用由发包人承担；

（6）承包人在停工期间按照发包人要求照管、清理和修复工程的费用由发包人承担。

不可抗力发生后，合同当事人均应采取措施尽量避免和减少损失的扩大，任何一方当事人没有采取有效措施导致损失扩大的，应对扩大的损失承担责任。

因合同一方迟延履行合同义务，在迟延履行期间遭遇不可抗力的，不免除其违约责任。

17.4 因不可抗力解除合同

因不可抗力导致合同无法履行连续超过 84 天或累计超过 140 天的，发包人和承包人均有权解除合同。合同解除后，由双方当事人按照第 4.4 款〔商定或确定〕商定或确定发包人应支付的款项，该款项包括：

(1) 合同解除前承包人已完成工作的价款；

(2) 承包人为工程订购的并已交付给承包人，或承包人有责任接受交付的材料、工程设备和其他物品的价款；

(3) 发包人要求承包人退货或解除订货合同而产生的费用，或因不能退货或解除合同而产生的损失；

(4) 承包人撤离施工现场以及遣散承包人人员的费用；

(5) 按照合同约定在合同解除前应支付给承包人的其他款项；

(6) 扣减承包人按照合同约定应向发包人支付的款项；

(7) 双方商定或确定的其他款项。

除专用合同条款另有约定外，合同解除后，发包人应在商定或确定上述款项后 28 天内完成上述款项的支付。

18. 保险

18.1 工程保险

除专用合同条款另有约定外，发包人应投保建筑工程一切险或安装工程一切险；发包人委托承包人投保的，因投保产生的保险费和其他相关费用由发包人承担。

18.2 工伤保险

18.2.1 发包人应依照法律规定参加工伤保险，并为在施工现场的全部员工办理工伤保险，缴纳工伤保险费，并要求监理人及由发包人为履行合同聘请的第三方依法参加工伤保险。

18.2.2 承包人应依照法律规定参加工伤保险，并为其履行合同的全部员工办理工伤保险，缴纳工伤保险费，并要求分包人及由承包人为履行合同聘请的第三方依法参加工伤保险。

18.3 其他保险

发包人和承包人可以为其施工现场的全部人员办理意外伤害

保险并支付保险费，包括其员工及为履行合同聘请的第三方的人员，具体事项由合同当事人在专用合同条款约定。

除专用合同条款另有约定外，承包人应为其施工设备等办理财产保险。

18.4 持续保险

合同当事人应与保险人保持联系，使保险人能够随时了解工程实施中的变动，并确保按保险合同条款要求持续保险。

18.5 保险凭证

合同当事人应及时向另一方当事人提交其已投保的各项保险的凭证和保险单复印件。

18.6 未按约定投保的补救

18.6.1 发包人未按合同约定办理保险，或未能使保险持续有效的，则承包人可代为办理，所需费用由发包人承担。发包人未按合同约定办理保险，导致未能得到足额赔偿的，由发包人负责补足。

18.6.2 承包人未按合同约定办理保险，或未能使保险持续有效的，则发包人可代为办理，所需费用由承包人承担。承包人未按合同约定办理保险，导致未能得到足额赔偿的，由承包人负责补足。

18.7 通知义务

除专用合同条款另有约定外，发包人变更除工伤保险之外的保险合同时，应事先征得承包人同意，并通知监理人；承包人变更除工伤保险之外的保险合同时，应事先征得发包人同意，并通知监理人。

保险事故发生时，投保人应按照保险合同规定的条件和期限及时向保险人报告。发包人和承包人应当在知道保险事故发生后及时通知对方。

19. 索赔

19.1 承包人的索赔

根据合同约定，承包人认为有权得到追加付款和（或）延长工期的，应按以下程序向发包人提出索赔：

(1) 承包人应在知道或应当知道索赔事件发生后 28 天内，向监理人递交索赔意向通知书，并说明发生索赔事件的事由；承包人未在前述 28 天内发出索赔意向通知书的，丧失要求追加付款和（或）延长工期的权利；

(2) 承包人应在发出索赔意向通知书后 28 天内，向监理人正式递交索赔报告；索赔报告应详细说明索赔理由以及要求追加的付款金额和（或）延长的工期，并附必要的记录和证明材料；

(3) 索赔事件具有持续影响的，承包人应按合理时间间隔继续递交延续索赔通知，说明持续影响的实际情况和记录，列出累计的追加付款金额和（或）工期延长天数；

(4) 在索赔事件影响结束后 28 天内，承包人应向监理人递交最终索赔报告，说明最终要求索赔的追加付款金额和（或）延长的工期，并附必要的记录和证明材料。

19.2　对承包人索赔的处理

对承包人索赔的处理如下：

(1) 监理人应在收到索赔报告后 14 天内完成审查并报送发包人。监理人对索赔报告存在异议的，有权要求承包人提交全部原始记录副本；

(2) 发包人应在监理人收到索赔报告或有关索赔的进一步证明材料后的 28 天内，由监理人向承包人出具经发包人签认的索赔处理结果。发包人逾期答复的，则视为认可承包人的索赔要求；

(3) 承包人接受索赔处理结果的，索赔款项在当期进度款中进行支付；承包人不接受索赔处理结果的，按照第 20 条〔争议解决〕约定处理。

19.3　发包人的索赔

根据合同约定，发包人认为有权得到赔付金额和（或）延长缺陷责任期的，监理人应向承包人发出通知并附有详细的证明。

发包人应在知道或应当知道索赔事件发生后 28 天内通过监理人向承包人提出索赔意向通知书，发包人未在前述 28 天内发出索赔意向通知书的，丧失要求赔付金额和（或）延长缺陷责任期的权利。发包人应在发出索赔意向通知书后 28 天内，通过监理人向承包人正式递交索赔报告。

19.4　对发包人索赔的处理

对发包人索赔的处理如下：

（1）承包人收到发包人提交的索赔报告后，应及时审查索赔报告的内容、查验发包人证明材料；

（2）承包人应在收到索赔报告或有关索赔的进一步证明材料后 28 天内，将索赔处理结果答复发包人。如果承包人未在上述期限内作出答复的，则视为对发包人索赔要求的认可；

（3）承包人接受索赔处理结果的，发包人可从应支付给承包人的合同价款中扣除赔付的金额或延长缺陷责任期；发包人不接受索赔处理结果的，按第 20 条〔争议解决〕约定处理。

19.5　提出索赔的期限

（1）承包人按第 14.2 款〔竣工结算审核〕约定接收竣工付款证书后，应被视为已无权再提出在工程接收证书颁发前所发生的任何索赔。

（2）承包人按第 14.4 款〔最终结清〕提交的最终结清申请单中，只限于提出工程接收证书颁发后发生的索赔。提出索赔的期限自接受最终结清证书时终止。

20. 争议解决

20.1　和解

合同当事人可以就争议自行和解，自行和解达成协议的经双方签字并盖章后作为合同补充文件，双方均应遵照执行。

20.2　调解

合同当事人可以就争议请求建设行政主管部门、行业协会或其他第三方进行调解，调解达成协议的，经双方签字并盖章后作为合同补充文件，双方均应遵照执行。

20.3　争议评审

合同当事人在专用合同条款中约定采取争议评审方式解决争

议以及评审规则，并按下列约定执行：

20.3.1　争议评审小组的确定

合同当事人可以共同选择一名或三名争议评审员，组成争议评审小组。除专用合同条款另有约定外，合同当事人应当自合同签订后 28 天内，或者争议发生后 14 天内，选定争议评审员。

选择一名争议评审员的，由合同当事人共同确定；选择三名争议评审员的，各自选定一名，第三名成员为首席争议评审员，由合同当事人共同确定或由合同当事人委托已选定的争议评审员共同确定，或由专用合同条款约定的评审机构指定第三名首席争议评审员。

除专用合同条款另有约定外，评审员报酬由发包人和承包人各承担一半。

20.3.2　争议评审小组的决定

合同当事人可在任何时间将与合同有关的任何争议共同提请争议评审小组进行评审。争议评审小组应秉持客观、公正原则，充分听取合同当事人的意见，依据相关法律、规范、标准、案例经验及商业惯例等，自收到争议评审申请报告后 14 天内作出书面决定，并说明理由。合同当事人可以在专用合同条款中对本项事项另行约定。

20.3.3　争议评审小组决定的效力

争议评审小组作出的书面决定经合同当事人签字确认后，对双方具有约束力，双方应遵照执行。

任何一方当事人不接受争议评审小组决定或不履行争议评审小组决定的，双方可选择采用其他争议解决方式。

20.4　仲裁或诉讼

因合同及合同有关事项产生的争议，合同当事人可以在专用合同条款中约定以下一种方式解决争议：

（1）向约定的仲裁委员会申请仲裁；

（2）向有管辖权的人民法院起诉。

20.5 争议解决条款效力

合同有关争议解决的条款独立存在，合同的变更、解除、终止、无效或者被撤销均不影响其效力。

第三部分 专用合同条款

1. 一般约定

1.1 词语定义

1.1.1 合同

1.1.1.10 其他合同文件包括：_____

_____

_____。

1.1.2 合同当事人及其他相关方

1.1.2.4 监理人：

名称：_____；

资质类别和等级：_____；

联系电话：_____；

电子信箱：_____；

通信地址：_____。

1.1.2.5 设计人：

名称：_____；

资质类别和等级：_____；

联系电话：_____；

电子信箱：_____；

通信地址：_____。

1.1.3 工程和设备

1.1.3.7 作为施工现场组成部分的其他场所包括：_____

_____。

1.1.3.9 永久占地包括：_____。

1.1.3.10 临时占地包括：_____。

1.3 法律

适用于合同的其他规范性文件：_____

_____。

1.4　标准和规范

1.4.1　适用于工程的标准规范包括：_____

_____。

1.4.2　发包人提供国外标准、规范的名称：_____

_____；

发包人提供国外标准、规范的份数：_____；

发包人提供国外标准、规范的名称：_____。

1.4.3　发包人对工程的技术标准和功能要求的特殊要求：

_____

_____。

1.5　合同文件的优先顺序

合同文件组成及优先顺序为：_____

_____

_____。

1.6　图纸和承包人文件

1.6.1　图纸的提供

发包人向承包人提供图纸的期限：_____；

发包人向承包人提供图纸的数量：_____；

发包人向承包人提供图纸的内容：_____。

1.6.4　承包人文件

需要由承包人提供的文件，包括：_____

_____；

承包人提供的文件的期限为：_____；

承包人提供的文件的数量为：_____；

承包人提供的文件的形式为：_____；

发包人审批承包人文件的期限：_____；

1.6.5　现场图纸准备

关于现场图纸准备的约定：_____。

1.7　联络

1.7.1　发包人和承包人应当在_____天内将与合同有关的通知、批准、证明、证书、指示、指令、要求、请求、同意、意见、确定和决定等书面函件送达对方当事人。

1.7.2　发包人接收文件的地点：_____；
发包人指定的接收人为：_____。
承包人接收文件的地点：_____；
承包人指定的接收人为：_____。
监理人接收文件的地点：_____；
监理人指定的接收人为：_____。

1.10　交通运输

1.10.1　出入现场的权利
关于出入现场的权利的约定：_____
_____。

1.10.3　场内交通
关于场外交通和场内交通的边界的约定：_____
_____。
关于发包人向承包人免费提供满足工程施工需要的场内道路和交通设施的约定：_____
_____。

1.10.4　超大件和超重件的运输
运输超大件或超重件所需的道路和桥梁临时加固改造费用和其他有关费用由_____承担。

1.11　知识产权

1.11.1　关于发包人提供给承包人的图纸、发包人为实施工程自行编制或委托编制的技术规范以及反映发包人关于合同要求或其他类似性质的文件的著作权的归属：_____
_____。
关于发包人提供的上述文件的使用限制的要求：_____
_____。

1.11.2   关于承包人为实施工程所编制文件的著作权的归
属：_____。
关于承包人提供的上述文件的使用限制的要求：_____
_____
_____。

1.11.4   承包人在施工过程中所采用的专利、专有技术、技
术秘密的使用费的承担方式：_____。
1.13   工程量清单错误的修正
出现工程量清单错误时，是否调整合同价格：_____。
允许调整合同价格的工程量偏差范围：_____
_____。

2. 发包人
2.2   发包人代表
发包人代表：
姓名：_____；
身份证号：_____；
职务：_____；
联系电话：_____；
电子信箱：_____；
通信地址：_____。
发包人对发包人代表的授权范围如下：_____
_____。

2.4   施工现场、施工条件和基础资料的提供
2.4.1   提供施工现场
关于发包人移交施工现场的期限要求：_____
_____。

2.4.2   提供施工条件
关于发包人应负责提供施工所需要的条件，包括：_____
_____
_____。

2.5   资金来源证明及支付担保
发包人提供资金来源证明的期限要求：_____。

发包人是否提供支付担保：＿＿＿＿＿＿＿＿＿＿＿＿。

发包人提供支付担保的形式：＿＿＿＿＿＿＿＿＿＿。

3. 承包人

3.1 承包人的一般义务

（5）承包人提交的竣工资料的内容：＿＿＿＿＿＿

＿＿＿＿＿＿＿＿＿＿＿＿＿＿＿＿＿＿＿＿＿＿＿＿。

承包人需要提交的竣工资料套数：＿＿＿＿＿＿＿＿。

承包人提交的竣工资料的费用承担：＿＿＿＿＿＿＿。

承包人提交的竣工资料移交时间：＿＿＿＿＿＿＿＿。

承包人提交的竣工资料形式要求：＿＿＿＿＿＿＿＿。

（6）承包人应履行的其他义务：＿＿＿＿＿＿＿＿

＿＿＿＿＿＿＿＿＿＿＿＿＿＿＿＿＿＿＿＿＿＿＿＿。

3.2 项目经理

3.2.1 项目经理：

姓名：＿＿＿＿＿＿＿＿＿＿＿＿＿＿＿＿＿＿＿＿；

身份证号：＿＿＿＿＿＿＿＿＿＿＿＿＿＿＿＿＿＿；

建造师执业资格等级：＿＿＿＿＿＿＿＿＿＿＿＿＿；

建造师注册证书号：＿＿＿＿＿＿＿＿＿＿＿＿＿＿；

建造师执业印章号：＿＿＿＿＿＿＿＿＿＿＿＿＿＿；

安全生产考核合格证书号：＿＿＿＿＿＿＿＿＿＿＿；

联系电话：＿＿＿＿＿＿＿＿＿＿＿＿＿＿＿＿＿＿；

电子信箱：＿＿＿＿＿＿＿＿＿＿＿＿＿＿＿＿＿＿；

通信地址：＿＿＿＿＿＿＿＿＿＿＿＿＿＿＿＿＿＿；

承包人对项目经理的授权范围如下：＿＿＿＿＿＿

＿＿＿＿＿＿＿＿＿＿＿＿＿＿＿＿＿＿＿＿＿＿＿＿。

关于项目经理每月在施工现场的时间要求：＿＿＿＿

＿＿＿＿＿＿＿＿＿＿＿＿＿＿＿＿＿＿＿＿＿＿＿＿。

承包人未提交劳动合同，以及没有为项目经理缴纳社会保险证明的违约责任：＿＿＿＿＿＿＿＿＿＿＿＿＿＿＿＿＿。

项目经理未经批准，擅自离开施工现场的违约责任：＿＿＿＿＿

_____。

3.2.3 承包人擅自更换项目经理的违约责任：_____

_____。

3.2.4 承包人无正当理由拒绝更换项目经理的违约责任：

_____。

3.3 承包人人员

3.3.1 承包人提交项目管理机构及施工现场管理人员安排

报告的期限：_____。

3.3.3 承包人无正当理由拒绝撤换主要施工管理人员的违

约责任：_____

3.3.4 承包人主要施工管理人员离开施工现场的批准要求：

_____

3.3.5 承包人擅自更换主要施工管理人员的违约责任：

_____

承包人主要施工管理人员擅自离开施工现场的违约责任：

_____。

3.5 分包

3.5.1 分包的一般约定

禁止分包的工程包括：_____。

主体结构、关键性工作的范围：_____

_____。

3.5.2 分包的确定

允许分包的专业工程包括：_____。

其他关于分包的约定：_____

_____。

3.5.4 分包合同价款

关于分包合同价款支付的约定：_____。

3.6 工程照管与成品、半成品保护

承包人负责照管工程及工程相关的材料、工程设备的起始时

间：_____。

3.7 履约担保

承包人是否提供履约担保：_____。

承包人提供履约担保的形式、金额及期限的：_____

_____。

4. 监理人

4.1 监理人的一般规定

关于监理人的监理内容：_____。

关于监理人的监理权限：_____。

关于监理人在施工现场的办公场所、生活场所的提供和费用承担的约定：_____

_____。

4.2 监理人员

总监理工程师：

姓名：_____；

职务：_____；

监理工程师执业资格证书号：_____；

联系电话：_____；

电子信箱：_____；

通信地址：_____；

关于监理人的其他约定：_____。

4.4 商定或确定

在发包人和承包人不能通过协商达成一致意见时，发包人授权监理人对以下事项进行确定：

(1) _____；

(2) _____；

(3) _____。

5. 工程质量

5.1 质量要求

5.1.1 特殊质量标准和要求：_____

_____。

关于工程奖项的约定：＿＿＿＿＿＿＿＿＿＿＿＿＿＿＿＿＿＿

＿＿＿＿＿＿＿＿＿＿＿＿＿＿＿＿＿＿＿＿＿＿＿＿＿＿＿＿。

5.3 隐蔽工程检查

5.3.2 承包人提前通知监理人隐蔽工程检查的期限的约定：

＿＿＿＿＿＿＿＿＿＿＿＿＿＿＿＿＿＿＿＿＿＿＿＿＿＿＿＿。

监理人不能按时进行检查时，应提前＿＿＿＿ h 提交书面延期要求。

关于延期最长不得超过：＿＿＿＿ h。

6. 安全文明施工与环境保护

6.1 安全文明施工

6.1.1 项目安全生产的达标目标及相应事项的约定：

＿＿＿＿＿＿＿＿＿＿＿＿＿＿＿＿＿＿＿＿＿＿＿＿＿＿＿＿。

6.1.4 关于治安保卫的特别约定：＿＿＿＿＿＿＿＿＿＿＿＿

＿＿＿＿＿＿＿＿＿＿＿＿＿＿＿＿＿＿＿＿＿＿＿＿＿＿＿＿。

关于编制施工场地治安管理计划的约定：＿＿＿＿＿＿＿＿＿

＿＿＿＿＿＿＿＿＿＿＿＿＿＿＿＿＿＿＿＿＿＿＿＿＿＿＿＿。

6.1.5 文明施工

合同当事人对文明施工的要求：＿＿＿＿＿＿＿＿＿＿＿＿＿＿

＿＿＿＿＿＿＿＿＿＿＿＿＿＿＿＿＿＿＿＿＿＿＿＿＿＿＿＿。

6.1.6 关于安全文明施工费支付比例和支付期限的约定：

＿＿＿＿＿＿＿＿＿＿＿＿＿＿＿＿＿＿＿＿＿＿＿＿＿＿＿＿。

7. 工期和进度

7.1 施工组织设计

7.1.1 合同当事人约定的施工组织设计应包括的其他内容：

＿＿＿＿＿＿＿＿＿＿＿＿＿＿＿＿＿＿＿＿＿＿＿＿＿＿＿＿。

7.1.2 施工组织设计的提交和修改

承包人提交详细施工组织设计的期限的约定：＿＿＿＿＿＿＿

＿＿＿＿＿＿＿＿＿＿＿＿＿＿＿＿＿＿＿＿＿＿＿＿＿＿＿＿。

发包人和监理人在收到详细的施工组织设计后确认或提出修改意见的期限：＿＿＿＿＿＿＿＿＿＿＿＿＿＿＿＿＿＿＿＿＿。

7.2 施工进度计划

7.2.2 施工进度计划的修订

发包人和监理人在收到修订的施工进度计划后确认或提出修改意见的期限：_____。

7.3 开工

7.3.1 开工准备

关于承包人提交工程开工报审表的期限：_____。

关于发包人应完成的其他开工准备工作及期限：_____

_____。

关于承包人应完成的其他开工准备工作及期限：_____

_____。

7.3.2 开工通知

因发包人原因造成监理人未能在计划开工日期之日起____天内发出开工通知的，承包人有权提出价格调整要求，或者解除合同。

7.4 测量放线

7.4.1 发包人通过监理人向承包人提供测量基准点、基准线和水准点及其书面资料的期限：_____。

7.5 工期延误

7.5.1 因发包人原因导致工期延误

（7）因发包人原因导致工期延误的其他情形：_____

_____。

7.5.2 因承包人原因导致工期延误

因承包人原因造成工期延误，逾期竣工违约金的计算方法为：_____。

因承包人原因造成工期延误，逾期竣工违约金的上限：____

_____。

7.6 不利物质条件

不利物质条件的其他情形和有关约定：_____

_____。

7.7 异常恶劣的气候条件

发包人和承包人同意以下情形视为异常恶劣的气候条件：

(1) _____；

(2) _____；

(3) _____。

7.9 提前竣工的奖励

7.9.2 提前竣工的奖励：_____。

8. 材料与设备

8.4 材料与工程设备的保管与使用

8.4.1 发包人供应的材料设备的保管费用的承担：

_____。

8.6 样品

8.6.1 样品的报送与封存

需要承包人报送样品的材料或工程设备，样品的种类、名称、规格、数量要求：_____

_____。

8.8 施工设备和临时设施

8.8.1 承包人提供的施工设备和临时设施

关于修建临时设施费用承担的约定：_____

_____。

9. 试验与检验

9.1 试验设备与试验人员

9.1.2 试验设备

施工现场需要配置的试验场所：_____

_____。

施工现场需要配备的试验设备：_____

_____。

施工现场需要具备的其他试验条件：_____

_____。

9.4 现场工艺试验

现场工艺试验的有关约定：_____

_____。

10. 变更

10.1 变更的范围

关于变更的范围的约定：_____

_____。

10.4 变更估价

10.4.1 变更估价原则

关于变更估价的约定：_____

_____。

10.5 承包人的合理化建议

监理人审查承包人合理化建议的期限：_____。

发包人审批承包人合理化建议的期限：_____。

承包人提出的合理化建议降低了合同价格或者提高了工程经济效益的奖励的方法和金额为：_____

_____。

10.7 暂估价

暂估价材料和工程设备的明细详见附件11：《暂估价一览表》。

10.7.1 依法必须招标的暂估价项目

对于依法必须招标的暂估价项目的确认和批准采取第____种方式确定。

10.7.2 不属于依法必须招标的暂估价项目

对于不属于依法必须招标的暂估价项目的确认和批准采取第____种方式确定。

第3种方式：承包人直接实施的暂估价项目

承包人直接实施的暂估价项目的约定：_____

_____。

10.8 暂列金额

合同当事人关于暂列金额使用的约定：_____

_____。

11. 价格调整

11.1 市场价格波动引起的调整

市场价格波动是否调整合同价格的约定：_____。

因市场价格波动调整合同价格，采用以下第____种方式对合同价格进行调整：

第 1 种方式：采用价格指数进行价格调整。

关于各可调因子、定值和变值权重，以及基本价格指数及其来源的约定：_____；

第 2 种方式：采用造价信息进行价格调整。

（2）关于基准价格的约定：_____。

专用合同条款① 承包人在已标价工程量清单或预算书中载明的材料单价低于基准价格的：专用合同条款合同履行期间材料单价涨幅以基准价格为基础超过____％时，或材料单价跌幅以已标价工程量清单或预算书中载明材料单价为基础超过____％时，其超过部分据实调整。

② 承包人在已标价工程量清单或预算书中载明的材料单价高于基准价格的：专用合同条款合同履行期间材料单价跌幅以基准价格为基础超过____％时，材料单价涨幅以已标价工程量清单或预算书中载明材料单价为基础超过____％时，其超过部分据实调整。

③ 承包人在已标价工程量清单或预算书中载明的材料单价等于基准单价的：专用合同条款合同履行期间材料单价涨跌幅以基准单价为基础超过±____％时，其超过部分据实调整。

第 3 种方式：其他价格调整方式：_____

_____。

12. 合同价格、计量与支付

12.1 合同价格形式

1. 单价合同。

综合单价包含的风险范围：_____

_____。

风险费用的计算方法：_____

_____。

风险范围以外合同价格的调整方法：_____

_____。

2. 总价合同。

总价包含的风险范围：_____

_____。

风险费用的计算方法：_____

_____。

风险范围以外合同价格的调整方法：_____

_____。

3. 其他价格方式：_____

_____

_____。

12.2 预付款

12.2.1 预付款的支付

预付款支付比例或金额：_____。

预付款支付期限：_____。

预付款扣回的方式：_____。

12.2.2 预付款担保

承包人提交预付款担保的期限：_____。

预付款担保的形式为：_____。

12.3 计量

12.3.1 计量原则

工程量计算规则：_____。

12.3.2 计量周期

关于计量周期的约定：_____。

12.3.3 单价合同的计量

关于单价合同计量的约定：_____。

12.3.4 总价合同的计量

关于总价合同计量的约定：_____。

12.3.5 总价合同采用支付分解表计量支付的，是否适用第12.3.4项〔总价合同的计量〕约定进行计量：_____。

12.3.6 其他价格形式合同的计量

其他价格形式的计量方式和程序：_____

_____。

12.4 工程进度款支付

12.4.1 付款周期

关于付款周期的约定：_____。

12.4.2 进度付款申请单的编制

关于进度付款申请单编制的约定：_____

_____。

12.4.3 进度付款申请单的提交

(1) 单价合同进度付款申请单提交的约定：_____。

(2) 总价合同进度付款申请单提交的约定：_____。

(3) 其他价格形式合同进度付款申请单提交的约定：

_____。

12.4.4 进度款审核和支付

(1) 监理人审查并报送发包人的期限：_____。

发包人完成审批并签发进度款支付证书的期限：_____

_____。

(2) 发包人支付进度款的期限：_____。

发包人逾期支付进度款的违约金的计算方式：_____

_____。

12.4.6 支付分解表的编制

2. 总价合同支付分解表的编制与审批：_____

_____。

3. 单价合同的总价项目支付分解表的编制与审批：_____

_____。

13. 验收和工程试车

13.1 分部分项工程验收

13.1.2 监理人不能按时进行验收时，应提前_____ h 提交书面延期要求。

关于延期最长不得超过：_____ h。

13.2 竣工验收

13.2.2 竣工验收程序

关于竣工验收程序的约定：_____

_____。

发包人不按照本项约定组织竣工验收、颁发工程接收证书的违约金的计算方法：_____

_____。

13.2.5 移交、接收全部与部分工程

承包人向发包人移交工程的期限：_____。

发包人未按本合同约定接收全部或部分工程的，违约金的计算方法为：_____。

承包人未按时移交工程的，违约金的计算方法为：_____

_____。

13.3 工程试车

13.3.1 试车程序

工程试车内容：_____

_____

_____。

（1）单机无负荷试车费用由_____承担；

（2）无负荷联动试车费用由_____承担。

13.3.3 投料试车

关于投料试车相关事项的约定：_____

_____。

13.6 竣工退场

13.6.1 竣工退场

承包人完成竣工退场的期限：_____。

14. 竣工结算

14.1 竣工付款申请

承包人提交竣工付款申请单的期限：_____。

竣工付款申请单应包括的内容：_____

_____。

14.2 竣工结算审核

发包人审批竣工付款申请单的期限：_____。

发包人完成竣工付款的期限：_____。

关于竣工付款证书异议部分复核的方式和程序：_____

_____。

14.4 最终结清

14.4.1 最终结清申请单

承包人提交最终结清申请单的份数：_____。

承包人提交最终结算申请单的期限：_____。

14.4.2 最终结清证书和支付

（1）发包人完成最终结清申请单的审批并颁发最终结清证书的期限：_____。

（2）发包人完成支付的期限：_____。

15. 缺陷责任期与保修

15.2 缺陷责任期

缺陷责任期的具体期限：_____

_____。

15.3 质量保证金

关于是否扣留质量保证金的约定：_____。

15.3.1 承包人提供质量保证金的方式

质量保证金采用以下第____种方式：

（1）质量保证金保函，保证金额为：_____；

（2）____%的工程款；

（3）其他方式：_____。

15.3.2 质量保证金的扣留

质量保证金的扣留采取以下第____种方式：

（1）在支付工程进度款时逐次扣留，在此情形下，质量保证金的计算基数不包括预付款的支付、扣回以及价格调整的金额；

（2）工程竣工结算时一次性扣留质量保证金；

（3）其他扣留方式：_____。

关于质量保证金的补充约定：_____

_____。

15.4 保修

15.4.1 保修责任

工程保修期为：_____

_____。

15.4.3 修复通知

承包人收到保修通知并到达工程现场的合理时间：_____

_____。

16. 违约

16.1 发包人违约

16.1.1 发包人违约的情形

发包人违约的其他情形：_____

_____。

16.1.2 发包人违约的责任

发包人违约责任的承担方式和计算方法：

（1）因发包人原因未能在计划开工日期前 7 天内下达开工通知的违约责任：_____。

（2）因发包人原因未能按合同约定支付合同价款的违约责任：_____。

（3）发包人违反第 10.1 款〔变更的范围〕第（2）项约定，自行实施被取消的工作或转由他人实施的违约责任：_____

_____。

（4）发包人提供的材料、工程设备的规格、数量或质量不符合合同约定，或因发包人原因导致交货日期延误或交货地点变更等情况的违约责任：_____。

（5）因发包人违反合同约定造成暂停施工的违约责任：____

_____。

（6）发包人无正当理由没有在约定期限内发出复工指示，导致承包人无法复工的违约责任：_____。

（7）其他：_____。

16.1.3 因发包人违约解除合同

承包人按 16.1.1 项〔发包人违约的情形〕约定暂停施工满____天后发包人仍不纠正其违约行为并致使合同目的不能实现的，承包人有权解除合同。

16.2 承包人违约

16.2.1 承包人违约的情形

承包人违约的其他情形：_____

_____。

16.2.2 承包人违约的责任

承包人违约责任的承担方式和计算方法：_____

_____。

16.2.3 因承包人违约解除合同

关于承包人违约解除合同的特别约定：_____

_____。

发包人继续使用承包人在施工现场的材料、设备、临时工程、承包人文件和由承包人或以其名义编制的其他文件的费用承担方式：_____。

17. 不可抗力

17.1 不可抗力的确认

除通用合同条款约定的不可抗力事件之外，视为不可抗力的其他情形：_____。

17.4 因不可抗力解除合同

合同解除后，发包人应在商定或确定发包人应支付款项后____天内完成款项的支付。

18. 保险

18.1 工程保险

关于工程保险的特别约定：＿＿＿＿＿＿＿＿＿＿＿＿。

18.3 其他保险

关于其他保险的约定：＿＿＿＿＿＿＿＿＿＿＿＿。

承包人是否应为其施工设备等办理财产保险：＿＿＿＿＿＿

＿＿＿＿＿＿＿＿＿＿＿＿＿＿＿＿＿＿＿＿＿＿＿＿＿。

18.7 通知义务

关于变更保险合同时的通知义务的约定：＿＿＿＿＿＿＿

＿＿＿＿＿＿＿＿＿＿＿＿＿＿＿＿＿＿＿＿＿＿＿＿＿。

20. 争议解决

20.3 争议评审

合同当事人是否同意将工程争议提交争议评审小组决定：

＿＿＿＿＿＿＿＿＿＿＿＿＿＿＿＿＿＿＿＿＿＿＿＿＿。

20.3.1 争议评审小组的确定

争议评审小组成员的确定：＿＿＿＿＿＿＿＿＿＿＿＿。

选定争议评审员的期限：＿＿＿＿＿＿＿＿＿＿＿＿＿。

争议评审小组成员的报酬承担方式：＿＿＿＿＿＿＿＿。

其他事项的约定：＿＿＿＿＿＿＿＿＿＿＿＿＿＿＿＿。

20.3.2 争议评审小组的决定

合同当事人关于本项的约定：＿＿＿＿＿＿＿＿＿＿。

20.4 仲裁或诉讼

因合同及合同有关事项发生的争议，按下列第＿＿种方式
解决：

（1）向＿＿＿＿＿＿＿＿＿＿仲裁委员会申请仲裁；

（2）向＿＿＿＿＿＿＿＿＿＿人民法院起诉。

附件

协议书附件：

附件1：承包人承揽工程项目一览表

专用合同条款附件：

附件 2：发包人供应材料设备一览表

附件 3：工程质量保修书

附件 4：主要建设工程文件目录

附件 5：承包人用于本工程施工的机械设备表

附件 6：承包人主要施工管理人员表

附件 7：分包人主要施工管理人员表

附件 8：履约担保

附件 9：预付款担保

附件 10：支付担保

附件 11：暂估价一览表

附件 1：

承包人承揽工程项目一览表

单位工程名称	建设规模	建筑面积（m²）	结构形式	层数	生产能力	设备安装内容	合同价格（元）	开工日期	竣工日期

附件2：

发包人供应材料设备一览表

序号	材料、设备品种	规格型号	单位	数量	单价（元）	质量等级	供应时间	送达地点	备注

附件3：
工程质量保修书

发包人（全称）：_____

承包人（全称）：_____

发包人和承包人根据《中华人民共和国建筑法》和《建设工程质量管理条例》，经协商一致就_____（工程全称）签订工程质量保修书。

一、工程质量保修范围和内容

承包人在质量保修期内，按照有关法律规定和合同约定，承担工程质量保修责任。

质量保修范围包括地基基础工程、主体结构工程，屋面防水工程、有防水要求的卫生间、房间和外墙面的防渗漏，供热与供冷系统，电气管线、给排水管道、设备安装和装修工程，以及双方约定的其他项目。具体保修的内容，双方约定如下：

_____

_____

_____。

二、质量保修期

根据《建设工程质量管理条例》及有关规定，工程的质量保修期如下：

1. 地基基础工程和主体结构工程为设计文件规定的工程合理使用年限；

2. 屋面防水工程、有防水要求的卫生间、房间和外墙面的防渗_____年；

3. 装修工程为_____年；

4. 电气管线、给排水管道、设备安装工程为_____年；

5. 供热与供冷系统为_____个采暖期、供冷期；

6. 住宅小区内的给排水设施、道路等配套工程为_____年；

7. 其他项目保修期限约定如下:

_____

_____

_____。

质量保修期自工程竣工验收合格之日起计算。

三、缺陷责任期

工程缺陷责任期为_____个月,缺陷责任期自工程竣工验收合格之日起计算。单位工程先于全部工程进行验收,单位工程缺陷责任期自单位工程验收合格之日起算。

缺陷责任期终止后,发包人应退还剩余的质量保证金。

四、质量保修责任

1. 属于保修范围、内容的项目,承包人应当在接到保修通知之日起 7 天内派人保修。承包人不在约定期限内派人保修的,发包人可以委托他人修理。

2. 发生紧急事故需抢修的,承包人在接到事故通知后,应当立即到达事故现场抢修。

3. 对于涉及结构安全的质量问题,应当按照《建设工程质量管理条例》的规定,立即向当地建设行政主管部门和有关部门报告,采取安全防范措施,并由原设计人或者具有相应资质等级的设计人提出保修方案,承包人实施保修。

4. 质量保修完成后,由发包人组织验收。

五、保修费用

保修费用由造成质量缺陷的责任方承担。

六、双方约定的其他工程质量保修事项: _____

_____

_____。

工程质量保修书由发包人、承包人在工程竣工验收前共同签署,作为施工合同附件,其有效期限至保修期满。

发包人(公章):_____　　承包人(公章):_____

地址：_____   地址：_____

法定代表人（签字）：_____   法定代表人（签字）：_____

委托代理人（签字）：_____   委托代理人（签字）：_____

电话：_____   电话：_____

传真：_____   传真：_____

开户银行：_____   开户银行：_____

账号：_____   账号：_____

邮政编码：_____   邮政编码：_____

附件4：

主要建设工程文件目录

文件名称	套　数	费用（元）	质　量	移交时间	责任人

附件5：

承包人用于本工程施工的机械设备表

序号	机械或设备名称	规格型号	数量	产地	制造年份	额定功率（kW）	生产能力	备注

附件 6：

承包人主要施工管理人员表

名　称	姓名	职务	职称	主要资历、经验及承担过的项目
一、总部人员				
项目主管				
其他人员				
二、现场人员				
项目经理				
项目副经理				
技术负责人				
造价管理				
质量管理				
材料管理				
计划管理				
安全管理				
其他人员				

附件 7：

分包人主要施工管理人员表

名　称	姓名	职务	职称	主要资历、经验及承担过的项目
一、总部人员				
项目主管				
其他人员				
二、现场人员				
项目经理				
项目副经理				
技术负责人				
造价管理				
质量管理				
材料管理				
计划管理				
安全管理				
其他人员				

附件 8：

履 约 担 保

_____（发包人名称）：

鉴于_____（发包人名称，以下简称"发包人"）与_____（承包人名称）（以下称"承包人"）于____年____月____日就_____（工程名称）施工及有关事项协商一致共同签订《建设工程施工合同》。我方愿意无条件地、不可撤销地就承包人履行与你方签订的合同，向你方提供连带责任担保。

1. 担保金额人民币（大写）_____元（￥_____）。

2. 担保有效期自你方与承包人签订的合同生效之日起至你方签发或应签发工程接收证书之日止。

3. 在本担保有效期内，因承包人违反合同约定的义务给你方造成经济损失时，我方在收到你方以书面形式提出的在担保金额内的赔偿要求后，在 7 天内无条件支付。

4. 你方和承包人按合同约定变更合同时，我方承担本担保规定的义务不变。

5. 因本保函发生的纠纷，可由双方协商解决，协商不成的，任何一方均可提请_____仲裁委员会仲裁。

6. 本保函自我方法定代表人（或其授权代理人）签字并加盖公章之日起生效。

担保人：_____（盖单位章）

法定代表人或其委托代理人：_____（签字）

地址：_____

邮政编码：_____

电话：_____

传真：_____

_____年_____月_____日

附件 9：

预付款担保

_____（发包人名称）：

根据_____（承包人名称）（以下称"承包人"）与_____（发包人名称）（以下简称"发包人"）于___年___月___日签订的_____（工程名称）《建设工程施工合同》，承包人按约定的金额向你方提交一份预付款担保，即有权得到你方支付相等金额的预付款。我方愿意就你方提供给承包人的预付款为承包人提供连带责任担保。

1. 担保金额人民币（大写）_____元（￥_____）。

2. 担保有效期自预付款支付给承包人起生效，至你方签发的进度款支付证书说明已完全扣清止。

3. 在本保函有效期内，因承包人违反合同约定的义务而要求收回预付款时，我方在收到你方的书面通知后，在 7 天内无条件支付。但本保函的担保金额，在任何时候不应超过预付款金额减去你方按合同约定在向承包人签发的进度款支付证书中扣除的金额。

4. 你方和承包人按合同约定变更合同时，我方承担本保函规定的义务不变。

5. 因本保函发生的纠纷，可由双方协商解决，协商不成的，任何一方均可提请_____仲裁委员会仲裁。

6. 本保函自我方法定代表人（或其授权代理人）签字并加盖公章之日起生效。

担保人：＿＿＿＿＿＿＿＿＿＿＿＿＿＿＿＿＿（盖单位章）

法定代表人或其委托代理人：＿＿＿＿＿＿＿＿＿（签字）

地址：＿＿＿＿＿＿＿＿＿＿＿＿＿＿＿＿＿＿＿＿＿

邮政编码：＿＿＿＿＿＿＿＿＿＿＿＿＿＿＿＿＿＿＿

电话：＿＿＿＿＿＿＿＿＿＿＿＿＿＿＿＿＿＿＿＿＿

传真：＿＿＿＿＿＿＿＿＿＿＿＿＿＿＿＿＿＿＿＿＿

＿＿＿＿＿＿年＿＿＿＿＿月＿＿＿＿＿日

附件 10：

支 付 担 保

＿＿＿＿＿＿＿（承包人）：

鉴于你方作为承包人已经与＿＿＿＿＿＿（发包人名称）（以下称"发包人"）于＿＿年＿＿月＿＿日签订了＿＿＿＿＿（工程名称）《建设工程施工合同》（以下称"主合同"），应发包人的申请，我方愿就发包人履行主合同约定的工程款支付义务以保证的方式向你方提供如下担保：

一、保证的范围及保证金额

1. 我方的保证范围是主合同约定的工程款。

2. 本保函所称主合同约定的工程款是指主合同约定的除工程质量保证金以外的合同价款。

3. 我方保证的金额是主合同约定的工程款的＿＿＿＿＿％，数额最高不超过人民币元（大写：＿＿＿＿＿）。

二、保证的方式及保证期间

1. 我方保证的方式为：连带责任保证。

2. 我方保证的期间为：自本合同生效之日起至主合同约定的工程款支付完毕之日后＿＿＿日内。

3. 你方与发包人协议变更工程款支付日期的，经我方书面同意后，保证期间按照变更后的支付日期做相应调整。

三、承担保证责任的形式

我方承担保证责任的形式是代为支付。发包人未按主合同约定向你方支付工程款的，由我方在保证金额内代为支付。

四、代偿的安排

1. 你方要求我方承担保证责任的，应向我方发出书面索赔通知及发包人未支付主合同约定工程款的证明材料。索赔通知应写明要求索赔的金额，支付款项应到达的账号。

2. 在出现你方与发包人因工程质量发生争议，发包人拒绝向你方支付工程款的情形时，你方要求我方履行保证责任代为支付的，需提供符合相应条件要求的工程质量检测机构出具的质量说明材料。

3. 我方收到你方的书面索赔通知及相应的证明材料后 7 天内无条件支付。

五、保证责任的解除

1. 在本保函承诺的保证期间内，你方未书面向我方主张保证责任的，自保证期间届满次日起，我方保证责任解除。

2. 发包人按主合同约定履行了工程款的全部支付义务的，自本保函承诺的保证期间届满次日起，我方保证责任解除。

3. 我方按照本保函向你方履行保证责任所支付金额达到本保函保证金额时，自我方向你方支付（支付款项从我方账户划出）之日起，保证责任即解除。

4. 按照法律法规的规定或出现应解除我方保证责任的其他情形的，我方在本保函项下的保证责任亦解除。

5. 我方解除保证责任后，你方应自我方保证责任解除之日起____个工作日内，将本保函原件返还我方。

六、免责条款

1. 因你方违约致使发包人不能履行义务的，我方不承担保证责任。

2. 依照法律法规的规定或你方与发包人的另行约定，免除发包人部分或全部义务的，我方亦免除其相应的保证责任。

3. 你方与发包人协议变更主合同的，如加重发包人责任致使我方保证责任加重的，需征得我方书面同意，否则我方不再承担因此而加重部分的保证责任，但主合同第 10 条〔变更〕约定的变更不受本款限制。

4. 因不可抗力造成发包人不能履行义务的，我方不承担保证责任。

七、争议解决

因本保函或本保函相关事项发生的纠纷，可由双方协商解决，协商不成的，按下列第____种方式解决：

（1）向_____仲裁委员会申请仲裁；

（2）向_____人民法院起诉。

八、保函的生效

本保函自我方法定代表人（或其授权代理人）签字并加盖公章之日起生效。

担保人：_____（盖章）

法定代表人或委托代理人：_____（签字）

地址：_____

邮政编码：_____

传真：_____

_____年_____月_____日

附件11：

材料暂估价表　　　　**表 11-1**

序号	名　称	单位	数量	单价（元）	合价（元）	备　注

工程设备暂估价表　　　表 11-2

序号	名　称	单位	数量	单价（元）	合价（元）	备　注

专业工程暂估价表 **表 11-3**

序号	名　称	单位	数量	单价（元）	合价（元）	备　注

3.2.3 施工合同的监理管理

根据《建设工程监理规范》GB/T 50319—2013、《建设工程监理合同》GF-2012-0202、《建设工程施工合同》GF-2013-0201的要求，在工程施工阶段，项目监理机构要实施对《建设工程施工合同》的监督与管理，促使《施工合同》发、承包双方主动遵守合同条款的约定；促使项目监理机构在《施工合同》条款约定的条件下，做好对工程质量、进度、造价的控制和对合同、信息、安全生产的管理。要做好这项管理工作，应从以下几方面开展工作。

（一）提高监理对《施工合同》管理的认识

（1）监理要参与施工合同条款的草拟工作。《施工合同》条款的拟定，发、承包双方都是十分重视的，常常派出有经验的人员参与双方合同谈判和合同条款的草拟。在草拟条款时，合同双方都在为"一字千金"琢磨，那种"字斟句酌"的局面，对监理人员应该是很有教育意义的。不能认为合同双方在斤斤计较。应该认为他们都在努力地为签订出一份比较有利于他们所代表的那个单位的《施工合同》。

（2）监理要参与施工合同谈判会议。了解合同谈判全过程，了解合同双方在合同谈判过程中所争议的问题，有助于事后监理对《施工合同》的管理。

（3）《施工合同》签订以后，项目监理机构应组织全体监理人员认真学习所有条款的约定。让参建的每个监理人员认识到在自己日后的监理工作中必须参与合同管理。否则，你所谓的监理工作是没有条文根据的，成了无源之水，无本之木。

（4）监理人员要提高对《施工合同》重要性的认识。在施工过程中，《施工合同》是监理实行"三控""三管"的依据；在工程竣工时，《施工合同》又是竣工验收的依据；在工程竣工结算时，《施工合同》也是监理审核竣工结算的依据；在工程竣工结算审计时，《施工合同》更是审计部门的重要依据；在工程竣工资料入库存档时，《施工合同》是发、承包双方均作为长期保存的档案，也是城建档案馆保存的档案。对于这样重要的监理文件，监理人员一定要有充分时间去学习、研究、管理，以便能顺利推进工程建设。

（二）监理要根据《施工合同》进行管理

监理对质量、进度、造价的控制（三控）和对合同、信息、安全的管理（三管）要符合《施工合同》条款中约定的内容。其理由是：

（1）《施工合同》条款中对监理的"三控""三管"提出了明确的目标要求。例如表 3-4 中的归纳，"三控""三管"的目标很明确。

《施工合同》对"三控""三管"的目标要求　　表 3-4

序号	各项目标	监理目标与《施工合同》目标的一致性
1	工期目标	***天（《施工合同》条款约定的）
2	质量目标	合格工程，争取优质工程（《施工合同》条款约定的）
3	造价目标	*****万元人民币（《施工合同》条款约定的）
4	合同管理目标	协调合同双方遵守合同条款，确保工程顺利进行
5	信息管理目标	符合《建筑工程文件归档整理规范》GB/T 50328—2001 要求（《施工合同》条款约定的）
6	协调目标	协调各参建主体有机配合，使项目建设过程顺利
7	安全监督目标	工程建设过程中，杜绝安全事故发生；创建省、市文明工地（《施工合同》条款约定的）

（2）细读《施工合同》条款，可以将属于"三控""三管"的条款汇聚起来，就能看出在《施工合同》条款中又对"三控""三管"的内容提出了具体规定。

实践经验告诉我们，如果项目监理机构的相关人员，在对"三控""三管"的监理过程中，认真领会和执行《施工合同》中的有关条款，那么，原则上这样的监理是属于成功的监理。

（三）监理对工程变更的处理

（1）按照《建设工程施工合同》GF-2013-0201 通用条款中有关变更的处理规定办理。

（2）按照《建设工程施工合同》GF-2013-0201 专用条款中有关变更处理的约定办理。

（3）《建设工程监理规范》GB/T 50319—2013 的规定

1）项目监理机构应按下列程序处理施工单位提出的工程

变更：

① 总监理工程师组织专业监理工程师审查施工单位提出的工程变更申请，提出审查意见。

对涉及工程设计文件修改的工程变更，应由建设单位转交原设计单位修改工程设计文件。必要时，项目监理机构应建议建设单位组织设计、施工等单位召开专题会议，论证工程设计文件的修改方案。

② 总监理工程师根据实际情况、工程变更文件和其他有关资料，在专业监理工程师对下列内容进行分析的基础上，对工程变更费用及工期影响作出评估：

a. 工程变更引起的增减工程量；

b. 工程变更引起的费用变化；

c. 工程变更引起的工期变化。

③ 总监理工程师组织建设、施工等单位共同协商确定工程变更费用及工期变化，会签工程变更单（需填表办理手续）。

④ 项目监理机构根据批准的工程变更文件监督施工单位实施工程变更。

2）项目监理机构在处理工程变更时应注意事项：

① 项目监理机构应在工程变更实施前与建设、施工等单位协商确定工程变更的计价原则、计价方法或价款。

② 建设单位与施工单位未能就工程变更费用达成协议时，项目监理机构应提出一个暂定价格并经建设单位同意，作为临时支付工程款的依据。工程变更款项最终结算时，应以建设单位与施工单位达成的协议为依据。

③ 项目监理机构应对建设单位要求的工程变更提出评估意见，并督促施工单位按照会签后的工程变更单组织施工。

（四）监理对费用索赔的处理

（1）按照《建设工程施工合同》GF-2013-0201 通用条款中有关索赔条款的处理规定办理。

（2）按照《建设工程施工合同》GF-2013-0201 专用条款中

有关违约款项处理的约定办理。

（3）《建设工程监理规范》GB/T 50319—2013 的规定

1）项目监理机构处理费用索赔主要依据：

① 法律法规；

② 勘察设计文件、施工合同文件；

③ 工程建设标准；

④ 索赔事件的证据。

2）项目监理机构处理施工单位费用索赔程序：

① 受理施工单位在施工合同约定的期限内提交的费用索赔意向通知书（需填表办理手续）；

② 收集与索赔有关的资料；

③ 受理施工单位在施工合同约定的期限内提交的费用索赔报审表（需填表办理手续）；

④ 审查费用索赔报审表。需要施工单位进一步提交详细资料的，应在施工合同约定的期限内发出通知；

⑤ 与建设单位和施工单位协商一致后，在施工合同约定的期限内签发费用索赔报审表，并报建设单位。

3）项目监理机构批准施工单位费用索赔应同时满足下列三个条件：

① 施工单位在合同约定的期限内提出费用索赔；

② 索赔事件是因非施工单位原因造成，且符合施工合同约定；

③ 索赔事件造成施工单位直接经济损失。

4）项目监理机构在处理费用索赔时应注意事项：

① 项目监理机构应及时收集、整理有关工程费用的原始资料，为处理费用索赔提供证据。

② 当施工单位的费用索赔要求与工程延期要求相关联时，项目监理机构应提出费用索赔和工程延期的综合处理意见，并与建设单位和施工单位协商。

③ 因施工单位原因造成建设单位损失，建设单位提出索赔

的，项目监理机构应与建设单位和施工单位协商处理。

（五）监理对工程延期及工期延误的处理

（1）按照《建设工程施工合同》GF-2013-0201通用条款中有关工程延期及工期延误的处理规定办理。

（2）按照《建设工程施工合同》GF-2013-0201专用条款中有关工程延期及工期延误的处理约定办理.

（3）《建设工程监理规范》GB/T 50319—2013的规定

1）项目监理机构批准工程延期应同时满足下列三个条件：

① 施工单位在施工合同约定的期限内提出工程延期；

② 因非施工单位原因造成施工进度滞后；

③ 施工进度滞后影响到施工合同约定的工期。

2）项目监理机构在处理工程延期时应注意事项：

① 施工单位提出工程延期要求应符合施工合同条款的约定。

② 工程延期（临时和最终）均应书面填表，报项目监理机构审查后再报建设单位。

③ 项目监理机构在作出工程延期（临时和最终）之前，均应与建设单位和施工单位协商。

④ 施工单位因工程延期提出费用索赔时，项目监理机构应按施工合同约定进行处理。

⑤ 发生工期延误时，项目监理机构应按施工合同约定进行处理。

（六）监理对施工合同争议的处理

（1）按照《建设工程施工合同》GF-2013-0201通用条款中有关施工合同争议的处理规定办理。

（2）按照《建设工程施工合同》GF-2013-0201专用条款中有关施工合同争议的处理约定办理。

（3）《建设工程监理规范》GB/T 50319—2013的规定

1）项目监理机构在处理施工合同争议时，应进行以下工作：

① 了解合同争议情况；

② 及时与合同争议双方进行磋商；

③ 提出处理方案后，由总监理工程师进行协调；

④ 当双方未能达成一致时，总监理工程师应提出处理合同争议的意见。

2）项目监理机构在处理施工合同争议时应注意事项：

① 对未达到施工合同约定的暂停履行合同条件的，应要求施工合同双方继续履行合同。

② 在合同争议处理过程中，项目监理机构可按仲裁机关或法院要求提供与争议有关的证据。

3.3 《建筑材料采购合同》内容及监理管理

3.3.1 《建筑材料采购合同》的内容

（1）标的

标的内容主要包括：材料名称、牌号商标、品种、型号、规格、等级、花色、产地（或生产厂家）等。

（2）数量

合同中必须有准确的数量规定。数量的计量方法要按国家或主管部门的规定执行。不可用含糊不清的计量单位。合同中还应明确规定交货数量的尾数差（实际数量需根据工程情况作调整）、合理磅差和运输途中自然损耗的规定及计算方法（当定额上有规定时，参照执行）。

（3）合同价款

合同中明确规定标的和数量后，接着要求合同双方商定材料单价（计算方法根据不同材料而定，如钢材为元/t，石材为元/m^2；有国家（定额）定价的材料，应按国家（定额）定价执行；由市场定价的材料，可经供需双方协商确定价格）和运费。最后计算出总价作为暂定合同价。材料最终价格按工程实际用量作调整。合同中还应约定实际用量增加的材料与原合同标的相同时，其单价与原合同商定的单价相同；实际用量增加的材料与原合同标的不相同时，应由合同双方另行商议对单价作调整。

（4）质量标准及要求

产品的质量标准，按下列要求执行：

1）按国家标准执行；

2）无国家标准而有部颁标准的，按部颁标准执行；

3）无国家和部颁标准的，按企业标准执行；

4）没有上述标准的，或虽有上述标准，但需方有特殊要求的，按甲乙双方在合同中商定的技术条件、样品或补充的技术要求执行。供方在生产、出厂、运输过程、现场交验的各个环节中应确保材料质量符合标准，否则，一切责任由供方负责。

（5）包装

合同中关于包装条款包括：包装的标准和包装物的供应与回收。包装标准含产品包装的类型、规格、容量及印刷标记等。包装物与包装费由供方负责，一般不得向需方收取。

（6）运输方式与费用

运输方式可分为铁路、公路、水路、航空、海运、管道等。一般由需方在合同中约定。供方代办发运，运费由需方负担。

（7）交货与验收

交货要明确交货时间、交货地点、交货验收手续、违约责任。交货验收手续的执行人，除合同双方派员参加外，受监理的项目，应有监理人员参加。

1）交货验收的依据：供货合同的规定内容；国家标准或专业标准；供方的发货单、计量单、装箱单；产品合格证、质量保证书、产品检测报告；图纸及其他技术文件；合同双方共同封存的样品。

2）交货验收的内容：查对产品名称、规格、型号、数量、质量是否与供货合同和有关技术文件相符；产品合格证、质量保证书、产品检测报告是否是原件；材料外表有无损伤等；交货验收过程中要按规定格式填写有关验收内容，参加验收的各方人员要求签字确认，并由各方存档备查。对经验收不合格的材料，应作退货处理。

（8）结算与付款

由于材料供应是按工程施工进度要求分批进行的，因此材料款的结算方式，一般按合同约定分批结算。结算时，由供方提出申请付款报告，报项目监理机构审核、签认后，再报建设单位批准付款。

（9）违约责任

发生下列情况之一的属需方违约：

1）违反合同规定无正当理由拒绝接货；

2）不按合同约定支付到期的货款；

3）不履行合同约定的义务。

需方违约，需承担违约责任。赔偿因其违约给供方的经济损失。

发生下列情况之一的属供方违约：

1）违反合同规定，不能按照需方约定的交货时间、地点交货；

2）不按合同约定，提供材料规格、牌号商标、生产厂家、材料质量等；

3）不履行合同约定的义务。

供方违约，需承担违约责任。赔偿因其违约给需方的经济损失。

一方违约后，另一方如果要求违约方继续履行合同时，违约方承担上述违约责任后，仍可继续履行合同。

（10）争议

一般由合同双方协商解决，或由监理等第三方协调解决。协调不成，再按有关程序申请仲裁或起诉。

（11）其他规定

在合同范围内未尽事宜，合同双方可另行协商制订补充协议。补充协议与原合同具有同等法律效力。

有关本合同的详细内容，请见《标准材料采购合同》范本（可查阅互联网）。

3.3.2 《建筑材料采购合同》的监理管理

《建设工程质量管理条例》（国务院 279 号令 2000/1/30）第三十七条中规定：未经监理工程师签字，建筑材料、建筑构配件和设备不得在工程上使用或者安装，施工单位不得进行下一道工序的施工。为此，监理对《建筑材料采购合同》的管理与对《建设工程施工合同》的管理放在同等重要的位置。其监督管理内容为：

（1）督促检查施工单位按照工程施工进度制订建筑材料供应计划。

众所周知，用于施工现场的建筑材料是按照施工进度情况分期分批进场的，否则施工现场会出现材料堆放面积不够或拥挤不堪的局面。特别在高层建筑施工中，一般施工场地狭小，不可能在现场堆放太多材料。但是如果施工现场不储存一定数量的材料，就会影响到施工进度。因此，施工单位按照工程施工进度制订建筑材料供应计划，以确保现场施工用材料能及时供应。为做好这项工作，除施工单位主动、及时做好编制建筑材料供应计划外，项目监理机构通过监理协调会督促检查施工单位按照工程施工进度制订建筑材料供应计划并报建设单位。然后按照建设单位和施工单位的分工（即分清甲供或乙供），由各方负责建筑材料采购招标。

（2）协助建设（或施工）单位进行建筑材料采购招标，确定供货商，签订采购合同。

项目监理机构协助建设或施工单位进行建筑材料采购招标，应做好下列工作：

1）选择好招标时间点

招标时间点的确定以不影响施工进度为目的。不要因材料供应不及时而影响施工进度，甚至造成经济或工期损失。

2）通过招标确定供货商

开标前，应由建设、施工、监理等单位参加的招标小组组成联合调查组，对报名参加进标的供货商进行调研，了解供货商供货渠道、材料品种、规格、材质、信誉、库存量等；开标时，以报价为准，同时参考调研结论，由材料招标小组协商确定，不一定最低价中标。整个招标过程均需办理相应手续后存档。

3）协助签订采购合同

签订供货合同时，重点掌握合同标的、数量、合同价、付款方式、质量标准、交货验收等条款的确定。

（3）根据《采购合同》规定要求，协助建设（设计）单位确认供货样品，并进行封样。

供货样品主要由设计单位根据工程设计需要确定，有些装饰材料还需建设单位提出意见。样品确定后由建设、监理进行封样，封样一般存放在建设单位，验收时，监理人员按封样验收。封样既可作为验收材料的实物依据；也可作为执行《采购合同》的依据。

（4）参与《采购合同》双方对进场建筑材料的验收

项目监理机构对进场建筑材料按照《建设工程质量管理条例》第三十七条"未经监理工程师签字，建筑材料、建筑构配件和设备不得在工程上使用"的要求，必须派出监理人员与《采购合同》双方人员一起参加验收。经验收确认不合格的材料，提出处理意见，决不允许不合格材料用于工程。

（5）参与《采购合同》双方违约的协调与处理

常见的供方违约：

1）不按材料封样供货；材料品牌供货不足，要求调换品牌；

2）供货质量不合格，以次充好，浑水摸鱼；

3）市场缺货，供货不及时；

4）供货过程中材料损耗率高于《合同》约定的损耗率，提出索赔要求；

5）供货过程中材料市场价猛涨，风险超过供方的承受能力，提出调价要求；

6）由于需方资金暂不到位，供方拒绝供货等。

常见的需方违约：

1）供货到达《合同》约定地点后，不能及时组织有关人员进行验收；

2）由于设计变更，《合同》约定的材料有变卦；

3）由于资金暂不到位，不能按《合同》约定的时间支付材料款等。

（6）审核材料供方提交的材料费用支付申请表，签发材料费用支付证书，并报建设单位。

材料款的结算方式，一般按合同约定的付款百分率分批结算。结算时，由供方提出申请付款报告。报告内容含供货名称、供货时间、供货数量、货款额、运费额，并附供货清单及供货收费发票。报告交项目监理机构审核、签认后，由总监理工程师签发材料费用支付证书，再报建设单位批准付款。

（7）协调材料供方与需方之间的关系，保证工程施工正常进行。

协调材料供方与需方之间关系的方法如下：

1）要求供需双方不能违约，因为无论那一方违约都会影响材料供应时间。材料的迟误供应，会影响到施工进度的滞后，结果造成工期延误和经济损失。

2）要求供需双方要讲信誉，服务态度端正。

对在执行合同过程中产生的矛盾，要正确引导，不能意气用事，尤其不能以停止供货或暂停付款要挟对方。

3）在协调施工进度的会议上邀请供需方参加，为确保施工进度，要求供需方提供材料进场保证。

3.4 《建设工程设备采购合同》内容及监理管理

3.4.1 《建设工程设备采购合同》的内容

（1）设备的名称、规格、质量标准

按招标与投标文件规定的设备名称、规格、质量标准填写。

1）设备名称：_____

2）规格：_____

3）型号：_____

4）设备的包括范围：_____

5）质量标准：_____

各标准之间不一致时，按要求最高的标准执行；

6）数量：_____

7）产品包装要求：_____

（2）设备交货方法、时间、地点及运输

设备交货方法、时间、地点及运输，由供需双方在合同条款中约定。

1）交货方式：供方送货到现场；

2）交货地点：_____；

3）交货日期：_____，以满足工程总包单位制订的总工期进度要求为准，具体日期由需方或其授权人指令确定。（附：供货进度表）

（3）设备安装与调试

1）安装地点：_____；

2）安装工期：供方自接到需方安装通知指令后，_____日内完成设备的安装、调试和验收工作，以满足工程总包单位制订的总工期进度要求为准，具体日期由需方或其授权人指令确定。（附：安装进度表）

3）供方应遵守设备安装验收规范标准，预先制定安装与调试方案和计划，与需方进行研究协调，做出统一具体安排。

4）供方要使用完整的、全新的、系统的安装材料和零部件，在设备安装过程中的成品保护和设备零部件的保护工作由供方负责直至设备安装完成，经调试、验收合格交付需方为止。

5）供方在安装与调试过程中，要严格遵守国家有关安全规定，若发生人身或财产损失，概由供方负责。

（4）合同价格与付款方式

以供方投标文件中的报价为准，作为竞标所得的合同价格。

合同价为固定不变价,双方不得以任何理由要求对合同总价调价。

合同总价暂定为人民币＿＿＿＿＿＿＿＿＿＿＿

　　（大写：　　　　　　　　）

合同价格中应包括的费用：

1) 设备供应价；

2) 运输费、设备配件在运输阶段的损耗费；

3) 保险费；

4) 工地卸车费；

5) 乙方的利润、风险、各种政策性上缴费用和税金；

6) 系统调试的配合费；

7) 现场技术服务人员工资、津贴、补助和差旅费等；

8) 设备调试费。

凡现场使用该设备所需零配件,无论是否在报价清单中有所注明,均视为已包含在供方设备单价中,由供方提供。

供方提供的设备应该是完整的、系统的,所需备件、部件、零件、工具都应该配备齐全,并与设备主机相匹配一致,此等费用均已包含在投标单价中。

付款方式：

1) 自本合同签订之日起＿＿＿日内,需方向供方支付设备价值的＿＿＿＿＿％的预付款；

2) 供方将设备运至需方指定地点,经需方、监理、总包方共同检验合格后,付给供方进场设备价值的＿＿＿＿＿＿％；

3) 设备安装调试合格后,需方向供方支付实际安装设备价值的＿＿＿％；

4) 按需方要求提交结算资料并在办理完结算后,需方向供方支付结算价的＿＿＿％；

5) 扣除结算总价的＿＿＿％作为设备质保金,需方在设备保修期（＿＿＿年）满后按保修条款支付给供方（无息）；

6) 在本合同下,除了最后的付款外,任何其他的付款都不应理解为是对供方部分或全部履行合同的认可，任何付款都不应理解为对缺陷工作或不合格品的确认。

（5）设备单据

供方向需方提供以下单据：

1）增值税发票；

2）发出数量通知单一式二份；

3）注明生产厂名称、生产时间、出厂时间、数量等内容的质量证明书或检验报告一份；

4）供方随产品附送的其他单据；

5）国外进口设备还应由海关提供的商检报告。

所有单据均为原件，并盖公章。

（6）验收标准、方法及提出异议期限

1）验收标准、方法按产品说明书、投标文件、合同约定标准，合同双方共同验收，并请项目监理机构和设备安装单位派员参加验收。各方参验人员必须在验收单上签名，以便存档；

2）在验收过程中发现产品品种、规格、质量不符合合同条款的约定时，应及时向供方提出书面异议；

3）供方接到需方书面异议后，应及时处理，否则视为默认；

4）由于供方提供的产品不合格而影响到需方正常使用的，需方有权要求无条件换货或退货，由此发生的一切费用由供方承担。

（7）违约责任

供方责任：

1）供方所交产品品种、规格、质量不符合合同规定的，如果需方同意使用，应当按质论价；如果不能使用的，由供方负责调换，并承担调换或退货所支出的实际费用；如果供方不能调换的，视为供方不能交货，供方需向需方支付合同总价款＿＿％的违约金，并赔偿由此给需方造成的一切经济损失。

2）如果供方逾期交货，应负逾期交货责任，每迟延一日，向需方支付合同总价＿＿％的违约金。

需方责任：

1）需方无正当理由拒收质量合格的产品，则为违约。以拒收产品总金额的____‰向供方支付违约金。并由此所造成的经济损失由需方负责赔偿。

2）需方如果错填到货地点或接货人或对供方提出错误异议，应承担供方因此所遭受的损失。

（8）遇有不可抗力事件的处理

1）合同中任何一方如遇不可抗力事件，以致不能履行合同的义务，该义务的履行期限延长至同一事件影响的期限届满之时。

2）未履行合同一方，应在事件发生后，及时以传真或电话通知对方，并在 15 天内用特快专递送出有关法定机构出具的合法证明作凭证供对方审核确认。

3）如果事件影响持续 30 天以上，双方应协商解决进一步履行合同问题。如不能达成一致意见，需方有权处理货源问题。由此给供方造成的经济损失，需方不承担任何责任。

（9）合同争议的解决方式

一般由合同双方协商解决，或由监理等第三方协调解决。协调不成，再按有关程序申请仲裁或起诉。

（10）其他

在合同范围内未尽事宜，合同双方可另行协商制订补充协议。补充协议与原合同具有同等法律效力。

有关本合同的详细内容，请见《建设工程设备采购合同》范本（可查阅互联网）。

3.4.2 《建设工程设备采购合同》的监理管理

（1）督促检查工程安装承包单位按照工程安装进度制订设备供应计划。

工程设备安装开始时间一般选择在主体工程施工结束，室内装饰工程施工开始之前完成。如室内电梯的安装，中央空调机组、新风机组和风机盘管等的安装，电动扶梯的安装，电气设备和卫生设备的安装等。所有这些设备都应根据设备安装工程的安装进度分期分批进场。但要确保设备进场时间，必须提前进行设备招标。有些设备，特别是进口的大型设备，如电梯、中央空调主机等，需要通过进出口公司代理招标，招标中还要考虑到外商对产品的制作期等。所以招标时间必须根据产品供应的具体情况确定其提前期，有的甚至提前半年招标。因此，工程设备安装承包单位必须根据工程施工总进度计划及时制订设备供应计划，并报工程建设单位。一般对大型设备由建设单位负责采购供应，中小型设备由安装单位负责采购供应。

（2）协助建设（或工程安装承包）单位进行设备采购招标，确定供货商，签订采购合同。

一般对大型进口设备由建设单位委托招标代理进行招标；国产大型设备由建设单位自己组织招标小组进行招标；中小型设备由建设单位组织安装、监理等单位成立招标小组进行招标。所以监理有机会协助采购招标的是在中小型设备。

通过招标确定供货商时不仅比设备报价，还要考虑到开标前对报名参加投标的供应商进行调研的结论。

中标供货商确定后，签订采购合同是关键。项目监理机构能在拟定合同条款中发挥一定的参谋作用。

（3）参与《采购合同》双方对进场设备的验收

对进场设备验收前应由供需双方派员参加，并组织设备安装、监理等单位有关人员成立进场设备验收小组。由验收小组根据《采购合同》有关条款对进场设备进行验收。在设备开箱前，先验收由供方向需方提供的单据：含增值税发票，发出数量通知单一式二份，注明生产厂名称、生产时间、出厂时间、数量等内容的质量证明书或检验报告一份，供方随产品附送的其他单据，国外进口设备还应由海关提供的商检报告。在设备开箱后，对照单据和《采购合同》对设备的品种、规格、数量、质量及其完整性（即有无损坏情况）进行验收。验收过程中要做好验收纪录，验收结束，参加验收小组成员要在验收纪录上签字，后存档。经验收确认不合格的设备提出处理意见,决不允许不合格设备用于工程。

(4) 参与《采购合同》双方违约的协调与处理

常见的供方违约:

1) 因设备生产厂家的生产和销售部门的运输延误,影响设备供应不及时;

2) 供货质量不合格,以次充好;供货数量不足,缺少这个或那个;

3) 供货过程中设备损坏,影响需方不能正常使用;

4) 设备包装时,有关设备的技术资料未能附入包装或附入包装的有关技术资料不全,影响设备进场后的正常验收和设备安装工作的正常进行等。

常见的需方违约:

1) 供货到达《合同》约定地点后,不能及时组织有关人员进行验收;

2) 由于设计变更,《合同》约定的设备有变卦;

3) 由于资金暂不到位,不能按《合同》约定的时间支付设备款等。

(5) 审核设备供方提交的材料费用支付申请表,签发设备费用支付证书,并报建设单位。

设备款的结算方式,一般按合同条款约定的付款百分率结算。结算时,由供方提出申请付款报告。报告交项目监理机构审核、签认后,由总监理工程师签发设备费用支付证书,再报建设单位批准付款。

(6) 协调设备供方与需方之间的关系,保证设备安装正常进行。

协调设备供方与需方之间的关系,其办法如下:

1) 要求供需双方不能违约,因为无论那一方违约都会影响设备供应时间。会影响到安装进度的滞后,结果造成工期延误和经济损失。

2）要求供需双方要讲信誉，服务态度端正。

对在执行合同过程中产生的矛盾，要正确引导，不能意气用事，尤其不能以停止供货或暂停付款要挟对方。

3）在协调施工进度的会议上邀请供需方参加，为确保安装进度，要求供需方提供设备进场保证。

3.5 《建设工程勘察合同》内容及监理管理

3.5.1 《建设工程勘察合同》的内容

（1）工程概况

主要内容包括：

1）工程名称：_____

2）工程地点：_____

3）工程规模和特征：_____

4）工程立项批文号和资金来源：_____

5）工程勘察任务委托文号和日期：_____

6）工程勘察任务（内容）与技术要求：_____

7）承接方式：_____

8）预计勘察工作量：_____

（2）发包人义务

实施勘察工作前，发包人应及时向勘察人提供下列文件资料，并对其准确性、可靠性负责。

1）提供本工程批准文件（复印件）以及用地（附红线范围）、施工、勘察许可等批件（复印件）。

2）提供工程勘察任务委托书、技术要求和工作范围的地形图、建筑总平面布置图。

3）提供勘察工作范围已有的技术资料及工程所需的坐标与标高资料。

4）提供勘察工作范围地下已有埋藏物的资料（如电力、电讯电缆、各种管道、人防设施、洞室等）及具体位置分布图。

5）发包人不能提供上述资料，由勘察人收集的，发包人需向勘察人支付相应费用。

（3）勘察人义务

按照规定的标准、规范、规程和技术条例进行工程测量、工程地质、水文地质等勘察工作。并按勘察合同规定的勘察进度、质量要求提供勘察成果，并对其质量负责。

勘察人负责向发包人提交勘察成果资料四份，发包人要求增加的份数另行收费。

开工及提交勘察成果资料的时间：

1）本工程的勘察工作定于＿＿＿年＿＿＿月＿＿＿日开工，＿＿＿年＿＿＿月＿＿＿日提交勘察成果资料，由于发包人或勘察人的原因未能按期开工或提交成果资料时，按本合同有关违约规定办理。

2）勘察工作有效期限以发包人下达的开工通知书或合同规定的时间为准，如遇特殊情况（设计变更、工作量变化、不可抗力影响以及非勘察人原因造成的停、窝工等）时，工期顺延。

（4）勘察费收费标准及付费方式

1）勘察工作取费标准：按勘察工作内容和实际完成的工作量收费，其计算方法按国家规定；或以"预算包干"、"中标价加签证"、"实际完成工作量结算"等方式计取收费。国家规定的收费标准中没有规定的收费项目，由发包人、勘察人另行议定。勘察合同生效后，按合同条款约定，发包人应向勘察人支付勘察费用定金。

2）勘察费付费方式：勘察费预算为＿＿＿元（大写＿＿＿），合同生效后 3 天内，发包人应向勘察人支付预算勘察费的 20% 作为定金，计＿＿＿元（合同履行后，定金抵作勘察费）；勘察规模大、工期长的大型勘察工程，发包人还应按实际完成工程进度＿＿＿%时，向勘察人支付预算勘察费的＿＿＿%的工程进度款，计＿＿＿元；勘察工作外业结束后＊＊天内，发包人向勘察人支付预算勘察费的＿＿＿%，计＿＿＿元；提交勘察成果资料后 10 天内，发包人应一次付清全部工程费用。

（5）发包人责任

1）发包人委托任务时，必须以书面形式向勘察人明确勘察任务及技术要求，并按第（2）条规定提供义件资料。

2）在勘察工作范围内，没有资料、图纸的地区（段），发包人应负责查清地下埋藏物，若因未提供上述资料、图纸，或提供的资料图纸不可靠、地下埋藏物不清，致使勘察人在勘察工作过程中发生人身伤害或造成经济损失时，由发包人承担民事责任。

3）发包人应及时为勘察人提供并解决勘察现场的工作条件和出现的问题（如：落实土地征用、青苗树木赔偿、拆除地上地下障碍物、处理施工扰民及影响施工正常进行的有关问题、平整施工现场、修好通行道路、接通电源水源、挖好排水沟渠以及水上作业用船等），并承担其费用。

4）若勘察现场需要看守，特别是在有毒、有害等危险现场作业时，发包人应派人负责安全保卫工作，按国家有关规定，对从事危险作业的现场人员进行保健防护，并承担费用。

5）工程勘察前，若发包人负责提供材料的，应根据勘察人提出的工程用料计划，按时提供各种材料及其产品合格证明，并承担费用和运到现场，派人与勘察的人员一起验收。

6）勘察过程中的任何变更，经办理正式变更手续后，发包人应按实际发生的工作量支付勘察费。

7）为勘察的工作人员提供必要的生产、生活条件，并承担费用；如不能提供时，应一次性付给勘察人临时设施费____元。

8）由于发包人原因造成勘察人停、窝工，除工期顺延外，发包人应支付停、窝工费（见违约责任条款）；发包人若要求在合同规定时间内提前完工（或提交勘察成果资料）时，发包人应按每提前一天向勘察人支付____元计算加班费。

9）发包人应保护勘察人的投标书、勘察方案、报告书、文件、资料图纸、数据、特殊工艺（方法）、专利技术和合理化建议，未经勘察人同意，发包人不得复制、不得泄露、不得擅自修改、传送或向第三人转让或用于本合同外的项目；如发生上述情况，发包人应负法律责任，勘察人有权索赔。

10）本合同有关条款规定和补充协议中发包人应负的其他责任。

（6）勘察人责任

1）勘察人应按国家技术规范、标准、规程和发包人的任务委托书及技术要求进行工程勘察，按本合同规定的时间提交质量合格的勘察成果资料，并对其负责。

2）由于勘察人提供的勘察成果资料质量不合格，勘察人应负责无偿给予补充完善使其达到质量合格；若勘察人无力补充完善，需另委托其他单位时，勘察人应承担全部勘察费用；或因勘察质量造成重大经济损失或工程事故时，勘察人除应负法律责任和免收直接受损失部分的勘察费外，并根据损失程度向发包人支付赔偿金，赔偿金由发包人、勘察人商定为实际损失的____％。

3）在工程勘察前，提出勘察纲要或勘察组织设计，派人与发包人的人员一起验收发包人提供的材料。

4）勘察过程中，根据工程的岩土工程条件（或工作现场地形地貌、地质和水文地质条件）及技术规范要求，向发包人提出增减工作量或修改勘察工作的意见，并办理正式变更手续。

5）在现场工作的勘察人的人员，应遵守发包人的安全保卫及其他有关的规章制度，承担其有关资料保密义务。

6）本合同有关条款规定和补充协议中勘察人应负的其他责任。

（7）违约责任

由于发包人原因造成勘察人损失的，应由发包人承担责任，并增加相应的费用；由于勘察人原因造成发包人损失的，应由勘察人自行补救，损失严重的，还要补偿发包人相应费用。

1）由于发包人未给勘察人提供必要的工作生活条件而造成停、窝工或来回进出场地，发包人除应付给勘察人停、窝工费（金额按预算的平均工日产值计算），工期按实际工日顺延外，还应付给勘察人来回进出场费和调遣费。

2）由于勘察人原因造成勘察成果资料质量不合格，不能满足技术要求时，其返工勘察费用由勘察人承担。

3）合同履行期间，由于工程停建而终止合同或发包人要求解除合同时，勘察人未进行勘察工作的，不退还发包人已付定金；已进行勘察工作的，完成的工作量在 50％以内时，发包人应向勘察人支付预算额 50％的勘察费计＿＿元；完成的工作量超过 50％时，则应向勘察人支付预算额 100％的勘察费。

4）发包人未按合同规定时间（日期）拨付勘察费，每超过一日，应偿付未支付勘察费的千分之一逾期违约金。

5）由于勘察人原因未按合同规定时间（日期）提交勘察成果资料，每超过一日，应减收勘察费千分之一。

6）本合同签订后，发包人不履行合同时，无权要求返还定金；勘察人不履行合同时，双倍返还定金。

（8）争执的处理

一般由合同双方协商解决，或由监理等第三方协调解决。协调不成，再按有关程序申请仲裁或起诉。

（9）其他规定

在合同范围内未尽事宜，合同双方可另行协商制订补充协议。补充协议与原合同具有同等法律效力。

有关本合同的详细内容，请见《建设工程勘察合同》范本（可查阅互联网）。

3.5.2 《建设工程勘察合同》的监理管理

根据《建设工程监理规范》GB/T 50319—2013、《建设工程勘察合同》和《建设工程监理合同》约定的相关服务范围，项目监理机构对《建设工程勘察合同》实施监督管理的任务是确保勘察质量、进度、投资控制在《建设工程勘察合同》约定的范围内；项目监理机构对《建设工程勘察合同》实施监督管理的工作内容，参照《建设工程监理规范》GB/T 50319—2013 相关条款，主要有：

（1）协助建设单位编制工程勘察任务书，选择工程勘察单位，并协助签订工程勘察合同；

（2）审查勘察单位提交的勘察方案，提出书面审查意见，并报建设单位。如变更勘察方案，应按原程序重新审查；

（3）检查勘察单位执行勘察方案的情况，对重要点位的勘探与测试进行现场检查；

（4）检查勘察现场及室内试验主要岗位操作人员的资格、所使用的设备、仪器计量的检定情况；

（5）检查勘察进度计划执行情况，督促勘察单位完成勘察合同约定的工作内容；

（6）审查勘察单位提交的勘察成果报告，向建设单位提交勘察成果评估报告，并参与勘察成果验收；

（7）审核勘察单位提交的勘察费用支付申请表，签发勘察费用支付证书，并报建设单位；

（8）根据《勘察合同》，协调处理勘察延期、费用索赔等事宜；

（9）协调工程勘察与施工单位之间的关系，保证工程正常进行。

上述各条，既是《建设工程监理合同》约定的相关服务范围，又是通过监理对每一条服务内容的履行，使之得以更加有效地落实监理对《勘察合同》的监督管理。根据作者的经验，提供以下心得与同行共享。

（1）项目监理机构总监理工程师，参与编制工程勘察任务书，选择工程勘察单位，并协助签订工程勘察合同，对项目总监全面熟悉工程勘察任务，了解工程勘察单位，掌握合同条款内容、重点、争议点等颇有好处，为项目监理机构加强合同管理提供了一个千载难逢的机会。监理单位在签订监理合同时，争取委托方给予支持。

（2）监理要把好审查勘察方案这一关。因为勘察方案既影响到勘察质量，又影响到勘察进度。如果勘察方案不切合工程实际，结果勘察报告不能满足工程实际需求，即勘察质量不能满足实际工程设计和施工需要。从而引发勘察工作返工或补点钻探，延误勘察工期，进而引起发包人或勘察人的经济损失。例如勘察方案中有关勘察点位（即勘察孔）的布置，一般情况下是由勘察单位根据工程设计单位的意见和提供的平面图进行布置的。桩基施工时，施工、监理单位想了解桩基下的地质情况，必须根据该桩基附近钻探孔的地质剖面图来推断该桩基下的地质情况，如果该地区工程地质状况复杂，那么这种推断有可能失真，特别在复杂地层下对局部存在软土层的判断容易失真。结果在桩基施工终结时，因位于软土层，不得不继续进行桩基施工（当设计为支承桩时）以寻找符合设计要求的持力层。因此，勘察孔最好布置在柱基位置，特别在高层建筑设计为一柱一桩的，较为适宜。当然这样会增加勘察点位数量，进而增加勘察费用的投资。所以如何优化点位布置，确保勘察质量，确保工程施工质量，又能节省勘察费用，就要落实在对勘察方案的优化上，监理对方案的审查亦是为了对方案的进一步优化。

（3）在勘察过程中，监理要对重要点位的勘探与测试进行现场检查。这里要选择好重要点位。一般是选择在建筑物承受荷载较大的部位，例如高层建筑的电梯井筒部位或地质情况比较复杂的地段。监理加强对重要点位的现场检查，一方面在履行监理委托合同约定的委托任务，另一方面也是督促勘察单位履行勘察合同要求的勘察成果质量。所以对重要点位的认识和选择，应该是勘察单位和监理单位所共有的，要相互配合，共同把关。

（4）监理审查勘察成果报告，并对勘察成果作出评估，参与勘察成果验收。这对监理的合同管理来说，是一项对勘察成果进行鉴定、衡量勘察单位是否履行合同条款（为发包人提供符合质量要求的勘察报告）的工作。因此，有关监理工程师必须对勘察成果的广度和深度进行检查，并书面作出评估。

勘察成果，例如"岩土工程勘察报告"，其内容主要包括：

1）概述。含工程概况、勘察目的与技术要求、所执行的规范、勘察概况等；

2）场地工程地质条件及评价。含地形、地貌，岩土体工程地质特征，水文地质特征等；

3）场地地震效应及场地类别；

4）岩土参数的分析与设计参数；

5）岩土工程分析与评价；

6）地基基础方案；

7）基坑开挖与支护；

8）结论与建议；

9）附图、附表：

① 勘察孔平面位置图；

② 持力层顶标高等值线图；

③ 工程地质剖面图；

④ 土工试验成果分层表；

⑤ 电梯井部位岩石试验数据统计表；

⑥ 周边部位岩石试验数据统计表；

⑦ 各种钻孔地质柱状图；

⑧ 水质分析检测报告；

⑨ 单孔波速测试成果报告。

由于勘察成果除文字外，基本上都是数据和图表。文字方面容易发现问题，对数据和图表只能相信勘察单位。因此，在勘察过程中监理检查勘察现场及室内试验主要岗位操作人员的资格、所使用的设备、仪器计量的检定情况是十分必要的。以上列举的"岩土工程勘察报告"的内容，从广度上基本符合工程实际需要；但在深度上要看《勘察合同》的相关约定和勘察单位的业务水平和企业的诚信程度。总之，勘察成果质量是否合格，要看在实际设计和施工中是否满足设计和施工要求。能满足要求，勘察成果是合格的；反之，为不合格。

勘察成果评估报告内容，可参照《建设工程监理规范》GB/T 50319—2013 相关条款：

1）勘察工作概况；

　2）勘察报告编制深度、与勘察标准的符合情况；

　3）勘察任务书的完成情况；

　4）存在问题及建议；

　5）评估结论。

（5）对《勘察合同》条款的熟悉、宣传、执行和矛盾或纠纷的处理。

项目监理机构中的有关人员要熟悉《勘察合同》条款，同时在监理工作中要向合同双方的有关业务人员宣传合同有关条款，只有让他们也了解合同有关条款，才能使双方有关业务人员能主动执行合同条款。这样当合同双方有关业务人员在工作中产生矛盾或纠纷时，监理搬出合同条款来对照，较为容易使双方就矛盾或纠纷达成共识。无论是处理质量或进度问题，还是处理勘察费用支付或工期、费用索赔问题，当合同双方有关业务人员之间或合同双方有关业务人员与监理人员之间在处理问题的认识上不统一时，最有说服力的是《勘察合同》条款。所以我们认为要使合同双方都能认真执行合同，有关监理人员必须熟悉、宣传合同，进而真正做到执行合同。

（6）协调工程勘察与设计、施工单位之间的关系，保证工程设计、施工顺利进行，明确勘察与设计、勘察与施工之间的工作关系。

勘察与设计之间的工作关系是：勘察工作开始前，设计为勘察提供工程设计平面图；勘察过程或勘察成果报告为设计修改或调整设计成果提供科学数据。所以在工程勘察阶段，项目监理机构要配合建设单位协调好勘察单位与设计单位工作上的配合，使工程设计工作能顺利进行。

勘察与施工之间的工作关系是：勘察成果和勘察人员要为施工质量服务。基础（含桩基）施工单位要确保基础支承在设计要求的持力层上。为此，桩基或基础按设计要求施工到规定的标高后，就要求勘察、设计、监理、总包等单位进行验收。验收的重点内容包括：轴线、标高、几何尺寸、土层或岩样及其测试数据等。勘察、设计人员重点应对土层或岩样及其测试数据进行验收；设计、监理、总包人员重点应对基础（含桩基）的轴线、标高和几何尺寸进行验收。验收后需办理签认手续。所以在工程施工阶段，项目监理机构要协调好施工单位与勘察单位之间的工作关系，使工程施工能顺利进行。

（7）上述《建设工程监理规范》GB/T 50319—2013 相关条款中的勘察费用支付（参照设计费支付）与处理勘察延期、费用索赔（参照《施工合同》管理）等，是监理在合同管理中的常规性工作，其做法，在各种合同中基本相同，这里不再赘述。

3.6　《建设工程设计合同》内容及监理管理

3.6.1　《建设工程设计合同》的内容

（1）工程概况

主要内容包括：工程名称、规模、设计阶段、投资额、设计费等，见表 3-5。

工程概况一览表　　　　　　　　　　　表 3-5

序号	分项目名称	建设规模		设计阶段及内容			估算总投资（万元）	费率%	估算设计费（元）
		层数	建筑面积（m²）	方案	初步设计	施工图			
说明									

（2）发包人义务

向设计人提供有关批准文件和相关技术资料、勘察报告、周边环境、施工条件等；提供设计阶段经有关部门批准的手续；提供设计范围和设计深度要求；提供有关设备、工艺设计等单位的配合；提供设计费用；提供设计人员必要的工作和生活条件等。
发包人向设计人提交的有关资料及文件见表3-6。

发包人应向设计人提交的有关资料及文件　　**表 3-6**

序号	资料文件名称	份数	提交日期	有关事宜

（3）设计人义务

根据批准的设计任务书（或已批准的初步设计文件）、相关
的技术经济文件、设计标准、技术规范、规程、定额等提出勘察
技术要求，并进行设计。按合同规定的设计进度和质量要求，提
交设计文件（包括：设计图纸、概预算文件和材料、设备清单）。
设计人向发包人交付的设计资料及文件见表3-7。

设计人应向发包人交付的设计资料及文件　　**表 3-7**

序号	资料及文件名称	份数	提交日期	有关事宜

（4）设计费付费方式

本合同设计收费估算为____元人民币。设计费支付进度详见

表 3-8。

设计费支付进度

表 3-8

付费次序	占总设计费	付费额（元）	付费时间 （由交付设计文件所决定）
第一次付费	20%定金		本合同签订后三日内
第二次付费			
第三次付费			
第四次付费			
第五次付费			

注：1. 提交各阶段设计文件的同时支付各阶段设计费。
2. 在提交最后一部分施工图的同时结清全部设计费，不留尾款。
3. 实际设计费按初步设计概算（施工图设计概算）核定，多退少补。实际设计费与估算设计费出现差额时，双方另行签订补充协议。
4. 本合同履行后，定金抵作设计费。

（5）发包人责任

1）发包人按合同规定，在规定的时间内向设计人提交资料及文件，并对其完整性、正确性及时限负责，发包人不得要求设计人违反国家有关标准进行设计。

发包人提交上述资料及文件超过规定期限 15 天以内，设计人按合同规定交付设计文件时间顺延；超过规定期限 15 天以上时，设计人员有权重新确定提交设计文件的时间。

2）发包人变更委托设计项目、规模、条件或因提交的资料错误，或所提交资料作较大修改，以致造成设计人设计需返工时，双方除需另行协商签订补充协议（或另订合同）、重新明确有关条款外，发包人应按设计人所耗工作量向设计人增付设计费。

在未签合同前发包人已同意，设计人为发包人所做的各项设计工作，应按收费标准，相应支付设计费。

3）发包人要求设计人比合同规定时间提前交付设计资料及

文件时，如果设计人能够做到，发包人应根据设计人提前投入的工作量，向设计人支付赶工费。

4) 发包人应为派赴现场处理有关设计问题的工作人员，提供必要的工作生活及交通等方便条件。

5) 发包人应保护设计人的投标书、设计方案、文件、资料图纸、数据、计算软件和专利技术。未经设计人同意，发包人对设计人交付的设计资料及文件不得擅自修改、复制或向第三人转让或用于本合同外的项目，如发生以上情况，发包人应负法律责任，设计人有权向发包人提出索赔。

（6）设计人责任

1) 设计人应按国家技术规范、标准、规程及发包人提出的设计要求，进行工程设计，按合同规定的进度要求提交质量合格的设计资料，并对其负责。

2) 设计人采用的主要技术标准是：＿＿＿＿＿＿＿＿＿

＿＿＿＿＿＿＿＿＿＿＿＿＿＿＿＿＿＿＿＿＿＿＿＿＿＿＿

3) 设计合理使用年限为＿＿年。

4) 设计人按本合同规定的内容、进度及份数向发包人交付资料及文件。

5) 设计人交付设计资料及文件后，按规定参加有关的设计审查，并根据审查结论负责对不超出原定范围的内容做必要调整补充。设计人按合同规定时限交付设计资料及文件，本年内项目开始施工，负责向发包人及施工单位进行设计交底、处理有关设计问题和参加竣工验收。在一年内项目尚未开始施工，设计人仍负责上述工作，但应按所需工作量向发包人适当收取咨询服务费，收费额由双方商定。

6) 设计人应保护发包人的知识产权，不得向第三人泄露、转让发包人提交的产品图纸等技术经济资料。如发生以上情况并给发包人造成经济损失，发包人有权向设计人索赔。

（7）违约责任

由于发包人原因造成设计人损失的，应由发包人承担责任，并增加相应的费用；由于设计人原因造成发包人损失的，应由设计人自行补救，损失严重的，还要补偿发包人相应费用。

1）在合同履行期间，发包人要求终止或解除合同，设计人未开始设计工作的，不退还发包人已付的定金；已开始设计工作的，发包人应根据设计人已进行的实际工作量，不足一半时，按该阶段设计费的一半支付；超过一半时，按该阶段设计费的全部支付。

2）发包人应按本合同规定的金额和时间向设计人支付设计费，每逾期支付一天，应承担支付金额千分之二的逾期违约金。逾期超过 30 天以上时，设计人有权暂停履行下阶段工作，并书面通知发包人。发包人的上级或设计审批部门对设计文件不审批或本合同项目停缓建，发包人均按 1）条规定支付设计费。

3）设计人对设计资料及文件出现的遗漏或错误负责修改或补充。由于设计人员错误造成工程质量事故损失，设计人除负责采取补救措施外，应免收直接受损失部分的设计费。损失严重的根据损失的程度和设计人责任大小向发包人支付赔偿金，赔偿金由双方商定为实际损失的＿＿％。

4）由于设计人自身原因，延误了按本合同规定的设计资料及设计文件的交付时间，每延误一天，应减收该项目应收设计费的千分之二。

5）合同生效后，设计人要求终止或解除合同，设计人应双倍返还定金。

（8）其他

1）发包人要求设计人派专人留驻施工现场进行配合与解决有关问题时，双方应另行签订补充协议或技术咨询服务合同。

2）设计人为本合同项目所采用的国家或地方标准图，由发包人自费向有关出版部门购买。本合同规定设计人交付的设计资料及文件份数超过《工程设计收费标准》规定的份数，设计人另收工本费。

3）本工程设计资料及文件中，建筑材料、建筑构配件和设备，应当注明其规格、型号、性能等技术指标，设计人不得指定生产厂、供应商。发包人需要设计人的设计人员配合加工订货时，所需要费用由发包人承担。

4）发包人委托设计配合引进项目的设计任务，从询价、对外谈判、国内外技术考察直至建成投产的各个阶段，应吸收承担有关设计任务的设计人参加。出国费用，除制装费外，其他费用由发包人支付。

5）发包人委托设计人承担本合同内容之外的工作服务，另行支付费用。

6）由于不可抗力因素致使合同无法履行时，双方应及时协商解决。

7）本合同在履行过程中发生的争议，由双方当事人协商解决，协商不成的，按下列第_____种方式解决：

提交_____仲裁委员会仲裁；

依法向人民法院起诉。

8）本合同一式____份，发包人____份，设计人____份。

9）本合同经双方签章并在发包人向设计人支付订金后生效。

10）本合同生效后，按规定到项目所在省级建设行政主管部门规定的审查部门备案。双方认为必要时，到项目所在地工商行政管理部门申请鉴证。双方履行完合同规定的义务后，本合同即行终止。

11）本合同未尽事宜，双方可签订补充协议，有关协议及双方认可的来往电报、传真、会议纪要等，均为本合同组成部分，与本合同具有同等法律效力。

12）其他约定事项：_____

有关本合同的详细内容，请见《建设工程设计合同》范本（可查阅互联网）。

3.6.2 《建设工程设计合同》的监理管理

根据《建设工程监理规范》GB/T 50319—2013、《建设工程设计合同》和《建设工程监理合同》约定的相关服务范围，项目监理机构对《建设工程设计合同》实施监督管理的任务是确保设计质量、进度、投资控制在《建设工程设计合同》约定的范围内；项目监理机构在设计阶段提供的服务，参照《建设工程监理规范》GB/T 50319—2013 相关条款，主要有：

（1）协助建设单位编制工程设计任务书，选择工程设计单位，并协助签订工程设计合同；

（2）依据《设计合同》及项目总体计划要求，审查设计各专业、各阶段进度计划；

（3）检查设计进度计划执行情况，督促设计单位完成设计合同约定的工作内容；

（4）审查设计单位提交的设计成果，并提出评估报告；

评估报告内容：

1）设计工作概况；

2）设计深度、与设计标准的符合情况；

3）设计任务书的完成情况；

4）有关部门审查意见的落实情况；

5）存在问题及建议；

（5）审查设计单位提出的新材料、新工艺、新技术、新设备在相关部门的备案情况。必要时协助建设单位组织专家评审；

（6）审查设计单位提出的设计概算、施工图预算，提出审查意见，并报建设单位；

（7）分析可能发生索赔的原因，制定防范对策，减少索赔事件和发生；

（8）协助建设单位组织专家对设计成果进行评审；

（9）协助建设单位向政府有关部门报审有关工程设计文件，并根据审批意见，督促设计单位予以完善；

（10）根据《设计合同》，协助处理设计延期、费用索赔等事宜；

（11）审核设计单位提交的设计费用支付申请表，签发设计费用支付证书，并报建设单位；

（12）协调工程设计与施工单位之间的关系，保证工程正常进行。

在这十二条中，涉及到项目监理机构对《设计合同》管理内容的条款有：

1）在第（1）条中，协助建设单位签订工程设计合同。

项目监理机构总监理工程师协助建设单位签订工程设计合同，对项目总监掌握合同条款内容、重点、争议点等颇有好处，为项目监理机构加强合同管理提供了一个机会。监理单位在签订监理合同时，争取委托方给予支持。

2）在第（3）条中，督促设计单位完成设计合同约定的工作内容。

在《设计合同》的设计人责任条款中规定：按合同规定的进度要求提交质量合格的设计资料，并对其负责。因此，监理人员有义务检查设计进度计划执行情况，督促设计单位完成设计合同约定的工作内容。这一条也可纳入设计监理服务的进度控制范围内进行。

3）在第（7）条中，分析可能发生索赔的原因，制定防范对策，减少索赔事件和发生。

索赔事件发生后，会引起工期索赔和费用索赔，这对建设单位都是不利的。因此，项目监理机构要协助建设单位制订防范措施。首先要从建设单位自身找原因。这里主要有二个方面：一为发包人责任不到位。按《设计合同》中发包人的责任条款，发包人应向设计人支付额外设计费用；影响的设计工期顺延。二为发包人违约。按《设计合同》中发包人的违约条款，由发包人向设计人支付违约金。其次是发包人要警惕设计人"启发"发包人增加设计工作量，以增加额外的设计费用。针对这二方面情况，项目监理机构如何协助建设单位制订防范措施是个难题。因为，其中有些内容，建设单位不是有意冒犯，而是实在难办。尽管如此。项目监理机构还是要尽最大努力协助建设单位采取措施，减少或避免索赔事件的发生。

此外，在处理增加设计工作量的索赔事件中，要分清是因设计变更引起设计工作量的增加，还是因深化设计引起设计工作量的增加。因设计变更（如原项目扩建或加层，需要补出图纸）引起设计工作量的增加应属索赔事件。而深化设计（即原图上表达不清，施工时有困难，要求设计出图表达清楚。）不应该属于索赔事件（详见本章3.6.1节第（7）条第3）款）。

4）在第（10）条中，根据《设计合同》，协助处理设计延期、费用索赔等事宜。

上述第3）条中提出减少或避免索赔事件的发生。因为在工程实际实践中不可能完全避免索赔事件的发生。所以，预防索赔事件是必要的，但完全避免索赔事件的发生也是不可能的。因此，监理处理费用索赔与工期索赔亦是监理进行合同管理的重要内容。处理索赔事件必须做好二件事：其一，按《设计合同》约定条款规定的标准进行索赔；其二，要符合索赔程序，详见《建设工程监理规范》GB/T 50319—2013 第7.3、7.4条规定或请见本章《施工合同》监理管理一节。

5）在第（11）条中，审核设计单位提交的设计费用支付申请表，签发设计费用支付证书，并报建设单位。

设计费用及其支付方式均按《设计合同》条款约定的内容执行。但在执行时，与其他合同费用支付办法一样，要按照一定的程序办理。即按合同约定，到了设计费支付时间，由设计单位按规定格式填表，向项目监理机构提出申请，经有关监理人员核对后，报总监理工程师审批；后由设计单位持经总监理工程师批准的申请表，继续填写一份费用支付证书，再经总监理工程师签字后报建设单位批准。经建设单位批准和主管基建财务领导签字后，才能到建设单位的财务部门领取应得的设计费。

6）协调工程设计与施工单位之间的关系，保证工程正常进行。

按《设计合同》内容（见本章3.6.1节第（6）条第5）款）

中约定，设计人负责向发包人及施工单位进行设计交底、处理有关设计问题和参加竣工验收。在项目施工开工前，要找设计单位向施工单位进行设计交底；在施工过程中施工单位常因施工图纸上或技术改革上的问题，要找设计单位确认；在项目分部工程验收和工程竣工验收时，要找设计单位参加并签字确认。作为施工监理的项目监理机构，责无旁贷地要做好设计与施工单位之间的协调工作。如果设计也属于本项目监理机构委托范围，则监理机构可直接找设计单位与施工单位协调。否则，项目监理机构要通过建设单位找设计单位，再与施工单位之间协调。对协调工作的要求，应做到及时，以保证工程施工的正常进行。

3.7　建设工程监理合同

3.7.1　《建设工程监理合同》GF-2012-0202 的内容

该合同文本由三部分组成：第一部分协议书；第二部分　通用条件；第三部分　专用条件。由合同双方根据招标与投标文件要求商定，由合同双方法定代表人（或法人委托代理人）签字，并盖法人单位公章后生效。

《建设工程监理合同（示范文本）》GF-2012-0202

第一部分　协　议　书

委托人（全称）：＿＿＿＿＿＿＿＿＿＿＿＿＿＿＿＿

监理人（全称）：＿＿＿＿＿＿＿＿＿＿＿＿＿＿＿＿

根据《中华人民共和国合同法》、《中华人民共和国建筑法》及其他有关法律、法规，遵循平等、自愿、公平和诚信的原则，双方就下述工程委托监理与相关服务事项协商一致，订立本合同。

一、工程概况

1. 工程名称：＿＿＿＿＿＿＿＿＿＿＿＿＿＿＿＿＿＿；

2. 工程地点：＿＿＿＿＿＿＿＿＿＿＿＿＿＿＿＿＿＿；

3. 工程规模：_____；

4. 工程概算投资额或建筑安装工程费：_____。

二、词语限定

协议书中相关词语的含义与通用条件中的定义与解释相同。

三、组成本合同的文件

1. 协议书；

2. 中标通知书（适用于招标工程）或委托书（适用于非招标工程）；

3. 投标文件（适用于招标工程）或监理与相关服务建议书（适用于非招标工程）；

4. 专用条件；

5. 通用条件；

6. 附录，即：

附录A   相关服务的范围和内容

附录B   委托人派遣的人员和提供的房屋、资料、设备

本合同签订后，双方依法签订的补充协议也是本合同文件的组成部分。

四、总监理工程师

总监理工程师姓名：_____，身份证号码：_____，注册号：_____

五、签约酬金

签约酬金（大写）：（¥）_____。

包括：

1. 监理酬金：_____。

2. 相关服务酬金：_____。

其中：

（1）勘察阶段服务酬金：_____。

（2）设计阶段服务酬金：_____。

（3）保修阶段服务酬金：_____。

（4）其他相关服务酬金：_____。

六、期限

1. 监理期限：

自____年____月____日始，至____年____月____日止。

2. 相关服务期限：

（1）勘察阶段服务期限自____月____日始，至____年____月____日止。

（2）设计阶段服务期限自____年____月____日始，至____年____月____日止。

（3）保修阶段服务期限自____年____月____日始，至____年____月____日止。

（4）其他相关服务期限自____年____月____日始，至____年____月____日止。

七、双方承诺

1. 监理人向委托人承诺，按照本合同约定提供监理与相关服务。

2. 委托人向监理人承诺，按照本合同约定派遣相应的人员，提供房屋、资料、设备，并按本合同约定支付酬金。

八、合同订立

1. 订立时间：____年____月____日。

2. 订立地点：_____。

3. 本合同一式_____份，具有同等法律效力，双方各执_____份。

委托人：_____（盖章）　　监理人：_____（盖章）

住所：_____　　　　　　　住所：_____

邮政编码：_____　　　　　　邮政编码：_____

法定代表人或其授权　　　　　　法定代表人或其授权

的代理人：_____（签字）　　的代理人：_____（签字）

开户银行：_____　　　　　　开户银行：_____

账号：_____　　　　　　　账号：_____

电话：_____　　　　　　　电话：_____

传真：＿＿＿＿＿＿＿　　　　传真：＿＿＿＿＿＿＿

电子邮箱：＿＿＿＿＿　　　　电子邮箱：＿＿＿＿＿

第二部分　通 用 条 件

1. 定义与解释

1.1　定义

除根据上下文另有其意义外，组成本合同的全部文件中的下列名词和用语应具有本款所赋予的含义：

1.1.1　"工程"是指按照本合同约定实施监理与相关服务的建设工程。

1.1.2　"委托人"是指本合同中委托监理与相关服务的一方，及其合法的继承人或受让人。

1.1.3　"监理人"是指本合同中提供监理与相关服务的一方，及其合法的继承人。

1.1.4　"承包人"是指在工程范围内与委托人签订勘察、设计、施工等有关合同的当事人，及其合法的继承人。

1.1.5　"监理"是指监理人受委托人的委托，依照法律法规、工程建设标准、勘察设计文件及合同，在施工阶段对建设工程质量、进度、造价进行控制，对合同、信息进行管理，对工程建设相关方的关系进行协调，并履行建设工程安全生产管理法定职责的服务活动。

1.1.6　"相关服务"是指监理人受委托人的委托，按照本合同约定，在勘察、设计、保修等阶段提供的服务活动。

1.1.7　"正常工作"指本合同订立时通用条件和专用条件中约定的监理人的工作。

1.1.8　"附加工作"是指本合同约定的正常工作以外监理人的工作。

1.1.9　"项目监理机构"是指监理人派驻工程负责履行本合同的组织机构。

1.1.10　"总监理工程师"是指由监理人的法定代表人书面

授权，全面负责履行本合同、主持项目监理机构工作的注册监理工程师。

1.1.11　"酬金"是指监理人履行本合同义务，委托人按照本合同约定给付监理人的金额。

1.1.12　"正常工作酬金"是指监理人完成正常工作，委托人应给付监理人并在协议书中载明的签约酬金额。

1.1.13　"附加工作酬金"是指监理人完成附加工作，委托人应给付监理人的金额。

1.1.14　"一方"是指委托人或监理人；"双方"是指委托人和监理人；"第三方"是指除委托人和监理人以外的有关方。

1.1.15　"书面形式"是指合同书、信件和数据电文（包括电报、电传、传真、电子数据交换和电子邮件）等可以有形地表现所载内容的形式。

1.1.16　"天"是指第一天零时至第二天零时的时间。

1.1.17　"月"是指按公历从一个月中任何一天开始的一个公历月时间。

1.1.18　"不可抗力"是指委托人和监理人在订立本合同时不可预见，在工程施工过程中不可避免发生并不能克服的自然灾害和社会性突发事件，如地震、海啸、瘟疫、水灾、骚乱、暴动、战争和专用条件约定的其他情形。

1.2　解释

1.2.1　本合同使用中文书写、解释和说明。如专用条件约定使用两种及以上语言文字时，应以中文为准。

1.2.2　组成本合同的下列文件彼此应能相互解释、互为说明。除专用条件另有约定外，本合同文件的解释顺序如下：

（1）协议书；

（2）中标通知书（适用于招标工程）或委托书（适用于非招标工程）；

（3）专用条件及附录A、附录B；

（4）通用条件；

（5）投标文件（适用于招标工程）或监理与相关服务建议书（适用于非招标工程）。

双方签订的补充协议与其他文件发生矛盾或歧义时，属于同一类内容的文件，应以最新签署的为准。

2. 监理人的义务

2.1 监理的范围和工作内容

2.1.1 监理范围在专用条件中约定。

2.1.2 除专用条件另有约定外，监理工作内容包括：

（1）收到工程设计文件后编制监理规划，并在第一次工地会议 7 天前报委托人。根据有关规定和监理工作需要，编制监理实施细则；

（2）熟悉工程设计文件，并参加由委托人主持的图纸会审和设计交底会议；

（3）参加由委托人主持的第一次工地会议；主持监理例会并根据工程需要主持或参加专题会议；

（4）审查施工承包人提交的施工组织设计，重点审查其中的质量安全技术措施、专项施工方案与工程建设强制性标准的符合性；

（5）检查施工承包人工程质量、安全生产管理制度及组织机构和人员资格；

（6）检查施工承包人专职安全生产管理人员的配备情况；

（7）审查施工承包人提交的施工进度计划，核查承包人对施工进度计划的调整；

（8）检查施工承包人的试验室；

（9）审核施工分包人资质条件；

（10）查验施工承包人的施工测量放线成果；

（11）审查工程开工条件，对条件具备的签发开工令；

（12）审查施工承包人报送的工程材料、构配件、设备质量证明文件的有效性和符合性，并按规定对用于工程的材料采取平行检验或见证取样方式进行抽检；

（13）审核施工承包人提交的工程款支付申请，签发或出具工程款支付证书，并报委托人审核、批准；

（14）在巡视、旁站和检验过程中，发现工程质量、施工安全存在事故隐患的，要求施工承包人整改并报委托人；

（15）经委托人同意，签发工程暂停令和复工令；

（16）审查施工承包人提交的采用新材料、新工艺、新技术、新设备的论证材料及相关验收标准；

（17）验收隐蔽工程、分部分项工程；

（18）审查施工承包人提交的工程变更申请，协调处理施工进度调整、费用索赔、合同争议等事项；

（19）审查施工承包人提交的竣工验收申请，编写工程质量评估报告；

（20）参加工程竣工验收，签署竣工验收意见；

（21）审查施工承包人提交的竣工结算申请并报委托人；

（22）编制、整理工程监理归档文件并报委托人。

2.1.3 相关服务的范围和内容在附录 A 中约定。

2.2 监理与相关服务依据

2.2.1 监理依据包括：

（1）适用的法律、行政法规及部门规章；

（2）与工程有关的标准；

（3）工程设计及有关文件；

（4）本合同及委托人与第三方签订的与实施工程有关的其他合同。

双方根据工程的行业和地域特点，在专用条件中具体约定监理依据。

2.2.2 相关服务依据在专用条件中约定。

2.3 项目监理机构和人员

2.3.1 监理人应组建满足工作需要的项目监理机构，配备必要的检测设备。项目监理机构的主要人员应具有相应的资格条件。

2.3.2 本合同履行过程中，总监理工程师及重要岗位监理人员应保持相对稳定，以保证监理工作正常进行。

2.3.3 监理人可根据工程进展和工作需要调整项目监理机构人员。监理人更换总监理工程师时，应提前 7 天向委托人书面报告，经委托人同意后方可更换；监理人更换项目监理机构其他监理人员，应以相当资格与能力的人员替换，并通知委托人。

2.3.4 监理人应及时更换有下列情形之一的监理人员：

（1）严重过失行为的；

（2）有违法行为不能履行职责的；

（3）涉嫌犯罪的；

（4）不能胜任岗位职责的；

（5）严重违反职业道德的；

（6）专用条件约定的其他情形。

2.3.5 委托人可要求监理人更换不能胜任本职工作的项目监理机构人员。

2.4 履行职责

监理人应遵循职业道德准则和行为规范，严格按照法律法规、工程建设有关标准及本合同履行职责。

2.4.1 在监理与相关服务范围内，委托人和承包人提出的意见和要求，监理人应及时提出处置意见。当委托人与承包人之间发生合同争议时，监理人应协助委托人、承包人协商解决。

2.4.2 当委托人与承包人之间的合同争议提交仲裁机构仲裁或人民法院审理时，监理人应提供必要的证明资料。

2.4.3 监理人应在专用条件约定的授权范围内，处理委托人与承包人所签订合同的变更事宜。如果变更超过授权范围，应以书面形式报委托人批准。

在紧急情况下，为了保护财产和人身安全，监理人所发出的指令未能事先报委托人批准时，应在发出指令后的 24h 内以书面形式报委托人。

2.4.4 除专用条件另有约定外，监理人发现承包人的人员不能胜任本职工作的，有权要求承包人予以调换。

2.5 提交报告

监理人应按专用条件约定的种类、时间和份数向委托人提交监理与相关服务的报告。

2.6 文件资料

在本合同履行期内，监理人应在现场保留工作所用的图纸、报告及记录监理工作的相关文件。工程竣工后，应当按照档案管理规定将监理有关文件归档。

2.7 使用委托人的财产

监理人无偿使用附录 B 中由委托人派遣的人员和提供的房屋、资料、设备。除专用条件另有约定外，委托人提供的房屋、设备属于委托人的财产，监理人应妥善使用和保管，在本合同终止时将这些房屋、设备的清单提交委托人，并按专用条件约定的时间和方式移交。

3. 委托人的义务

3.1 告知

委托人应在委托人与承包人签订的合同中明确监理人、总监理工程师和授予项目监理机构的权限。如有变更，应及时通知承包人。

3.2 提供资料

委托人应按照附录 B 约定，无偿向监理人提供工程有关的资料。在本合同履行过程中，委托人应及时向监理人提供最新的与工程有关的资料。

3.3 提供工作条件

委托人应为监理人完成监理与相关服务提供必要的条件。

3.3.1 委托人应按照附录 B 约定，派遣相应的人员，提供房屋、设备，供监理人无偿使用。

3.3.2 委托人应负责协调工程建设中所有外部关系，为监理人履行本合同提供必要的外部条件。

3.4 委托人代表

委托人应授权一名熟悉工程情况的代表，负责与监理人联系。委托人应在双方签订本合同后 7 天内,将委托人代表的姓名和职责书面告知监理人。当委托人更换委托人代表时,应提前 7 天通知监理人。

3.5 委托人意见或要求

在本合同约定的监理与相关服务工作范围内,委托人对承包人的任何意见或要求应通知监理人,由监理人向承包人发出相应指令。

3.6 答复

委托人应在专用条件约定的时间内,对监理人以书面形式提交并要求作出决定的事宜,给予书面答复。逾期未答复的,视为委托人认可。

3.7 支付

委托人应按本合同约定,向监理人支付酬金。

4. 违约责任

4.1 监理人的违约责任

监理人未履行本合同义务的,应承担相应的责任。

4.1.1 因监理人违反本合同约定给委托人造成损失的,监理人应当赔偿委托人损失。赔偿金额的确定方法在专用条件中约定。监理人承担部分赔偿责任的,其承担赔偿金额由双方协商确定。

4.1.2 监理人向委托人的索赔不成立时,监理人应赔偿委托人由此发生的费用。

4.2 委托人的违约责任

委托人未履行本合同义务的,应承担相应的责任。

4.2.1 委托人违反本合同约定造成监理人损失的,委托人应予以赔偿。

4.2.2 委托人向监理人的索赔不成立时,应赔偿监理人由此引起的费用。

4.2.3 委托人未能按期支付酬金超过 28 天,应按专用条件约定支付逾期付款利息。

4.3 除外责任

因非监理人的原因，且监理人无过错，发生工程质量事故、安全事故、工期延误等造成的损失，监理人不承担赔偿责任。

因不可抗力导致本合同全部或部分不能履行时，双方各自承担其因此而造成的损失、损害。

5. 支付

5.1 支付货币

除专用条件另有约定外，酬金均以人民币支付。涉及外币支付的，所采用的货币种类、比例和汇率在专用条件中约定。

5.2 支付申请

监理人应在本合同约定的每次应付款时间的 7 天前，向委托人提交支付申请书。支付申请书应当说明当期应付款总额，并列出当期应支付的款项及其金额。

5.3 支付酬金

支付的酬金包括正常工作酬金、附加工作酬金、合理化建议奖励金额及费用。

5.4 有争议部分的付款

委托人对监理人提交的支付申请书有异议时，应当在收到监理人提交的支付申请书后 7 天内，以书面形式向监理人发出异议通知。无异议部分的款项应按期支付，有异议部分的款项按第 7 条约定办理。

6. 合同生效、变更、暂停、解除与终止

6.1 生效

除法律另有规定或者专用条件另有约定外，委托人和监理人的法定代表人或其授权代理人在协议书上签字并盖单位章后本合同生效。

6.2 变更

6.2.1 任何一方提出变更请求时，双方经协商一致后可进行变更。

6.2.2 除不可抗力外，因非监理人原因导致监理人履行合同期限延长、内容增加时，监理人应当将此情况与可能产生的影响及时通知委托人。增加的监理工作时间、工作内容应视为附加工作。附加工作酬金的确定方法在专用条件中约定。

6.2.3   合同生效后，如果实际情况发生变化使得监理人不能完成全部或部分工作时，监理人应立即通知委托人。除不可抗力外，其善后工作以及恢复服务的准备工作应为附加工作，附加工作酬金的确定方法在专用条件中约定。监理人用于恢复服务的准备时间不应超过 28 天。

6.2.4   合同签订后，遇有与工程相关的法律法规、标准颁布或修订的，双方应遵照执行。由此引起监理与相关服务的范围、时间、酬金变化的，双方应通过协商进行相应调整。

6.2.5   因非监理人原因造成工程概算投资额或建筑安装工程费增加时，正常工作酬金应作相应调整。调整方法在专用条件中约定。

6.2.6   因工程规模、监理范围的变化导致监理人的正常工作量减少时，正常工作酬金应作相应调整。调整方法在专用条件中约定。

6.3   暂停与解除

除双方协商一致可以解除本合同外，当一方无正当理由未履行本合同约定的义务时，另一方可以根据本合同约定暂停履行本合同直至解除本合同。

6.3.1   在本合同有效期内，由于双方无法预见和控制的原因导致本合同全部或部分无法继续履行或继续履行已无意义，经双方协商一致，可以解除本合同或监理人的部分义务。在解除之前，监理人应作出合理安排，使开支减至最小。

因解除本合同或解除监理人的部分义务导致监理人遭受的损失，除依法可以免除责任的情况外，应由委托人予以补偿，补偿金额由双方协商确定。

解除本合同的协议必须采取书面形式，协议未达成之前，本合同仍然有效。

6.3.2 在本合同有效期内，因非监理人的原因导致工程施工全部或部分暂停，委托人可通知监理人要求暂停全部或部分工作。监理人应立即安排停止工作，并将开支减至最小。除不可抗力外，由此导致监理人遭受的损失应由委托人予以补偿。

暂停部分监理与相关服务时间超过 182 天，监理人可发出解除本合同约定的该部分义务的通知；暂停全部工作时间超过 182 天，监理人可发出解除本合同的通知，本合同自通知到达委托人时解除。委托人应将监理与相关服务的酬金支付至本合同解除日，且应承担第 4.2 款约定的责任。

6.3.3 当监理人无正当理由未履行本合同约定的义务时，委托人应通知监理人限期改正。若委托人在监理人接到通知后的 7 天内未收到监理人书面形式的合理解释，则可在 7 天内发出解除本合同的通知，自通知到达监理人时本合同解除。委托人应将监理与相关服务的酬金支付至限期改正通知到达监理人之日，但监理人应承担第 4.1 款约定的责任。

6.3.4 监理人在专用条件 5.3 中约定的支付之日起 28 天后仍未收到委托人按本合同约定应付的款项，可向委托人发出催付通知。委托人接到通知 14 天后仍未支付或未提出监理人可以接受的延期支付安排，监理人可向委托人发出暂停工作的通知并可自行暂停全部或部分工作。暂停工作后 14 天内监理人仍未获得委托人应付酬金或委托人的合理答复，监理人可向委托人发出解除本合同的通知，自通知到达委托人时本合同解除。委托人应承担第 4.2.3 款约定的责任。

6.3.5 因不可抗力致使本合同部分或全部不能履行时，一方应立即通知另一方，可暂停或解除本合同。

6.3.6 本合同解除后，本合同约定的有关结算、清理、争议解决方式的条件仍然有效。

6.4 终止

以下条件全部满足时，本合同即告终止：

（1）监理人完成本合同约定的全部工作；

（2）委托人与监理人结清并支付全部酬金。

7. 争议解决

7.1 协商

双方应本着诚信原则协商解决彼此间的争议。

7.2 调解

如果双方不能在 14 天内或双方商定的其他时间内解决本合同争议，可以将其提交给专用条件约定的或事后达成协议的调解人进行调解。

7.3 仲裁或诉讼

双方均有权不经调解直接向专用条件约定的仲裁机构申请仲裁或向有管辖权的人民法院提起诉讼。

8. 其他

8.1 外出考察费用

经委托人同意，监理人员外出考察发生的费用由委托人审核后支付。

8.2 检测费用

委托人要求监理人进行的材料和设备检测所发生的费用，由委托人支付，支付时间在专用条件中约定。

8.3 咨询费用

经委托人同意，根据工程需要由监理人组织的相关咨询论证会以及聘请相关专家等发生的费用由委托人支付，支付时间在专用条件中约定。

8.4 奖励

监理人在服务过程中提出的合理化建议，使委托人获得经济效益的，双方在专用条件中约定奖励金额的确定方法。奖励金额在合理化建议被采纳后，与最近一期的正常工作酬金同期支付。

8.5 守法诚信

监理人及其工作人员不得从与实施工程有关的第三方处获得任何经济利益。

8.6 保密

双方不得泄露对方申明的保密资料，亦不得泄露与实施工程有关的第三方所提供的保密资料，保密事项在专用条件中约定。

8.7 通知

本合同涉及的通知均应当采用书面形式，并在送达对方时生效，收件人应书面签收。

8.8 著作权

监理人对其编制的文件拥有著作权。

监理人可单独或与他人联合出版有关监理与相关服务的资料。除专用条件另有约定外，如果监理人在本合同履行期间及本合同终止后两年内出版涉及本工程的有关监理与相关服务的资料，应当征得委托人的同意。

第三部分　专　用　条　件

1. 定义与解释

1.2　解释

1.2.1　本合同文件除使用中文外，还可用＿＿＿＿＿＿＿＿＿。

1.2.2　约定本合同文件的解释顺序为：＿＿＿＿＿＿＿＿＿。

2. 监理人义务

2.1　监理的范围和内容

2.1.1　监理范围包括：＿＿＿＿＿＿＿＿＿＿＿＿＿＿＿＿。

2.1.2　监理工作内容还包括：＿＿＿＿＿＿＿＿＿＿＿＿。

2.2　监理与相关服务依据

2.2.1　监理依据包括：＿＿＿＿＿＿＿＿＿＿＿＿＿＿＿。

2.2.2　相关服务依据包括：＿＿＿＿＿＿＿＿＿＿＿＿＿。

2.3　项目监理机构和人员

2.3.4　更换监理人员的其他情形：＿＿＿＿＿＿＿＿＿＿。

2.4　履行职责

2.4.3　对监理人的授权范围：＿＿＿＿＿＿＿＿＿＿＿＿。

在涉及工程延期____天内和（或）金额____万元内的变更，监理人不需请示委托人即可向承包人发布变更通知。

2.4.4　监理人有权要求承包人调换其人员的限制条件：_____。

2.5　提交报告

监理人应提交报告的种类（包括监理规划、监理月报及约定的专项报告）、时间和份数：_____。

2.7　使用委托人的财产

附录 B 中由委托人无偿提供的房屋、设备的所有权属于：_____。

监理人应在本合同终止后_____天内移交委托人无偿提供的房屋、设备，移交的时间和方式为：_____。

3. 委托人义务

3.4　委托人代表

委托人代表为：_____。

3.6　答复

委托人同意在　天内，对监理人书面提交并要求做出决定的事宜给予书面答复。

4. 违约责任

4.1　监理人的违约责任

4.1.1　监理人赔偿金额按下列方法确定：

赔偿金＝直接经济损失×正常工作酬金÷工程概算投资额（或建筑安装工程费）

4.2　委托人的违约责任

4.2.3　委托人逾期付款利息按下列方法确定：

逾期付款利息＝当期应付款总额×银行同期贷款利率×拖延支付天数

5. 支付

5.1　支付货币

币种为：____，比例为：____，汇率为：____。

5.3 支付酬金

正常工作酬金的支付:

支付次数 支付时间 支付比例 支付金额 (万元)

首付款 本合同签订后 7 天内_____,

第二次付款_____,

第三次付款_____,

……

最后付款 监理与相关服务期届满 14 天内_____。

6. 合同生效、变更、暂停、解除与终止

6.1 生效

本合同生效条件: 。

6.2 变更

6.2.2 除不可抗力外,因非监理人原因导致本合同期限延长时,附加工作酬金按下列方法确定:

附加工作酬金＝本合同期限延长时间 (天)×正常工作酬金÷协议书约定的监理与相关服务期限 (天)

6.2.3 附加工作酬金按下列方法确定:

附加工作酬金＝善后工作及恢复服务的准备工作时间 (天)×正常工作酬金÷协议书约定的监理与相关服务期限 (天)

6.2.5 正常工作酬金增加额按下列方法确定:

正常工作酬金增加额＝工程投资额或建筑安装工程费增加额×正常工作酬金÷工程概算投资额 (或建筑安装工程费)

6.2.6 因工程规模、监理范围的变化导致监理人的正常工作量减少时,按减少工作量的比例从协议书约定的正常工作酬金中扣减相同比例的酬金。

7. 争议解决

7.2 调解

本合同争议进行调解时,可提交 进行调解。

7.3 仲裁或诉讼

合同争议的最终解决方式为下列第_____种方式:

（1）提请仲裁委员会进行仲裁。

（2）向人民法院提起诉讼。

8. 其他

8.2   检测费用

委托人应在检测工作完成后____天内支付检测费用。

8.3   咨询费用

委托人应在咨询工作完成后____天内支付咨询费用。

8.4   奖励

合理化建议的奖励金额按下列方法确定为：

奖励金额＝工程投资节省额×奖励金额的比率；

奖励金额的比率为____％。

8.6   保密

委托人申明的保密事项和期限：_____。

监理人申明的保密事项和期限：_____。

第三方申明的保密事项和期限：_____。

8.8   著作权

监理人在本合同履行期间及本合同终止后两年内出版涉及本工程的有关监理与相关服务的资料的限制条件：_____

9. 补充条款。

_____

_____

附录 A   相关服务的范围和内容

A-1   勘察阶段：

_____。

A-2   设计阶段：

_____。

A-3   保修阶段：

_____。

A-4 其他（专业技术咨询、外部协调工作等）：

_____。

附录 B 委托人派遣的人员和提供的房屋、资料、设备

B-1 委托人派遣的人员

名称 数量 工作要求 提供时间

1. 工程技术人员_____，

2. 辅助工作人员_____，

3. 其他人员_____。

B-2 委托人提供的房屋

名称 数量 面积 提供时间

1. 办公用房_____，

2. 生活用房_____，

3. 试验用房_____，

4. 样品用房_____，

用餐及其他生活条件_____

B-3 委托人提供的资料

名称 份数 提供时间 备注

1. 工程立项文件_____，

2. 工程勘察文件_____，

3. 工程设计及施工图纸_____，

4. 工程承包合同及其他相关合同_____，

5. 施工许可文件_____，

6. 其他文件_____。

B-4 委托人提供的设备

名称 数量 型号与规格 提供时间

1. 通信设备_____，

2. 办公设备_____，

3. 交通工具_____，

4. 检测和试验设备_____。

3.7.2 《建设工程监理合同》的监理管理

对《监理合同》的管理，与前述监理对各种《合同》的管理不同，《监理合同》是项目监理机构自己管理自己的合同，而前述监理对各种《合同》的管理是项目监理机构管理受控单位的合同，前者属于"自律性质"，后者属于"监控性质"。作者在这里将项目监理机构对《监理合同》的管理看作是"自律性质"的管理，其理由是项目监理机构的职能是执行《监理合同》而不是签订《监理合同》，签订《监理合同》是属于项目监理机构的上级主管部门，如监理公司的经营部的职能。既然是执行合同，就应高度诚信，不折不扣地执行监理公司与建设单位达成的各项协议条款，作者在实际监理工作中体会到这叫做"自律"。只有一个模范地履行《监理合同》各项条款约定的项目监理机构，才能获得建设单位的信任，才能与建设单位合作共事。那么，如何管理才能自律？作者提供如下意见，供读者参考。

（1）项目监理机构人员要认真执行国家法律、法规对监理人员提出的要求。

1）《建筑法》的规定

第三十二条：建筑工程监理应当依照法律、行政法规及有关的技术标准、设计文件和建筑工程承包合同，对承包单位在施工质量、建设工期和建设资金使用等方面，代表建设单位实施监督。

工程监理人员认为工程施工不符合工程设计要求、施工技术标准和合同约定的，有权要求建筑施工企业改正。

工程监理人员发现工程设计不符合建筑工程质量标准或者合同约定的质量要求的，应当报告建设单位要求设计单位改正。

第三十五条：工程监理单位不按照委托监理合同的约定履行监理义务，对应当监督检查的项目不检查或者不按照规定检查，给建设单位造成损失的，应当承担相应的赔偿责任。

工程监理单位与承包单位串通，为承包单位谋取非法利益，给建设单位造成损失的应当与承包单位承担连带赔偿责任。

2)《建设工程质量管理条例》的规定

第三十六条：工程监理单应当依照法律、法规以及有关技术标准、设计文件和建设工程承包合同，代表建设单位对施工质量实施监理，并对施工质量承担监理责任。

第三十七条：工程监理单位应当选派具备相应资格的总监理工程师和监理工程师进驻现场。

未经监理工程师签字，建筑材料、建筑构配件和设备不得在工程上使用或安装，施工单位不得进行下一道工序的施工。未经总监理工程师签字，建设单位不拨付工程款，不进行竣工验收。

第三十八条：监理工程师应当按照工程监理规范的要求，采取旁站、巡视和平行检验等形式，对建设工程实施监理。

3)《建设工程安全生产管理条例》的规定：

第十四条、第二十六条、第五十七条、第五十八条等均对监理的安全责任作出了明确规定。详见本书第8章中8.1.1监理安全责任。

（2）项目监理机构人员要认真履行《监理合同》中规定的监理人义务和监理人权利，履行双方约定的合同条款。

（3）总监理工程师是监理企业法人代表派驻项目监理机构的负责人，负有企业经营的一定任务，因而在执行合同中对促使合同双方获得双赢负有责任。在正常情况下，双方按照已经约定的条款执行；但遇到特殊情况，如非监理方的原因造成设计图纸较大变更，影响到工程量和工期的变化时，总监理工程师应根据《监理合同》约定的条款及时向建设单位提出对监理费用的索赔要求；平时，也要按照《监理合同》条款约定的监理费用付款时间的安排，向建设单位提出监理费付款申请，及时回笼企业资金，以确保监理企业不受损失。

（4）近年来发现在签订《监理合同》时，在合同中增加了一个附件，即：合同双方的《廉政协议》。这个创举在国有工程监理中特别盛行，这给合同双方的自律创造了条件，作为监理企业应该模范地遵守。

（5）项目总监理工程师要参与监理企业签订本项目《监理合同》。以便总监理工程师更好地熟悉《监理合同》条款和制订该条款的来龙去脉，这样为更好地执行合同条款创造了条件。总监理工程师还应重点关注下列合同条款，因为在下列条款中均涉及到监理费用问题。监理费问题不仅影响到监理企业的利润率或收支平衡问题，也会影响到是否能保证完成监理任务的问题。当前企业承揽监理任务的竞争十分激烈；监理费收费标准常为国定标准打八折；监理人员数量要求按工程造价配置；监理人员的工资成本不断提高；监理企业的管理成本日趋紧张。作为项目监理机构的负责人，也应为监理企业排忧解难，要力争在所监理的项目上赚钱，不能赔本。为此，总监理工程师应在下列几方面下功夫，在争取主动权，争取索赔权，争取监理费迅速回笼等方面取得成果。

1）工程委托监理范围；

2）委托监理工作内容；

3）委托监理起止日期；

4）监理费的计算方法；

5）监理费的支付方式；

6）监理服务期延期的处理方法；

7）奖励办法；

8）工程竣工结算审核期间监理费用的处理；

9）补充（或附加）协议条款。

4 施工监理中的造价控制

4.1 建设工程造价控制的涵义

建设工程造价也称建设项目投资，是以货币形式表现的基本建设工作量，是反映建设项目投资规模的综合性指标，是建设工程价值的体现。一般系指某建设项目从筹建到竣工验收交付使用所需的全部费用，即该建设项目在工程建设全过程中支出用于进行固定资产再生产和形成最低量流动基金的一次性费用总和。它主要是由建筑安装工程费、设备及工器具购置费、工程建设其他费用、预备费以及建设期贷款利息、固定资产投资方向调节税所组成。

建设工程造价的合理确定和有效控制是工程建设管理的重要组成部分。控制工程造价的目的不仅仅在于控制项目投资不超过批准的造价限额，更积极的意义在于在保证设计生产能力和使用功能的前提下，合理使用人力、物力、财力，以取得最大的投资效益。为有效地控制工程造价，必须建立健全投资主管、建设、设计、施工、监理等各有关单位的建设全过程造价控制责任制。在工程建设的各个阶段认真遵循价值规律，遵照国家有关法律、法规和方针政策，在保障国家利益的前提下，保护上述各单位的合法经济利益，正确处理好各方面的关系，充分发挥竞争机制的作用，有效地调动各单位和人员的积极性，合理确定适合我国国情的建设方案和建设标准，努力降低工程造价，节约投资，力求少投入多产出。

由于在建设全过程都需要对工程造价进行有效的控制，因此，本章比较系统地了介绍建设项目在建设的各个阶段的工程造价控制，即投资控制，以适应监理工程师开展建设监理业务的需要。

4.1.1　建设程序和建设项目组成

1. 建设程序

新中国成立以来，国家多次颁布有关固定资产投资建设程序的文件，指出一个建设项目从提出、决策、设计、施工到建成投产交付使用的全过程中各个阶段的工作内容和应遵循的程序如下：

（1）编报项目建议书。有关部门、省、市、自治区或单位根据国民经济和社会发展的长远规划，行业、地区布局规划，经济建设的方针政策，在对拟建项目经过调查研究、收集资料、踏勘建设地点、初步分析投资效果的基础上，提出项目建议书附初步可行性研究报告，按项目建设规模的审批权限，经国家、有关部委或省、市、自治区批准后立项，纳入各级的建设前期工作计划。其初步投资估算数作为建设前期准备工作的控制造价，对规划起参考作用。

（2）编报可行性研究报告，根据列入建设前期工作计划内的项目建议书，进行可行性研究。其任务是对拟建项目在技术、工程、经济和外部协作条件等方面进行全面分析论证，作多方案比较和评价，推荐最佳方案，评价是否可行，提出可行性研究报告，经有关咨询部门评估审查后，为投资决策提供依据。批准的可行性研究报告，可作为安排年度建设计划，进行建设前准备工作和开展工程设计的主要依据。其投资估算数为拟建项目计划控制造价，对初步设计概算起控制作用。在此期间可对外进行合同谈判、勘察设计、厂址选择、土地征用、设备材料预安排、资金筹措等准备工作。

（3）编报总体设计。对大型矿区、油田、林区、垦区、联合企业和进口成套设备项目，为解决总体开发方案和建设的总体部署等重大原则问题，根据可行性研究报告、厂址选择报告和国家计划，由建设单位和总体设计院组织，在初步设计之前编制，经有关主管部门或省、市、自治区预审，报国家发改委审批，重大项目由国家发改委提出审查意见报国务院审批。批准的投资估算数是确定项目的总投资控制数。

对有的建设项目也可不编报总体设计，其项目建设程序一般由省级或行业建设主管部门以项目拟建地区规划为依据，结合项目特点、功能定位、环境条件、基础资料数据、可持续发展等要求，布置项目筹建单位，按建设程序组织设计单位，在取得当地环保、绿化、环卫、消防、交通、民防、卫生、水务、供电、煤气、电讯、文广、气象及住宅建设等部门（均应依据建设项目性质确定取舍）意见后，编制"建设工程规划设计方案"和"建设项目选址意见书"报当地规划部门审批；再编制"可行性研究报告"报当地发改委审批后，即可编制"建筑工程设计方案"报当地规划部门审批，之后核发"建筑工程设计方案核定"和"建设工程用地规划许可证"。

（4）编报初步设计。根据环境影响报告、可行性研究报告、总体设计或规划设计方案、建筑工程设计方案、工艺设计包和可靠设计基础资料，按省级、行业建设主管部门规定的编制办法，由设计单位编制初步（扩初）设计方案，对重要建设项目需组织专家对其技术经济咨询评审，并同步征求环保、消防、人防、气象、规划及项目生产使用单位等重要部门评议后，报建委、发改委或行业建设主管部门审批。

初步设计质量和深度必须报经上级主管部门和用户的审查，能满足主要设备订货、开展施工图设计的要求，同时必须编制初步设计概算，没有概算是个不完整的初步设计，且设计概算值不能超出项目投资估算值，否则需重新报批。初步设计概算一经批准，就作为各建设阶段考核项目投资绩效的依据。

初步设计编制内容举例如下：

【例】　某行业建设主管部门对《石油化工装置初步设计内容规定》，共19个章节，现仅将其目录摘录如下：1总则、2概述、3工艺、4设备、5总图运输、6装置布置、7配管、8仪表、9电气、10电信、11土建、12暖通空调、13分析化验、14给排水及消防、15消防设计专篇、16环境设计专篇、17节能专篇、

18 劳动安全卫生专篇、19 概算。

现以其中"概述"内容举例：

1) 应包括：概况、产品及副产品、主要原料、生产方法及能源利用、生产控制、装置位置及周边情况、公用系统及辅助设施、主要技术经济指标、存在问题和建议；

2) 应说明：装置的建设规模、建设性质、建设依据和设计依据、设计中贯彻执行的方针政策、装置的组成、设计范围和设计分工、装置的年运行时数、操作班次和定员等内容。

（5）编报技术设计。一般建设项目按初步设计和施工图设计两个阶段进行。对于技术上复杂而又缺乏设计经验的项目，由设计单位提出，经主管部门同意，在初步设计和施工图设计之间增加技术设计阶段。技术设计要满足确定设计方案中重大技术问题和有关试验、设备制造方面等要求，技术设计阶段编制修正总概算，如超出设计总概算数，应经原审批部门批准。

（6）编制施工图设计。根据初步设计文件要求开展施工图设计，即完成设备施工图、工程施工图和模型设计，按设计总概算控制施工图预算，施工图预算是确定工程预算造价、签订工程合同、实行投资控制责任制和办理工程结算的依据。

按建设程序先后、交叉或同步进行的尚有：

（7）厂址选择。在上报可行性研究报告时，应完成规划性选点工作，在可行性研究报告批准后进行选址工作。

（8）勘察工作。勘察主要指工程测量、水文地质勘察和工程地质勘察，是在建设项目进行可行性研究时，对厂址比较和选择的依据，又是在厂址选择批准后，进行工程设计前期准备阶段的工作，为建设项目开展工程设计提供的设计基础资料。

（9）建设准备。主要有开工报告的上报和审批、建设场地准备、委托设计、物资准备、施工用"五通一平"（水、电、气、通信、道路和场地平整）、招标选择承建单位、确定招标价和合同价等。

（10）生产准备。指生产机构设置、人员配备、培训、生产技术准备、经营管理准备、外部协作条件落实、生产物资供应准备等。

（11）施工准备和施工。进行施工总体规划、编制施工组织设计或施工方案，施工图纸会审，施工用人工、材料、机具、临时设施满足施工进度需要，组织施工并及时办理工程结算。

（12）竣工验收交付使用。项目全部建成，经单体试运转、无负荷联动试车、投料试车合格，形成生产能力，办理竣工验收和交付固定资产，进行竣工决算。

（13）后评价。项目建成投产，经试生产考核，对项目进行全面的技术经济后评价。

项目后评价是固定资产投资管理工作的一个重要内容。通过对建设项目从立项到建成投产各阶段的全面分析，认真总结经验吸取教训，提高投资效益，并作为以后同类项目立项决策和建设的参考依据。其内容为：

1）后评价的依据：项目建议书、可行性研究报告、初步（扩初）设计、开工报告和已通过的竣工验收报告。

2）后评价的内容：

① 前期工作评价；

② 建设实施评价；

③ 效益的评价及与可行性研究报告的比较情况；

④ 外资项目评价；

⑤ 其他需要评价的内容和可供类似项目借鉴的经验教训。

3）后评价程序和管理

① 必须是已全部建成投产的项目以及少数独立的单项工程，并经过一段时间的生产经营考核。

② 项目后评价一般分级评价，少数重点项目由发改委委托中国国际咨询公司组织实施，大多数重点项目由行业主管部门（或地方）组织评价。

按以上建设程序，其各个阶段的投资控制值是前者制约后者，后者修正前者，后者应小于前者。项目建设程序及分阶段示意如图 4-1 所示。

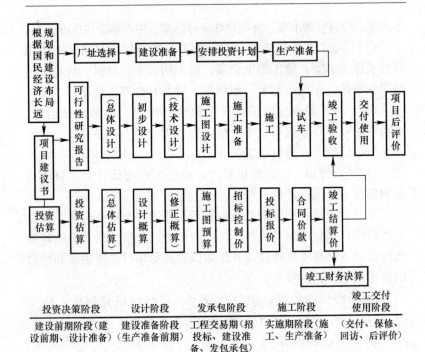

图 4-1　项目建设程序及分阶段段示意图

2. 固定资产、固定资产投资及其分类

（1）固定资产。是指使用年限在 1 年以上，单位价值在规定的标准以上，并在使用过程中保持原来物质形态的资产。按照新会计制度规定，企业使用期限在 1 年以上的房屋、建筑物、机器设备、器具、工具等资产应作为固定资产；不属于生产经营的物品，单位价值在 2000 元以上，并且使用期限超过 2 年的也应作为固定资产。

（2）固定资产投资。是指固定资产再生产。是通过投资进行固定资产建造和购置的经济活动，是社会再生产的重要条件。也就是建筑、安装全过程、购置固定资产的活动以及与之有关的工作。

固定资产在生产或使用过程中不断地被消耗，又通过投资建设得到补偿、替换或扩大，这种不断更新、扩大的连续过程就是固定资产再生产。按原有固定资产规模更新，称固定资产简单再生产；如果扩大了原有规模，称固定资产扩大再生产。一般将新建、扩建称外延扩大再生产，改建和技术改造称内涵扩大再生产。

（3）固定资产投资分类。我国现行管理体制将国有企业固定资产投资划分为基本建设、更新改造和其他固定资产投资三个部分，如表 4-1 所示。

固定资产投资分类   表 4-1

分　类	内　容
1. 基本建设	通过对固定资产的建筑、安装和购置，实现新增、扩大生产能力（或工程效益）为主要目的的新建、扩建工程及有关工作，以外延为主的固定资产扩大再生产。包括： （1）新建工厂、矿山、铁路、医院、学校等新建项目 （2）增建分厂、主要车间、矿井、铁路干支线、码头泊位等扩建项目 （3）改变生产力布局的全厂性迁建项目 （4）遭受灾害需重建整个企业、事业单位的恢复性项目 （5）行政、事业单位增建业务用房和生活福利设施的建设项目 （6）以基本建设计划内投资和更新改造计划内投资结合安排的新建项目或新增生产能力（或工程效益）达到大中型标准的扩建项目
2. 更新改造	通过采用新技术、新工艺、新设备、新材料，对现有企业、事业单位原有设施进行固定资产更新和技术改造，实现产品提高质量、增加品种、升级换代、降低能源和原材料消耗、加强资源综合利用和污染治理等，提高社会综合经济效益和实现以内涵为主的扩大再生产。包括： （1）原有车间、生产线的工艺、设施、装备的技术改造或设备、建筑物的更新 （2）改善原有交通运输条件和设施，提高运输、装卸能力的更新改造 （3）节约能源和原材料，治理"三废——废水、废气、废渣"污染或综合利用原材料对现有企业、事业单位进行技术改造 （4）对现有建筑和技术装备采取的劳动安全保护措施 （5）城市现有的供热、供气、供排水和道桥等市政设施的改造 （6）以更新改造计划内投资与基本建设计划内投资结合安排的对原有设施进行技术改造或更新的项目，增建主要车间、分厂等其新增生产能力（或工程效益）未达到大中型标准的项目 （7）由于环境保护和安全生产的需要对现有企业、事业单位的迁建
3. 其他固定资产投资	指按国家规定不纳入基本建设和更新改造计划管理范围，由各部门、地方安排的国有企业的其他固定资产投资。主要用维持简单再生产资金安排的油田维护开发工程、矿山和森林的开拓延伸工程、交通部门的原有公路和桥涵的改建、商业部门的简易仓库工程，以及总投资在 2~5 万元的零星固定资产建造和购置等

3. 固定资产投资额及其分类

(1) 固定资产投资额。是以货币表现建造和购置固定资产活动的工作量以及与此有关费用的总称。它反映了固定资产投资规模、速度、比例关系、使用方向的综合性指标，是检查工程进度、投资计划执行情况和考核投资效果的重要依据。

(2) 固定资产投资额分类。如表 4-2 所示。

固定资产投资额分类   表 4-2

分 类	内 容
按工程用途分类	1. 第一产业：用于农业工程，包括种植业、林业、牧业、渔业等 2. 第二产业：用于工业，包括采掘业、制造业、电力、煤气及水的生产和供应业及建筑业工程 3. 第三产业：用于除上述第一、第二产业以外的其他工程，包括：地质勘察、水利、农林牧渔服务、交通运输、仓储、邮电通信、批发和零售贸易、餐饮、房地产、社会服务、综合技术服务、金融、保险、文教卫生、体育、社会福利、广播影视、科研、党政军机关、社会团体 4. 住宅：指职工家属宿舍和集体宿舍、商品住宅
按费用构成分类	1. 建筑工程费用——建筑物和构筑物（含土建、卫生、照明、管线等）、设备基础、支柱、操作平台、梯子、窑炉砌筑、金属结构等工程费用，又称建筑工作量 2. 安装工程费用——需要安装的机械设备、电气设备、自控仪表设备及附属的工艺管线等工程费用，又称安装工作量 3. 设备、工器具购置费用：指需要安装设备和不需要安装设备的购置或自制，生产工器具及家具的购置或自制 4. 其他费用：指除建筑安装工程费用、设备和工器具购置费用以外的构成固定资产投资完成额的各种费用
按施工方式分类	1. 按完成建筑安装工程投资分：项目总承包、平行承发包、设计/施工总分包、施工联合体、施工合作体、项目总承包管理 2. 按计价程序分：包工包料、包工不包料、点工

续表

分 类	内 容
按资金来源分	1. 国家投资，指国有资金（含国家融资资金）投资或国有资金投资为主 2. 国内贷款 3. 利用外资 4. 自筹投资 5. 专项资金 6. 其他投资
按建设工程计价分	1. 建设前期——投资估算、设计概算、施工图预算 2. 工程交易期、工程实施期——由计价定额、计价规定、计价规范、建筑安装工程费用项目组成等规定编制工程量清单、招标控制价、投标报价、合同价款约定和调整以及竣工结算价款 3. 建设后期——竣工结算、财务竣工决算

4. 建设项目划分

我国现行固定资产投资计划管理制度规定，国有建设项目分为基本建设项目和更新改造项目（其他固定资产投资按企业统计，暂不划分项目）。

（1）基本建设项目。一般指经批准包括在一个总体设计或初步设计范围内进行建设，经济上实行统一核算，行政上有独立组织形式，实行统一管理的基本建设单位。通常以一个企业、事业、行政单位或独立的工程作为一个基建项目。基建项目由设计文件规定的若干个有内在联系的单项工程、单位工程所组成，如钢铁项目由炼铁、炼钢、轧钢等工程组成，纺织项目由纺纱、织布、印染等工程组成，石油化工项目由炼油、化工、化肥、合成纤维单体或聚合物等工程组成。设计文件规定分期建设的单位，当分几个总体设计，则其每一期工程作为一个基建项目，即一个建设单位可以有不止一个基建项目，如宝钢项目分为一期工程、二期工程、三期工程；当分期建设的单位包括在一个总体设计之内，如扬子乙烯工程分为一阶段工程、二阶段工程，则只算为一个基建项目。一定期间施工和建成投产的基建项目个数可以分别反映基本建设的规模和建设成果。

(2) 更新改造项目。一般指经批准具有独立设计文件的更新改造工程，或企业、事业单位及其主管部门制定的能独立发挥效益的更新改造工程。更新改造项目相当于基本建设项目中的单项工程，一个建设单位可以同时有若干个更新改造项目。一定时期施工和建成投产的更新改造项目个数可以分别反映更新改造建设的规模和建设成果。

更新改造按建设规模分为限额以上（能源、交通、原材料项目 5000 万元以上，其他项目 3000 万元以上）、限额以下。限额以上项目必须按基本建设办法管理；限额以下项目当单项工程新增建筑面积超过原有面积 30% 或用于土建工程资金超过资金总额 20% 的，属于扩建性质，亦应按基本建设办法管理。

建设项目的分组如表 4-3 所示。

建设项目分组

表 4-3

分　组	内　容
按建设性质分	新建；改建；扩建；恢复；迁建；单纯建造生活设施；单纯购置
按建设规模分	基本建设项目：大型；中型；小型 更新改造项目：限额以上；限额以下
按隶属关系分	部直属项目；地方项目；部直供项目；合资项目；外资项目
按国民经济行业分	按国民经济行业分类国家标准，其主要经济业务活动属国民经济哪个门类，如农业、工业、教育文化艺术和广播电视事业等共 13 个门类 99 个大类
按建设阶段分	筹建项目；施工项目；建成投产项目；竣工项目
按施工情况分	续建项目；收尾项目；全部投产项目；部分投产单项；拟新开工项目
按投资控制形式分	按设计概算；按施工图预算加系数；按单位能力投资；按平方米造价；按小区综合造价等
按技术引进方式分	专有技术转让；许可证贸易（技术贸易）；引进成套设备；引进生产线；引进关键设备；技术服务

续表

分　组	内　容
按横向经济联合 形式分	生产联合体；资源开发联合体；科研与生产联合体；产销 联合体
按工作阶段分	正式施工项目；预备项目；前期工作项目

5. 基本建设项目的组成

根据设计、施工、编制概预算、制定投资计划、统计和会计核算等的需要，基本建设项目按工程构成一般划分为单项工程、单位工程、分部工程及分项工程，如表 4-4 所示。

基本建设项目按工程构成划分　　　　表 4-4

分　类	内　容
基本建设项目 （建设项目）	一般指在一个或几个场地上，按照经批准包括在一个总体设计或初步设计范围内进行建设的多个单项工程。如一个工厂、联合企业、电站、矿业、铁路、水利工程、医院、学校等
单项工程 （工程项目）	一般指有独立设计文件，建成后能独立发挥生产能力（或工程效益）或满足工作生活需要的分厂、车间、生产线或独立工程。如一个建筑物（办公楼、车间、食堂等）、一个构筑物（烟囱、水塔、油罐等）、室外给排水、输配电线路等。当建设项目仅为一个单项工程时，则该单项工程即为建设项目
单位（子单 位）工程	是单项工程的组成部分，单项工程可以划分为若干个不能独立发挥作用，但能独立组织施工的单位工程。以专业分工为建筑工程（一般土建工程、卫生工程、电气照明工程、工业管道工程、特殊构筑物工程）、安装工程（机械设备及安装工程、电气设备及安装工程）。如工业建筑中一个车间是一个单项工程，车间的厂房建筑是一个单位工程，车间的设备安装又是一个单位工程；民用建筑中一般以一栋房作为一个单位工程，如宿舍工程是一个单项工程，而每幢宿舍是一个单位工程 　　按《建筑工程施工质量验收统一标准》规定：随着大量建筑规模较大的单体工程和具有综合使用功能的综合性建筑物的涌现，原标准划分为一个单位工程验收已不适应，可将此类工程划分为若干个子单位工程进行验收。单位工程划分原则确定如下：（1）具备独立施工条件并能形成独立使用功能的建筑物及构筑物为一个单位工程；（2）建筑规模较大的单位工程，可将其形成独立使用功能的部分为一个子单位工程

分　类	内　容
分部（子分部）工程	是单位工程的组成部分，按建筑工程和安装工程的不同结构、部位或工序划分。如一般土建工程可划分为土方工程、基础工程、墙体工程、柱、梁工程、楼地面及天棚工程、屋面工程、门窗及木装修工程等；一般安装工程可划分为工艺设备安装工程、工艺管线安装工程、电气仪表安装工程等 按《建筑工程施工质量验收统一标准》规定，原建筑物主要部位和专业划分分部工程已不适应要求，提出在分部工程中，按相近工作内容和系统划分若干子分部工程。分部工程划分的原则确定如下：（1）分部工程划分应按专业性质、建筑部位确定；（2）当分部工程较大或较复杂时，可按材料种类、施工特点、施工程序、专业系统及类别等划分为若干个子分部工程。在建筑工程分部中，将原建筑电气安装分部中的强电称为建筑电气分部，而弱电称为智能建筑分部
分项工程	是分部工程的组成部分，将分部工程进一步按不同施工方法、不同材料、不同规格划分为若干个部分。如建筑工程中的基础工程可划分为垫层、基础、打桩；墙体工程可划分为内墙、外墙等；安装工程的工艺管线安装工程可划分为配管、组焊、吹扫、试压、防腐、保温等 按《建筑工程施工质量验收统一标准》规定，分项工程应按主要工种、材料、施工工艺、设备类别进行划分。分项工程可由一个或若干个检验批组成，检验批按楼层、施工段、变形缝等进行划分

4.1.2　建设工程造价构成

1. 建设工程造价

一般系指建设项目从筹建到竣工验收交付使用所需的全部费用，即为建设该项目支出费用的总和，是建设工程价值的体现，是建设工程项目投资的体现。

2. 建设工程项目投资构成

现行建设工程项目投资构成如表 4-5 所示。

建设工程项目投资构成表 表 4-5

费用名称	费用内容
1. 建筑安装工程费用	直接费、间接费、利润、税金
2. 设备、工器具购置费用	
3. 工程建设其他费用	土地使用费、与项目建设有关的费用、与未来企业生产经营有关的费用
4. 预备费	基本预备费、价差预备费
5. 固定资产投资方向调节税	贯彻国家产业政策，实行差别征收税率。2000年1月起暂缓征收
6. 建设期贷款利息	贷款来源不同，利息率也不同
7. 铺底流动资金	生产性项目按企业经营 1.5～3 个月的工厂成本估算的流动资金的 30％计列

建设工程项目投资可分为静态投资和动态投资两大部分；静态投资是以某一基准年、月建设要素价格为依据所计算出的建设项目投资值，它包括：建筑安装工程费、设备及工器具购置费、工程建设其他费用、关税、基本预备费等。动态投资指完成一个项目建设，预计投资需要的总和。除了包括静态投资外，还包括建设期贷款利息、价差预备费、外汇汇率变动、投资方向调节税等。

动态投资包括静态投资，静态投资是动态投资的最主要组成部分和计算基础。原国家计委和行业建设主管部门规定：项目的初步设计及概算经批准后，静态投资一律不再进行调整。

4.1.3 建筑安装工程费用项目组成

1. 依据《建筑安装工程费用项目组成》建标［2013］44 号文

（1）建筑安装工程费用项目组成（按费用构成要素划分）：由人工费、材料（包含工程设备，下同）费、施工机具使用费、企业管理费、利润、规费和税金组成。其中人工费、材料费、施工机具使用费、企业管理费、利润包含在分部分项工程费、措施项目费、其他项目费中。详见表 4-6。

建筑安装工程费用项目组成表（按费用构成要素划分） 表4-6

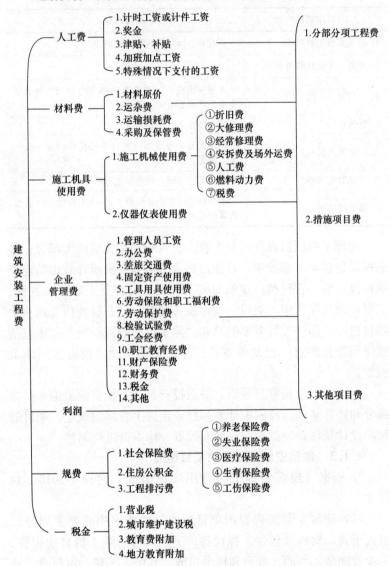

（2）建筑安装工程费用项目组成（按造价形成划分）：由分部分项工程费、措施项目费、其他项目费、规费和税金组成。分

部分项工程费、措施项目费、其他项目费包含人工费、材料费、施工机具使用费、企业管理费和利润。详见表4-7。

建筑安装工程费用项目组成表（按造价形成划分） **表 4-7**

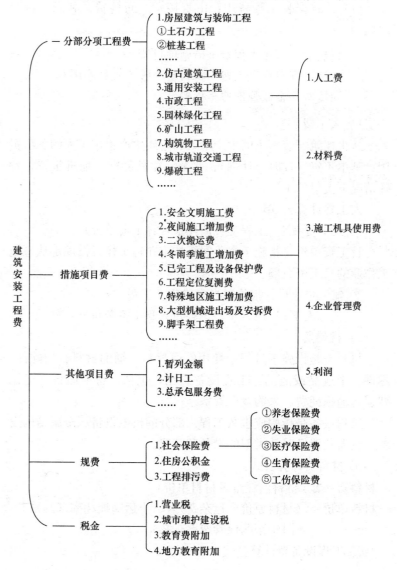

2. 建筑安装工程费用项目组成及按费用构成要素参考计算方法

依据《建筑安装工程费用项目组成》建标〔2013〕44号文：

（1）建筑安装工程费用：由直接费、间接费、利润和税金组成。

直接费＝直接工程费＋措施项目费

直接工程费＝人工费＋材料费＋施工机具使用费

间接费＝企业管理费＋规费

1）人工费

从事建筑安装施工的生产工人和附属生产单位工人的各项费用：基本工资（计时、计件）、奖金、津贴补贴、加班工资、特殊情况下支付的工资。

人工费计算公式：

① 人工费＝Σ（工程工日消耗量×日工资单价）

日工资单价是指施工企业熟练技工在每工作日按规定从事施工作业的日工资总额。

② 施工企业投标报价时自主确定人工费。

人工费＝Σ（工日消耗量×日工资单价）

2）材料费

材料费是指施工过程中耗用的原材料、辅助材料、构配件、零件、半成品或成品、工程设备费用，包括：材料原价、运输费、运输损耗费、采购及保管费。

工程设备是指构成永久工程一部分的机电设备、金属结构设备、仪器装置及其他类似的设备和装置。

① 材料费计算公式：

材料费＝Σ（材料消耗量×材料单价）

材料单价＝[（材料原价＋运杂费）×（1＋运输损耗率（％））]
　　　　　×[1＋采购保管费率（％）]

② 工程设备费计算公式：

工程设备费＝Σ（工程设备量×工程设备单价）

工程设备单价＝(设备原价＋运杂费)×[1＋采购保管费率（％）]

3）施工机具使用费

施工机具使用费是指施工作业所发生的施工机械、仪器仪表使用费或其租赁费用。

① 施工机械使用费：其台班单价包括折旧费、大修理费、经常修理费、安拆费及场外运输费、人工费、燃料动力费和税费。

施工机械使用费计算公式：

施工机械使用费＝Σ（施工机械台班消耗量×机械台班单价）

机械台班单价＝台班折旧费＋台班大修费＋台班经常修理费＋台班安拆费及场外运费＋台班人工费＋台班燃料动力费＋台班车船税费

如租赁施工机械，则公式为：

施工机械使用费＝Σ（施工机械台班消耗量×机械台班租赁单价）

② 仪器仪表使用费：指工程施工所需使用的仪器仪表的摊销及维修费用。

仪器仪表使用费计算公式：

仪器仪表使用费＝工程使用的仪器仪表摊销费＋维修费

4）企业管理费

企业管理费是指建筑安装企业组织施工、生产和经营管理所需的费用。包括管理人员工资、办公费、差旅交通费、固定资产使用费、工具用具使用费、劳动保险和职工福利费、劳动保护费、检验试验费、工会经费、职工教育经费、财产保险费、财务费、税金、其他。

企业管理费费率的计算公式：

① 由工程造价管理机构确定的费率：

企业管理费费率＝定额人工费（或定额人工费＋定额机械费）作为计算基数×费率（％）

② 作为施工企业投标报价时，分为：以分部分项工程费为

计算基础，以人工费和机械费合计为计算基础和以人工费为计算基础三种公式求得企业管理费费率。

5）利润

利润是指施工企业完成所承包工程获得的盈利。

① 施工企业根据企业自身需求并结合建筑市场实际自主确定，列入报价。

② 工程造价管理机构在确定计价定额中利润时，应以定额人工费（或定额人工费＋定额机械费）作为计算基数，其费率按不低于5％且不高于7％的费率计算。利润应列入分部分项工程和措施项目中。

6）规费

规费是指按国家法律、法规规定，由省级政府和省级有关权力部门规定必须缴纳或计取的费用。包括社会保险费（含养老、失业、医疗、生育、工伤等保险费）、住房公积金和工程排污费。

社会保险费和住房公积金＝Σ（工程定额人工费×社会保险费和住房公积金费率％）

工程排污费和其他应列而未列入的规费应按工程所在地环境保护等部门规定的标准缴纳，按实计取列入。

7）税金

税金是指国家按税法规定的应计入建筑安装工程造价内的营业税、城市维护建设税、教育费附加和地方教育附加。

税金的计算公式：

① 税金＝税前造价×综合税率（％）

综合税率随企业在纳税地点不同而异。

② 实行营业税改增值税的，按纳税地点现行税率计算。

3. 建筑安装工程费用项目组成及按造价形成参考计算方法

依据《建筑安装工程费用项目组成》建标［2013］44号文：

（1）分部分项工程费

分部分项工程费是指各专业工程的分部分项工程应予列支的各项费用。

1）专业工程：是指按现行国家计量规范划分的九类工程（房屋建筑与装饰工程、仿古建筑工程、通用安装工程、市政工程、园林绿化工程、矿山工程、构筑物工程、城市轨道交通工程、爆破工程）。

2）分部分项工程：是指按现行计量规范对各专业工程划分的项目。如房屋建筑与装饰工程划分的土石方工程、地基处理与桩基工程、砌筑工程、混凝土及钢筋混凝土工程……

各类专业工程的分部分项工程划分，见现行国家或行业计量规范。

分部分项工程费计算公式：

分部分项工程费＝Σ（分部分项工程量×综合单价）

式中，综合单价包括人工费、材料费、施工机具使用费、企业管理费和利润以及一定范围的风险费用（下同）。

（2）措施项目费

措施项目费是指为完成建设工程施工，发生于该工程施工准备和施工过程中的技术、生活安全、环境保护等方面的费用。包括安全文明施工费（含环境保护费、文明施工费、安全施工费、临时设施费）、夜间施工增加费、二次搬运费、冬雨期施工增加费、已完工程及设备保护费、工程定位复测费、特殊地区施工增加费、大型机械进出场及安拆费、脚手架工程费等。并可根据各类工程实际情况，对未列入的内容补充编列。

措施项目及其包含的内容详见各类专业工程的现行国家或行业计量规范。

措施项目费计算公式：

1）国家计量规范规定应予计量的措施项目

措施项目费＝Σ（措施项目工程量×综合单价）

2）国家计量规范规定不宜计量的措施项目

① 安全文明施工费＝计算基数×安全文明施工费费率（％）

其中，计算基数应为定额基价（定额分部分项工程费＋定额中可以计量的措施项目费）、定额人工费（或定额人工费＋定额机械费），其费率由工程造价管理机构根据各专业工程的特点综合确定。

② 夜间施工增加费

夜间施工增加费＝计算基数×夜间施工增加费费率（％）

③ 二次搬运费

二次搬运费＝计算基数×二次搬运费费率（％）

④ 冬雨期施工增加费

冬雨期施工增加费＝计算基数×冬雨期施工增加费费率（％）

⑤ 已完工程及设备保护费

已完工程及设备保护费＝计算基数×
已完工程及设备保护费费率（％）

上述②～⑤项措施项目的计费基数应为定额人工费（或定额人工费＋定额机械费），其费率由工程造价管理机构根据各专业工程特点和调查资料综合分析后确定。

（3）其他项目费

其他项目费清单应有下列内容：暂列金额；暂估价，包括材料暂估单价、工程设备暂估单价、专业工程暂估价；计日工；总承包服务费。

1）暂列金额：是指招标人在工程量清单中暂定并包括在合同价中的一笔款项。用于工程合同签订时尚未确定或不可预见的所需材料、工程设备、服务的采购、施工中可能发生的工程变更、合同约定调整因素出现时的合同价款调整以及发生的索赔、现场签证确认等费用。

暂定金额由招标人根据工程特点、工期长短，按有关计价规定进行估算确定，并应按招标工程量清单列出的金额填写。一般可以按分部分项工程费的 10％～15％ 为参考。暂定金额在施工过程中，由建设单位掌握使用，扣除合同价款调后余额归建设单位。

2）暂估价：是指招标人在工程量清单中提供的用于支付必然发生但暂时不能确定价格的材料、工程设备的单价以及专业工程的金额。

暂估价中的材料单价，应按工程造价管理机构发布的造价信息或参考市场价确定，并按招标工程量清单中列出的单价计入综合单价；暂估价中的专业工程暂估价应分不同专业，按有关计价规定估算，并按招标工程量清单中列出的金额填写。

3）计日工：是指施工过程中，完成建设工程施工图纸以外即合同范围以外的零星项目或工作，按招标工程量清单中列出的项目，根据工程特点和有关计价依据确定，在合同中约定综合单价计价。

计日工由建设单位和施工企业按施工过程中的签证计价。

4）总承包服务费：是指总承包人配合协调发包单位对专业工程发包、采购的材料、工程设备等进行保管以及施工现场管理、竣工资料汇总整理、分包人使用总包人脚手架、水电接驳等服务所需费用。由建设单位在招标控制价中按招标工程量清单列出的内容和要求估算编制，施工企业投标时自主报价，施工过程中按签约合同执行。其计算标准为：

① 仅对分包的专业工程进行总承包管理和协调时，按分包专业工程估算造价1.5%计算。

② 仅对分包的专业工程进行总承包管理和协调并同时要求提供服务时，根据招标文件中列出的配合服务内容和提出的要求按分包的专业工程估算造价的3%～5%计算。

③ 招标人自行供应材料的，按自供材料价的1%计算。

（4）规费

规费是指按国家法律、法规规定，由省级政府和省级有关权力部门规定必须缴纳或计取的费用。

1）社会保险费

① 养老保险费：是指企业按照规定标准为职工缴纳的基本养老保险费。

② 失业保险费：是指企业按照规定标准为职工缴纳的失业保险费。

③ 医疗保险费：是指企业按照规定标准为职工缴纳的基本医疗保险费。

④ 生育保险费：是指企业按照规定标准为职工缴纳的生育保险费。

⑤ 工伤保险费：是指企业按照规定标准为职工缴纳的工伤保险费。

2）住房公积金：是指企业按规定标准为职工缴纳的住房公积金。

3）工程排污费：是指按规定缴纳的施工现场工程排污费。

其他应列而未列入的规费，按实际发生计取。

（5）税金

税金是指国家税法规定的应计入建筑安装工程造价内的营业税、城市维护建设税、教育费附加以及地方教育附加。

规费和税金：建设单位和施工企业均应按照省、自治区、直辖市或行业建设主管部门发布标准计算规费和税金，不得作为竞争性费用。

4.1.4 设备、工器具费用构成

设备、工器具购置费用是由设备购置费用和工具、器具及生产家具购置费用组成。

（1）设备购置费：是指为建设工程购置或加工达到固定资产标准的设备、工具、器具的费用。

（2）工具、器具及生产家具购置费：是指初步设计规定必须购置的不够固定资产标准的设备、仪器、工卡模具、器具、生产家具的费用。

设备又分为国产标准设备和非标准设备以及引进设备。

当国产标准设备从厂家订货购买时，其原价为出厂价；当为设备供应商供应时，原价为合同价。标准设备需要配带备品备件时，在订货时要说明。

国产非标准设备是国内无定型标准，无法批量生产，只能根据设计图纸制造，非标准设备原价包括主材、辅材、外购配件、

加工费、专用工具费、包装费、设计费、利润、税金等费用构成。

引进进口设备按交货方式不同分为：

（1）在进口国装运港交货：装运港船上交货价（FOB）又称离岸价；运费在内价（C&F），运费是从装运港到目的港的国际运费；运费保险费在内价（CIF），保险费是从装运港到目的港的保险费。

（2）在目的港交货：有在目的港船上交货、目的港船边交货、目的港码头交货（关税已付）和完税后交货。

（3）引进设备到岸价费用构成（以海运费用计）：FOB货价＋国外运费＋国外运输保险费＋国际贸易手续费＋银行手续费＋关税＋增值税＋海关监管手续费。

国内设备费单价＝(设备原价＋运杂费)×[1＋采购保管费（％）]

4.1.5　工程建设其他费用构成

工程建设其他费用：是指未纳入建筑安装工程费和设备工器具费的、为保证建设项目顺利建成投产交付使用后能正常运行的各项费用的总和，是建设单位在项目建设期间除工程费用外必然要发生的费用。

工程建设其他费用定额是由国家、省级或行业建设主管部门制订确定内容和计算标准。

工程建设其他费用构成由三大部分组成：土地使用费、与项目建设有关的其他费用、与未来企业生产经营有关的其他费用，如表4-8所示。

工程建设其他费用构成　　　　　　　　表4-8

费用名称	计算方法
1. 土地使用费 1.1　土地征用及迁移补偿 1.2　土地使用权出让金	 按国家、省级政府规定计算 按国家、省级政府规定计算

费用名称	计算方法
2. 与项目建设有关的其他费用	
2.1 建设单位管理费	按省级或行业建设主管部门规定计算
2.2 勘察设计费	按国家规定的收费标准计算
2.3 研究试验费	按批准的计划编制
2.4 建设单位临时设施费	按省级或行业建设主管部门规定计算
2.5 工程监理费	按国家规定的收费标准计算
2.6 工程保险费	按有关规定计算
2.7 供电贴费	按有关规定计算
2.8 引进技术和设备进口项目的其他费用	按国家、省级或行业建设主管部门规定计算
3. 与未来企业生产经营有关的其他费用	
3.1 联合试运转费	按省级或行业建设主管部门规定计算
3.2 生产准备费	按省级或行业建设主管部门规定计算
3.3 办公及生活家具购置费	按省级或行业建设主管部门规定计算

工程建设其他费用构成说明:

(1) 与土地有关的费用

1) 土地征用及迁移补偿费

包括土地补偿费,青苗补偿费,房屋、水井、树木等补偿费,安置补助费,耕地占用税,城镇土地使用税,土地登记费,征地管理费,征地拆迁费。

2) 土地使用权出让金

土地使用权出让金是指建设项目通过土地使用权出让方式,取得有限期的土地使用权,依照国家城镇土地使用权出让和转让暂行条例的规定支付的出让金。

(2) 与项目建设有关的其他费用

1) 建设单位管理费

建设单位管理费是指建设项目从立项、筹建、建设、联合试运转、竣工验收交付使用及后评价等建设全过程,建设单位管理所发生的费用。内容包括：开办费——办公及生活用设备、家具、用具、交通工具等；经费——工资、办公、差旅、交通费、工会经费、职工教育经费、固定资产使用费、工具用具使用费、技术图书资料费、工程招标费、合同公证费、工程质量监督检测费等。

2）勘察设计费

为本建设项目提供项目建议书、可行性研究报告、各阶段设计文件所需费用。

3）研究试验费

为本建设项目提供或验证设计参数、资料数据等进行必要的研究试验；设计规定在施工中必须进行的试验、验证所需的费用。

4）临时设施费

建设单位在施工现场所需的临时办公室、生活用房和临时管线等的搭建、维修和拆除等费用。

5）工程监理费

根据委托监理业务的范围、深度和工程性质、规模、难易程度、工作条件等情况，按国家建设主管部门规定支付。

6）工程保险费

工程保险费是指在建工程项目根据需要实施工程保险部分所需费用，包括建筑安装工程一切险以及工程设备损坏保险等。

7）供电贴费

是指按国家规定，建设项目应交付的供电工程贴费、施工临时用电贴费。用户申请用电时，由供电部门统一规划，并负责建设110kV以下各级电压外部供电工程建设、扩容、改建等费用的总称。此项费用国家计委计价格［2002］98号文通知停止收取供（配）电工程贴费。

8）引进技术和设备进口项目的其他费用

包括出国谈判和采购人员费用、来华外国专家和技术人员在华的费用、出国培训人员费用、所需软件和技术资料的费用。

（3）与未来企业生产经营有关的费用

1）联合试运转费

联合试运转费是指新建企业或扩建企业新增加生产工艺过程在竣工验收前按设计规定的质量标准，进行整个车间的负荷试运转所发生的费用，当支出大于收入时的该部分费用。

2）生产准备费

包括生产职工培训费、生产单位提前进厂人员的费用。

3）办公及生活家具购置费

办公及生活家具购置费是指为保证新建、改建、扩建项目初期正常生产、使用和管理所必须购置的办公和生活家具、用具的费用。

4.1.6 预备费

预备费是指在初步设计概算中难以预料的工程和费用，其用途：在施工图设计和施工过程中产生的设计变更、材料代用、地基处理、隐蔽工程等增加工程量，以及一般自然灾害造成的损失和预防自然灾害所采取的措施费用；为鉴定工程质量，必须开挖和修复隐蔽工程的费用；设备材料建设期间与基期的价差，主要包括人工费、材料费、机械费、设备费的价差。

预备费分为基本预备费（工程预备费）和价差预备费（涨价预备费）。取费的计算基础和费率，由各省级或行业建设主管部门确定。

投资估算、设计概算、施工图设计预算三者的预备费率是由大到小的，这与设计的不同阶段、设计深度逐步到位有关。

一般初步设计概算的预备费是以"单项工程费用"总计和工程建设期其他费用之和（扣除引进工程合同总价及其从属费用），再乘规定的预备费率。

4.1.7 投资方向调节税、建设期贷款利息、铺底流动资金和外汇汇率差

1. 投资方向调节税

投资方向调节税是指 1991 年国务院第 82 号令、国税发 113

号、计投资 1045 号先后公布《固定资产方向调节税暂行条例、实施细则》和补充规定。这是为了贯彻国家产业政策，控制投资规模，引导投资方向，调整投资结构，加强重点建设，促进国民经济持续稳定协调发展所征收的税种。但从 2000 年 1 月起暂缓征收。文件规定，投资方向调节税应计入固定资产投资总额内。

2. 建设期贷款利息

建设项目有的通过向国内外贷款进行建设，贷款周期较长，发生在建设期间的贷款利息需纳入固定资产投资总额内。由于贷款来源不同，其利息率也不同。

3. 铺底流动资金

铺底流动资金是指项目投产初期所需，为保证项目建成后进行试运转所必需的流动资金。一般按项目建成后所需全部流动资金的 30% 计算。

计算公式：铺底流动资金＝流动资金×30%

铺底流动资金用于购买原材料、燃料、支付工资及其他经营费用等所需的周转资金。

4. 外汇汇率差

外汇汇率差是指引进工程的设备、材料、技术专利等。在签订合同时与实际支付结算时的外汇牌价与人民币比价之差。

4.1.8　建设工程造价管理

1. 建设工程造价管理的目的

建设工程造价的合理确定和有效控制，是工程建设管理的重要组成部分。由于建设工程一般具有施工周期长、规模大、投资多的特点，在工程建设管理时需对项目的进度、质量、投资、安全进行有效的控制（简称"四大"控制），以取得最大的投资效益，保证建设总目标的实现。从国家产业政策和控制固定资产投资总规模角度出发，通过控制工程造价，降低建设成本，使拟建项目生产成本降低，增强还贷能力，增强产品销售的竞争能力；对项目主管部门来说，由于一些拟建项目降低建设成本，使节约的投资可用于安排新增急需的计划内建设项目。如表 4-9 所示。

工程造价管理的目的   表 4-9

目 的	内 容
合理确定工程造价	运用价值工程进行设计方案优化，合理确定工程造价
有效控制工程造价	在项目实施的各个阶段，采取有效控制措施，使实际造价控制在批准的造价限额之内
取得最大效益	合理使用人力、物力、财力，以取得最大限度的投资效益和社会效益

2. 建设工程造价的确定

建设工程造价确定的程序是：初步总投资估算→总投资估算→设计总概算→修正总概算→施工图预算→指标控制（标底）价→中标价→合同价→工程结算→竣工决算。

建设工程造价的确定如表 4-10 所示。

建设工程造价的确定   表 4-10

阶段划分	确定内容
1. 可行性研究阶段编制总投资估算	按照可行性研究报告的建设地点、建设规模、建设内容、建设标准、主要设备选型、建设条件、资金来源、建设工期、建筑安装工程量估算等，在优化建设方案的基础上，根据有关规定和估（概）算指标等，以估算编制时的价格和预测建设期内调价因素编制总投资估算，经批准后的总投资估算，作为建设项目投资计划控制值 总投资＝固定资产投资＋投资建设期利息＋流动资金
2. 设计阶段编制设计概（预）算	按照初步设计或施工图设计内容，合理的施工规划设计或施工方案，根据概预算定额（综合预算定额），以概预算编制期的价格编制概预算，并按照有关规定合理地预测建设期内的价格、利率、汇率等动态因素，经测算后增加调整系数，把概预算严格控制在总投资估算之内。即以总投资估算控制概预算，按照概预算控制实际造价

阶段划分	确定内容
3. 招标发承包阶段，编制招标控制价，投标报价，合理确定合同价款	按《建设工程工程量清单计价规范》GB 50500—2013 和《建筑安装工程费用项目组成》（建标［2013］44 号文）和当地工程造价管理机构的计价定额、计价规定、市场价格信息以及其他相关文件、图纸资料，按建筑安装工程计价程序，编制工程量清单计价表。招标控制价（标底）中的分部分项工程费按计价规定计算，措施项目费中的单价项目和总价项目按计价规定计算（其中安全文明施工费按规定标准计算），其他项目费按计价规定估算，规费和税金按规定标准计算。合同价应在中标价和概预算的范围内确定，对中标价中有关项目未作明确规定时，应通过合同谈判明确后，在合同价款中体现
4. 施工阶段推行投资控制责任制、办理工程结算	推行建设项目多种形式的投资控制责任制，使工程造价确定在计划控制目标值内 以合同价款为依据，按合同条款要求办理工程结算和材料结算，除合同条款明确可变更的部分外，均不得随意变更合同价款

3. 建设工程造价管理的内容和措施

为使建设项目在满足设计能力和使用功能的前提下，合理确定和有效控制工程造价，必须在项目建设的前期阶段（又称项目决策阶段）和项目实施阶段进行全过程的控制，即从投资决策、设计准备、设计、招标发包、施工、物资供应、资金运用、生产准备、试车调试、竣工投产、交付使用和保修的各个阶段、各个环节进行投资控制，使技术、经济和管理紧密结合，在组织、技术、经济和合同四个方面采取措施，以及计算机辅助，充分调动投资主管、建设（工程总承包）、设计、施工、监理各方的积极性，在重大引进工程项目尚需调动国外承包商、专利商、制造商、重要的国内配套设备制造厂家、指导试车调试的国内外专家的积极性，建立健全造价控制责任制，使项目实际投资发生数控制在批准的计划投资数之内。

建设工程造价管理内容和措施如表 4-11 所示。

建设工程造价管理内容和措施　　　　　　　　　　　　　　　　　**表 4-11**

管理内容	措　　施
1. 改进工程造价管理的基础工作	（1）省级和行业建设主管部门编制了投资估算指标、概算指标和概算定额，为编制项目投资估算、设计概算提供依据 （2）为适应招标发承包制和简化预算编制工作，在全国统一预算定额项目划分、统一工程量计算规则、统一编码等规定的基础上，编制了地区建筑工程预算定额或单位估价表、综合预算定额，又相继出台了清单计价定额、计价规定，及时发布工、料、机价格信息，为编制概预算、招标控制价（标底）、投标报价、合同价款、竣工结算价、设计方案的技术经济比较、施工企业经济核算比较的依据或参考依据，使建设工程的计价模式逐步由定额计价模式在向清单计价模式过渡 　各行业建设主管部门在已编制行业的概算指标、概算定额、预算定额、计价表、其他费用定额及其编制办法的基础上，按建标〔2013〕44 号文要求，重新修订编制各专业工程计价定额及其计价程序、办法、规定等
2. 建设项目的可行性研究报告的总投资估算应对总造价起控制作用	必须严格按照规定的可行性研究报告编制的深度，准确地根据有关规定和估算指标，合理编制总投资估算，以保证质量，对总造价起控制作用 （1）建设项目立项，以国家和有关部委或地区规划为依据，充分调查研究，落实内、外部条件，上报项目建议书，使立项科学、合理、可靠 （2）可行性研究报告要客观真实，并经有资质的咨询单位评估，严禁把本不可行项目变成"可批性"项目 （3）总投资估算要实事求是，既不高估冒算，又不留有缺口，编制单位要对技术方案和总投资估算负责，并达到规定的编制深度
3. 加强设计阶段的造价控制	设计阶段是工程造价控制的关键阶段 （1）工程设计要严格按照可行性研究报告进行，要做到技术先进、经济合理，初步设计要达到规定的深度，满足通用、专用设备和主要材料订货、工程招标和施工准备的需要 （2）推行限额设计，把投资估算或设计概算指标分解到各单元和专业，按批准的总投资估算控制设计总概算及施工图预算。严格划定超投资的审批权限，设计总概算不准超过总投资估算，初步设计总概算一经批准，一般不再调整，遇有特殊情况时（如资源、水文、地质有重大变化，引起建设方案变动；人力不可抗拒的各种自然灾害造成重大损失；国家计划有重大调整；建设期内利率、汇率有重大变化），报经原审批部门批准后方能调整；施工图预算不得超过初步设计概算，如果超过，应修改设计或重新报批 （3）保持设计文件的完整性，设计概预算是设计文件的组成部分，初步设计应有概算、技术设计应有修正概算、施工图设计应有预算

续表

管理内容	措　施
4. 建立健全投资主管单位和建设单位对工程造价控制的责任制和建设项目业主责任制	建立健全投资主管单位和建设单位（工程总承包单位）对建设项目建设全过程的工程造价控制责任制 　（1）认真组织设计方案招标、施工招标、设备采购招标，与设计单位、承建单位、设备制造厂家签订承包合同，使投资估算、概预算和合同价相互衔接，使前者控制后者 　（2）委托或聘请咨询、监理单位协助做好工程造价控制和管理工作，对现职人员加强业务培训 　（3）把概预算费用按单项工程、各单位工程、各分部分项工程分解，并作为招标控制价、投标报价、签订合同价款和工程结算的依据 　（4）严格控制施工过程中的设计变更，健全变更审批制度和计量与支付制度，遇有重大设计变更和突破总概算必须报批
5. 承建单位建立内部经营承包责任制，按承包合同价进行造价控制	按合同价对承建项目按专业队、班组分解，建立内部经营承包责任制，进行造价控制 　（1）推行项目法施工，加强对项目的经济核算，改进经营管理，强化人、财、物、技术等投入产出管理，按合同内容完成施工任务 　（2）抓好项目法施工的制度化建设，建立项目承包责任制，搞好项目法施工的各项基础工作 　（3）加强成本管理，做好成本预测、成本计划控制、成本核算和分析工作 　（4）科学合理地处理好进度、质量和工程造价之间的关系

4.1.9　建设工程造价的控制

1. 工程造价控制的阶段、方法、措施和目标以及工程造价控制工作流程图

建设工程造价的有效控制是工程建设管理的重要内容。评价一个技术先进、适用可靠、经济合理的建设工程条件之一是实际工程造价应在批准的投资限额之内，在建设全过程各个阶段对工程造价进行控制。

工程造价控制的阶段划分、控制方法、控制措施和控制目标如表 4-12 所示。

工程造价控制分类表　　　　　　　　　　　　　　　表 4-12

分类	内　容
1. 分阶段控制	将建设全过程的工程造价控制分为若干个不同的阶段进行，一般可分为投资决策阶段（建设前期阶段、设计准备阶段）、设计阶段、招标发包阶段、施工阶段、、竣工验收阶段、保修期阶段
2. 控制方法	进行动态控制，分为主动控制——在已明确计划目标值时（如已知设计总概算作为总目标），对影响计划目标实现的因素预先分析，估计目标偏离的可能性，采取预防措施；被动控制——在项目实施过程中，以控制循环理论为指导，对工程造价计划目标值与实际支出值经常比较，发现偏离目标，及时采取纠偏措施，再发现偏离、再采取纠偏措施，最终确保工程造价控制总目标的实现
3. 控制措施	在建设过程中，使技术和经济相结合是控制工程造价的有效手段，工程造价控制不仅是经济管理部门的工作，要使技术人员参与造价控制，经济人员懂得工程技术。对工程造价控制措施一般采用以下几个方面： （1）组织措施——建立造价控制组织保证体系，有明确的项目组织结构，使造价控制有机构和人员管理，任务职责明确 （2）技术措施——应用价值工程于设计、施工阶段进行多方案选择，严格审查初步设计、施工图设计、施工组织设计和施工方案，严格控制设计变更，研究采取措施节约投资 （3）经济措施——推行经济承包责任制，将计划目标值进行分解落实到基层，动态地对工程造价的计划值与实际支出值比较分析，严格各项费用的审批和支付，对节约投资采取奖励措施 （4）合同措施——通过合同条款的制订，明确和约束在设计、施工阶段控制工程造价，不突破计划目标值 （5）信息管理——采用计算机辅助工程造价管理
4. 控制目标	工程造价控制目标设置是随不同建设阶段的实施而制定，一般将初步总投资估算作为选择设计方案、编制总体估算和设计总概算的造价控制目标，设计总概算是设计阶段编制修正总概算和施工图预算的造价控制目标，设计总概算又是在招标发承包阶段对招标控制价（标底）、投标报价和合同价款的控制目标，中标价和合同价款是施工阶段和竣工结算价的控制目标。 以上不同阶段的控制目标是相互制约，相互补充，前者控制后者，后者补充前者，共同组成造价控制目标系统，以确保实际支出值控制在计划目标值之内

工程造价（投资）控制工作流程图示意见图 4-2。

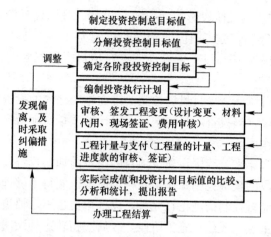

图 4-2　投资控制工作流程示意图

2. 投资决策（设计准备）阶段和设计阶段对投资控制的影响

如图 4-3 所示，为不同建设阶段对项目投资影响程度，从图中可以看出投资决策（设计准备）阶段对项目投资影响达 95%～

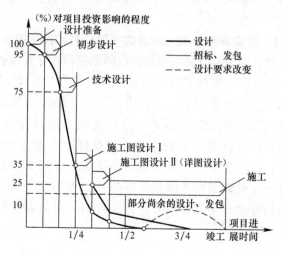

图 4-3　不同建设阶段对项目投资影响程度坐标图

100％，初步设计阶段影响为 75％～95％，技术设计阶段的影响为 35％～75％，施工图设计阶段的影响为 25％～35％，施工阶段的影响仅为 10％以下，设计变更对项目投资影响为图中曲线所示。

由此可以认清项目投资控制关键在施工之前的投资决策阶段和设计阶段，当投资决策确定后，设计的质量对项目投资影响起着重要的作用。

但是多年来，我国在建设项目的建设前期（投资决策、设计准备）阶段的投资控制工作由于种种原因控制得不够理想，对设计阶段的监督控制措施正在完善，设计单位也不习惯被监督，投资控制的重点一般放在施工阶段，今后应扭转这种做法。在推行建设监理工作时，提倡从建设前期阶段、设计阶段、招标发承包阶段、施工阶段、竣工验收阶段和保修阶段的建设全过程监理，当全过程监理条件不具备时，建设单位可根据需要委托部分阶段的监理，以提高工程建设的投资效益。

4.2　建设项目投资决策阶段的投资控制

4.2.1　投资决策分类、监理的主要任务和投资控制措施

项目投资决策阶段又称项目建设前期阶段，是投资控制的重要阶段，本阶段中包含了设计准备阶段。投资决策是对建设项目投资总规模、投资方向、投资重点、投资结构以及对项目和布局等方面作出的决定。因此，合理地确定项目投资总规模、建设地点、建设方案、工程内容、建设标准、工艺技术方案、设备选型、产品方案等，对项目的经济效益、规模效益及社会效益有着决定性的影响。编制投资估算要密切结合建设方案条件，套用指标要尽量结合实际、方法得当，以提高投资估算正确性。

1. 投资决策分类（表 4-13）

投资决策分类 表 4-13

决策分类	内 容
宏观决策	在一定时期内（如在某个五年计划内），国家根据国民经济和社会发展的长远规划，行业和地区的发展规划，对基本建设投资总规模、投资和建设项目在部门、行业和地区间的分配所作出的决定
微观决策	对拟建项目的内容选择，建设方案、建设地点、建设规模、建设工期、投资估算等重大问题所作出的决定

2. 监理的主要任务

本阶段监理的主要任务是受建设单位委托。

（1）参与项目可行性研究报告的编制或审核，对该项目的建设方案从技术上的先进可靠性、经济上的合理性、建设上的可行性进行多方案的比较、分析，进行财务评价和国民经济评价，择优选定最佳方案，以提高项目决策的科学性；

（2）在选定最佳方案时，应用恰当的方法，合理编制或审核投资估算，作为该项目的投资计划控制值。

3. 投资决策阶段中设计准备阶段的投资控制措施如表 4-14 所示。

设计准备阶段的投资控制措施 表 4-14

措 施	内 容
组织措施	（1）明确项目监理组织结构形式。是线性、顾问性、职能性、矩阵性或其中的结合 （2）建立项目监理的组织保证体系，落实投资控制方面的人员和职责 （3）编制本阶段投资控制工作流程图 （4）组织和准备设计方案竞赛、设计招标，择优选择有资质、有经验和有社会信誉的设计单位
经济措施	（1）对项目总投资控制目标分析、论证，对总投资额按费用构成分解，按年、季（月）度进度分解，按项目实施阶段分解，按项目结构组成分解或按资金来源分解 （2）对影响投资控制目标实现的风险预测和分析 （3）收集与项目控制投资有关的规定、指标、数据、资料，调查、处理与项目类同的数据，当时当地国家和地区有关政策和价格方面的信息 （4）控制费用支付，编制本阶段费用支出计划，复核一切付款支出

续表

措　施	内　容
技术措施	（1）运用价值工程等方法，对多个技术方案进行初步的技术经济分析、比较和论证 （2）对可行性研究报告中有关技术条件、技术数据、技术问题进行核算和论证，作技术经济分析和审查 （3）确定设计方案评选原则，参加评选，择优推荐设计方案
合同措施	（1）研究分析可能采用的各种承发包模式（项目总承包、平行承发包、设计/施工总分包、施工联合体、施工合作体、项目总承包管理）与投资控制的关系 （2）按项目可能采用的承发包模式，其相应的合同结构应对投资控制的需要相适应 （3）在合同条款中应有约束机制和激励机制，使设计单位在给定的投资额内设计，进行限额设计，选用技术先进、经济适用的设计方案

4.2.2　可行性研究的内容及作用

1. 可行性研究的内容

项目可行性研究一般包括的主要内容有：

（1）项目建设的必要性、可行性和依据；

（2）产品需求预测和确定建设规模、产品方案的技术经济比较分析；

（3）资源、原材料、燃料和公用设施落实情况、供应方式和需要数量；

（4）建厂的地理位置、气象、水文、地质、交通运输及水、电、气的现状、厂址的比较与选择；

（5）主要技术工艺和设备选型、建设标准和相应的技术经济指标，引进或部分引进技术和设备的设想，外部协作配套供应条件；

（6）全厂总图布置方案、主要单项工程、公用辅助设施和协作配套工程的构成，土建工程量估算；

（7）环境保护、公安消防、工业卫生、防震、防空等要求和采取的措施；

（8）企业组织、劳动定员和人员培训设想；

（9）建设工期和实施进度；

（10）投资估算、投资来源、筹措方式和贷款的偿付方式，工程用汇额度，生产流动资金的测算；

（11）对项目经济效果的评估，进行财务评价和国民经济评价。

可行性研究在国外一般分为机会研究、初步可行性研究、详细可行性研究。以上为详细可行性研究的主要内容，国内项目建议书阶段大体上界于国外项目机会研究和初步可行性研究之间。

2. 可行性研究的作用

可行性研究是基本建设程序中的重要环节，是建设前期阶段中的一项重要工作，其主要作用是：

（1）是项目建设的重要依据；

（2）是进行设计招标、设计竞赛、择优选择设计单位、签订设计合同、开展初步设计的依据；

（3）是项目筹措建设资金、流动资金和向银行申请贷款的依据；

（4）是与项目有关的各部门签订协作合同的依据；

（5）需从国外引进技术、设备，作为与外商谈判、签订合同的依据；

（6）编制项目采用的新技术、新设备需用计划和大型专用设备生产预安排的依据；

（7）安排投资计划，开展各项建设前期工作的依据。

可行性研究报告一经批准，项目的规模、工程内容、标准、工艺路线及产品方案均不得任意改变，其投资估算作为项目投资的计划控制造价，并不得任意突破。涉及以上内容的改变，必须报经原审批部门批准后方可实施。因此，应提高投资估算的质量，既要实事求是避免漏项少算，又应严格控制避免高估冒算。

4.2.3 建设项目总投资估算

1. 建设项目总投资估算的组成

项目总投资估算由固定资产投资、流动资金和投资建设期贷款利息组成,如表 4-15 所示。

项目总投资估算的组成   表 4-15

组成分类	内 容
1. 固定资产投资	投入到固定资产再生产过程的资金,亦即为通过建设或购置固定资产的资金。按固定资产再生产的形式分为基本建设投资和更新改造投资
2. 流动资金	为企业生产、经营筹措的流动资金,一般应在投产前开始筹措。中国工商银行规定,国内生产性项目在建成投产时,必须有 30%的铺底流动资金(自有流动资金),才能给予 70%的流动资金贷款(流动资金借款)
3. 建设期贷款利息	按贷款资金来源不同,在投资建设期间计取不同的利率

2. 固定资产投资估算方法

固定资产投资估算一般是在项目决策之前的规划和研究阶段时,对项目工程费用进行的预测和估算,其投资估算的总投资额应对项目总造价起控制作用,在报批前应经有资质的工程咨询公司或监理公司评估,可行性研究报告一经批准,其投资估算即作为项目投资的计划控制造价。

投资估算根据基本建设程序的投资决策过程分为规划阶段、项目建议书阶段、可行性研究阶段、评审阶段、可行性研究报告阶段。其投资估算的误差率随着决策过程的深入而逐渐减小,一般在规划阶段的投资估算误差率大于或等于±30%,项目建议书阶段误差率在±30%以内,可行性研究阶段误差率在±20%以内,评审阶段为误差率±10%,可行性研究报告阶段±10%以内。

投资估算指标是基本建设的一项重要的基础工作,由各专业部、各地区组织制订、审批和管理。它是编制项目建议书和可行性研究报告投资估算的依据,指标中主要材料消耗量也是计算项目的主要材料消耗量的基础。因此,正确的制订和应用估算指标,对提高投资估算质量、项目的评估和投资决策具有重要意义，最后在项目后评价中验证。

（1）项目估算指标的分类，如表 4-16 所示。

项目估算指标的分类　　　　　　　　表 4-16

分　类	表现形式
1. 建设项目指标	一般应有工程总投资（总造价）指标，以生产能力（或其他计量单位）为计算单位的综合投资指标，以及对项目的工程特征、工程组成内容、建设标准、设备选型及数量和单价、主要材料用量及基价以及价格调整系数和调整办法等说明。总投资指标包括从筹建至竣工验收所需的按规定列入项目总投资的全部费用，有建筑安装工程费，设备、工器具购置费，工程建设其他费用，预备费，固定资产投资方向调节税，建设期贷款利息和铺底流动资金
2. 单项工程指标	一般指组成建设项目中的各单项工程，以单位生产能力（或其他计量单位）为计算单位的投资指标，以及对单项工程特征、工程内容、建设标准、设备选型、数量和单价、主要材料用量及基价，以及价格调整系数和调整办法等说明。指标中包括单项工程的建筑安装工程费，设备、工器具购置费和应列入工程投资的其他费用
3. 单位工程指标	一般指建筑物、构筑物、管线等以平方米、立方米、座、延长米等为计算单位的建筑安装工程投资指标，以及对单位工程内容、建筑结构特征、主要工程实物量、主要材料用量、人工费及工日数、施工机械使用费、价格调整系数等说明

估算指标一般应附有因建设地点不同、设备和材料价格不同（国外设备、材料价格列出外汇汇率、贸易从属费用的计取方式）及建设期间的价格系数等对估算指标进行调整换算的规定。

（2）投资估算的主要编制方法

1）扩大指标估算法。适用于规划性估算和项目建议书估算。系采集类似企业已有的实际投资资料，经整理分析后套用。

① 单位生产能力估算法。根据类似企业单位生产能力和投资，估算拟建项目的投资，计算公式为：

$$I_2 = X_2 \left(\frac{I_1}{X_1} \right) \cdot f$$

式中　X_1——类似企业的生产能力（已知）；

　　　X_2——拟建企业的生产能力（已知）；

I_1——类似企业的投资额（已知）；

I_2——拟建企业的投资额；

f——为不同时期、不同地点的定额基价、价格、税费等调整系数。

【例】 已建成某电站装机容量为 15 万 kW，投资额为 22500 万元，现拟建一类同项目，装机容量为 20 万 kW，$f=1.3$，估算其投资额。

【解】 拟建项目投资额为

$$(22500 \div 15) \times 20 \times 1.3 = 39000 （万元）$$

此方法估算不够精确，原因是把生产能力与投资额作为线性关系。因此，对两项目间生产能力和其他条件的可比性进行分析比较，常把项目按单项工程分解，分别套用类似的单项工程的单位生产能力投资指标计算后汇总得总投资，并结合拟建项目规模、建设条件等具体情况将总投资调整后得估算值。如电站装机容量相同，但台数组成不同，输煤栈桥长短不同，建设时期和建设地点不同等。

② 生产能力指数估算法。根据已建类似企业的生产能力和投资额，求拟建项目的投资额。计算公式为：

$$I_2 = I_1 \left(\frac{X_2}{X_1} \right)^n \cdot f$$

式中　X_1——类似企业的生产能力（已知）；

X_2——拟建项目的生产能力（已知）；

I_1——类似企业的投资额（已知）；

I_2——拟建项目的投资额；

n——生产能力指数，$0 \leqslant n \leqslant 1$；

f——为不同时期、不同地点的定额基价、价格、税费等调整系数。

此方法使用时，拟建项目规模增幅不宜大于 50 倍；当增加相同设备（装置）容量扩大规模时，n 值取 0.6～0.7；增加相同设备（装置）数量扩大规模时，n 值取 0.8～0.9；也可根据各行

业的统计数据确定 n 值。

【例】 已建年产 30 万 t 乙烯装置投资额为 60000 万元，求拟建年产 45 万 t 乙烯装置投资额。

（生产能力指数 $n=0.6$，$f=1.2$）

【解】 拟建项目投资额为

$$60000 \times \left(\frac{45}{30}\right)^{0.6} \times 1.2 = 91830.57 \text{（万元）}$$

2）比例投资估算法（按主要设备费占总投资额的百分比估算）。其估算方法有两种：

① 已知类似已建企业主要设备费占总投资额的比例，再估算出拟建项目的主要设备费，然后可按比例估算出拟建项目的总投资额。计算公式为：

$$I = \frac{1}{K} \sum_{i=1}^{n} Q_i \cdot P_i$$

式中　I——拟建项目总投资额；

　　　K——主要设备费占拟建项目总投资额的比例（%）；

　　　n——设备的种类数；

　　　Q_i——第 i 种设备的数量；

　　　P_i——第 i 种设备的到现场单价。

② 以拟建项目设备费为基数，按统计资料计算出已建类似企业的各专业工程（总图、土建、卫生、电气及其他工程费用等）占设备投资的比例，即可计算得拟建项目各专业工程投资，相加后即得拟建项目总投资额。计算公式为：

$$C = E(1 + f_1 p_1 + f_2 p_2 + f_3 p_3 + \cdots\cdots) + I$$

式中　　　C——拟建项目总投资额；

　　　　　E——拟建项目设备费；

$p_1 \cdot p_2 \cdot p_3$——各专业工程费用占设备投资的比例（%）；

$f_1 \cdot f_2 \cdot f_3$——不同时期、不同地点的定额基价、价格、税费等调整系数；

　　　　　I——拟建项目的其他费用。

3）造价指标估算法。系指某一单位工程的每计算单位造价指标（以元/m、元/m²、元/m³、元/t、元/kVA 表示）乘以单位工程数量，求得相应的各单位工程估算投资，汇总各单位工程估算投资即为单项工程估算投资；再将各单项工程估算投资汇总，并估算工程建设其他费用及预备费等，即可求得项目总投资额。

在工业建设项目中，一般把单项工程的估算投资以元/m² 或元/m³ 表示。

在民用建设项目中，一般把土建工程、卫生工程、照明工程等汇总为单项工程的估算投资，以元/m² 表示。

在编制投资估算时，要根据国家有关规定、投资主管部门或地区颁布的估算指标，结合可行性研究报告内容（功能、建筑结构特征、地质情况、建设条件等因素），以估算编制时的价格编制，并按规定预测在项目建设期间影响造价的动态因素（价格、汇率、利率、税费等）进行综合考虑，以减少投资估算误差。

4）概算指标估算法。常适用于项目可行性研究的投资估算，分为国内一般项目和引进工程项目，编制时一般参照概算指标的编制方法，能达到提高项目投资估算的质量。

3. 投资估算的审查

投资估算是项目审批部门对项目进行投资决策的重要依据。因此，要求编制的可行性研究报告应达到规定的深度，其投资估算的质量应满足正确性和完整性的要求，在报批前应经有资质的工程咨询公司或建设监理公司评估。其审查程序与内容见表 4-17。

投资估算的审查 表 4-17

程 序	内 容
1. 审查编制的依据	投资估算的方法使用是否得当，采用的数据、资料其时效性、确切性和适用性是否符合项目的实际情况，是否作过修正及其计算依据
2. 审查编制的内容	项目的各单项工程组成、建设规模和内容是否与项目建议书规定和可行性研究报告内容相一致及其计算依据

程 序	内 容
3. 审查其他费用	审查编制的其他费用项目组成及预备费是否符合规定及其计算依据
4. 审查有关费用	审查项目有关费用是否考虑齐全，如环境保护、工业卫生、公安消防、劳动保护、交通运输、施工技术措施费用、场外"五通一平"、采用新的技术标准规范及价格、汇率、利息等动态因素及其计算依据

【例1】 建设项目总投资估算案例（表4-18）。

××市世博国际村项目总投资估算汇总表　　表 4-18

序号	项目名称	单位	数量	单价（元）	总成本（万元）	备注
一、	建筑安装工程费					
	总建筑面积 617100m²					
1.	A 地块建安费用	m²	61000	5032	30696	
2.	B 地块建安费用	m²	215000	3673	78971	
3.	D 地块建安费用	m²	146000	3232	47191	
4.	H/I 地块建安费用	m²	63000	3172	19981	
5.	J、C、E、F 地块建安费用	m²	60000	2630	15778	
	建筑安装工程费合计		545000	3534	192617	
二、	工程建设其他费合计	m²	545000	364	19853	
三、	预备费 5%（一+二）				10623	
	静态投资总额				223093	
四、	建设期贷款利息（5.83%）				11513	
	总投资		545000	4305	234606	

【例2】 建设项目单项工程投资估算案例（表4-19）。

××市世博国际村 A 地块 VIP 生活楼项目
方案设计阶段投资估算表

表 4-19

序号	项目名称	单位	数量	单价（元）	总成本（万元）	备 注
一、	建筑安装工程费					
1	基础工程（51000m²）	m²	61000	191	1163	
1.1	桩基工程	m²	51000	130	663	按 PHC 桩考虑
1.2	基坑围护措施、土方开挖、外运、降排水措施、基础大底板、后浇带等	m²	10000	500	500	地下 2 层开挖深度 11m，采用地下连续墙、二道支撑、围护桩
2	地下室工程（10000m²）	m²	10000	2500	2500	
2.1	钢筋混凝土结构工程（柱/梁/墙/板/梯等）	m³	12000	1600	1920	按 1.2m³/m² 混凝土含量估算
2.2	防水工程	m²	10000	100	100	按 911 防水涂膜/防水水泥砂浆、防水砂浆/有筋细石混凝土/防水卷材/保温隔气层
2.3	地下室建筑及附属设施（内隔墙/脚手架/防火门）	m²	10000	250	250	
2.4	地下室装修工程	m²	10000	150	150	
2.5	其他杂项工程	项	1	800000	80	（集水井排水沟盖板/标识、标志等/车库防撞角铁/楼梯栏杆等）
3	裙房工程（8400m²）		8400	2939	2468	
3.1	钢筋混凝土结构工程（柱/梁/墙/板/梯等）	m³	5460	1400	764	按 0.65m³/m² 混凝土含量估算
3.2	外立面工程					
	石材幕墙	m²	2400	800	192	
	大框玻璃窗及门	m²	1600	1000	160	

续表

序号	项目名称	单位	数量	单价（元）	总成本（万元）	备 注
3.3	屋面防水工程	m²	4200	300	126	防水砂浆/钢筋细石混凝土/防水盖材/保温隔热层
3.4	建筑附属设施（网隔墙/脚手架/防火门、五金等）	m²	8400	400	336	
3.5	裙房装修工程	m²	8400	1000	840	
3.6	其他杂项工程	项	1	500000	50	（标识/栏杆等）
4	塔楼（42600m²）	m²	42600	2767	11789	
4.1	钢筋混凝土结构工程（柱/梁/墙/板/梯等）	m³	25560	1350	3451	按 0.6m³/m² 混凝土含量估算
4.2	外立面工程					
	石材幕墙	m²	15975	800	1278	
	玻璃幕墙及门	m²	13725	1000	1373	
4.3	屋面防水工程	m²	2000	250	50	防水砂浆/钢筋细石混凝土/防水盖材/保温隔热层
4.4	建筑附属设施（内隔墙/脚手架/防火门、五金等）	m²	42600	300	1278	
4.5	装修工程	m²	42600	1000	4260	参照标准酒店装修
4.6	其他杂项工程	项	1	1000000	100	（标识/栏杆等）
5	机电安装工程（61000m²）	m²	61000	1848	11270	
5.1	给排水系统	m²	61000	200	1220	
5.2	消防喷淋系统工程	m²	61000	120	732	
5.3	气体自动灭火系统（配电房）	m²	61000	15	92	
5.4	冷却循环水系统	m²	61000	70	427	
5.5	空调通风系统	m²	61000	580	3538	

序号	项目名称	单位	数量	单价（元）	总成本（万元）	备 注
5.6	变配电系统（包括供电局的开关站及外线）	m²	61000	280	1708	
5.7	电气照明系统	m²	61000	200	1220	
5.8	建筑物泛光灯系统等	m²	61000	15	92	
5.9	弱电设备（包括火灾报警、建筑设备监控、综合布线电信系统、电视系统、安防系统、公共/消防广播、集成管理系统、信息显示系统等）	m²	61000	220	1342	
5.10	电梯	m²	61000	148	900	
6	室外总体工程（65000m²）				1506	
6.1	地面绿化 7600m²	项			61	
6.2	园林 6500m²	项			520	
6.3	地面广场、行车道、人行道等 4000m²	项			120	
6.4	标志、指示图及旗杆	项			150	
6.5	上下水/强弱电、消防管线/室外照明工程（含泛光照明）	项			255	
6.6	1000m² 的旧房改造（娱乐设施用房）	项			350	
6.7	网球场	项			50	
	第一部分费用合计（1～6）	m²	61000	5032	30696	
二、	工程建设其他费					
1	建设单位管理费				267	
2	设计费（含方案设计、室内及专业设计）				921	

续表

序号	项目名称	单位	数量	单价（元）	总成本（万元）	备 注
3	前期工作费用（环评估、项建书、可研等）				40	
4	工程监理费				549	
5	招投标代理费				89	
6	投资监理费（0.5%）				153	
7	工程保险费（0.3%）				92	
8	审图费（0.35%）				107	
9	竣工图编制费（设计费8%）				74	
10	公共部位及客、套房内活动家器具	套	400	65000	2600	
11	市政配套工程				500	
12	人防费用	m²	10000	60	60	
	第二部分费用合计（1～12）				5453	
	预备费5%（一+二）				1807	材料涨价及设计变更等因素
	建安工程合价		61000	6223	37957	

4. 流动资金的估算方法

（1）流动资金的组成及划分如图 4-4 所示。

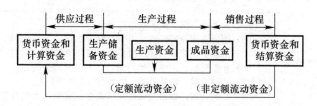

图 4-4　流动资金的组成及划分

（2）流动资金的估算方法。流动资金一般参照已建类似企业的指标估算。有两种估算方法：

1) 扩大指标估算法。又分为按产值（或销售收入）资金率估算；按经营成本（或总成本）资金率估算；按固定资产价值资金率估算；按单位产量资金率估算。

2) 分项详细估算法。又分为按分项详细估算（储备资金、生产资金、成品资金、其他流动资金）；按分项分别采用定额指标估算。

4.2.4　建设项目资金筹措

按国家经济体制和投资管理体制的改革，将固定资产投资由国家拨款改为银行贷款，资金来源渠道多元化，做好资金的筹措规划，为项目寻找理想的筹资方案。

资金筹措要将资金（包括流动资金）来源及依据、筹措方式、资金数额及组成、贷款利率、银行费率、债券利率、计息方法、贷款偿还年限及方式等，按人民币与外币分列。

根据项目投资计划，按建设年份编制资金来源及用款计划及编制建设期内分年用款及利息计算。

1. 资金来源分类（表 4-20）

资金来源分类　　　　　　　　　　　　表 4-20

分　类	内　容
1. 国内资金	
（1）财政拨款	由国家预算内安排的基本建设投资，均由财政拨款改为银行贷款。对科研、学校、医院等非营业、无偿还能力的项目，其贷款不计息、免归还
（2）国内银行贷款	按贷款渠道不同，由不同银行贷款 （1）固定资产投资贷款：由建设银行贷给 （2）流动资金贷款：30%由企业自筹，70%由工商银行贷给 （3）外汇贷款：由中国银行贷给，其中又可分为短期、买方信贷、特种甲类、特种乙类、中外合资企业等贷款 （4）其他贷款：如通过银行发行债券、股票及类似补偿贸易形式筹措资金
2. 国外资金	
（1）外国政府贷款	由政府间签订协议、国家银行办理，利率低、期限长

续表

分　类	内　容
（2）国际金融组织贷款	如世界银行（由国际复兴开发银行、国际开发协会和国际金融公司组成）、国际货币基金组织、亚洲开发银行等机构。一般为低息、无息、期限较长
（3）出口信贷	分为卖方信贷（出口方银行向出口商提供信贷）和买方信贷（出口方银行直接向进口商或进口方银行提供信贷）。利率适中、期限较长
（4）商业银行信贷	通过国家银行向国外银行借款，利率高且随国际市场价浮动
（5）混合贷款	由外国政府和银行联合提供，较出口信贷利率低、期限长
（6）补偿贸易	由外商提供设备、专利技术等作价的资金作为贷款，用拟建项目的产品返销补偿
（7）租赁信贷	是以商品信贷和金融信贷同时进行筹措资金的一种形式
（8）发行债券	在国外金融市场上发行债券，利率一般高于商业银行信贷
（9）吸收存款	吸收外国银行、企业和私人存款
（10）对外加工装配	通过加工和装配业务来收取合同规定加工费和装配费
3. 自筹资金	分为地方自筹、部门自筹、企事业单位自筹、集体自筹、个人自筹。资金来源一般按照财政制度提留、管理、筹集和自行分配用于投资的资金

【例】　某建设项目资金来源，累计投资拨款、贷款数 80.87 亿元，其中：基建拨款 20.68 亿元，联营拨款 3 亿元，国外商业银行贷款 49.71 亿元，其他贷款 7.48 亿元（来源于地方、建设银行、基金投资、特别贷款等）。

2. 建设期间贷款利息的计算

如建设项目资金来源多渠道，所贷币值、贷款利率、计息方法、贷款时间和偿还年限等不同，对建设期间贷款利息的计算方法也有所不同。一般计算方法为：

（1）国内贷款。拨改贷等固定资产投资贷款按年计息，发生贷款的当年假定发生在年中，按半年计息，其后年份按全年计息；其他贷款按贷款方规定的计算方法计息。

（2）国外贷款。按借贷双方规定的计算方法计息。如有半年或一个季度计息一次。

现以复利法计算建设期贷款利息，公式如下：

$$Q_j = \left(P_{j-1} + \frac{1}{2} A_j \right) \cdot i$$

式中　Q_j——建设期第 j 年应计利息；

　　P_{j-1}——建设期第 $j-1$ 年末贷款余额；

　　A_j——建设期第 j 年使用贷款；

　　i——年利率。

【例】　某项目建设期三年，第一年贷款 3000 万元，第二年贷款 4000 万元，第三年贷款 5000 万元，年利率为 9.4%，用复利法计算建设期贷款利息。

【解】　在建设期间各年贷款利息计算如下：

第一年　$Q_1 = \frac{1}{2} A_1 \cdot i = \frac{1}{2} \times 3000 \times 9.4\% = 141$（万元）

第二年　$Q_2 = \left(P_1 + \frac{1}{2} A_2 \right) \cdot i = \left(3141 + \frac{1}{2} \times 4000 \right) \times 9.4\%$

　　　　　　$= 483.3$（万元）

第三年　$Q_3 = \left(P_2 + \frac{1}{2} A_3 \right) \cdot i$

　　　　　　$= \left(7624.3 + \frac{1}{2} \times 5000 \right) \times 9.4\% = 951.7$（万元）

4.2.5　建设项目经济评价

1. 经济评价的概念

建设项目经济评价是项目可行性研究的核心，是项目决策科学化的重要手段。在项目决策前的可行性研究和评估过程中，采用现代分析方法，对拟建项目计算期（包括建设期和生产期）内投入产出诸多经济因素进行调查、预测、研究、计算和论证，比选推荐最佳方案，作为项目决策的重要依据。

项目经济评价分为两个层次，即财务评价和国民经济评价。一般应以国民经济评价结论作为项目取舍的依据。

财务评价是依据国家现行规定的财税制度和价格，从企业财务角度分析、计算拟建项目的费用和效益，考察项目盈利、还贷、创汇的能力和风险性，以判别项目在财务上的可行性。

国民经济评价是从国家和社会的整体角度考察、分析计算项目需要的费用，判断、评价项目的经济合理性，以及评价、分析计算给国民经济带来的净效益。

2. 经济评价的目的和作用

经济评价的目的在于最大限度地提高投资效益，确定项目是否可以接受和推荐最好的投资方案，为项目决策提供可靠的依据。

经济评价的作用分为两个方面来看：

（1）从国民经济的社会宏观管理来看，可以使社会的有效资源得到最优的利用，发挥资源的最大效益，促进经济的稳定发展。有利于指导投资方向、促进国家资源的合理配置；有利于控制投资规模，使有限的资金发挥更好的效益；有利于提高计划工作的质量，合理地进行项目排队和取舍。

（2）从拟建项目来看，可以起到预测投资风险、提高投资盈利率的作用。由于经济评价方法和参数设立了一套比较科学严谨的分析计算指标和判别依据，项目和方案经过需要—可能—最佳的深入分析和比选，可避免由于依据不足、方法不当、盲目决策造成的失误，使项目建成后，获得更好的经济效益。

3. 经济评价的基本要求

建设项目经济评价的基本要求为：

（1）动态分析与静态分析相结合，以动态分析为主。采用折现办法考虑投入—产出资金的时间因素，进行动态的价值判断。

（2）定量分析与定性分析相结合，以定量分析为主。对项目建设和生产的经济活动通过费用、效益计算，给出数量概念，进行价值判断。

（3）全过程效益分析与阶段效益分析相结合，以全过程效益分析为主。强调以项目整个计算期，包括建设阶段和生产经营阶段为基础的全过程经济效益分析。

(4) 宏观效益分析与微观效益分析相结合,以宏观分析为主。即不仅要评价项目本身获利多少和财务生存能力,还应考虑项目建设和生产需要国家付出的代价及对国民经济的贡献。当财务评价可行而国民经济评价不可行时,以国民经济评价的结论为主,考虑项目取舍。

(5) 价值量分析与实物量分析相结合,以价值量分析为主。把物资因素、劳动因素、时间因素等量化为资金价值因素,用同一可比的价值量分析,作为判别、取舍的标准。

(6) 预测分析与统计分析相结合,以预测分析为主。既要以现有状况水平为基础,又要做有根据的预测。在进行对资金流入流出的时间、数额预测的同时,应对某些不确定因素和风险性作出估计,包括敏感性分析、盈亏平衡分析和概率分析。

4.3 建设项目设计阶段的投资控制

4.3.1 初步设计概算的作用和组成内容

设计阶段的投资控制对项目总投资控制具有重要的意义,它是建设全过程中投资控制的重点。在设计阶段开展的初步设计或扩大初步设计及其设计概算,是根据已批准的项目可行性研究报告及其投资估算的内容、要求和确定的原则进行编制的设计文件。在投资控制方面,要求编制的设计概算应控制在投资估算之内,一经有关单位批准,即为该项目总造价的最高限额,不得随意突破,当编制的设计概算超过投资估算时,应修改设计或重新办理报批立项。初步设计概算的作用如下:

(1) 是确定建设项目总投资、各单项工程投资和各单位工程投资的依据;

(2) 是编制建设项目固定资产总投资计划和年度固定资产投资计划的依据;

(3) 是银行办理拨款和贷款的依据;

（4）是项目实行业主责任制和主管部门对建设单位实行投资控制的依据；

（5）是对承建单位实行概算切块和内部实行经济承包责任制的依据；

（6）是考核设计方案经济效果和控制施工图预算造价的依据；

（7）是招标发承包阶段编制招标工程量清单、招标控制价、合同价款的依据；

（8）是项目办理竣工结算、对比分析投资节约或超支的依据。

初步设计概算的编制，系根据初步设计文件、图纸、项目主管部门审批的有关文件，部门或地区的概算定额、综合预算定额（或计价表）、概算指标、工程建设其他费用和预备费定额的计算规定，以及国家对价格、汇率、利率、税费的规定进行计算。

初步设计概算由单位工程概算、单项工程综合概算和建设项目总概算三个部分组成。其编制的组成内容及相互关系如图 4-5所示。

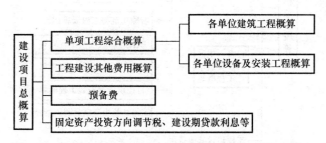

图 4-5　设计概算编制的组成内容及相互关系

单位工程概算是确定单项工程中各单位工程建设费用的文件，是编制单项工程综合概算的依据。单位工程概算的组成内容以一般土建工程为例，如图 4-6 所示。

单项工程综合概算是确定一个单项工程（或一个装置）所需建设费用的文件，是编制工程费用的主要组成部分，是单项工程

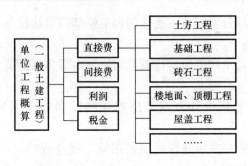

图 4-6 单位工程（一般土建工程）概算的组成内容

内各专业单位工程概算的汇总。其组成内容如图 4-7 所示，图中
工程建设其他费用系当建设项目总概算要求各单项工程综合概算
内单独编制时或建设项目仅为一个单项工程时，需列此项费用。

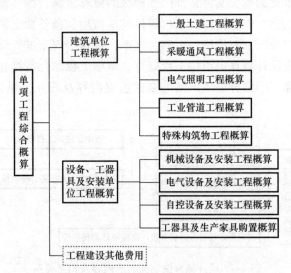

图 4-7 单项工程综合概算的组成内容

建设项目总概算是确定项目从筹建到建成投产所需全部费用
的文件，由各单项工程综合概算、工程建设其他费用和预备费、
固定资产投资方向调节税、建设期贷款利息、铺底流动资金等汇
总编制而成。组成内容如图 4-8 所示。

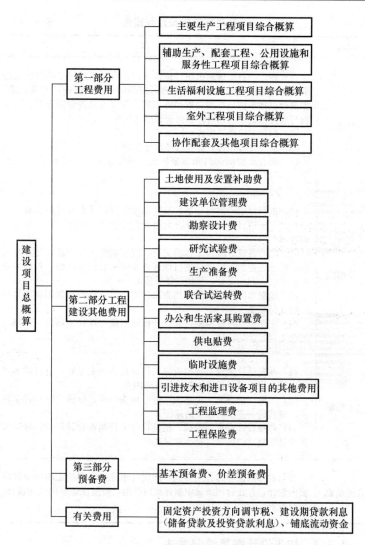

图 4-8 建设项目总概算的组成内容

4.3.2 建设项目设计阶段的投资控制措施

监理工程师在本阶段采取的投资控制措施如表 4-21 所示。

设计阶段的投资控制措施   表 4-21

措施	内　容
组织措施	(1) 建立项目监理的组织保证体系，在项目监理班子中落实从投资控制方面进行设计协调、管理与跟踪的人员，明确任务及职责，如进行设计审核与挖潜、概预算审核、勘察设计等费用复核、计划值与实际值比较及投资控制报表数据处理等 (2) 编制本阶段投资控制详细工作流程图 (3) 通过设计招标，择优选择设计单位 (4) 向有经验的部门和专家咨询，对设计方案作技术经济比较，进一步进行设计挖潜
经济措施	(1) 推行技术经济责任制，编制详细的投资计划并进行分解，用于控制各子项目，对各专业分配限额设计值落实到组、人，并分阶段考核 (2) 随着各设计阶段工作的进展，应用系统工程原理，加强投资跟踪的动态控制，发现偏离目标值，及时采取纠偏措施，正确处理好责、权、利的关系，严把设计质量关 (3) 编制本阶段详细的费用支出计划，建立审批控制制度，复核一切支付账单 (4) 定期提供投资控制报表，分析计划值与设计实际值、计划值与已支付资金的比较
技术措施	(1) 在各设计阶段，运用价值工程评比多方案设计，进行技术经济比较，寻找设计挖潜、节约投资的因素 (2) 采取"请进来、走出去"进行调查研究、分析论证和科学试验，寻找进一步节约投资的途径 (3) 严格设计变更的管理，把设计变更控制在设计阶段，杜绝设计质量事故，设计要达到预定深度
合同措施	参与设计招投标和合同谈判，向设计单位提出在给定的投资计划值内设计，并在合同条款中制订奖罚措施，鼓励设计单位优化设计、控制投资

4.3.3 初步设计概算编制方法

1. 单位工程概算主要编制方法

（1）建筑工程单位工程概算主要编制方法。建筑工程概算一般采用工程所在地的地区统一定额，间接费定额与直接费定额一般应配套使用，执行什么直接费定额就采用相应的间接费定额。

1) 概算定额法。适用于初步设计深度已达到使建筑结构工程比较明确，能计量工程量时。在有的地区编制了概算定额，则按其编制说明要求、使用方法和工程量计算规则计算工程量，套用相应的各分部分项工程项目的概算定额单价（或基价），求得直接费、间接费、利润、税金等，汇总求得单位工程造价和计算技术经济指标（每平方米建筑面积造价）；有的地区不另行编制概算定额，而编制了综合预算定额，亦作为概算定额之用。综合预算定额是在预算定额基础上的综合扩大，是属于概算性质的定额。如基础工程综合了挖土、运土、回填土、基础防潮层，按综合项目的工程内容，套用相应的定额基价，定额基价由人工费、材料费和施工机械使用费组成。其计算公式为：

$$概算定额基价 = \frac{概算定额}{单位材料费} + \frac{概算定额}{单位人工费} + \frac{概算定额}{单位施工机械使用费}$$

$$= \Sigma\left(\frac{概算定额中}{材料消耗量} \times \frac{材料预}{算价格}\right) +$$

$$\Sigma\left(\frac{概算定额中}{人工工日消耗量} \times \frac{人工日工}{资单价}\right) +$$

$$\Sigma\left(\frac{概算定额中}{施工机械台班消耗量} \times \frac{机械台班}{费用单价}\right)$$

概算定额基价×综合扩大的分部分项工程的工程量＝该对应项目的直接工程费

对一些次要零星工程可按主要工程费用的百分比计，一般取3%～5%。

按当地取费标准规定计算措施项目费、间接费、利润和税金。

将上述各项费用总计即为建筑工程单位工程概算总造价。

当工程内容与套用定额的扩大综合项目工程内容不一致时，以及当地工资标准和材料预算价格与概算定额不一致时，应重新补充编制概算定额基价或测定系数进行调整。

2）概算指标法。建筑工程概算指标是用建筑面积、建筑体积或万元为单位，以整幢建筑物、构筑物为对象编制的指标。安装工程概算指标以被安装的设备、管线等为对象时用元/t、元/m、元/m² 为单位，当计入建筑物、构筑物概算指标内时，采用与建筑工程概算指标一致的以每平方米（或每立方米）表示。

概算指标是比概算定额更综合扩大的分部工程或单位工程等的人工、材料和机械台班的消耗标准和造价指标。因此，比用概算定额（或综合预算定额）编制出的设计概算简化，但精确度差。此方法适用于初步设计阶段，且当初步设计深度不够，不能准确计算工程量时，但工程采用的技术较成熟且基本符合概算指标所列的各项条件和结构特征时，也采用此法。

① 直接套用概算指标编制。当设计对象的结构特征与某项概算指标的结构特征完全相符时，可直接采用 100m²（或1000m³）的造价指标及工料消耗指标。其计算公式和步骤为：

100m²（或 1000m³）建筑物面（体）积的人工费＝当地区日工资单价×指标规定耗用工日

100m²（或 1000m³）建筑物面（体）积的主要材料费＝当地区材料预算价格×指标规定耗用主要材料量

100m²（或 1000m³）建筑物面（体）积的其他材料费＝主要材料费×其他材料费占主要材料费比率

100m²（或 1000m³）建筑物面（体）积的机械使用费＝（人工费＋主要材料费＋其他材料费）×机械使用费占的比率

每平方米（立方米）建筑物面（体）积的直接费＝（人工费＋主要材料费＋其他材料费＋机械使用费）÷100（或 1000）×（1＋措施项目费率）

每平方米（立方米）建筑物面（体）积的概算单价＝直接费＋间接费＋利润＋税金

② 换算概算指标的编制。当设计对象的结构特征与概算指标规定有局部不同时，需要对概算指标的局部内容修正换算，以保证概算值的正确性。其换算步骤为：

修正后的每平方米（立方米）建筑工程单价＝

$$原每平方米（立方米）指标单价 - \frac{换出结构件价值}{100（或1000）} + \frac{换入结构件价值}{100（或1000）}$$

换出（入）结构件价值＝换出（入）结构件工程量×相应的概算定额的当地区单价

3）类似工程预算法。是指应用与原有相似工程已编的预（结）算于拟建项目，对建筑和结构特征上的差异，修正时应用概算指标法，对人工工资、材料预算价格、机械使用费和间接费的差异，则分别修正系数调整，最后求出总修正系数。其计算公式及步骤为：

$$工资修正系数 K_1 = \frac{编制概算地区人工工资标准}{采用类似预算地区人工工资标准}$$

$$材料预算价格修正系数 K_2 = \frac{编制概算地区材料费用}{采用类似预算地区材料费用}$$

$$机械使用费修正系数 K_3 = \frac{编制概算地区机械使用费}{采用类似预算地区机械使用费}$$

$$间接费修正系数 K_4 = \frac{编制概算地区的间接费率}{采用类似预算地区的间接费率}$$

$$总造价修正系数 K = \frac{类似预算工资}{占概算价值比重}$$

$$\times K_1 + \frac{类似预算材料费}{占概算价值比重} \times K_2$$

$$+\frac{类似预算机械费}{占概算价值比重}\times K_3$$

$$+\frac{类似预算的间接费}{占概算价值比重}\times K_4$$

则修正后的总造价计算公式为：

$$\begin{array}{c}修正后的类似\\预算总造价\end{array}=\left(\begin{array}{c}类似预算\\造价\end{array}\times\begin{array}{c}造价修正\\系数\,K\end{array}\pm\begin{array}{c}结构\\增减值\end{array}\right)$$

$$\times\left(1+\begin{array}{c}修正后\\间接费率\end{array}\right)+利润+税金$$

每平方米（立方米）建筑的面（体）积概算指标

$$=修正后的类似预算造价\div\frac{1}{100\ （或\ 1000）}$$

（2）设备及安装工程概算主要编制方法。安装工程单位概算包括设备购置费和设备安装工程费。

1）设备购置费概算编制方法，见表 4-22。

设备购置费概算编制方法   表 4-22

名 称	编制方法
国产设备（标准设备和非标准设备）	（1）设备购置费＝（设备原价＋设备运杂费）×（1＋采购保管费率（%）） （2）设备运杂费＝设备原价×设备运杂费率（%） （3）设备运杂费率一般由主管部门按建厂所在不同地区制订不同的运杂费率，一般占设备原价的 6%～10%。运杂费包括从制造厂交货地点至安装工地仓库或施工现场堆放点所发生的运费、装卸费、包装费、供应部门手续费、采购保管费、港口建设费、成套设备订货手续费等。一般对超限设备（长＞18m、宽＞3.4m、高＞3.1m、净重＞40t）的特殊运输措施费单列计算 （4）标准设备原价：根据设备的类别、性能、型号、规格、材质、数量和单价（一般规定设备在 30 万元以上必须招标），以建设当年制造厂家的销售现价和工程信息价为依据，通过招标，择优选择中标单位 （5）非标准设备原价：根据设备的类别、性质、质量、材质、结构等技术条件、复杂程度，以建设当年制造厂家的销售现价、行业建设主管部门制订的对非标准设备的参考价（按 t 或台），通过招标，择优选择中标单位

名　称	编制方法
引进设备	(1) 设备购置费＝设备费＋设备国内运杂费 (2) 设备费＝货价（F.O.B.）＋国外运费（海运费、空运费或陆运费）＋运输保险费＋关税＋增值税＋外贸手续费＋银行财务费＋海关监管手续费 (3) 货价系指引进硬件和软件的外币金额，按下式折合成人民币，货价＝人民币外汇牌价（卖出价）×外币金额 (4) 海运费＝人民币外汇牌价（卖出价）×运费单价（按海运费率规定）×硬件毛重，软件不计运费，毛重为净重的 1.15。如无设备、材料重量时，海运费＝外币金额×人民币外汇牌价（卖出价）×平均海运费率（6%） 计算陆运费按中国外运总公司规定计算 (5) 运输保险费：软件不计算，硬件按海运保险费＝货价（F.O.B）×1.0635×3.5‰ 海运保险费＝货价（C&F）×1.0035×3.5‰ 空运保险费＝货价（F.O.B.）×1.0635×3.5‰ 空运保险费＝货价（C&F）×1.0045×4.5‰ (6) 关税：软件部分不计算，硬件按关税＝人民币外汇牌价（中间价）×外币金额（F.O.B.）×1.0635×关税率，如当引进与我国有贸易协定的国家的石油化工项目，关税率一般取 20%，关税常数为 0.2127 (7) 增值税：软件部分不计算，硬件按增值税＝[人民币外汇牌价（中间价）×外币金额（F.O.B.）×1.0635＋关税]×$\dfrac{增值税率}{1-增值税率}$，如当关税为 20%，增值税为 14% 时，则增值税常数为 0.20775，即增值税＝人民币外汇牌价（中间价）×外币金额（F.O.B.）×0.20775 (8) 外贸手续费＝硬、软件的货价（C.I.F.）×1.5% (9) 银行财务费＝硬、软件的货价（F.O.B.）×5‰ (10) 海关监管手续费（一般应用于引进技术改造项目的技术和设备）可按减免关税和增值税的货价计取，即海关监管手续费＝货价（C.I.F.）×3‰ (3)～(10) 项中的各计算式中所列的税率、费率和常数，在编制概算时应按国家有关部门公布的最新数字调整，(4)～(9) 项又称从属费用，简称"两税四费" (11) 引进设备材料国内检验费＝硬件货价×0.74% (12) 设备国内运杂费：货物到达我国港口码头或车站到安装工地仓库或施工现场堆放点所发生的运费、保险费、装卸费、包装费、供销部门手续费、仓库保管费和所在港口发生的费用，一般由主管部门根据建厂所在地区不同以硬件货价（F.O.B.）的费率计取，一般为货价的 1.7%～4.5% 以上费用如有调整，以相关行业主管部门公布为准

2）设备安装工程概算编制方法，见表 4-23。

设备安装工程概算编制方法　　表 **4-23**

名称	编制方法
需要安装设备	（1）预算单价法：初步设计有详细设备清单，可直接套安装工程预算综合单价，汇总求得设备安装工程费。即设备安装工程费＝Σ（设备台数×安装工程预算综合单价），应用此方法，计算方便正确 （2）扩大单价法：初步设计设备清单不齐或仅有成套设备总量时，可按主设备、成套设备或工艺线的综合扩大安装单价编制 （3）概算指标法：初步设计清单不完备或安装工程预算单价、综合扩大安装单价不全时，用概算指标编制 　1）按占设备价值的百分比计算，设备安装费＝设备价值×设备安装费率（％） 　2）按每吨设备安装费计算，设备安装费＝设备总吨数×每吨设备安装费 　3）按设备的座、个、台、套、组或功率等为计量单位的概算指标计算 　4）按设备安装工程每平方米（立方米）建筑面积（体积）的概算指标计算

在编制建筑工程和设备安装工程的单位工程概算时，都应注意使用的定额或指标的编制年限、人工工资、材料价格及定额水平的差异，按建设地区颁布的人工、材料及定额的调整系数调整至编制期时单价，求得单位工程直接费。建筑工程和设备安装工程的单位工程概算表的格式分别见表 4-24 和表 4-25。

建筑工程单位概算表　　表 **4-24**

工程项目　×　×　装置（泵房）土建　　　　　　　　金额单位：元

序号	价格依据	费用名称	单位	数量	单价	合价
1	2	3	4	5	6	7
		建筑面积	m²	√	√	√
1	√	带形砖基础	10m³	√	√	√
2	√	一砖半墙	10m³	√	√	√
3	√	构造柱	10m³	√	√	√
4	√	矩形梁	10m³	√	√	√
5	√	过梁	10m³	√	√	√
6	√	大型屋面板	10m³	√	√	√
7	√	挑檐	10m³	√	√	√

续表

序号	价格依据	费用名称	单位	数量	单价	合价
1	2	3	4	5	6	7
8	√	双层实腹钢窗	100m²	√	√	√
9	√	木板大门	100m²	√	√	√
10	√	圈梁	10m³	√	√	√
11	√	水泥砂浆地面	100m²	√	√	√
12	√	水刷石墙面	100m²	√	√	√
13	√	三毡三油屋面	100m²	√	√	√
14	√	混凝土设备基础	10m³	√	√	√
		零星工程	%	√	√	√
		小计				√
		概算定额直接费小计				√
		材料调价				√
		措施项目费				√
		冬雨季施工增加费				√
		夜间施工增加费				√
		脚手架工程费				√
		二次搬运费				√
		特殊条件施工增加费				√
		安全文明施工费				√
		间接费				√
		企业管理费				√
		规费				√
		利润				√
		税金				√
		概算价值				√

表 4-25

安装工程概算表

工程项目 ×× 装置——工艺设备

金额单位：元

序号	价格依据		设备、材料或费用名称	单位	数量	材质	重量(t)		单价			总价		
	设、材	施工费					单重	总重	设备、材料	施工费	其中工资	设备、材料	施工费	其中工资
1	2	3	4	5	6	7	8	9	10	11	12	13	14	15
			一、通用设备											
			（一）泵											
1	√	√	循环输送泵 50YⅡ-60A	台	√	√	√	√	√	√	√	√	√	√
			流量 14.4m³/h、扬程 45m											
			电机 BJO₂-42-2、7.5kN											
			………											
			小计		√					√	√		√	√
			（二）风机											
1	√	√	颗粒输送鼓风机	台	√	√	√	√	√	√	√	√	√	√

续表

序号	价格依据 设、材	价格依据 施工费	设备、材料或费用名称	单位	数量	材质	重量(t) 单重	重量(t) 总重	单价 设备、材料	单价 施工费	单价 其中工资	总价 设备、材料	总价 施工费	总价 其中工资
1	2	3	4	5	6	7	8	9	10	11	12	13	14	15
1			型号 SD36×35											
			风量 1284m³/h,											
			风压 7000mm水柱,											
			电机 Y280M-6,							√	√		√	√
			55kN											
			…		√	√								
			小计	台				√						
			二、非标设备											
			(一)反应器											
1.	√	√	预聚合反应器	台	√	√	√	√	√	√	√	√	√	√
			…		√									
1.	√		小计					√						
1.	√	√	(二)换热器		√	√	√	√	√	√	√	√	√	√
1.	√	√	预聚合反应预热器	台	√	√	√	√	√	√	√	√	√	√

续表

序号	价格依据		设备、材料或费用名称	单位	数量	材质	重量(t)		单价			总价		
	设、材	施工费					单重	总重	设备、材料	施工费	其中工资	设备、材料	施工费	其中工资
1	2	3	4	5	6	7	8	9	10	11	12	13	14	15
1	√	√	…	√	√			√		√	√		√	√
1.			小计											
			设备费小计									√		
			设备调价									√		
			设备运杂费									√		
			设备费合计									√		
			设备安装费		√			√		√	√		√	√
			调整后设备安装费									√		
			材料费小计									√		
			材料调价									√		
			材料费合计									√		
			材料安装费										√	√
			调整后材料安装费									√		
			概算直接费小计									√	√	√

续表

序号	价格依据 设、材	价格依据 施工费	设备、材料或费用名称	单位	数量	材质	重量(t) 单重	重量(t) 总重	单价 设备、材料	单价 施工费	单价 其中工资	总价 设备、材料	总价 施工费	总价 其中工资
1	2	3	4	5	6	7	8	9	10	11	12	13	14	15
			措施项目费											
			冬雨期施工增加费										√	√
			夜间施工增加费										√	√
			脚手架工程费										√	√
			二次搬运费										√	√
			特殊条件施工增加费										√	√
			安全文明施工费										√	√
			间接费										√	√
			企业管理费										√	√
			规费										√	√
			利润										√	
			税金										√	
			概算价值										√	√	√

注："设备、材料调价"系指调至做本概算当时当地的设备、材料预算价格。

2. 单项工程综合概算编制方法

单项工程综合概算是将该单项工程（或一个装置）内各单位工程概算综合汇总编制而成的全部建设费用的文件。综合概算一般包括编制说明和综合概算表两个部分。

编制说明主要内容包括编制依据、编制方法、主要材料和设备的数量、技术经济指标和其他需说明的问题。

综合概算表，综合汇总单项工程中的各单位工程或费用。如将建筑工程中的一般土建工程、给排水工程、采暖通风工程等和设备安装工程中的工艺设备及安装工程、自控设备及安装工程等予以综合汇总。

一般在综合概算表中不列其他工程和费用概算，只有当建设项目仅有一个单项工程时，根据需要列入部分或全部其他工程和费用。一般当建设项目有两个以上单项工程时，其他工程和费用概算列入建设项目总概算内。

单项工程综合概算的计算表达式为：

单项工程综合概算投资＝Σ单位工程概算投资

单项工程综合概算表的格式见表 4-26。

单项工程综合概算表　　　　　　　　　　　　表 4-26

工程项目：××装置　　　　　　　　　　　　金额单位：万元

序号	单位工程或费用名称	概算价值					技术经济指标			占投资总额（%）	备注
		设备购置费	安装工程费	建筑工程费	其他费用	合计	单位	数量	单位造价（元）		
1	2	3	4	5	6	7	8	9	10	11	12
1	建筑物			✓		✓	✓	✓	✓	✓	
2	构筑物			✓		✓	✓	✓	✓	✓	
3	给排水	✓	✓			✓	✓	✓	✓	✓	
4	照明及避雷		✓			✓	✓	✓	✓	✓	
5	采暖	✓	✓			✓	✓	✓	✓	✓	
6	通风	✓	✓			✓	✓	✓	✓	✓	

续表

序号	单位工程或费用名称	概算价值					技术经济指标			占投资总额（%）	备注
		设备购置费	安装工程费	建筑工程费	其他费用	合计	单位	数量	单位造价（元）		
1	2	3	4	5	6	7	8	9	10	11	12
7	工艺设备及安装（包括防腐保温）	√	√		√	√	√	√	√	√	
8	工艺管道（包括防腐保温）		√			√	√	√	√	√	
9	自控设备及安装	√	√			√	√	√	√	√	
	……										
	……										
	……										
	合计	√	√	√		√	√	√	√	√	

表中的技术经济指标，是综合概算的重要内容之一。不仅说明拟建企业或车间的单位生产能力的投资额、每吨设备的投资额或单位服务能力投资额，同时对于评价设计方案的经济合理性、项目的决策具有重要价值。技术经济指标一般以：m^2、m^3、m、$t/年$、m^3/h、kVA 等单位表示。

3. 建设项目总概算编制方法

总概算是确定该项目从筹建到竣工以及试车投产验收所需的全部建设费用的总文件。它是由各单项工程综合概算、工程建设其他费用和预备费，以及固定资产投资方向调节税、建设期贷款利息和铺底流动资金所组成。其计算表达式为：

$$
\begin{aligned}
\text{建设项目总概算投资} = &\Sigma\,\text{单项工程综合概算投资} + \text{工程建设其他费用} + \text{预备费} \\
&+ \text{固定资产投资方向调节税} + \text{建设期贷款利息} \\
&+ \text{铺底流动资金}
\end{aligned}
$$

总概算书一般包括编制说明、总概算表及其所属的综合概算表、单位工程概算表，以及其他费用和预备费概算表。

(1) 编制说明如表 4-27 所示。

建设项目总概算编制说明   表 4-27

内 容	编制要求
1. 工程概况	项目的产品名称、生产方法、建设规模、范围、建设地点、建设条件、建设期限、原材料及厂外协作配套等
2. 编制依据	说明项目主管部门批准文件及有关规定。采用的概算定额或概算指标、材料和设备的价格、各种费用和取费标准、税金和利息等编制依据
3. 投资分析	建筑安装、设备和其他费用的各类工程投资比例和费用构成分析，与类似工程比较投资高低，分析对比投资效果的技术经济指标等
4. 主要材料设备量	说明主要设备、材料和建筑安装工程的钢材、水泥、木材等数量、消耗指标
5. 动态因素	说明在总概算中影响工程造价的动态因素，在结合工程建设特点和建设工期的考虑
6. 建设的分工	参加建设的设计、承建单位与项目分工

(2) 总概算表的编制。总概算表中的项目按工程用途分的单项工程由主要生产项目、配套及辅助生产项目、公用工程项目、服务性及生活福利设施工程项目、厂外工程项目等组成，按费用构成分为第一部分工程费用（建筑、安装、设备及工器具购置、其他费用），第二部分工程建设其他费用，第三部分预备费用以及固定资产投资方向调节税、建设期贷款利息、铺底流动资金组成。建设项目总概算表的格式如表 4-28 所示。

建设项目总概算表   表 4-28

工程名称：×××   金额单位：万元

序号	单元号	工程或费用名称	设备购置费	安装工程费	建筑工程费	其他费用	总计	占总投资（%）	备注
1	2	3	4	5	6	7	8	9	10
		第一部分工程费用							
		一、主要生产项目	√	√	√	√	√	√	

续表

序号	单元号	工程或费用名称	设备购置费	安装工程费	建筑工程费	其他费用	总计	占总投资（%）	备注
1	2	3	4	5	6	7	8	9	10
1		××××	√	√	√	√	√	√	
		⋮　　⋮							
		二、辅助生产项目							
1		××××	√	√	√	√	√	√	
		⋮　　⋮							
		三、公用工程项目	√	√	√	√	√	√	
1		××××	√	√	√	√	√	√	
		⋮　　⋮							
		四、服务性工程项目	√	√	√	√	√	√	
1		××××							
		⋮　　⋮							
		五、生活福利设施工程项目	√	√	√	√	√	√	
1		××××	√	√	√	√	√	√	
		⋮　　⋮							
		六、厂外工程项目	√	√	√	√	√	√	
1		××××	√	√	√	√	√	√	
		⋮　　⋮							
		第一部分工程费用合计	√	√	√	√	√	√	
		第二部分其他费用							
1		××××				√	√	√	
		⋮　　⋮							
		第二部分其他费用合计				√	√	√	
		第一、二部分费用合计	√	√	√	√	√	√	
		第三部分预备费							
1		工程不可预见费					√		
2		设备、材料浮动价差	√	√	√		√		

续表

序号	单元号	工程或费用名称	设备购置费	安装工程费	建筑工程费	其他费用	总计	占总投资（%）	备注
1	2	3	4	5	6	7	8	9	10
3		设备、材料建设期价差	√	√	√		√		
		第三部分预备费合计					√	√	
		固定资产投资方向调节税				√	√	√	
		建设期贷款利息				√	√	√	
		建设工程总概算	√	√	√	√	√	√	
		铺底流动资金				√			

4.3.4　影响设计方案主要的经济性因素

在进行设计方案分析论证时，影响设计方案主要的经济性因素有：

1. 改革建筑业和基本建设管理体制

如实行建设项目业主责任制；改革建设资金管理办法，由拨款改为银行贷款，对投资实行有偿使用；规范建设工程计价行为，统一工程计价文件的编制原则和计价方法；大力推行工程招标发承包制；改革设备和材料供应办法；推行建设监理工作，推行项目法管理等。通过改革使项目提高投资效益和节约投资。

2. 厂址选择和建厂地区的条件

厂址选择和建厂地区的条件对设计方案的经济合理具有重大影响，对于实现国民经济和地区的规划布局的合理、项目的原材料供应及产品的销售成本的降低以及对企业的经济效益和社会效益的增加所带来的影响。建厂地区条件优越给企业带来了有利条件，厂址选择理想给企业发展增加了活力。如地理位置、交通运输、水、电、气供应能力和其他外部协作条件以及地形地貌、工程与水文地质、气象条件、建材供应、地区的工业和科技力量等条件优越，称为理想厂址。

3. 总图运输和公用工程

总图运输和公用工程布置在满足工艺要求、使用功能的前提下，改革工厂设计模式，依托社会、有利生产、方便生活、节约土地。对分期实施的建设项目，要统筹考虑、合理安排、留有发展余地。

4. 建设标准

在设计时应遵循国家对不同的建设项目制订不同的建设标准要求，如建设规模、占地面积、工艺技术装备水平、建筑标准、质量和安全标准、劳动组织、辅助及配套协作工程等。

5. 工艺总流程和产品方案

工艺总流程和生产工艺要技术先进、适用经济。对引进项目的技术和设备采用成熟的先进技术方案，对多数项目采用先进程度适宜的技术方案。通过技术经济分析，要选择符合国情的（如能源、资金、技术短缺，劳动力资源雄厚）、能耗少、自动化程度适当、投资低、质量高、见效快的工艺流程。

产品方案要符合国内外需要，按国家产业政策制订对国家急需的、市场产销对路的产品方案，以增强企业的竞争能力。

6. 设备的选型和设计

在工艺流程确定后，根据生产规模选用设备，其选用原则是：技术先进、适用经济、质量可靠、供货及时、节约投资和外汇，一般应做到：

（1）尽量选用国产设备，并注意设备的标准化、通用化、系列化；

（2）多引进先进技术和技术资料、专利，少引进设备；

（3）引进部分关键设备或单机，其余由国内配套分交，减少成套引进；

（4）与国外合作方式，选用以购买技术资料和专利，合作设计、合作制造、合作采购的"一买三合作"方式，以提高国内机械行业制造水平和减少外汇支出。

7. 工程限额投资与使用期间的成本

正确处理好工程限额投资对设计方案的制约，同时设计方案要考虑整个使用期间的再投资和长期使用成本——如更新改造、大修理、维修、能耗、管理费用等，以反映项目整体效益。

8. 建筑材料与结构的选择

建筑材料与结构的合理选择，对工程造价有直接影响，采用适用先进、方便施工的结构形式和轻质、高强、耐用的建筑材料，可降低建筑物自重，采用开发地方建筑材料资源可节约材料费和运输费，有利于提高劳动生产率，缩短工期，提高投资效益。

9. 投资、进度、质量三者之间的关系

投资、进度、质量是进行项目法管理的三大控制内容，而投资目标、进度目标和质量目标是项目在同一系统中的对立统一关系。如投资和进度的关系是当加快进度，有可能增加投资，但同时可获得提前投产效益。例如，某工程工期每提前一天可获得增加利税 350 万元，而每拖后一天，要多支付建设期间贷款利息 100 万元，从中可以看出加快进度对整体效益的作用。又如进度与质量的关系是当加快进度，有可能影响质量，而质量控制严、不返工，实质上又加快了进度、节省了建设期间资金和使用期间的成本。再如投资与质量的关系是当质量好，有可能增加投资，而质量控制严，可以一次建成投产，减少使用期间维护费，加快投资回收期，为国家多作贡献。因此，建设项目应将投资控制在批准的最高限额之内，按合理工期组织建设、考核工程进度，按规定的质量标准组织施工和验收。

10. 建设工期和有效使用期的全寿命经济分析

建设项目全寿命经济分析系指项目从筹建到建成交付使用，形成新增生产能力或使用功能，又继续为国民经济提供效益。共分为三个阶段，如图 4-9 所示。

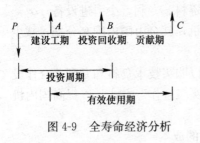

图 4-9 全寿命经济分析

图中 P——初始投资；

A——基本效益（项目按设计要求建成并达到设计生产能力或使用功能）；

B——必要效益（投产后获得的效益用于还清投资款）；

C——实得效益（还清投资贷款后，为国民经济作贡献）。

增加实得效益是项目建设的根本目的。要采取措施，减少投资周期，即缩短建设工期和投资回收期，延长有效使用期。

4.3.5 初步设计概算的审查

1. 设计概算审查的意义

（1）为了准确确定工程造价，有利于合理安排建设资金，有利于加强投资计划管理；

（2）促进设计方案的技术先进、经济适用，通过概算中的技术经济指标的综合反映，与类似工程分析比较，得出设计的先进性和合理性程度和寻找设计挖潜的可能；

（3）促进设计单位在编制时严格遵循国家和地方的有关编制规定和取费标准；

（4）控制投资规模，通过审查概算，防止高估冒算或压低投资，使项目总投资做到准确、完整、合理。

2. 设计概算审查的原则

（1）坚持实事求是和严格控制的原则。按照基本建设的方针、政策和规定，以及概算的编制规定，在审查中，既要实事求是地结合项目的具体情况，又要严格控制项目的各项工程内容和费用的核实，做到错估多算的扣除，漏项少算的增加；

（2）坚持工程量、计价、费用和设计技术标准同时审查的原则。防止超规模、超面积、超标准、超投资；

（3）坚持充分协商的原则。在各参审单位参加审查时，不可避免地会对一些问题理解不一致，这就要坚持充分协商，以取得一致的意见，必要时才报请有关部门仲裁。

3. 设计概算审查的依据

（1）批准项目的建设文件；

（2）国家有关部委和省、市、自治区颁发的设计概算编制办法、概预算定额（或综合预算定额、计价表）、单位估价表、设备和材料预算价格、间接费和有关费用的计算规定等；

（3）初步设计图纸、说明、资料等；

（4）类似工程的概预算和技术经济指标；

（5）国家和地方颁发的有关基本建设的方针、政策、文件，有关设计标准及规范等。

4. 设计概算审查的内容

（1）审查编制依据的合法性。采用的编制依据应经国家或权威部门批准，并按规定进行编制，不得自行制定政策和规定，不得强调特殊而擅自提高各种标准。

（2）审查编制依据的时效性。对于定额、指标、材料和设备价格、人工工资、各项取费标准、价格调整系数等，都应依据有关专业部和地方的现行规定执行。

（3）审查编制依据的适用范围。各专业部规定的各种专业定额及其取费标准，只适用于本部门的专业工程；各地区规定的各种定额及其取费标准，只适用于该地区工程。间接费定额与直接费定额一般应配套使用，采用什么定额就套用相应的取费标准。

（4）审查概算是否按编制依据进行编制，有无差错、多算、漏项，有无多列投资或留有缺口，有无计划外项目，有无不应从基本建设内开支的费用等。

（5）审查概算文件的组成。概算文件由编制说明、项目总概算书、综合概算书、单位工程概算书所组成。概算文件要完整反映设计内容，按设计文件内的项目和费用编制，概算总投资应完整地包括项目从筹建到竣工投产的全部总投资。

（6）审查总体布局和工艺流程。总图设计要注意总体规划与近期规划相结合，对分期建设的项目，要统筹安排，一次规划、分期征地，并留有发展余地。总体布局要符合生产和工艺流程的要求，并按照要求对局部能提前投产的项目先行安排建设，达到早投产、早得益。

（7）审查投资效益。从生产条件、工艺技术、建设期、原材料供应、产、供、销、资金运用、盈利和还贷能力等因素综合衡量投资效益。

（8）审查"三废"治理、安全生产等项目。对与建设项目同步建设的"三废"治理、工业卫生、安全生产、消防设施、绿化等项目的治理措施和投资。

（9）审查概算单位造价和各项技术经济指标。应用综合指标和单项指标与类似工程的指标比较分析，寻找相差的原因，对设计进一步挖潜。

（10）审查概算费用的构成。费用的构成是否准确齐全，构成比例是否合理。建筑安装工程量及采用的定额或指标以及取费规定的审查，设备、材料的数量、价格的取定，工程建设其他费用和预备费以及其他有关的税金、利率、汇率和流动资金等构成的审查。

5. 设计概算审查的方式

（1）多方会审。由项目主管部门或地区主管部门组织建设、设计、施工及地方的规划、城建、环保、市政、交通、电力、电讯、土地、工业卫生、劳动、消防等有关部门参加会审，能达到及时解决会审中存在的问题，常适用于大中型重点建设项目。

（2）分头审查、集中定案。由建设单位将初步设计文件分送主管部门、设计单位和有关部门分头审查，再由主管部门组织各有关单位集中讨论定案。

6. 设计概算审查方法

（1）全面审查法。此法特点是审查质量高、工作量大，常适用于工程量小、工艺简单的小型工程。

（2）重点审查法。抓住项目的重点进行审查，如对项目中工程量大或价值高的单位工程以及分部分项工程费用、设备费等。

（3）经验审查法。根据实践经验，审查在工程上常容易计算错的工程量、价格和费用。

（4）分解对比审查法。把一个单位工程按定额直接费和间接费分解，再把定额直接费按分部分项工程分解，分别与编制依据的预算定额进行对比，分析其差异。此法常适用于有可比性的类似工程。

7. 设计概算审查步骤

（1）掌握和熟悉情况。掌握概算文件组成内容，熟悉编制依据和方法，了解项目初步设计文件、图纸、说明的主要内容，收集有关定额、指标、规定、文件、资料等，调查收集同类型工程的资料，并进行分析整理。

（2）进行对比分析。按定额、指标或有关技术经济指标与审查的概算对比分析，与同类型工程的相应指标对比分析，从而找出相差原因。

（3）搞好审查定案。通过审查，把审查出的问题提交建设单位、设计单位和有关单位共同研究处理，在会审中定案的问题及时修正报批，对未定案的问题向有关主管部门反映。

4.3.6   设计阶段控制投资的主要方法

设计阶段是控制投资的关键阶段，设计质量的优劣对项目投资影响起着重要的作用，因此，选择一个有资质、有经验、社会信誉高的设计单位至关重要，实践经验证明，对主要生产性工程或装置必须选择专业性强的甲级设计院，以确保设计质量。

在设计阶段控制项目投资的主要方法有：

1. 推行工程设计招标和设计方案竞赛

（1）工程设计招标的步骤及目的见表 4-29。

工程设计招标的步骤及目的　　　　　　表 4-29

主要步骤	目　　的
1. 编制招标文件 2. 发布招标通告、发出邀请投标书 3. 对设计投标单位进行资格审查 4. 向合格的设计投标单位发售或发送招标文件 5. 组织设计投标单位踏勘工程现场和解答问题 6. 接受投标单位的投标书 7. 组织开标、评标、决标，确定中标单位 8. 签订设计承包合同	1. 通过招标，鼓励平等竞争，有利于择优选定设计方案和设计单位 　2. 有利于控制项目投资，降低工程造价，提高投资效益 　3. 有利于缩短设计周期，保证设计进度 　4. 有利于促进采用技术先进、经济适用、提高设计质量的设计方案

（2）设计方案竞赛。一般应用于建筑工程中的大中型建筑设计和总体规划设计的发包。设计方案竞赛的方法和步骤是：由主办单位提出竞赛的要求和评选条件，提供方案设计的技术、经济资料，邀请有关设计单位参加竞赛或组织公开竞赛，设计单位按规定提交参赛的设计方案，由主办单位组织评审委员会评审后决策。

2. 落实勘察设计单位技术经济责任制

设计单位和建设单位共同签订设计承包合同后，明确了双方的责、权、利。设计单位要全面推行技术经济责任制，按国家规定收取勘察设计费，实行企业化经营，在内部实行多种形式的经济责任制，制订奖惩和考核措施，把完成各项设计任务按专业分工和定额考核落实到基层，以确保设计质量和设计任务的完成。

当有两个以上的设计单位进行项目设计时，建设单位应委托其中一个设计单位进行总包，并签订总包合同，总包单位（又称总体设计院）和各分包单位（又称装置设计院或分包设计院）签订分包合同；也可由委托方择优选定各单项工程分包单位，由总包单位归口对各分包单位的设计技术协调、组织管理和负有技术把关的责任。总包单位负责编制和控制项目的生产工艺总流程、总平面布置、总定员、总占地、总投资以及分担的单项工程设计任务，分包单位负责编制和控制分担的单项工程设计任务。总包单位和分包单位之间是组织者和被组织者之间的关系。

3. 推行限额设计

推行限额设计是对建设项目在满足生产和使用功能前提下，有效地控制投资的有力措施。因此，应在设计准备阶段和设计阶段中推行，对投资按单项工程、单位工程分配到各专业，使投资估算控制初步设计概算、初步设计概算控制施工图预算。限额设计控制内容如表4-30所示。

限额设计控制内容

表 4-30

控制内容	措　施
1. 提高投资估算的正确性，合理确定投资限额	充分重视对提高投资估算正确性的认识，正确处理技术与经济的对立统一关系，采取适当加深可行性研究报告的深度，对设计方案进行全面分析比较和论证后择优推荐，使投资估算编制合理科学、实事求是，从而合理确定投资限额
2. 初步设计概算要控制在批准的投资估算之内	根据可行性研究报告的要求、内容和投资估算，做好初步设计多方案选择，在保证生产和使用功能的前提下，通过合理确定设计规模、设计内容、设计标准和概预算定额、指标及取费标准，加强对投资限额的控制与管理，把投资限额按各单元、专业和工序分解，把责任落实到人。在设计中发现重大设计内容或某项费用超投资时，应及时采取措施纠偏，防止在概算编制完后再纠正。对超出投资估算的初步设计概算，要重新办理立项报批手续
3. 施工图预算要严格控制在批准的设计概算之内	根据批准的初步设计确定的原则、项目组成和内容及设计概算，进行施工图设计和编制施工图预算，对建设规模、工艺流程、产品方案或设计方案的重大变更，要另行编报初步设计文件。施工图预算造价要严格控制在批准的设计概算之内，加强设计单位的技术经济人员及其素质，由设计单位或工程造价咨询机构编制施工图预算
4. 加强设计审查和对设计变更的管理	加强对项目在可行性研究阶段和设计阶段的设计审查，是控制和节约投资的重要措施，也是对设计单位设计质量的审查；加强设计管理，严格控制重大设计变更和不合理变更，把合理的设计变更控制在设计阶段，减少在施工过程中产生的变更可以减少经济损失；杜绝设计漏项或计算错误，使造价得到有效控制
5. 进行动态控制与管理	限额设计从本质上讲是对设计主动地进行投资控制，在按单项工程、单位工程和分部分项工程分配投资时，将静态投资和动态投资（价格、汇率、利率等）合理分配，并对预备费按项目特点侧重分配或集中调剂分配，单项工程或单位工程之间分配投资有余缺时，亦可合理调剂，总之，使分配投资科学合理，达到避免和减少限额设计对设计功能提高的限制。限额设计的指标应以编制估算、概预算基期时所依据的同年份的价格，不包括开工以后的建设期内调整价格因素，以排除价格变化对限额设计的影响

4. 应用设计标准规范和标准设计

设计标准规范和标准设计是国家、专业部、地区或设计单位制订的统一的标准规范和标准设计，它来源于建设实践和科学总结，是项目建设的勘察、设计、施工和竣工验收的重要依据，是技术管理、质量管理的重要组成部分，其制订的内容和标准对项目投资控制有直接的影响。

标准设计是由国家、地区批准的建筑物、构筑物或零部件、构件等的标准技术文件图纸，专业设计院编制的标准设计图纸又称通用设计。标准设计是工程建设标准化的组成部分。

由于标准规范和标准设计具有技术先进、经济合理、安全适用、质量可靠、通用性强、有利于工业化生产，因此理应得到推广应用，设计标准规范一经颁发就是技术法规，必须依法遵守和在规定的范围内应用，标准设计一经颁发就应在适用范围内采用。采用优秀的标准规范有利于降低工程造价，缩短建设周期，有利于降低项目的全寿命费用，有利于安全生产，有利于控制建设标准，发挥综合经济效益。而标准设计可以重复使用，节约设计费用，缩短设计周期，有利于构件生产的标准化、系列化，促进施工准备阶段和施工速度的加快，提高技术水平，节约原材料，提高劳动生产率，确保工程质量和降低工程造价。

4.4 建设项目招标发包阶段的投资控制

4.4.1 建设项目推行招投标发承包制

建设项目推行招投标发承包制的意义：推行招投标发承包制是对用行政手段指定设计、施工单位，层层分配任务办法的一次重大改革。它有利于开展平等竞争、鼓励先进、鞭策后进；有利于招标单位通过招标发包，择优选择有关承包设计和施工的单位；有利于承包单位改善经营管理、推进技术进步、提高企业素质和社会信誉；最终达到缩短工期、提高质量、降低造价的目的。凡是有条件招标的建设项目和国家规定使用国有资金投资的建设项目都要实行招投标发承包制，对没有条件招标的建设项目，也要创造条件实行招投标发承包制。

4.4.2 建设项目招标发包阶段的投资控制措施

1. 监理工程师在本阶段采取的投资控制措施（表 4-31）

招标发包阶段的投资控制措施   表 4-31

措　施	内　容
组织措施	（1）建立项目监理的组织保证体系，在项目监理班子中落实从投资控制方面参加招标、评标、合同谈判的人员，明确任务及职责，如参加招标文件及标底的编制或审核、准备或参与投标文件的评审和决标、参加合同谈判和合同条款的审核等 （2）编制本阶段投资控制详细工作流程图
经济措施	对建设工程造价确定和控制的计价活动 （1）审核或编制招标文件、工程量清单、招标控制价（标底）、分部分项工程量、综合单价及取费标准等的编制依据，有无错、漏、重，以及计价依据和计价方式 （2）审查或编制标的及其依据与投资计划值进行比较分析 （3）审核招标工程量清单计价是否遵循《建设工程工程量清单计价规范》GB 50500—2013 规定 （4）准备或参与评标、定标活动，提出推荐意见
技术措施	（1）审查为工程实施的施工组织设计或重大施工技术方案发生的施工技术措施费、安全措施费用等，做技术经济分析 （2）审查分部分项工程量清单，依据《建设工程工程量清单计价规范》规定的项目编码、项目名称、计量单位、项目特征、工程量计算规则及工程量的编制 （3）分析招标文件和投标文件的差异
合同措施	（1）参与合同谈判，准备采用的承包方式以决定合同价计算方法、合同价款的调整、付款和结算的时间、方式等，合同中有关工程变更、计量与支付、索赔等规定 （2）控制合同价在投资控制计划目标值范围之内 （3）从投资控制和财务管理方面注意合同条款内容的审查 （4）合同条款中明确监理工程师在项目建设中的地位、任务和作用 （5）参与签订承发包合同 （6）在合同双方约定时，应首先明确不得违背招投标文件中关于工期、质量、造价等方面实质性内容，招标文件与投标文件不一致的地方，应以投标文件为准

2. 规范建设工程招标发包阶段的计价行为

(1) 工程造价的计价特点：具有动态性和阶段性（多次性）。

建设项目从决策立项到竣工交付使用，有一个较长周期，在此周期间，工程造价构成中的任一因素发生变化，必然影响工程造价的变动，因此需要对项目建设每个阶段进行计价，进行动态控制，以保证控制投资目标的科学性；工程造价的多次性反映了不同的计价主体至工程造价的逐步深化、细化、接近和最终在竣工结算后确定该项目的工程造价。

【例】 见图 4-1 所示。建设项目分阶段不同的投资控制值。

(2) 规范建设工程计价行为

规范建设工程计价行为、维护发承包双方的合法权益、促进建筑市场的健康发展，原建设部、城乡建设部、住房和城乡建设部先后出台了多份计价管理规范、计价办法等，仅 2013 年先后出版了与计价有关的《建设工程工程量清单计价规范》GB 50500—2013、《房屋建筑与装饰工程工程量计算规范》~《爆破工程工程量计算规范》GB[50854～50862]—2013 等九类专业计算规范、《建筑安装工程费用项目组成》建标［2013］44 号文、《建设工程施工合同》示范文本 GF-2013-0201、《关于废止和修改部分招标投标规章和规范性文件的决定》九部委 2013 年第 23 号令等文件以及国家、省级和行业建设主管部门、工程造价管理部门历年来先后在预算定额或单位估价表的基础上编制了综合预算定额、基础定额、计价定额（计价表）、费用定额、计价办法、规定和发布工程造价信息等，作为在招投标发承包阶段编制招标文件、工程量清单、招标控制价、投标报价、合同价款、调整合同价款、工程结算的法规、必要依据或参考依据。使建设工程发承包、工程计价、计量遵循客观、公平、公正和诚信原则，实现"政府宏观调控、部门动态监管、企业自主报价、市场形成价格、实现量价分离"的目标，使招标发承包阶段统一工程量清单编制和计价行为渐趋完善、规范。

（3）定额计价法和工程量清单计价法的区别

1）定额计价法

定额指的是建设工程消耗量定额，是指在正常施工条件下，规定完成一定计量单位合格的分项工程或结构构件所必需的人工、材料和施工机械台班消耗的数量（含耗损）标准。

定额计价法是指按省或行业建设主管部门颁发的"建设工程消耗量定额"的工程量计算规则、当时当地的工程价格信息和市场价格，计算直接工程费；按"省建设工程措施项目计价办法"规定计算方法计算措施项目费；按"省建设工程造价计价规则"计算其他项目费、企业管理费、利润、规费和税金。汇总确定单位（项）工程总造价。所以定额计算法是个传统的计价方法。

2）工程量清单计价法

工程量清单是指载明建设工程的分部分项工程项目、措施项目、其他项目的名称和相应数量以及规费项目和税金项目等内容的明细清单。

工程量清单计价法是：招标人依据《建设工程工程量清单计价规范》GB 50500—2013 提供招标工程量清单，由投标人按招标工程量清单要求，计算并填报已标价工程量清单的分部分项工程和措施项目计价表、综合单价分析表、其他项目计价表、工程计价汇总表等，求出投标报价工程造价。

招标工程量清单是指招标人依据国家标准、招标文件、设计文件及施工现场实际情况编制的随招标文件一起发布的供投标报价的工程量清单。

（4）单位工程造价表现形成

1）按定额计价采用工料单价法的工程

单位工程造价＝直接费＋间接费＋利润＋税金

其中，直接费＝直接工程费＋措施项目费

直接工程费＝人工费＋材料费＋施工机械使用费

间接费＝规费＋企业管理费

2）按工程量清单计价规范计价采用综合单价法的工程

单位工程造价＝分部分项工程费＋措施项目费
$$＋其他项目费＋规费＋税金$$

其中，分部分项工程费＝Σ（分部分项工程量
$$×分部分项综合单价）$$

分部分项综合单价＝直接工程费(人工、材料、机械台班费)
$$＋企业管理费＋利润＋风险费$$

措施项目费＝Σ（措施项目工程量×综合单价）

对不宜计量的措施项目的计算基数及费率按建标 [2013] 44 号文规定计算。

3. 签订合同条款时，对工程造价有关事项的约定

发承包双方在签订建设工程合同条款时，应对下列与工程造价有关的事项作出具体的约定。

（1）计价依据和计价方式；

（2）合同价格类型及合同总价。采用固定单价合同的各项目单价；

（3）采用工程预付款方式时的预付款数额。预付款支付方式、支付时间及抵扣方式；

（4）工程计量和工程进度款支付的方式、数额及时间；

（5）索赔和现场签证的程序、金额确认与支付时间；

（6）合同价款的调整因素、方法、程序、支付及时间；

（7）发包人供应的材料、设备价款的确定和抵扣方式；

（8）合同风险的内容、范围、幅度和承担方式及风险超出约定时，合同价款的调整办法；

（9）工程竣工价款结算编制与核对、支付时间；

（10）工程质量不合格违约责任，工程质量奖励办法及工程质量保修金的数额，预留和返还的方式；

（11）违约责任以及发生合同价款争议的解决方法与时间；

（12）与履行合同、支付价款有关的其他事项。

4.4.3 工程量清单

1. 工程量清单的涵义

工程量清单是由拟建工程的分部分项工程、措施项目名称及其相应数量和其他项目、规费项目、税金项目的明细清单。"招标工程量清单"、"已标价工程量清单"是在工程发承包的不同阶段对工程量清单的进一步具体化。

招标工程量清单依据国家标准、招标文件、设计文件及施工现场实际情况编制的随招标文件发布供投标报价的工程量清单，包括说明和表格，并重点明确：

（1）招标工程量清单标明的工程量是投标人投标报价的共同基础，结算时的工程量根据发承包双方在合同中的约定应按实际完成的工程量予以计量。

（2）采用工程量清单方式招标发包，招标工程量清单必须作为招标文件的组成部分，其准确性和完整性应由招标人负责；清单编制可由发包人或委托有资质的招标代理机构或造价咨询机构编制。投标人依据招标工程量清单报价。

（3）对构成一个分部分项工程项目工程量清单必须载明五个要件——项目编码、项目名称、项目特征、计量单位和工程量。

（4）分部分项工程项目工程量清单应根据相关工程现行国家计量规范规定统一的项目编码（分部分项工程和措施项目清单名称的阿拉伯数字标识）、项目名称、项目特征（描述构成分部分项工程项目、措施项目自身价值的本质特征）、计量单位、工程量计算规则的五个统一进行编制，现行国家计量规范的内容，包括总则、术语、一般规定、分部分项工程、措施项目和工程量计量规则，详见《房屋建筑与装饰工程工程量计算规范》、《仿古建筑工程工程量计算规范》、《通用安装工程工程量计算规范》、《市政工程工程量计算规范》、《园林绿化工程工程量计算规范》、《矿山工程工程量计算规范》、《构筑物工程工程量计算规范》、《城市轨道交通工程工程量计算规范》、《爆破工程工程量计算规范》等九类专业规范。

（5）分部分项工程和措施项目清单应采用综合单价计价。

（6）措施项目中的安全文明施工费和规费、税金应按国家、省级或行业建设主管部门规定计算，不得作为竞争性费用。

2. 工程量清单编制或复核的依据

（1）《建设工程工程量清单计价规范》GB 50500—2013 和相关工程的国家计量规范；

（2）国家、省、行业建设主管部门颁发的计价定额和办法；

（3）建设工程设计文件及相关资料；

（4）与建设工程有关的标准、规范、技术资料；

（5）拟定的招标文件及补充通知、答疑纪要；

（6）施工现场情况、地勘水文资料、工程特点及常规施工方案；

（7）其他相关资料。

3. 工程量清单的作用

工程量清单是项目建设招投标双方分别编制招标控制价（标底）和投标报价的依据，是评标、询标的依据，也是签订合同价款、支付进度款的依据和竣工结算的依据。

工程量清单是我国改革现行的工程造价计价方式和招标投标中报价方法与国际通行惯例接轨所采取的一种方式。

工程量清单在招投标双方计价时使用，为各投标单位提供了公开、公正、公平的竞争平台。也为工程实施阶段调整工程量和合同价款、办理工程结算、工程索赔和现场签证提供计算依据。因此要保证清单编制质量、正确计价和计量，不错、漏、重项，做到对清单项目五个要件描述清楚、项目设置正确。

4. 工程量清单内容

（1）分部分项工程项目；

（2）措施项目；

（3）其他项目；

（4）规费项目；

（5）税金项目及以上项目的名称和相应数量等明细清单。

可参阅 4.1.3-3，"建筑安装工程费用项目组成及按造价形成划分参考计算方法"。计算后，应附说明及相关表格。

4.4.4　招标控制价

招标控制价是指招标人在工程招标发包过程中，根据国家、省、行业建设主管部门颁发的有关计价依据和办法，以及拟定的招标文件和招标工程量清单、设计文件和结合工程具体情况编制的招标工程的工程造价，是招标人对招标工程发包的最高投标限价，也是对招标工程限定的最高工程造价，且要求不能超过批准的设计概算。为了客观评审投标报价和避免哄抬标价，应在发布招标文件时同步公布招标控制价，并附说明及相关表格。

1. 招标控制价编制和复核的依据

(1)《建设工程工程量清单计价规范》GB 50500—2013；

(2) 国家、省、行业建设主管部门颁发的计价定额和计价办法；

(3) 建设工程设计文件及相关资料；

(4) 拟定的招标文件及招标工程量清单；

(5) 与建设项目相关的标准、规范等技术资料；

(6) 施工现场情况、工程特点及常规施工方案；

(7) 工程造价管理机构发布的工程造价信息，当工程造价信息没有发布时参照市场价；

(8) 其他相关资料。

2. 工程量清单应采用综合单价的计价方式

(1) 综合单价

完成一个规定清单项目所需的人工费、材料和工程设备费、施工机具使用费、企业管理费、利润以及一定范围内的风险的费用。

(2) 综合单价计算公式

综合单价＝人工费＋材料费＋施工机械使用费＋企业管理费
　　　　＋利润＋应由投标人承担风险的费用

　　　　　　＋其他项目清单中的材料、工程设备暂估单价

　　（3）分部分项工程和措施项目中的单价项目，应根据拟定的招标文件和招标工程量清单项目中的特征描述及有关要求确定综合单价计算。

　　（4）措施项目中的总价项目，应根据招标文件及投标时拟定的施工组织设计或常规的施工方案，按《建设工程工程量清单计价规范》GB 50500—2013 规定计价。

　　（5）综合单价中应包括招标文件中划分的应由投标人承担的一定范围内的风险费用。

　　3. 其他项目

　　（1）应按招标工程量清单中列出的金额——暂列金额、暂估价中的专业工程；

　　（2）应按招标工程量清单中列出的单价计入综合单价——暂估价中的材料、工程设备；

　　（3）应按招标工程量清单中列出的项目，根据工程特点和有关计价依据确定综合单价计算——计日工；

　　（4）应按招标工程量清单中列出的内容和要求估算——总承包服务费。

　　4. 投诉与处理

　　投标人对招标人未按《建设工程工程量清单计价规范》规定编制招标控制价，有进行投诉和要求监督处理的权利。

4.4.5　投标报价

　　投标报价是指在工程招标发包过程中，投标人投标时响应招标文件要求，根据工程特点结合自身的施工技术装备和管理水平，依据有关计价规定自主确定的工程造价，所报出的对已标价工程量清单汇总后标明的总价，是投标人希望达成工程承包交易的期望价格。

　　1. 投标报价应遵循的规定

　　按《建设工程工程量清单计价规范》规定：

　　（1）工程量清单计价必须采用综合单价法计价，投标报价不

得低于工程成本，不能高于招标控制价，否则为废标；

（2）投标报价必须按招标人提供的招标工程量清单填报价格。项目编码、项目名称、项目特征、计量单位、工程数量必须与招标工程量清单一致；

（3）投标报价的综合单价中应包括招标文件中划分的由投标人承担的风险内容及其范围（幅度）产生的风险费用。

2. 投标报价编制和复核的依据

（1）《建设工程工程量清单计价规范》GB 50500—2013；

（2）国家、省、行业建设主管部门颁发的计价办法；

（3）企业定额，国家、省、行业建设主管部门颁发的计价定额和计价办法；

（4）招标文件、招标工程量清单及其补充通知、答疑纪要；

（5）建设工程设计文件及相关资料；

（6）施工现场情况、工程特点及投标时拟定的施工组织设计或施工方案；

（7）与建设项目相关的标准、规范等技术资料；

（8）市场价格信息或工程造价管理机构发布的工程造价信息；

（9）其他相关信息。

3. 投标报价中相关项目的报价应遵循的规定

（1）分部分项工程和措施项目中的单价项目，应根据招标文件和招标工程量清单项目中的特征描述确定综合单价计算。

（2）措施项目中的总价项目，应根据招标文件及投标时拟定的施工组织设计或施工方案，按规范规定自主确定，其中安全文明施工费按规定确定。

（3）其他项目按如下规定报价：

1）暂列金额应按招标工程量清单中列出的金额填写，不得变动；

2）材料、工程设备暂估价应按招标工程量清单中列出的单价计入综合单价，不得变动和更改；

3) 专业工程暂估价应按招标工程量清单列出的金额填写；

4) 计日工应按招标工程量清单中列出项目和数量，自主确定各项综合单价并计算计日工金额；

5) 总承包服务费应根据招标工程量清单中列出的分包专业工程内容和供应材料、设备情况，按招标人提出协调配合与服务要求和施工现场管理需要自主确定。

（4）规费和税金应按国家、省、行业建设主管部门的有关规定计算确定。

（5）招标工程量清单与计价表中列明的所有需要填写单价与合价的项目，投标人均应填写，且只允许有一个报价。未填写单价和合价的项目，视为此项费用已包含在已标工程量清单中其他项目的单价和合价中。当竣工结算时，此项目不得重新组价调整。

（6）投标总价必须与组成工程量清单项目（分部分项工程、措施项目、其他项目和规费、税金）的合计金额一致。不能进行投标总价优惠让利，投标人的任何优惠让利均应反映在相应清单项目的综合单价中。

（7）投标报价文件后应附相关计价说明、计价表格与已标工程量清单附表对应一致。

4.4.6 施工图预算的编制和审查

1. 施工图预算文件的组成及内容

施工图预算又称设计预算，是按施工图设计图纸及说明、施工组织设计或施工方案、按工程量计算规则、建筑和安装工程预算定额（或计价表）及取费标准、地区建筑安装材料预算价格、国家和地区规定的其他取费标准、利润和税金等的规定，进行计算和编制单位工程或单项工程施工图预算。单项工程施工图预算系由各单位工程施工图预算汇总而成，一个建设项目的建筑安装工程预算造价的文件系由各单项工程施工图预算汇总而成。

在编制施工图预算时，一般对通用的建筑安装工程，其预算定额及取费标准，按国家和当地区的现行规定执行；对专业性的安装工程，其预算定额及取费标准，按行业建设主管部门规定的标准执行；建筑安装材料价格按当地区的现行规定执行。

单位工程施工图预算包括建筑工程预算和设备安装工程预算。建筑工程预算又分为一般建筑工程预算、给排水工程预算、采暖通风工程预算、电气照明工程预算、特殊构筑物工程预算及工业管道工程预算等；设备安装工程预算又分为机械设备安装工程预算、电气设备安装工程预算等。

单位工程施工图预算的编制内容，要反映组成该单位工程的各分部、分项工程的名称、定额编号或单位估价号、单位工程量、单价及分项工程直接费合计、单位工程直接费、间接费及其他费用、税金、利润等，对于不能直接套用定额，又不能调整、换算的分项工程，应进行补充单价分析。

2. 施工图预算的作用

施工图预算是确定建筑安装工程造价的主要文件，其主要作用有：

（1）是合理确定建筑安装工程造价的依据；

（2）是控制建设项目投资的依据；

（3）是实行招标、投标、编制招标控制价（或标底）和投标报价的依据；

（4）是签订工程承包合同的依据；

（5）是编制项目投资计划和年度投资计划的依据；

（6）是办理工程贷款、财务拨款、计量和支付、工程结算的依据；

（7）是实行定额供料的依据；

（8）是承建单位进行施工准备、编制施工计划、计算建筑安装工作量的依据；

（9）是承建单位实行企业经济核算的依据；

（10）是考核投资节约或超支进行对比的依据。

3. 施工图预算编制的依据

（1）施工图设计图纸及说明书；

（2）现行建筑工程预算定额、地区建筑工程综合预算定额（或计价表）、现行的全国统一安装工程预算定额或其地区单位估价表、有关专业部编制的专业安装工程预算定额及其取费规定；

（3）批准的施工组织设计或施工方案；

（4）地区材料预算价格表及当时当地工程造价信息及市场指导价；

（5）地区单位估价表和单位估价汇总表；

（6）地区综合间接费定额以及其他费用的取费标准，地区有关价格调整的办法和系数；

（7）施工合同或协议；

（8）工程量计算规则、预算工作手册及资料。

4. 施工图预算编制单位及编制条件

当编制单位为设计单位时，应根据施工图设计的各单位工程设计图纸能满足编制施工图预算进度需要；当编制单位为承建单位时，应在施工图纸已经进行会审和设计交底、承建单位编制的施工组织设计或施工方案已经批准、在设备、材料和加工构件等方面承发包双方已作了明确分工的情况下，其编制条件最为理想。

5. 施工图预算编制的方法和步骤

根据原建设部、住房和城乡建设部先后发布三次《建设工程工程量清单计价规范》（GB 50500—2003、GB 50500—2008、GB 50500—2013）和二次《建筑安装工程费用项目组成》（建标［2003］206 号、建标［2013］44 号）规定，各省先后编制了《建设工程计价表》，对原该省内先后编制的"工程单位估价表"、"工程综合预算定额"、"工程费用定额"、"工程预算定额"等同时停止执行。当前各省已组织有关人员进行了修订编制新的《工程计价表》和《费用计算规则及计算标准》。

《计价表》在计算规则的总说明中指出：全部使用国有资金

投资或国有资金投资为主的建筑与装饰工程应执行《计价表》；其他形式投资的建筑与装饰工程可参照使用《计价表》。当工程施工合同约定按《计价表》规定计价时，应遵守《计价表》的相关规定。

施工图预算采用定额计价法，参见 4.4.2"建设项目招标发包阶段的投资控制措施"中的 2-(3)-1"定额计价法"。

按定额计价采用的是工料单价法的工程，其单位工程造价参见 4.4.2-2-(4)"单位工程造价表现形式"。

定额计价法下工程造价计算规则参见 4.4.9"某省建筑安装工程费用取费标准及有关规定"中的二-2-(1)、(2)。

定额计价法和工程量清单法的最大区别是：

定额计价法采用的综合单价是《计价表》上的综合单价（定额基价），其中的工、料、机单价常由当地建设主管部门根据市场实际公布调整。而招标工程量清单计价表上的综合单价是由投标人自主填写的企业定额。因此，两者的分部分项工程费、措施项目费、其他项目费（除暂列金额外）的综合单价都是不一致的，其求出的单位（单项）工程的总价也就不同。

原施工图预算编制的方法，常用的有单价法和实物法两种。

（1）应用单价法编制施工图预算的方法。按地区统一单位估价表中的各分项工程综合单价（即预算定额基价），乘以相应的各分项工程的工程量，相加汇总得单位工程的人工费、材料费、施工机械使用费之和，再和措施项目费、间接费（规费、企业管理）、利润及税金相加，求得单位工程施工图预算造价。

应用单价法编制施工图预算的步骤为：

1）收集准备资料、熟悉施工图纸及说明；

2）了解现场施工条件、施工方法、施工设备、物资供应、"五通一平"、施工技术组织措施和劳动组织等；

3）参加设计技术交底和图纸会审；

4）熟悉预算定额（或计价表）、取费标准和施工组织设计及重大施工方案；

5）列出编制的工程项目，计算分部分项工程量，工程项目应按预算定额的项目顺序编列；

6）套用分部分项工程预算定额（或计价表）基价或单位估价表的单位价值；

7）编制工程预算表和工料分析表；

8）计算单位工程预算造价及单方造价指标；

9）经复核后，填写编制说明及封面。

（2）应用实物法编制施工图预算的方法。先计算出各分项工程的实物工程量，套预算定额后按类相加，求得单位工程需要的各种人工、材料、机械台班的消耗量，再分别乘以当时当地各种人工、材料、机械台班的实际单价，算出人工费、材料费和施工机械使用费，再汇总相加。对于措施项目费、间接费（规费、企业管理费）、利润和税金等的计算方法与单价法相同。将上列各项费用相加求得单位工程施工图预算造价。

其他各项费用计算办法同单价法。

应用实物法编制施工图预算的步骤为：

1）收集准备资料，熟悉施工图纸及说明，要全面收集当时当地的人工工资单价、材料价格、施工机械台班单价的实际价格；

2）～3）同单价法；

4）列出编制的工程项目，计算工程量；

5）套用人工、材料、机械台班的预算定额用量，求得分项工程所需的各类人工、材料、机械台班的实物消耗量；

6）将各分项工程汇总求得单位工程所需的各类人工、材料和机械台班的实物消耗量；

7）单位工程所需的各类实物消耗量乘以相应的当时当地各类的实际单价，求出单位工程的人工费、材料费和机械使用费。即工（料、机）费用＝当时当地的工（料、机）费用×相应的工（料、机）消耗量；

8）编制工程预算表和工料分析表；

9）计算单位工程预算造价及单方造价指标；

10）经复核后，填写编制说明及封面。

（3）单价法与实物法的比较。单价法编制施工图预算，应用的是各部门和地区编制的预算综合单价，便于计算，工作量也小，也便于造价部门管理，但由于预算综合单价反映的不是当时的实际价格，因此有一定的误差，编制部门往往定期公布调整价格系数进行弥补，此方法基本上适应计划经济管理。

实物法编制施工图预算，由于应用的人工、材料和机械台班的单价都是当时当地的实际价格，编制的预算就能比较正确地反映实际情况，误差较小，但由于需要统计计算人工、材料和机械台班消耗量，以及收集当时当地的相应的实际价格，显然工作量和计算量都较大。然而，随着市场经济的确立，建筑业竞争的激烈，与国际工程承包的接轨，以及计算机管理系统应用广泛普遍，实物法是一种与当前的统一"量"、指导"价"、竞争"费"的工程造价构成的改革相适应的编制方法。

6. 施工图预算审查的意义和内容

（1）施工图预算审查的意义

1）提高施工图预算的正确性，发挥施工图预算的作用；

2）检验编制单位的编制质量，消除高估冒算和漏项错算，有利于控制投资，使预算确切反映工程造价和需用主要材料用量，节约建设资金；

3）有利于承发包双方加强经济核算，提高管理水平；

4）有利于积累和分析各项技术经济指标，改进和提高设计工作的水平。

（2）施工图预算审查的内容

1）审查编制依据。审查项目的设计批准文件，施工图设计图纸及其说明书，现行的建筑安装工程预算定额（或计价表）、综合预算定额、材料预算价格、费用定额和其他费用的取费标准，施工合同或协议，其他有关设计、施工资料等。

2）审查施工图设计是否是按批准的初步设计内容设计的，

有否扩大建设规模、增加建设内容、提高建筑标准以及设计中存在的设计质量问题，是否有设计挖潜的可能。

3）审查施工组织设计。施工组织设计是全面安排项目建设施工规划的技术经济文件，也是编制和审查施工图预算的依据。施工组织设计包括制订技术上先进、经济上合理的施工方案，切合实际的施工进度安排，施工总平面布置，施工资源估算和有效的技术组织管理措施，因此对工程造价有较大影响。

4）审查工程量。工程量必须按照相关工程现行国家计量规范规定的工程量计算规则计算。工程量计算正确与否，直接影响到工程预算造价，因此，是审查施工图预算的重点。预算工程量是按各分部分项工程，按预算定额规定的项目和工程量计算规则，以施工图设计图纸和说明为依据进行计算的，工程量的计算单位要和预算定额规定的定额计量单位一致，计算时不能重算或漏项。如在砖石工程中，审查砖石基础与墙身的划分是否按定额规定计算，墙身的高度与厚度的设计尺寸与定额规定有否区别，内墙与外墙以及砌筑用的砂浆强度等级不同时是否分别计算，门窗洞口和应扣除埋入的钢筋混凝土梁、柱是否已经扣除等。

5）审查套用预算定额（计价表）单价。直接费由直接工程费和措施项目费构成，而直接工程费又由工程量和预算定额单价构成，因此，套用预算定额单价是确定定额直接费的主要依据，正确套用预算定额单价与否，直接影响到工程预算造价，因此，也是审查施工图预算的重点。预算中的各分项工程预算单价应和套用的预算定额单价一致，各分项工程的名称、规格和内容等应和单位估价表一致；对定额规定可以换算的分项工程单价，应按定额规定的范围、内容和方法进行换算，对定额规定不可以换算的单价则不得任意换算；对补充定额单价的编制原则要符合国家和地区规定，编制依据要可靠合理，必要时报经有关部门审批同意。

6）审查其他有关费用。措施项目费计取要符合《建筑工程工程量清单计价规范》规定，间接费（规费、企业管理费）取费项目要符合部门或地区规定，并与套用的预算定额配套使用，防止不按规定增加取费项目和取费率，取费的计算基础要正确，如预算外材料价差是不计取间接费的，直接费或人工费调整后，相应的有关费用是否作了调整。利润和税金的取费计算基础和费率要符合有关部门的规定，防止漏项或重算。

7）审查设备费、工器具购置费用。设备、工器具购置的规格、型号、数量应与设计图纸要求和设备、工器具清单一致，对标准定型设备的价格应符合国家统一计价规定，非标准专用设备的定价应正确合理，可以通过收集与类似非标准专用设备价对比，还可以审查估价单与实际加工情况、耗用工料及价格与质量的比例关系，有关部门制订的估价指标，通过设备招标发包的报价和中标价的审查等，对比分析其价格的合理性。

8）审查材料价格及材料价差费用。根据施工图预算编制的方法不同，是采用预算价格还是当时当地的材料实际价格。材料差价是由材料的市场价格和材料预算价格的差异额组成，材料价差则由材料耗用量和材料差价的乘积组成。因此，在审查材料价格时应同时审查合同条款中的有关规定，如承发包双方对供应材料的分工，套用的单位估价表（或计价表）中有关分项工程的预算单价中的材料预算价格，是否考虑了材料调价因素，套用的单位估价表的时效性等，如材料采用市场价格时，则应进行调查对比核实。

7. 施工图预算审查的方式和方法

（1）施工图预算审查的方式

1）单独审查。由建设单位、承建单位或监理单位各自单独审查，然后互相交换意见，协商定案，一般用于中小型工程。

2）联合审查。由建设单位或其主管部门组织设计单位、承建单位和监理单位等有关部门共同组织审查小组进行会审核定，会审时充分讨论，解决审查中提出的有关问题，因而审查速度快、定案比较容易、质量也比较高，一般用于大中型工程。习惯上称为"几方核定"。

（2）施工图预算审查的方法

1）逐项详细全面审查法。按预算定额顺序或施工顺序对各分项工程逐项详细审查，这是常用的一种方法，准确性高、工作量大、审查时间长。适用于小型工程。

2）应用标准预算审查法。对应用标准图纸或通用图纸的工程，先审核或编制其标准预算，对应用于工程项目的相同部分可套用标准预算的相应部分进行审查对照，对局部改变的部分——如地下工程等，可单独审查，此法适用于工程项目中应用标准图纸或通用图纸变化的工程内容较小时，其效果明显、大大减少审查时间。

3）有关项目分组计算审查法。此法系把若干分部分项工程，按相近的有一定内在联系的项目编组，利用同组中各分项工程之间有相同或相近的计算基数的关系，审查了一个分项工程量就可以判断同组中其他几个分项工程量的准确性。如在一般建筑工程中，可将底层建筑面积、地（楼）面面层、地面垫层、楼面找平层、楼板体积、天棚抹灰、天棚刷浆、屋面面层等编为一组。此法审查速度快、工作量少、质量可靠。

4）与同类工程对比审查法。应用已建成或在建的同类工程的预算，以及已经审查修正过的工程预算造价和工程量，审查拟建的同类工程预算，称为对比审查法。

① 两个工程采用同一施工图，仅基础部分和现场施工条件不同，则对不同部分进行单独审查，相同部分采用对比审查；

② 两个工程建筑、结构等设计标准和内容相同，仅建筑面积不同，则认为该两个工程的建筑面积之比与分部分项工程量之比基本是一致的。可按分部分项工程量的比例，审查拟建工程的分部分项工程的工程量。也可用两个工程的每平方米建筑面积造价或每平方米建筑面积的各分部分项工程的工程量进行对比审查；

③ 两个工程的建筑面积相同，设计不全相同，则可对相同

的部分进行工程量对比审查，不相同的分部分项工程按施工图纸计算。此法应用于两个工程条件相同时。

5）用"筛选法"审查。"筛选法"是统筹法的一种。建筑工程中的住宅工程虽有面积大小和高度的不同，但其各分部分项工程的单位建筑面积的数字变化小。从这些分部分项工程中汇集、优选，找出在每平方米建筑面积上的工程量、价格、用工料的基本数值，并注明其适用的建筑标准，编制工程概况表、工程造价分析表、工程量分析表、工料消耗指标表。将拟计算的分部分项工程进行"筛选"，符合的就不审，对不符合的某部分的分部分项工程进行详细审查。对拟审预算的建筑标准与基本数值适用的建筑标准不同时，需作调整换算。

6）重点抽查法。当预算审查工作量大、时间紧时，对建筑工程一般按属于何种结构，就重点审查以这种结构内容为主的、工程量大的、造价比例高的分部分项工程量、定额单价、取费标准及计取基础等。由于进行抽查时重点突出，对控制工程造价效果好，审查时间也缩短。

7）利用预算手册审查。对一些列入标准图集的工程中的构件、配件等，如洗涤池、大便台、检查井、化粪池等，经计算工程量并套相应预算单价编制成预算手册，对拟建工程的相应采用的构件、配件对照审查，能大大缩短预算的编审时间。

8）其他。如经验审查法等。

4.4.7 招标发包阶段的工程造价控制

建设项目招标发包阶段是建设项目实施阶段的重要阶段，也是对建设项目进行各项建设准备和施工准备的阶段。

监理部门受建设单位的委托，在本阶段从控制投资的角度承担的主要任务是参与项目的招标发包和承包合同的签订。为完成此主要任务需要做很多具体工作，同时为下一步在施工阶段进行投资控制打下基础。如在招标发包工作方面，要参与招标文件的编制或审查，参与招标控制价（或标底）的编制和审查，将标底与投资计划值进行比较，参与评标、对投标文件进行评审和提出推荐意见，供建设单位最终决策，择优选择中标单位——承建施工、设备制造供应、材料采购供应等，因此要审定招投标文件中有关项目的工程量、编制施工图预算套用的定额、费用标准及取费规定等。再如在签订承包合同的工作方面，要参与合同的谈判，对合同条款的审查，承包的方式、合同价款的计算、调整及付款方式等，因此要掌握经济合同、合同管理、索赔方面的知识，并应用于合同的签订。

关于合同管理和招标投标方面的内容在本书"施工监理中的合同管理"和"施工监理中的进度控制"中已作了详细的阐述。现只着重从投资控制的角度，在招标发包阶段对工程造价有重要影响的有关工程招标控制价（或标底）的编制和审查，投标报价的审查，评标和定标工作以及合同价款的确定进行叙述。

1. 工程招标控制价（或标底）的编制与审查

招标投标的实质是把建筑产品作为商品的一种商品交换方式，买价称标底、卖价称标价。标底也是招标单位确定招标项目的预期价格。标底的计算在国内一般通过招标工程量清单计算的单位工程和分部分项工程量、确定综合单价后，再计算出工程费、措施项目费、间接费等后，求出总造价，作为编制标底的基础。因此，标底也是预期总造价。从投资的角度而言，标底是项目投资支出计划数，它是由招标单位或委托有资质编制的工程造价咨询企业计算编制，并经有关建设主管部门审定批准的发包造价；标价是投标单位确定投标项目的承包造价，从投资角度而言，是项目投资需要数，标价由承包单位根据招标单位编制的招标文件的要求计算的。随着市场经济的建立与发展，建设项目在招标投标过程中，将更充分体现控制"量"、指导"价"、竞争"费"的工程造价管理体制的作用，促进工程造价的降低。

（1）工程招标控制价（或标底）的编制原则。招标控制价（或标底）除应满足招标文件对工程进度、工程质量等要求外，在对工程造价控制方面，编制一般遵循以下原则：如表 4-32 所示。

工程招标控制价（或标底）的编制原则　　　**表 4-32**

编制分类	要　求
编制依据	《建设工程工程量清单计价规范》GB 50500—2013 规定：国有资金投资的建筑工程招标，招标人必须编制招标控制价。其编制依据如下： 1. 《建设工程工程量清单计价规范》GB 50500—2013 2. 现行计价定额、计价办法 3. 设计图纸文件 4. 招标文件及工程量清单 5. 与项目相关的标准、规定资料 6. 施工现场实际、工程特点、常规施工方案设计 7. 当时当地工程造价信息和市场价格
编制单位	由招标单位或委托有资质编制的单位编制
编制标底控制数	必须控制在批准的投资最高限额之内，并报经上级审批
标底数	一个招标项目，只能编制一个
编制范围	招标工程范围明确，充分考虑施工现场实际条件
材料供应	除在招标文件中明确发包人提供的材料和工程设备外，其余均为承包人供应，并在合同中约定所供材料需提交发包人确认价格、数量、质量、交货时间
建设工期	一般按国家规定的工期定额组织建设，如有提前工期要求，要考虑增加费用

（2）招标控制价（或标底）编制的方法，如表 4-33 所示。

工程招标控制价（或标底）编制的主要方法　　　**表 4-33**

方法分类	内　容
1. 以招标文件中招标工程量清单为基础的工程量清单计价法编制	根据国家、省级或行业建设主管部门颁发的计价依据和办法以及招标文件、招标工程量清单、设计文件和结合工程现场实际编制的招标控制价为招标工程最高投标限额。其主要特点：工程量清单采用综合单价计价。按计价程序为分部分项工程费、措施项目（分通用和专业）费、其他项目费、规费和税金组成。通过按《建设工程工程量清单计价规范》规定计算，求得单位（项）工程总造价

续表

方法分类	内　容
2. 以工程消耗量定额、当地当时工程造价信息、有关计价办法和计价规则的定额计价法编制	根据国家、省级或行业建设主管部门颁发的计价表（预算定额）和计量规则，计算工程量，套预算人工、材料、机械定额，根据当地当时的人工、材料、机械的实际预算价格计价汇总人工、材料、机械费，按有关计价办法计算措施项目费，按造价计算规则计算各类税费用，汇总后求得单位（项）工程总造价

（3）工程招标控制价（或标底）的审查，如表 4-34 所示。

工程招标控制价（或标底）的审查　　　　表 4-34

审查分类	内　容
审查编制的方法	审查计量和计价，即审查工程范围和工程量，审查套用的计价定额单价，换算和补充单价的计算，审查取费标准和计费基础，审查材料价格及一定范围内的风险费用，审查措施项目费和其他项目费的计算依据，审查综合单价的计算等
审查编制的合规性	审查编制的依据及其合规性，是否按国家、省级和行业建设主管部门颁发《建设工程工程量清单计价规范》GB 50500—2013 等的计价、计量规定、计价定额和计价办法进行计算，标底总价有否超出批准的概算，编制的标底有否泄密，有否经有关部门审查同意或备案，有否坚持对投标单位一视同仁、平等竞争，一个招标项目只能有一个标底，有否漏项或多算等

2. 工程投标报价的审查

（1）工程投标报价标书的主要内容，如表 4-35 所示。

工程投标报价标书的主要内容　　　　表 4-35

编制依据	内　容
标书内容应根据招标文件的内容和要求编制	标书内容一般应包括： （1）综合说明 （2）工程总报价和价格组成的分析 （3）计划开竣工日期 （4）施工组织设计和工程形象进度计划表——网络图 （5）主要施工方案、施工方法和保证质量的措施 （6）施工总平面布置和临时设施规划，占地数量 （7）施工资源利用等

(2) 工程投标报价标书的审查，如表 4-36 所示。

工程投标报价标书的审查   表 **4-36**

审查分类	内　　容
1. 审查报价	(1) 审查投标书中报价是否按工程量清单填报，项目编码、项目名称、项目特征、计量单位、工程量必须与招标工程量清单一致 　　(2) 招标工程量清单与计价表中列明的所有需要填写单价和合价的项目是否均已填写，且只有一个报价 　　(3) 审查投标标书中的报价有无重大计算错误，有否漏算或多算，计算依据是否可靠，是否超过了标底或总造价；对招标文件中提出的各项要求，在投标标书中是否作了答复和保证，有否开了活口或说明，分析对造价的影响
2. 审查合规性	审查投标标书是否按招标文件、招标工程量清单与计价表规定的内容和要求拟定；投标标书的各种文件是否完整；投标标书的其他各方面是否符合有关规定；投标单位寄送的标书有下列情况之一者为废标： 　　(1) 标书未密封 　　(2) 未加盖本单位或负责人的印鉴 　　(3) 标书寄达日期已经超过规定的开标时间

3. 工程的评标和定标

工程的评标、定标是招标决策阶段发包单位应用正确的评标、定标原则和科学的评标、定标方法，如采用多目标综合评价方法，对符合招标要求的各投标单位标书进行综合分析比较，择优选定中标单位进行承包的过程。国内外招标工程根据拟建项目的条件，一般可分别采取公开招标、邀请招标的方式，参加投标的单位一般应在三家以上。定标确定中标单位的主要依据是标价合理、保证质量、工期适当、符合招标文件要求、经济效益好、施工经验丰富、社会信誉高。评价标书的标准应和招标文件相符。

(1) 国内工程评标、定标的主要评定内容

1) 评定投标书是否符合招标文件内容和要求；

2) 审核投标书在标价计算上有否错误；

3) 发现明显的问题或重大的计算错误，约见投标单位以书面形式澄清，但不得要求和不允许投标单位对其报价进行实质性修改；

4) 审核标价是否合理可靠，工程量的计算依据、计算规则、工程实物量的审核，套用的计价定额、综合单价和总价、费用标准、取费规定及标价中下浮的有关费用取费率，材料价格的取定、价格调整系数的计算的审核等，一般标价在标底价之下，且不低于成本价，可视为合理标价；

5) 主要材料使用量；

6) 其他：如评价工程进度、工程质量和采取保证的措施、施工方案、施工措施、施工实力、施工资源及实施的可靠性，以及审查投标单位的资质和社会信誉等。

（2）评标、定标的方法。应用系统工程原理对评标、定标使用多目标综合评价方法有利于正确、全面、科学的评定决策。其评定步骤是：

1) 确定评标、定标的目标。根据项目实际情况确定，一般为工程报价合理、工期适当、保证质量、企业信誉高、施工经验丰富。也可视项目实际情况增添若干目标。

2) 使评标、定标目标量化。对一些评标、定标的目标过于原则、不定量的，应用量化指标进行评定，如表 4-37 所示。

评标、定标目标量化指标及计算公式　　　　表 4-37

评标定标目标	量化指标	计 算 公 式
工程报价合理 O_1	相对报价 O_p	$\dfrac{报价}{标底}\times100\%$
工期适当 O_2	工期缩短率 O_t	$\dfrac{招标工期-投标工期}{招标工期}\times100\%$
企业信誉良好 O_3	优良工程率 O_n	$\dfrac{验收承包优良工程数（面积）}{同期承包工程数（面积）}\times100\%$
施工经验丰富 O_4	近5年承包类似工程的经验率 O_j	$\dfrac{承包类似工程产值（面积）}{同期承包工程产值（面积）}\times100\%$

3) 确定评标、定标目标的相对权重。按项目的性质和要求不同而异，如生产性项目重视缩短工期，可提前带来经济效益；非生产性项目则重视节约投资；重要的公共建筑重视质量。因此要按各目标对项目重要性的影响程度确定其相对权重。现举例假定给出各评标、定标目标的相对权重，如表 4-38 所示。

各评标、定标目标的相对权重 表 4-38

总相对权数	造价权数	工期权数	企业信誉权数	施工经验权数
$\Sigma K_i = 100$	$K_1 = 50$	$K_2 = 40$	$K_3 = 5$	$K_4 = 5$

4) 用单个评标、定标目标对投标单位进行初选。首先确定某个评标、定标目标或指标的上下界限。投标单位超出某个目标或指标的界限时就被淘汰。

5) 对投标单位进行多指标的综合评价。经初选后，对未被淘汰的投标单位进行多指标的综合评价。通过对多个投标单位的综合评定，全面分析各投标单位的各项指标，报价最低但其他指标不理想的投标单位不能中标。

(3) 国际招标工程的评标、定标。在开标以后，进行评标、定标的一般程序是：由评标机构对各投标单位的报价资料，从行政性、技术、商务等各方面对报价书的费用进行全面的综合性的分析评定，在此基础上对全部投资进行比较，经过以上评标后，招标单位选择中标单位应该是全面综合评标后的最佳投标者，但不一定是"报价"最低的投标者。其一般程序如表 4-39 所示。

国际招标工程评标、定标程序 表 4-39

程 序	内 容
1. 行政性评审	通过评审投标单位是否已经过资格预审，其投标文件印章齐全否，投标文件是否在截止投标时间之前交齐，投标保函是否符合要求等评审投标书的有效性；评审投标书是否包括招标文件规定提交的全部文件的完整性；评审投标书是否已对招标文件应诺；评审和招标文件的一致性，以及对分项报价和总价有否错误，评审报价计算的正确性等。对投标单位进行"筛选"，合格者进入技术评审

续表

程 序	内 容
2. 技术评审	评审投标单位承担工程的技术能力，为实施项目建设的组织、计划、工期、质量控制以及为保证以上目的而采取的办法、措施、动用的人力、资源、资金，对满足招标文件和设计要求、满足工期和质量要求所采取的最佳施工方案的可靠性，评审投标书中提交的技术文件与招标文件中要求的一致性，合格者进入商务评审
3. 商务评审	通过从成本、财务和经济分析等方面评定投标单位报价的合理性、可靠性，评审对各投标单位中标后的不同经济效果，选择投标单位中最合理可靠的报价者。商务评审的主要内容是：报价数据计算正确与构成合理性，与标底价对比分析，支付条件，人工、材料、施工机械台班的单价，价格调整，保函、资质与信誉和财务实力等
4. 澄清标书中的问题	约见潜在中标单位，以书面形式澄清标书中的问题，但不得要求或允许投标单位对其标书进行实质性修改
5. 评定推荐、定标授标	经过评审，提出评审报告和推荐意见，由招标单位决标，向中标单位发出授标意向书后商签合同

4. 设备、材料采购的招标

（1）国内设备采购招标的程序。国内设备采购招标当由建设单位自行组织或委托有资质的咨询部门组织。其一般程序是：

1）编制招标文件。包括招标书，投标须知，招标设备清单，主要技术要求和图纸，交货时间，主要合同条款（价格、付款时间和方式、交货条件、质量检验及售后服务、违约处理等）以及其他需要说明的问题；

2）刊登广告公开招标或发出邀请书邀请招标；

3）对投标单位进行资质审查；

4）发出招标文件和有关图纸资料，进行交底和解答有关招标文件中的问题；

5）投标单位报送投标书；

6）编制招标控制价（或标底）；

7）组成评标组织机构，制定评标原则、程序和方法等；

8）开标。一般公开进行，并请公证处参加；

9）评标和定标。以招标文件规定的内容公正平等的由评标组织评定，择优选择中标单位；

10）发出中标通知，与中标单位商签合同。

（2）国内材料的采购程序。国内材料的采购一般通过对建筑材料市场或制造厂家、专业材料供应公司以"货比三家"的方式进行询价后，采取招标方式或由供需双方直接磋商得到都能接受的价格，对采购的材料由供方提供质量检验合格保证单，商签订货合同，由供方按合同条款规定组织供应。

（3）对世界银行贷款项目的设备与材料的采购招标程序。对世界银行贷款项目的设备与材料采购招标一般采用国际竞争性招标、有限国际招标和国内竞争性招标三种方法。其招标程序如表4-40所示。

世界银行贷款项目设备与材料招标程序　　表 4-40

招标程序	招标分类		
	国际竞争性招标	有限国际招标	国内竞争性招标
1. 编制招标文件	√	√	√
2. 公开招标（刊登广告）	√（国际）	×	√（国内）
邀请招标（3家以上）	×	√	×
3. 资格审查	√	√	√
4. 发售招标文件	√	√	√
5. 投标准备和投标	√	√	√
6. 开标	√	√	√
7. 评标、定标	√	√	√
8. 授标、签订合同	√	√	√

5. 合同价款的确定

按项目建设需要，通过招标发包，承发包双方签订多种类型的经济合同。如勘察设计、建筑安装施工、设备制造订货、材料加工、改制及供应、运输、劳务、总包与分包等合同。合同价款表现形式也多样化，如对建筑安装工程承包合同，一般分为总价合同（又可分为不可调值不变总价合同——固定合同总价不变，和可调值不变总价合同——固定合同总价不变、增加调值条款）、单价合同（又可分为估计工程量单价合同——工程量估算、单价不变或有条件的改变；纯单价合同——工程量按实结算、单价不变）、成本加酬金合同（又可分为成本加固定百分比酬金合同、成本加固定金额酬金合同、成本加奖罚合同、最高限额成本加固定最大酬金合同）、统包合同（又称交钥匙合同——按不同建设阶段采用不同承包方式计价，适用于在项目实施的全过程承包）。

以上合同表现形式，相应确定了工程合同价的固定不变价、半开口价、开口价和全包价。

合同价与中标价的关系是：中标价是中标单位的报价，合同价是与中标单位合同谈判结果的价格。两者的关系应是：

$$合同价＝中标价±\Delta$$

式中，Δ 为招标文件资料不全，投标单位在投标书计算时做了一些假设和规定，当中标后与招标单位在进行合同谈判时，在中标价上作了加减调整。

在招标发包阶段投资控制的重要任务是签订的合同价应在投资控制目标—批准的概预算范围之内。

根据《建设工程工程量清单计价规范》GB 50500—2013 规定，现将新的规范对合同价款有关主要的规定，另列 4.4.8 签约合同价于后。

4.4.8 签约合同价（合同价款）

工程合同价款是指在工程招标发承包交易过程中，由发承包双方以合同形式确定的工程承包价格，即工程合同约定的工程造价，包括分部分项工程费、措施项目费、其他项目费、规费和税金的合同总金额。采用招标发包的工程，其合同价为投标人的中标价。

工程合同价款的约定，是建设工程合同的主要内容。

1. 合同价款约定的主要规定

（1）实行招标的工程合同价款应在中标通知书发出之日起

30 天内，由发承包双方依据招标文件和投标文件在书面合同中约定；

（2）不实行招标的工程合同价款，应在发承包双方认可的工程价款的基础上，在书面合同中约定；

（3）合同约定不得违背招标文件和投标文件中关于工期、造价、质量等方面的实质性内容；

（4）招标文件与中标人的投标文件有不一致的地方，应以投标文件为准，即在签订合同时，组成合同文件的排列先后次序，是投标文件在前，招标文件在后。

（5）发承包双方应在合同条款中约定下列事项：

1）预付工程款的数额、支付时间及抵扣方式；

2）安全文明施工措施的支付计划，使用要求等；

3）工程计量与支付工程进度款的方式、数额及时间；

4）工程价款的调整因素、方法、程序、支付及时间；

5）施工索赔与现场签证的程序、金额确认与支付时间；

6）承担计价风险的内容、范围以及超出约定内容、范围的调整方法；

7）工程竣工价款结算编制与核对、支付及时间；

8）工程质量保证金的数额、预留方式及时间；

9）违约责任以及发生合同价款争议的解决方法及时间；

10）与履行合同、支付价款有关的其他事项等。

（6）规定不同工程特点应采用的合同形式

依据《建设工程工程量清单计价规范》GB 50500—2013 规定，建设工程施工合同价格类型，按计价方式的不同和工程特点的不同分为以下三种。

1）单价合同：实行工程量清单计价的工程应采用单价合同方式。即合同约定的工程价款中包含的工程量清单项目综合单价在约定条件内是固定的，不予调整；工程量清单项目及工程量允许调整。工程量清单项目综合单价在约定的条件外，允许调整。调整方式方法应在合同中约定。这是发承包双方约定以工程量清单及其综合单价进行合同价款计算、调整和确认的建设工程施工合同。

2）总价合同：当建设规模较小，技术难度较低、工期较短且施工图设计已审查批准的建设工程可采用总价合同。采用总价合同除工程变更外，其工程量不予调整。这是因为双方是依据承包人编制的施工图预算商谈确定合同价款。但当双方依据发包人编制的施工图预算确定合同价款时，则应根据承包人实际完成的工程量（含工程变更、工程量清单错、漏）调整合同价款。这是发承包双方约定以施工图及其预算和有关条件进行合同价款计算、调整和确认的建设工程施工合同。

3）成本加酬金合同：

① 对工程特别复杂、工程技术、结构方案不能预先确定或虽能确定但不能进行招标并以单价合同或总价合同形式确定承包人；

② 时间特别紧迫，如紧急抢险、救灾工程可采用；

③ 特殊保密工程。

从以上三种合同按计价方式和工程特点的不同分析：

单价合同是国际上通用的形式，其特点是清单项目及综合单价明确，工程量要在实施阶段通过计量确定。单价合同计量和计价有利于处理工程变更、施工索赔和合同价款的调整。

总价合同一般应用于规模小、技术不复杂、工期短、施工图设计已审批、施工图预算已编制、工程施工内容和有关条件基本不变，亦即合同价款总额基本不变的情况下。

成本加酬金合同是承包人不承担任何价格变化和工程量变化的风险，不利于发包人对工程造价的控制。因此，一般建设工程不常采用，通常在特殊条件下使用。

4.4.9 某省建筑安装工程费用取费标准及有关规定

一、工程类别的划分

规定建筑安装工程根据不同的单位工程，按施工难易程度和管理水平，将工程类别划分为一、二、三类工程，类别不同，取费率标准也不同；安装工程以分项工程确定工程类别，在一个单位工程中有几个不同类别组成，应分别确定工程类别。

二、工程造价计算程序

1. 工程量清单法下工程造价计算程序

(1) 包工包料情况下的计算方法见表 4-41。

工程量清单法下包工包料时的工程造价计算程序　表 4-41

序号	费用名称		计算公式	备　注
一	分部分项工程量清单费用		工程量×综合单价	
	其中	1. 人工费	人工消耗量×人工单价	
		2. 材料费	材料消耗量×材料单价	
		3. 机械费	机械消耗量×机械单价	
		4. 企业管理费	(1+3)×费率	
		5. 利润	(1+3)×费率	
二	措施项目清单费用		分部分项工程费×费率 或综合单价×工程量	
三	其他项目费用			
四	规费			
	其中	1. 工程排污费		按规定计取
		2. 安全生产监督费	(一+二+三)×费率	
		3. 社会保障费		
		4. 住房公积金		
五	税金		(一+二+三+四)×费率	按当地规定计取
六	工程造价		一+二+三+四+五	

(2) 包工不包料情况下的计算方法见表 4-42。

工程量清单法下包工不包料时的
工程造价计算程序　表 4-42

序号	费用名称	计算公式	备　注
一	分部分项工程量 清单人工费	计价表人工消耗量× 人工单价	
二	措施项目清单费用	(一)×费率或工程量× 综合单价	

续表

序号		费用名称	计算公式	备　注
三		其他项目费用		
四	其中	规费		
		1. 工程排污费	（一＋二＋三）×费率	按规定计取
		2. 建筑安全监督费		
		3. 社会保障费		
		4. 住房公积金		
五		税金	（一＋二＋三＋四）×费率	按当地规定计取
六		工程造价	一＋二＋三＋四＋五	

2. 计价法下工程造价计算程序

（1）包工包料情况下的计算方法见表 4-43。

计价法下包工包料时的工程造价计算程序　　　表 4-43

序号		费用名称	计算公式	备　注
一	其中	分部分项费用	工程量×综合单价	
		1. 人工费	计价表人工消耗量×人工单价	
		2. 材料费	计价表材料消耗量×材料单价	
		3. 机械费	计价表机械消耗量×机械单价	
		4. 企业管理费	（1＋3）×费率	
		5. 利润	（1＋3）×费率	
二		措施项目清单费用	分部分项工程费×费率 或综合单价×工程量	
三		其他项目费用		
四	其中	规费		
		1. 工程排污费	（一＋二＋三）×费率	按规定计取
		2. 建筑安全监督费		
		3. 社会保障费		
		4. 住房公积金		
五		税金	（一＋二＋三＋四）×费率	按当地规定计取
六		工程造价	一＋二＋三＋四＋五	

（2）包工不包料情况下的计算方法见表 4-44。

计价法下包工不包料时的工程造价计算程序   表 4-44

序号	费用名称		计算公式	备　注
一	分部分项人工费		计价表人工消耗量×人工单价	
二	措施项目清单费用		(一)×费率或工程量×综合单价	
三	其他项目费用			
四	规费			
	其中	1. 工程排污费	(一+二+三)×费率	按规定计取
		2. 建筑安全监督费		
		3. 社会保障费		
		4. 住房公积金		
五	税金		(一+二+三+四)×费率	按当地规定计取
六	工程造价		一+二+三+四+五	

4.5 建设项目施工阶段的投资控制

4.5.1 施工阶段投资控制的基本原理和控制任务

在施工阶段，监理工程师依据承发包双方签订的施工合同的承包方法、合同规定的工期、质量和工程造价、按经设计交底、图纸会审后的施工图设计图纸及说明、有关技术标准和技术规范，对工程建设施工全过程进行监督与控制。在施工阶段进行投资控制的基本原理是在项目施工的过程中，以控制循环理论为指导，把投资计划值作为工程项目投资控制的总目标值，把投资计划值分解作为单位工程和分部分项工程的分目标值，在建设过程的每一个阶段或环节中，将实际支出值和投资计划值进行比较，发现偏离，从组织、经济、技术和合同四个方面，及时采取有效的纠偏措施加以控制。因此，在施工阶段监理工程师受建设单位委托并在合同文件中明确其监督和控制的任务是：

1. 对工程进度、工程质量检查、材料检验的监督和控制

详见本书第 5、6 部分"施工监理中的进度控制"、"施工监理中的质量控制"。

2. 对工程造价的监督和控制

（1）对实际完成的分部分项工程量进行计量和审核，对承建单位提交的工程进度付款申请进行审核并签发付款证明来控制合同价款；

（2）严格控制工程变更，按合同规定的控制程序和计量方法确定工程变更价款，及时分析工程变更对控制投资的影响；

（3）在施工进展过程中进行投资跟踪、动态控制，对投资支出做好分析和预测，即将收集的实际支出数据整理后与投资控制值比较，并预测尚需发生的投资支出值，及时提出报告；

（4）做好施工监理记录和收集保存有关资料，依据合同条款，处理承建单位和建设单位提出的索赔事宜；

（5）对项目的工程量和投资计划值，按进度要求和项目划分层层分解到各单位工程或分部分项工程；

（6）对施工组织设计或施工方案进行认真审查和技术经济分析，积极推广应用新工艺和新材料；

（7）促进承建单位推行项目法施工，形成项目经理对项目建设的工期、质量、成本的三大目标的全面负责制，协助承建单位改革施工工艺技术，优化施工组织；

（8）进行主动监理，帮助承建单位加强成本管理，使工程实际成本控制在合同价款之内。

4.5.2　建设项目施工阶段的投资控制措施

建设项目施工阶段是项目在建设实施中的一个十分重要的阶段，本阶段的投资控制工作周期长、内容多、潜力大，需要采取多方面的控制措施，确保投资实际支出值小于计划目标值。监理工程师在本阶段采取的投资控制措施如表 4-45 所示。

建设项目施工阶段的投资控制措施   表 4-45

措施	内容
组织措施	(1) 建立项目监理的组织保证体系,在项目监理班子中落实从投资控制方面进行投资跟踪、现场监督和控制的人员,明确任务及职责,如发布工程变更指令、对已完工程的计量、支付款复核、设计挖潜复查、处理索赔事宜,进行投资计划值和实际值比较,投资控制的分析与预测,报表的数据处理,资金筹措和编制资金使用计划等 (2) 编制本阶段投资控制详细工作流程图
经济措施	(1) 进行已完成的实物工程量的计量或复核,未完工程量的预测 (2) 工程价款预付、工程进度付款、工程款结算、备料款和预付款的合理回扣等审核、签署 (3) 在施工实施全过程中进行投资跟踪、动态控制和分析预测,对投资目标计划值按费用构成、工程构成、实施阶段、计划进度分解 (4) 定期向监理负责人、建设单位提供投资控制报表、必要的投资支出分析对比 (5) 编制施工阶段详细的费用支出计划,依据投资计划的进度要求编制,并控制其执行和复核付款账单,进行资金筹措和分阶段到位 (6) 及时办理增减合同价款确认,如增加合同额外工作、项目特征不符、工程变更、工程量清单缺项、工程量偏差等重新确认综合单价调整,以及审核工程结算等 (7) 制订行之有效的节约投资的激励机制和约束机制
技术措施	(1) 对设计变更严格把关,并对设计变更进行技术经济分析和审查认可 (2) 进一步寻找通过设计、施工工艺、材料、设备、管理等多方面挖潜节约投资的可能,组织"三查四定"查出的问题整改,组织审核降低造价的技术措施 (3) 加强设计交底和施工图会审工作,把问题解决在施工之前
合同措施	(1) 参与处理索赔事宜时以合同为依据 (2) 参与合同的修改、补充工作,并分析研究对投资控制的影响 (3) 监督、控制、处理工程建设中的有关问题时以合同为依据

注:三查四定,即查漏项、查错项、查质量隐患、定人员、定措施、定完成时间、定质量验收。

4.5.3   工程变更控制

1. 工程变更的性质和内容

在建设项目实施过程中,建设工程合同是以合同签订时静态的发承包范围、设计标准、施工条件为前提的,由于工程建设的不确定性，静态前提往往被打破，工程变更是经常发生的。因此，在承包合同条款中往往对工程变更作出比较明确的规定，以制约承发包双方对工程变更按规定的程序办理。

工程变更实质上是指合同文件中有关条款的变更，一般包括设计变更、进度计划变更、施工条件变更、技术规范与标准变更、施工次序变更、工程数量变更、合同条款的修改补充以及招标文件、合同条款、工程量清单中没有包括的但又必须增加的工程项目等。引起工程变更的原因是多方面的，如进度计划的变更由于建设单位要求提前或停建、缓建，也有因自然及社会原因引起的停工或工期拖延等，设计文件或招标文件、合同文件中预计的现场条件与实际现场条件有很大差异而引起工程量、工程费用、工期的变更等。在工程变更中，大量的是设计修改、设计漏项、设计量差等造成的设计变更，也有因建设单位或承建单位的要求而进行的设计变更，以及招标工程量清单有错、漏，对施工工艺、顺序和时间的改变，为完成合同工程所需追加的额外工程等。因此，对于选择素质好、经验丰富、社会信誉高的设计单位，可避免较多的设计变更，如有的行业主管部门明确主要生产性工程项目要由甲级专业设计院承担，以确保设计质量和对设计阶段的投资控制。

按照国际惯例，工程变更可由建设单位、监理单位或承建单位提出，但都必须经监理工程师批准同意，并由监理工程师以书面形式发出有关变更指令，变更指令的性质属于合同的修正、补充，具有法律作用。承发包双方必须执行监理工程师发出的变更指令，没有变更指令，承发包的任何一方均不能对任何部分工程做出更改，因此工程变更指令应具有充分的严密、公正和完整性。

2. 工程变更指令的内容和变更权

(1) 变更的原因、依据和变更权。如由于图纸的错误，应由设计单位提出图纸错误情况及相应变更的图纸和说明；如由于承建单位方便施工条件（如改变结构和建设内容），则由承建单位提出变更原因及相应变更的图纸和说明，应用的技术规范和技术标准；由于建设单位提出的变更（如施工进度计划变更），应附有要求变更的文件，说明计划变更工程范围和变更的内容理由；对建设单位要求增加的工程项目，除说明原因外，还应附有关部门的文件或主管部门批准文件；涉及合同条款的变更，应附有承发包双方对有关变更部分的协议书；对设计技术规范和技术标准变更时，要予以说明及附相应的技术文件；监理工程师发现设计不足或错误时，也可提出工程变更。同样也需说明计划变更工程范围和变更的内容理由，以及实施该变更对合同价格和工期的影响，取得建设单位的批准认可后方可执行。

（2）变更的内容和范围。对原有工程项目变更，指出变更的内容和范围，其数量的增减情况，列出变更工程的工程量清单；对新增工程项目，指出新增的内容和范围，列出增加的详细工程量清单及其计量方法的规定。

除合同专用条款另有约定，合同履行过程中发生以下变更范围情况，应按如下合同约定进行变更：

1）增加或削减合同中任何工作或增加合同外额外工作；

2）取消合同中任何工作，但转由他人实施的工作除外；

3）改变合同中任何工作、质量标准或其他特性；

4）改变工程基线、标高、位置和尺寸；

5）改变工程的时间安排或施工顺序。

（3）变更价格的确定。工程变更价款的计算一般是：对原有工程项目的变更部分，一般采用原合同综合单价和经计量变更后的工程数量为依据；对新增工程项目，采用原合同综合单价或新的综合单价和新增的工程数量为依据；再求得变更后和新增后的价款与原相应的合同价款进行增减后，求得变更后的合同价款。

工程变更价款调整的原则：除合同的专用条款另有约定外，变更价款（估价）按如下处理：

1）已标价工程量清单或预算书中有适用于变更工程项目的，按相同项目单价；但当工程变更等原因和工程量偏差超过15%

时，可进行调整。当工程量增加 15％以上时，增加部分工程量的综合单价应予调低；当工程量减少 15％以上时，减少后剩余部分的工程量的综合单价应予调高。

可按下列公式调整：

① 当 $Q_1 < 0.85 Q_0$ 时：$S = Q_1 \times P_1$

② 当 $Q_1 > 1.15 Q_0$ 时：$S = 1.15 Q_0 \times P_0 + (Q_1 - 1.15 Q_0) \times P_1$

式中　S——调整后某一分部分项工程费结算价；

　　　Q_1——最终完成的工程量；

　　　Q_0——招标工程量清单列出的工程量；

　　　P_1——按照最终完成工程量重新调整后的综合单价；

　　　P_0——承包人在工程量清单中填报的综合单价。

如果工程量变化引起相关措施项目相应发生变化，如按系数或单一总价方式计价的，工程量增加的措施项目费调增，工程量减少的措施项目费调减。

2）已标价工程量清单或预算书中，没有适用但有类似于变更工程的项目，可在合理范围内参照类似项目单价。

3）已标价工程量清单或预算书中，没有适用也没有类似于变更工程项目的，应由承包人根据变更工程资料、计量规则和计价办法、工程造价信息价格和承包人报价浮动率提出变更工程项目的单价报发包人确认后调整。

承包人报价浮动率可按以下公式计算：

招标工程：承包人报价浮动率 $L = (1 -$ 中标价/招标控制价$) \times 100\%$

非招标工程：承包人报价浮动率 $L = (1 -$ 报价/施工图预算$) \times 100\%$

4）已标价工程量清单或预算书中，没有适用也没有类似于变更工程项目的，且工程造价信息价格缺价的，应由承包人根据变更工程资料、计量规则、计价办法和通过市场调查取得合法依据的市场价格，提出变更工程项目的单价报发包人确认后调整。

5）因工程变更引起施工方案改变，并使措施项目发生变化时，承包人提出调整措施项目费的，应事先提出实施方案，与原方案措施项目比较变化情况，经双方确认后执行，并按下列规定调整措施项目费：

① 安全文明施工费应根据实际发生变化的措施项目按规定计算；

② 用单价计算的措施项目费，应根据实际发生变化的措施项目按工程变更的计算规定计算；

③ 用总价（或系数）计算的措施项目费，按实际发生变化的措施项目调整。调整金额＝实际调整金额×承包人报价浮动率。

6）当发包人提出工程变更，因非承包人原因删减了合同中的某项原定工作或工程。致使承包人发生的费用和得到的收益不能被包括在其他已支付或应支付的项目中，也未被包含在任何替代的工作或工程中时，承包人有权提出并应得到合理的费用及利润补偿。这是为了防止发包人在签约后擅自取消合同中的工作，转由发包人或其他承包人实施，而使本合同工程承包人受损。

对工程变更价格的确定，应按合同约定调整合同价款，但目前在国内项目发生工程变更时，一般在变更通知单中只确定变更项目的内容、范围、数量，而不确定变更项目的费用，因此，当变更数量很大，已直接影响到总造价时，在不同阶段不能及时反映出变更后的合同价款，直至办理工程结算时才反映出来。所以要按双方签订的施工合同文本的约定和《建设工程工程量清单计价规范》规定的变更程序执行，对工程变更后的合同价变化可以及时地反映出来，就有利于在施工实施全过程中进行投资跟踪、动态控制和分析预测。

3. 工程变更程序

工程变更一般要影响造价、增加费用，为了控制投资在预定的目标值内，要求监理工程师在项目实施过程中严格控制和审查工程变更，严禁通过设计变更扩大建设规模、增加建设内容、提高建筑标准，对必须变更的应严格变更程序，要由变更单位提出工程变更申请，提出变更的工程量清单和价款分析，说明变更的原因和依据，由监理工程师审查，报经建设单位同意（对重大设计变更要报上级主管部门批准），送设计单位审查并取得相应的图纸和说明后，由监理工程师发出变更通知或指令，调整原合同的工程价款。工程变更费用一般在项目的预备费中支出，如需追加投资或单项工程超过原批准概预算值、在项目的总投资值内不能调剂解决时，应报原审批部门批准后，方可发出变更通知或指令。

对因工程变更和新增项目确定相应的单价和费率进行计价时，监理工程师要同发、承包单位协商，根据变更项目的性质或按变更项目费用大小，由相应的监理组织机构审查后报建设单位确认。在确认前，由监理机构根据工程项目实际设计变更，对工程变更的费用和工期等作出评估，确定发生变更项目。在十分必要时，为避免影响工作，也可以在达成一致意见之前，在没有规定价格和费用时，指示承建单位继续工作，再通过进一步协商之后，确定适当的价格和费率，或对承建单位提出的变更价格由总监理工程师暂定，事后如意见不一致，可提请工程造价管理部门裁定，直至调解、仲裁、起诉。

承建单位提出设计变更的控制程序如图 4-10 所示。

建设单位提出工程变更的控制程序是：建设单位向监理单位提出工程变更要求→监理单位与设计单位研究变更的合理性和可行性→监理单位与承建单位商讨对进度与费用相应变化的建议→建设单位确认变更要求引起进度与费用的变化→监理单位起草变更通知→承发包双方签字认可→调整合同价和计划进度。

设计单位提出设计变更的控制程序是：设计单位提出设计变更要求→监理单位讨论变更的可能性并征求咨询→监理单位与承建单位研究对进度和费用相应变化的建议→监理单位向建设单位

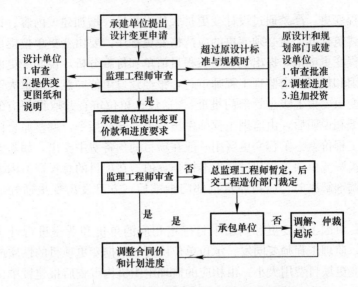

图 4-10   承建单位提出设计变更的控制程序

详述各方意见及对进度和费用变化的建议→建设单位确认进度及费用变化→设计单位签发变更设计文件→监理单位起草变更通知→承发包双方签字认可→调整合同价和计划进度。

当承包人收到变更指示后 14 天内，应向监理人提交变更价格的申请，监理人应在收到申请后 7 天内审查完并送发包人。监理人对变更价格申请有异议，通知承包人修改后重报，发包人应在承包人提交变更价格申请后 14 天内审批完，逾期未提出异议的，视为认可。

4. 工程变更内容的审查

由于工程变更均应经监理工程师审查，因此监理工程师对工程变更内容、范围、数量的审查原则一般是：

（1）工程变更应在保证生产能力或使用功能的前提下，适用、经济、安全、方便生活、有利生产、不降低使用标准和从"四大控制"角度出发审查；

（2）工程变更应进行技术经济分析，在技术上可行、施工工艺上可靠、经济上合理，不增加项目投产后的经常性维护费用；

（3）凡属于重大设计变更，如工艺流程、资源、水文地质、工程地质有重大变化而引起建设方案的变动，设计方案的改变，增加单项工程、追加投资等，均应经建设单位或由建设单位报原主管审批部门批准后，方可办理变更；

（4）工程变更应力求在施工前进行，以避免和减少不必要的损失，并认真审核工程数量；

（5）对工程变更要严肃、公正、完整，对必须变更的才予以办理，同时要考虑由此影响工期和对承建单位造成的损失，以达到控制投资的目的；

（6）工程变更要按程序进行，手续要齐全，有关变更的申请、变更的依据、变更的内容及图纸、资料、文件等清楚完整和符合规定；

（7）严禁通过工程变更扩大建设规模、增加建设内容、提高建筑标准。

5. 工程变更价款的审查

通过对工程变更内容的审查，同时审查其变更的费用，监理工程师要审查承建单位提出的变更价格，合理确定变更部分的综合单价和价款，把投资控制在投资目标值内。

工程变更的项目并不是全部需要重新确定新的单价，应按合同条款的规定处理，依据本节工程变更控制 2-（3）"变更价格的确定"中相关工程变更价款调整的处理和计算原则进行审查。

一般在发生合同价款调整时，通常由承包人按已标价工程量清单使用的计价办法、计价定额和取费率，通过计算确定工程变更项目和措施变更项目价款的调整和合同工期的变化后，提交监理机构和发包人审查认可。

对于由于工程变更，使工期延误和造成承建单位的损失，则通过费用索赔解决，详见本书第 3 部分"施工监理中的合同管理"的费用索赔部分。

4.5.4　工程计量与支付的控制

工程计量系指监理工程师对发承包双方根据合同约定的建设项目、工程量计算规则、按施工进度计划及施工图设计要求及变更指令等，在建设实施时，对实际完成合同工程的数量进行的计算和确认。因为合同中规定工程量表中开列的工程量是个估算工程量，是在图纸和规范的基础上估算的，不是最终的作为结算工程价款的工程量。因此，正确的计量是发包人向施工单位支付合同价款的前提和依据，也是控制项目投资支出的关键环节，同时也是约束施工单位履行合同义务，强化施工单位合同意识的手段。

工程支付系建设单位对承建单位任何款项的支付，都必须由监理工程师出具证明，作为建设单位对承建单位支付工程款项的依据。因此，监理工程师在项目建设监理过程中，利用计量支付的经济手段，对工程造价、进度、质量和安全进行"四大"控制和全面管理，也是监理工程师对项目采用 FIDIC 土木工程通用合同的合同管理的核心。

1. 工程计量的有关规定

按《建设工程工程量清单计价规范》GB 50500—2013 规定：

（1）不论何种计价方式，工程量必须按相关工程现行国家计量规范规定的工程量计算规则计算；

（2）工程量必须以承包人完成合同工程应予计量的工程量确定；

（3）工程量计量可选择按月或按工程形象进度分段计量，具体计量周期应在合同中约定；

（4）因承包人原因造成的超合同工程范围施工或返工的工程量，发包人不予计量；

（5）工程量计量按照合同约定的工程量计算规则、图纸及变更指令等进行计量；

（6）工程量计量分为单价合同计量和总价合同计量，对成本加酬金合同应按单价合同的计量规定计量。

2. 工程计量的内容

(1) 对照合同的工程量清单（含清单序言——总说明、分部分项工程量清单表、措施项目清单表、其他项目清单表、规费及税金项目清单表）中的项目，根据工序或部位将对应项目编号已完成的工程量进行计量，并与工程量清单做增减对比表，计算出已完成的工程量及其工程价款，如表 4-46 和表 4-47 所示。

分项工程量清单表　　　　　　　　表 4-46

序号	项目编号	项目名称	单位	工程数量	单价（元）	金额（元）	备注
1	301	垫层	m^3	150	15.66	2349	
2	302	砖基础	m^3	250	48.36	12090	
⋮	⋮	⋮					
15	315	软土处理（暂估金额）	项	1		3500	

工程量清单汇总表　　　　　　　　表 4-47

序　号	项目编号	项目名称	金额（元）	备　注
1	100	总则		
2	200	土方工程		
3	300	基础工程		

清单序言是规定清单中各项目的计量方法及工作范围的文件。序言中规定了项目的工程和费用的计量方法和依据、价格制定应包括合同条款对价格影响的因素、未经承建单位定价的清单项目应认为包括在合同价内、单价包括的费用内容、暂估金额和暂估数量的使用规定、项目包括的工作范围和内容、支付款方式和条件等。

(2) 工程计量时，由于监理工程师发出的工程变更指令是属于合同文件的组成部分，因此，工程变更项目亦属合同规定的项目，当变更项目完成时需及时计量，并填写工程量清单增减表，如表 4-48 所示。当变更项目清单中的项目与合同中工程量清单项目相同时，可采用清单序言规定的方法计量，如变更项目清单中的项目与合同清单项目不同时，则按变更指令中规定的计量方法计算。

工程量清单增减表   表 4-48

序号	项目编号	项目名称	单位	工程数量		单价		金额（元）		差额（元）	
				原有	现在	原有	现在	原有	现在	增（＋）	减（一）
1	2	3	4	5	6	7	8	9＝5×7	10＝6×8	11＝10－9	12＝10－9
2	301	垫层	m³	150	200	15.66	15.66	2349	3132	783	
3	302	砖基础	m³								
⋮	⋮	⋮									

（3）工程计量的必要条件是已完成的工程必须在质量上达到合同规定的技术标准、各种试验检测数据齐全，并经过质量监理工程师验收合格，颁发工程检验认可书后方可进行计量。

3. 工程计量的方法

工程计量的方法应按合同条款规定的方法处理。一般有如下几种计量方法，如表 4-49 所示。

工程计量的方法   表 4-49

方法种类	内容及适用场合
1. 均摊法	对工程量清单中的项目，在合同期内每月都发生费用，根据费用发生特点，分为平衡均摊法（每月发生的费用平均分摊）和不平衡均摊法（每月发生的费用按进度不平均分摊），此法适用于工程量清单—总则中的项目费用
2. 凭据法	按合同条件规定，由承建单位提供凭据进行计量支付。如承建单位需提供银行保单或履约保证金的凭据，办理时按分期银行保单或保证金的金额比例进行计量支付
3. 估价法	适用于购置多种仪器设备和交通工具等项目，且购置时需要多次才能购齐，则按合同工程量清单中的数量和金额，对照市场价格进行估价，在计量和支付时，对实际购进的仪器设备等不按实际采购价支付，只按估算价支付，但最终仍按合同工程量清单的金额支付

续表

方法种类	内容及适用场合
4. 综合法	适用于当工程量清单中的项目，其费用既含设备购置费项目，又有每月发生的维护保养费项目，则需采用估价法和均摊法分别计量支付
5. 图纸计算法	在工程计量中常采用的方法，通过对施工图纸计算数量，如对砖石工程、混凝土工程等按体积计算，但需要检查施工实施时与图纸及说明是否相同
6. 断面法	对一些地下工程、基础工程或填方路基等，由于实际施工时往往与施工图纸在数量上有出入，则采用此法计量
7. 分解计量法	适用于某个单项工程或单位工程工期较长、采用中间计量支付时，即将此工程按工序分解为若干个分部分项工程计量，如房屋建筑分解为土方工程、基础工程、砖石工程、混凝土工程等，其中的混凝土工程又可进一步分解为柱、梁、板等，并按工序分层计量。项目分解后费用总和应等于分解前总费用，即等于项目的合同价款，此法应用十分普遍

4. 工程计量的程序

工程计量的方式一般由监理工程师和承建单位共同对实际完成数量进行计量，也可由监理方或承建方各自单独计量后交对方认可，由于后者为单独计量，增加了复核的工序和时间；也易产生错误，因此，采用共同计量方式为佳。对于各自单独计量的程序，如计量后未经对方认可，均不符合程序，可认为无效，但提交对方后，对方在规定的时间内未予复核确认，即认为已被确认。

工程计量的程序是：承建单位在规定的时间内，将实际完成的工程数量及金额，向建设单位和监理工程师提交经质量验收合格的已完工程计量申请报告，监理工程师接到报告，在规定的时间内，按施工图纸核实确认已完工程数量（简称计量），并在计量前事先通知承建单位，承建单位派人参加共同计量签字确认，承建单位无故不参加计量，监理工程师自行进行计量结果视为有效，但监理工程师事先不按规定时间通知承建单位，使承建单位不能参加计量，则计量结果无效。对承建单位要求计量的报告，如监理工程师未在规定的时间内共同计量，则承建单位报告中开

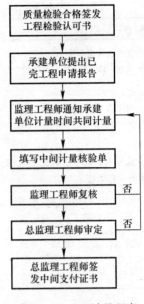

列的工程量即视为已被确认。

对承建单位超出施工图纸要求增加工程量和因其自身原因造成返工的工程量，不予计量。

双方确认后的工程数量，承建单位填写中间计量核验单，经监理工程师复核、审定后，签发中间支付证书或工程付款证书，作为工程价款支付的依据。

已完工程的分部分项工程量的工程计量程序如图 4-11 所示。中间支付证书或工程付款证书应包含审核已完成的分项工程项数及编号名称，核定的工程款额减合同规定扣除预付款额后的应付款额。并附已完工程检验认可书、已完工程标价工程量、表、分部分项工程验收单。

图 4-11　工程计量程序

5. 工程支付

（1）工程支付的范围。一般包括两个部分、三种费用和十一项大类明细，如图 4-12 所示。

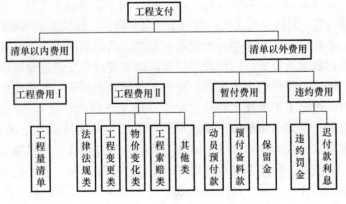

图 4-12　工程支付的范围

（2）工程支付的条件

1）对已完工程按工程量清单项目对照施工图，经过计量确认；

2）质量符合技术标准要求，并经监理人员确认，开具质量检验认可书；

3）法律、法规、规章和政策发生变化，引起工程造价增减，按省级、行业建设主管部门、工程造价管理机构发布的规定调整；

4）工程变更项目必须有监理工程师签发的变更指令；

5）对劳力、材料、施工机械等价格的调整，按合同条款规定和计算方法进行计算；

6）费用的索赔与反索赔按合同条款规定，经监理工程师批准确认；

7）其他类：指现场签证以及发承包双方约定的调整事项；

8）对动员预付款、预付备料款和保留金的暂付费用，按合同条款支付和归还；

9）违约费用按合同条款规定，根据实际发生情况，对违约一方的处理。

（3）建筑安装工程价款的结算支付

1）预付款：在工程开工前，发包人按照合同约定，预先支付给承包人用于购买合同工程施工所需材料、工程设备以及组织施工机械和人员进场等的款项。根据合同条款规定支付工程价款，一般在开工前预付一定数额的预付工程备料款。对国内项目，其数额大小根据项目的承包方式、总工期及当年工程进度计划、材料供应方式及不同工程类型中主要材料所占比例不同而异，按《建设工程工程量清单计价规范》GB 50500—2013规定：包工包料工程的预付款的支付比例不得低于签约合同价的（扣除暂列金额）10%，不宜高于签约合同价（扣除暂列金额）的30%，通常为当年建筑工作量的20%～30%，安装工作量的10%～15%，其计算公式为：

$$\frac{\text{年度预付备}}{\text{料款限额}} = \frac{\text{全年建安工作量} \times \text{主要材料及构件所占比重}}{\text{年度施工日历天数}}$$

$$\times \frac{\text{材料储}}{\text{备天数}}$$

在约定的时间、完成一定的工程形象进度和建安工作量时起扣，其备料款起扣点公式为：

$$T = P - \frac{M}{N}$$

式中　T——起扣点；

　　　M——预付备料款限额；

　　　N——主要材料及构件占建安工作量比重；

　　　P——合同工程款总金额。

到达起扣点后，备料款按比例逐次以冲抵工程进度款方式扣回。同时按实际完成的工程数量经计量后进行工程进度款支付（即某月实际预付工程价款＝当月完成建安工作量－应扣还的预付备料款）；在国际工程承包中，根据合同条款规定，有一部分费用在工程量清单以外的应由建设单位预支给承建单位的暂付费用，主要有动员预付款、材料预付款以及从完成的工程价款中扣除并暂留于建设单位的保留金，此外尚可能发生由于建设单位的资金不到位，不能按时支付给承建单位的已完成的工程价款，由此而应付给承建单位的迟付款利息，以及由于双方中任何一方违约，引起的违约罚金。

2）《建设工程工程量清单计价规范》GB 50500—2013 规定的安全文明施工费：

① 安全文明施工费包括内容和使用范围，应符合国家有关文件和计量规范规定；

② 发包人开工后 28 天内预付不低于当年施工进度计划的安全文明施工费总额的 60%，其余应按提前安排的原则进行分解，并与进度款周期支付；

③ 发包人未按时支付，承包人可催告，在付款期满后 7 天

内仍未支付的,若发生事故,发包人承担相应责任;

④ 安全文明施工费专款专用,财务上单独列项备查,不得挪作他用。否则造成损失、延误工期,由承包人承担。

3) 进度款是施工过程中,发包人按照合同约定在付款周期内对承包人完成的合同价款给予支付的款项,又称期中结算支付。

发承包双方应按合同约定的时间、程序和方法,根据工程计量结果,办理期中价款结算,支付进度款。进度款支付周期应与合同约定的工程计量周期一致。

已标价工程量清单的单价项目,承包人应按工程计量的工程量与综合单价计算,综合单价发生调整的,以双方确认调整的综合单价计算进度款。

已标价工程量清单的总价项目,按审定施工图和预算方式发包形成的总价合同,应按合同约定的进度款支付分解,分别列入进度款支付申请中的安全文明施工费和本周期应支付的总价项目的金额中。

发包人提供的甲供材料金额,应按发包人签约提供的单价和数量从进度款支付中扣除。

承包人现场签证和经确认的索赔金额,列入本周期应增加的金额中。

进度款支付比例,按合同约定。按期中结算价款总额计,不低于60%,不高于90%。

进度款拨付程序:每个计量周期到期后,承包人应提交已完工程进度款支付申请(含分包人已完工程价款),发包人14天内核实确认后出具进度款支付证书,并在签发证书后14天内支付。若发包人逾期未签证书,则被视为承包人提交的支付申请已被认可。

发包人未按规定支付进度款,承包人可催告,获得延迟支付利息,以至暂停施工。发包人还应承担由此增加的费用和延误的工期,支付承包人合理利润,并承担违约责任。

4）工程价款的结算支付。工程价款结算支付方式通常有：竣工前分次结算的按月结算和分段结算、竣工后一次结算和年终结算三种。

① 按月结算。实行月中预支、月终结算、竣工后清算的办法，对跨年度工程在年终进行工程盘点、办理年度结算。按合同规定将实际完成的分部分项工程施工图内容、工程数量，经验收合格和计量后，由承建单位提出中间计量核验单或"工程价款结算账单"申请，再由监理工程师签发中间支付证书，作为办理中间结算的依据。因此，监理工程师应按合同规定对已完工程价款、工程变更、价格调整、索赔等内容进行审查，当符合合同规定相应项目的单价和取费标准计算的才予以签证。当承建单位完成合同规定的全部工程内容、办理交工验收后，向建设单位办理最终工程价款结算。其计算公式为：

$$\begin{matrix}\text{单位工程竣工} \\ \text{结算工程价款}\end{matrix} = \begin{matrix}\text{合同价款} \\ \text{或概预算价}\end{matrix} + \begin{matrix}\text{施工过程中合同价款} \\ \text{或概预算价调整数额}\end{matrix}$$

$$- \begin{matrix}\text{预付和已结算} \\ \text{的工程价款}\end{matrix}$$

② 分段结算。对当年开工、当年不能完工的单项工程或单位工程，依工程形象进度划分不同阶段进行结算（分段结算的划分标准，专业项目由各专业部门规定，一般项目由当地建设主管部门规定），并应办理分段验工计价手续，因此，它是一种不定期的结算方法。对当年结算的工程款尽可能与年度完成工作量大体一致，实行分段结算的工程可以用"工程价款预支账单"按程序批准按月预支工程款。

③ 竣工后一次结算。建设项目或单项工程全部建筑安装工程的建设期在 12 个月之内，或工程承包合同价值在 100 万元以下的，可实行每月月中预支，竣工后一次结算。

承包单位通常填制"工程款结算账单"，经监理工程师审查、建设单位审定签证后，通过银行办理结算。竣工结算的工程价款预留 5% 给建设单位，用于质量保证金，在保修期满后，归还给承建单位。

按规定格式的"工程价款预支账单"、"工程价款结算账单"及"已完工程月报表"、"工程款结算账单"如表4-50～表4-53所示。

工程价款预支账单 表4-50

建设单位名称： 年 月 日 单位：元

单项工程项目名称	合同价款	本旬（或半月）完成数	本旬（或半月）预支工程款	本月预支工程款	应扣预收款项	实支款项	说明
1	2	3	4	5	6	7	8

　　承建单位　　　　　　财务负责人

说明：1. 本账单由承建单位在预支工程款时编制，送建设单位和经办行各一份。

　　　2. 承建单位在旬末或月中预支款项时，应将预支数额填入第4栏内，实行分月或分次预支，竣工后一次结算的，应将每次预支数额填入第5栏内。

　　　3. 第6栏"应扣预收款项"包括备料款等。

工程价款结算账单 表4-51

建设单位名称： 年 月 日 单位：元

单项工程项目名称	合同价款	本期应收工程款	应抵扣款项					本期实收数	备料款余额	本期止已收工程价款累计	说明
			合计	预支工程款	备料款	建设单位供给材料款	各种往来款				
1	2	3	4	5	6	7	8	9	10	11	12

　　承建单位　　　　　　财务负责人

说明：1. 本账单由承建单位在月终和竣工结算工程价款时填列，送建设单位和经办行各一份。

　　　2. 第3栏"应收工程款"应根据已完工程月报数填列。

已完工程月报表　　　　　　表 4-52

建设单位名称：　　　　年　月　日　　　　　　　　单位：元

单位工程项目名称	合同价款	建筑面积或工程规模	开竣工日期		实际完成数		说明
			开工日期	竣工日期	至上月止已完工程累计	本月份已完工程	
1	2	3	4	5	6	7	8

承建单位　　　　编制日期　　　年　月　日

说明：本表作为月份结算工程价款的依据，送建设单位和经办行各一份。

工程款结算账单　　　　　　表 4-53

年　　月　　日　　合同编号

建设项目（或单项工程）名称　　　　　　　　　　单位　元

单项或分段工程名称	合同价款	结算方式	实际开工日期	实际竣工日期	本次结算工程款	累计结算工程款	累计结算工程款占合同价款（%）	备注
1	2	3	4	5	6	7	8＝7/2	9
合　计								

对结算账单的意见：　　　　　　　　　承建单位　　　　　（签章）

　　　　建设单位（签章）

（此栏由建设单位填）　　年　月　日　　财务负责人　　　　（签章）

说明：1. 本账单由承建单位根据合同规定，经过工程竣工验收，或者分段验工以后填制。

　　　2. 实行建设项目竣工后一次结算的，按建设项目填制；其余按单项工程填制。

　　　3. 第 3 栏按建设项目竣工、单项工程竣工、分段验工结算分别填列。

　　　4. 第 5 栏按单项工程实际竣工日期填列，没有竣工工程不填。

　　　5. 第 7 栏包括本次结算的工程款。

　　　6. 本账单 1 式 3 份，由建设单位签证后，一份留给建设单位，一份连同支票和验收，验工报告送开户银行办理结算，一份由承包单位留存。

（4）与发包人采购的材料、工程设备及费用的结算支付

1）发包人提供材料和工程设备（简称甲供材料）

根据《建设工程工程量清单计价规范》GB 50500—2013 规范规定，甲供材料应在招标文件的《发包人提供材料和设备一览表》中写明名称、规格、数量、单价、交货方式、交货地点等。

承包人投标时，甲供材料单价应计入相应项目的综合单价中，签约后，发包人应按合同约定扣除甲供材料款，不予支付。

发包人提供的甲供材料如规格、数量或质量不符合合同要求，或交货日期未按计划提供而延误，交货地点、交货方式变更等，发包人要承担由此而增加的费用或工期延误，并应支付承包人合理利润。

2）国内设备、工器具和工程建设其他费用的支付。建设项目国内设备、工器具的费用支付，一般按订货合同条款规定及时办理结算手续，在订购时一般不预付定金，只有对制造周期长、造价高的大型设备可按合同规定分期付款，如预先付部分备料款约 20%，在设备制造进度达 60% 时再付 40%，交货时再付 35%，余 5% 留作质量保证金。在设备制造招标时，承包厂方还可根据自身实力，在降低报价的同时提出分期付款的时间和额度的优惠条件取得中标资格。

建设单位对设备、工器具的购置，要强化时间观念，效益观念，即要按照工程进度的需要购置，避免提前订货而多支付货款利息和影响建设资金的合理周转，甚至于由于订货过早过多而拖延付款受到罚款赔偿。

工程建设其他费用的项目支出内容较多，占工程总投资比例也较大，在建设过程中又不断发生，因此，在建设单位内部应建立相适应的组织和人员进行管理，要按有关规定严格控制使用，使实际支出控制在限额值之内。

3）引进设备、材料费用的支付。建设项目为引进成套设备及国外设计、单机引进或购买专利取得生产产品的技术时，按通过国际贸易和经济技术合作的途径不同，其采购费用的支付方式

也不同。当利用出口信贷形式时，根据借款对象不同，又分为卖方信贷和买方信贷。

卖方信贷是卖方将产品赊销给买方，买方在规定的时间内，将货款一次付款或分期付本息款。一般在协议签订后，买方先付15%定金，交货验收合格和保证期满后，再分期付15%，其余70%在规定的期限内分期付清。卖方为填补占用资金，向其本国银行申请出口信贷。

买方信贷分为两种形式，一种形式是一般在协议签订后，买方先付15%定金，其余由产品出口国银行把出口信贷直接贷给买方，买方按现汇付款条件支付给卖方，以后由买方分期向卖方银行偿还贷款本息；另一种形式是由出口国银行把出口信贷贷给进口国银行，再由进口国银行转贷给买方，买方用现汇支付给卖方。进口国银行分期向出口国银行偿还贷款本息，买方又分期向本国银行偿还贷款本息。以上信贷均有附加费用发生，如承诺费、手续费、管理费、保险费、印花税等。

引进设备、材料结算价由于受汇率、贷款利息调整和物价变化等影响，因此，往往与确定的合同价有所不同，在结算时要应用动态结算方式，并在合同中明确计算的条件和方法。

4.5.5　合同价款调整

合同价款调整是指在项目建设实施期间，按照合同约定，在合同价款调整因素出现后，发承包双方对合同价款进行变动的提出、计算和确认。

下列因素（但不限于）发生，发承包双方应当按照合同约定调整合同价款，大致包括五大类：

（1）法律法规变化；

（2）工程变更类（工程变更、项目特征不符、工程量清单缺项、工程量偏差、计日工）；

（3）物价变化类（物价变化、暂估价）；

（4）工程索赔类（不可抗力、提前竣工—赶工补偿、误期赔偿、索赔）；

（5）其他类：现场签证以及发承包双方约定的调整事项。

1. 法律法规变化

当法律法规和政策发生变化引起工程造价增减变化时，应按省级、行业建设主管部门或工程造价管理机构发布的规定调整合同价款。

2. 工程变更

见本章4.5.3节。

3. 项目特征不符

项目特征是构成清单项目价值的本质特征，单价的高低与其具有必然联系。如设计图纸（设计变更）与招标工程量清单任一项目的特征描述不符，且该变化引起该项目的工程造价增减变化的，应根据实际施工的项目特征按规定重新确定相应工程量清单项目的综合单价，调整合同价款。

4. 工程量清单缺项

招标工程量清单中缺项，新增分部分项工程量清单项目的，按《建设工程工程量清单计价规范》规定确定单价，调整合同价款。新增分部分项工程量清单项目后，引起措施项目费发生变化的，按《建设工程工程量清单计价规范》规定，在承包人提交实施方案被批准后，计算调整合同价款。

5. 工程量偏差

施工过程中，由于施工条件、水文地质、工程变更等变化，以及清单编制水平差异，使实际工程量和招标工程量清单出现偏差，对综合成本的分摊带来影响。其计算规定同工程变更。

6. 计日工

合同工程外的零星工作、零星项目采用计日工方式进行价款结算。承包人应在任一计日工项目实施结束后，提交现场签证报告，发包人确认核实工程数量和已标价工程量清单中的计日工单价计算之。清单中没有该类计日工单价的，发承包双方按规范规定商定单价计算，每个支付期末，提出计日工签证汇总表，调整合同价款，列入进度款中支付。

7. 物价变化

由于人工、材料、工程设备、机械台班价格波动影响合同价款时，根据合同约定的方法调整合同价款，如无约定，则材料、工程设备单价变化超过 5%，超过部分价格应按价格指数调整法或造价信息差额调整法计算调整。

按《建设工程施工合同》示范文本规定：对因市场价格波动引起价格调整有以下方式。

(1) 价格指数调整法

因人工、材料和设备等价格波动影响合同价格时，根据专用合同条款中约定的数据，按以下公式计算差额并调整合同价格：

$$\Delta P = P_0 \left[A + \left(B_1 \times \frac{F_{t1}}{F_{01}} + B_2 \times \frac{F_{t2}}{F_{02}} + B_3 \times \frac{F_{t3}}{F_{03}} \right. \right.$$

$$\left. \left. + \cdots + B_n \times \frac{F_{tn}}{F_{0n}} \right) - 1 \right]$$

式中：

ΔP——需调整的价格差额；

P_0——约定的付款证书中承包人应得到的已完成工程量的金额。此项金额应不包括价格调整、不计质量保证金的扣留和支付、预付款的支付和扣回。约定的变更及其他金额已按现行价格计价的，也不计在内；

A——定值权重（即不调部分的权重）；

B_1；B_2；B_3……B_n——各可调因子的变值权重（即可调部分的权重），为各可调因子在签约合同价中所占的比例；

F_{t1}；F_{t2}；F_{t3}……F_{tn}——各可调因子的现行价格指数，指约定的付款证书相关周期最后一天的前 42 天的各可调因子的价格指数；

F_{01}；F_{02}；F_{03}……F_{0n}——各可调因子的基本价格指数，指基准日期的各可调因子的价格指数。

以上价格调整公式中的各可调因子、定值和变值权重，以及基本价格指数及其来源在投标函附录价格指数和权重表中约定，非招标订立的合同，由合同当事人在专用合同条款中约定。价格指数应首先采用工程造价管理机构发布的价格指数，无前述价格指数时，可采用工程造价管理机构发布的价格代替。

（2）造价信息差额调整法

合同履行期间，因人工、材料、工程设备和机械台班价格波动影响合同价格时，人工、机械使用费按照国家或省、自治区、直辖市建设行政管理部门、行业建设管理部门或其授权的工程造价管理机构发布的人工、机械使用费系数进行调整；需要进行价格调整的材料，其单价和采购数量应由发包人审批，发包人确认需调整的材料单价及数量，作为调整合同价格的依据。

1）人工单价发生变化且符合省级或行业建设主管部门发布的人工费调整规定，合同当事人应按省级或行业建设主管部门或其授权的工程造价管理机构发布的人工费等文件调整合同价格，但承包人对人工费或人工单价的报价高于发布价格的除外。

2）材料、工程设备价格变化的价款调整按照发包人提供的基准价格，按以下风险范围规定执行：

① 承包人在已标价工程量清单或预算书中载明材料单价低于基准价格的，除专用合同条款另有约定外，合同履行期间材料单价涨幅以基准价格为基础超过5%时，或材料单价跌幅以在已标价工程量清单或预算书中载明材料单价为基础超过5%时，其超过部分据实调整。

② 承包人在已标价工程量清单或预算书中载明材料单价高于基准价格的，除专用合同条款另有约定外，合同履行期间材料单价跌幅以基准价格为基础超过5%时，材料单价涨幅以在已标价工程量清单或预算书中载明材料单价为基础超过5%时，其超过部分据实调整。

③ 承包人在已标价工程量清单或预算书中载明材料单价等于基准价格的，除专用合同条款另有约定外，合同履行期间材料

单价涨跌幅以基准价格为基础超过±5%时，其超过部分据实调整。

④ 承包人应在采购材料前将采购数量和新的材料单价报发包人核对，发包人确认用于工程时，发包人应确认采购材料的数量和单价。发包人在收到承包人报送的确认资料后5天内不予答复的视为认可，作为调整合同价格的依据。未经发包人事先核对，承包人自行采购材料的，发包人有权不予调整合同价格。发包人同意的，可以调整合同价格。

前述基准价格是指由发包人在招标文件或专用合同条款中给定的材料、工程设备的价格，该价格原则上应当按照省级或行业建设主管部门或其授权的工程造价管理机构发布的信息价编制。

3) 施工机械台班单价或施工机械使用费发生变化超过省级或行业建设主管部门或其授权的工程造价管理机构规定的范围时，按规定调整合同价格。

8. 暂估价

暂估价是指招标人在工程量清单中提供用于支付必然发生但不能确定价格的材料、工程设备的单价以及专业工程的金额。

确定暂估价实际价格的四种情形如下：

（1）材料、工程设备属于依法必须招标的，由发承包双方以招标的方式选择供应商，确定价格后取代暂估价，调整合同价款；

（2）材料、工程设备不属于依法必须招标的，由承包人按合同约定采购，经发包人确认后，以此为依据取代暂估价，调整合同价款；

（3）专业工程不属于依法必须招标的，应按《建设工程工程量清单计价规范》规定确定专业工程价款，并取代专业工程暂估价，调整合同价款；

（4）专业工程必须依法招标的，应当由发承包双方依法组织招标，选择专业分包人，以专业工程分包中标价为依据，取代专业工程暂估价，调整合同价款。

9. 不可抗力

不可抗力是指发承包双方在工程合同签订时不能预见的，对其发生的后果不能避免，并且不能克服的自然灾害和社会性突发事件。

因不可抗力事件导致人员伤亡、财产损失及其费用增加，按《建设工程工程量清单计价规范》规定的原则，发承包双方分别承担并调整合同价款和工期。

10. 提前竣工（赶工补偿）

承包人应发包人的要求而采取加快工程进度的措施，使合同工期缩短，由此产生的应由发包人支付的费用，依据相关工程的工期定额合理计算工期，压缩的工期天数不得超过定额工期的20%，超过者应在招标文件中明示增加赶工费用，双方在合同中约定提前竣工每日历天应补偿额度，作为增加合同价款。

11. 误期赔偿

承包人未按照合同工程的计划进度施工，导致实际工期超过合同工期（包括经发包人批准延长的工期），承包人应向发包人赔偿损失的费用。同时也不能免除承包人应承担的任何责任和应履行的任何义务。误期赔偿费在合同中约定明确每日历天应赔额度，并列入工程结算款中扣除。

12. 索赔

指在工程合同履行过程中，合同当事人一方因非己方原因遭受损失，按合同约定或法律法规规定应由对方承担责任，从而向对方提出补偿的要求。

有关索赔的规定，详见本书第4.3部分"施工监理中的合同管理"有关索赔的章节。

有关索赔期限的规定：《建设工程工程量清单计价规范》规定，发承包双方在按合同约定办理了竣工结算后，应被认为承包人已无权再提出竣工结算前所发生的任何索赔。承包人在提交最终结算申请中，只限于提出竣工结算后的索赔，提出索赔的期限应自发承包双方最终结清时终止。

有关索赔金额的支付：索赔事件发生的费用在办理竣工结算时应在其他项目中反映。索赔金额应依据发承包双方确认的索赔项目和金额计算。承包人接受索赔处理结果的，其索赔款项应作为增加合同价款，在当期进度款中支付。

13. 现场签证

指发包人现场代表（或受权监理人、工程造价咨询人）与承包人现场代表就施工过程中涉及的责任事件所作的签认证明。

承包人应发包人要求完成合同以外的零星项目、非承包人责任事件等工作，发包人以书面指令并应提供相关资料；承包人应及时提出现场签证要求。双方在规定时间内提出报告、核实、确认现场签证报告。

现场签证工作如已有相应的计日工单价，应当在报告中列明完成该类项目所需工、料、机的数量。

现场签证工作没有相应的计日工单价，应当在报告中列明完成该类项目所需工、料、机的数量和单价。

合同工程内容因场地条件、地质水文、发包人要求等不一致时，承包人提交相关资料，经发包人签证认可，作为合同价款调整的依据，未经发包人签证认可，发生的费用由承包人自负。

现场签证应作为增加合同价款，在当期进度款中支付。

14. 暂列金额

系招标人在工程量清单中暂定并包括在合同价款中的款项，但不属于承包人所有，也不必然发生，已签约合同价中的暂列金额应由发包人掌握使用。

暂列金额用于工程合同签订时尚未确定或不可预见的所需材料、工程设备、服务的采购，施工中可能发生的工程变更、合同约定调整因素出现时的合同价款调整以及发生的索赔、现场签证确认等的费用。

4.5.6 加强对项目投资支出的分析和预测

1. 投资计划值与实际值比较关系

投资控制的方法之一是进行动态控制，以控制循环理论为指导，对计划值与实际值进行比较，发现偏离目标，及时采取纠偏措施，再发现偏离，再采取纠偏措施，最终确保工程造价总目标的实现。图 4-13 为计划值与实际值比较关系图，图中连线表示计划值与实际值的比较关系，计划值与实际值是相对的，在左上者为计划值，在右下者为实际值。

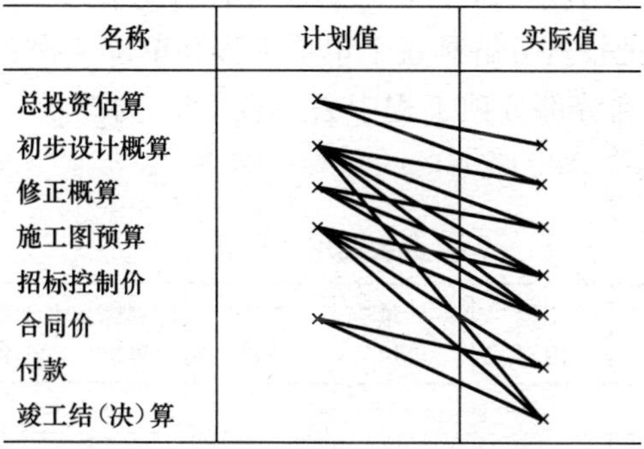

名称	计划值	实际值
总投资估算		
初步设计概算		
修正概算		
施工图预算		
招标控制价		
合同价		
付款		
竣工结（决）算		

图 4-13　计划值与实际值比较关系

2. 投资支出的分析对比和预测调整

如前所述，施工阶段投资控制的方法之一是在项目实施全过程中，进行投资跟踪、动态控制，定期对工程已完成的实际投资支出进行分析，对工程未完成部分尚需的投资进行重新预测，对实际投资支出值和项目投资控制计划目标值进行对比，发现偏差采取纠偏措施。

通过对项目各单位工程、分部分项工程完成的实物工程量、实际完成的工程预算值和已完工程实际投资支出的统计汇总，定期提出工程进度表和财务支付汇总表，应用"项目投资差异分析法"对投资进行分析和预测。通过差异分析找出工程预算值和实际投资支出值之间的偏差，从已完工程实际投资支出来预测未完工程竣工验收时尚需投资支出，找出原因采取纠偏措施。同时可编制项目投资、预算、进度计划综合图表，使整个工程进度和项目投资的现状和趋势明白地表示出来。

3. 编制建设工程资金使用计划

在施工阶段，项目投资控制目标的实现，通过投资控制目标分解，进行跟踪、预测、检查各分目标值执行投资控制情况。

(1) 按子项目划分的资金使用计划

当一个建设项目有多个单项工程构成，每个单项工程又由若干个单位工程组成，每个单位工程又有若干分部分项工程组成。因此，首先把投资分解到每个单项工程和单位工程，再由每个单位工程分解到分部分项工程中去。表 4-54 为按子项目划分的资金使用计划。

资金使用计划表   表 4-54

序号	工程分项编码	工程内容	计量单位	工程数量	计划综合单价	工程分项合计	备注

(2) 应用工作量（投资额）累计曲线编制资金使用计划

与项目进度综合进展情况结合，图中计划投资额累计曲线和实际投资额累计曲线间比较，可知实际完成的投资额比计划投资额少，因为进度延误 2.5 个月。详见本书第 5.5 部分"施工阶段的进度控制中的工作量（投资额）累计曲线图"（图 5-9）。

(3) 按投资构成分解的资金使用计划

以建设工程项目投资构成分解为建筑工程投资、安装工程投资、设备工器具投资、工程建设其他费用投资，并根据进度计划需要再分解。

4.5.7 竣工结算与支付

1. 竣工结算

工程结算分为期中结算（包括月度、季度、年度结算和形象进度结算）、终止结算（指合同解除后结算）、竣工结算。竣工结算是指工程竣工验收合格，发承包双方依据合同约定办理的工程结算，是期中结算的汇总。竣工结算包括单位工程竣工结算、单项工程竣工结算和建设项目竣工结算。单项工程竣工结算由单位工程竣工结算组成,建设项目竣工结算由单项工程竣工结算组成。

《建设工程工程量清单计价规范》GB 50500—2013 规定:工程完工后,发承包双方必须在合同约定时间内办理工程竣工结算。

工程竣工结算应由承包人或委托有资质的工程造价咨询人编制,并应由发包人或委托有资质的工程造价咨询人核对;当对竣工结算有异议时,可投诉工程造价管理机构进行质量鉴定;竣工结算办理完毕,发包人将该文件报工程所在地或行业管理部门备案,并应作为工程竣工验收备案、编制建设项目竣工决算、交付使用财产价值的必备文件。

2. 工程竣工结算编制和复核的依据

(1)《建设工程工程量清单计价规范》GB 50500—2013;

(2) 工程合同;

(3) 发承包双方实施过程中已确认的工程量及其结算的合同价款;

(4) 发承包双方实施过程中已确认调整后追加(减)的合同价款;

(5) 建设工程设计文件及相关资料;

(6) 投标文件;

(7) 其他依据。

3. 竣工结算计价的规定

依据《建设工程工程量清单计价规范》

(1) 分部分项工程和措施项目中的单价项目:应依据发承包双方确认的工程量与已标价工程量清单的综合单价;发生调整的,以双方确认调整的综合单价计算。

(2) 措施项目中的总价项目:应依据已标价工程量清单的项目和金额计算;发生调整的,以双方确认调整的金额计算,其中安全文明施工费按规定计算。

（3）其他项目

1）计日工：应按发包人实际签证确认的事项计算；

2）暂估价：按《建设工程工程量清单计价规范》规定计算；

3）总承包服务费：应根据已标价工程量清单金额计算，发生调整的，以双方确认调整的金额计算；

4）索赔费用：应依据双方确认的索赔事项和金额计算；

5）现场签证费用：应依据双方确认的签证金额计算；

6）暂列金额：应减去合同价款调整（包括索赔、现场签证）金额计算，如有余额归发包人。

（4）规费和税金按《建设工程工程量清单计价规范》规定计算。

4. 竣工结算的程序

承包人汇总发承包双方确认的合同工程期中价款结算—编制竣工结算文件—与竣工验收报告—起提交—发包人核实后返回—承包人修改补充后再提交—发包人再复核、将结果返回—双方确认（或部分确认）—办理完竣工结算（办理完部分确认的不完全竣工结算）。

对部分有异议的竣工结算文件—协商—确认（不确认—按合同约定的争议解决方式处理）。

双方在流转以上竣工结算文件时，都规定有时限要求，即在规定时间提出意见后交给对方答复、处理，不然将承担相应的责任。

5. 竣工结算款的支付

承包人应根据竣工结算文件向发包人提交竣工结算款支付申请。申请内容包括：

（1）竣工结算合同价款总额；

（2）累计已付的合同价款；

（3）应预留的质量保证金；

（4）实际应支付的竣工结算款金额。

发包人收到竣工结算款支付申请后，在规定时间内核实并签发竣工结算支付证书，并支付结算款；如不按规定支付，将承担被催告、延迟支付的利息以及其他相关后果。

6. 质量保证金

质量保证金是指发承包双方在工程合同中约定，从应付合同款中预留，用以保证承包人在缺陷修复责任期限内履行缺陷修复义务的金额，一般占工程费用的 3%～5%。

7. 最终结清

缺陷责任期终止后，承包人按合同约定已完成全部承包工作，但合同工程的财务账目需要结清，发包人还需编制建设工程项目的财务决算，竣工结算是财务决算的一个组成部分，是一个重要的基础资料。所以，承包人应向发包人提交最终结清支付申请，经发包人核实并向承包人签发最终结清支付证书，并在规定时间内支付最终结清款，如未按期最终结清支付的，发包人将承担被催告、延迟支付利息等相关后果。

8. 其他与合同价款相关的规定

依据《建设工程工程量清单计价规范》GB 50500—2013 规定：

（1）合同解除的价款结算与支付

1）发承包双方协商一致解除合同，应按达成的协议办理结算和支付合同价款；

2）由于不可抗力使合同无法履行而解除的，发包人除应向承包人支付合同解除之日前已完工程但尚未支付的合同价款，尚应支付赶工补偿费、已实施或部分实施的措施项目费、合理订购已交付的材料和工程设备货款、撤离现场的合理费用、为完成合同工程而预期开支的合理费用，但应扣除合同解除之日前发包人应向承包人收回的价款；

3）因承包人违约解除合同的，发包人应暂停支付任何价款，待合同解除后规定时间内核实合同解除时完成的全部合同价款及按计划已运至现场的材料和工程设备货款。按合同约定核算承包人应支付的违约金和造成损失的索赔金额，并通知承包人，双方在规定时间内确认并办理结算合同价款；

4）因发包人违约解除合同的，发包人除应按第2）条规定向承包人支付各项价款外，应按合同约定核算发包人应支付的违约金和造成损失的索赔金额。由承包人提出后，双方协商确定后向承包人签发支付证书。

（2）合同价款争议的解决

1）监理或造价工程师暂定

任何法律上、经济上或技术上的争议，首先应根据已签约合同的规定，提交监理或造价工程师暂定，双方对暂定结果认可的，则成为最终决定；暂定结果有争议的，对双方履约不产生实质影响前提下，应实施该结果，直到双方认可的争议解决办法被改变为止。

2）工程造价管理机构的解释或认定

合同价款争议发生后，双方就工程计价依据争议，以书面提请工程造价管理机构对争议进行书面解释或认定。亦可在收到解释和认定后，按合同约定的争议解决方式提请仲裁或诉讼。除管理机构上级作出不同解释或仲裁、判决不予采信外，工程造价管理机构的解释或认定为最终结果，对双方均有约束力。

3）协商和解

合同价款争议发生后，双方可进行协商。达成一致的，则应签书面和解协议，达不成一致的，按合同约定的其他方式解决。协商和解对双方均有约束力。

4）调解

发承包双方应在合同中约定或在合同签订后共同约定争议调解人，负责双方在合同履行过程中发生争议的调解。调解人应在收到调解委托后，在规定时间内提出调解书，调解书对双方均有约束力。

5）仲裁、诉讼

发承包双方的协商和解或调解均未达成一致意见，其中一方均可根据合同约定仲裁。

当仲裁在工程实施期间，发承包双方及调解人的义务不变；当仲裁在仲裁机构要求停工时进行，承包人要采取保护措施，增加的费用由败诉方承担；当没有达成仲裁协议的，可依法向法院提起诉讼。

6) 工程造价鉴定

在工程合同价款纠纷案件处理中，需作工程造价司法鉴定的，应委托具有相应资质的工程造价咨询人进行。

工程造价咨询人进行工程造价鉴定工作时，应：

① 取证——自行收集鉴定资料；

② 鉴定——分别在鉴定项目合同有效的情况下，根据合同约定进行鉴定和在鉴定项目合同无效或合同条款约定不明确的情况下，根据法律、法规、相关国家标准和《建设工程工程量清单计价规范》规定，选择相应专业工程的计价依据和方法进行鉴定，最终出具鉴定意见书。

4.5.8　建设项目竣工决算的编制和审查

1. 竣工决算的编制

建设项目竣工决算，是建设单位执行国家基本建设项目竣工验收制度中向国家提交竣工验收报告的重要组成内容，是综合反映建设成果和向国家交代建设投资使用情况的文件，又是全面考核建设项目的超支或节余、历年投资计划执行情况、试生产情况、分析投资效果、正确核定新增固定资产价值和向使用单位办理交付使用财产价值的依据。所有大中型建设项目，按批准的设计内容建完，都应及时办理竣工决算，经过试生产期生产合格产品后，作为竣工投产项目由国家、省或行业主管部门及时组织竣工验收。

为了做好竣工决算工作，必须做好以下有关工作：

(1) 及时办理各单项工程结算和承建单位向建设单位的交工验收，以保证建成项目及时交付使用和编制竣工决算；

(2) 认真做好各项账务、物资及债权债务清理，结余资金清理后应用于归还贷款或上交；

（3）按资金来源渠道与经办银行核对基建拨款和借款总额，正确计算建设成本；

（4）认真核实各项支出，对不应列入建设成本的支出应予以剔除，在交工验收前应请审计部门进行自审和复审；

（5）对建设项目的建设内容未完成部分，按批准概算预留，在竣工验收后在规定的期限内完成；对待摊投资的分摊要按会计制度规定，严格划清交付使用财产的固定资产、流动资产、无形资产和递延资产的界限，正确计算建设成本；

（6）对工期长的大中型项目，要编好年度竣工财务决算，按年度主管部门批复的财务决算调整，年度竣工财务决算是竣工决算的基础，竣工决算实质上是年度竣工财务决算的综合。一般在编制竣工决算前，先编制建设期内的财务决算，并将在竣工验收时需要解决的有关财务问题列入财务决算，经主管部门总结审批后才能列入竣工决算。

竣工决算按每一建设项目编报，分期建设的项目，应分期办理竣工决算。

竣工决算编制内容由竣工决算报表和竣工财务情况说明书两部分组成，均由项目主管部门根据国家统一的要求及格式下达给建设单位编制，其组成和主要内容如表 4-55 所示。

2. 竣工决算审查的意义

（1）通过审查可以全面考核竣工项目的概预算和投资计划执行情况，分析、考核投资效果。

竣工决算编制的组成和内容　　　　　　表 4-55

组　成	主　要　内　容
竣工财务情况说明书	（1）基本建设概预算、基本建设计划执行情况 （2）基本建设拨款和借款的来源和使用情况 （3）建设成本和投资效果分析 （4）未完收尾工程和结余资金情况分析 （5）各项基建收入和上交情况 （6）主要经验、存在问题和处理意见 （7）其他需要说明的事项

组　成	主　要　内　容
竣工决算报表	(1) 竣工工程概况表 (2) 竣工财务决算总表 (3) 基建投资借款余额明细表 (4) 建设成本表 (5) 交付使用财产总表 (6) 未完收尾工程明细表 (7) 库存结余材料明细表 (8) 引进装置成本汇总分析表

竣工决算反映竣工项目的概预算和实际建设成本、完成的主要实物工程量、主要原材料消耗、设计与实际的生产能力、计划和实际建设时间、项目的设备购置费、建筑安装工程费和其他费用的比例、生产性和辅助生产、公用工程以及生活福利的投资比例、占地面积和主要技术经济指标等。为建设类似工程的投资决策提供依据。

（2）是全面了解项目的基本建设财务情况，总结财务管理工作的主要依据和手段。竣工决算反映了竣工项目从建设以来的各项资金来源和资金运用、取得的财务成果，检查建设单位投资计划和财务计划的执行情况，财经制度的执行情况，资金运用的合规性等。

（3）为向使用单位办理新增固定资产、流动资产、无形资产和递延资产的交付使用提供依据。建设单位编制向使用单位办理交付使用财产清册，经双方签字后交付，由使用单位在项目投产后计算固定资产折旧费、计算生产成本、为加速还贷创造条件。

（4）积累资料。提供经验，有利于概算编制部门修订概算定额、降低建设成本。

（5）有利于加强投资控制和投资管理工作，提高投资效益和社会效益。

3. 竣工决算审查的主要内容

（1）审查各种报表和文字说明书是否齐全、准确；

（2）审查报表中的概预算数和批准概预算数是否相符；

（3）审查报表中的拨款和贷款数、交付使用财产等和历年批准的财务决算及报表中的各项费用的总数是否相符；

（4）审查资金来源的拨款和贷款数和银行账目数是否相符；

（5）审查竣工决算数和历年批准的财务决算的合计数是否相符；

（6）审查基建物资中的库存情况、结余资金情况，有否降价、报废物资，有否坏账损失等；

（7）审查文字说明是否全面系统、实事求是。

4. 竣工决算中有关问题的审查

（1）建设成本的审查。是竣工决算审查的重点，审查建设成本的真实性、可靠性和合规性，防止不应由基本建设支出的费用挤入建设成本。如有无计划外工程、扩大建设规模、提高建筑标准、增加建设内容，增加项目和内容有否上级批准手续，工程结算是否合规，设计变更是否经设计部门审查签发、由监理工程师通知变更，有无违反财经纪律和建设成本超支、节约的情况分析等。

（2）交付使用财产的审查。审查交付使用财产的真实、完整和合规性，审查其价格、数量、交付手续、账表、交付条件等情况，按新会计制度审查计入交付使用财产成本的待摊投资分摊的合理性。

（3）结余资金的审查。对库存设备材料及应收应付款的审查，结余资金的真实性和结余资金处理的合规性。

（4）基本建设收入的审查。审查入账是否及时，有否重复计算或漏算，有否乱挤生产成本，对试生产收入分成和提前投产效益分成是否符合规定。

通过以上对竣工决算的审查，对建设项目从筹建到竣工验收，将实际建设成本与批准的建设项目总概算比较后，可以评价该建设项目在控制投资方面的效果。

5 施工监理中的进度控制

5.1 进度控制的主要任务

5.1.1 施工招投标阶段进度控制的任务
（1）编制招标文件、招标工程量清单、招标控制价；
（2）组织招标、投标、开标、评标、定标；
（3）签发中标通知书、商谈和签订施工合同。

5.1.2 勘察、设计准备阶段进度控制的任务
（1）收集有关工期信息，进行工期目标和进度控制决策；
（2）编制工程项目总进度计划；
（3）编制勘察、设计准备阶段详细工作计划，并控制其执行；
（4）进行环境及施工现场条件的调查和分析。

5.1.3 勘察、设计阶段进度控制的任务
（1）编制勘察、设计阶段工作计划，并控制其执行；
（2）编制详细的工程地质报告计划和设计出图计划，并控制其执行。

5.1.4 施工阶段进度控制的任务
（1）编制施工总进度计划，并控制其执行；
（2）编制单位工程施工进度计划，并控制其执行；
例：某综合楼工程施工网络进度计划，见表5-1。
（3）编制工程年、季、月、周实施计划，并控制其执行。
例：某综合楼工程十一月份施工进度计划及相关楼层的施工进度计划，见表5-2。

××业务综合楼工程施工网络进度计划

表5-1

九八年度								九九年度								
5	6	7	8	9	10	11	12	1	2	3	4	5	6	7	8	9
上中下	上中下	上中下	上中下	上中下	上中下	上中下	上中下	上中下	上中下	上中下	上中下	上中下	上中下	上中下	上中下	上中下

新　消防、高低配电、热泵安装调试

水　电　风　管　预　埋　（留）　　水、电、风　安　装　调　试　⑪

施工准备　①②③　负二层　③　结构施工　④　负一层结构施工安装塔吊　⑤　1-10层结构施工　⑦　11-22层结构施工　⑨　23-28层结构施工　⑪　春　屋面防水施工　⑫　23-28层

⑥　1-10层填充墙施工　⑧　11-22层填充墙施工　⑩　填充墙施工　⑬　电梯安装调试　佳

1-10层内装饰施工　⑭　11-22层内装饰施工　⑮　23-28层内装饰施工　⑯　拆除塔吊　施工电梯

安装施工电梯　外墙面装饰施工　⑰　室外工程　⑱　扫尾竣工

节　玻璃幕墙、铝合金窗制做与安装

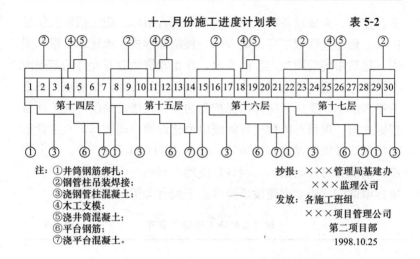

十一月份施工进度计划表   表 5-2

注：①井筒钢筋绑扎；
    ②钢管柱吊装焊接；
    ③浇钢管柱混凝土；
    ④木工支模；
    ⑤浇井筒混凝土；
    ⑥平台钢筋；
    ⑦浇平台混凝土。

抄报：×××管理局基建办
        ×××监理公司
发放：各施工班组
        ×××项目管理公司
        第二项目部
        1998.10.25

5.2 施工招标阶段的进度控制

施工招标阶段的工作包括：提出招标申请；组织招标小组或进行招标代理机构招标；由招标小组或招标代理机构编制招标文件，组织招标、投标，组织开标、评标、定标；与中标单位商签工程施工合同等。当项目监理机构先于工程施工招标时，总监理工程师可协助建设单位根据工作项目和每项工作内容及工作量的多少，编制招标阶段的进度控制计划。计划可以用横道图显示，亦可以用日历网络图显示，以便能形象地表示出施工招标阶段各项工作的起始与结束时间。为便于估算各项工作的工作量和工作延续时间，可参考以下主要工作内容编制施工招标进度计划。

5.2.1 提出招标申请

工程施工招标投标是在工程的施工阶段，由建设单位通过招标选择承建单位。按照《中华人民共和国招标投标法》规定：大型基础设施、公用事业等关系社会公共利益、公众安全的项目；全部或者部分使用国有资金投资或者国家融资的项目；使用国际组织或者外国政府贷款、援助资金的项目，其勘察、设计、施

工、监理、重要设备材料等采购必须进行招标。施工招标投标是
国内工程建设领域推广面最大的一种招标形式。承建单位根据国
家《建筑市场管理规定》的要求，在企业资质等级允许的范围内
参加投标。施工招标投标作为一种市场交易行为，交易双方正常
的经济活动，受国家法律的保护和约束。在建设单位对施工项目
招标之前，项目总监理工程师应协助建设单位向省（市）主管招
标投标管理机构提出招标申请，申请表的式样见表 5-3。经主管
部门批准方可开始招标。项目总监理工程师在协助建设单位提出
招标申请前，应要求建设单位落实下列有关招标文件：

建设工程施工招标申请书　　　　　　**表 5-3**

招标申请单位_____（盖章）

单位负责人_____（盖章）

申请日期：　　年　　月　　日

招标工程项目名称		建设地点	
批准投资计划单位		批准日期	
项目性质		资金来源	
设计单位		结构层次	
批准面积		设计面积	
批准投资总额中建安投资数		设计概算数	
1. 列入本年度计划的批准单位，文号及年度工作量		固定资产投资项目开工报告批准文号		单位工程开工报告批准单位

续表

2. 施工图设计完成概况							
3. 征地、拆迁、三通一平完成情况	征地	拆迁	电源	水源	通信	道路	平整
4. 建筑施工执照申领情况	执照发给日期						
	执照字号						
5. 资金落实情况							

6. 主要材料设备落实情况	钢　材		水　泥		木　材		
	需要量	落实数	需要量	落实数	需要量	落实数	

7. 标底编制单位落实情况	
招标范围及简介，要求（详细附招标文件）	

采用何种招标方式		要求投标单位资质等级	
拟邀投标单位名称			
计划开、竣工日期			
招标日程计划安排			
招标单位工程负责人		联系地址及电话号码	

续表

资金落实情况、开户银行签证	年　月　日（盖章）	监理单位	
招标单位主管部门意见		招、投标办审核意见	
备　注			

招标工程一览表

序号	工程项目名称	建筑面积	结构	层数	交图日期	计划开、竣工日期	附注

说明：1. 本申请书一式三份，招标办、招标单位主管部门、招标单位各存留一份。
2. 招标工程如有多幢单位工程，应详填附表"招标工程一览表"。
3. 关于资金、材料、设备落实情况如本表不够填写，应另附明细表说明情况。
4. 计划批准文件、建筑施工执照均需附复印件。

（1）概算已经批准；

（2）建设项目已正式列入国家、部门或地方的年度固定资产投资计划；

(3) 建设用地的征用工作已经完成；

(4) 有能够满足施工需要的施工图纸及技术资料；

(5) 建设资金和主要建筑材料、设备和来源已经落实；

(6) 已经建设项目所在地规划部门批准，施工现场的"三通一平"已经完成或一并列入施工指标范围。

5.2.2 编制招标文件和招标工程量清单及招标控制价

1. 编制招标文件

招标文件是建设单位对自己所需建筑产品提出的要求，是承建单位编制投标书的依据。招标文件一般应包括以下内容：

(1) 工程综合说明。包括：工程名称、地址、招标项目，占地范围、建筑面积和技术要求，质量标准及现场条件，招标方式，要求开工和竣工时间，对投标企业的资质要求等；

(2) 必要的设计图纸和技术资料；

(3) 工程量清单；

(4) 由银行出具的建设资金证明和工程款的支付方式及预付款的百分比；

(5) 主要材料（钢材、木材、水泥等）与设备的供应方式，加工订货情况及材料、设备价差的处理方法；

(6) 特殊工程的施工要求以及采用的技术规范；

(7) 投标书的编制要求；

(8) 投标、开标、评标、定标等活动的日程安排；

(9)《建设工程施工合同条件》及调整要求；

(10) 要求交纳的投标保证金额度；

(11) 其他需要说明的事项。

2. 编制招标工程量清单

按照《建设工程工程量清单计价规范》GB 50500—2013 规定：招标工程量清单应由具有编制能力的招标人或受其委托、具有相应资质的工程造价咨询人编制；采用工程量清单招标，工程量清单必须作为招标文件的组成部分，其准确性（其数量不得有误）和完整性（即不得缺项漏项）由招标人负责；投标人依据工程量清单进行投标报价，对工程量清单不负有核实的义务，更不具有修改和调整的权力；工程量清单是工程量清单计价的基础，应作为编制招标控制价、投标报价、计算工程量、支付工程款、调整合同价款、办理竣工结算以及工程索赔等的依据之一；工程量清单应由分部分项工程量清单、措施项目清单、其他项目清单、规费项目清单和税金项目清单组成；编制工程量清单的依据：

（1）《建设工程工程量清单计价规范》GB 50500—2013 和相关工程的国家计量规范；

（2）国家或省级、行业建设主管部门颁发的计价定额和计价办法；

（3）建设工程设计文件及相关资料；

（4）与建设工程有关的标准、规范、技术资料；

（5）拟定的招标文件；

（6）施工现场情况、地勘水文资料、工程特点及常规施工方案；

（7）其他相关资料。

3. 编制招标控制价

按照《建设工程工程量清单计价规范》GB 50500—2013 规定：采用工程量清单计价，建设工程造价由分部分项工程费、措施项目费、其他项目费、规费和税金组成；分部分项工程量清单采用综合单价计价；招标控制价编制依据：

（1）《建设工程工程量清单计价规范》GB 50500—2013；

（2）国家或省级、行业建设主管部门颁发的计价定额和计价办法；

（3）建设工程设计文件及相关资料；

（4）拟定的招标文件及招标工程量清单；

（5）与建设项目相关的标准、规范、技术资料；

（6）施工现场情况、工程特点及常规施工方案；

（7）工程造价管理机构发布的工程造价信息，当工程造价信息没有发布时，参照市场价；

（8）其他相关文件。

招标控制价超过批准的概算时，招标人应将其报原概算审批部门审核；投标人的投标报价，高于招标控制价的，其投标应予以拒绝。

5.2.3 组织投标、开标、评标、定标

根据《中华人民共和国招标投标法实施条例》（详见本章附件5.1）进行下列活动。

1. 组织投标

由招标人或委托招标代理机构，根据下列内容，做好投标的组织工作：

（1）根据招标方式组织发布招标公告或邀请投标函，组织投标单位报名投标；

（2）对投标单位进行资格审查；

（3）向通过资格审查的投标单位发售招标文件；

（4）组织招标工程交底、答疑和现场踏勘工作；

（5）投标单位编制投标文件后，在招标文件规定的时间和地点，进行投标。

2. 组织开标、评标、定标

开标、评标、定标等活动均在工程所在地的建设工程交易中心进行。

（1）开标

开标时间和地点，事先在招标文件中已经约定。

（2）评标

评标办法，事先在招标文件中已经规定。评标专家由当地建设工程交易中心从专家库中抽取。

（3）定标

按《中华人民共和国招标投标法实施条例》规定：

第五十三条 评标完成后，评标委员会应当向招标人提交书

面评标报告和中标候选人名单。中标候选人应当不超过 3 个，并标明排序。

第五十四条　依法必须进行招标的项目，招标人应当自收到评标报告之日起 3 日内公示中标候选人，公示期不得少于 3 日。

第五十五条　国有资金占控股或者主导地位的依法必须进行招标的项目，招标人应当确定排名第一的中标候选人为中标人。排名第一的中标候选人放弃中标、因不可抗力不能履行合同、不按照招标文件要求提交履约保证金，或者被查实存在影响中标结果的违法行为等情形，不符合中标条件的，招标人可以按照评标委员会提出的中标候选人名单排序依次确定其他中标候选人为中标人，也可以重新招标。

5.2.4 与中标单位商签承包合同

按《中华人民共和国招标投标法实施条例》规定：

第五十七条　招标人和中标人应当依照招标投标法和本条例的规定签订书面合同，合同的标的、价款、质量、履行期限等主要条款应当与招标文件和中标人的投标文件的内容一致。招标人和中标人不得再行订立背离合同实质性内容的其他协议。

招标人最迟应当在书面合同签订后 5 日内向中标人和未中标的投标人退还投标保证金及银行同期存款利息。

第五十八条　招标文件要求中标人提交履约保证金的，中标人应当按照招标文件的要求提交。履约保证金不得超过中标合同金额的 10%。

第五十九条　中标人应当按照合同约定履行义务，完成中标项目。中标人不得向他人转让中标项目，也不得将中标项目肢解后分别向他人转让。

中标人按照合同约定或者经招标人同意，可以将中标项目的部分非主体、非关键性工作分包给他人完成。接受分包的人应当具备相应的资格条件，并不得再次分包。

中标人应当就分包项目向招标人负责，接受分包的人就分包项目承担连带责任。

5.3 横道图进度计划的编制

横道图进度计划是大家所熟知的一种进度计划，此种计划的编制方法容易掌握。同时也可通过专用软件将其转换成日历网络图。由于网络图绘制技术不易掌握，工程技术人员可先通过绘制横道图，再使用专用软件得到网络图。为此，本章为读者在横道图计划编制方面提供一些理论基础知识。

5.3.1 建筑施工流水作业理论

（1）施工作业方式

建筑工程施工作业方式，一般包括下列几种情形。

1）依次作业方式：若有三幢住宅楼，施工时，首先完成第一幢，接着再施工第二幢，待第二幢竣工后，再施工第三幢，如表 5-4。这种方法，施工工期长，专业队伍不能连续作业。好处是组织施工简单，施工期内投入的资金、劳动力、物质等较少。

依次作业方式 表 5-4

项目名称	施工进度（天）											
	30	60	90	120	150	180	210	240	270	300	330	360
1 号住宅												
2 号住宅												
3 号住宅												

2）平行作业方式：若有三幢住宅楼，施工时，同时开工，同时竣工。这种作业方式，施工工期短，但资金、劳动力、物资等使用集中（表 5-5）。

平行作业方式 表 5-5

项目名称	施工进度（天）											
	30	60	90	120	150	180	210	240	270	300	330	360
1 号住宅												
2 号住宅												
3 号住宅												

3）流水作业方式：若有三幢住宅楼，按流水作业方式，先后开工，陆续竣工。可确保各施工队能连续作业，资金、劳动力、物资等供应量并不集中，但有连续性，能确保生产的均衡性，施工工期合理的缩短（表5-6）。

流水作业方式　　　　　　　　　表5-6

项目名称	施工进度（天）											
	30	60	90	120	150	180	210	240	270	300	330	360
1号住宅												
2号住宅												
3号住宅												

表5-6中提出了各幢住宅在施工时，先后开工的时间搭接问题，搭接多少，才能确保生产的连续性和均衡性，这就是以下需要讨论的流水作业理论。编制横道图就是以流水作业理论为基础的。

（2）流水施工参数

1）空间参数：即将项目划分成流水段的数目（m）。流水作业理论要求，在组织流水施工时，必须将项目在空间上（指水平面或垂直面）划分成工程量相等或大致相等的若干个施工段，供不同的专业队在不同的工作面上操作。

划分流水段的要求：

① 必须保证工程质量和安全生产，段与段的交接处，应安排在对结构的整体性影响程度小的部位。

② 流水段数要合理，尽量使各段工程量或劳动量大致相等。

③ 各流水段的结构特征要基本一致，使投入流水作业的各专业队能连续作业。

④ 流水段的分段位置要有利于发挥机械的效率。

划分流水段的位置：

① 水平分段：应位于结构的温度缝、沉降缝、单元尺寸等处，当无结构界限时，为确保分段工程量大致相等，可位于门、

窗洞处。

② 垂直面分段：一般可按楼层划分。但砌墙工程亦可按可砌高度划分。

流水段数的确定：

① 理想的流水段数应等于参与流水作业的施工过程数。例如：砌砖工程，参与流水作业的施工过程数应为搭设脚手架、运砖、砌砖三个施工过程，则流水分段数应为三个；若将运砖和砌砖两个施工过程合并，则流水分段数应为两个。流水分段数的多少会影响工期，因此一定要分段合理。

② 划分流水段数时应考虑技术间歇时间。例如：混凝土养护时间。

③ 在组织立体交叉流水作业时，流水段数一定要大于或等于参与流水作业的施工过程数。以确保各专业队在同一时间位于不同工作面上，像流水一般地连续作业。

2）工艺参数：即参与流水作业的施工过程数（n）（或专业队数）。例如：现浇钢筋混凝土工程，参与流水作业施工的过程有立模板、扎钢筋、浇灌混凝土、养护等，这四个过程应有各专业队负责施工，因此，施工过程数亦就是专业队数。

3）时间参数：即专业队（或施工过程）在每一个流水段上作业的持续时间，亦称流水节拍（t）。相邻两个专业队（或施工过程）进入流水工作的时间间隔，称流水步距（k）。

① 流水节拍（t）的计算：

流水节拍(天)＝流水段的工程量÷[小组人数(或机械台数)×根据工作面计算的每工(或台班)产量]

工人操作为确保其劳动生产率，必须给予一定的工作面，这工作面的计算应满足劳动定额的要求。否则就达不到劳动生产率的要求。

例如：一砖厚的墙假定定额要求砌 1200 块/工日。按垂直流水作业，以一步架可砌高度 1.2m 计算。每米长度砖的工程量为[每立方米标准砖（240mm×120mm×60mm）砌体以 520 块计算］：

$$1.2 \times 0.24 \times 1 \times 520 = 150 \text{ 块/m}$$

一个砌砖工人达到定额其必需的操作面为：

$$1200 \text{ 块/工日} \div 150 \text{ 块/m} = 8 \text{m/工日}$$

若工人要突破定额，则适当加长工作面。例如：加长到 10m/工日

$$150 \times 10 = 1500 \text{ 块/工日（超过定额 25\%）}$$

流水节拍（t）的确定，应考虑到各施工过程（或专业队）的节拍相等或节拍互成倍数。为此，需要对施工过程（或专业队）做集中或分解处理，以确保组合后的施工过程（或专业队）在施工段上工作的持续时间相等或互成倍数，以有利于流水作业施工的开展。

②　流水步距（k）的计算

其一，等节奏的流水步距（$k_1 = k_2$）。是指各专业队（或施工过程）在所有流水段上的流水节拍都相等。

只要相邻两个施工过程保持一个等节拍的流水步距（即 $k = t$），就可满足专业队的连续作业，如表 5-7。

等节奏流水步距计算 $(k_1 = k_2 = t)$　　表 5-7

施工过程	施工进度（天）											
	3	6	9	12	15	18	21	24	27	30	33	36
A	I	(t)			II	(t)						
B	←	k_1	→	I	(t)		II	(t)				
C	←		k_2			→	I	(t)		II	(t)	

其二，异节奏的流水步距（$k_1 \neq k_2$）。是指每一个专业队（或施工过程）在各流水段的节拍相等，但各个专业队之间在各流水段的节拍不全相等，此时其流水步距（k）的计算有两种情况。

情况 1：在相邻两个施工过程中，前面一个施工过程节拍 t_1

小于后面一个施工过程 t_2（即 $t_1 < t_2$），在这种情况下，只要保持开始时必要的时间间隔，就可以使后面施工过程在各流水段上连续作业，如表 5-8。

异节奏流水步距计算（当 $t_1 < t_2 < t_3$ 可取 k_1，k_2） **表 5-8**

施工过程	施工进度（天）															
	3	6	9	12	15	18	21	24	27	30	33	36	39	42	45	48
A	I t_1		II t_1													
B	k_1		I t_2		II t_2											
C			k_2		I t_3			II t_3								

情况 2：在相邻两个施工过程中，前面一个施工过程节拍 t_1 大于后面一个施工过程 t_2（即 $t_1 > t_2 > t_3$），此时，应将各流水段上所有间断的延长时间（z_1，z_2，…）叠加后安排在流水步距之中，如表 5-9。

异节奏流水步距计算（当 $t_1 > t_2 > t_3$ k 值应叠加） **表 5-9**

施工过程	施工进度（天）															
	3	6	9	12	15	18	21	24	27	30	33	36	39	42	45	48
A	I t_1			II t_1			III t_1									
B	$k_1 = t_1$		I t_2		z_1	II t_2		z_2	III t_2		z_3					
C			$k_2 = t_2 + \Sigma_z$				I t_3	z_1	II t_3	z_2	III t_3	z_3				

其三，无节奏的流水步距是指各专业队中有一个或数个专业队在各流水段上的作业时间不完全相等的流水作业。此时，其流水步距的计算采用"累加数列错位相减取大值"的方法确定。

[例题 5.1] 某基础工程分四个流水段施工。各施工过程在流水段上的流水节拍如表 5-10 中所示，混凝土垫层与砌砖基础间有技术间歇 2 天，试计算其流水步距（k 值）。

某基础工程各施工过程的流水节拍   表 5-10

施工过程	流水段			
	I	II	III	IV
挖土	2	3	3	2
浇筑混凝土垫层	2	2	3	3
砌砖基础	3	3	3	2

[解]   挖土累加数列   2   5   8   10
混凝土垫层累加数列（错位）— 2   4   7   10
            （相减）2   3   4   3   —10

即利用挖土与浇筑混凝土垫层两个施工过程的流水节拍数列以"累加数列、错位相减，取最大值"的方法，求得 $k_1 = 4$。

再求得混凝土垫层与砖砌基础之间的 k 值。

混凝土垫层累加数列   2   4   7   10
    砌砖基础累加数列（错位） — 3   6   9   11
            （相减） 2   1   1   1   —11

即混凝土垫层与砌砖基础间最大值为 2，另按题意，混凝土垫层与砌砖基础间有技术间歇（混凝土养护）2 天，故 $k_2 = 2 + 2 = 4$（天）其结果如表 5-11 所示：

无节奏的流水步距计算   表 5-11

以上讨论的流水段、流水节拍、流水步距都是流水作业的时间与空间概念，这些概念能够表达施工作业在时间上和空间上的展开。展开方式通常用流水作业的图表（即横道图）来表示。

5.3.2   横道图进度计划的编制方法

（1）编制步骤：

1）熟悉工程对象的概况，初步拟定施工过程的流水方案；

2）根据流水方案，进行流水段（层）的初步划分；

3）根据流水段（层）数进行施工过程分解，确定进入流水施工过程（专业队）的劳动组合方案；

4）计算各施工过程的流水节拍值；

5）对每条流水线进行各种时间参数的计算，得出初步方案的计划工期；

6）根据工期合理与否（要小于合同工期），检验流水施工方案的合理性，并着手采取不同的措施调整计划方案；

工期分国家工期定额（详见建设部 2000 年 2 月 16 日发布的《全国统一建筑安装工程工期定额》）；工程招标工期；工程投标工期；施工合同工期；施工计划工期；实际施工工期等。它们间的相互关系应该是：实际施工工期≤施工计划工期≤施工合同工期≤工程投标工期≤工程招标工期≤国家工期定额。可在实际施工中，由于各种因素影响，使≤符号全部反向成为≥符号，使原本合理的工期变成不合理或不完全合理，致使参建的有关方蒙受经济损失。所以，在编制施工进度计划时，一定要估计到各种因素对施工进度的影响，从而选择好合理工期，同时也应采取措施保证合理工期的执行。

7）当流水方案基本上合理时，可着手绘制流水施工进度计划表（即横道图）。

（2）编制方法

[**例题 5.2**] 某工程施工总进度计划。

该工程为一座 17 层综合楼，根据工程特点，划为 21 项工作（施工过程），并计算出每项工作的持续时间（节拍），根据分层不分段的要求组织流水施工。由各粗线组成一条搭接合理的流水线，这条流水线占用的时间即为计划工期（17.5 个月）。另外以双线（一粗一细）表示的各项工作是在计划工期内，按施工顺序的先后组织施工，强调施工顺序的目的是因为其间受一定的施工先后顺序制约。即一定要完成前一施工过程后，才能进入下一个施工过程，如表 5-12。

工程施工总进度计划

表5-12

序号	工作名称	持续时间(d)	02/11	02/12	03/1	03/2	03/3	03/4	03/5	03/6	03/7	03/8	03/9	03/10	03/11	03/12	04/1	04/2	04/3	04/4
1	基坑挖土	40	▮																	
2	底板胎模、垫层	10		▮																
3	地下室结构施工	60				▮														
4	1~4F结构施工	35					▮													
5	5~8F结构施工	28						▮												
6	1~17F砌墙体	150										▮								
7	9~11F结构施工	21							▮											
8	水电预埋/安装	220/170		▮					▮			▮		▮						
9	12~17F结构施工	36								▮										
10	桁架、吊柱施工	50										▮								

续表

序号	工作名称	持续时间（d）	02/11	02/12	03/1	03/2	03/3	03/4	03/5	03/6	03/7	03/8	03/9	03/10	03/11	03/12	04/1	04/2	04/3	04/4
11	室内粉刷	70										▉	▉	▉						
12	外墙粉刷	60											‖	‖	‖					
13	门窗安装	200											‖	‖	‖	‖	‖	‖	‖	‖
14	空调、消防安装	120															‖	‖		
15	顶棚、吊顶施工	60														▉				
16	干挂花岗石	110													‖	‖	‖	‖		
17	楼地面施工	120													‖	‖	‖	‖	‖	
18	玻璃幕墙施工	50															‖	‖	‖	
19	装饰工程施工	90														▉	▉	▉	▉	
20	室外工程	20																	‖	
21	竣工验收	5																		▉

注：工作名称中 F 表示数层。

5.4 双代号网络计划的绘制

网络计划是用网络图表示的进度计划，与横道图相比较具有以下特点：

（1）能明确表示出工作之间的逻辑关系；

（2）能确定每一项工作最早可能开始时间，最早可能完成时间，最迟必须开始时间和最迟必须完成时间；

（3）能确定每一项工作的总时差和自由时差；

（4）能确定网络进度计划中的关键线路；

（5）能进行工期、费用、资源等目标的优化。

学会使用网络计划控制施工进度，应掌握网络图的绘制，时间参数的计算等基础知识。

由于网络图的表示方法有双代号和单代号两种，目前国内常用的和使用专用软件由横道图转换成的网络图也是双代号编制的网络计划，所以本节以双代号网络图为例。

5.4.1 双代号网络图的绘制

（1）双代号网络图的绘制规则

应根据《工程网络计划技术规程》JGJ/T 121—99 规定的绘图规则：

1）双代号网络图必须正确表达已定的逻辑关系。

2）双代号网络图中，严禁出现循环回路。

3）双代号网络图中，在节点之间严禁出现带双向箭头或无箭头的连线。

4）双代号网络图中，严禁出现没有箭头节点或没有箭尾节点的箭线。

5）双代号网络图中，一项工作应只有唯一的一条箭线和相应的一对节点编号，箭尾的节点编号应小于箭头的节点编号。

6）当双代号网络图的某些节点有多条外向箭线或多条内向

箭线时，在不违反第 5）条规定的前提下，可使用母线法绘图。当箭线线型不同时，可在从母线上引出的支线上标出。

7）绘制网络图时，箭线不宜交叉；当交叉不可避免时，可用过桥法或指向法。

8）双代号网络图中应只有一个起点节点；在不分期完成任务的网络图中，应只有一个终点节点；而其他所有节点均应是中间节点。

（2）双代号网络图的绘制方法

双代号网络图的绘制顺序如表 5-13。

双代号网络图的绘制顺序 表 5-13

顺　序	工作内容	图　例
1	明确各工作之间的逻辑关系	见表 5-14
2	列出各工作关系分析表	见表 5-15
3	找出无紧前工作的各项工作	见图 5-1 中的 A、B、C
4	从起点节点开始，自左至右绘制网络图，直至绘制到终点节点	见图 5-1
5	对节点编号，自左至右进行，可由水平或垂直方向编号，号码顺序可以间断	见图 5-1 采用垂直方向编号

各项工作的逻辑关系 表 5-14

工　作	A	B	C	D	E	F	G	H
紧前工作	—	—	—	A	B	C	D	E、F

各项工作关系分析表 表 5-15

工　作	A	B	C	D	E	F	G	H
紧前工作	—	—	—	A	B	C	D	E、F
紧后工作	D	E	F	G	H	H	—	—
工作持续时间	3	2	4	5	7	8	8	6

5.4.2　双代号网络图的时间参数计算

双代号网络图的时间参数计算，应根据《工程网络计划技术规程》JGJ/T 121—99 中的计算方法进行。计算方法有工作计算法和节点计算方法两种，如表 5-16。

双代号网络图的时间参数计算公式　　　　表 5-16

位　置	名称	代号	计算公式
节点上的时间参数 $ET_i\ \vert\ LT_i$　$ET_j\ \vert\ LT_j$ $(i)\xrightarrow[D_{i-j}]{\text{工作名称}}(j)$	最早时间	ET_i	起点节点最早时间（如无规定时）假定为零 即　$ET_i=0$　　$(i=1)$ 其他节点最早时间： $ET_j=\max\{ET_i+D_{i-j}\}$　（公式 5-1）
	最迟时间	LT_i	终点节点最迟时间： $LT_n=ET_n$　　或为工程计划工期 T_p 其他节点最迟时间为： $LT_i=\min\{LT_j-D_{i-j}\}$　（公式 5-2）
工作上的时间参数 $ES_{i-j}\ \vert\ EF_{i-j}\ \vert\ TF_{i-j}$ $LS_{i-j}\ \vert\ LF_{i-j}\ \vert\ FF_{i-j}$ $(i)\xrightarrow[D_{i-j}]{\text{工作名称}}(j)$	最早开始时间	ES_{i-j}	$ES_{i-j}=ET_i$　　　　　（公式 5-3）
	最早完成时间	EF_{i-j}	$EF_{i-j}=ET_i+D_{i-j}$　　（公式 5-4）
	最迟完成时间	LF_{i-j}	$LF_{i-j}=LT_j$　　　　　（公式 5-5）
	最迟开始时间	LS_{i-j}	$LS_{i-j}=LT_j-D_{i-j}$　　（公式 5-6）
	总时差	TF_{i-j}	$TF_{i-j}=LT_j-ET_i-D_{i-j}$　（公式 5-7）
	自由时差	FF_{i-j}	$FF_{i-j}=ET_j-ET_i-D_{i-j}$　（公式 5-8）
网络图上	关键线路	双线表示	$TF_{i-j}=0$,　　$FF_{i-j}=0$ 线路上各工作时间和最大（即 $\max\Sigma D_{i-j}$）
	非关键线路	单线表示	$TF_{i-j}\neq0$,若 $FF_{i-j}=0$, 说明工作上无机动时间 $TF_{i-j}\neq0$,若 $FF_{i-j}\neq0$, 说明工作上有机动时间

[**例题 5.3**] 计算图 5-1 各节点和工作的时间参数并指出其关键线路及工期，如图 5-2。

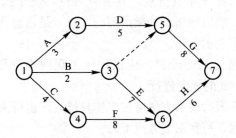

图 5-1 双代号网络图

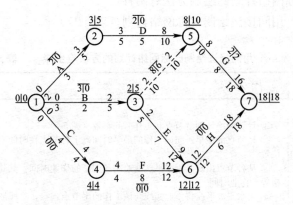

图注：$\underline{ET_i \mid LT_i}$ $\quad \overline{TF_{i\text{-}j} \mid FF_{i\text{-}j}}$

$TF_{i\text{-}j} = LS_{i\text{-}j} - ES_{i\text{-}j}$

$FF_{i\text{-}j} = ES_{i\text{-}k} - EF_{i\text{-}j}$

粗线表示关键线路（$TF_{i\text{-}j}=0, FF_{i\text{-}j}=0$），**计算工期为18d**

图 5-2 各节点和工作上的时间参数计算值

5.4.3　双代号时标网络计划的绘制

双代号时标网络计划（以下简称时标网络计划），它与横道图一样采用时标显示其进度，具有直观性，便于按日历进行施工。它集中反映出网络图和横道图的优点，是目前普遍受欢迎的一种计划进度表示方法。

时标网络计划的绘制，应根据《工程网络计划技术规程》JGJ/T 121—99 的规定进行。

时标网络图的表示方法可按工作日排列，也可去掉工作日直接用日历排列，写在图上方或下方。

时标网络图中横轴线代表时间，所以把工作线绘成水平线，不占用时间的虚工作绘制成垂直线，自由时差为波形线。

时标网络计划的绘制方法有两种：

（1）用间接法绘制时标网络计划（表 5-17）

用间接法绘制时标网络计划的方法与步骤　　　　表 5-17

方　法	步　　　骤
按最早时间绘制	① 计算网络计划各节点和工作时间参数（图 5-2） ② 按节点的最早时间或工作的最早时间确定各节点在时间坐标上的位置 ③ 从各节点出发，用水平实线绘制各工作的作业时间，其长度应严格等于作业时间 ④ 用水平波形线将作业实线与该工作的尾节点连接，这段波形线即为该工作的自由时差 ⑤ 不占用时间的虚工作，绘成垂直线；占用时间的虚工作绘成水平波形线，即为该虚工作的自由时差 ⑥ 无波形线的线路即为关键线路，绘成粗实线或双线，如图 5-3
按最迟时间绘制	① 计算网络计划各节点和工作的时间参数，如图 5-2 ② 按节点的最迟时间确定各节点在时间坐标上的位置 ③ 用水平实线在时间坐标上表示工作的作业时间，但要从该工作的尾节点向前计时间长短

续表

方　法	步　骤
按最迟 时间绘制	④ 用水平波形线将实箭线与该工作的首节点连接，这部分波形线即为该工作的自由时差 ⑤ 不占用时间的虚工作，绘成垂直线；占用时间的虚工作，绘成水平波形线；即为该工作的自由时差

　　用间接法绘制时标网络计划前，先计算网络计划的时间参数，再根据时间参数按草图在时标计划表上进行绘制。绘制时又有两种方法：一为按最早时间绘制；二为按最迟时间绘制。

　　[例题 5.4] 将图 5-2 用时标网络计划表示，如图 5-3。

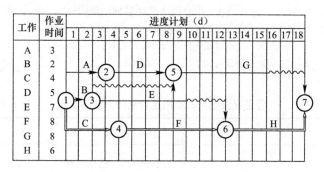

图 5-3　按最早时间绘制的时标网络计划

绘制步骤：

　　① 节点定位时，首先定工作上 $TF_{i-j}=0$，$FF_{i-j}=0$ 的节点位置。

　　② 接着定工作上 $FF_{i-j}=0$ 的节点位置。

　　③ 最后定 $FF_{i-j}\neq0$ 的工作，箭头指向节点的位置，其方法为：先将工作时间绘上（如工作 E、G），不足部分的时间用波形线表示，其长度时间值应为自由时差值。

　　（2）用直接法绘制时标网络计划

　　对于较简单的网络计划，可以不必事前计算各节点或工作的时间参数，可直接绘制成时标网络图（图 5-4）。其绘制方法与步骤见表 5-18。

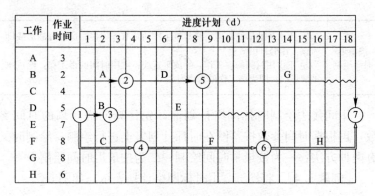

图 5-4 用直接法绘制时标网络图

注：1. 粗线表示关键线路，关键线路上的总时差和自由时差均等于零，关键线路所占用的时间坐标即为计算工期（等于 18d）。

2. 图中的波形线即为该工作上的自由时差。

用直接法绘制时标网络计划的方法与步骤   表 5-18

方　法	步　骤
直接绘制网络图	① 为便于对照检查，图的形状可参照原网络图 ② 将原网络图的起节点定位在坐标网络图的起始刻度线上 ③ 按工作持续时间的实线长度在坐标网络图上绘制起节点的外向箭线 ④ 工作的箭头必须在该节点的所有内向箭线绘制以后，定位在这些内向箭线最晚完成的实箭线末端。当某些内向箭线长度不能到达该箭头节点时，用波形线补足，并在波形线与该节点连接处画上箭头 ⑤ 用上述方法由时标网络图的左边依次向右确定其他节点的位置，直至终节点定位完，如图 5-4

[例题 5.5]　用直接法将图 5-2 绘制成时标网络计划并指出其关键线路和工期，如图 5-4。

[例题 5.6]　用时标网络表示的某地太阳广场大厦施工总进度计划，如图 5-5。

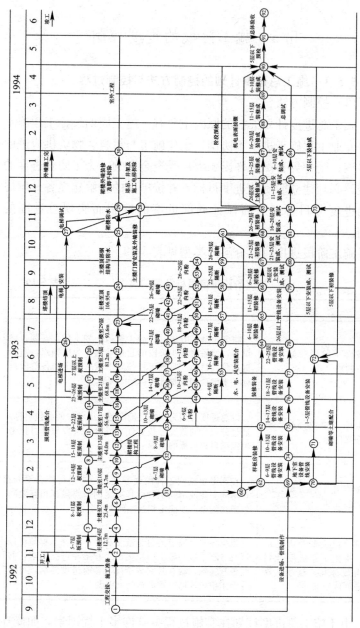

图 5-5 太阳广场大厦工程施工总进度网络图（用时标网络表示）

5.5   施工阶段的进度控制

5.5.1   施工总进度计划的控制方法与控制过程

（1）控制方法

施工总进度计划失控的原因主要有：施工周期长；土建施工与各专业工程施工进度不协调；土建施工与材料、物资供应进度不协调；受外界自然条件影响大；受资金影响。为了防止进度的失控，必须建立明确的进度目标，并按项目的分解建立各分解层次的进度分目标，从而保证局部进度的控制而实现总进度的控制。

施工阶段进度目标分解的类型见表5-19。

施工阶段进度目标分解的类型　　　　　　表 5-19

类　型	说　明
按施工阶段分解，突出控制点	将整个施工分成几个施工阶段，如土建、安装、调试等，然后将这些阶段的起止日期作为控制点，明确提出阶段目标。监理工程师应根据所确定的各阶段目标，来检查和控制进度计划的实施
按施工单位分解，明确分部目标	以总进度计划为依据，确定各施工单位的分包目标，通过分包合同落实分包责任，以分头实现分部目标来确保项目总目标的实现
按专业工种分解，确定交接日期	在同专业或同工种的任务之间，要进行综合平衡；在不同专业或不同工种的任务之间，要强调相互之间的衔接配合，要确定相互之间交接日期
按建设工期及进度目标，将施工总进度计划分解成逐年、逐季、逐月进度计划	根据各阶段确定的目标或工程量，监理工程师可以逐月、逐季地向施工单位提出工程形象进度要求，并监督其实施，检查其完成情况。若有进度滞后，可督促施工单位采取有效措施赶上进度

由于施工总进度计划在实施过程中有许多干扰因素，如能在

编制施工进度计划时事先周密考虑，排除这些因素，就能达到主动控制的目的。因此，在编制施工总进度计划时，应考虑表 5-20 中提出的问题。

编制施工总进度计划时应考虑的问题　　　表 5-20

项　目	具体内容
工　期	(1) 工期是否充裕 (2) 除整个工期外，在部分工程的工期上有何问题 (3) 施工中，有哪些卡脖子问题
解决占用土地问题和开工手续	(1) 建设单位向有关部门办理的手续是否全部办好 (2) 尚未解决的问题，预计何时能得到解决 (3) 土地方面未解决的问题对整个工程的影响如何
现场条件	(1) 去现场的道路是否还有问题 (2) 现场施工用道路有无问题 (3) 对当地居民是否存在公害、噪声等方面的影响 (4) 作业时间是否受到限制 (5) 交通是否受到限制 (6) 施工是否受到水文、气象、海洋气象条件的限制 (7) 供电和上下水方面有无问题
地质和地基	(1) 事先是否进行过全面调查 (2) 除建设单位提供的资料外，是否还需要进行补充调查 (3) 设计图纸和说明书上有无未注明的地基处理和排水方面的问题
施工方法	(1) 除了设计图上提出的施工方法和设备，能否找到更有利的方案 (2) 施工方法是否受到专利上的限制
施工机械和物资准备	(1) 在选择和准备施工机械方面有无特殊的问题 (2) 能否采用新机械，这是否更有利 (3) 能否租赁到规格、性能符合要求的施工机械 (4) 特殊材料的供应是否受到限制
施工组织	(1) 施工现场管理人员的资格、经验和人数等是否已不存在问题 (2) 是否采用分包形式 (3) 分包单位在技术、经验和人员等方面是否能满足要求

续表

项　目	具体内容
合同和风险承担	(1) 设计图纸说明书是否完备，晚交图纸是否影响施工 (2) 补偿自然灾害和其他不可抗力造成的损失的规定条款怎样 (3) 关于工程地质、水文地质和地基的异常现象，现场实际情况与图纸、说明书不符时，合同规定的解决条款怎样 (4) 对设计变更、停工、窝工及变更工期等，在费用由谁担负上做何规定
其　他	工程是否存在固有的特殊情况和问题

（2）控制过程

监理工程师对进度的控制，其目的在于随时弄清楚各级计划在执行过程中，已经进行到什么程度，有否超前或滞后现象，要不要采取调整措施，以便保证项目进度预定目标的实现。

由于各级进度计划在实施过程中受人、材料、设备、机具、地基、资金、环境等因素的影响，致使工程实际进度与计划进度不相符。因此，监理人员在进度计划实施过程中要定期对工程进度计划的执行情况进行控制，即深入现场了解工程进度计划中各个分部、分项的实际进度情况，收集有关数据，并对数据进行整理和统计后对计划进度与实际进度进行对比评价，根据评价结果，提出可行的变更措施，对工程进度目标、工程进度计划或工程实施活动进行调整，如图5-6所示。图中方案Ⅰ为原计划范围内的调整；方案Ⅱ为要求修改计划或重新制订计划；方案Ⅲ则要求修改或调整项目进度目标。

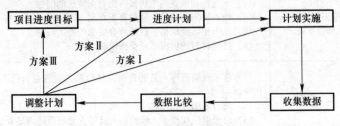

图 5-6　进度控制过程图

工程进度控制是有周期性的循环控制。每经过一次循环得到一个调整后的新的施工进度计划。所以整个施工进度控制过程实际上是一个循序渐进的过程，是一个动态控制的管理过程，如图5-7所示，直至施工结束。

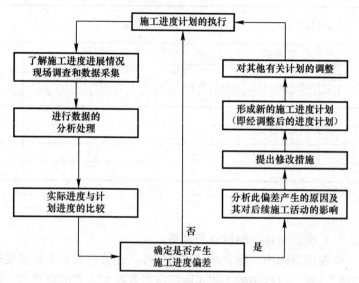

图 5-7　施工进度动态控制循环图

5.5.2　施工实际进度的信息收集与分析

监理工程师在对施工中的实际进度的数据进行分析时，为达到监控进度的目的，必须对工程实际进度与计划进度作出比较，从中发现问题，以便采取必要的措施。

监理人员对工程施工进度实行监控的最根本的方法，就是通过各种机会定期取得工程实际情况。这些机会包括：

1）定期地、经常地、完整地收集承包单位提供的有关报表资料。

2）参加承包单位（或建设单位）定期召开的有关工程进度协调会，听取工程施工进度的汇报和讨论。

3）定期由监理机构召开的监理协调会，听取各承包商及其他会议参与者对施工进度的汇报和讨论。

4）根据工程规模的大小，每半月或一月进行一次工程进度盘点。在工程进度盘点时，可采取不同的统计报表显示，如表 5-21。

项目实际进度表   表 5-21

项目名称：_____   项目编号：_____

序号	施工过程名称	工程量			工作量		累计进展时间(d)	开始时间(年＼月＼日)	结束时间(年＼月＼日)	备注
		单位	数量	已完数量	单位	数量				

填表人：_____   复核人：_____
____年____月____日   ____年____月____日

（1）横道图计划的检查与调整

即在横道图中，除表示计划进度外，还留有表示实际进度的"空格"。施工过程中的工程实际进度可及时画入表的空格内，以示工程实际进展情况，如表 5-22。实际进度计划与计划进度之间的比较，就能形象地直观到其"滑动"情况。

用横道图表示"滑动"的方法   表5-22

工作名称		施工进度（周）											
		1	2	3	4	5	6	7	8	9	10	11	12
人工挖孔桩成孔	计划							滞后2周					
	实际												
安放钢筋笼	计划								滞后0.5周				
	实际												
桩孔内浇灌混凝土（成桩）	计划												
	实际												

由表 5-22 中看出人工挖孔桩由于某种原因（如地质资料出错）使成孔进度滞后二周；安放钢筋笼又因钢筋供应不及时或制

作上的原因影响进度 0.5 周。则实际进度与计划进度相比，总滞后 2.5 周。

由于这种计划中各项工作之间的关系，是按流水作业理论编制的，其空间参数、时间参数和工艺参数都已确定。如因某种原因使其中某个分部（或分项）拖延了作业时间，这就打破了原计划流水作业的平衡，必须重新按流水作业的理论对进度计划作调整，并保证预定工期目标的实现。其调整方法有：

1）当实际进度与计划进度相比，工期滞后时间不长。可不打破整个施工进度计划流水作业的平衡，只在某个工作上做局部调整。在进行局部调整时，如果工作面许可，可用增加劳动力的办法以缩短工期；如果工作面较小，在同一工作班增加劳动力后工作面拥挤，影响生产效率时，应考虑在同一工作日内增加工作班次，以保证工期的缩短，追回滞后的工期。

2）当实际进度与计划进度相比，工期滞后时间较长，采用局部调整的办法，不能将滞后时间调整完。此时需要对进度计划动大手术，在保持流水作业和预定工期的前提下，通过调整流水段，重新安排施工过程和专业队数，增减专业队人数等办法对进度计划进行调整。必要时，上述调整过程要反复多次，直到调整后的工期满足预定工期。在计划的调整过程中，亦应与原计划进度一样，尽可能使劳动力、材料、资金、机具的供应均衡。

（2）工程量累计曲线

图 5-8 工程量累计曲线中，其中一为按计划进度计算的工程量累计曲线，另一为按工程实际施工进度计算的工程量累计曲线。对照二条曲线的时间差异，就能获得"滑动"时间值。如图 5-8 中实际进度比计划进度滞后两周。此法适用于相同计算单位的分项工程中。

（3）工作量（投资额）累计曲线

当反映工程施工进度中不同计算单位的项目进度综合进展情况时，应用投资额（元）统一各部分计算单位，用工作量累计曲线表示工程综合进度进展情况，如图 5-9 所示，图中计划投资额

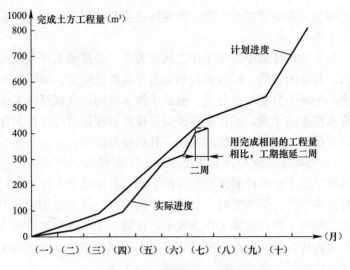

图 5-8　工程量累计曲线图

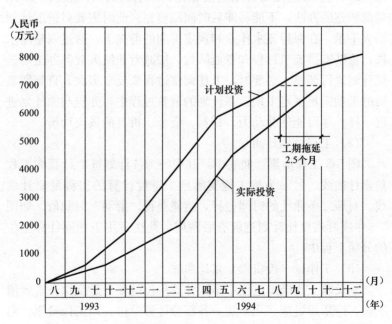

图 5-9　工作量（元）累计曲线

累计曲线与实际投资额累计曲线间的比较，可知在 10 月底检查时实际完成的投资额应在 8 月 15 日完成的，比计划延误 2.5 个月。

（4）网络计划的检查与调整

网络计划的检查与调整，可根据《工程网络计划技术规程》JGJ/T 121—99 的规定进行。

1）网络计划的检查

当采用时标网络计划时，应绘制实际进度前锋线记录计划实际执行情况。前锋线应自上而下从计划检查的时间刻度线出发，用直线段依次连接各项工作的实际进度前锋点，最后到达计划检查的时间刻度线为止，形成折线，如图 5-10。前锋线可用彩色线标画。不同检查时刻绘制的相邻前锋线，可采用不同颜色标画。

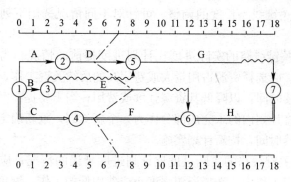

图 5-10　用前锋线检查网络计划

（第七天检查时的实际进度情况）

网络图的检查必须包括以下内容：

① 关键工作进度；

② 非关键工作进度及尚可利用的时差；

③ 实际进度对各项工作之间逻辑关系的影响；

④ 费用资料分析。

对网络计划检查结果应进行分析，分析计划的执行情况及其发展趋势，对未来的进度情况做出预测，提出偏离计划目标的原因及可供挖掘的潜力所在。

对网络计划的检查应定期进行。检查周期的长短应根据计划工期的长短和管理的需要确定。必要时，可做应急检查，以便采取应急调整措施。

2）网络计划的调整

① 网络计划的调整内容：

a. 关键线路长度的调整；

b. 非关键工作时差的调整；

c. 增减工作项目；

d. 调整逻辑关系；

e. 重新估计某些工作的持续时间；

f. 对资源的投入做相应调整。

② 关键线路长度的调整，可针对不同情况选用下列不同的方法。

a. 关键线路的实际进度比计划进度提前的情况。当不需要提前时，应选择资源占用量大或费用高的后续关键工作，适当延长其持续时间，以降低其资源强度或费用；当需要提前完成计划时，应将计划内的未完成部分作为一个新计划，重新确定关键工作的持续时间，按新计划实施。

b. 关键线路的实际进度比计划进度延误的情况，应在未完成的关键工作中，选择资源强度小或费用低的工作，缩短其持续时间，并把计划的未完成部分作为一个新计划，按工期优化方法进行调整。

③ 非关键工作时差的调整应在其时差的范围内进行。

每次调整均必须重新计算时间参数，观察该调整对计划全局的影响，调整可采用下列方法：

a. 将工作在其最早开始时间与其最迟完成时间范围内移动；

b. 延长工作持续时间；

c. 缩短工作持续时间。

④ 增、减工作项目时，应符合下列规定：

a. 不打乱原网络计划的逻辑关系，只对局部逻辑关系进行调整；

b. 重新计算时间参数，分析对原网络计划的影响。当对工期有影响时，应采取措施，保证计划工期不变。

⑤ 逻辑关系的调整只有当实际情况要求改变施工方法或组织方法时才可进行。调整时应避免影响原定计划工期和其他工作顺利进行。

⑥ 当发现某些工作的持续时间有误或实现条件不充分时，应当重新估算其持续时间，并重新计算时间参数。

⑦ 当资源供应发生异常时，应采用资源优化方法对计划进行调整或采取应急措施，使其对工期的影响最小。

5.5.3 影响进度计划控制的因素

（1）建设单位因素

1）因建设单位使用要求的改变而进行的设计变更；

2）应提供的施工现场条件，不能及时提供或所提供的条件不能满足施工需求；

3）不能及时向施工单位或材料、设备供应商付款。

（2）勘察设计因素

1）勘察资料不准确，特别是地质资料错误或遗漏；

2）设计内容不完善，规范应用不当，设计有缺陷或错误；

3）设计对施工的可能性未考虑到或考虑不周；施工图纸供应不及时、不配套或出现重大差错等。

（3）施工技术因素

1）施工工艺错误；

2）不合理的施工方案；

3）施工安全措施不当；

4）不可靠技术的应用。

（4）自然环境因素

1）复杂的工程地质条件；

2）不明的水文气象条件；

3）地下埋藏文物的保护、处理；

4）洪水、地震、台风等不可抗力。

（5）社会环境因素

1）外单位临近工程施工干扰；

2）节假日交通、市容整顿的限制；

3）临时停水、停电、断路；

4）国外常见的法律及制度变化，经济制裁，战争、骚乱、罢工、企业倒闭等。

（6）组织管理因素

1）向有关部门提出各种申请审批手续的延误；

2）合同签订时遗漏条款、表达失当；

3）计划安排不周密，组织协调不力，导致停工待料、相关作业脱节；

4）领导不力，指挥失当，使参建单位之间交接、配合上发生矛盾等。

（7）材料、设备因素

1）材料、构配件、机具、设备供应环节的差错，品种、规格、质量、数量、时间不能满足工程的需要；

2）特殊材料及新材料的不合理使用；

3）施工设备不配套，选型失当，安装失误，有故障等。

（8）资金因素

1）有关方拖欠资金，资金不到位，资金短缺；

2）汇率浮动和通货膨胀等。

5.5.4　实施进度计划控制的措施

（1）组织措施

1）建立进度控制目标体系，明确项目监理机构中进度控制人员及其职责；

2）建立工程进度报告制度及进度信息沟通网络；

3）建立进度计划审核制度和进度计划实施中的检查分析制度；

4）建立工程进度协调会议制度；

5）建立图纸审查、工程变更和设计变更管理制度。

（2）技术措施

1）审查施工单位提交的进度计划

《建设工程施工合同》示范文本规定承包人应按专用条款约定的日期，将施工组织设计和进度计划提交工程师。工程师应按专用条款约定的时间予以确认或提出修改意见，逾期不确认也不提出书面意见的，视为同意。在监理合同示范文本的监理人权利中，亦明文规定对建设工期的控制。由此可见，项目总监理工程师有责任从本身监理业务出发，协助建设单位有权审定由承建单位提出的施工进度计划。经审定认可以后，承建单位方可执行。

对项目施工进度计划审定的主要内容：

① 检查进度的安排在时间上是否符合合同中规定的工期要求；

② 检查进度安排的合理性，以防止承建单位利用进度计划的安排造成建设单位违约，并以此向建设单位索赔；

③ 审查承建单位的劳动力、材料、机具设备供应计划，以确认进度计划能否实现；

④ 检查进度计划在顺序安排上是否符合逻辑，是否符合施工程序的要求；

⑤ 检查施工进度计划是否与其他实施性计划协调；

⑥ 检查进度计划是否满足材料与设备供应的均衡性要求。

若在审定过程中发现问题，应认真向承建单位指出，并协助其调整计划。若对其他子项目产生影响，则需与其他单位共同协商，综合进行调整。

由于项目施工进度计划是项目施工组织设计的一部分，监理工作不仅审定施工进度计划，同时还需审定施工组织设计，其审定的主要内容如图 5-11 所示。

上述内容经监理单位审定认可后，需填写审定签证书，其格式如表 5-23 所示。

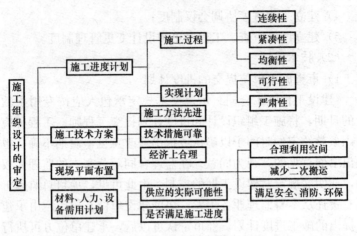

图 5-11　施工组织设计审定内容

施工组织设计审定签证　　　　　　　表 5-23

工程项目名称			
项目编号			
表编号		本表号	

　　建设单位，监理单位已对施工承包单位于　　年　　月　　日提交的施工组织设计进行了审定，基本同意施工承包单位在该施工组织设计中提出的进度计划、施工技术方案、现场平面布置及材料、人力、设备需用计划、并对其中认为不恰当的地方，已向施工承包单位提出，详见　　年　　月　　日的施工组织设计审定会议纪要。为使各方遵照执行，特发此审核签证。

　　建设单位：　　　　　　　　　监理单位：
　　　　　　　代表签名：　　　　　　　　代表签名：

　　　　　年　月　日　　　　　　　　年　月　日

　　主送：
　　抄送：

　　2）编制进度控制实施细则，以指导监理人员实施进度控制。

　　3）采用网络计划技术或横道图计划对工程进度实施动态管理。

　　（3）经济措施

　　1）及时办理工程预付款及工程进度款支付手续；

2）对应急赶工给予支付赶工费用；

3）对工期提前给予奖励；

4）对由于施工单位原因造成工期延误，要收取误期损失赔偿金。

（4）合同措施

1）推行工程总承包模式，对建设工程实行分区设计、分区发包和分区施工，采取流水作业形式，以利缩短工期；

2）加强合同管理，协调合同工期与进度计划之间的关系，保证实际进度计划中的工期始终小于合同工期，以确保合同工期目标的实现；

3）严格控制合同变更，对工程变更和设计变更，参建各方要严格控制，并经一定程序审查和办理相应手续后方能补入合同文件；

4）加强风险管理，在合同条款中应充分考虑到风险因素及其对进度的影响，以及相应的处理方法；

5）加强索赔管理，公正处理索赔事件。

5.6 施工总进度计划的优化

施工总进度计划的优化，主要包括工期优化，费用优化和资源优化等形式，网络计划的优化方法，详见《工程网络计划技术规程》JGJ/T 121—99。

在对施工总进度计划进行优化时，要求综合考虑以下几方面内容：

（1）满足项目总进度计划或施工总承包合同对总工期以及起止时间的要求；

（2）年度投资分配的合理性；

（3）各施工项目之间的合理搭接；

（4）项目新增生产能力或工程投资效益的需要与施工总进度计划安排的竣工日期间的平衡；

（5）不同时间各子项目规模与可供资金、设备、材料、施工力量之间的平衡；

（6）主体工程与辅助工程、配套工程之间的平衡；

（7）生产性工程与非生产性工程之间的平衡；

（8）进口设备与国内配套工程之间平衡。

附件 5.1

中华人民共和国招标投标法实施条例

（2011 年 11 月 30 日国务院第 183 次常务会议通过，
国务院第 613 号令，自 2012 年 2 月 1 日起施行。）

第一章 总 则

第一条 为了规范招标投标活动，根据《中华人民共和国招标投标法》（以下简称招标投标法），制定本条例。

第二条 招标投标法第三条所称工程建设项目，是指工程以及与工程建设有关的货物、服务。

前款所称工程，是指建设工程，包括建筑物和构筑物的新建、改建、扩建及其相关的装修、拆除、修缮等；所称与工程建设有关的货物，是指构成工程不可分割的组成部分，且为实现工程基本功能所必需的设备、材料等；所称与工程建设有关的服务，是指为完成工程所需的勘察、设计、监理等服务。

第三条 依法必须进行招标的工程建设项目的具体范围和规模标准，由国务院发展改革部门会同国务院有关部门制订，报国务院批准后公布施行。

第四条 国务院发展改革部门指导和协调全国招标投标工作，对国家重大建设项目的工程招标投标活动实施监督检查。国务院工业和信息化、住房城乡建设、交通运输、铁道、水利、商务等部门，按照规定的职责分工对有关招标投标活动实施监督。

县级以上地方人民政府发展改革部门指导和协调本行政区域的招标投标工作。县级以上地方人民政府有关部门按照规定的职责分工，对招标投标活动实施监督，依法查处招标投标活动中的违法行为。县级以上地方人民政府对其所属部门有关招标投标活动的监督职责分工另有规定的，从其规定。

财政部门依法对实行招标投标的政府采购工程建设项目的预

算执行情况和政府采购政策执行情况实施监督。

监察机关依法对与招标投标活动有关的监察对象实施监察。

第五条　设区的市级以上地方人民政府可以根据实际需要，建立统一规范的招标投标交易场所，为招标投标活动提供服务。招标投标交易场所不得与行政监督部门存在隶属关系，不得以营利为目的。

国家鼓励利用信息网络进行电子招标投标。

第六条　禁止国家工作人员以任何方式非法干涉招标投标活动。

第二章　招　　标

第七条　按照国家有关规定需要履行项目审批、核准手续的依法必须进行招标的项目，其招标范围、招标方式、招标组织形式应当报项目审批、核准部门审批、核准。项目审批、核准部门应当及时将审批、核准确定的招标范围、招标方式、招标组织形式通报有关行政监督部门。

第八条　国有资金占控股或者主导地位的依法必须进行招标的项目，应当公开招标；但有下列情形之一的，可以邀请招标：

（一）技术复杂、有特殊要求或者受自然环境限制，只有少量潜在投标人可供选择；

（二）采用公开招标方式的费用占项目合同金额的比例过大。

有前款第二项所列情形，属于本条例第七条规定的项目，由项目审批、核准部门在审批、核准项目时作出认定；其他项目由招标人申请有关行政监督部门作出认定。

第九条　除招标投标法第六十六条规定的可以不进行招标的特殊情况外，有下列情形之一的，可以不进行招标：

（一）需要采用不可替代的专利或者专有技术；

（二）采购人依法能够自行建设、生产或者提供；

（三）已通过招标方式选定的特许经营项目投资人依法能够自行建设、生产或者提供；

（四）需要向原中标人采购工程、货物或者服务，否则将影响施工或者功能配套要求；

（五）国家规定的其他特殊情形。

招标人为适用前款规定弄虚作假的，属于招标投标法第四条规定的规避招标。

第十条　招标投标法第十二条第二款规定的招标人具有编制招标文件和组织评标能力，是指招标人具有与招标项目规模和复杂程度相适应的技术、经济等方面的专业人员。

第十一条　招标代理机构的资格依照法律和国务院的规定由有关部门认定。

国务院住房城乡建设、商务、发展改革、工业和信息化等部门，按照规定的职责分工对招标代理机构依法实施监督管理。

第十二条　招标代理机构应当拥有一定数量的取得招标职业资格的专业人员。取得招标职业资格的具体办法由国务院人力资源社会保障部门会同国务院发展改革部门制定。

第十三条　招标代理机构在其资格许可和招标人委托的范围内开展招标代理业务，任何单位和个人不得非法干涉。

招标代理机构代理招标业务，应当遵守招标投标法和本条例关于招标人的规定。招标代理机构不得在所代理的招标项目中投标或者代理投标，也不得为所代理的招标项目的投标人提供咨询。

招标代理机构不得涂改、出租、出借、转让资格证书。

第十四条　招标人应当与被委托的招标代理机构签订书面委托合同，合同约定的收费标准应当符合国家有关规定。

第十五条　公开招标的项目，应当依照招标投标法和本条例的规定发布招标公告、编制招标文件。

招标人采用资格预审办法对潜在投标人进行资格审查的，应当发布资格预审公告、编制资格预审文件。

依法必须进行招标的项目的资格预审公告和招标公告，应当在国务院发展改革部门依法指定的媒介发布。在不同媒介发布的同一招标项目的资格预审公告或者招标公告的内容应当一致。指定媒介发布依法必须进行招标的项目的境内资格预审公告、招标公告，不得收取费用。

编制依法必须进行招标的项目的资格预审文件和招标文件，应当使用国务院发展改革部门会同有关行政监督部门制定的标准文本。

第十六条 招标人应当按照资格预审公告、招标公告或者投标邀请书规定的时间、地点发售资格预审文件或者招标文件。资格预审文件或者招标文件的发售期不得少于 5 日。

招标人发售资格预审文件、招标文件收取的费用应当限于补偿印刷、邮寄的成本支出，不得以营利为目的。

第十七条 招标人应当合理确定提交资格预审申请文件的时间。依法必须进行招标的项目提交资格预审申请文件的时间，自资格预审文件停止发售之日起不得少于 5 日。

第十八条 资格预审应当按照资格预审文件载明的标准和方法进行。

国有资金占控股或者主导地位的依法必须进行招标的项目，招标人应当组建资格审查委员会审查资格预审申请文件。资格审查委员会及其成员应当遵守招标投标法和本条例有关评标委员会及其成员的规定。

第十九条 资格预审结束后，招标人应当及时向资格预审申请人发出资格预审结果通知书。未通过资格预审的申请人不具有投标资格。

通过资格预审的申请人少于 3 个的，应当重新招标。

第二十条 招标人采用资格后审办法对投标人进行资格审查的，应当在开标后由评标委员会按照招标文件规定的标准和方法对投标人的资格进行审查。

第二十一条 招标人可以对已发出的资格预审文件或者招标文件进行必要的澄清或者修改。澄清或者修改的内容可能影响资格预审申请文件或者投标文件编制的，招标人应当在提交资格预审申请文件截止时间至少 3 日前，或者投标截止时间至少 15 日前，以书面形式通知所有获取资格预审文件或者招标文件的潜在投标人；不足 3 日或者 15 日的，招标人应当顺延提交资格预审申请文件或者投标文件的截止时间。

第二十二条　潜在投标人或者其他利害关系人对资格预审文件有异议的，应当在提交资格预审申请文件截止时间 2 日前提出；对招标文件有异议的，应当在投标截止时间 10 日前提出。招标人应当自收到异议之日起 3 日内作出答复；作出答复前，应当暂停招标投标活动。

第二十三条　招标人编制的资格预审文件、招标文件的内容违反法律、行政法规的强制性规定，违反公开、公平、公正和诚实信用原则，影响资格预审结果或者潜在投标人投标的，依法必须进行招标的项目的招标人应当在修改资格预审文件或者招标文件后重新招标。

第二十四条　招标人对招标项目划分标段的，应当遵守招标投标法的有关规定，不得利用划分标段限制或者排斥潜在投标人。依法必须进行招标的项目的招标人不得利用划分标段规避招标。

第二十五条　招标人应当在招标文件中载明投标有效期。投标有效期从提交投标文件的截止之日起算。

第二十六条　招标人在招标文件中要求投标人提交投标保证金的，投标保证金不得超过招标项目估算价的 2%。投标保证金有效期应当与投标有效期一致。

依法必须进行招标的项目的境内投标单位，以现金或者支票形式提交的投标保证金应当从其基本账户转出。

招标人不得挪用投标保证金。

第二十七条　招标人可以自行决定是否编制标底。一个招标项目只能有一个标底。标底必须保密。

接受委托编制标底的中介机构不得参加受托编制标底项目的投标，也不得为该项目的投标人编制投标文件或者提供咨询。

招标人设有最高投标限价的，应当在招标文件中明确最高投标限价或者最高投标限价的计算方法。招标人不得规定最低投标限价。

第二十八条 招标人不得组织单个或者部分潜在投标人踏勘项目现场。

第二十九条 招标人可以依法对工程以及与工程建设有关的货物、服务全部或者部分实行总承包招标。以暂估价形式包括在总承包范围内的工程、货物、服务属于依法必须进行招标的项目范围且达到国家规定规模标准的，应当依法进行招标。

前款所称暂估价，是指总承包招标时不能确定价格而由招标人在招标文件中暂时估定的工程、货物、服务的金额。

第三十条 对技术复杂或者无法精确拟定技术规格的项目，招标人可以分两阶段进行招标。

第一阶段，投标人按照招标公告或者投标邀请书的要求提交不带报价的技术建议，招标人根据投标人提交的技术建议确定技术标准和要求，编制招标文件。

第二阶段，招标人向在第一阶段提交技术建议的投标人提供招标文件，投标人按照招标文件的要求提交包括最终技术方案和投标报价的投标文件。

招标人要求投标人提交投标保证金的，应当在第二阶段提出。

第三十一条 招标人终止招标的，应当及时发布公告，或者以书面形式通知被邀请的或者已经获取资格预审文件、招标文件的潜在投标人。已经发售资格预审文件、招标文件或者已经收取投标保证金的，招标人应当及时退还所收取的资格预审文件、招标文件的费用，以及所收取的投标保证金及银行同期存款利息。

第三十二条 招标人不得以不合理的条件限制、排斥潜在投标人或者投标人。

招标人有下列行为之一的，属于以不合理条件限制、排斥潜在投标人或者投标人：

（一）就同一招标项目向潜在投标人或者投标人提供有差别的项目信息；

（二）设定的资格、技术、商务条件与招标项目的具体特点和实际需要不相适应或者与合同履行无关；

（三）依法必须进行招标的项目以特定行政区域或者特定行业的业绩、奖项作为加分条件或者中标条件；

（四）对潜在投标人或者投标人采取不同的资格审查或者评标标准；

（五）限定或者指定特定的专利、商标、品牌、原产地或者供应商；

（六）依法必须进行招标的项目非法限定潜在投标人或者投标人的所有制形式或者组织形式；

（七）以其他不合理条件限制、排斥潜在投标人或者投标人。

第三章 投 标

第三十三条 投标人参加依法必须进行招标的项目的投标，不受地区或者部门的限制，任何单位和个人不得非法干涉。

第三十四条 与招标人存在利害关系可能影响招标公正性的法人、其他组织或者个人，不得参加投标。

单位负责人为同一人或者存在控股、管理关系的不同单位，不得参加同一标段投标或者未划分标段的同一招标项目投标。

违反前两款规定的，相关投标均无效。

第三十五条 投标人撤回已提交的投标文件，应当在投标截止时间前书面通知招标人。招标人已收取投标保证金的，应当自收到投标人书面撤回通知之日起5日内退还。

投标截止后投标人撤销投标文件的，招标人可以不退还投标保证金。

第三十六条 未通过资格预审的申请人提交的投标文件，以及逾期送达或者不按照招标文件要求密封的投标文件，招标人应当拒收。

招标人应当如实记载投标文件的送达时间和密封情况，并存档备查。

第三十七条 招标人应当在资格预审公告、招标公告或者投标邀请书中载明是否接受联合体投标。

招标人接受联合体投标并进行资格预审的，联合体应当在提交资格预审申请文件前组成。资格预审后联合体增减、更换成员的，其投标无效。

联合体各方在同一招标项目中以自己名义单独投标或者参加其他联合体投标的，相关投标均无效。

第三十八条 投标人发生合并、分立、破产等重大变化的，应当及时书面告知招标人。投标人不再具备资格预审文件、招标文件规定的资格条件或者其投标影响招标公正性的，其投标无效。

第三十九条 禁止投标人相互串通投标。

有下列情形之一的，属于投标人相互串通投标：

（一）投标人之间协商投标报价等投标文件的实质性内容；

（二）投标人之间约定中标人；

（三）投标人之间约定部分投标人放弃投标或者中标；

（四）属于同一集团、协会、商会等组织成员的投标人按照该组织要求协同投标；

（五）投标人之间为谋取中标或者排斥特定投标人而采取的其他联合行动。

第四十条 有下列情形之一的，视为投标人相互串通投标：

（一）不同投标人的投标文件由同一单位或者个人编制；

（二）不同投标人委托同一单位或者个人办理投标事宜；

（三）不同投标人的投标文件载明的项目管理成员为同一人；

（四）不同投标人的投标文件异常一致或者投标报价呈规律性差异；

（五）不同投标人的投标文件相互混装；

（六）不同投标人的投标保证金从同一单位或者个人的账户

转出。

第四十一条　禁止招标人与投标人串通投标。

有下列情形之一的，属于招标人与投标人串通投标：

（一）招标人在开标前开启投标文件并将有关信息泄露给其他投标人；

（二）招标人直接或者间接向投标人泄露标底、评标委员会成员等信息；

（三）招标人明示或者暗示投标人压低或者抬高投标报价；

（四）招标人授意投标人撤换、修改投标文件；

（五）招标人明示或者暗示投标人为特定投标人中标提供方便；

（六）招标人与投标人为谋求特定投标人中标而采取的其他串通行为。

第四十二条　使用通过受让或者租借等方式获取的资格、资质证书投标的，属于招标投标法第三十三条规定的以他人名义投标。

投标人有下列情形之一的，属于招标投标法第三十三条规定的以其他方式弄虚作假的行为：

（一）使用伪造、变造的许可证件；

（二）提供虚假的财务状况或者业绩；

（三）提供虚假的项目负责人或者主要技术人员简历、劳动关系证明；

（四）提供虚假的信用状况；

（五）其他弄虚作假的行为。

第四十三条　提交资格预审申请文件的申请人应当遵守招标投标法和本条例有关投标人的规定。

第四章　开标、评标和中标

第四十四条　招标人应当按照招标文件规定的时间、地点开标。

投标人少于3个的，不得开标；招标人应当重新招标。

投标人对开标有异议的，应当在开标现场提出，招标人应当当场作出答复，并制作记录。

第四十五条　国家实行统一的评标专家专业分类标准和管理办法。具体标准和办法由国务院发展改革部门会同国务院有关部门制定。

省级人民政府和国务院有关部门应当组建综合评标专家库。

第四十六条　除招标投标法第三十七条第三款规定的特殊招标项目外，依法必须进行招标的项目，其评标委员会的专家成员应当从评标专家库内相关专业的专家名单中以随机抽取方式确定。任何单位和个人不得以明示、暗示等任何方式指定或者变相指定参加评标委员会的专家成员。

依法必须进行招标的项目的招标人非因招标投标法和本条例规定的事由，不得更换依法确定的评标委员会成员。更换评标委员会的专家成员应当依照前款规定进行。

评标委员会成员与投标人有利害关系的，应当主动回避。

有关行政监督部门应当按照规定的职责分工，对评标委员会成员的确定方式、评标专家的抽取和评标活动进行监督。行政监督部门的工作人员不得担任本部门负责监督项目的评标委员会成员。

第四十七条　招标投标法第三十七条第三款所称特殊招标项目，是指技术复杂、专业性强或者国家有特殊要求，采取随机抽取方式确定的专家难以保证胜任评标工作的项目。

第四十八条　招标人应当向评标委员会提供评标所必需的信息，但不得明示或者暗示其倾向或者排斥特定投标人。

招标人应当根据项目规模和技术复杂程度等因素合理确定评标时间。超过三分之一的评标委员会成员认为评标时间不够的，招标人应当适当延长。

评标过程中，评标委员会成员有回避事由、擅离职守或者因健康等原因不能继续评标的，应当及时更换。被更换的评标委员会成员作出的评审结论无效，由更换后的评标委员会成员重新进行评审。

第四十九条 评标委员会成员应当依照招标投标法和本条例的规定，按照招标文件规定的评标标准和方法，客观、公正地对投标文件提出评审意见。招标文件没有规定的评标标准和方法不得作为评标的依据。

评标委员会成员不得私下接触投标人，不得收受投标人给予的财物或者其他好处，不得向招标人征询确定中标人的意向，不得接受任何单位或者个人明示或者暗示提出的倾向或者排斥特定投标人的要求，不得有其他不客观、不公正履行职务的行为。

第五十条 招标项目设有标底的，招标人应当在开标时公布。标底只能作为评标的参考，不得以投标报价是否接近标底作为中标条件，也不得以投标报价超过标底上下浮动范围作为否决投标的条件。

第五十一条 有下列情形之一的，评标委员会应当否决其投标：

（一）投标文件未经投标单位盖章和单位负责人签字；

（二）投标联合体没有提交共同投标协议；

（三）投标人不符合国家或者招标文件规定的资格条件；

（四）同一投标人提交两个以上不同的投标文件或者投标报价，但招标文件要求提交备选投标的除外；

（五）投标报价低于成本或者高于招标文件设定的最高投标限价；

（六）投标文件没有对招标文件的实质性要求和条件作出响应；

（七）投标人有串通投标、弄虚作假、行贿等违法行为。

第五十二条 投标文件中有含义不明确的内容、明显文字或者计算错误，评标委员会认为需要投标人作出必要澄清、说明的，应当书面通知该投标人。投标人的澄清、说明应当采用书面形式，并不得超出投标文件的范围或者改变投标文件的实质性内容。

评标委员会不得暗示或者诱导投标人作出澄清、说明，不得接受投标人主动提出的澄清、说明。

第五十三条　评标完成后，评标委员会应当向招标人提交书面评标报告和中标候选人名单。中标候选人应当不超过3个，并标明排序。

评标报告应当由评标委员会全体成员签字。对评标结果有不同意见的评标委员会成员应当以书面形式说明其不同意见和理由，评标报告应当注明该不同意见。评标委员会成员拒绝在评标报告上签字又不书面说明其不同意见和理由的，视为同意评标结果。

第五十四条　依法必须进行招标的项目，招标人应当自收到评标报告之日起3日内公示中标候选人，公示期不得少于3日。

投标人或者其他利害关系人对依法必须进行招标的项目的评标结果有异议的，应当在中标候选人公示期间提出。招标人应当自收到异议之日起3日内作出答复；作出答复前，应当暂停招标投标活动。

第五十五条　国有资金占控股或者主导地位的依法必须进行招标的项目，招标人应当确定排名第一的中标候选人为中标人。排名第一的中标候选人放弃中标、因不可抗力不能履行合同、不按照招标文件要求提交履约保证金，或者被查实存在影响中标结果的违法行为等情形，不符合中标条件的，招标人可以按照评标委员会提出的中标候选人名单排序依次确定其他中标候选人为中标人，也可以重新招标。

第五十六条　中标候选人的经营、财务状况发生较大变化或者存在违法行为，招标人认为可能影响其履约能力的，应当在发出中标通知书前由原评标委员会按照招标文件规定的标准和方法审查确认。

第五十七条　招标人和中标人应当依照招标投标法和本条例的规定签订书面合同，合同的标的、价款、质量、履行期限等主要条款应当与招标文件和中标人的投标文件的内容一致。招标人和中标人不得再行订立背离合同实质性内容的其他协议。

招标人最迟应当在书面合同签订后 5 日内向中标人和未中标的投标人退还投标保证金及银行同期存款利息。

第五十八条　招标文件要求中标人提交履约保证金的，中标人应当按照招标文件的要求提交。履约保证金不得超过中标合同金额的 10%。

第五十九条　中标人应当按照合同约定履行义务，完成中标项目。中标人不得向他人转让中标项目，也不得将中标项目肢解后分别向他人转让。

中标人按照合同约定或者经招标人同意，可以将中标项目的部分非主体、非关键性工作分包给他人完成。接受分包的人应当具备相应的资格条件，并不得再次分包。

中标人应当就分包项目向招标人负责，接受分包的人就分包项目承担连带责任。

第五章　投诉与处理

第六十条　投标人或者其他利害关系人认为招标投标活动不符合法律、行政法规规定的，可以自知道或者应当知道之日起 10 日内向有关行政监督部门投诉。投诉应当有明确的请求和必要的证明材料。

就本条例第二十二条、第四十四条、第五十四条规定事项投诉的，应当先向招标人提出异议，异议答复期间不计算在前款规定的期限内。

第六十一条　投诉人就同一事项向两个以上有权受理的行政监督部门投诉的，由最先收到投诉的行政监督部门负责处理。

行政监督部门应当自收到投诉之日起 3 个工作日内决定是否受理投诉，并自受理投诉之日起 30 个工作日内作出书面处理决定；需要检验、检测、鉴定、专家评审的，所需时间不计算在内。

投诉人捏造事实、伪造材料或者以非法手段取得证明材料进行投诉的，行政监督部门应当予以驳回。

第六十二条　行政监督部门处理投诉，有权查阅、复制有关文件、资料，调查有关情况，相关单位和人员应当予以配合。必要时，行政监督部门可以责令暂停招标投标活动。

行政监督部门的工作人员对监督检查过程中知悉的国家秘密、商业秘密，应当依法予以保密。

第六章　法律责任

第六十三条　招标人有下列限制或者排斥潜在投标人行为之一的，由有关行政监督部门依照招标投标法第五十一条的规定处罚：

（一）依法应当公开招标的项目不按照规定在指定媒介发布资格预审公告或者招标公告；

（二）在不同媒介发布的同一招标项目的资格预审公告或者招标公告的内容不一致，影响潜在投标人申请资格预审或者投标。

依法必须进行招标的项目的招标人不按照规定发布资格预审公告或者招标公告，构成规避招标的，依照招标投标法第四十九条的规定处罚。

第六十四条　招标人有下列情形之一的，由有关行政监督部门责令改正，可以处 10 万元以下的罚款：

（一）依法应当公开招标而采用邀请招标；

（二）招标文件、资格预审文件的发售、澄清、修改的时限，或者确定的提交资格预审申请文件、投标文件的时限不符合招标投标法和本条例规定；

（三）接受未通过资格预审的单位或者个人参加投标；

（四）接受应当拒收的投标文件。

招标人有前款第一项、第三项、第四项所列行为之一的，对单位直接负责的主管人员和其他直接责任人员依法给予处分。

第六十五条　招标代理机构在所代理的招标项目中投标、代理投标或者向该项目投标人提供咨询的，接受委托编制标底的中介机构参加受托编制标底项目的投标或者为该项目的投标人编制投标文件、提供咨询的，依照招标投标法第五十条的规定追究法律责任。

第六十六条　招标人超过本条例规定的比例收取投标保证金、履约保证金或者不按照规定退还投标保证金及银行同期存款利息的，由有关行政监督部门责令改正，可以处5万元以下的罚款；给他人造成损失的，依法承担赔偿责任。

第六十七条　投标人相互串通投标或者与招标人串通投标的，投标人向招标人或者评标委员会成员行贿谋取中标的，中标无效；构成犯罪的，依法追究刑事责任；尚不构成犯罪的，依照招标投标法第五十三条的规定处罚。投标人未中标的，对单位的罚款金额按照招标项目合同金额依照招标投标法规定的比例计算。

投标人有下列行为之一的，属于招标投标法第五十三条规定的情节严重行为，由有关行政监督部门取消其1年至2年内参加依法必须进行招标的项目的投标资格：

（一）以行贿谋取中标；

（二）3年内2次以上串通投标；

（三）串通投标行为损害招标人、其他投标人或者国家、集体、公民的合法利益，造成直接经济损失30万元以上；

（四）其他串通投标情节严重的行为。

投标人自本条第二款规定的处罚执行期限届满之日起3年内又有该款所列违法行为之一的，或者串通投标、以行贿谋取中标情节特别严重的，由工商行政管理机关吊销营业执照。

法律、行政法规对串通投标报价行为的处罚另有规定的，从其规定。

第六十八条　投标人以他人名义投标或者以其他方式弄虚作假骗取中标的，中标无效；构成犯罪的，依法追究刑事责任；尚不构成犯罪的，依照招标投标法第五十四条的规定处罚。依法必须进行招标的项目的投标人未中标的，对单位的罚款金额按照招标项目合同金额依照招标投标法规定的比例计算。

投标人有下列行为之一的，属于招标投标法第五十四条规定的情节严重行为，由有关行政监督部门取消其1年至3年内参加依法必须进行招标的项目的投标资格：

（一）伪造、变造资格、资质证书或者其他许可证件骗取中标；

（二）3年内2次以上使用他人名义投标；

（三）弄虚作假骗取中标给招标人造成直接经济损失30万元以上；

（四）其他弄虚作假骗取中标情节严重的行为。

投标人自本条第二款规定的处罚执行期限届满之日起3年内又有该款所列违法行为之一的，或者弄虚作假骗取中标情节特别严重的，由工商行政管理机关吊销营业执照。

第六十九条　出让或者出租资格、资质证书供他人投标的，依照法律、行政法规的规定给予行政处罚；构成犯罪的，依法追究刑事责任。

第七十条　依法必须进行招标的项目的招标人不按照规定组建评标委员会，或者确定、更换评标委员会成员违反招标投标法和本条例规定的，由有关行政监督部门责令改正，可以处10万元以下的罚款，对单位直接负责的主管人员和其他直接责任人员依法给予处分；违法确定或者更换的评标委员会成员作出的评审结论无效，依法重新进行评审。

国家工作人员以任何方式非法干涉选取评标委员会成员的，依照本条例第八十一条的规定追究法律责任。

第七十一条　评标委员会成员有下列行为之一的，由有关行政监督部门责令改正；情节严重的，禁止其在一定期限内参加依法必须进行招标的项目的评标；情节特别严重的，取消其担任评标委员会成员的资格：

（一）应当回避而不回避；

（二）擅离职守；

（三）不按照招标文件规定的评标标准和方法评标；

（四）私下接触投标人；

（五）向招标人征询确定中标人的意向或者接受任何单位或者个人明示或者暗示提出的倾向或者排斥特定投标人的要求；

（六）对依法应当否决的投标不提出否决意见；

（七）暗示或者诱导投标人作出澄清、说明或者接受投标人主动提出的澄清、说明；

（八）其他不客观、不公正履行职务的行为。

第七十二条　评标委员会成员收受投标人的财物或者其他好处的，没收收受的财物，处 3000 元以上 5 万元以下的罚款，取消担任评标委员会成员的资格，不得再参加依法必须进行招标的项目的评标；构成犯罪的，依法追究刑事责任。

第七十三条　依法必须进行招标的项目的招标人有下列情形之一的，由有关行政监督部门责令改正，可以处中标项目金额 10‰以下的罚款；给他人造成损失的，依法承担赔偿责任；对单位直接负责的主管人员和其他直接责任人员依法给予处分：

（一）无正当理由不发出中标通知书；

（二）不按照规定确定中标人；

（三）中标通知书发出后无正当理由改变中标结果；

（四）无正当理由不与中标人订立合同；

（五）在订立合同时向中标人提出附加条件。

第七十四条　中标人无正当理由不与招标人订立合同，在签订合同时向招标人提出附加条件，或者不按照招标文件要求提交履约保证金的，取消其中标资格，投标保证金不予退还。对依法必须进行招标的项目的中标人，由有关行政监督部门责令改正，可以处中标项目金额 10‰以下的罚款。

第七十五条　招标人和中标人不按照招标文件和中标人的投标文件订立合同，合同的主要条款与招标文件、中标人的投标文件的内容不一致，或者招标人、中标人订立背离合同实质性内容的协议的，由有关行政监督部门责令改正，可以处中标项目金额5‰以上10‰以下的罚款。

第七十六条   中标人将中标项目转让给他人的，将中标项目肢解后分别转让给他人的，违反招标投标法和本条例规定将中标项目的部分主体、关键性工作分包给他人的，或者分包人再次分包的，转让、分包无效，处转让、分包项目金额5‰以上10‰以下的罚款；有违法所得的，并处没收违法所得；可以责令停业整顿；情节严重的，由工商行政管理机关吊销营业执照。

第七十七条   投标人或者其他利害关系人捏造事实、伪造材料或者以非法手段取得证明材料进行投诉，给他人造成损失的，依法承担赔偿责任。

招标人不按照规定对异议作出答复，继续进行招标投标活动的，由有关行政监督部门责令改正，拒不改正或者不能改正并影响中标结果的，依照本条例第八十二条的规定处理。

第七十八条   取得招标职业资格的专业人员违反国家有关规定办理招标业务的，责令改正，给予警告；情节严重的，暂停一定期限内从事招标业务；情节特别严重的，取消招标职业资格。

第七十九条   国家建立招标投标信用制度。有关行政监督部门应当依法公告对招标人、招标代理机构、投标人、评标委员会成员等当事人违法行为的行政处理决定。

第八十条   项目审批、核准部门不依法审批、核准项目招标范围、招标方式、招标组织形式的，对单位直接负责的主管人员和其他直接责任人员依法给予处分。

有关行政监督部门不依法履行职责，对违反招标投标法和本条例规定的行为不依法查处，或者不按照规定处理投诉、不依法公告对招标投标当事人违法行为的行政处理决定的，对直接负责的主管人员和其他直接责任人员依法给予处分。

项目审批、核准部门和有关行政监督部门的工作人员徇私舞弊、滥用职权、玩忽职守，构成犯罪的，依法追究刑事责任。

第八十一条 国家工作人员利用职务便利，以直接或者间接、明示或者暗示等任何方式非法干涉招标投标活动，有下列情形之一的，依法给予记过或者记大过处分；情节严重的，依法给予降级或者撤职处分；情节特别严重的，依法给予开除处分；构成犯罪的，依法追究刑事责任：

（一）要求对依法必须进行招标的项目不招标，或者要求对依法应当公开招标的项目不公开招标；

（二）要求评标委员会成员或者招标人以其指定的投标人作为中标候选人或者中标人，或者以其他方式非法干涉评标活动，影响中标结果；

（三）以其他方式非法干涉招标投标活动。

第八十二条 依法必须进行招标的项目的招标投标活动违反招标投标法和本条例的规定，对中标结果造成实质性影响，且不能采取补救措施予以纠正的，招标、投标、中标无效，应当依法重新招标或者评标。

第七章 附 则

第八十三条 招标投标协会按照依法制定的章程开展活动，加强行业自律和服务。

第八十四条 政府采购的法律、行政法规对政府采购货物、服务的招标投标另有规定的，从其规定。

第八十五条 本条例自 2012 年 2 月 1 日起施行。

6 施工监理中的质量控制

6.1 质量和工程质量

6.1.1 质量和工程质量

质量的概念是随着社会的前进，人们认识水平的不断深化，也不断地处于发展之中。

根据国内外有关质量的标准，对质量一词定义为：反映产品或服务满足明确或隐含需要能力的特征和特性的总和。

定义中所说的"产品"或"服务"既可以是结果，又可以是过程。也就是说，这里所说的产品或服务包括了它们的形成过程和使用过程在内的一个整体。所说的"需要"分作两类，一类是"明确需要"，是指在合同、标准、规范、图纸、技术要求及其他文件中已经做出规定的需要；另一类是"隐含需要"，是指顾客或社会对产品、服务的期望，同时指那些人们公认的又不言而喻的不必作出规定的需要。显然，在合同情况下是订立明确条款的，而在非合同情况下应该对隐含需要双方明确商定。值得注意的是，无论是"明确需要"还是"隐含需要"都会随着时间推移、内外环境的变化而变化，因此，反映这些"需要"的各种文件也必须随之修订。所说的"特性"是指事物特有的性质，是指事物特点的象征或标志，在质量管理和质量控制中，常把质量特征称为外观质量特性，因此，可以把"特征"和"特性"统称为特性，即理解为质量特性。

"需要"与"特性"之间的关系，"需要"应转化为质量特性。所谓满足"需要"就是满足反映产品或服务需要能力的特性总和。对于产品质量来讲，不论是简单脚手架扣件，还是一幢复杂的办公大楼，都具有同样的属性。对质量的评价常可归纳为六个特性：即功能性，可靠性，适用性，安全性，经济性和时间性。产品或服务的质量特性要有"过程"或"活动"来保证。以上所说的六个质量特性是在科研、设计、制造、销售、维修或服务的前期、中期、后期的全过程中实现并得到保证的。因而过程中各项活动的质量控制就决定了其质量特性，从而决定了产品质量和服务质量。以上所述是对"质量"一词的广义概括，它有四个特点：

（1）质量不仅包括结果，也包括质量的形成和实现过程。

（2）质量不仅包括产品质量和服务质量，也包括其形成和实现过程中的工作质量。

（3）质量不仅要满足顾客的需要，还要满足社会需要，并使顾客、业主、职工、供应方和社会均受益。

（4）质量不但存在于工业、建筑业，还存在于物质生产和社会服务各个领域。

工程质量，从广义上说，既具有质量定义中的共性，也存在自己的个性，它是指通过工程建设全过程所形成的工程产品（如房屋、桥梁等），以满足用户或社会的生产、生活所需要的功能及使用价值，应符合国家质量标准、设计要求和合同条款；从系统观点来看，工程的质量是多层次、多方面的，是一个体系，在任何工程项目中，都是由分项工程、分部工程和单位工程组成，在建设过程中是经过一道道工序完成的，因此说工程质量是工序质量、分项质量、分部质量和单位工程质量的统称。

工程质量或工程产品质量的形成过程有以下几个阶段：

（1）可行性研究质量。是研究质量目标和质量控制程度的依据。

（2）工程决策质量。是确定质量目标和质量控制水平的基本依据。

（3）勘察设计质量。是体现质量目标的主体文件，是制定质量控制计划的具体依据。

(4) 工程施工质量。是实现质量目标的重要过程，从具体工艺逐一控制和保证工程质量。

(5) 工程产品质量。是控制质量目标通过全过程的控制与实施，形成最终产品的质量，也包含工程交付使用后的回访保修质量。

工程质量特点。工程产品（含建筑产品，以下同）质量与工业产品质量的形成有显著的不同，工程产品位置固定，施工安装工艺流动，结构类型复杂，质量要求不同，操作方法不一，体形大，整体性强，特别是露天生产，受气象等自然条件制约因素大，建设周期比较长。所有这些特点，导致了工程质量控制难度较大，具体表现在：

(1) 制约工程质量的因素多；

(2) 产生工程质量波动性大；

(3) 产生工程质量变异性强；

(4) 核定判断工程质量的难度大；

(5) 技术检测手段尚不完善；

(6) 产品检查很难拆卸解体。

所以，对工程质量应加倍重视、一丝不苟、严加控制，使质量控制贯彻于建设的全过程，特别是施工过程量大面广尤为重要。

6.1.2 工程质量和工程施工质量

工程施工质量是工程质量体系中的一个重要组成部分，是实现工程产品功能和使用价值的关键阶段，施工阶段质量（图 6-1）的好坏，直接决定着工程产品的优劣。

体现施工阶段质量的主要内涵有：

(1) 分（部）项检测评定的偏差程度；

(2) 功能和使用价值的实现程度；

(3) 工程可靠性和安全性的达到程度；

(4) 与周围环境的和谐程度；

(5) 使用的设备、材料的保证程度；

(6) 工程进度的效率程度；

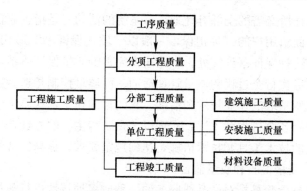

图 6-1 工程施工质量系统

(7) 工程造价的合理程度。

这些也是我们监理工作控制施工质量的立足点和着眼点。

6.1.3 几个重要的质量术语

1. 质量方针和质量目标

质量方针是指由组织的最高管理者正式颁布的该组织总的质量宗旨和质量方向。而质量目标则是指为实施该组织的质量方针，管理者应规定与性能、适应性、安全性、可靠性等关键质量要素有关的目标。

2. 质量管理和质量体系

质量管理是指制定和实施质量方针的全部管理职能。而质量体系则是为实施质量管理的组织结构、职责、程序、过程和资源。人们常说的质量保证体系和质量管理体系按规范化的提法应该是质量体系。在质量体系中提到的"资源"一词是指：

(1) 人才资源和专业技能；

(2) 科研和设计工器具；

(3) 制造或施工设备；

(4) 检验和试验设备；

(5) 仪器、仪表和电子计算机软件。

3. 质量保证和质量控制

质量保证是指对某一产品或服务能满足规定质量要求，提供适当信任所必需的全部有计划、有系统的活动，是指企业在产品质量方面给用户的一种担保，一般以"质量保证书"形式出现，为了使这种保证落到实处，企业建立完善的质量保证体系，对产品或服务实行全过程的质量管理活动。而质量控制是指为达到质量要求所采取的作业技术和活动。它的目的在于，在质量形成过程中控制各个过程和工序，实现以"预防为主"的方针，采取行之有效的技术工具和技术措施，达到规定要求，提高经济效益。

4. 质量检验和质量监督

质量检验是指对产品或服务的一种或多种特性进行测量、检查、试验、度量，并将这些特性与规定的要求进行比较以确定其符合性活动。而质量监督是指为确保满足规定的质量要求，按有关规定对程序、方法、条件、过程、产品和服务以记录分析的状态所进行的连续监视和验证。检验为监督提供了依据，监督又促进了检验手段和检验活动的发展。就工程产品而言，检验与监督存在着两个方面，三个体系。两个方面是指：企业内部的质量检验和监督，以及企业外部的质量检验和监督，即政府的工程质量监督站和建设单位或建设单位委托的工程建设监理公司。三个体系是指：承建单位质量保证体系；政府的质量监督体系；社会建设监理体系。

上述几个重要的质量术语概念之间的相互关系如图 6-2 所示。

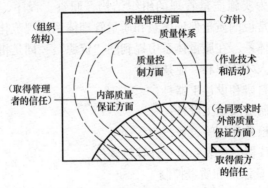

图 6-2 质量管理的有关关系

6.2 施工质量保证体系

所谓体系，是指若干要素的有机联系、互相作用而构成的一个具有特定功能的整体。

施工质量保证体系，是为保证工程产品能满足技术设计和有关规范规定的质量要求，由组织、机构、职责、程序、活动、能力和资源等构成的有机整体。这个整体包含着两大系统：一是承包单位的质量保证系统，二是监理单位的质量控制系统，两者相辅相成，以保证工程产品质量。

6.2.1 施工质量保证体系的原则

1. 计划性

工程产品的质量形成过程是十分复杂的，又受多种因素制约，它自身规律就要求有严格的计划性，作为监理工程师不但要有静态的控制，而且要有动态的质量控制计划，使质量形成始终处于计划控制状态，处于 $PDCA$ 的正常循环，如图 6-3 所示。

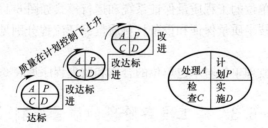

图 6-3 质量在计划控制下上升

2. 科学性

建筑产品特性就是要求美观、适用、安全、可靠、经济，更是一个科学的统一体，因此，质量控制系统，不仅要审定技术设计图纸、施工组织设计是否科学可行，而且要有一整套科学管理方法和高新技术的检测工具，需要各种数理统计方法和监理专用表格以及《质量控制手册》的标准化、规范化。

3. 系统性

质量保证体系从纵的方面看，有工程前期的质量控制阶段，它包含可行性研究质量评估，工程决策质量论证；又有实施质量控制阶段，它包含勘察设计质量控制，施工准备期质量控制，施工过程质量控制；还有竣工质量控制阶段，它包含竣工验收质量认证，工程保修期质量监测，总称为三个阶段，七个分段，这是工程产品形成的全过程，是一项系统工程。从横的方面看：有质量保证体系的两大系统的机构设置、工作职责、工作程序、活动方法、主要资源等，凡此都具备事物系统性的特征。

4. 权威性

质量保证体系是实施"质量第一"方针的权力中心，特别是监理工程师在质量监理控制过程中具有对产品认证权和否决权，这也是国家有关法规认定它具有权威性的原因。

6.2.2 施工质量保证体系的结构和程序

施工质量保证体系的组织结构，一般来说承担着五项功能：策划、检验、控制、改进、协调和保证。

承包单位的工程质量保证系统和运行模式如图 6-4 所示。

施工技术质量保证和设备材料质量保证流程分别见图 6-5 和图 6-6。

建设监理单位对承包单位的合作和监理程序见表 6-1。

6.3 施工准备阶段的质量控制

根据《建设工程监理规范》GB/T 50319—2013 的规定，施工准备阶段的质量控制内容，主要有：

（1）审查施工单位现场的质量管理组织机构、管理制度及专职管理人员和特种作业人员的资格。

（2）审查施工单位报审的施工组织设计（方案）

审查的基本内容：编制程序应符合相关规定，工程质量保证措施应符合有关标准。经审查符合要求后予以签认。

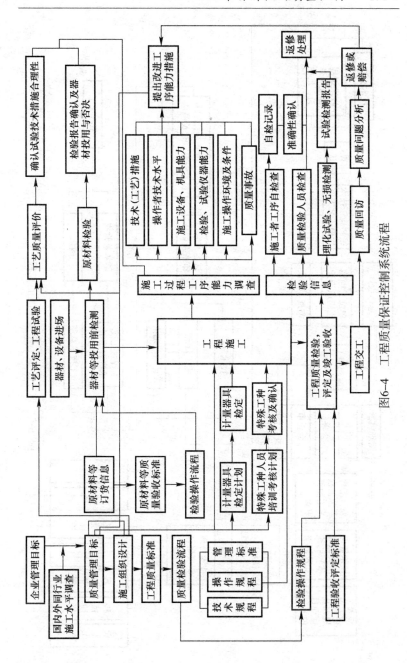

图6-4 工程质量保证控制系统流程

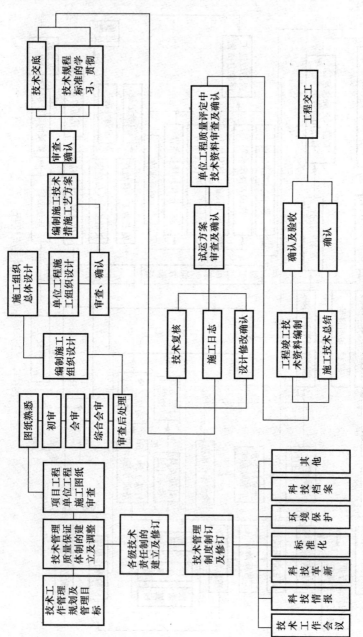

图 6-5　施工技术工作质量保证流程

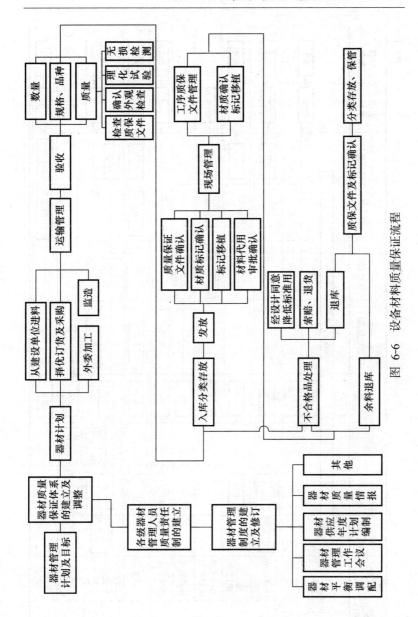

图 6-6　设备材料质量保证流程

质量保证体系质量控制程序

表6-1

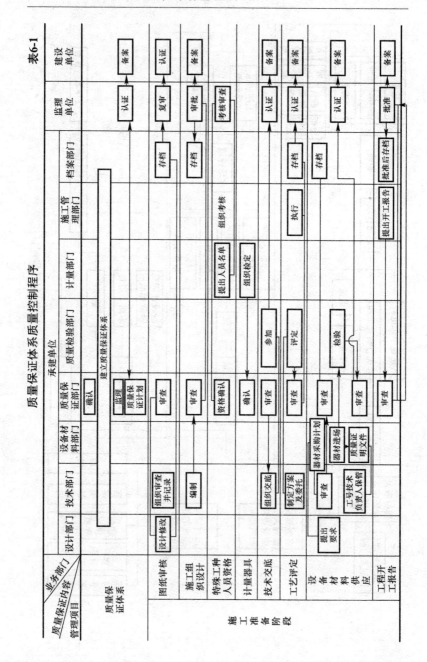

续表

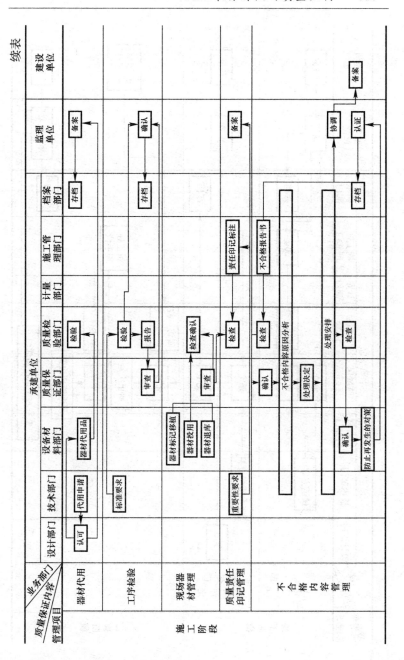

续表

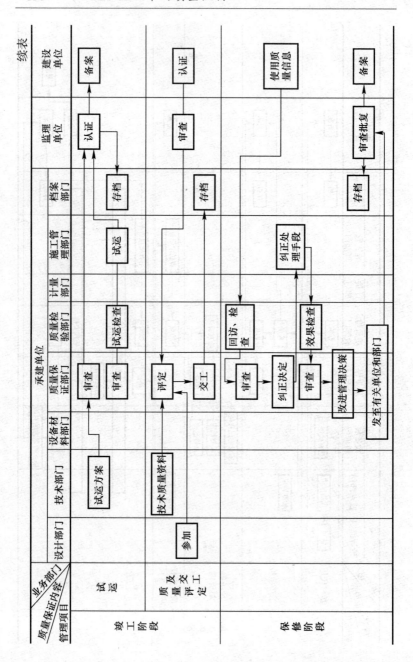

（3）审核施工单位报送的分包单位资格报审表

审核的基本内容：营业执照、企业资质等级证书，安全生产许可文件，类似工程业绩，专职管理人员和特种作业人员的资格。

（4）审查施工单位报送的新材料、新工艺、新技术、新设备的质量认证材料和相关验收标准的适用性，必要时，应要求施工单位组织专题论证。

（5）检查、复核施工单位报送的施工控制测量成果及保护措施

检查、复核的内容：施工单位测量人员的资格证书及测量设备检定证书，施工平面控制网、高程控制网和临时水准点的测量成果及控制桩的保护措施，并对在施工过程中报送的施工测量放线成果进行查验。

（6）检查施工单位为本工程提供服务的试验室

检查内容：试验室的资质等级及试验范围，法定计量部门对试验设备出具的计量检定证明，试验室管理制度，试验人员资格证书。

（7）审查施工单位报送的用于工程的材料、构配件、设备的质量证明文件，并对工程的材料进行见证取样、平行检验。对已进场经检验不合格的工程材料、构配件、设备，项目监理机构应要求施工单位限期将其撤出施工现场。

见证取样：根据《建设工程监理规范》GB/T 50319—2013的术语定义为"项目监理机构对施工单位进行的涉及结构安全的试块、试件及工程材料现场取样、封样、送检工作的监督活动"。定义中的见证取样工作包括两个内容：一为需要进行取样的对象，即涉及到结构安全的试块、试件及材料；二为工作步骤，即取样、封样、送检。

平行检验：根据《建设工程监理规范》GB/T 50319—2013的术语定义为"项目监理机构在施工单位自检的基础上，按照有关规定或建设工程监理合同约定独立进行的检测试验活动"。在定义中对进行平行检验工作需要强调两个问题：一为在施工单位自检的基础上；二为监理独立进行的检测试验活动。

（8）要求施工单位定期提交影响工程质量的计量设备的检查

和检定报告。

(9) 审查施工单位报送的工程开工报告及其相关资料

开工报告的审查内容：设计交底和图纸会审已完成；施工组织设计已由总监理工程师签认；施工单位现场质量、安全生产管理体系已建立，管理及施工人员已到位，施工机械具备使用条件，主要工程材料已落实；进场道路及水、电、通信等已满足开工要求；工程施工许可证和安全生产许可证已办妥等。经审查符合要求后，总监理工程师才能签发工程开工报告，下达开工指令。

6.4 施工过程的质量控制

6.4.1 施工过程的质量控制内容

根据《建设工程监理规范》GB/T 50319—2013 的规定，施工过程的质量控制内容，主要有：

(1) 监理人员应对施工过程进行巡视，并对关键部位、关键工序的施工过程进行旁站，填写旁站记录。

巡视：根据《建设工程监理规范》GB/T 50319—2013 的术语定义为"监理人员在施工现场进行的定期或不定期的监督检查活动"。这里需要安排好监理人员在现场的巡视时间和监督检查的内容。

监理人员对施工质量巡视应包括以下主要内容：

1) 施工单位是否按照工程设计文件、工程建设标准和批准的施工组织设计、（专项）施工方案施工；

2) 使用的工程材料、构配件和设备是否合格；

3) 施工现场管理人员，特别是施工质量管理人员是否到位；

4) 特种作业人员是否持证上岗。

旁站：根据《建设工程监理规范》GB/T 50319—2013 的术语定义为"监理人员在房屋建筑工程施工阶段监理中，对关键部位、关键工序的施工质量实施全过程现场跟班的监督活动"。

监理人员对施工质量实施旁站监督的主要职责：

1）检查施工企业现场质检人员到岗、特殊工种人员持证上岗以及施工机械、建筑材料准备情况。

2）在现场跟班监督关键部位、关键工序的施工执行方案以及工程建设强制性标准情况。

3）核查进场建筑材料、建筑构配件、设备和商品混凝土的质量检验报告等，并可在现场监督施工企业进行检验或者委托具有资格的第三方进行复验。

4）做好旁站监理记录和监理日志，保存旁站监理原始资料。

（2）项目监理机构应对施工单位报验（填表）的隐蔽工程、检验批、分项工程和分部工程进行验收，对验收合格的应给予签认；对验收不合格的，应拒绝签认，同时要求施工单位在指定的时间内整改并重新报验。

隐蔽工程：凡前一道工序在被后一道工序覆盖前必须通过验收合格并办理签认手续。对已同意覆盖的工程隐蔽部位质量有疑问的，或发现施工单位私自覆盖工程隐蔽部位的，项目监理机构应要求施工单位对该隐蔽部位进行钻孔探测或揭开或其他方法，进行重新检验。

检验批：根据《建筑工程施工质量验收统一标准》GB 50300 的术语定义为"按同一生产条件或按规定的方式汇总起来供检验用的，由一定数量样本组成的检验体"。检验批是施工过程中条件相同并有一定数量的材料、构配件或安装项目，由于其质量基本均匀一致，因此可以作为检验的基本单位，可按批验收。检验批是工程验收的最小单位，是分项工程、单位工程质量验收的基础。

分项工程：划分成检验批进行验收，有助于及时纠正施工中出现的质量问题，确保工程质量，也符合施工实际需要。多层及高层建筑工程中主体分部的分项工程可按楼层或施工段来划分检验批；单层建筑工程中的分项工程可按变形缝等划分检验批；地基基础分部工程中的分项工程一般划分为一个检验批，有地下层的基础工程可按不同地下层划分检验批；屋面分部工程中的分项工程，不同楼层屋面可划分为不同的检验批；其他分部工程中的分项工程，一般按楼层划分检验批；对于工程量少的分项工程可统一划分为一个检验批。安装工程一般按一个设计系统或设备组别划分为一个检验批。室外工程统一划分为一个检验批。散水、台阶、明沟等含在地面检验批中。

检验批质量验收：检验批质量验收合格，按《建筑工程施工质量验收统一标准》GB 50300 规定，应符合下列规定：

① 主控项目和一般项目的质量，经抽样检验合格；

② 具有完整的施工操作依据、质量检查记录。

检验批的合格与否主要取决于对主控项目和一般项目的检验结果。主控项目是指建筑工程中对安全、卫生、环境保护和公共利益起决定性作用的检验项目，是对检验批基本质量起决定性影响的检验项目，因此必须全部符合有关专业工程验收规范的规定，从严要求。此外，还要突出对使用功能和观感的要求，对一般项目，虽然允许存在一定数量的不合格点，但某些不合格点的指标与合格要求偏差较大时，仍将影响使用功能，对这些位置应进行维修处理。

质量控制资料反映了检验批从原材料到最终验收的各施工工序的操作依据、检查情况以及保证质量所必需的管理制度等。对其完整性的检查，实际是对过程控制的确认，是检验批合格的前提。

检验批的质量检验，应根据检验项目的特点在下列抽样方案中进行选择：

① 计量、计数或计量-计数等抽样方案。

② 一次、二次或多次抽样方案。

③ 根据生产连续性和生产控制稳定性情况，尚可采用调整型抽样方案。

④ 对重要的检验项目当可采用简易快速的检验方法时，应选用全数检验方案。

⑤ 经实践检验有效的抽样方案。

对于计数抽样方案，一般项目正常检验一次、二次抽样可按《建筑工程施工质量验收统一标准》GB 50300 附录 B 判定。

对于计数抽样的一般项目，正常检验一次抽样应按表 B.0.1-1 判定，正常检验二次抽样应按表 B.0.1-2 判定。B.0.2 样本容量在表 B.0.1-1～B.0.1-2 所列数值之间时，合格判定数和不合格判定数可通过插值并四舍五入取整数值。

一般项目正常一次性抽样的判定　　　表 B.0.1-1

样本容量	合格判定数	不合格判定数	样本容量	合格判定数	不合格判定数
5	1	2	32	7	8
8	2	3	50	10	11
13	3	4	80	14	15
20	5	6	≥125	21	22

一般项目正常二次性抽样的判定　　　表 B.0.1-2

抽样次数与样本容量	合格判定数	不合格判定数	抽样次数与样本容量	合格判定数	不合格判定数
(1)-3 (2)-6	0 1	2 2	(1)-20 (2)-40	3 9	6 10
(1)-5 (2)-10	0 3	3 4	(1)-32 (2)-64	5 12	9 13
(1)-8 (2)-16	1 4	3 5	(1)-50 (2)-100	7 18	11 19
(1)-13 (2)-26	2 6	5 7	(1)-80 (2)-160	11 26	16 27

注：(1) 和 (2) 表示抽样次数，(2) 对应的样本容量为二次抽样的累计数量。

［例］ 当为一般项目正常一次检验抽样时，样本容量为 20，在 20 个试样中有 5 个或 5 个以下的试样被判为不合格时，检测批可判为合格；当 20 个试样中有 6 个或 6 个以上的试样被判为不合格时，则该检测批可判为不合格。对于一般项目正常检验二次抽样，样本容量为 20，当 20 个试样中有 3 个或 3 个以下的试

样被判为不合格时，该检测批可判为合格；当有 6 个或 6 个以上的试样被判为不合格时，该检测批可判为不合格；当有 4 或 5 个试样被判为不合格时，进行第二次抽样，样本容量也为 20 个，两次抽样的样本容量为 40，当第一次的不合格试样与第二次的不合格试样之和为 9 或小于 9 时，该检测批可判为合格，当第一次的不合格试样与第二次的不合格试样之和为 10 或大于 10 时，该检测批可判为不合格。

对于主控项目，因它是对检验批基本质量起决定性影响的检验项目，因此必须全部符合有关专业工程验收规范的规定，这意味着主控项目应全部合格，不允许有不符合要求的检验结果。

对于计量抽样方案，α 和 β 可按下列规定采取：

主控项目，对应于合格质量水平的 α 和 β 均不宜超过 5%。

一般项目，对应于合格质量水平的 α 不宜超过 5%，β 不宜超过 10%。

关于合格质量水平的生产方风险 α，是指合格批被判为不合格的概率，即合格批被拒收的概率；使用方风险 β 为不合格批被判为合格批的概率，即不合格批被误收的概率。抽样检验必然存在这两类风险，要求通过抽样检验的检验批 100% 合格是不合理的也是不可能的，所以在抽样检验中，规定了上述两类风险的控制范围是：$\alpha=1\%\sim5\%$，$\beta=5\%\sim10\%$。

分项工程质量验收：分项工程质量验收合格，按《建筑工程施工质量验收统一标准》GB 50300 规定，应符合下列规定：

① 分项工程所含的检验批均应符合合格质量的规定；

② 分项工程所含的检验批的质量验收记录应完整。

分部（子分部）工程质量验收：分部（子分部）工程的质量验收合格，按《建筑工程施工质量验收统一标准》GB 50300 规定，应符合下列规定：

① 分部工程所含分项工程的质量均应验收合格；

② 质量控制资料应完整；

③ 地基与基础、主体结构和设备安装等分部工程有关安全、使

用功能、节能、环境保护的检验和抽样检验结果应符合有关规定；

④ 观感质量验收应符合要求。

根据《建筑工程施工质量验收统一标准》GB 50300 规定，建筑工程共分 11 个分部，包括：地基与基础，主体结构，建筑装饰装修，建筑幕墙，建筑屋面，建筑给水、排水及采暖，建筑电气，智能建筑，通风与空调，电梯，建筑节能等。

（3）项目监理机构发现施工存在的质量问题，应及时签发监理通知，要求施工单位整改。整改完毕后，项目监理机构应根据施工单位报送的监理通知回复单对整改情况进行复查，提出复查意见。

（4）项目监理机构发现下列情形之一，总监理工程师应及时签发工程暂停令：

1）施工单位未经批准擅自施工的；

2）施工单位未按审查通过的工程设计文件施工的；

3）施工单位未按批准的施工组织设计、（专项）施工方案施工或违反工程建设强制性的；

4）施工存在重大质量、安全事故隐患或发生质量、安全事故的。

（5）对需要返工处理或加固补强的质量缺陷，项目监理机构应要求施工单位报送经设计等相关单位认可的处理方案，并对质量缺陷的处理过程进行跟踪检查，对处理结果进行验收。

凡是工程质量未能满足设计图纸、验收规范、施工合同、环境保护、法律、法规等规定的要求，就称为工程质量不合格。根据建设部（89）第 3 号令《工程建设重大事故报告和调查程序规定》：凡是工程质量不合格，必须进行返修、加固或报废处理，由此造成直接经济损失低于 5000 元的称为质量问题（缺陷）；直接经济损失在 5000 元（含 5000 元）以上的称为质量事故。出现质量事故的工程不可能参加评优活动。所以在工程施工过程中要严防质量事故的发生。

（6）对需要返工处理或加固补强的质量事故，项目监理机构应要求施工单位报送质量事故调查报告和经设计等相关单位认可的处理方案，并对质量事故的处理过程进行跟踪检查，对处理结果进行验收。项目监理机构应及时向建设单位提交质量事故书面报告，并应将完整的质量事故处理记录整理归档。

6.4.2   主要分部分项工程的质量控制要点

一、地基与基础工程

（一）桩基工程

1. 泥浆护壁成孔灌注桩

质量控制要点：

（1）复测桩基轴线、桩位、桩径和桩口护筒标高是否符合规范要求。护筒内径应大于钻头直径，用回转钻时宜大于 100mm，用冲击钻时宜大于 200mm。护筒中心与桩位中心线偏差不得大于 50mm。护筒的埋设深度，在黏性土中不宜小于 1m，在砂土中不宜小于 1.5m，护筒口一般高出地面 30～40cm 或地下水位 1.5m 以上。

（2）检查钻机就位后是否对准桩位，是否平整垂直且稳固。

（3）检查施工现场的泥浆循环系统能否保证泥浆护壁施工的正常进行；在钻孔过程中应有效利用泥浆循环进行清孔。孔壁土质较差时，清孔后的泥浆相对密度控制在 1.15～1.25；清孔过程中，必须及时补给足够的泥浆，并保持浆面稳定；泥浆取样应选在距孔底 20～50cm 处。

（4）定时测定泥浆相对密度，泥浆的相对密度按土质情况而定，一般控制在 1.1～1.5 的范围内；黏度控制在 18～22s，含砂率不大于 4%～8%，胶体率不小于 90%。

（5）钻进过程中应认真、翔实、准确地做好每根桩的施工记录，成孔速度的快慢与土质有关，应灵活掌握钻进的速度，遇到硬土、石块等难于钻进的问题，要立即研究处理，以防桩位出现严重的偏位。

（6）钢筋笼的制作必须符合图纸和规范要求，安装就位时，一定要根据配筋位置安装到位，钢筋笼定位后 4h 内浇灌混凝土以防塌孔。

（7）混凝土用的原材料必须经过检测，混凝土配合比应由有资质的测试单位提供，混凝土材料计量应确保准确。

（8）桩内混凝土的浇灌采用导管法浇灌水下混凝土的方法进行，其施工工艺应符合规范要求；每桩混凝土浇灌时不得中断，桩身一次成型，混凝土充盈系数不小于 1.0；每根桩做一组试块测定混凝土强度。

常见质量问题的处理：

泥浆护壁成孔常见质量问题和控制及处理方法见表 6-2。

泥浆护壁成孔灌注桩常见质量问题和控制及处理方法   表 6-2

常见问题	原因分析	控制及处理方法
坍孔壁	提升、下落掏渣筒和放钢筋骨架时碰撞孔壁；护筒周围未用黏土填紧密而漏水或埋置太浅；未及时向孔内加清水或泥浆，孔内泥浆面低于孔外水位，或泥浆密度偏低；遇流砂、软淤泥、破碎地层；在松软砂层钻进时，进尺太快	提升、下落掏渣筒和放钢筋笼时，保持垂直上下，避免碰撞孔壁；清孔之后，立即浇混凝土，轻度坍孔时，加大泥浆密度和提高水位；严重坍孔时，用黏土、泥膏投入，待孔壁稳定后采用低速重新钻进
桩孔倾斜	桩架不稳，钻杆导架不垂直，钻机磨损，部件松动 土层软硬不匀、埋有探头石，或其岩倾斜未处理	将桩架重新安装牢固，并对导架进行水平和垂直校正，检修钻孔设备，如有探头石，宜用钻机钻透，偏斜过大时，填入石子黏土，重新钻进，控制钻速，慢速提升下降往复扫孔纠正
堵管	制作的隔水塞不符合要求，在导管内落不下去；或直径过小、长度不够，使隔水塞在管内翻转卡住，隔水塞遇物卡住，或导管连接不直、变形而使隔水塞卡住；混凝土坍落度过小，流动性差，夹有大块石头，或混凝土搅拌不匀，严重离析；导管漏水，混凝土被水浸稀释，粗骨料和水泥砂浆分离；灌注时间过长，表层混凝土失去流动性	隔水塞卡管，当深度不大时，可用长杆冲捣；或在可能的情况下，反复提升导管进行振冲；如不能清除，则应提起和拆开导管，取出卡管的隔水塞；检查导管连接部位和变形情况，重新组装导管入孔，安放合格的隔水塞；不合格混凝土造成的堵管，可通过反复提升漏斗导管来消除

常见问题	原因分析	控制及处理方法
导管漏水	连接部位垫圈挤出、损坏；法兰螺丝松紧不一；初灌量不足，未达到最小埋管高度，冲洗液从导管底口侵入；连续灌注时，未将管内空气排出，形成高压气囊，将密封圈挤破，导管提升过多，冲洗液随浮浆侵入管内	如从导管连接处和底口渗入，漏水量不大时，可集中数量较多，坍落度相对较小的混凝土一次灌入，挤入渗漏部位，以封住底口；漏水严重时应提起导管更换密封垫圈，重新均匀上紧法兰螺丝，准备足量的混凝土重新灌注；若孔内已灌注少量混凝土，应清除干净后方可灌注，灌入混凝土较多清除困难时，应暂停灌注，下入比原孔径小一级的钻头重新钻进至一定深度后起钻，用高压水将混凝土面冲洗干净，并将沉渣吸出，将导管下至中间小孔内再恢复灌注
桩身缩颈夹泥	孔壁黏土的侵入或地层承压水对桩周混凝土的侵蚀；灌注混凝土过程中孔壁坍塌，混凝土严重稀释	对易造成坍孔、黏土侵入和有地下承压水的地层，在灌注前，必须向孔内灌优质泥浆护壁，并保持孔内水头高度；成孔后，检查孔底沉渣情况，发现沉渣突然增多，则表明孔壁有失稳垮坍现象，应采取措施，防止进一步垮孔；灌注中如发现孔口颜色突变，并有大量泥砂返出，说明孔内出现了坍孔现象，应停止灌注作业，探测孔内混凝土面位置，提出导管，换用干净泥浆清孔，排出坍落物，护住孔壁，再用小一级钻头钻小孔，清孔后下入导管继续灌注 遇有地下承压水时，应摸清其准确位置，在灌注前下入专门护筒进行止水封隔。桩身缩颈，如位置较浅，则可直接开挖对缩颈处补救；如位置较深且缩颈严重，则应考虑补桩，对验桩发现的夹层，可采用压浆法处理
断桩	灌注时导管提升过高，以致底部脱离混凝土层；出现堵管而未能及时排除；灌注作业因故中断过久，表层混凝土失去流动性，而继续灌注的混凝土顶破表层而上升，将有浮浆泥渣的表层覆盖包裹，形成断桩	灌注前应对各个作业环节和岗位进行认真检查，制订有效的预防措施；灌注中，严格遵守操作规程，反复细心探测混凝土表面，正确控制导管的提升，控制混凝土灌注时间在适当范围内

续表

常见问题	原因分析	控制及处理方法
吊脚桩	清孔后泥浆密度过小，孔壁坍塌或孔底涌进泥砂，或未立即灌注混凝土；清淤未净，积淤过厚；吊放钢筋骨架、导管等物碰撞孔壁，使泥土坍落孔底	做好清孔工作，达到要求，立即灌注混凝土；注意泥浆浓度和使孔内水位经常高于孔外水位，保持孔壁稳定不坍塌，采用埋管压浆法，清除桩底积淤，提高单桩承载力
钢筋笼错位	钢筋笼下落主要发生在使用半截钢筋笼的桩孔内，由于钢筋笼下放时操作不慎，孔口未将钢筋笼固定，或下导管时挂住钢筋笼，使其跟着下落。钢筋笼上窜多发生在开始灌注阶段，当首批混凝土灌入孔内时，产生向上的冲力，如果钢筋笼未在孔口固定，则会上窜；在灌注过程中，当发生操作不慎，提升导管时，也可能将钢筋笼挂起 钢筋笼在孔口焊接时，未上下对正；保护垫块数量不足；或桩孔超径严重，都会造成钢筋笼偏离孔中，靠向孔壁	预防钢筋笼错位的关键是要严格细致地下好钢筋笼，并将其牢固地绑扎或点焊于孔口；钢筋笼入孔后，检查其是否处在桩孔中心，下放导管时，应避免挂带钢筋笼下落，保护垫块数量要足，更不允许漏放

2. 套管成孔灌注桩

质量控制要点：

（1）复测桩基轴线及桩位，桩基轴线位置的允许偏差，桩基为 20mm，单排桩为 10mm。桩位应符合设计要求，每根桩打入前，应检查桩位的正确性。

（2）套管成孔采用的混凝土桩尖其混凝土强度等级不得低于 C30；采用活瓣桩尖时，对其要求应有足够的强度和刚度，且活瓣间的缝隙应紧密。

（3）在沉管过程中，应按规范规定的打桩原则进行控制，并按规定表格做好打桩记录。

（4）浇灌混凝土和拔管时应保证混凝土质量，在测得混凝土确已流出桩管以后，方能开始拔管。管内应保持不少于 2m 高度的混凝土。拔管速度：锤击沉管时，应为 0.8～1.2m/min；振动沉管时，对于预制桩尖不宜大于 4m/min，用活瓣桩尖者不宜大于 2.5m/min。

（5）锤击沉管扩大灌注桩施工时，必须在第一次灌注的混凝土初凝前完成复打工作。第一次灌注的混凝土应接近自然地面标高；复打前应把桩管外的污泥清除；桩管每次打入时，中心线应重合。

（6）振动沉管灌注桩，采用单打法时，每次拔管高度控制在50～100cm；采用反插法时，反插深度不宜大于活瓣桩尖长度的2/3。

（7）套管成孔灌注桩任一段平均直径与设计直径之比严禁小于 1；实际浇灌混凝土量严禁小于计算体积；混凝土强度必须达到设计强度。

常见质量问题的处理：

套管成孔灌注桩常见质量问题和控制及处理方法见表 6-3。

套管成孔灌注桩常见质量问题和控制及处理方法   **表 6-3**

常见问题	原因分析	控制及处理方法
有隔层（桩中部悬空或有泥水隔断）	（1）桩管径小 （2）混凝土骨料粒径过大，和易性差 （3）拔管速度过快，复打时套管外壁泥浆未刮除干净	（1）严格控制混凝土坍落度不小于6～8cm，骨料粒径不大于 30mm （2）拔管时密锤击，控制拔管速度不大于1m/min（淤泥中不大于 0.8m/min） （3）复打时将套管外壁泥土除净，混凝土桩探测发现有隔层时，用复打法处理
断桩	（1）桩中心距过近，打邻桩时受挤压（水平力及抽管上拔力）断裂 （2）混凝土终凝不久，强度还低时，受振动和外力扰动	（1）控制桩的中心距大于 3.5 倍桩直径 （2）混凝土终凝不久，强度还低时，尽量避免振动和外力干扰 （3）检查时发现断桩，应将断的桩段拔去，略增大面积，或加铁箍接驳，清理干净后再重新浇混凝土补做桩段

常见问题	原因分析	控制及处理方法
缩颈	(1) 在饱和淤泥或淤泥质软土层中沉管时,土受强制扰动挤压,产生孔隙水压,桩管拔出后,挤向新浇混凝土,使部分桩径缩小 (2) 施工抽管过快,管内混凝土量过少,稠度差,出管扩散性差 (3) 桩间距过小,挤压成缩颈	(1) 施工中控制拔管速度,采取慢抽密实或慢抽密击方法 (2) 管内混凝土必须略高于地面,保持足够重压力,使混凝土出管扩散正常 应派专人经常测定混凝土落下情况(可用浮标测定法),发现问题及时纠正,一般可用复打法或翻插法处理
夹泥桩	(1) 同缩颈 (1) (2) 拔管过程中采用翻插,翻插法不适用于饱和淤泥软土层,不但效果不好,而且常产生夹泥现象,又因上下抽管,也会影响邻桩质量	(1) 拔管时应轻锤密击或密振,均匀地慢抽,在通过特别软弱土层时,可适当停留密击或密振,但不要停过久,否则混凝土会堵塞管中不落下 (2) 在淤泥或淤泥质土层,抽管速度不宜超过 0.8m/min
吊脚桩(桩底混凝土隔空或混进泥砂形成软弱底层)	(1) 预制桩尖混凝土质量差,强度不足,被锤冲破挤入桩管内,初拔管时振动不够,桩尖未压出来,拔至一定高度时桩尖方落下,但卡住硬土层,不到底而造成吊脚 (2) 桩尖活瓣沉到硬层受土压实或土粘性大,抽管时活瓣不张开,至一定高度时才张开,混凝土下落不密实,有空隙	(1) 严格检查预制混凝土桩尖的强度和规格,防止桩尖压入桩管 (2) 为防止活瓣不张开,可采用密振慢抽办法,开始拔管 50cm 范围内,可将桩管翻插几下,然后再正常拔管 (3) 沉管时用吊铊检查探测桩尖入土是否缩入管内,发现问题及时纠正
桩尖进水进泥砂	(1) 地下水量多,压力大 (2) 桩尖活瓣缝隙大,预制桩尖与桩管接口软垫不紧密或桩尖被打坏 (3) 沉桩时间过长	(1) 地下水量大时,桩管沉至地下水位以上,应以水泥砂浆灌入管内 0.5m 作封底,并灌 1m 高混凝土,然后打下,少量进水(<20cm)可不处理,灌混凝土时可酌减用水量 (2) 将桩管拔出,检查桩尖质量

续表

常见问题	原因分析	控制及处理方法
卡管（拔管时被卡住，拔不出来）	（1）沉管时穿过较厚硬夹层，用的时间过长，一般超过 40min 就难拔管 （2）活页瓣的铰链过于凸出，卡于夹层内	（1）发现有卡管现象，应在夹层处反复抽动 2～3 次，然后拔出桩管扎好桩尖，重新再打入，并争取时间尽快灌筑混凝土后立即拔管，缩短停歇时间 （2）施工前，对活页铰链作检查，修去凸出部分
钢筋或钢筋笼下沉	新浇筑的混凝土处于流塑状态，钢筋的密度比混凝土大，由于相邻桩沉入套管的振动使钢筋或钢筋笼下沉	钢筋或钢筋笼放入混凝土后，上部用木棍将钢筋或钢筋笼架起固定
	（1）地下遇有枯井、坟坑、溶洞、下水道、防空洞等 （2）在饱和淤泥或淤泥质软土中施工，土质受到扰动，强度大大降低，由于混凝土侧压力，使桩身扩大	（1）施工前应详细了解施工现场内的地下洞穴情况，预先挖开，进行清理，并用素土填实 （2）在饱和淤泥或淤泥质软土中，采用套管护壁浇筑桩的混凝土时宜先打试桩，如出现混凝土用量过大，可与有关单位研究，改用其他桩型

3. 人工挖孔灌注桩

质量控制要点：

（1）复测轴线、桩位、井圈位置与标高，桩位偏差不大于 50mm，井圈中心线与轴线偏差不大于 20mm，井圈顶比场地高 200～300mm，井圈壁厚比下面井壁厚 120mm。

（2）孔内每挖 1～1.5m 用砂浆砌筑砖护壁，砂浆用 MU7.5，砖壁厚 120mm，发现渗水严重时，暂停挖掘，提早砌筑护壁。

（3）当桩孔净距小于 2 倍桩径且小于 2.5m 时，必须间隔开挖。桩孔开挖时桩径允许偏差 50mm，垂直度允许偏差孔深 10m 以内不大于 1%，10m 以上不大于 0.5%。孔深挖到设计标高时必须清孔，清除底部积水、残渣、淤泥、杂物等，并下孔验槽，检查孔底尺寸和地质情况。经验收合格后，即时用不低于 C30

混凝土封底。

（4）钢材、水泥、砂、石、砖必须经检测合格方能使用，混凝土配合比必须经有资质的测试中心试配。

（5）钢筋笼制作允许偏差：主筋间距±10mm，箍筋间距和螺旋螺距±20mm，钢筋笼直径±10mm，钢筋笼长度±50mm。主筋搭接焊缝长度，单面焊为主筋直径的 10 倍，焊缝饱满不咬边，无气泡；主筋与螺旋、箍筋接触点采用满点焊。

（6）桩孔混凝土的浇灌，应用串筒，筒末端离孔底距离不大于 2m，每灌注 1m 高度即采用插入式振动器振实。一桩混凝土应连续浇灌，不得间断。在混凝土浇灌过程中，串筒离混凝土表面的自由落体高度不大于 2m。

（7）做好桩孔开挖、钢筋笼制作、桩的混凝土浇灌等的原始记录。

常见质量问题的处理：

人工挖孔灌注桩常见的质量问题和控制及处理方法见表 6-4。

人工挖孔灌注桩常见的质量问题和控制及处理方法　表 6-4

常见问题	原因分析	控制和处理方法
挖孔时塌壁	孔壁土质松软或地下水位高或未按规范要求及时砌筑砖护壁或浇筑配筋混凝土护壁	按设计图和施工规范要求及时进行孔护壁施工。当地下水位高于挖孔工作面时，要及时抽水，确保地下水位低于挖孔工作面
孔底标高难定	工程桩的孔底标高是按设计要求，根据其下卧层强度控制的。由于地质报告精度的原因，会发生孔挖深未达孔底设计标高时，其下卧层强度已达到设计要求；或孔挖深已超过孔底设计标高，而其下卧层强度未达到设计要求	当工程桩设计为支承桩时：只要控制孔深挖至孔底下卧层强度，满足设计要求时为止。 当工程桩设计为摩擦支承桩时：要双控，一方面要控制孔深挖至孔底下卧层强度，满足设计要求时为止；另一方面要控制孔深一定要等于或大于设计桩长。 当桩位下卧层标高深度较浅，继续挖孔困难时，可与设计者商量能否改为嵌岩礅

常见问题	原因分析	控制和处理方法
安全事故	人从孔口坠落，非生产人员进入现场，在无预防措施的情况下落入孔内；起重设备或起重索未经安全检查伤害孔内工作人员；孔内未设通风，引起孔内工作人员中毒；孔内未设防爆照明灯，引发孔内伤害事故	应在每个孔口上（含已完工的孔口）加盖钢筋网盖，下班后，严禁人员进入现场，以防人员坠落；每班次上班时首先检查起重设备的刹车和起重索是否安全可靠，以防人员或重物坠落伤人；孔深较深或地层内贮有有害气体时，必须设置排风管进行通风；孔内必须设置防爆电灯，孔内工作人员必须佩戴安全帽，以免发生砸伤事故
下钢筋笼时被孔壁卡住	钢筋笼起吊时不垂直；孔径或钢筋笼直径误差超标；或孔和钢筋笼形状变形，由圆形变为椭圆形；或孔壁垂直度超标等，使钢筋笼被卡住	调整起吊设备使钢筋笼保持垂直位置下笼；遇到护壁个别位置卡住钢筋笼时，可取出笼体，人工清除障碍后再下笼；或取出变形的笼体进行整形后再下笼
安装后的钢筋笼下沉	由于钢筋笼在设计图上是不到桩底的，是悬在桩内的。所以如果加固不牢，笼体容易下沉，不能保证笼体的设计标高，进而影响到桩顶纵向钢筋锚入桩承台中的长度不能满足设计和施工规范要求	在笼体底部位于等边三角形的三个角的纵向钢筋上各焊接一根支撑钢筋，直径与纵筋相同，长度保证笼体能支承在孔底；再在笼体高度内间隔适当距离加短筋使笼体与孔壁预埋钢筋进行焊接固定
混凝土桩内出现施工缝	混凝土桩在浇灌时，层与层间浇灌间隔时间过长。	采用商品混凝土，要确保桩的混凝土连续浇灌。层与层间的间隔时间不能超过混凝土初凝时间，并保证层与层间混凝土的振捣密实
混凝土充盈系数大于1	混凝土实际供应量大于混凝土桩的体积计算值。除浇灌过程中的损耗外，还应在每根桩的桩顶多浇灌500mm。这500mm，在破桩顶时要敲掉，因为这段桩全为上浮桩顶的砂浆，其强度低于桩身混凝土	设计和施工规范要求多浇灌500mm的措施，可以确保桩顶与承台接触处的混凝土质量合格。所以充盈系数大于1是正常的

4. 深层搅拌桩

质量控制要点：

(1) 复测桩的轴线和桩位的定位放线工作。

(2) 检查水泥质保书、水泥强度测试报告、土中水泥掺量（要抽查每根桩的水泥用量）、水灰比（不大于 0.5）、水泥浆稠度（用密度计测定，浆液相对密度大于 1.8，每班检查不少于一次）。

(3) 检查桩机试运行是否正常，钻杆轴距（多头）、钻头直径、质量是否符合要求。

(4) 检查水泥浆制作设备（含搅拌机、储浆池、蓄水池、泥浆泵、输浆管道等）是否符合施工要求。

(5) 严格按下列程序控制施工：

桩机就位→预搅下沉→喷浆搅拌提升→重复搅拌下沉→重复喷浆搅拌提升至孔口（此程序为二搅二喷，根据要求还可做三搅三喷或四搅四喷）→桩机移至下一孔位。

(6) 认真做好下列内容的监控：

检测桩架垂直度（确保桩的垂直度偏差不大于 1.5%）和固定牢固平稳；抽测水泥浆稠度；控制搅拌轴的下沉和提升速度（下沉速度应在 0.38～0.75m/min 范围内，提升速度应在 0.3～0.5m/min 范围内）；督促施工单位做好单桩开始与结束施工时间记录（记录误差不得大于 5s）；核定实际桩长（深度记录误差不得大于 50mm）和数量；检查桩位的准确性（桩位偏差不得大于 50mm）。

(7) 督促施工单位提交下列资料：

施工定位放线记录；桩的施工组织设计（方案）；水泥检验报告；开工报告；桩施工原始记录；桩位竣工图。

(8) 根据设计要求对已完桩进行强度、承载力、完整性、邻桩搭接要求的检验。

常见质量问题的处理：

深层搅拌桩常见的质量问题和控制及处理方法见表 6-5。

深层搅拌桩常见的质量问题和控制及处理方法 表 6-5

常见问题	原因分析	控制和处理方法
桩的设计长度与桩位实际长度不符	有的桩位上桩长未达设计深度，钻杆已不再下沉，因杆端遇坚土或孤石；有的桩长已超过设计深度，但钻杆还在继续下沉，因土质松软杆端尚未到达持力层（用作承载）或不透水层（用作帷幕）	检查地质报告，根据地质剖面图上的实际情况，确定桩位上桩的实际深度（即桩长）
桩的强度不足或桩身不均匀	前者因水泥掺量不足或水灰比过大或喷浆时提速过快喷浆量过少，搅拌不匀。后者除提速过快外，还可能搅拌次数少之故	严格按设计和施工规范操作，控制好桩机的提速和水灰比
桩间或桩尖渗水	前者因桩的间距搭接未能满足设计要求；后者桩的长度不足，未能阻挡住地下水	可在帷幕外或桩间渗水处进行水泥压力灌浆
桩身或桩间出现施工缝	前者因故障停机时间过长；后者桩间搭接时间间隔过长	两者均要保持连续施工。前者宜将搅拌下沉至停浆点以下 0.5m，待恢复开机再喷浆提升。后者搭接时间间隔不应大于 24h，否则，应分别增大水泥用量和延长搅拌时间或加桩处理

5. 预制静压桩

质量控制要点：

（1）审核施工组织设计（方案），重点审核压桩顺序，压机移动路线；施工进度；保证质量和安全生产措施。

（2）复测桩基轴线和桩位线的位置。

（3）检查预制桩的几何尺寸、弯曲、裂缝等情况，其误差应在规范规定的允许范围内，并按规定表格做好检查记录。

（4）压桩时桩尖对准桩位中心，后检测桩的垂直度（控制在 1‰内）；检查接桩方法（常用角钢焊接或硫磺胶泥锚接法）是否符合规范要求；检查桩顶压入后的标高（按标高控制的静压桩），桩顶标高的允许偏差应在 -50～+100mm 范围内。

（5）压桩过程中应按规定表格做好压桩记录，记录中应详细记载桩在不同压入深度时的油压表读数（反映出桩在压至不同深度时，压机对桩施加的压载），压机上的配重，应事先经过计算，并参考试桩压桩时的配重。

（6）做好静压桩工程的桩位竣工图。待全部桩压完，并基坑开挖到设计标高后，应将每个桩位与 X、Y 轴之间的距离测量出来，并将数据记录在表格内，后绘制成桩位竣工平面图，桩位的允许偏差应符合规范要求。

（7）静压桩验收时应提交下列资料：

桩位测量放线图；工程地质勘察报告；材料试验记录；桩的制作及压入记录；桩位的竣工平面图；桩的静载和动载试验资料；确定压桩阻力的试验资料。

常见质量问题的处理：

预制静压桩常见质量问题和控制及处理方法见表 6-6。

预制静压桩常见的质量问题和控制及处理方法   表 6-6

常见问题	原因分析	控制和处理方法
桩入土后不垂直	桩机定位时桩身不垂直	桩入土 2m 后，发现桩身不垂直，不允许移动压机来调整桩的垂直度，以防止桩身被折断，应将桩拔出，重新调整桩的垂直度后再对准桩位
压桩时桩身位移或倾斜	桩尖遇到孤石或桩身被压断	查阅地质报告或对桩进行动测试验，查明原因后再由原设计人员提出补救措施，或者将断桩拔出后，在适当位置加桩处理
压桩过程中出现浮机	桩尖遇到岩层或压机移动路线不合理和压桩顺序不合理将土壤挤压太紧	查阅地质报告，查明该处是否有岩层或检查压机移动路线和压桩顺序，或检查压桩位置土壤的隆起情况后再行处理。若因下卧层为岩层，且可作为持力层时，可结束压桩。若因土壤受挤压原因，可暂停在该处压桩，待土壤内应力消除后再压。具体办法，根据查实情况，由原设计人员确定

（二）基础（钢筋混凝土结构的地下室）工程

质量控制要点：

（1）基坑开挖过程中督促施工单位严格按照基坑开挖方案进

行施工，监理应特别注意基坑的分层开挖要求，严禁一挖到底。当挖至离底板设计标高还有 20cm 时，应停止机械开挖，改用人工修整。

（2）在基坑开挖过程中，为控制支护桩的位移，监理人员应随时与位移测试单位联系，了解其观测数据，并及时向总监理工程师报告。

（3）当底板土石方挖到标高后，由土建施工单位对井筒、承台、地梁进行放线，并通过监理复验认可。接着，由土石方施工单位开挖井筒、承台、地梁，并进行修正。后报监理复验其几何尺寸，并办理报验手续。

（4）当井筒、承台土石方开挖至设计标高后，工程桩施工单位复核轴线、测量桩位，并绘制桩位竣工图。此时，监理人员要做好平行检测记录。完成桩位竣工图后，由监理组织土建施工单位对该图进行复核验收，并办理轴线、桩位竣工图的交接手续，要求桩基、土建、监理三方有关参加验收人员在竣工图上签字和加盖公章。

（5）对工程桩进行超声波和小应变等测试。此时，监理人员进行旁站监测，遇有不正常情况及时报告总监理工程师。

（6）对井筒、承台、集水井、地梁制作胎模，并做防水层。

（7）对井筒、承台、集水井、地梁、底板绑扎钢筋。其绑扎顺序：井筒、承台、集水井→地梁→底板。钢筋绑扎后要符合验收要求。

（8）钢筋绑扎后，埋设止水板，并通过验收。

（9）对防雷接地的埋设与验收；水池周边水管埋设与验收；墙上风、水、电、桥架的预留、埋设与验收。

（10）混凝土的浇灌。要求施工单位制定地下室混凝土浇灌方案。并监督施工单位严格执行混凝土浇灌方案。

（11）在混凝土浇灌过程中对井筒底板、承台等大体积混凝土进行测温，在每个测温点上设置上、中、下三根测温管，并由施工单位每隔 2h 测温一次并做好记录。监理随时检查施工单位的测温记录，并做好统计分析，有关情况及时报告总监，以便指导施工单位对混凝土表面的覆盖养护。

（12）大体积混凝土浇灌控制要点

1）选择合理的混凝土配合比，采用低热水泥和粉煤灰、超细矿粉等掺和料和低温地下水等。

2）混凝土的浇筑：在楼板内实行斜面分层浇筑，每层厚度在 400mm 左右，分层用插入式振动器捣实；在底板与承台处，因厚度增加，采用斜坡分层浇筑，斜面坡度一般为 1∶6 左右，自然流淌距离较远，要求覆盖每层混凝土的时间不大于 2.5h，分层用插入式振动器捣实。

3）混凝土的温差控制。按规范规定：混凝土浇筑后要控制混凝土表面与内部温度之差不能超过 25℃。否则，混凝土表面就会出现裂缝。为此，必须设计布置测温孔，建立测温制度。并利用测温数据控制混凝土表面的覆盖保温层，当混凝土内部与环境温度之差接近混凝土内部与表面温差时，方可全部撤除覆盖保温层。对电梯井基础混凝土可采用盛水养护。

（13）对地下室混凝土防止裂缝的技术措施

1）与设计单位联系、加强设计措施

① 建议地下室外墙水平钢筋采用小直径配置，在满足规范和计算的前提下，调整钢筋间距，满足密间距配筋，以加强混凝土的抗裂性；建议后浇带内钢筋尽量全部采用绑扎连接形式，以适应混凝土早期收缩变形的需要。

② 混凝土后浇带封闭前，将接缝处混凝土表面杂物清除，刷纯水泥浆两遍后用抗渗等级相同且设计强度等级提高一级的补偿收缩混凝土。

③ 作为结构自防水，在拌制补偿收缩混凝土时，必须采用掺膨胀剂（可选用 UEA-Ⅳ 低碱膨胀剂），同时必须掺高强聚丙烯抗裂防渗纤维。

2）正确选用材料、控制混凝土原材料的质量

① 应先选用水化热低的普通硅酸盐水泥或粉煤灰水泥。

② 泵送剂和膨胀剂应选用优质高效、经住房与城乡建设部认证并发有证书的产品，按照各地质监部门试配的配合比资料，严格控制用量。

③ 所有原材料必须是合格材料。

3）加强施工措施

① 控制好混凝土浇筑的均匀性和密实性，泵送混凝土一定要连续浇筑，顺序推进，不得产生冷缝。在振捣时尽量使每层混凝土处于同一层水平面上，并充分注意振捣时间。对采用商品混凝土的，在混凝土搅拌车到现场后要高速转 1min 后再卸料。

② 做好养护工作，养护时间不少于规范规定，使混凝土处在有利于硬化及强度增长的湿润环境中，使硬化后的混凝土强度满足设计要求。明确专人负责，墙面采用湿麻袋覆盖养护，并紧贴墙面。

③ 墙体与顶板须分开浇捣，其间隔时间不小于 14d。贯通后浇带应在地下室混凝土浇筑完成 60d 后（或按设计要求）方可浇筑后浇带；外墙独设后浇带可与顶板同时浇筑，注意后浇带封闭时避开高温，及时浇捣密实，加强养护。

④ 设计要求地下室底板、侧墙、顶板、水池及后浇带均采用补偿收缩混凝土，视具体情况可掺抗裂纤维或抗裂防渗剂。

常见质量问题的处理：

基础（钢筋混凝土结构地下室）工程常见质量问题和控制及处理方法见表 6-7。

基础工程常见的质量问题和控制及处理方法　　　表 6-7

常见问题	原因分析	控制和处理方法
混凝土表面干裂	混凝土养护不当，混凝土浇筑后没有及时覆盖；或浇水养护不到位	特别是地下定底板，在桩承台和电梯井筒底板处的混凝土厚度大，属于大体积混凝土浇灌： （1）应根据对混凝土的测温记录及时覆盖混凝土表面 （2）在混凝土冬期或夏季施工时，要及时采取防冻或防晒措施

常见问题	原因分析	控制和处理方法
底板和外墙板混凝土裂缝渗水	地下室底板混凝土裂缝渗水，常见在柱或电梯井筒周围，原因是柱或井筒发生沉降；外墙板裂缝渗水常见在墙的长度方向有规律性的分布，原因是混凝土在硬化过程中受到模板的约束力，例如外墙外模因离支护太近时采用支护粉刷后当外模，如果采用水泥浆粉刷，对混凝土约束力较大，容易使混凝土开裂	（1）预防柱周边裂缝可在承台与底板交接处将直角做成斜角，并配置扇形斜向钢筋 （2）预防电梯井筒周边裂缝，应在井筒周边回填土时注意夯实，以防底板在与井筒接合部位发生下沉，致使底板发生裂缝 （3）外墙板裂缝，可在外模上涂抹隔离层或设置油毡做隔离层，以减小外模对外墙混凝土的约束力，可预防混凝土裂缝的出现
顶板混凝土裂缝渗水	地下室顶板混凝土裂缝渗水，常见在外用电梯部位、消防通道部位和±0.00以上建筑物的周边。主要原因是混凝土在未完全达到设计强度前，遭受重物的堆积重压或重物冲击或运输车辆、工具的频繁活动等	（1）在工程图设计时考虑到这些因素，从而在结构中增加钢筋配筋量 （2）在有关部位采用顶撑加固，可将顶板超重部分的荷载通过顶撑传至底板 （3）避免上述原因发生在顶板上
支护桩位移引起外墙混凝土裂缝	由于地下室结构的施工，基坑支护的水平支撑需分层拆除。有的施工单位在支撑拆除后用顶撑撑在支护与外墙的混凝土之间。当支护发生位移时，力通过顶撑侧向传给外墙，致使外墙混凝土产生裂缝	（1）在支护与外墙间不该设置顶撑，以防支护位移对地下室结构产生影响 （2）对支护的位移应由检测机构负责定期监测，发现异常要及时通报有关方采取措施 （3）严禁在基坑周边影响支护位移的范围内堆积钢筋等重物

二、主体结构工程

（一）混凝土结构

1. 模板工程

质量控制要点：

（1）检查构件模板的几何尺寸，确保构件符合设计要求，安装偏差在规范允许范围内。

（2）检查构件节点处模板的构造情况，确保拆模后节点处构件阴、阳角的方正、清晰。

（3）检查模板的支撑情况，确保模板的刚度和稳定性。

（4）检查模板接缝，确保接缝不漏浆。

（5）检查梁、板模板的标高、轴线和起拱高度（当跨度≥4m 时，起拱高度宜为全跨长度的 1/1000～3/1000），标高、轴线的安装允许偏差应符合规范要求。

（6）检查安装在模板内的预埋件和预留孔位置是否准确，安装是否牢固。

（7）检查模板拆模时间，应符合设计与规范规定。当施工荷载对拆模后的构件不利时，应加支撑加固。

（8）检查脱模剂的质量和涂刷情况，对油质类等影响结构或妨碍装饰工程施工的脱模剂不宜采用。严禁脱模剂沾污钢筋与混凝土接槎处。

常见质量问题的处理：

模板工程常见质量问题和控制及处理方法见表 6-8。

模板工程常见质量问题和控制及处理方法　　　表 6-8

常见问题	原因分析	控制和处理方法
爆模塌模	（1）模板强度或刚度不够，支撑强度或刚度不够，支撑的失稳（如支承在软弱基土上，由于基土下沉等所致） （2）钢模板扣件的数量不足，或扣件强度较差	要重视模板的施工质量，必须进行模板的强度、刚度、支撑系统稳定性等的设计。特别是注意模板支撑立柱的结构与构造，拆模时，不能只考虑混凝土的强度，也要考虑支撑系统的受力情况
缝隙大	木模板四周没有刨平，钢模板四周没有校直，支模时不严格控制缝隙尺寸，缝隙过大	木模板在拼制时边应找平刨直，拼缝严密，当混凝土为清水混凝土时，木板必须刨光，采用胶合板时应由模板设计选定。采用旧钢模时，必须对有变形的进行修整，使模板横竖都可拼接，做到接缝严密，装拆灵活。接头处、梁柱、板交接处模板应认真配制，防止发生烂根、移位、胀模等不良现象

续表

常见问题	原因分析	控制和处理方法
模板不易拆除	（1）模板拆除过迟 （2）粘结太牢，模板漏涂隔离剂，木模板吸水膨胀，致使边模或角模嵌在混凝土内	（1）支梁用木模时应遵守边模包底模的原则，梁柱拼接处应考虑梁模板吸湿后长向膨胀的影响，下料尺寸略为缩短，使混凝土浇筑后不致嵌入柱内，便于拆模 （2）木楼板板模与梁模连接处，板模应拼铺到梁侧模外口齐平，避免模板嵌入梁混凝土内，以便拆除 （3）模板应认真清理、涂隔离剂

2. 钢筋工程

质量控制要点：

（1）检查钢筋出厂质量证明书，抽检钢筋力学性能、焊接质量、冷挤压接头质量，抽检要求和试件数量应符合规范规定。

（2）检查构件内钢筋的级别、数量、直径、间距、形状、锚固长度、钢筋加密区长度、钢筋弯钩的角度和绑扎位置。当需要钢筋代换时，应征得设计单位同意，并符合施工规范有关钢筋代换的规定。

（3）检查构件内钢筋焊接接头位置是否符合规范要求，是否符合钢筋混凝土设计构造要求。因抗震要求，钢筋接头不宜设置在梁端、柱端的箍筋加密区范围内。

（4）当钢筋接头采用绑扎接头时，其钢筋搭接长度和接头位置应符合规范规定。

（5）检查上、下柱截面改变时，纵向钢筋的位置是否符合设计要求。

（6）检查预留孔洞周围应加固的钢筋是否符合设计（规范）要求，检查需要预留插筋的部位，插筋是否符合设计（规范）要求。

（7）检查钢筋保护层厚度，是否符合设计和施工规范要求。

（8）由专业监理工程师完成对钢筋工程的隐蔽验收，并办理签证手续。

常见质量问题的处理：

钢筋工程常见质量问题和控制及处理方法见表6-9。

钢筋工程常见质量问题和控制及处理方法　　表6-9

常见问题	原因分析	控制及处理方法
钢筋表面锈蚀	（1）保管不良，受到雨雪侵蚀 （2）存放期过长 （3）仓库环境潮湿、通风不良	（1）钢材应存放在仓库或料棚内，保持地面干燥 （2）钢筋不得直接堆置在地面上，必须用混凝土墩、砖或垫木垫起，使离地面200mm以上 （3）库存期限不得过长 工地临时保管钢筋原料时，应选择地势高、地面干燥的露天场地，必要时加盖雨布，场地四周要有排水措施
钢筋冷弯性能差	钢筋含碳量高，或其他化学成分含量不适合，引起塑性性能偏低。钢筋轧制有缺陷，如表面有裂缝、结疤或折叠等	另取双倍数量的试件再试验，确定冷弯性能的好坏，屈服强度、抗拉强度、伸长率任一指标仍不合格的钢材，不准使用或作降级处理
冷拉钢筋伸长率偏小	（1）钢筋含碳量过高或表现为强度过高 （2）控制冷拉率或控制应力过大	应预先检验钢筋原材料材质，并根据材质具体情况，由试验结果确定合适的控制应力和冷拉率。伸长率指标小于规范要求的属不合格品，只能用作架立钢筋或分布筋
柱子外伸钢筋错位	钢筋固定措施不好，操作机具碰歪撞斜，未及时校正	在靠紧搭接不可能时，仍应使上柱钢筋保持设计位置，并采取垫筋焊接联系，注意浇筑操作，尽量不碰撞钢筋，同时派专人随时检查校正，在外伸部分加一道临时箍筋，按图纸位置安好，然后用模板、铁卡或木方卡固定，如发生移位，则应校正后再浇混凝土

续表

常见问题	原因分析	控制及处理方法
钢筋同截面接头过多	(1) 施工人员不熟悉规范 (2) 钢筋配料时未考虑原材料长度	(1) 在钢筋骨架未绑扎时，发现接头数量不符合规范要求，应立即通知配料人员重新考虑设置方案 (2) 如已绑扎或安装完钢筋骨架才发现，则根据具体情况处理，一般应拆除骨架或抽出有问题的钢筋返工，如返工影响工时太大，则可采用加焊帮条或改为电弧焊搭接
绑扎节点松扣	(1) 绑扎钢丝太硬或粗细不适当 (2) 绑扣形式不正确	(1) 绑扎直径 12mm 以下钢筋宜用 22 号铁丝，绑扎直径 12~15mm 钢筋宜用 20 号铁丝，绑扎较粗钢筋可用双根 22 号铁丝，绑扎时尽量选用不易松脱的绑扣方式 (2) 将节点松扣处重新绑牢
焊缝夹渣	(1) 通电时间短 (2) 焊接电流过大或过小 (3) 焊剂熔化后溶渣黏度大 (4) 回收焊剂重复使用时，夹杂物清理不干净	(1) 采用性能良好的焊条，正确选择焊接电流，焊接时必须将焊接区域内的赃物清除干净，多层施焊时应层层清渣 (2) 在搭接焊和帮条焊时，操作中应注意熔渣的流动方向，特别是采用酸性焊条时，必须使熔渣滞留在熔池后面 (3) 当熔池中铁水和熔渣分离不清时，应适当将电弧拉长，利用电弧热量和吹力将熔渣吹到旁边或后边，直至熔池清理干净为止
焊缝咬边	(1) 焊接电流过大，电弧太长 (2) 操作不熟练	选用合适电流，避免电流过大，操作时电弧不能拉得过长，并控制好焊条的角度和运弧方法
焊缝焊瘤	(1) 熔池温度过高，凝固较慢 (2) 焊接电流过大 (3) 焊条角度不对或操作不当	(1) 熔池下部出现"小鼓肚"时，可利用焊条左右摆动和挑弧动作加以控制 (2) 在搭接或帮条接头立焊时，焊接电流应比平焊适当减小，焊条左右摆动时在中间部位走快些，两边稍慢些 (3) 焊接坡口立焊接头加强焊缝时，应选用直径 3.2mm 焊条，并应适当减小焊接电流

3. 混凝土工程

质量控制要点：

（1）水泥进场必须检查水泥出厂合格证，抽检水泥强度和安定性，并应对其品种、强度等级、包装、出厂日期等检查验收。

（2）抽检砂、石级配和含泥量。

（3）检查外加剂的品种、质保书，及其在混凝土中的掺量。

（4）检查混凝土的配合比，各种原材料的称量、坍落度，并严格按设计和规范要求，定组制作混凝土试块并及时进行试验，测定其抗压强度、抗渗等级。

（5）对重要部位（含地下室、框架剪力墙、大跨度梁板结构）混凝土浇筑时，应专门制订施工方案，以确保工程质量。

（6）对混凝土冬期施工，应专门制订冬期施工方案，采取各种有效措施，以确保工程进度和工程质量。

（7）对承台、地下室底板等大体积混凝土浇筑时，应设置测温孔，及时测定混凝土底部、中部、表面的温度，将混凝土内部和表面温差控制在规范规定的不超过 25℃ 范围内，否则混凝土表面要进行覆盖。

（8）混凝土浇筑前，应由总监理工程师签发混凝土浇灌申请报告后，方能开盘浇筑混凝土。

（9）总监理工程师签发混凝土浇灌申请报告的依据：由专业监理工程师签字的施工单位报送的隐蔽工程验收单（含土建、水、电、空调）；由施工单位报送的混凝土浇灌申请报告；由施工单位（或商品混凝土供应商）报送的混凝土配合比通知单和水泥、外加剂、砂、石等原材料的质保书及材料检验报告；施工现场准备工作情况。

（10）混凝土浇筑过程中，检查混凝土浇筑的间歇时间。间歇时间过长会使混凝土内出现"冷缝"，影响混凝土构件质量。若因施工需要，必须按规范规定设置施工缝。

（11）在浇筑与柱和墙连成整体的梁和板时，应在柱和墙浇注完毕后停歇 1～1.5h，再继续浇筑。

（12）对已浇灌完毕的混凝土，应按规定的时间加以覆盖和浇水。

（13）在已浇灌的混凝土强度未达到 $1.2N/mm^2$ 以前，不得在其上踩踏或安装模板及支架。

常见质量问题的处理：

混凝土工程常见质量问题和控制及处理方法见表 6-10。

混凝土工程常见质量问题和控制及处理方法　　表 6-10

常见问题	原因分析	控制及处理方法
麻面	（1）模板表面粗糙或清理不干净，粘有干硬水泥砂浆等杂物，拆模时混凝土表面被粘损 （2）木模板在浇筑混凝土前没有浇水湿润或湿润不够，浇筑混凝土时，与模板接触部分的混凝土水分被模板吸去，使得混凝土表面失水过多 （3）钢模板脱模剂涂刷不匀或局部漏刷，拆模时混凝土表面粘结模板 （4）模板拼缝不严，浇筑混凝土时缝隙漏浆，混凝土表面沿模板缝位置出现麻面 （5）混凝土振捣不实，混凝土中气泡未排出形成麻点	（1）模板表面清理干净，木模板浇筑混凝土前应用清水充分湿润，钢模板隔离剂涂刷均匀、无漏涂，模板拼缝严密，混凝土不得漏振，每层混凝土均应振至气泡排除为止 （2）麻面主要影响外观，对表面不再装饰的部位用清水刷洗，充分湿润后用水泥素浆或 1：2 水泥砂浆抹平
夹渣	（1）浇筑混凝土前对施工缝处未处理或处理不够 （2）漏振或振捣不够 （3）分段分层浇筑混凝土时，施工停歇期间木块、锯末、水泥袋等杂物积留在混凝土表面未清除，而继续浇混凝土	（1）表面缝隙较细时，可用清水将裂缝冲洗干净，充分湿润后抹水泥浆 （2）对夹层的处理应慎重，梁、柱等在补强前，首先应搭临时支撑加固后方可进行剔凿，将夹层中的杂物和松散混凝土清除，用清水冲洗干净，充分湿润，再灌筑、捣实提高一级的豆石混凝土或混凝土减石子砂浆，捣实并认真养护

续表

常见问题	原因分析	控制及处理方法
缺棱掉角	（1）木模板在浇混凝土前未湿润或湿润不够，浇筑后混凝土养护不好，导致棱角处混凝土水分被模板大量吸收而强度降低，拆模时棱角被粘掉 （2）侧面非承重模板过早拆除或拆模时受处力作用，重物撞击或保护不好棱角被碰掉 （3）冬期施工时混凝土局部受冻造成拆模时掉角	缺棱掉角较小时可将该处用钢丝刷刷净，清水冲洗充分湿润后，用1：2或1：2.5水泥砂浆抹齐补正；对较大的掉角，可将不实的混凝土和突出石子凿除，用水冲刷干净湿透，然后支模用比原混凝土高一级的豆石混凝土补好，认真养护
强度偏低	（1）混凝土原材料质量不符合要求 （2）混凝土配合比计量不准 （3）混凝土搅拌时间不够或拌合物不均匀 （4）混凝土冬期施工时，拆模过早或早期受冻 （5）试块未做好，如振捣不实、养护不符合要求	当试压结果与要求相差悬殊，或试块合格而对混凝土结构实际强度有怀疑，或有试块丢失，编号搞乱，忘记作试块等情况，可采用非破损检验方法来测定混凝土强度，如测定的混凝土强度不符合要求，应经有关人员研究查明原因，采取必要措施处理 　如混凝土强度不合格，可直接从混凝土结构中凿取试块测定混凝土强度，凿取部位应具代表性，又为使用和安全所允许。当混凝土强度偏低，可按实际强度校核结构的安全度并经有关单位研究提出处理方案
保护性能不良	（1）钢筋混凝土在施工时形成的表面缺陷未处理或处理不良 （2）混凝土内掺入过量氯盐外加剂，或在禁用氯盐环境使用了含氯盐成分的外加剂	（1）混凝土裂缝可用环氧树脂灌缝 （2）对已锈蚀的钢筋，应彻底清除铁锈，凿除与钢筋结合不良的混凝土，用清水冲洗湿润充分后，再用豆石混凝土（比原混凝土强度高一级）填实，认真养护 （3）大面积钢筋锈蚀引起混凝土裂缝，必须会同设计等单位研究制定处理方案，经批准后再处理

常见问题	原因分析	控制及处理方法
温度裂缝	（1）表面温度裂缝是由温差较大引起的 （2）深进和贯穿温度裂缝多由结构降温时温差较大，受外界约束而引起的 （3）采用蒸汽养护的预制构件，混凝土降温过速，或养护窑坑急速揭盖，使混凝土表面急剧降温，致使构件表面或肋部出现裂缝	温度裂缝对钢筋锈蚀、碳化、抗冻融、抗疲劳等方面有影响，故应采取措施处理，对表面裂缝，可以采用涂两遍环氧胶泥或贴环氧玻璃布，以及抹、喷水泥砂浆等方法进行表面封闭处理，对有整体性防水、防渗要求的结构，缝宽大于0.1mm的深进或贯穿性裂缝，应根据裂缝可灌程度，采用灌水泥浆或化学浆液方法修补，或灌浆与表面封闭同时采用，宽度不大于0.1mm，由于混凝土有一定的自愈功能，可不处理或只进行表面处理

（二）砌体结构

质量控制要点：

（1）检验外墙用的黏土多孔砖和内隔墙用的轻质砖的质量及砌筑砂浆的质量。

（2）对外墙砌筑要求：灰缝厚度、砂浆饱满度、墙面平整度和垂直度应符合规范要求，沿混凝土墙柱高每 500mm 设 $2\phi6$ 拉结筋伸入墙内，并符合设计与规范要求。

（3）对内隔墙要求：平整度、垂直度符合规范要求；当内墙用轻质砖砌筑且层高较高时，需在墙上设圈梁；砌筑高度按设计和消防要求，必须砌至楼板（或大梁）底。

（4）按设计要求砖墙内每隔 4m 设一构造柱，构造柱钢筋上、下端与主体固定（与预埋筋焊接），沿柱高度每 500mm 设 $2\phi6$ 拉结筋伸入墙内 1000mm。

（5）对水、电在墙体上开槽（埋管线用的），必须用圆锯切割，严禁打凿；严禁在墙体上切割水平槽，并尽可能避免在外墙上开槽。

（6）粉刷层应分层进行，其每层厚度应符合设计要求；底层粉刷时应对基层作好表面处理，使其粘结牢固；两种不同基层材料的接合处，应加一层钢丝网后再行粉刷，以防开裂。每层粉刷后，应严格检查有否空鼓，并按规范要求进行处理。粉刷完工后检查粉刷层的平整度、垂直度、阴、阳角方正程度和空鼓状况等，并做好检查验收记录，以便存档。

常见质量问题的处理：

砌体结构常见质量问题和控制及处理方法见表 6-11。

砌体结构常见质量问题和控制及处理方法　　　表 6-11

常见质量问题	原因分析	控制及处理方法
框架结构的填充墙，拉结筋设置不规范	承建单位图施工方便	拉结筋的设置，宜采用在柱内埋设连接件外焊拉结筋的方法。严禁开凿柱混凝土将拉结筋焊在柱筋上
填充墙顶部与框架底部结构接触处，砖的组砌方法不规范	砌筑工人不熟悉规范或图省时	接触处应用斜砖砌紧，斜砖的砌筑应在砌体完成后不少于 3d 进行，斜砌砖的倾斜度应在 50°～80°之间，并砂浆挤紧
抗震设防地区的墙体与构造柱连接处墙体组砌不规范	施工质检员对砌筑工人要求不严格	连接处砖墙必须留置大马牙槎，并应先退后进，拉结筋埋入墙内不少于 1000mm，如窗间墙宽度少于 1000mm 的要通长设置
砌体中留置施工临时过人洞不规范	砌体施工方案中未能提出明确要求	应在过人洞两侧墙体内留置拉结筋，洞口顶部应设置过梁，其尺寸不应超过 1000mm×1800mm，洞口侧离墙体交接处的墙表面必须超过 500mm，补砌时用与原墙相同的材料填砌严密
外墙窗洞口尺寸与外饰面不匹配	施工员缺乏经验	外墙窗洞口的尺寸大小必须结合外墙饰面砖的模数进行调整，留出足够的所需尺寸
厕所间墙体根部渗水	砌体施工方案中未能采取技术措施	厕所间的墙体根部应做不低于 120mm 高的混凝土防渗反梁
外墙面渗水	工人未能按操作规程施工	外墙刮糙用不低于 1：3 的防水砂浆，刮糙层数不得少于两遍，每层厚度不少于 10mm，总厚度不少于 15mm。逐层粉刷时，应将上一层的质量缺陷消除

续表

常见质量问题	原因分析	控制及处理方法
女儿墙砌筑不规范	设计图不详或施工员缺乏经验	在女儿墙中，每隔 3000mm 左右设一钢筋混凝土柱，柱内钢筋锚入压顶和圈梁内，沿柱高每隔 360mm 伸出 2φ6 长 500mm 钢筋与女儿墙拉结。女儿墙采用实心砖或承重空心砖砌筑
阳台隔墙和扶手与构造柱的接触处连接不规范	设计图不详或施工员缺乏经验	每处设置 2φ6 拉结筋，上下间距 500mm，伸入墙体不少于 1000mm，预埋在构造柱内不少于 200mm

（三）钢结构

质量控制要点：

（1）施工单位要从深化设计开始，深化设计人员必须熟悉图纸，能深化各种节点，使其具有可操作性，深化设计完成后必须有专业工程师负责校对、审核，对施工图的修改必须有依据，且必须由原设计人员签字。

（2）严格进场材料的见证取样。取样内容包括钢材、焊条、高强度螺栓、连接副等。对焊条（机焊条和手工焊条）除有相应质保书外，还应抽样加检理化试验。

（3）在钢结构加工过程中，监理人员须进厂进行检验，检验内容包括：所加工钢结构的几何尺寸、焊接情况、钢结构表面喷砂处理情况、厂内加工超声波自检情况等是否符合设计和规范要求。检查各项指标合格后方可起运出厂。

（4）构件运至现场安装前，监理人员对运至现场的构件进行再次复验，复查运输至现场的构件变形和栓钉情况；同时对现场施工人员进行安装前的技术交底和安全交底，提出相应的技术要求和安全要求；对现场焊接人员进行现场焊接考核和资质核验。

（5）进入正式安装前监理人员对施工单位所提交的轴线及高程进行复验，合格后再次进行安装前技术交底。交底时，要强调在各焊接缝间必须进行坡口处理；现场矫形时要控制好矫形温度；禁止用高强螺栓代替临时螺栓做穿插用；对连接副板及腹板的面要进行二次清理后才能进行螺栓穿接；严禁不规范吊装。

（6）所有焊缝坡口按规范和设计要求必须进行铣口或打磨，未经铣口或打磨过的坡口不得进行焊接。

（7）在现场安装过程中，由于安装误差，需要对构件进行必要的矫形。规范规定：碳素合金钢和低碳合金钢在加热矫正时，加热温度不应超过 900℃。同时设计图纸也要求所有翼缘板不得高温烘烤矫形。

（8）在高强螺栓连接副部位，对高强螺栓的紧固不得一次性紧固到位。经各标高、轴线复核无误；本层焊接全部完成，且经超声波检测合格后；才能进行高强螺栓终拧。终拧采用机械定力工具紧固，且安排专人负责操作。紧固顺序：由内芯环绕、对称向外紧固。并要求每次紧固前对每对连接副的高强螺栓按由内向外对称的原则编号，按号紧固，紧固编号如下图 6-7。

33	21	9	10	22	34
29	17	5	6	18	30
25	13	1	2	14	26
27	15	3	4	16	28
31	19	7	8	20	32
35	23	11	12	24	36

图 6-7   连接副上高强螺栓的紧固顺序编号

（9）钢结构安装完成后，在施工单位自检的基础上，再由业主委托的第三方抽样检测。第三方抽检由省或市检测中心负责，主要对钢结构的关键部位抽检 20%。第三方抽检方案由专业监理工程师审核同意后执行。检测过程同样有监理工程师到场全程监督，同时对检验全过程作好监理记录。

常见的质量问题的处理：

钢结构工程常见质量问题和控制及处理方法见表 6-12。

钢结构工程常见的质量问题和控制及处理方法　　表 6-12

常见问题	原因分析	控制及处理方法
构件制作与安装质量不匹配	构件的制作与安装分别分包给两个单位承包。安装单位在构件制作过程中对制作单位失控造成的	从深化设计开始，安装单位始终要监督制作单位的构件制作质量，以确保构件的安装质量。同时，监理人员也要进厂检验构件的制作质量，以确保构件的进场质量。切忌安装和监理单位只在构件进场时才负责验收
构件制作与安装质量数据不齐全	在构件制作与安装过程中测试项目不全	做好试验检测项目。主要有：钢材、原材料的检测，焊接工件试验，焊缝无损检测（超声波、X射线、磁粉等）、高强度螺栓扭矩系数或预拉力试验、高强度螺栓连接面抗滑移系数检测、钢结构节点承载力试验、钢结构防火涂料性能试验等
地脚螺栓的预埋不准	地脚螺栓在采用直接预埋法或采用预留孔法预埋时，未能控制好地脚螺栓（群）的位置、垂直度、长度和标高	在基础混凝土浇筑前监理工程师必须严格检查预埋螺栓施工方法的合理性、可靠性，以及各项实测指标是否在规范规定范围内；否则要增加扩孔及调整工作量
焊瘤、夹渣、气孔、咬边、错边、焊缝大、未焊透	常出现在手工焊接中	检查焊接原材料出厂质量证明书；检查焊工上岗证；督促进行必要的焊接工艺试验；施焊过程中加强巡视检查，监督落实各项技术措施；严格进行焊缝质量外观检查和焊缝尺寸实测；督促进行无损检测工作
高强度螺栓连接不规范	以次充好现象，用普通精制螺栓代替高强度螺栓；高强度螺栓连接面处理不规范，包括表面处理，平整密贴、螺栓孔质量等；高强度螺栓施拧不按规范规定进行，如不分初拧、终拧而一次完成，不用扭矩扳手、全凭主观估计等	监理工程师在督促承包单位增强质量意识、加强质量管理、落实质量保证措施的同时，积极采用旁站监督、平行检验等工作方法确保连接质量

续表

常见问题	原因分析	控制及处理方法
钢结构除锈及涂装质量不达标	在于承包单位有关人员对涂装工作的重要性认识不足，再加上缺乏质量责任心，甚至唯利是图，最终导致涂装工程质量经常出现问题	对钢构件的除锈质量按照设计要求的等级进行严格的验收；检查涂装原材料的出厂质量证明书，防火涂料还要检查消防部门的认可证明；涂装前彻底清除构件表面的泥土、油污等杂物；涂装施工应在无尘、干燥的环境中进行，且温度、湿度符合规范要求；涂刷遍数及涂层厚度要符合设计要求；对涂层损坏处要做细致处理，保证该处涂装质量；认真检查涂层附着力；严格进行外观检查验收，保证涂装质量符合规范及标准要求
彩板渗漏、不平、不直、不密、变形、划伤、污染	施工单位未制定彩板（夹芯板）施工方案，彩板接缝、板檩之间的连接、彩板配件制作安装等节点构造处理不细或不可靠	彩板（夹芯板）制作安装前一定要督促施工单位制定周密可靠的施工方案，尤其是要制定详细的排板方案、建筑构造作法及质量保证措施；制作、安装过程中监理人员要加强巡视检查、旁站监督和平行检验，使大部分质量问题消灭在施工前和施工过程中；严格进行检验批及分项工程验收

三、建筑装饰装修工程

（一）地面工程

1. 整体面层

包含水泥混凝土、水泥砂浆、水磨石、水泥钢（铁）屑面层等。

质量控制要点：

（1）基层处理

将基层表面清理干净，并用水冲刷使基层表面保持湿润，但不能积水。

（2）地面标高抄平

对地面标高进行抄平，定出水平标高线；按找平要求做好房间内四角塌饼，并按塌饼间距 1.5m 左右引出中间塌饼。在大开间长度超过 5m 处及门框下口均用素浆固定玻璃条（用做伸缩缝）；隔 24h 后铺设找平层。

（3）铺设细石混凝土找平层

按设计图纸要求的找平层厚度进行控制；但由于在结构层施工时平整度控制上的差异，应按塌饼控制的标高进行找平。

（4）铺设面层

铺面层前首先用纯水泥浆扫浆一遍，随即铺面层，随铺随用抹子拍实，并用括尺刮至与塌饼相平；面层收水后，用木蟹搓平（边搓边铲除塌饼），并用铁抹子进行第一遍压光；待面层稍硬（脚踩不产生明显痕迹）时，用铁抹子进行第二遍压光；待面层显得干燥（压不出铁板印，即接近终凝）时，用铁抹子进行最后一遍压光（或使用机械磨压），以确保面层不起砂、不开裂、不空鼓，经一昼夜后进行洒水养护。

常见质量问题的处理：

整体面层地面常见质量问题和控制及处理方法见表 6-13。

整体面层地面常见的质量问题和控制及处理方法 表 6-13

常见问题	原因分析	控制及处理方法
表面起砂	表面压光时操作工艺不到位	一定要进行三遍压光，最好表面采用原浆压光，并使用机械磨压；或采用耐磨地面
表面裂缝	表面压光时操作工艺不到位或表面未能及时浇水养护	同上；并及时浇水养护
表面空鼓	基层表面不干净；表面光滑未作凿毛处理；表面未刷界面剂；基层与面层间强度差异太大；在暴晒条件下施工，未能养护好	位于房间边角处，以及空鼓面积小于 0.1m² 且无裂缝者，可不作修补； 位于房间中部或门口处，以及空鼓面积大于 0.1m²，或面积虽不大，但裂缝显著者，应予翻修

2. 板块面层

包含地砖地面、石材地面、PVC 塑胶地面、地毯地面。

质量控制要点：

(1) 地砖地面

1) 基层处理。将基层表面清理干净，并用水冲刷使基层表面保持湿润，但不积水；对地面标高进行抄平，定出水平标高线；按找平要求做好房间内四角塌饼，并按塌饼间距 1.5m 左右引出中间塌饼。

2) 地面放线、找平。在楼地面及墙面分格弹线，并将控制格刻画在墙面上。

3) 摊铺砂浆找平层。用 1:3 水泥砂浆作为找平层铺设压实在楼面上，并复测其平整度不得大于 3mm。

4) 地砖背面抹砂浆粘结层。用 1:2 水泥砂浆外掺胶水作为结合层，涂抹在清洗干净、经过湿润且刮平的地砖上。

5) 铺贴地砖。按地砖分格线铺平，再用皮榔头敲实在找平层上。

6) 校验铺贴平整度。地砖平整度不大于 2mm。

7) 拨缝调整。缝口宽度不大于 2mm。

8) 表面清洁。用白水泥素浆或加颜料水泥素浆嵌缝，要擦密实，并将表面灰痕用锯末或棉纱擦洗干净。地砖铺设后 48h 才能行走使用。

(2) 石材地面

1) 清洗基层，整体复核楼面标高。施工中采用以电梯口、楼梯口、大门入口等处作为标高控制点，弹出 50 线进行标高控制的方法，对局部超出标高部位进行剔除；室内房间进行拉通线套方的办法，以"日"形控制线的办法进行控制。

2) 找水平、拉线。按控制线在基层上贴水平塌饼；按设计图纸要求在地面弹线，拉出双向水平线找中找方，并找出拼花板的位置。

3) 对色编号。石材铺设前，应对规格板进行试拼（指对色、拼花、编号），以便对号入座。试拼的结果要保证地面石材前后左右的花纹、颜色基本一致，纹理通顺，接缝严密吻合，角度垂直，线条顺直，控制板缝≤0.5mm，相邻板块高差≤0.3mm。

4）确定铺贴顺序；拉线后应先铺若干条干线作为基准，起标筋作用；一般先由厅中线往两侧采取退步法铺贴，圆形地面则由中心向外围铺设。

5）铺贴石材。按照弹线位置及水平拉线将石材板块依线平稳放下，用木（或橡皮）锤垫木轻击，使砂浆振实。缝隙宽度、平整度满足要求后，揭开板块，在其背后批水泥砂浆一道，再正式铺贴。轻轻敲击、找直找平。石材铺设需按照编号，做到对号入座。在铺贴过程中应随时检查板块平整度、相邻高差、套方和空鼓，发现缺陷，及时处理。大面积板块铺完，且各项指标均能满足施工规范要求后，开始铺设踢脚线及圈边石材，采用由控制线向两边铺设。

6）养护。进行封闭养护及成品保护。板材铺设24h后，应洒水养护1~2d，以保证板材与砂浆粘结牢固。养护期3d之内禁止踩踏。

（3）PVC塑胶地面

1）地坪的准备和处理。在铺设PVC弹性地材前的地面情况最为重要，由于室内常用PVC地面的厚度一般不超过4mm，没有自承能力，所以对地坪基础要求很高。地面的好坏，影响并决定PVC地材的功效和外观。

为确保大面积铺设效果（平整度，强度），建议务必于铺设前在找平层上使用底油和自流平。

为确保铺设后的场地有足够的强度，以承托其上的各层结构，并承受将来使用中的高负荷，建议找平层应选择高强度，如为细石混凝土做法，则推荐强度等级为C30，水泥砂浆面层应严格按照国家标准≥M15强度标准。

2）PVC地面的铺设

① 对施工环境要求：地面干燥、空间洁净、无交叉作业。

② 铺设步骤：

a. 在自流平材料施工完成地面上涂抹界面剂材料，用料大

致为 0.1kg/m²;

　　b. 依据施工图纸对照产品进行计算;

　　c. 地面弹线划出准备铺设的区域;

　　d. 根据上述区域选定相应的型号进行下料;

　　e. 在划线区域准备铺设的范围内刷胶;

　　f. 等待 15min 左右,当胶水颜色变成透明时可以开始粘贴地板;

　　g. 将粘贴地板分两次分别从两端开始粘贴;

　　h. 利用大滚轮对已经完成场面进行碾压,将空气完全挤出地板;

　　i. 所有地板粘贴完毕后开始处理接缝处;

　　j. 清理地面,并对所有已安装完毕产品进行自检,如有问题进行修补;后交质检员验收成品。

　　③ 施工中注意事项:

　　a. 胶水涂抹时的环境温度必须大于5℃,否则禁止施工,在5℃以上时依据具体温度判定胶水干燥时间。胶水涂抹必须均匀。

　　b. 下料合理并均匀。

　　c. 开槽均匀且竖直、无毛刺。

　　d. 接缝之前将焊槽内的多余胶水或其他杂物清理干净。接缝走线平稳,走线为直线。

　　e. 第一次去除多余焊条必须等到焊条温度稍低后方可进行。

　　PVC 塑胶地板因采用 100％纯 PVC,所以质地柔韧,可卷曲上墙做踢脚线;同时也可与其他踢脚线配合使用。但从卫生、防水、防潮上考虑,可用直接卷曲上墙的方式制作踢脚线,踢脚线高度以 80~120mm 为宜。

　　(4) 地毯地面

　　1) 地毯裁割

　　① 首先应量准房间实际尺寸,按房间长度加长 2cm 下料。地毯的经线方向应与房间长向一致。地毯宽度应扣去地毯边缘后计算。根据计算的下料尺寸在地毯背面弹线。

② 大面积地毯用裁边机裁割，小面积地毯用手握裁刀或手推裁刀裁割。从地毯背部裁割时，吃刀深度掌握在正好割透地毯背部的麻线而不损伤正面的绒毛；从地毯正面裁割时，可先将地毯折叠，使叠缝两侧绒毛向外分开，露出背部麻线，然后将刀刃插入两道麻线之间，沿麻线进刀裁判。

③ 不锋利的刀刃须及时更换，以保证切口平整。

④ 裁好的地毯应立即编号，与铺设位置对应。准备拼缝的两块地毯，应在缝边注明方向。

2）钉倒刺板

① 沿墙边或柱边钉倒刺板，倒刺板离踢脚板 8mm。

② 钉倒刺板应用钢针（水泥钉），相邻两个钉子的距离控制在 30～40cm。

③ 大面积厅、堂铺地毯，建议沿墙、柱钉双道倒刺板，两条倒刺板之间净距约 2cm。

④ 钉倒刺板时应注意不损坏踢脚板，必要时可用薄钢板保护墙面。

3）铺垫层

① 垫层应按倒刺板之间的净间距下料，避免铺设后垫层皱折、覆盖倒刺板或远离倒刺板。

② 设置垫层拼缝时应考虑到与地毯拼缝至少错开 15cm；衬垫用点粘法刷聚酯乙烯乳胶，粘贴在地面上。

4）地毯拼缝

① 拼缝前要判断好地毯编织的方向，以避免缝两边的地毯绒毛排列方向不一致。为此，在地毯裁下之前应用箭头在背面注明经线方向。

② 纯毛地毯多用缝接，即将地毯翻过来，背面对齐接缝，用线缝实后刷 5～6cm 宽的一道白胶，再贴上牛皮纸。

③ 麻布衬底的化纤地毯多用粘结，即将地毯胶刮在麻布上，然后将地毯对缝粘平。

④ 胶带接缝法以其简便、快速、高效的优点而得到越来越

广泛的应用。在地毯拼缝位置的地面上弹一直线，按线将胶带铺好，两侧地毯对缝压在胶带上，然后用熨斗在胶带上熨烫使胶质熔化，随熨斗的移动立即把地毯紧压在胶带上。

5）展平

① 将地毯短边的一角用扁铲塞进踢脚板下的缝隙，然后用撑子把这一短边撑平后，两用扁铲把整个短边都塞进踢脚板下缝隙。

② 大撑子承脚顶住地毯固定端的墙或柱，用大撑手扒齿抓住地毯另一端，通过大撑子头的杠杆伸缩，将地毯张拉平整。

③ 大撑子张拉力量应适度，张拉后的伸长量一般控制在1.5～2cm，即 1.5%～2%，力量过大易撕破地毯，过小则达不到张平的目的；伸张次数视地毯尺寸不同而变化，以将地毯展平为准。

④ 小范围不平整可用小撑子展平，用手压住撑子，使扒齿抓住地毯，通过膝盖撞击撑子后部的胶垫将地毯推向前方，使地毯张平。

6）固定、收边

① 地毯挂在倒刺板上要轻轻敲击一下，使倒刺全部钩住地毯，以免挂不实而引起地毯松弛。

② 地毯全部张平拉直后，应把多余的地毯边裁去，再用扁铲将地毯边缘塞入踢脚板和倒刺板之间。

③ 在门口或与其他地面的分界处，弹出线之后用螺钉固定铝压条，再将地毯塞入铝压条口内，轻轻敲击弹起的压条，使之压紧地毯。

7）修整、清理

铺设工作完成后。因接缝、收边裁下的边料和因扒齿拉伸掉下的绒毛、纤维应打扫干净。并用吸尘器将地毯表面全部吸一遍。

常见质量问题的处理：

板块面层地面常见质量问题和控制及处理方法见表 6-14。

板块面层地面常见质量问题和控制及处理方法　　**表 6-14**

常见问题	原因分析	控制及处理方法
空鼓	（1）基层清理不干净，或浇水湿润不够 （2）水泥素浆结合层涂刷不匀或涂刷时间过长，致使风干硬结，造成面层和垫层一起空鼓 （3）板块铺设前浸润不够，或板块背面浮灰未刷净 （4）铺设后过早上人行走	将松动板块搬起后，把底板砂浆和基层表面清理干净，用水湿润后，再刷浆铺设；断裂的板块和边角有损坏的板块应作更换
色泽不均匀	（1）板块材质不符要求 （2）铺设前对选材或试铺工作不认真，在颜色上未做适当调配 （3）大理石、水磨石板铺设后，在接缝处做二次磨光的不光滑，造成光滑明亮不一，感觉色泽不均匀现象	应严格控制材料的质量要求，铺设前应做好试铺试排工作，对色泽严重不均匀的应局部返工重做
接缝不平，缝不匀	（1）板块本身有厚薄、宽窄、掉角、翘曲等缺陷，事先挑选不严，铺设后在接缝处产生不平、缝子不匀现象 （2）各房间水平标高线不统一，使与楼道相接的门口处出现地面高低偏差 （3）地面铺设后，成品保护不好，在养护期内上人过早，板缝也易出现高低差	（1）必须由专人负责从楼道统一往各房间内引进标高线，房间内应四边取中，在地面上弹出十字线，铺设时应先安好十字交叉处最中间一块作为标准块，如以十字线为中缝时，可在十字线交叉点对角安设二块标准块，标准块为整个房间的水平标准及经纬标准，应用 90°角尺及水平尺细致校正 （2）安设标准块后应向两侧和后退方向顺序铺设，随时用水平尺和直尺找准，缝子必须通长拉线，不能有偏差，铺设时分段分块尺寸要事先排好定死 （3）石板有翘曲等缺陷时，应事先套尺检查，挑出不用，或在试铺时认真调整，用在适当部位

3. 实木地面

质量控制要点：

（1）实木地面可采用双层或单层面层铺设，其厚度应符合设

计要求。其材质应符合现行国家标准《实木地板技术条件》GB/T
15036.1—2009 的规定。

（2）其木搁栅的截面尺寸、间距和稳固方法应符合设计要
求。木搁栅固定时不得损坏预埋管线，木搁栅应垫实钉牢，与墙
之间应留出 30mm 的缝隙，表面应平直；木条可钻孔或抽槽，
以便空气流通；地面可做防潮层或撒干燥剂。

（3）毛地板铺设时，木材髓心应向上，其板间缝隙不应大于
3mm，与墙之间应留 8～12mm 空隙，表面应刨平。

（4）实木地板面层铺设时，面板与墙之间应留 8～12mm
缝隙。

（5）采用实木制作的踢脚线，背面应抽槽，并做防腐处理；
应设有透气口。

（6）实木面层采用的材质和铺设时的木材含水率必须符合设
计要求。木搁栅、垫木和毛地板等必须做防腐、防蛀处理。

（7）搁栅安装应牢固、平直。面层铺设应牢固、粘结无
空鼓。

（8）实木面层应刨平、磨光（免刨免漆者除外），无明显刨
痕和毛刺等现象；图案清晰、颜色均匀一致；面层缝隙应严密；
接头位置应错开、表面洁净。

（9）拼花地板接缝应对齐，粘、钉严密；缝隙宽度均匀
一致。

（10）踢脚线（板）表面应光滑，接缝严密，高度一致。

1）木踢脚板应在木地板刨光后再安装，以保证踢脚板的表
面平整。

2）在墙内安装踢脚板的位置，每隔 400mm 打入木楔。安
装前，先按设计标高将控制线弹到墙面，使木踢脚板上口与标高
控制线重合。

3）木踢脚板与地面转角处安装木压条或安装圆角成品木条。

4）木踢脚板接缝处应做陪榫或斜坡压槎，在 90°转角处做
成 45°斜角接槎。

5）木踢脚板背面刷水柏油防腐剂。安装时，木踢脚板要与立墙贴紧，上口要平直，钉接要牢固，用气动打钉枪直接钉在木楔上，若用明打钉接，钉帽要砸扁，并冲入板内 2～3mm，油漆时用腻子填平钉孔，钉子的长度是板厚度的 2.0～2.5 倍，且间距不宜大于 1.5m。

6）油漆涂饰工作待室内一切施工完毕后进行。木踢脚板的油漆施工，应与木地板面层同时进行，同时，油漆颜色与木地板同色。这样有利于保证地板质量，方便组织施工和成品保护。

7）木踢脚板应钉牢墙角，表面平直，安装牢固，不应发生翘曲或呈波浪形等情况。

8）采用气动打钉枪固定木踢脚板。若采用明钉固定时钉帽必须打扁并打入板中 2～3mm，钉时不得在板面留下伤痕。板上口应平整。拉通线检查时，偏差不得大于 3mm，接槎平整，误差不得大于 1mm。

9）木踢脚板接缝处作斜边压槎胶粘法，墙面明、阳角处宜做 45°斜边平整粘接接缝，不能搭接。木踢脚板与地坪必须垂直一致。

10）木踢脚板含水率应按不同地区的自然含水率加以控制，一般不应大于 18%，相互胶粘接缝的木材含水率相差不应大于 1.5%。

常见质量问题的处理：

实木地面常见质量问题和控制及处理方法见表 6-15。

实木地面常见的质量问题和控制及处理方法 表 6-15

常见问题	原因分析	控制及处理方法
板面不平（应≤2mm/m）	地面不平 地面强度不好，下沉 龙骨未拉线找平 龙骨未钉实或直接用劣质人造板大张衬垫 地板维护不当 泡沫地垫重叠	龙骨施工前地面需用水泥砂浆或细石混凝土找平；钉龙骨时一定要拉线找平；龙骨要与后置在基层中的木塞钉牢；注意地板用料，以确保面层施工质量

续表

常见问题	原因分析	控制及处理方法
瓦片状（应≤0.3mm/m）地面不平	龙骨不干燥 毛地板不干燥 地板背槽太浅，板面过宽 用含水胶铺设 起拱、地板水泡 地板太干，含水率过低 铺设过紧 边上未留伸缩缝	木材的含水率与环境湿度密切相关。室内干燥木材的含水率为8%～15%，受潮后的含水率将增加几倍。所以要对进场的木地面用材测定其含水率，控制在12%为妥。否则暂停用于工程，等待干燥后，含水率符合要求时为止。钻孔、抽槽、设置透气口控制地板两面的温湿度，防止地板变形不平
缝隙过大（应≤2mm）地板含水率高于当地平衡含水率	地板太宽 铺设过紧 地板加工有大小头 铺设太松 地板在榫槽中施胶粘剂，收缩缝集中	选材要合理，操作工艺必须符合规范要求
反弹脚感太软、龙骨间距过大（应≤350mm）	地板不平，地板下有空隙 龙骨未固定牢，有空隙 地板没有在龙骨上固接 地板长度接头未固接在龙骨上 走路响声，地板没有胶、钉固定在龙骨上 地板铺完，没有养护，立刻使用 龙骨未固定牢	针对原因，加强对施工过程的检查、验收
地板榫槽间隙公差过大（应≤0.3mm）	钉子太软，握钉力不够 维护不当，扭曲变形	钉子大小和种类应与地板类型相匹配；钉子过短不易钉牢
蓝变（黑变）	地面水气，铁质材料与木材接触 复合地板长期在水中浸泡 胶粘剂质量不好	查明地面水气来源，待地面干燥后，方能铺面板
裂纹	地板靠门口、窗口受阳光暴晒 地板含水率过高	控制地板在铺设前，木材的含水率≤15%

常见问题	原因分析	控制及处理方法
色差	木材边芯材，允许存在，不影响使用，铺设时未注意调配，应使缓慢过渡	加强操作时的选材
虫蛀	地板下没有放防虫防蛀剂地面不干燥环境维护清洁不好	铺设面板前，先在板下放置防虫防蛀剂或袋装花椒，对防蛀十分有效

4. 网络地板

网络地板是一种新型的楼面建筑材料，是为方便现代化办公楼面、办公房间的网络线路扩充而设计的一种地面装饰方法。解决了传统楼面、墙面内预埋布线的问题。适应了智能化楼宇中信息化技术对所处环境的特定要求，使得各项操作系统和控制系统有效联系在一起，办公自动化高，场所更加舒适、整洁、美观、高效、便利、灵活。

网络地板由地板、支座、防震垫、螺钉组成。地板放置在带有防震垫的支座上，螺钉穿过地板周围的角锁孔直接在支座上。支座为镀锌及铸铝合金结构，高度可调并能自锁。地板采用优质合金冷轧钢板，内腔填充发泡水泥填料，四周带有锁孔。

网络地板产品特点：全钢结构、产品自重小、承载能力和冲击性能强；表面静电喷塑，柔光、耐磨、防水、防火、防尘、防腐蚀、使用寿命长；尺寸精度高、互换性好、组装灵活、维修方便、重复利用率高；出线口模具成型，配线容易，地插座安装更方便。

质量控制要点：

(1) 技术准备：包括施工前网络地板规格、型号、颜色已经设计单位认可；检验材料的质量和出厂合格证齐全，进行材料报验；施工前认真审核图纸，编制可行性施工方案；实行样板示范制度，施工前先做样板间，经监理、总包确认后，方可大面积施工。所有地面架空网络地板的施工标准不得低于样板间的质量标准。对施工操作人员进行安全技术交底。

(2) 材料准备：包括材料部门要根据现场计划提前做好材料

的进场准备工作，做到及时进场；网络地板本体、支架配件、胶粘剂等材料，每批材料进场前有合格证，材料部门应提前报验，并提供材料质量证明文件，国家法定机构出具的性能检验报告、环保检测报告等。

（3）按工艺流程组织施工：场地清理→按业主方要求或图纸要求放样→水平校正竖立支架→水准仪扫平检验→固定支架→铺设地板→调整缝间间隙→地板与地板平直→清理→验收交付。

（4）测量、核实建筑物面积，确认与蓝图符合。若不符合，则勿施工，先联络业主或总包，说明不符合处。

（5）确认楼面所有区域高度变化，以利于地板的铺设。可用水平仪测定。同时确认现有固定结构物混凝土高度变化，门槛、电梯厅或地板必须配合某些区域的高度，确定特殊地板高度与配合基座组成的安装，使地板有适当之水平面。在现场条件不能使地板水平安装或不能配合所有结构要求时，不要贸然施工，以免施工后影响工程品质。

（6）建立起始点（活动地板模板），再用墨斗线划出两条垂直底线（即 X 方向、Y 方向），以确定起始点的方正，另沿垂直线按 500mm×500mm（网络地板）、600mm×600mm（防静电地板）分派基座。

（7）开始铺设地板，沿底线安装四块地板，再一次确认楼面与基座和面板垂直于底线。若不垂直，须先调整好，否则将会使排列失控而必须重新开始。结果此时有任何不平的地板，必须调校。

（8）当铺设的活动地板不符合模数时，其不足部分可根据实际尺寸将板面切割后镶补，并配装相应的可调支撑和横梁。每一种收边地板在地板的墙壁、柱子或其他端面处的切割都视为个别的状况，地板必须先测量好，使得切割好的地板能与墙面紧密接合，且与墙面之间的间隙必须在 2.5mm 之内，切割地板不可太紧，以致用力安装；切割地板必须与其他地板一致，且有相近的公差，铺设时亦不必用力；地板需不规则切割以配合柱子或圆管等。圆弧墙面收边时，必须精确测量且必须切至外观可接受为止。确认所有的切割地板都是以基座适当固定（如有需要可多用额外的基座）且保持水平、平整和排列整齐。

（9）质量验收标准：

1）表面应平整，用 2m 直尺检查时，其允许空隙不应大于 2mm。

2）相邻板块间隙不应大于 0.3mm；相邻板块间的不平度不应大于 0.4mm；板块与四周墙面间的缝隙不应大于 3mm。

3）板块间的板缝直线度不应大于 0.5‰。

4）地板面层应排列整齐，行走时应无声响、摆动。

常见质量问题的处理：

网络地板常见质量问题和控制及处理方法见表 6-16。

网络地板常见质量问题和控制及处理方法　　表 6-16

常见问题	原因分析	控制及处理方法
区域安装后整体板面平整度超过规范标准	（1）结构层找平时平整度未能掌握好 （2）安装网络地板时支承螺钉高度未能调节好 （3）安装地板过程中未能及时使用靠尺测量和校正平整度	控制方法就是将"未能"变为"能"；当发生问题后，将不合格部位返工整改
地板安装后在行走时有声响、摆动	发生声响和摆动的地板其支承螺钉未能拧紧	返工整改，拧紧螺钉
强、弱电插口与地板面结合不紧密	安装不规范或材料质量不合格	返工整改
同一区域或房间内板面切割后镶补数量太多，使地板材料损耗过大	对每一区域或每一房间在安装前应事前按区域或房间面积大小和地板模数进行规划，使地板切割后镶补数量减至最小	对相同面积的区域或房间先做样板，可通过样板调节切割地板数量

（二）一般抹灰工程

质量控制要点：

（1）清理基层表面，凿剔突出部分，堵塞施工孔洞，并洒水湿润一遍，使抹灰层同基体粘结牢固。

（2）对于墙面，应先做标筋，然后再抹灰。抹灰较厚的部位应分层施抹，以免因一次抹灰过厚而干缩开裂。

（3）室内墙面、柱面和门洞的阳角，宜用 1：2.5 水泥砂浆做护角，其高度不应低于 2m，每侧宽度不小于 50cm。

（4）厕所、天沟等凡有泛水需要的地面抹灰应做成倾向出水口 0.5％的泛水坡度。

（5）一般抹灰新规范按质量要求分为普通和高级。高级抹灰施工，阴阳角要找方，设置标筋，分层赶平、修整，表面压光。

（6）抹灰砂浆的配合比和稠度等，应经试验室试验合格后，方可使用。掺有水泥拌制的砂浆，应控制在初凝前用完。砂浆中掺用外加剂时，其掺入量应由试验确定。

（7）抹灰工程的砂浆等级应符合设计要求。水泥砂浆的抹灰层应在湿润的条件下养护。

（8）面层砂眼、裂纹、裂缝应用铁抹子压实抹光。凡面层灰浆要压光的，应在灰浆初凝后及时进行。

（9）抹灰工程应预先做样板样品或标准间，经建设、设计、监理、施工等有关单位认可后方能施工。

（10）质量标准：不得有爆灰、裂缝、脱层、空鼓等现象；要求做到表面平直光滑，接槎平整，灰线清晰顺直。

常见质量问题的处理：

一般抹灰工程常见质量问题和控制及处理方法见表 6-17。

一般抹灰工程常见质量问题和控制及处理方法　　表 6-17

常见质量问题	原因分析	控制及处理方法
空鼓、裂缝	基层处理不好，一次抹灰太厚或各层抹灰间隔时间太短，夏季施工砂浆失水过快，冬期施工受冻	抹灰前基层应清理干净，提前浇水润湿；混凝土基层应用界面剂处理；外墙粉刷设置分格可防裂；夏季应避免在日光暴晒下抹灰

常见质量问题	原因分析	控制及处理方法
外墙抹灰在接槎处有明显抹纹，色泽不匀	墙面没有分格或分格太大；留槎位置不正确；罩面灰压光不当；砂浆原材料不一致	注意接槎部位操作，避免发生高低不平、色泽不一的现象；接槎应留在分格条处或阴阳角、水落管处；罩面灰宜做成毛面，不宜抹成光面
雨水污染墙面	在窗台、雨篷、阳台、压顶、突出腰线等部位没有做好流水坡度或未做滴水线槽	在上述部位抹灰时，应做好流水坡度和滴水槽。槽深10mm，上宽7mm，下宽10mm，距外表面不少于20mm。窗框下缝隙应填充，抹灰面应低于窗框下10mm，铝窗在框下出槽后打密封胶
内墙体与门窗框交接处抹灰层空鼓、裂缝、脱落	基层处理不当；操作不当；预埋木砖（件）位置不当，数量不足；砂浆品种选择不当	交接处宜钉钢丝网；门洞每侧墙体内木砖不少于三块；门、窗框塞缝宜用混合砂浆分层填嵌；在加气混凝土墙体内钻深100mm，孔直径40mm，再用同径木塞沾108胶后打入孔内，每侧四处
墙面起泡、开花或有抹纹	起泡因罩面后砂浆未收水就开始压光；开花因石灰继续熟化；有抹纹因底灰干燥，罩面灰失水快，压光时出抹纹	收水后压光；石灰熟化期不少于30d；已开花墙面待熟化完成后，挖去开花粒重新刮腻子后喷浆。底层过干应浇水润湿，再薄刷一层水泥浆后罩面
墙裙、踢脚线、水泥砂浆空鼓、裂缝	基层未处理；当天打底，当天抹找平层；没有分层施工；压光面层时间掌握不准	基层应清除干净，并经界面处理；底层砂浆未终凝前不准抹下一层灰；面层未收水不准搓压；应分层抹灰
抹灰面不平、阴阳角不垂直、不方正	抹灰前挂线、做灰饼和冲筋不认真，或冲的筋不交圈或阴阳角处不冲筋、不顺杠、不找规矩而造成	用打磨方式纠正，偏差过大者，应返工
管道埋设处后抹灰不平、不光、空裂	抹灰前，基层未清理、润湿，抹灰时未用水泥砂浆填塞、压实、抹平	采取局部修补或返工

（三）铝合金（塑钢）门窗工程

质量控制要点：

（1）制作

1）制作前对铝材的质保书，结构胶、密封胶的质保书进行检查，并抽检铝材的规格、型号是否符合设计和规范要求，型材的表面处理、厚度是否达到规定要求。结构胶的相容性试验、密封胶的气密性和水密性试验。

2）制作时检查各种杆件截面是否符合设计要求，拼接用的角铝大小，是否满足螺钉距要求，螺钉是否采用不锈钢。

3）制成后，检查成品的几何尺寸、方正度、相邻两个杆件的平整度和缝隙是否符合规范要求。

4）打胶时，应保证设计要求的宽度和厚度，打胶后要有一定的保养期。打胶应在净化的环境中进行。

5）对所用玻璃检查其质保书，对有裂缝、掉角的玻璃严禁使用；同时检查玻璃表面平整度是否符合要求，边缘是否已经磨边、倒棱、倒角处理。

6）对所选用的零附件及固定件，除不锈钢外，均应经防腐蚀处理。

（2）安装

1）门、窗框安装时应检查其垂直度和水平度。

2）门、窗框的固定应按规范要求设置锚固件（采用焊接、膨胀螺栓或射钉，但砖墙上严禁用射钉固定）。

3）门、窗框安装后框与窗洞之间的缝隙（1.5～2cm）可采用 PU 发泡剂或软质填塞物（矿棉条或玻璃棉毡条）分层填塞，填塞时要求内外饱满。门、窗框外侧缝隙外表留 5～8mm 深的槽口，后填嵌密封胶，门、窗框内侧用水泥砂浆粉封。

4）对安装后的铝合金门、窗，应进行清洁处理，并采取保护措施。

5）安装后的窗扇应开启灵活，无倒翘、阻滞及反弹现象。五金配件应齐全，位置正确。关闭后密封条应处于压缩状态。

6）检查防雷系统是否符合规范要求，敷设后，应进行测试，其电阻值不应大于 1Ω。

7）检查防火系统是否符合规范要求，防火板是否锚固，防火材料是否敷设密实，缝隙是否用防火密封胶封闭。

8）安装后工程质量的允许偏差应符合规范规定。

常见质量问题的处理：

铝合金门、窗工程常见质量问题和控制及处理方法见表 6-18。

铝合金门窗工程常见质量问题和控制及处理方法 表 6-18

常见质量问题	原因分析	控制与处理方法
断面偏小、壁薄、阳极氧化膜以薄代厚	为了降低成本，压价竞争；没有严格按国标检验分级	加工前对型材按设计要求严格验收，壁厚小于 1.2mm 不得使用；其附件应采用不锈钢制品
框、扇装配间隙偏大；接缝不严；表面不平；碰伤、划痕多	操作不熟练；工艺装备差，现场加工条件差；产品检测手段不全；缺乏对产品的保护措施	加强技术培训，工人持证上岗；改进工艺设备；加强全面质量管理；增加产品保护措施
门窗表面出现铝屑、毛刺、油污或其他污迹	工作场地不干净，裁割后未及时清理，设备漏油玷污工件	加强管理，各道工序工完场清，拼装时引起的污染应及时清理
铝材色差	使用不同批或不同厂生产的铝材；或使用不同等级氧化膜的型材	选购型材，最好是同厂、同批料，一次备足；下料前，注意配料配色
外门外窗框外侧未留嵌缝密封胶槽口	图纸交底不清或缺乏施工经验	门窗套粉刷时，应在门窗框外侧嵌条，留出 5～8mm 深的槽口，槽口内用密封胶嵌填密封
门窗框内侧未用水泥砂浆嵌缝	未认真阅读图纸，凭经验按常规施工	门窗外框四周应为弹性连接，至少应填充 20mm 厚的保温软质材料；粉刷门窗套时，框的内侧应留槽口，后用水泥砂浆填平、压实
组装门窗的明螺丝未处理	未按设计要求处理或遗漏	应尽可能不用或少用明螺丝组装，否则应用同样颜色的密封材料填埋密封

常见质量问题	原因分析	控制与处理方法
带形组合门窗之间产生裂缝	组合处搭接长度不足，在受到温度影响及建筑结构变化时，产生裂缝	横向及竖向带形门窗之间组合杆件必须同相邻门窗套插、搭接，形成曲面组合，其搭接量应大于8mm，并用密封胶密封
门窗框铁脚用射钉锚固于砖砌体上	施工人员失误或设计交底不清	若用射钉锚固，必须在墙体内留置混凝土块；或改用膨胀螺栓锚固在砖砌体内
外墙推拉窗槽口积水，发生渗水	槽口内未钻排水孔	下框外框的轨道端部应钻排水孔；横竖框相交丝缝注硅酮胶封严；下框与窗洞口间隙一般不少于50mm，使窗台能放流水坡，切忌密封胶掩蔽框边
灰浆玷污门窗框	门窗框保护带被撕掉；粉刷时又未采取遮掩措施	采用保护带；粉刷时遮掩；及时用软质布抹除玷污
门窗框弯曲，门窗扇翘曲	(1) 框、扇料断面小，型材厚度薄，刚度不够 (2) 型材质量本身不符合标准 (3) 窗扇构造节点不坚固，平面刚度差	(1) 框扇料断面应符合要求，壁厚不得少于1.2mm (2) 型材质量应符合《铝合金建筑型材》GB 5237和《变形铝及铝合金化学成分》GB/T 3190—2008的规定 (3) 窗扇四角连接构造必须坚固，一般做法为：上下横插入边、梃内通过转角连接件和固定螺钉连接，或采用自攻螺钉与紧固槽孔机械连接等形式
门窗框松动，四周边嵌填材料不正确	(1) 安装锚固铁脚间距过大 (2) 锚固铁脚用料过小 (3) 锚固方法不正确	(1) 锚固铁脚间距不得大于500mm，四周离边角180mm，锁位上必须设连接件，连接件应伸出铝框并锚固于墙体 (2) 锚固铁脚连接件应采用镀锌的金属件，其厚度不小于1.5mm，宽度不小于25mm，铝门框埋入地面以下应为20~50mm (3) 当墙体为混凝土时，则门窗框的连结件与墙体固定。当为砖墙时，框四周连接件端部开叉，用高强度水泥砂浆嵌入墙体内，埋入深度不小于50mm，离墙体边大于50mm

续表

常见质量问题	原因分析	控制与处理方法
门窗框松动，四周边嵌填材料不正确	（4）四周边不应嵌填水泥砂浆	（4）门窗外框与墙体之间应为弹性连接，至少应填充 20mm 厚的保温软质材料，如用泡沫塑料条或聚氨酯发泡剂等，以免结露
门窗开启不灵活	（1）推拉窗轨道变形，窗框下冒头弯曲，高低不顺直，顶部无限位装置，滑轮错位或轧死不转 （2）窗铰松动，滑槽变形，滑块脱落 （3）门窗扇节点构造不牢固，平面刚度差	（1）推拉窗轨道不直应予更换，窗框下冒头应校正后方能安装，窗扇左右两侧顶角要有防止脱轨跳槽的装置，限位装置应使窗扇抬高或推拉时不脱轨，使窗框与窗扇配合恰当，滑轮组件调整在一直线上，做到轮子滚动灵活 （2）滑撑应保持上下一条垂直线，连接牢固；滑槽变形、滑块脱落均进行修复或重新更换，合页平开门，画线、开槽要准确，连接牢固，合页轴保持在同一垂直线上，铝框嵌玻璃门可采用三个合页 （3）门窗扇四角的节点连接必须坚固，平面稳定不晃动
渗水，密封质量不好	（1）密封不好，构造处理不妥，未按设计要求选择密封材料 （2）窗框与饰面交接处勾缝不密实，窗框四周与结构间有缝隙 （3）窗台泛水坡度反坡，窗框内积水 （4）施工中橡胶条脱落	（1）在窗中横框处应装挡水板，横竖框的相交部位，应注上硅酮密封胶，外露螺丝头也应在其上面注一层密封胶；按设计要求选择密封材料 （2）框与饰面交接处不密实部位注一层硅酮密封胶，安窗框时，窗框与结构间的间隙应填塞密实 （3）窗台泛水坡度反坡应重新修理。为使窗框内积水尽快排除，可在封边及轨道的端部 50mm 处钻 3mm×8mm 的椭圆形小孔，通过小孔将水排向室外 （4）施工中脱落的橡胶条应及时补上，用橡胶条密封的窗扇应在转角部位注胶，使其粘结，窗外侧的密封材料宜使用整体的硅酮密封胶

塑钢门窗工程常见的质量问题和控制及处理方法　表 6-19

常见问题	原因分析	控制与处理方法
门窗框松动，四周边嵌填材料不正确	(1) 固定方法和固定措施不适当 (2) 不了解塑钢门窗性能，门窗框与墙体之间缝隙填硬质材料或使用腐蚀性材料	(1) 门窗应预留洞口，框边的固定片位置距离角、中竖框、中横框 150～200mm，固定片之间距离小于或等于 600mm，固定片的安装位置应与铰链位置一致。门窗框周边与墙体连接件用的螺钉需要穿过衬加的增强型材，以保证门窗的整体稳定性 (2) 框与混凝土洞口应采用电锤在墙上打孔装入尼龙膨胀管，当门窗安装校正后，用木螺丝将镀锌连接件固定在膨胀管内，或采用射钉固定 (3) 当门窗框周边是砖墙或轻质墙时，砌墙时可砌入混凝土预制块以便与连接件连接 (4) 当墙体为混凝土时，则门窗框的连结件与墙体固定。当为砖墙时，框四周连接件端部开叉，用高强度水泥砂浆嵌入墙体内，埋入深度不小于 50mm，离墙体边大于 50mm (5) 门窗外框与墙体之间应为弹性连接，至少应填充 20mm 厚的保温软质材料，如用泡沫塑料条或聚氨酯发泡剂等，以免结露。推广使用聚氨酯发泡剂填充料（但不得含有沥青的软质材料，以免 PVC 腐蚀）
门窗框外形不符合要求	(1) 原材料配方不良 (2) 增强骨料用量不符合标准 (3) 角部焊接不牢固、不平整 (4) 存放不当	(1) 门窗采用的异型材、原材料应符合《门、窗用未增塑聚氯乙烯（PVC-U）型材》（GB/T 8814—2004）等有关国家标准的规定 (2) 衬钢材料断面及壁厚应符合设计规定（型材壁厚不低于 1.2mm），衬钢应与 PVC 型材配合，以达到共同组合受力目的，每根构件装配螺钉数量不少于 3 个，其间距不超过 500mm (3) 四个角应在自动焊机上进行焊接，准确掌握焊接参数和焊接技术，保证节点强度达到要求，做到平整、光洁、不翘曲 (4) 门窗存放时应立放，与地面夹角大于 70°，距热源应不少于 1m，环境温度低于 50℃，每扇门窗应用非金属软质材料隔开
门窗开启不灵活	(1) 摩擦铰链连接件未连接到衬钢上 (2) 门窗扇高度、宽度太大	(1) 铰链的连接件应穿过 PVC 腔壁，并要同增强型材连接 (2) 窗扇高度、宽度不能超过摩擦铰链所能承受的重量

续表

常见问题	原因分析	控制与处理方法
门窗开启不灵活	（3）门窗框料变形、倾斜	（3）门窗框料抄平对中，校正好后用木楔固定，当框与墙体连接牢固后应再次吊线及对角线检查，符合要求后才能进行门窗扇安装
雨水渗漏	（1）密封条质量差，安装质量不符合要求 （2）玻璃薄，造成密封条镶嵌不密实 （3）窗扇上未设排水孔，窗台倒泛水 （4）框与墙体缝隙未处理好	（1）密封条质量应符合《塑料门窗用密封条》GB 12002 的有关规定，密封条的装配用小压轮直接嵌入槽中，使用无"抗回缩"的密封条应放宽尺寸，以保证不缩回 （2）玻璃进场应加强检查，不合格者不得使用 （3）窗框上设有排水孔，同时窗扇上也应设排水孔，窗台处应留有 50mm 空隙，向外作排水坡 （4）产品进场必须检查抗风压、空气渗透、雨水渗漏三项性能指标，合格后方可安装 （5）框与墙体缝隙应用聚氨酯发泡剂嵌填，以形成弹性连接并嵌填密实

（四）木门窗工程

质量监理要点：

1）木门窗套的制作安装

① 在门窗框固定后，即可开始木门套饰面施工。检查木筒子板的门洞口是否方正垂直，预埋的木砖或连接铁件是否齐全，位置是否正确，如发现问题，必须修理或校正。

② 制作安装木龙骨，根据设计要求和门洞口实际尺寸，先用木方制成龙骨架。一般骨架分三片，洞口上部一片，两侧各一片，每片一般为两根立杆，当筒子板宽度大于 500mm 需要拼缝时，中间应适当增加立杆。横撑间距根据筒子板的厚度决定，横撑位置必须与预埋件位置对应。木龙骨架安装必须平整牢固。木龙骨刷防潮剂两道，进行防腐处理。

③ 饰面板封钉，在完成门套木龙骨安装及墙面抹灰，并完成地面湿作业后，即可安装饰面板。按门窗套木龙骨尺寸裁切饰面板，两端刨成 45°角。安装时一般先钉横向，后钉竖向，钉长视板厚度而定，钉帽应砸扁，顺木纹冲入板表面 1~3mm。

2）木门窗安装

① 门窗扇安装前检查其型号、规格、质量是否符合设计要求，如发现问题，及时进行更换。

② 安装双扇木门窗时，必须使左右扇的上、中、下冒头平齐，门窗扇四周和中缝的间隙应符合规定。

③ 安装前先量好门框的高低、宽窄尺寸，然后在相应的扇边上画出高低宽窄的线，双扇门窗要打叠，先在中间缝外画出中线，再画出边线，并保证梃宽一致。

④ 将扇放入框中安装合格后，在框上按铰链大小画线，并剔出铰链槽，槽深一定要与铰链厚度相适应，槽底要平。安装好的门窗扇，必须开关灵活、稳定，不得回弹和反翘，门窗扇梃面与外框梃面应相平。

常见质量问题的处理：

木门窗工程常见质量问题和控制及处理方法见表 6-20。

木门窗工程常见的质量问题和控制及处理方法　　表 6-20

常见问题	原因分析	控制与处理方法
木门窗框变形，木门窗扇翘曲	（1）木材含水率超过了规定数值 （2）选材不当，断面小，而门窗扇尺寸过高、过宽，造成刚度不足 （3）制作质量低劣，下料不方正、打眼偏斜，榫肩不方，榫眼结合松弛 （4）制品成形后未及时刷底子油，堆放时底部也未垫平；或日晒、雨淋发生胀缩变形	（1）用含水率达到规定数值的木材制作 （2）选用树种一般为一、二级杉木、红松，掌握木材的变形规律，合理下锯，不用易变形的木材，对于较长的门框边梃，选用锯割料中靠心材部位。对于较高、较宽的门窗扇，设计时应适当加大断面 （3）门框边梃、上槛料较宽时，靠墙面边应推凹槽以减少反翘，其边梃的翘曲应将凸面向外，靠墙顶住，使其无法再变形。对于有中贯档、下槛牵制的门框边梃，其翘曲方向应与成品同在一个平面内，以便牵制其变形 （4）提高门窗扇制作质量，刮料要方正，打眼不偏斜，榫头肩膀要方正，拼装台要平正，拼装时掌握其偏扭情况，加木楔校正，做到不翘曲，当门窗扇偏差在 3mm 以内时可在现场修整 （5）门窗料进场后应及时涂上底子油，安装后应及时涂上油漆，门窗成品堆放时，应使底面支承在一个平面内，表面要覆盖防雨布，防止发生再次变形

常见问题	原因分析	控制与处理方法
木门窗框松动	(1) 预留木砖间距过大 (2) 预留门窗洞口过大 (3) 门窗口塞灰不平	(1) 木砖的数量应按图纸规定设置，第一块离地面240mm，以上间隔800mm埋设，半砖墙或轻质墙应用混凝土内嵌木砖，制作门窗框上冒头应伸出边梃，加强门窗框同墙体连接 (2) 对于较大木门，应砌入混凝土预制块（预制块内预埋叉铁件），保证安装木门后不松动 (3) 门窗洞口每边空隙不应超过20mm，若超过20mm时，连结钉子相应要加长，门框与木砖结合时，每一木砖要钉2个钉子，上下要错开，并保证钉子钉进木砖至少50mm (4) 门框与洞口之间缝隙超过30mm时应灌细石混凝土，不足30mm应分层填塞干硬性砂浆，前次砂浆硬化后再塞第二次，以免收缩过大 (5) 木砖松动或间距过大，应补埋后方能装门窗框
门窗扇开关不灵，扇下坠	(1) 门扇上下合页的轴不在一条直线上，致使开关费力 (2) 合页的一边门框、立梃倾斜 (3) 合页在框扇上装得不标准，合页选得较小，木螺丝安装倾斜、松动 (4) 门窗扇过高、过宽，用料断面过小，刚度不足，也会引起下垂 (5) 制作质量低劣，榫头过窄，榫眼过宽，榫眼结合松弛而下垂	(1) 保证合页的进出、深浅一致，使上下合页保持在一条垂直轴线上 (2) 框主梃应垂直，扇应方正，若有偏差应修整后再安装 (3) 根据缝隙大小及合页的厚度剔槽，里口比外口要深，剔出的面要平直，合页放在槽上，应保证无缝隙，做到里深外平，符合要求。应根据门扇大小选择合适的合页，门扇较高或重的可采用三个合页；木螺丝大小应选择合适，安装要垂直和拧紧。在修刨扇时，不装合页的——边少修刨，控制在1mm以内，让扇稍有挑头，留有下坠的余量 (4) 较宽的门、窗扇，设计时应适当加大冒头宽度，提高刚度，避免下垂。一般情况，平开窗扇宽度宜小于或等于550mm，门扇宽度宜小于或等于900mm (5) 提高门窗扇的制作质量，榫眼要方正，尺寸恰当，结合严密，拼装时榫眼内和榫头上应满涂胶涂均匀，结合牢固

（五）幕墙工程

（1）石材幕墙

质量监理要点：

1）原材料质量的检测

① 板材厚度的检测。实测板材厚度，按合格品验收，当板

厚＞12mm 时，板厚允许偏差（镜面）±2.0mm。

② 板材物理力学性能检测。检测项目：干燥压缩强度；干燥弯曲强度（规范要求不应小于 8MPa）；吸水率（规范要求应小于 0.8%）。检测结果应符合《天然花岗石建筑板材》GB/T 18601—2009 的技术要求。

③ 板材放射性指标检测。检测项目：内照射指数；外照射指数。检测结果应符合《民用建筑工程室内环境污染控制规范》GB 50325—2010 标准规定。

④ 立柱方钢的检测。检测项目：抗拉强度；弯曲试验；断后伸长率。

⑤ 横梁角钢的检测。检测项目：抗拉强度；弯曲试验；断后伸长率；下屈服强度。

⑥ 化学锚栓的检测。检测项目为：抗剪（单面抗剪力）检测，原位抗拔检测。

⑦ 硅酮无污染石材胶（用于石材缝隙中打胶）的检测。

2）进行隐蔽工程验收

① 立面分格尺寸放线工序质量报验。质量要求：放线分格尺寸，1540mm≥宽度≥540mm，允许偏差±1.0mm；放线垂直度，高度＜90m，允许偏差 20mm；抽检数为该立面的 5%。

② 后置埋件质量验收。质量要求：所用材料规格、数量、焊接质量及防腐处理必须符合设计要求；后置件水平偏差不应大于±10mm，垂直允许偏差±20mm，抽检数为该立面的 5%，后置埋件数量应符合设计要求。

③ 构件连接节点（含：立柱与主体连接；立柱与立柱连接；横梁与立柱连接）验收。质量要求：确保节点牢固、可靠，连接方法、焊接质量和防腐处理必须符合设计和规范要求。

④ 防雷接地装置验收。应根据外装幕墙设计图纸要求：幕墙的防雷接地装置需自成体系。用 50mm×4mm 的扁钢作为均压环（防雷带），在建筑物的高度方向每隔三层楼（并不大于 20m）和长度方向每隔 18m 设置引下线，同一平面引下线不少

于 2 根。扁钢与立梃按设计要求进行连接。所有幕墙防雷装置均与土建结构防雷装置连通，上接屋面防雷网，下接土建结构接地线。幕墙防雷装置经电阻测试，电阻值应小于 1Ω。

⑤ 对保温隔热层的验收。根据外墙保温设计要求，在外幕墙立柱安装验收后，在立柱间填塞 30mm 厚的挤塑聚苯板（XPS）保温板。保温板的质量需要进行复试。

3）幕墙构件的安装验收

① 立柱安装允许偏差（mm）：

构件整体垂直度 $h < 90m$，偏差≤20；

立柱安装标高偏差≤3；

轴线前后偏差≤2，左右偏差≤3；

相邻两立柱标高偏差≤3；

同层立柱最大标高偏差≤5；

相邻两立柱间距偏差≤2。

② 横梁安装允许偏差（mm）：

相邻两横梁水平标高偏差≤1；

同层标高偏差：幕墙高度小于等于 35m 时≤5；幕墙高度大于 35m 时≤7。

③ 分格框对角线允许偏差（mm）：

对角线长度不大于 2000mm 时≤3；

对角线长度大于 2000mm 时≤3.5。

4）石材幕墙的质量验收

① 石材幕墙表面应平整、洁净，无污染、缺损和裂痕。颜色和花纹应协调一致，无明显色差，无明显修痕。

② 石材幕墙的压条应平直、洁净、接口严密、安装牢固。

③ 石材接缝应横平竖直、宽窄均匀；阴阳角石板压向应正确，板边合缝应顺直；凹凸线出墙厚度应一致，上下口应平直；石材面板上洞口、槽边应套割吻合，边缘应整齐。

④ 石材幕墙的密封胶缝应横平竖直、深浅一致、宽窄均匀、光滑顺直。

⑤ 石材幕墙的滴水线、流水坡向应正确、顺直。

⑥ 每平方米石材表面的裂痕、划伤、擦伤的大小应不大于规范的允许范围。

⑦ 石材幕墙安装的误差应在规范允许的范围内。

常见质量问题的处理：

石材幕墙工程常见质量问题和控制及处理方法见表 6-21。

石材幕墙工程常见的质量问题和控制及处理方法　表 6-21

常见问题	原因分析	控制与处理方法
石材幕墙钢立梃与接插件间不能紧配合	石材幕墙钢立梃是分节安装的，每节上端与基层固定，下端通过接插件插入下节钢立梃内，以便自由伸缩。接插件型号与钢立梃型号不匹配时，就不能紧密配合，有摇动之感	采用不锈钢螺栓配件加垫片固定
固定钢立梃用的后置件涂锌层被破坏	因钢立梃与后置件焊接时，破坏了涂锌层	对焊缝处理后，刷二道防锈漆，再刷二道银粉漆
石材干挂后有色差	没有采用同一大面用的石材，要求在同一批方料中一次性下料的办法	要求承包商进行调换；选用人造石材
干挂后个别石板平整度差、缝隙小	操作工不熟练	平整度可个别调整、缝小能调整的可调，不能调整者请石料供应商开缝
石材干挂后发现个别板上缺角、掉棱	操作过程中碰坏	由承包商调制与石料相同的色料到现场修补
立梃后置件用的锚栓其抗拔试验数量不满足规范要求	工程承包商少支试验费，没有按规范要求取样测试	拆除干挂石材，露出后置件后对其锚栓进行非破损性抗拔试验，以达到规范要求

（2）玻璃幕墙

质量监理要点：

1）原材料、半成品和成品的检测

① 铝合金型材

对铝型材的检验重点为查看厂家的生产许可证、出厂合格证、质量保证书及物理性能报告；外观主要检查型材是否变形、氧化膜厚及材料的壁厚是否满足设计要求。

② 玻璃组件（中空玻璃，规格：6＋9＋6）

对玻璃的检验重点为查看厂家的生产许可证、合格证、质保书；颜色是否一致，有无钢化，有无磨边，有无变形，有无气泡。对组件加工厂的考查重点为打胶是否在恒温、无尘的空调房内进行，是否用双组分注胶机，各加工流程是否合格。

③ 建筑用硅酮结构密封胶（用于胶结中空玻璃和玻璃副框）

对结构胶和耐候胶的检验重点为相容性试验报告、抗老化性能报告、质保书、商检证、销售许可证、有效期。

④ 硅酮耐候密封胶（用于玻璃幕墙中密封玻璃块间缝隙）。

⑤ "四性"试验，空气渗透性 q_0（$m^3/m \cdot h$）、雨水渗透性 ΔP（Pa）、风压变形性 P_3（Pa）、平面内变形 Γ（mm）试验（用于测试玻璃幕墙合格性指标）。

⑥ 其他性能测试。

保温性能、隔声性能、耐撞击性能、抗震性能、防雷性能、防火性能等。

2）进行隐蔽工程验收

① 立面放线质量验收。抽检数为该立面的 5%。

② 后置埋件质量验收。质量要求：所用材料规格、数量、焊接质量及防腐处理必须符合设计要求；后置件水平偏差不应大于±10mm，垂直允许偏差±20mm，抽检数为该立面的 5%，后置埋件数量应符合设计要求，并应用化学锚栓或膨胀螺栓固定。

③ 构件连接节点（含：立柱与主体连接；立柱与立柱连接；横梁与立柱连接）验收。质量要求：确保节点牢固、可靠，连接方法、焊接质量和防腐处理必须符合设计和规范要求。

④ 防雷接地装置验收。应根据外装幕墙设计图纸要求：幕墙防雷装置均与土建结构防雷装置连通，上接屋面防雷网，下接土建结构接地线。幕墙防雷装置经电阻测试，电阻值应小于1Ω。

⑤ 防火层的验收。根据设计要求，在每层楼板与玻璃幕墙间

应填塞防火岩棉，防火岩棉安放于镀锌钢板上，镀锌钢板固定于横向型材及土建结构的边缘上。即：防火岩棉底部安放在楼层结构外梁侧面下口的焊接钢板上，防火棉上部与楼板面齐平位置还要焊盖钢板，可采用 100mm 厚防火岩棉与 1.5mm 厚镀锌铁板制成防火隔断，通长铺设，可以安全可靠地阻止烟火的层间扩散。

3）玻璃幕墙构件安装的验收

① 立柱安装允许偏差（mm）：

构件整体垂直度 h ＜90m，偏差≤20；

立柱安装标高偏差≤3；

轴线前后偏差≤2，左右偏差≤3；

相邻两立柱标高偏差≤3；

同层立柱最大标高偏差≤5；

相邻两立柱间距偏差≤2。

② 横梁安装允许偏差（mm）：

相邻两横梁水平标高偏差≤1；

同层标高偏差：幕墙高度小于等于 35m 时≤5；幕墙高度大于 35m 时≤7。

③ 分格框对角线允许偏差（mm）：

对角线长度不大于 2000mm 时≤3；

对角线长度大于 2000mm 时≤3.5。

4）玻璃幕墙安装质量的验收

① 明框玻璃幕墙

安装质量的检验指标：

a. 玻璃与构件槽口的配合尺寸应符合设计及规范的要求，玻璃的嵌入量不得小于 15mm。

b. 每块玻璃下部应设不少于两块弹性定位垫块，垫块的宽度与槽口的宽度应相同，长度不应小于 100mm，厚度不应小于 5mm。

c. 橡胶条镶嵌应平整、密实，橡胶条长度宜比边框内槽口长 1.5%～2.0%，其断口应留在四角；拼角处应粘结牢固。

d. 不得采用自攻螺钉固定承受水平荷载的玻璃压条。压条的固定方式、固定点数量应符合设计要求。

拼缝质量的检验指标：

a. 金属装饰压板应符合设计要求，表面应平整，色彩应一致，不得有变形、波纹和凹凸不平，接缝应均匀严密。

b. 明框拼缝外露框料或压板应横平竖直，线条通顺，并应满足设计要求。

c. 当压板有防水要求时，必须满足设计要求；排水孔的形状、位置、数量应符合设计要求，且排水通畅。

② 隐框玻璃幕墙

安装质量的检验指标：

a. 玻璃板块组件必须安装牢固，固定点距离应符合设计要求且不宜大于 300mm，不得采用自攻螺钉固定玻璃板块。

b. 结构胶的剥离试验符合内聚性破坏；胶切开的截面颜色均匀，注胶饱满密实；注胶宽度、厚度符合设计要求，且宽度不得小于 7mm，厚度不得小于 6mm。

c. 隐框玻璃板块安装后，幕墙平面度允许偏差不应大于 2.5mm，相邻两玻璃之间的接缝高低差不应大于 1mm。

d. 隐框玻璃板块下部应设置支承玻璃的托板，厚度不应小于 2mm。

拼缝质量的检验指标：

a. 拼缝外观　横平竖直，缝宽均匀。

b. 密封胶施工质量符合规范要求，填嵌密实、均匀、光滑、无气泡。

c. 拼缝整体垂直度：$h \leqslant 30m$ 时，小于等于 10mm；$30m < h \leqslant 60m$ 时，小于等于 15mm；$60m < h \leqslant 90m$ 时，小于等于 20mm；$h > 90m$ 时，小于等于 25mm。

d. 拼缝直线度 $\leqslant 2.5mm$。

e. 缝宽度差（与设计值比）$\leqslant 2mm$。

f. 相邻板面接缝高低差 $\leqslant 1mm$。

5）玻璃幕墙外观质量的检验指标：

① 玻璃的品种、规格与色彩应符合设计要求，整幅幕墙玻璃颜色基本均匀，无明显色差；玻璃不应有析碱、发霉和镀膜脱落等现象。

② 钢化玻璃表面不得有伤痕。

③ 热反射玻璃膜面应无明显变色、脱落现象，其表面质量符合规范要求。

④ 热反射玻璃镀膜面不得暴露于室外。

⑤ 型材表面应清洁，无明显擦伤、划伤；铝合金型材及玻璃表面不应有铝屑、毛刺、油斑、脱膜及其他污垢。

⑥ 幕墙隐蔽节点的遮封装修应整齐美观。

常见质量问题的处理：

玻璃幕墙工程常见质量问题和控制及处理方法见表 6-22。

玻璃幕墙工程常见的质量问题和控制及处理方法 表 6-22

常见质量问题	原因分析	控制与处理方法
主体结构预埋件和垂直度不能满足幕墙安装条件	幕墙设计后于主体施工，预埋件位置不准；层与层间框架垂直度误差影响到幕墙立柱的垂直度	按幕墙设计要求重新设置预埋件；在确保幕墙垂直度的情况下，对立柱与楼面处的节点要重新设计加固
使用不合格的材料	铝材构件在运输、堆放、吊装过程中损坏；玻璃上有划痕；结构胶、密封胶过期；附件未作防腐处理，配件失灵	严格检查验收制度，坚持不合格的材料不能用于工程
幕墙骨架安装不规范	未做幕墙施工方案；施工人员缺乏经验；施工管理制度不严格	严格按基准定位线进行立柱安装；立柱与钢结构间采用螺栓连接，钢结构上提供椭圆形调节孔，横撑安装在立柱连接件上，并用水平仪检测其水平度；骨架安装完后，应用检测仪器对幕墙立柱、横撑进行三维定位尺寸检测，即垂直轴线、水平线、相对主体结构位置尺寸

常见质量问题	原因分析	控制与处理方法
相邻杆件接缝和平整度超规范	操作不熟练；制作工艺设备差；检测制度不健全	工人持证上岗；改进工艺设备；建立全面质量管理制度
结构胶拉拔试验不合格	结构胶的质量不合格；打胶环境净化不够；固化时温、湿度条件差	对结构胶的质量进行检测，严禁使用过期胶；设备净化打胶室或在工厂制作；确保固化温度25℃，相对湿度50%及足够的固化时间
幕墙透水	密封胶质量差；操作时填缝不严密；幕墙变形	对密封胶的质量进行检验；操作时玻璃内外打胶，并使其严密平整；对骨架每个节点进行严格检验，使其牢固不变形
幕墙产生"冷桥"	玻璃和铝材均系高导热系数、低热阻材料	设计时，考虑在玻璃内侧放热绝缘材料垫层；在金属型材中放置热绝缘材料，以阻止金属与金属接触，避免热流通过玻璃幕墙系统，以减少热量的损失

（六）吊顶工程

（1）暗龙骨吊顶工程

质量控制要点：

1）施工准备

① 吊顶龙骨安装前，应进行图纸会审，明确设计意图和工程特点；在此基础上进行现场实测，掌握房间吊顶面的实际尺寸，根据要求的安装方法，对龙骨骨架进行合理排布，绘制龙骨组装平面图；考虑到罩面板的规格及拼缝尺寸，其板缝必须落在C型（槽型）覆面龙骨底面的中心线部位；吊点间距、主次龙骨中距等尺寸关系，应符合设计规定及龙骨产品本身的使用要求。

② 认真检查吊顶的预埋情况。对于有附加荷载的重型吊顶（上人吊顶、吊挂重型灯具或设备），必须有安全可靠的吊点紧固

措施；对于预埋件（铁件）或后置件（采用射钉或膨胀螺栓）作为吊点紧固时，其承载要求必须经设计计算或试验而定。

③ 在吊顶施工前及其过程中，要做好与消防、电气、空调、供水供暖管道、土建等诸工种间的协调工作；在吊顶封板时，上述诸工种均属隐蔽工程，必须事前完成，并通过隐藏工程质量验收。

④ 检查原材料的材质、品种、规格和颜色是否符合设计要求。并按验收规定对原材料检查出厂产品合格证和抽样复试。

2）放线

在四周墙面或柱面上，以 1.00m 基准线为准，上下计算地面和顶棚的标高尺寸，在该面弹出标高控制尺寸线，并在平顶上弹出吊点排列线。弹线应清楚，位置应准确，其水平允许偏差为 5mm。

3）打眼、安装吊杆

① 复验吊杆位置线，吊杆间距应控制在 1000mm 左右；

② 吊杆距离墙边的间距不得大于 300mm；

③ 吊杆距主龙骨端部距离不得超过 300mm，当大于 300mm 时，应增加吊杆；

④ 当吊杆与设备相遇时应调整或增设吊杆；

⑤ 当吊杆长度大于 1.5m 时，应设置反支（风）撑。一般在平顶内高度 1.2～2.0m 之间，吊杆加置一隔一梅花风撑，超过 2.0m，全部吊杆加置风撑；

⑥ 复验吊杆与结构固定。上人吊顶采用 ϕ8mm 吊杆；不上人吊顶采用 ϕ6mm 吊杆；金属吊杆应经过表面防腐处理（目前较多采用 ϕ8mm 热镀锌成品螺纹杆，间距不大于 900mm）；木吊杆、龙骨应进行防腐、防火处理（贴墙面防腐处理，暴露空气中的防火处理）。

4）安装主龙骨

① 复验主龙骨布置线，主龙骨中心线间距应控制在 1000mm 左右。当罩面板为 3000mm×1200mm 幅面时，按间距 500mm 沿 3000mm 方向分割；当罩面板为 2400mm×1200mm 幅面时，按间距 480mm 沿 2400mm 方向分割；离墙第一根大龙

骨距离不超过 200mm，排到最后距墙如超过 200mm，应增加一根。灯带及顶面造型采用细木工板制作，造型顶另设吊点，灯带与大小龙骨连接。

② 边龙骨布置线按弹线固定在四周墙上，钉距小于400mm。

5）安装次龙骨

复验次龙骨的安装质量，检查是否安装牢固，扣件是否合理安装，中心间距是否符合设计或施工要求。

6）吊顶龙骨整平

主龙骨安装前应拉好标高控制线，根据标高控制线使龙骨就位。主龙骨安装后应及时校正其标高并按规范要求适当起拱，起拱高度应不小于房间短向跨度的 1/200。

7）安装石膏板

① 顶棚的轻钢龙骨和顶棚板的排列分隔，以房间中部向两边依次安装，做到对称，使顶棚布置美观整齐。石膏板的接缝应交错布置，并按设计要求进行板缝处理，通常板缝为 3mm；

② 检查吊顶封板的平整度、板缝批腻、盖缝带、钉距、嵌入深度、钉帽防锈等，必须符合规范要求；

③ 核对灯孔与龙骨的位置，严禁灯孔与主、次龙骨位置重叠；安装双层石膏板时，面层板与基层板的接缝应错开，并不得在同一根龙骨上接缝；

④ 饰面材料表面应洁净、色泽一致，不得有翘曲、裂缝及缺损，压条应平直、宽窄一致；

⑤饰面板上的灯具、烟感器、喷淋头、音乐喇叭、风口篦子等设备的位置应合理、美观，与饰面板的交接应吻合、严密；

⑥ 板与龙骨用自攻螺丝拧紧，自攻螺距不得大于 200mm，以牢固和不破坏表层纸面为原则；

⑦ 吊顶内填充吸声材料的品种和铺设厚度应符合设计要求，并应有防散落措施；

⑧ 暗龙骨吊顶工程安装的允许偏差和检查方法应符合规范

的规定。

8）作好成品保护

上述诸工种在施工过程中不得任意破坏成品，如需变动，必须经业主、监理同意，并办理相应手续后方能改变；否则有关工种必须承担经济和工期损失的责任。

常见质量问题的处理：

暗龙骨吊顶工程常见质量问题和控制及处理方法见表 6-23。

暗龙骨吊顶工程常见的质量问题和控制及处理方法 表 6-23

常见问题	原因分析	控制和处理方法
接槎明显	（1）吊杆（吊筋）与龙骨（搁栅）、主龙骨与次龙骨拼接不平整 （2）吊顶面层板材拼接不平整，或拼接处未处理就贴胶带纸（布），批腻子又没有找平，致使拼接处明显突起，形成接槎	（1）吊杆与主龙骨、主龙骨与次龙骨拼接应平整 （2）吊顶面层板材拼接也应平整，在拼接处面板边缘如无构造接口，应事先刨去 2mm 左右，以便接缝处粘贴胶带纸（布）后，接口与大面相平 （3）批刮腻子须平整，拼接缝处更应精心批刮密实、平整，打砂皮一定要到位，可将砂皮钉在木蟹上作均匀打磨，以确保其平整，消除接槎
面层裂缝	（1）木料材质差，含水率高，收缩翘曲变形大；采用轻钢龙骨或铝合金吊顶，吊杆与主、次龙骨纵横方向线条不平直，连接不紧密，受力后位移变形 （2）吊顶面板含水率偏大，或产品出厂时间较短，尚未完全稳定，面板产生收缩变形（PC 板等产品尤为严重） （3）整体紧缝平顶，拼接缝处理不当或不到位，易产生拼缝处裂缝	（1）吊杆与龙骨安装应平整，受力节点结合应严密牢固，可用砂袋等重物试吊，使其受力后不产生位移变形，方能安装面板 （2）湿度较大的空间不得用吸水率较大的石膏板等作面板；FC 板等材料应经收缩相对稳定后方能使用 （3）使用纸面石膏板时，自攻螺钉与板边或板端的距离不得小于 10mm，也不宜大于 16mm；板中螺钉的间距不得大于 200mm （4）整体紧缝平顶其板材拼缝处要统一留缝 2mm 左右，宜用弹性腻子批嵌，也可用 107 胶或木工白胶拌白水泥掺入适量石膏粉作腻子批嵌拼缝至密实，外贴拉结带纸或布条 1～2 层，拉结带宜用的确良布或编织网带，然后批平顶大面

续表

常见问题	原因分析	控制和处理方法
面层挠度大、不平整	（1）木料材质差，含水率高，收缩翘曲变形大；采用轻钢龙骨或铝合金吊顶，吊杆与主、次龙骨纵横方向线条不平直，连接不紧密，受力后位移变形 （2）吊顶施工未按规程（范）操作，事前未按基准线在四周墙面上弹出水平线，或在安装吊顶过程中没有按规范要求起拱	（1）吊杆与龙骨安装应平整，受力节点结合应严密牢固，可用砂袋等重物试吊，使其受力后不产生位移变形，方能安装面板 （2）吊顶施工应按规程操作，事先以基准线为标准，在四周墙面上弹出水平线；同时在安装吊顶过程中要做到横平、竖直，连接紧密，并按规范起拱

（2）明龙骨吊顶工程

质量控制要点：

1）施工准备

① 吊顶龙骨安装前，应进行图纸会审，明确设计意图和工程特点；在此基础上进行现场实测，掌握房间吊顶面的实际尺寸，再根据所选用的矿棉（或金属）板品种、规格和安装方法等，按设计图纸的规定对龙骨骨架进行合理排布，绘制龙骨组装平面图；绘制平面图时要精确计算纵横龙骨骨架框格尺寸，每边应分别大出矿棉（或金属）板板面尺寸 2mm，即当板块就位于 T 型龙骨框格内时，每边均有 1mm 的伸缩缝隙或称活动余量，以避免在吊顶施工过程中对龙骨过多地进行调整和割锯，尤其是避免裁割榫边板和企口边板。

② 认真检查吊顶的预埋情况。对于有附加荷载的重型吊顶（上人吊顶、吊挂重型灯具或设备），必须有安全可靠的吊点紧固措施；对于预埋件（铁件）或非预埋件（采用射钉或膨胀螺栓）作为吊点紧固时，其承载要求必须经设计计算或试验而定。

③ 在吊顶施工前及其过程中，要做好与消防、电气、空调、供水供暖管道、土建等诸工种间的协调工作；在吊顶封板时，上述诸工种均属隐蔽工程，必须事前完成，并通过隐藏工程质量验收。

④ 检查原材料的材质、品种、规格、图案和颜色，应符合设计要求。并按验收规定对原材料检查出厂产品合格证和抽样复试。

2）放线

在四周墙面或柱面上，以 1.00m 基准线为准，上下计算地面和顶棚的标高尺寸，在该面弹出标高控制尺寸线，并在平顶上弹出吊点排列线。弹线应清楚，位置应准确，其水平允许偏差为 5mm。

3）打眼、安装吊杆

① 复验吊杆位置线，吊杆间距应控制在 1000mm 左右；

② 吊杆距离墙边的间距不得大于 300mm；

③ 吊杆距主龙骨端部距离不得超过 300mm，当大于 300mm 时，应增加吊杆；

④ 当吊杆与设备相遇时应调整或增设吊杆；

⑤ 当吊杆长度大于 1.5m 时，应设置反支（风）撑。一般在平顶内高度 1.2～2.0m 之间，吊杆加置一隔一梅花风撑，超过 2.0m，全部吊杆加置风撑；

⑥复验吊杆与结构固定。上人吊顶采用 $\phi 8mm$ 吊杆；不上人吊顶采用 $\phi 6mm$ 吊杆；金属吊杆应经过表面防腐处理（目前较多采用 $\phi 8mm$ 热镀锌成品螺纹杆，间距不大于 900mm）；木吊杆、龙骨应进行防腐、防火处理。

4）安装主龙骨

① 复验主龙骨布置线，主龙骨中心线间距应控制在 1000mm 左右。离墙第一根大龙骨距离不超过 200mm，排到最后距墙如超过 200mm，应增加一根；

② 边龙骨布置线按弹线固定在四周墙上，钉距小于 400mm；

③金属龙骨的接缝应平整、吻合、颜色一致，不得有划伤、擦伤等表面缺陷。

5）安装次龙骨

复验次龙骨的安装质量，检查是否安装牢固，扣件是否合理安装，中心间距是否符合设计或施工要求。

6）吊顶龙骨整平

主龙骨安装前应拉好标高控制线，根据标高控制线使龙骨就位。主龙骨安装后应及时校正其标高并按规范要求适当起拱，起拱高度应不小于房间短向跨度的 1/200。

7）安装矿棉板（或多孔铝合金板）

矿棉（铝合金板）装饰吸声板的活动式吊顶安装，根据板材棱边的不同，与 T 型金属龙骨骨架的连接配合分为平放搭装和企口嵌装两种方法。

① 齐边板和榫边板的平放搭装，是将板块平搭于 T 型龙骨的做法。此法操作简易，拆装方便，在吊顶面所形成的装饰效果取决于板材表面及其明露龙骨。榫边板与龙骨搭接处形成线型凹缝；对于平放搭装矿棉板应用压板（定位夹）压住，以保持板块的稳定，不宜浮搁。

② 企口边板的嵌装，是将带企口棱边的矿棉板与 T 型金属龙骨嵌装的方法。安装后的吊顶面可不露骨架，使吊顶封闭，增强吸声效果。也可以根据配套龙骨和安装方式的不同，使部分龙骨底面明露成为半隐式。

③ 板块从房间入口处向两边依次安装，做到对称，使顶棚布置美观整齐，边板小于 200mm 的，应放置在房间最里端或非主视角处。安装时，不得破坏成品板表层，不得污染表面，板面色泽一致，不得有翘曲、裂缝及缺损，压条应平直、宽窄一致。

④ 板块安装后其饰面板上的灯具、烟感器、喷淋头、音乐喇叭、风口箅子等设备的位置应合理、美观，与饰面板的交接应吻合、严密。

⑤ 吊顶内填充吸声材料的品种和铺设厚度应符合设计要求，并应有防散落措施。

⑥ 明龙骨吊顶工程安装的允许偏差和检查方法应符合规范的规定。

8）作好成品保护

上述诸工种在施工过程中不得任意破坏成品，如需变动，须经业主、监理同意，并办理相应手续后方能改变；否则有关工种须承担经济和工期损失的责任。

常见质量问题的处理：

明龙骨吊顶工程常见质量问题和控制及处理方法见表6-24。

明龙骨吊顶工程常见的质量问题和控制及处理方法 表 6-24

常见问题	原因分析	控制和处理方法
分格缝不均匀，纵横线条不平直	（1）吊顶安装前未按吊顶平面尺寸统一规划，合理分块 （2）吊顶安装过程中未纵横拉线与弹线；安装板块时未严格按基准线拼缝、分格与找方 （3）吊顶板块尺寸不统一与不方正	（1）吊顶安装前应按吊顶平面尺寸统一规划，合理分块，准确分格 （2）吊顶安装过程中必须纵横拉线与弹线；装订板块时，应严格按基准线拼缝、分格与找方，竖线以左线为准，横线以上线为准 （3）吊顶板块必须尺寸统一与方正，周边平直与光洁
分格板块呈锅底状变形，木夹板板块见钉印	（1）分格板块材质不符合要求，变形大 （2）分格板块材料选择不当，地下室或湿度较大的环境不应选用石膏板等吸水率较大的板块，易变形 （3）分格板块安装不牢固或分格面积过大；夹板板块钉钉子的方法不正确，深度不够，钉尾未嵌腻子	（1）分格板块材质应符合质量要求，优选变形小的材料 （2）分格板块必须与环境相适应，如地下室或湿度较大的环境与门厅外大雨篷底均不应采用石膏板等吸水率较大的板材 （3）分格板块装订必须牢固，或分格面积应视板材的刚度与强度确定 （4）夹板板块的固定以胶粘结构为宜（可配合用少量钉子）；用金属钉（无头钉）时，钉打入夹板深度应大于1mm，且用腻子批嵌，不得显露用钉子的痕迹
吊筋拉紧程度不一致		使用可调吊筋，在装分格板前调平并预留起拱

（七）轻质隔墙工程

（1）骨架隔墙工程

质量控制要点：

1）根据图纸和现场实际尺寸在隔墙两端墙上弹出垂线，并在地面及顶棚上弹出隔墙的位置线，后报监理复验合格。

2）所用龙骨（木、铝合金、型钢）、配件、墙面板、填充材料及嵌缝材料的品种、规格、性能和木材的含水率应符合设计要求。有隔音、隔热、阻燃、防潮等特殊要求的工程，材料应有相应性能等级的检测报告。

3）隔墙边框龙骨必须与基体结构连接牢固，并应平整、垂直、位置正确。

4）隔墙中间龙骨间距和构造连接方法应符合设计要求。骨架内设备管线的安装、门窗洞口等部位加强龙骨应安装牢固、位置正确，填充材料的设置应符合设计要求。

5）木龙骨及木墙面板的防火和防腐处理必须符合设计要求。

6）墙面板的安装应牢固，无脱层、翘曲、折裂及缺损。墙面所用的接缝材料的接缝方法应符合设计要求。隔墙表面应平整光滑、色泽一致、洁净、无裂缝、接缝均匀、顺直。

7）隔墙上的孔洞、槽、盒应位置正确、套割吻合、边缘整齐。

8）隔墙内的填充材料应干燥，填充应密实、均匀、无下坠。

9）骨架隔墙的允许偏差和检验方法应符合施工规范规定。

常见质量问题的处理：

骨架隔墙工程常见质量问题和控制及处理方法见表 6-25。

骨架隔墙工程常见的质量问题和控制及处理方法 表 6-25

常见问题	原因分析	控制和处理方法
接槎明显，拼接处裂缝	（1）板材拼接节点构造不合理，板材未倒角 （2）板材拼接处，嵌缝（勾缝）材料选用不当	（1）板材拼接应选择合理的接点构造。一般有两种做法：一是在板材拼接前先倒角，或沿板边 20mm 刨去宽 40mm 厚 3mm 左右；在拼接时板材间应保持一定的间距，一般以 2～3mm 为宜，清除缝内杂物，将腻子批嵌至倒角边，待腻子初凝时，再刮一层较稀的厚约 1mm 的腻子，随即贴布条或贴网状纸带，贴好后应相隔一段时间，待其终凝硬结后再刮一层腻子，将纸带或布条罩住，然后把接缝板面找平；二是在板材拼接处嵌装饰条或勾茭缝腻子，用特制小工具把接缝勾成光洁清晰的明缝 （2）选用合适的勾、嵌缝材料。勾、茭缝材料应与板材成分一致或相近，以减少其收缩变形

常见问题	原因分析	控制和处理方法
接槎明显，拼接处裂缝	（3）板材制作尺寸不准确，厚薄不一致，或板材翘曲变形或收缩裂缝	（3）采用质量好、制作尺寸准确、收缩变形小、厚薄一致的侧角板材，同时应严格操作程序，确保拼接严密、平整，连接牢固 （4）房屋底层做石膏板隔断墙，在地面上应先砌三皮砖（1/2砖），再安装石膏板，这样既可防潮，又可方便粘贴各类踢脚线
门框固定不牢固	板端凹槽内杂物未清理干净，板槽内粘结材料下坠；采用后塞门框时，预留门洞过大，水泥砂浆（腻子）镶嵌缝隙不密实，隔墙与门框连接不牢固	（1）门框安装前，应将槽内杂物清理干净，刷107胶稀溶液1～2道；槽内放小木条以防粘结材料下坠；安装门框后，沿门框高度钉3枚钉子，以防外力碰撞门框导致错位 （2）尽量不采用后塞门框的做法，应先把门框临时固定，龙骨与门框连接，门框边应增设加强筋，固定牢固 （3）为使墙板与结构连接牢固，边龙骨预粘木块时，应控制其厚度不得超过龙骨翼缘；安装边龙骨时，翼缘边顶端应满涂掺107胶水的水泥砂浆，使其粘结牢固；梁底或楼板底应按墙板放线位置增贴92mm宽石膏垫板，以确保墙面顶端密实
隔断墙与原墙、平顶交接处不顺直，门框与墙板面不交圈，接头不严、不平；装饰压条、贴面制作粗糙，见钉子印	技术交底不明确，施工程序不规范，作业不认真	（1）施工前质量交底应明确，严格要求操作人员做好装饰细部工程 （2）门框与隔墙板面构造处理应根据墙面厚度而定，墙厚等于门框厚度时，可钉贴面；小于门框厚度时应加压条；贴面与压条应制作精细，切实起到装饰条的作用 （3）为防止墙板边沿翘起，应在墙板四周接缝处加钉盖缝条，或根据不同板材，采取四周留缝的做法，缝宽10mm左右

（2）玻璃隔墙工程

质量控制要点：

1）根据图纸和现场实际尺寸在隔断两端墙上弹出垂线，并在地面及顶棚上弹出隔断的位置线，后报监理复验合格。

2）根据已弹出的位置线定位玻璃的位置和尺寸，在确定玻璃尺寸时要考虑墙、地面的装饰面层位置。

3）根据墙、地面的弹线位置，在墙面和地面上安装固定件，固定件一般用中厚钢板或金属膨胀螺栓固定。

4）玻璃槽可使用槽钢或角钢，与固定件焊接连接。钢架槽安装要水平、方正、牢固、稳定，整个框要保持在一个平面内，槽内不能有杂物。如玻璃伸到顶面内，则在顶面内也需安装固定件，固定件应与顶面龙骨分离，做成倒"U"字形卡槽或专用连接件，玻璃上端需开孔，到时用对接螺栓固定。

5）玻璃安装时，先将玻璃伸入上口，再慢慢落入下口，下口槽内要垫橡皮条，两侧和上口玻璃两面槽内可用小木条临时塞紧固定。再用吊锤校正玻璃的垂直度和位置后，在槽内填入橡皮条和小木条，取走临时固定物。

6）墙面饰面结束后，饰面和玻璃之间缝隙可用打胶处理。缝隙较大时，可在缝内先填入泡沫条，后进行打胶。胶条要直、饱满和粗细均匀，不能出现明显的弯曲和气泡。打胶结束后，用夹板对玻璃进行围护保护，并做醒目的警示标语，防止触碰损坏。

7）对玻璃隔断安装的质量要求

① 隔断所用材料的品种、规格、性能、图案和颜色应符合设计要求；

② 隔断所需预埋件、连接件的位置、数量及连接方法应符合设计要求；

③ 隔断安装必须牢固，其胶垫的安装应准确；

④ 隔断所用接缝材料的品种及接缝方法应符合设计要求，接缝应横平竖直、密实平整、均匀顺直；

⑤ 隔墙安装应垂直、平整、位置正确，玻璃应无裂痕、缺损和划痕；

⑥ 隔断表面应平整光滑、色泽一致、洁净、清晰美观；

⑦ 隔断安装的允许偏差和检验方法应符合规范的规定。

常见质量问题的处理：

玻璃隔墙工程常见质量问题和控制及处理方法见表6-26。

玻璃隔墙工程常见的质量问题和控制及处理方法 表 6-26

常见问题	原因分析	控制及处理方法
缺损、划痕	在玻璃运输或安装过程中受损	制订专项方案并进行技术交底
玻璃安装后有动感	槽内填入的橡皮条不紧密	要求承包人进行整改
胶条不直、不饱满和粗细不均匀	墙饰面和玻璃之间缝隙较大	可在缝内先填入泡沫条,后进行打胶
玻璃破碎	未做醒目的警示标语	要求承包人进行整改

（八）饰面板（砖）工程

（1）饰面砖粘贴工程

质量控制要点：

1）基层处理

清理墙面松散混凝土或砂浆,并将明显凸出部分凿除；墙面如有油污,可用烧碱溶液清洗干净；面砖铺贴前,基层表面应洒水湿润,然后涂抹 1：3 水泥砂浆找平层；底层砂浆要绝对平整,阴阳角要绝对方正。

2）弹线

按照图纸设计要求,根据门窗洞口,横竖装饰线条的布置,首先明确墙角、墙垛、线条、分格（或界格）、窗台等节点的细部处理方案,弹出控制尺寸,以保证墙面完整和粘贴各部位操作顺利。

3）选砖

对进场面砖进行开箱抽查。饰面砖的品种、规格、图案、颜色和性能应符合设计要求；如发现差错,应进行全数检查,并作相应处理。

4）墙面砖粘贴

根据设计标高弹出若干条水平线和垂直线,再按设计要求与面砖的规格确定分格缝宽度,并准备好分格条以便按面砖的图案特征、顺序分别粘贴；面砖粘贴前须用水浸泡 2h 以上；面砖宜采用水泥浆铺贴,一般自下而上进行,整间或独立部位宜一次完成；在抹粘合层之前应在湿润的面砖背面刷水泥灰浆一遍（1：
0.3＝水泥：石灰膏），然后进行粘贴。饰面砖粘贴必须牢固；满
粘法施工的饰面板工程应无空鼓、裂缝；饰面砖表面应平整、洁
净、色泽一致，无裂痕和缺损；阴阳角处搭接方式、非整砖使用
部位应符合设计要求；墙面突出物周围的饰面砖应整砖套割吻
合，边缘应整齐，墙裙、贴脸突出墙面的厚度应一致；饰面砖接
缝应平直、光滑，填嵌应连续、密实；宽度和深度应符合设计要
求；有排水要求的部位应做滴水线（槽），滴水线（槽）应顺直，
流水坡向应正确，坡度应符合设计要求；饰面砖粘贴的允许偏差
和检验方法应符合规范的规定。

5）擦缝、保护

待全部铺贴完，粘结层终凝后，用白水泥稠浆将缝嵌平，并
用力推擦，使缝隙饱满密实，完成后用塑料薄膜保护。

常见质量问题的处理：

饰面砖粘贴工程常见质量问题和控制及处理方法见表6-27。

饰面砖粘贴工程常见的质量问题和控制及处理方法 表 6-27

常见问题	原因分析	控制及处理方法
粘贴不牢固、空鼓、脱落	（1）基层过分干硬，粘贴前未用水湿润或面砖粘贴操作不当，面砖与基层之间粘结差，致使面砖空鼓，甚至脱落 （2）砂浆配合比不准确，稠度控制不当，砂子含泥量过大，形成空鼓，脱落 （3）粘贴面砖砂浆不饱满，面砖勾缝不密实，被雨水渗透侵蚀，受冰冻胀缩，引起空鼓脱落	（1）必须将底层、基层表面清理干净，并于施工前一天将准备抹灰的面浇水润湿 （2）对表面较光滑的混凝土表面，抹底灰前应先凿毛，或掺107胶水泥浆，或用界面处理剂处理 （3）面砖粘贴方法分软贴与硬贴两种。软贴法是将水泥砂浆刮在面砖底上，厚度为 3～4mm，粘贴在基层上；硬贴法是用107胶水、水泥与适量水拌和，将水泥浆刮在面砖底上，厚度为2mm，此法适用于面砖尺寸较小时；无论采用哪种贴法，面砖与基层必须粘结牢固 （4）粘贴砂浆的配合比应准确，稠度适当；对高层建筑或尺寸较大的面砖其粘贴材料应采用专用粘结材料 （5）外墙面砖的含水率应符合质量标准，粘贴砂浆须饱满，勾缝严实，以防雨水侵蚀与酷暑高温及严寒冰冻胀缩引起空鼓脱落

续表

常见问题	原因分析	控制及处理方法
排缝不均匀，非整砖不规范	（1）排砖方法不准确，在粘贴面逐一划线计数，这种"由小到大"以几块面砖为基数逐一划线排砖的方法，极易产生累积误差 （2）外墙刮糙与面砖尺寸没有事先统筹考虑，在排砖中出现非整砖又没有按规范妥善处理，而是任意割砖 （3）操作人员在粘贴面砖过程中，没有掌握或少了一道砂浆初凝前应对排缝不均匀的面砖进行调整的工序	（1）外墙刮糙应与面砖尺寸事先作统筹考虑，尽量采用整砖模数，其尺寸可在窗宽度与高度上作适当调整。在无法避免非整砖的情况下，应取用大于 1/3 非整砖 （2）准确的排砖方法应是"取中"划控制线进行排砖。例如：外墙粘贴平面横或竖向总长度可排 80 块面砖（面砖＋缝宽），其第一控制线应划在总长度的 1/2 处，即 40 块的部位；第二控制线应划在 40 块的 1/2 处，即 20 块的部位；第三控制线应划在 20 块的 1/2 处，即 10 块的部位，依此类推。这种方法可基本消除累计误差 （3）摆门、窗框位置应考虑外门窗套，贴面砖的模数取 1～2 块面砖的尺寸数，不要机械地摆在墙中，以免割砖的麻烦 （4）面砖的压向与排水的坡向必须正确。对窗套上滴水线面砖的压向为"大面罩小面"或拼角（45°割角）两种贴法；墙、柱阳角一般采用拼角（45°割角）的贴法；作为滴水线的面砖其根部粘贴总厚度应大于 1cm，并呈鹰嘴状。女儿墙、阳台栏板压顶应贴成明显向内泛水的坡向；窗台面砖应贴成内高外低 2cm，用水泥砂浆勾成小半圆弧形，窗台口再落低 2cm 作为排水坡向，该尺寸应在排砖时统一考虑，以达到横、竖线条全部贯通的要求 （5）粘贴面砖时，水平缝以面砖上口为准，竖缝以面砖左边为准
勾缝不密实、不光洁、深浅不统一	（1）勾缝砂浆配合比不准确，稠度不当，砂浆镶嵌不密实，勾缝时间掌握不适当 （2）勾缝没有用统一的自制勾缝小工具或操作不得要领	（1）勾缝必须作为一道工序认真对待，砂浆配合比一般为 1:1，稠度适中，砂浆镶嵌应密实，勾缝抽光时间应适当（即初凝前） （2）勾缝应自制统一的勾缝工具（视缝竞选定勾缝筋或勾缝条大小），并应规范操作，其缝深度一般为 2mm 或面砖小圆角下；缝形状可勾成平缝或微凹缝（半圆弧形）；缝深度与形状必须统一，勾缝应光洁，特别在"十字路口"应通畅（平顺）

常见问题	原因分析	控制及处理方法
面砖不平整、色泽不一致	（1）粘贴面基层抹灰不平整或粘贴面砖操作方法不当 （2）面砖质量差，施工前与施工中没有严格选砖，造成不平整与色泽不一致	（1）基层刮糙前应弹线出柱头或做塌饼，如果刮糙厚度过大，应掌握"去高、填低、取中间"的原则，适当调整柱头或塌饼的厚度 （2）应严格控制基层的平整度，一般可选用大于2m的刮尺，操作时使刮尺作上下、左右方向转动，使抹灰面（层）平整度的允许偏差为最小 （3）粘贴面砖操作方法应规范化，随时自查、发现问题，在初凝前纠正，保持面砖粘贴的平整度与垂直度 （4）粘贴面砖应严格选砖，力求同批产品、同一色泽；可模拟摆砖（将面砖铺在场地上），有关人员站在一定距离俯视面砖色泽是否一致，若发现色差明显或翘曲变形的面砖，当场就予剔除 （5）用草绳或色纸盒包装的面砖在运输、保管与施工期间要防止雨淋与受潮，以免污染面砖
无釉面砖表面污染、不洁净	无釉面砖，如泰山砖，在粘贴面砖与勾缝操作过程中，往往使灰浆污染在面砖上，不易清除，若不及时清理，会留有残浆等污染痕迹	（1）无釉面砖在粘贴前，可在其表面先用有机硅（万可涂）涂刷一遍，待其干后再放箱内供粘贴使用。涂刷一道有机硅，其目的是在面砖表面形成一层无色膜（堵塞毛细孔），砂浆污染在面砖上易清理干净 （2）无釉面砖粘贴与勾缝中，应尽量减少与避免灰浆污染面砖，面砖勾缝应自上而下进行，一旦污染，应及时清理干净

（2）饰面板粘贴工程

质量控制要点：

1）饰面板的品种、规格、图案、固定方法和砂浆种类，应符合设计要求。

2）检查饰面材料、胶结材料的产品合格证及复检报告。

3）检查饰面的基体强度、稳定、刚度及表面质量验收。

4）饰面板应镶贴在粗糙的基体上，光滑的基体表面，镶贴前需处理，其上残留的砂浆、尘土和油渍等应清除干净。

5）饰面板应镶贴平整，接缝宽度应符合设计，并填嵌密实，以防渗水。

6）镶贴室外突出的檐口、腰线、窗口、雨篷等饰面，必须有流水坡度和滴水线（槽）。

7）装配式挑檐、托座等的下部与墙或柱相接处应留有适量的缝隙。

8）饰面板粘贴要点

① 墙面和柱面安装饰面板，应先抄平、弹线、预拼；

② 系固饰面板用的钢筋网，应与锚固件连接牢固；

③ 固定饰面板的连接件，其直径或厚度大于饰面板的接缝宽度时，应凿槽埋置，预留孔洞，不得大于设计孔径2mm。系固时应用防锈金属丝穿入孔内；

④ 灌注砂浆要注意每层灌注高度，插捣密实、施工缝留置；

⑤ 天然石饰面板接缝，应先确定接缝或勾缝方法及选用何种颜色的水泥砂浆；

⑥ 饰面板完工后，表面应清洗干净。光面和镜面的饰面板经清洗晾干后，方可打蜡擦亮；

⑦ 冬期施工，应采取防冻措施，并调整灌浆次数，灌注时间；

⑧ 夏季镶贴室外饰面板，应防止暴晒。

常见质量问题的处理：

饰面板粘贴工程常见质量问题和控制及处理方法见表6-28。

饰面板粘贴工程常见的质量问题和控制及处理方法 表 6-28

常见问题	原因分析	控制及处理方法
大理石或花岗岩固定不牢固	施工方法不规范，大理石与花岗岩在粘贴前没有事先在基层按规定留设预埋件，在板材上也没有打孔或割扎线连接口，或绑扎钢丝不紧密，不牢固，或铜丝直径过细，竣工后数年造成贴面板材脱落现象	（1）粘贴前必须在基层按规定预埋 φ6 钢筋接头或打膨胀螺栓与钢筋连接，第一道横筋在地面以上 100mm 处与竖筋扎牢，作为绑扎第一皮板材下口固定钢丝 （2）在板材上应事先钻孔或开槽，第一皮板材上下两面钻孔（四个连接点），第二皮及其以上板材只在上面钻孔（两个连接点），璇脸板材应三面钻孔（六个连接点），孔位一般距板宽两端 1/4 处，孔径 5mm，深度 12mm，孔位中心距板背面 8mm 为宜

常见问题	原因分析	控制及处理方法
大理石或花岗岩饰面空鼓	灌浆前对基层没有用水润湿，石材背面未清除表面浆膜、灰尘，在灌浆时没有用钢钎（棒）捣实，故砂浆粘结差，灌浆也不密实	（1）外墙砌贴（筑）花岗岩，必须做到基底灌浆饱满，结顶封口严密 （2）安装板材前，应将板材背面灰尘用湿布擦净；灌浆前，基层先用水湿润 （3）灌浆用1∶2.5水泥砂浆，稠度适中，分层灌浆，每次灌注高度一般为200mm左右，每皮板材最后一次灌浆高度要比板材上口低50～100mm，作为与上皮板材的结合层 （4）灌浆时，应边灌边用橡皮锤轻击板面或用短钢筋插入轻捣，既要捣密实，又要防止碰撞板材而引起位移与空鼓
接缝不平，嵌缝不实	（1）基层处理不好，柱、墙面偏差过大 （2）板材质量不符合要求，使用前未进行严格挑选与加工处理 （3）粘贴前未全面考虑排缝宽度，粘贴时未采取技术措施，接缝大小不匀，甚至瞎缝，无法嵌缝	（1）板材安装必须用托线板找垂直、平整，用水平找上口平直，用角尺找阴阳角方正；板缝宽为1～2mm，排应用统一垫片，使每皮板材上口保持平直，接缝均匀，用浆糊状熟石膏粘贴在板材接缝处，使其硬化结成整体 （2）板材全部安装完毕后，须清除表面石膏和残余痕迹，调制与板材颜色相同的色浆，边嵌缝边擦洗干净，使接缝嵌得密实、均匀、颜色一致
大理石纹理不顺，花岗岩色泽不一致	石材采购时对纹理与色泽未严格要求，粘贴前没有模拟试排及挑选，粘贴时又没有注意纹理与色泽的调整	（1）应严格选材，力求同批产品、同一色泽；可模拟摆砖（将面砖铺在场地上），有关人员站在一定距离俯视面砖色泽是否一致，若发现色差明显或翘曲变形的面砖，当场就予剔除 （2）对重要装饰面，特别是纹理密集的大理石，必须做好镶贴试拼工作，一般可在地坪上或草坪上进行。应对好颜色，调整花纹，使板与板之间上下、左右纹理通顺，色调一致，形成一幅自然花纹与色彩的风景画面（安装饰面应由上至下逐块编制镶贴顺序号） （3）在安装过程中对色差明显的石材，应及时调整，以体现装饰面的整体效果

（3）饰面板挂贴工程

1）室内墙柱面干挂石材贴面

质量控制要点：

① 基层准备

清理基层结构表面，并修补墙柱面，使墙柱面平整坚实。弹出垂直线亦可根据需要弹出石材的位置线和分块线；干挂石材基层为混凝土时，可采用膨胀螺栓直接安设石材连接件的工艺安装；砖基层等部位则需在墙面先按设计要求安装钢架，再用连接件安装石材。如砌墙时未留设预埋铁，可用对穿螺栓与砖墙连接。

② 根据设计尺寸进行石材剔槽（钻孔、打眼）。剔槽前，必须对石材进行外观尺寸、色泽、材质、细裂缝等检查，严禁不符合施工规范要求的石材用于墙面；剔槽前，必须对石材进行初安装，调整角钢水平上下位置，连接片前后左右位置，方可确定剔槽位置；剔槽时，一定要严格控制剔槽深度，使剔槽深度控制在25mm；在安装前，施工人员应对剔槽处的剔槽位置是否正确居中，是否发现因剔槽所造成的裂缝等现象进行检查，并把槽内的粉尘清理干净；监理应对石材剔槽进行专门的检查验收，并做好隐蔽记录。

③ 挂线

按图纸要求，在墙面弹出垂直线控制线，亦可根据需要弹出石材的位置线和分块线。

④ 安装钢骨架

钢骨架通常采用镀锌角钢根据设计要求及饰面石材尺寸加工制作，并与砖墙上的预埋铁焊牢。如砌墙时未留设预埋铁，可用对穿螺栓与砖墙连接。

⑤ 安装石材

将连接固定件与石材剔槽相吻合，然后采用专业结构胶嵌缝，胶嵌下层石材的上孔，插连接固定件，再用胶嵌上层石材孔，使上、下石材面保持垂直一致，由下至上安装石材，最后镶顶层石材；石材采用不锈钢锚固件，每块板不少于2个挂点，板侧剔槽应注意不损坏板面。转角石材线脚处，在板端不能剔槽生根，改在板背面打槽嵌入连接件，此时以强力石材膏配合成型。干挂石材施工时，随即在板与墙柱的间隙内做好收边准备，此处可以打密封胶，进行收边。石材上墙安装时，一定要严格控制上下左右接缝的大小，不得任意调整缝隙大小；石板与石板之间要保持垂直、水平，不可在石板接缝处产生凹进凸出之现象；应对石材对角（阴角、阳角）方正、表面平整，接缝高低、平直等质量进行严格控制；锚固件在固定后，应检查锚固件是否顶住上块石材，必须使锚固件和石材留有一定的空隙。清理表面，用强力树胶粘结，使接缝饱满均匀，不得遗漏并待其凝固后，方可进行下一块石材的安装。

⑥ 清理石材饰面、嵌缝

供应商应提供填缝剂的质保书和各项指标性能；填缝前应对石材缝处进行处理，须用空压机的高压空气吹去墙上的脏物和粉尘（或用其他方式处理）；严格控制填缝厚度，最少须达 6mm以上；衬垫材料 PE 棒必须使用聚乙烯发泡体，压入深度根据填缝深度须均匀一致，而且压入接缝处，不要过于松动，否则，应加大号数，如 6mm 缝以 8mm 压条，有利于控制填缝深度；填缝时，一定要在接缝处贴胶带纸，防止缝污染花岗岩表面；填缝时，填缝剂必须连续密实饱满，严禁偷工减料，按规定填实，防止渗水现象；应专门配备质量人员进行填缝检查，并做好隐蔽记录。

⑦ 质量要求

石材表面要洁净平整，颜色均匀，分格缝宽度一致，横平竖直，大角通顺；连接件与基层、与石材要牢固固定；石材经过挑选，无裂缝，无风化，无隐伤，无破损；质量检测方法及允许偏差应符合施工规范规定。

常见质量问题的处理：

室内墙柱面干挂石材贴面常见质量问题和控制及处理方法见表 6-29。

室内墙柱面干挂石材贴面常见的质量问题和控制及处理方法

表 6-29

常见问题	原因分析	控制及处理方法
颜色不均匀	施工前未能对石材进行预排、挑选	施工中局部进行调整
接缝宽度不一	石材安装时未能进行精确的调整	石材安装前做好技术交底，安装时加强检查督促
大角不顺直	在大角处未能准确弹线或挂线	石材安装前做好技术交底，安装时加强检查督促
有裂缝、风化、隐伤和破损	施工前未能对石材进行预排、挑选	根据情况进行调换或位移至边角处

2）室内墙柱木饰面

质量控制要点：

① 原材料选择时要剔除节疤、劈裂、扭曲等疵病，并预先做好防火、防腐处理。

a. 基层木龙骨的材料、规格、等级必须符合设计要求，其木材的含水率不大于 12％，不得有腐朽；

b. 采用装饰切片饰面板厚度不小于 3mm，颜色、花纹要求尽量一致、相似；

c. 采用塑铝板饰面，其板厚不小于 3mm，其铝层厚度不小于 30 丝，批号统一；

d. 采用防火板饰面，板厚不小于 1.2mm，批号统一；

e. 饰面板为切片饰面，粘贴时采用白乳胶或百得胶亦可，饰面板为防火板、塑铝板时，粘贴时必须采用专用胶。

② 施工准备

a. 检查门窗洞口是否方正垂直，预埋木砖、铁件是否符合要求；

b. 检查墙内铺设的强弱电管线、开关盒、插座盒、水管等是否就位，并基本调试完毕，经验收合格后方可实施安装龙骨基层；

c. 放线：根据设计图纸上的尺寸、墙面造型、位置等要求，先在墙上划出水平标高线和外围轮廓线，然后弹出龙骨分格线。根据分格线在墙上加木橛或在砌墙时预埋木砖或固定铁件。木砖、铁件的位置应符合龙骨分档的尺寸，平墙面木龙骨横竖间距一般不大于 400mm（木龙骨间距如无设计要求时，龙骨间距为300mm，如基层板厚超过 10mm 时，龙骨间距可适当放大至400mm）。

③ 防潮处理

在潮湿地区或者紧靠外墙、卫生间等经常接触到水的墙面，墙面防水要求较高。常用的做法是在木龙骨、木砧等表面涂刷新型水柏油，墙面在堵漏、粉刷后也涂刷新型水柏油两遍。在湿度小的地区或不易接触到水的内墙，防潮处理的做法一般是在木龙骨表面刷二道水柏油。

④ 基层龙骨制作

木龙骨的含水率均控制在 12% 以内，木龙骨应进行防腐、防火处理，可用新型水柏油和防火涂料将木楞内外和两侧各涂刷二遍，晾干后再拼装。

平墙面木龙骨骨架制作采用相同规格的木料，开契口带胶拼装。根据档距尺寸在龙骨上开契口，契口深度一般为龙骨厚度的1/2，契口内涂刷白乳胶后拼装成一整片龙骨骨架，拼接处加枪钉固定。全墙面饰面的应根据基层板的尺寸在板与板拼接处增加龙骨，便于基层板安装平整。

弧形墙面和圆柱骨架采用木龙骨制作时，根据设计要求在地面上放样并画出弧形外框轮廓线，为保证弧度的准确性，用细木工板制作相同弧度的模板用作下料和检测。龙骨横档采用细木工板，与竖向龙骨契口带胶拼装，枪钉固定。弧形面竖向龙骨间距适当加密。

⑤ 基层龙骨安装方法

整体或分片安装，安装前，先检查墙内铺设的强弱电管线、开关盒、插座盒、水管等是否就位。然后将木骨架按照放样位置临时固定在墙上，在横、竖龙骨交接附近的墙上打眼，打眼深度

40~60mm，调整龙骨平整度和垂直度后，在孔洞中打入长木砖，用枪钉将龙骨与木砖固定连接，木砖抛出龙骨面的部分锯平即可。如骨架离墙较远，则可在墙上每隔一段距离安装一排通长木龙骨，骨架与墙面固定龙骨通过短木龙骨连接固定。骨架安装位置要准确，连接要牢固、稳定，平整度和垂直度需符合规范规定要求。

⑥ 安装基层

木龙骨安装完毕后，必须复核木龙骨的水平和垂直度，以及木龙骨是否与预埋木砖、铁件连接牢固，确保无松动现象；检查饰面造型龙骨的分布和尺寸是否与图纸相符；安装基层板采用长20mm 以上排钉固定，排钉间距不大于 50mm，并确保基层板的平直。如有凹凸造型和分割槽线，基层板定位必须准确，并预留槽线。

⑦安装面板

a. 安装切片饰面板时，应挑选颜色、花纹近似的用在同一房间或同一墙面，相邻板之间木纹和色泽应近似。裁板时要略大于骨架、基层板的实际尺寸。上墙时四边刨平、刨直。长度方向要对接时，花纹应顺通，其接头位置应避开视线的平视范围。板材间需要有嵌缝饰面时，应先预置嵌缝基层，并留出相嵌材料的厚度间隙。如无设计要求，一般可做成 3~10mm 的平槽、八字槽。留槽位置应在龙骨骨架上；

b. 安装塑铝板时，裁板四周均应放出 10~15mm，然后用撸机根据设计分割在背面开设 V 形槽，折边后粘贴在基层板上。粘贴材料必须使用专用胶，粘贴时并注意方向一致；

c. 安装防火板时，裁切尺寸要准确，安装时在基层板和防火板背面分别涂刷专用胶，注意刷胶时厚薄要均匀一致。待胶稍干后根据分隔要求自上而下粘贴，每片板粘贴时要充分挤压出内侧空气，使其粘贴平整不起鼓，并及时用抹布擦去板边残胶。

目前还有一些新的工艺。饰面板采用预制，后利用特制的龙骨将饰面板安装在龙骨上，或用特制的卡具将预制饰面板直接卡固在墙柱基层上。

常见质量问题的处理：

室内墙柱木饰面常见质量问题和控制及处理方法见表6-30。

室内墙柱木饰面常见的质量问题和控制及处理方法 表 6-30

常见问题	原因分析	控制及处理方法
对墙面和木龙骨的防潮、防腐、防火处理不到位	技术交底不清或存在偷工减料	在施工过程中加强监督检查，并对防腐、防火处理，办理隐蔽工程验收手续
面板存在色差、节疤、劈裂、扭曲等疵病	施工前未能对面板准确选择	根据情况进行调换或移动到边角处
面板脱胶	胶的质量问题或操作时刷胶不匀	不同的面板使用不同的胶，使用前必须检查胶与面板是否匹配；加强对操作工艺的检查
面板接缝位置不妥	施工前未进行排版，应避开接缝位于视线的平视范围	应进行整改

（九）涂饰工程

（1）水性涂料涂刷（墙面、吊顶乳胶漆施工）

质量控制要点：

1）基层处理

① 清除基层表面灰渣、疙瘩、污垢后，用腻子将墙面麻面、蜂窝、洞眼、残缺处填补好，待腻子干后磨平；当基层为纸面石膏板时，对板缝和钉眼进行处理；涂料基层处理应符合规范要求；

② 第一遍满刮腻子、平磨。满刮乳胶腻子一遍，要求密实、平整、线角棱边整齐为度，不得漏刮、接头不得留槎、不要玷污门窗及其他物面，厚度控制在1～2mm；腻子干透后，用1号砂纸打磨，打磨时注意打磨平整、保护棱角，磨后清扫干净；

③ 第二遍满刮腻子、平磨。质量要求与第一遍相同，但腻子刮抹方向应与第一遍方向垂直（即第一遍采用横刮，则第二遍

采用竖刮)。

2）涂刷乳胶漆

① 第一遍涂料、复补腻子、磨平。采用排笔涂刷，刷前应将底层清理干净；刷时应从上到下，从左到右，先横后竖，先边线、棱角、小面，后大面；阴角处不得有残余涂料，阳角处不得裹棱，避免接槎、刷涂重叠现象；待涂料干后，对缺陷处复补腻子一遍；待腻子干后，用细砂纸打磨平滑，并将表面清扫干净；

② 第二遍满刮腻子、磨平，与第一遍涂料、复补腻子、磨平相同；

③ 第三遍涂料（面层），采用喷涂或刷涂。涂刷时注意，乳胶漆涂料的品种、型号和性能、颜色和图案应符合设计要求；涂料应涂刷均匀、粘结牢固，不得漏涂、透底、起皮和掉粉；涂料的涂刷质量和检验方法应按设计要求，涂层厚度符合质量验收规范规定。

常见质量问题的处理：

水性涂料涂刷（乳胶漆）常见质量问题和控制及处理方法见表 6-31。

水性涂料涂刷（乳胶漆）常见的质量问题和控制及处理方法

表 6-31

常见问题	原因分析	控制及处理方法
漆面呈现出波浪形	腻子批刮不平或打磨不平整或乳胶漆涂刷不均匀	加强对批腻子、打磨、刷漆工艺的检查，采用灯光照射可发现上述工艺中的不平整现象，可及时采取整改措施
漆面呈现出接槎和刷纹	操作工艺不妥，技术交底不清	一般应从不显眼的一头开始，逐渐推进到另一头循序涂刷，至不显眼处收刷。中间不能出现接槎和刷纹

常见问题	原因分析	控制及处理方法
起皮和掉粉	对操作工艺缺少检查或乳胶漆质量存在问题	基层的含水量小于8%，将墙、柱面起皮及松动处清理干净，将灰渣铲除干净，然后用综刷将表面灰尘、污垢清除干净
阴阳角不顺直	基层打磨不到位或涂刷乳胶漆时有残余涂料	在阴阳角处垂直方向弹线后打磨到位
墙、顶面平整度差	批腻子不平整、打磨时又未能控制好平整度	加强对批腻子、打磨等操作工艺的检查与验收。要求操作工人随时随地用2m靠尺对墙、顶面进行平整度和垂直度检查，使其控制在施工规范允许范围内

（2）溶剂型涂料涂刷（油漆工程）

质量控制要点：

1）施工前应将涂料的品牌，合格证，色卡及成品样品提交业主，经确认后方可进料。

2）认真检查基层牢固状况，如板面是否开胶，是否有裂纹以及基层板材质量是否符合要求等；对钉眼及凸出板面的钉、榫等物品先处理平，对钉眼需用色浆调制腻子填补；木材表面应先用木砂纸反复打磨除去木毛刺，使表面平滑，墙接缝及其他胶合处残留的胶，用刮刀刮掉或细砂纸打磨掉，表面上如有色斑，颜色分布不均匀，应事先对木材表面进行脱色处理，使之颜色均匀一致。金属构件表面应将其表面的灰尘、油渍、焊渣、锈斑清除干净，涂刷防锈漆，如图纸无规定的，涂刷遍数不少于两遍。

3）刷涂料前首先清理好周围环境，防止尘土飞扬，影响涂刷质量。涂料施工时，应根据设计要求和质量标准决定涂刷遍数，要求木纹清晰，光亮柔和，光滑无挡手感，颜色一致，无刷纹无裹楞，流坠皮现象，无漏刷现象，横平竖直，涂料的相邻面及五金配件无污染。

4）涂料工程表面无反碱、咬色、喷点、刷纹、流坠、疙瘩、溅沫现象、颜色一致、无砂眼、无划痕、装饰线、分色线平直，门窗洁净、灯具洁净。灯光照射检查，无明显不平整处。

常见的质量问题的处理：

溶剂型涂料涂刷（油漆）常见质量问题和控制及处理方法见表 6-32。

溶剂型涂料涂刷常见的质量问题和控制及处理方法 表 6-32

常见问题	原因分析	控制及处理方法
漆膜皱纹与流坠	（1）施工环境不适宜，刷漆时或刷完后遇高温、暴晒，或底漆过厚，或在长漆膜上加涂短漆膜，以及催干剂加得过多等，使漆膜内外干燥不同步，沿漆表面先干燥结膜，内部后干燥，即"外干里不干"，就会形成漆膜表面皱纹 （2）涂料中加稀释剂过多，或涂刷的漆膜太厚，或选用的漆刷太大，或喷嘴孔径太大，喷枪距离物面太近，或漆料中含重质颜料过多，或刷漆时温度过低，湿度过大等均会造成油漆流坠	（1）要重视漆料、催干剂、稀释剂的选择。一般选用含桐油或树脂适量的调和漆；催干剂、稀释剂的掺入要适当，宜采用含锌的催干剂 （2）要注意施工环境温度和湿度的变化，高温、日光暴晒或寒冷，以及湿度过大一般不宜涂刷油漆；最好在温度 $15\sim25℃$，相对湿度 $50\%\sim70\%$ 条件下施工 （3）要严格控制每次涂刷油漆的漆膜厚度，一般油漆为 $50\sim70\mu m$，喷涂油漆应比刷漆要薄一些；要避免在长漆膜上加涂短漆料，或底漆未完全干透的情况下涂刷面漆 （4）对于黏度较大的漆料，可以适当加入稀释剂；对黏度较大而又不宜稀释的漆料，要选用刷毛短而硬，且弹性好的油刷进行涂刷 （5）对已产生漆膜皱纹或油漆流坠的现象，应待漆膜完全干燥后，用水砂纸轻轻将皱纹或流坠油漆打磨平整；对皱纹较严重不能磨平的，需在凹陷处刮腻子找平；在油漆流坠面积较大时，应用铲刀铲除干净，修补腻子后打磨平整，然后再分别满刷一遍面漆

常见问题	原因分析	控制及处理方法
漆面不光滑，色泽不一致	（1）涂刷油漆前，物体表面打磨不到位、不光滑，灰尘、砂粒等粉尘清除不干净 （2）漆料本身不符合要求，或漆料在调制时搅拌不均匀，或过筛不仔细，将杂质污物混入漆料中，或误将两种以上不同性质的漆混合等，均会造成漆面粗糙 （3）物体材质本身色泽不一致，或采用油漆品种与涂油的方法不合理、刮腻子不均匀、色差等，均会造成色泽不一致	（1）涂刷油漆前，物体表面打磨必须到位并光滑，灰尘、砂粒等应清除干净 （2）要选用优良的漆料；调制搅拌应均匀，并过筛将混入的杂物滤净；严禁将两种以上不同型号、性能的漆料混合使用 （3）"漆清水"对浅色的物体本色，应事先做好造材工作，力求材料本身色泽一致；否则只能"漆混水"即深色，同时也要拌制好腻子使色泽一致 （4）对于高级装饰的油漆，应用水砂纸或砂蜡打磨平整光洁，最后上光蜡或进行抛光，提高漆膜的光滑度与柔和感
涂层裂缝、脱皮	漆底腻子质量不好，有的用水性腻子代替油性腻子，疏松、强度低，受振动易开裂脱落	物体表面特别是木门表面必须用油腻子批嵌，严禁用水性腻子
涂层不均匀，刷纹明显	（1）基层材料差异（混凝土面、砌体粉刷、板材等），或基层处理差异（腻子厚薄不一、光滑程度不一、施工接槎）等，对涂料的吸收不一样（不同），会造成涂层不均匀 （2）使用涂料时未搅拌均匀，或任意加水，使涂料稠、稀不一，也会造成涂层不均匀 （3）涂料涂层过厚，或涂层厚薄不一，或毛刷过硬，或刷涂料时操作用力不当等，均会造成刷纹明显	（1）遇基层材料差异较大的装饰面，其底层特别要清理干净，批刮腻子厚度要适中；须先做一块样板，力求涂料涂层均匀 （2）使用涂料时须搅拌均匀，涂料稠度要适中；涂料加水应严格按出厂说明书要求，不得任意加水稀释 （3）涂料涂层厚度要适中，厚薄一致；毛刷软硬程度应与涂料品种适应；涂刷操作时用力要均匀、顺直，刚中带柔
涂料饰面空鼓、裂缝、片状脱落	（1）普通纸巾饰面，其基层为石灰砂浆。在纸巾面上涂刷高级涂料时，往往批刮白水泥腻子厚度在1mm左右。由于表面层白水泥腻子强度高，与基层收缩变形不一致，导致局部，甚至大面积空鼓裂缝	（1）普通纸巾饰面（软底子），不适宜涂刷高级涂料，更不得批刮形成一定厚度的掺水泥量比例较多的硬腻子

续表

常见问题	原因分析	控制及处理方法
涂料饰面空鼓、裂缝、片状脱落	（2）涂刷基层面潮湿，或表面太光滑，或强度太低，或涂层太厚，涂料质量差等	（2）涂刷涂料的基层不能潮湿，也不能太光滑或强度太低 （3）涂料稠度要适中，稀释涂料时，应严格按标准，合理配制 （4）应严格控制分层涂刷的厚度与间隔时间，间隔时间与气温、基层材料及涂料性能有关，应视实际情况选定
装饰线与分色线不平直、不清晰，涂料污染	（1）操作不认真，贪图省力。 （2）操作不规范，涂刷过程中没有采取技术措施	（1）必须加强对涂料涂刷人员教育，增强质量意识，提高操作技术水平，克服涂刷的随意性与涂料污染 （2）涂料涂刷必须严格执行操作程序与施工规范，采用粘贴胶带纸技术措施，确保装饰线与分色线平直与清晰 （3）加强对涂料工程各涂刷工序质量交底与质量检查，尽量减少与预防涂料污染，发现涂料污染，立即制止与纠正

（十）裱糊工程

质量控制要点：

（1）为防止基层板返黄渗透到表面影响观感质量，基层板表面需刷清油封闭，清油涂刷要周到，不得漏刷。板缝要进行处理，以防开裂。

（2）板面腻子批刮两遍并打磨平整、光滑。

（3）画线

待基层干燥后画垂线，起线位置从墙的阴角开始，以小于壁纸 10～20mm 宜。

（4）裁纸

这道工序很重要，直接影响墙面裱糊质量。应控制好：

1）注意花纹的上下方向，每条纸上端根据印花对应，在花纹循环的同一部位裁剪；

2）比较每条纸的颜色，如有微小差别，应加以分类，分别安排在不同的墙面上；

3）主要墙面花纹应对称完整，一个墙面不足一幅宽的纸，应贴在较暗的阴角处。窄条纸宜现用现下料，下料时应核对窄条上下端所需的宽度。

（5）刷胶

在墙面和壁纸背面同时刷胶。应控制好：

1）墙纸背面刷胶时，纸上不应有明胶，多余的胶应用干燥棉纱擦去；

2）刷胶不宜太厚，应均匀一致，纸背刷胶后，胶面与胶面应对叠，以避免胶干得太快，也便于上墙。

（6）裱糊

是本分项工程中最主要的工序，直接决定墙面质量的好坏。应控制好：

1）根据阴角搭缝的里外关系，决定先做哪一片墙面。贴每一片墙的第一条壁纸前，要先在墙上吊一条垂直线。第一条壁纸以整幅开始，将窄条甩在较暗的一端或门两侧阴角处；

2）裱糊应先从一侧由上而下开始，上端不留余量，对花接缝到底；

3）由对缝一边开始，上下同时从纸幅中间向上、下划动，压迫壁纸贴在墙上，不留气泡；

4）阴角不对缝，采用搭缝做法。先裱糊压在里面的一幅纸，在阴角处转过 5mm 左右。阴角有时不垂直，要核对上下头再决定转过多少；

5）阳角处不甩缝。包角要严密，没有空鼓、气泡，注意花纹和阳角的直线关系；

6）壁纸上端应在挂镜线下沿，下端收头在踢脚板上沿；

7）壁纸表面轧有花纹，压缝赶气泡时用力要适度，不得使用硬质工具。

（7）裱糊工程的质量应符合下列规定

1）壁纸必须粘贴牢固，表面色泽一致，不得有气泡、空鼓、裂缝、翘边和斑污，视时无胶痕；

2）表面平整，无波纹起伏。壁纸与挂镜线、贴脸板和踢脚线紧接，不得有缝隙；

3）各幅壁纸拼接横平竖直，拼接处花纹、图案吻合，不离缝，不搭接。距墙面1.5m正视不显明缝；

4）阴阳转角垂直，棱角分明，阴角处搭接顺光，阳角无接缝；

5）不得有漏贴、补贴和脱层等缺陷。

常见质量问题的处理：

裱糊工程常见质量问题和控制及处理方法见表6-33。

裱糊工程常见的质量问题和控制及处理方法　　　表6-33

常见问题	原因分析	控制及处理方法
裱糊面皱纹、不平整	（1）基层表面粗糙，批刮腻子不平整，粉尘与杂物未清理干净，或砂纸打磨不仔细 （2）壁纸材质不符合质量要求，壁纸较薄，对基层不平整度较敏感 （3）裱糊技术水平低，操作方法不正确	（1）基层表面的粉尘与杂物必须清理干净；对表面凹凸不平较严重的基层，首先要大致铲平，然后分层批刮腻子找平，并用砂纸打磨平整、洁净 （2）选用材质优良与厚度适中的壁纸 （3）裱糊壁纸时，应用手先将壁纸铺平后，才能用刮板缓慢抹压，用力要均匀；若壁纸尚未铺平整，特别是壁纸已出现皱纹，必须将壁纸轻轻揭起，用手慢慢推平，待无皱纹、切实铺平后方能抹压平整
接槎明显，花饰不对称	（1）裱糊压实时，未将相邻壁纸连接缝推压分开，造成搭缝；或相邻壁纸连接缝不紧密，有空隙缝；或壁纸连接缝不顺直等均会造成接槎明显 （2）对装饰面所需要裱糊的壁纸（布）未进行周密计算与裁剪，造成门窗口的两边、对称的柱子、墙面所裱糊的壁纸花饰不对称	（1）壁纸粘贴前，应先试贴，掌握壁纸收缩性能；粘贴无收缩性的壁纸时，不准搭接，必须与前一张壁纸靠紧而无缝隙；粘贴收缩性较大的壁纸时，可按收缩率适当搭接，以便收缩后，两张纸缝正好吻合 （2）壁纸粘贴的每一装饰面，均应弹出垂线与直线，一般裱糊2～3张壁纸后，就要检查接槎垂直与平直度，发现偏差应及时纠正

续表

常见问题	原因分析	控制及处理方法
接槎明显，花饰不对称	（3）壁纸（布）选择的颜色与花纹不适当，会增加裱糊的难度	（3）粘贴胶的选择必须根据不同的施工环境温度、基层表面材料及壁纸品种与厚度等确定；粘贴胶必须涂刷均匀，特别在拼缝处，胶液与基层粘结必须牢固，色泽必须一致，花饰与花纹必须对称 （4）壁纸（布）选择必须慎重。一般宜选用易粘贴，且接缝在视觉上不易察觉的壁纸（布）

（十一）硬（软）包工程

质量控制要点：

（1）制作木基层

1）弹线、预制木龙骨架：用吊垂线法、拉水平线及尺量的办法，借助 100cm 水平线，确定软包墙的厚度、高度及打眼位置等，采用凹槽榫工艺，制做成木龙骨框架。木龙骨架的大小，可根据实际情况加工成一片或几片拼装到墙上。做成的木龙骨架应刷涂防火漆。

2）钻孔、打入木楔：孔眼位置在墙上弹线的交叉点，孔距 600mm 左右，孔深 60mm，用 $\phi16\sim\phi20$mm 冲击钻头钻孔。木楔经防腐处理后，打入孔中，塞实塞牢。

3）防潮层：在抹灰墙面涂刷冷底子油或在砌体墙面、混凝土墙面铺沥青油毡或油纸做防潮层。涂刷冷底子油要满涂、刷匀，不漏涂；铺油毡、油纸，要满铺，铺平、不留缝。

（2）装钉木龙骨

将预制好的木龙骨架靠墙直立，用水准尺找平、找垂直，用铁钉钉在木楔上，边钉边找平，找垂直。凹陷较大处应用木楔垫平钉牢。

（3）铺钉胶合板（基层）

木龙骨架与胶合板接触的一面应刨光，使铺钉的三合板平整。用气钉枪将三合板钉在木龙骨上。钉固时从板中向两边固定，接缝应在木龙骨上且钉头设入板内，使其牢固、平整。三合板在铺钉前，应先在其板背涂刷防火涂料、涂满、均匀。

（4）制做硬包面层

在木基层上铺钉九厘板：依据设计图在木基层上划出墙、柱面上硬包的外框及造型尺寸线，并按此尺寸线锯割九厘板拼装到木基层上，九厘板围出来的部分为准备做硬包的部分。钉装造型九厘板的方法同钉三合板一样：

1）按九厘板围出的硬包的尺寸，裁出所需的泡沫塑料块，并用建筑胶粘贴于围出的部分；

2）由上往下用织锦缎包覆泡沫塑料块。先裁剪织锦缎和压角木线，木线长度尺寸按硬包边框裁制，在90°角处按45°割角对缝，织锦缎应比泡沫塑料块周边宽50～80mm。将裁好的织锦缎连同作保护层用的塑料薄膜覆盖在泡沫塑料上，用压角木线压往织锦缎的上边缘，展平、展顺织锦缎以后，用气枪钉钉牢木线。然后拉掉展平织锦缎，再钉织锦缎下边缘木线。用同样的方法钉在左右两边的木线。压角木线要压紧、钉牢，织锦缎面应展平不起皱、最后用刀沿木线的外缘（与九厘板接缝处）裁下多余的织锦缎与塑料薄膜。

预制硬包块拼装硬包：

1）按硬包分块尺寸裁九厘板，并将四条边用刨刨出斜面，刨平。以规格尺寸大于九厘板50～80mm的织物面料和泡沫塑料块置于九厘板上．将织物面料和泡沫塑料沿九厘板斜边卷到板背，在展平顺后用钉固定。定好一边，再展平铺顺拉紧织物面料，将其余三边都卷到板背固定，为了使织物面料经纬线有顺，固定时宜用码钉枪打码钉，码钉间距不大于30mm，备用；

2）在木基层上按设计图划线，标明硬包预制块及装饰木线（板）的位置；

3）将硬包预制块用塑料薄膜包好（成品保护用），在墙、柱面做硬包的位置镶钉，用气枪钉钉牢。每钉一颗钉用手抚一抚织物面料，使硬包面既无凹陷、起皱现象，又无钉头挡手的感觉。

连续铺钉的硬包块，接缝要紧密，下凹的缝应宽窄均匀一致且顺直（塑料薄膜待工程交工时撕掉）。

镶钉装饰木线及饰面板：在墙面硬包部分的四周用木压线条，盖缝条及饰面板等装饰处理，这一部分的材料可先于装硬包预制块做好，或在硬包预制块上墙后制做。

（5）或制做软包面层

1）在基层板上按图要求用木条做框并用粘贴法固定有吸音效果、有弹性的材料，弹性材料采用轻质阻燃多孔材料，并包上织物（织物小样须经发包方确认）；

2）将织物在基层板上临时固定，并通过有关方审定后，用专用胶水固结，须将面料挤紧压牢，不得有松动、不严、不紧、不牢之处。不得有面料折皱，面料不平，松动等质量问题；

3）织物裁剪必须考虑花色、纹理的统一，以确保装饰效果。

常见质量问题的处理：

硬（软）包工程常见质量问题和控制及处理方法见表6-34。

硬（软）包工程常见的质量问题和控制及处理方法　　表6-34

常见问题	原因分析	控制及处理方法
对墙面和木龙骨的防潮、防腐、防火处理不到位	技术交底不清或存在偷工减料	在施工过程中加强监督检查，并对防腐、防火处理，办理隐蔽工程验收手续
面料折皱、不平、松动等	面料没有挤紧压牢	做好技术交底工作，尽可能防止事故的发生，一旦发生必须返工整改
织物裁剪不对花	织物裁剪必须考虑花色、纹理的统一，以确保装饰效果	做好技术交底工作，尽可能防止事故的发生，一旦发生必须返工整改

四、建筑屋面工程

质量控制要点：

（1）防水材料的选择

目前大量使用的建筑防水材料主要有：

1）改性沥青油毡，以 SBS 为主。积极利用 APP 和其他橡塑高分子材料，在减少环境污染，保证产品质量的前提下，不同的产品采用不同撒布方法。

2）高分子卷材以 PVC 卷材为主，发展三元乙丙。氯化聚烯等弹性、弹塑性较高的高分子卷材。以挤出成型为主，逐步采用内增塑技术。进一步研制高档卷材的特殊性能，如；目前市场上出现一种有自愈合性能的自粘卷材。

3）防水涂料以水性厚质氯丁和丁苯胶改性沥青为主，大力发展丙烯酸及聚氨酯防水涂料。

4）密封材料的发展应提高改性沥青密封油膏的质量，积极发展丙烯酸、聚氨酯、硅酮等密封膏。

防水材料品种较多，在选择时，应注意以下几点：

① 正确掌握防水材料的防水性能，以耐久性、抗渗性等物理化学指标以及该产品受地域和施工条件影响因素而正确选择。

② 对拟选择的防水材料要进行考察，考察该材料在实际工程中的使用状况，产品市场占有率，品牌信誉度等。

③ 利用价值工程原理，考虑防水材料的性价比，综合考虑建筑物自身的特点，考虑到房屋的重要性（对有纪念性的建筑要加强防水性能）选择耐久性好使用寿命长（一般应大于 10 年）的防水材料，例如：三元乙丙橡胶被国外称为防水材料之王，使用寿命 50 年以上，属高档产品。

④ 加强产品抽检时的见证工作，防止弄虚作假，产品以次充好，使得所用材料质量有保证。

（2）基层处理

施工前基层应清理干净，除去表面松动的尘粒，不得有积水。对结构阴阳角、管道根部等应仔细整理。

（3）结构层找坡

屋面找坡可采用两种形式，一种是结构找坡，另一种在结构层上后找坡。

1）结构找坡：主要在屋面结构层上通过调整结构层各处的

标高形式设计坡度方向的找坡。

2) 利用各种材料建筑找坡：其中早期用炉渣找坡；近年用膨胀珍珠岩、膨胀蛭石（可用现浇和预制两种）；发泡混凝土找坡是用一种具有防水功能的找坡材料。

3) 找坡的方向和坡度：一般南方以大于 2‰为宜；北方因少雨以大于 1‰为宜。找坡的方向决定了排水方向，排水口位置设在排水坡方向。施工时要控制好横向和纵向坡度，在排水方向上不能有积水现象，否则在积水处由于长期浸泡可能会导致渗漏。

（4）找平层施工

找平层用 20mm 厚 1：3 水泥砂浆在找坡层上找平，找平层应粘结牢固，无松动、起壳、起砂等现象。找平层是柔性防水层下的构造层，起着承上启下的作用。找平层施工主要控制好平整度、基层强度。在柔性层铺贴或涂刷前要干燥，含水量要小于规范规定的数值。

（5）柔性防水层的施工

施工时应注意以下几点：

1) 铺贴卷材前对找平层及进场防水卷材的质量进行验收。清扫找平层，在找平层上排尺寸，弹出基准线；做好排水口或排水沟有附加层的附加防水层；

2) 将成卷的卷材置于找平层下坡，对准基准线，用喷灯烘烤卷材底面，加热要均匀，当底面涂盖层熔化到有光泽发黑时，滚动卷材，使其底面与基层粘贴牢固；按坡度方向由低到高顺铺搭接卷材；滚铺卷材时，应防止出现皱折，要对准基线边铺贴；卷材的长边搭接不小于 80mm，短边搭接不小于 100mm，搭接部位的粘贴应在大面积铺贴完成后进行，两个粘贴面均需加热熔化，以保证搭接部位粘结牢固，封闭严密；为防止卷材末端收尾和搭接缝边缘的剥落或渗漏，应做粘合封闭处理，用膏状的胶粘剂进行粘结封闭，封闭前，基层缝隙应用毛刷、干布清理干净；

3) 对平面与立面相连接的卷材应由下向上铺贴，使卷材紧贴阴角，不得有空鼓或粘贴不牢现象；准确施工至规定的泛水高度，一般应不小于 250mm（管道井泛水应不小于 300mm）。卷材防水层收头宜在女儿墙凹槽内固定，收头处应用防腐木条加盖金属条固定，钉距不得大于 450mm，并用密封材料将上下口封严；伸出屋面管道、井道及高出屋面结构处卷材防水层泛水应用管箍或压条将卷材上口压紧，再用密封材料封口。

4）特殊部位（细部构造）的施工。

① 卷材防水屋面的基层与突出屋面结构（女儿墙、立墙等）的连接处以及女儿墙的转角处（水落口、天沟、檐沟等）均应做成圆弧。高聚物改性沥青防水卷材转角圆弧半径为 50mm。

② 天沟、檐沟与屋面交接处的附加层宜空铺，空铺宽度 200mm，天沟、檐沟卷材收头应固定密封。

③ 当墙体为砖墙时，在砖墙上留凹槽，将裁齐的卷材端部压入预留的凹槽内，并用压条或垫片钉压固定，然后用密封材料将凹槽嵌缝封严。凹槽上部的墙体亦应做防水处理。

④ 当墙体为混凝土时，卷材收头采用金属压条钉压，并用密封材料封固。

⑤ 落水口周围与屋面结构的连接处，均应封固严实，粘结牢固。穿过屋面的管道、设备层等与屋盖间的空隙应用密封材料封严。

⑥ 卷材与卷材、卷材与基层之间，以及周边、转角部位及卷材搭接缝必须粘结牢固，不允许有漏粘、翘边等缺陷。每层卷材铺完应经检查合格后，再进行下道工序施工。

⑦ 阴阳角、落水口、管道根部周围是容易发生渗漏的薄弱部位，应做增补处理。处理方法是先铺一层卷材附加层。在转角周边的加宽不小于 250mm。

5）掌握好施工时间

对于多次形成的防水层，要满足每层施工间的时间间隔要求。

6）掌握好天气、气温对施工质量的影响

有些防水材料不宜在下雨时施工，有些防水材料不宜在气温过高或过低时施工。

7）掌握材料的施工说明

要严格按施工说明书的要求施工。

8）做好保护层的施工

现在一般采用挤塑板作为柔性防水层的保护层，既保护屋面防水层，又有保温隔热效果。

（6）蓄水试验

卷材防水层铺贴完毕，经验收合格后，即可进行 24h 蓄水试验。经确认防水层无渗漏后，方可进行保护层施工。

近来也有在现浇钢筋混凝土屋面板（基层）上刷 1mm 厚聚胺酯作隔气层，经 24h 蓄水试验，确认无渗漏；若有少量渗漏点，需经重刷聚胺酯修补，并再作 24h 蓄水试验，确认无渗漏，才能进入下道工序施工的做法。

（7）保温层施工

现在工程上一般采用 30mm 聚苯乙烯泡沫挤塑板作保温层，表面平整。铺设板状保温层的基层表面应平整、干燥、洁净，干铺的保温板应紧靠在需要保温的结构表面，铺平、垫稳。当气温在负温度（不低于零下 20℃）施工时，可用沥青胶结材料粘贴；当气温不低于 5℃施工时，可采用水泥砂浆铺贴。

（8）保护层施工

根据设计要求，在保温层上设排气道，排气道应纵横贯通，并应与大气连通的排气管相通。排气管的数量为每 36m² 屋面面积设置一个，排气管应设置在结构层上，穿过保温层的排气管壁上应设排气孔。再在其上绑扎钢筋网片，浇筑细石混凝土刚性面层。采用 40mm 厚 C20 细石混凝土，内设 Φ6@200 钢筋单层双向配筋。保护层分隔间距为 6m×6m。

（9）广场砖贴面

当设计要求为上人屋面时，应在保护层上另行铺贴广场砖。采用 200mm×200mm 广场砖粘贴。广场砖贴面分隔间距为 6m×6m。

（10）油膏嵌缝

选用质量稳定、性能可靠的油膏进行嵌缝。嵌缝前，应用钢丝刷清缝两侧面浮灰、杂物等，随即满涂同性材料稀释或专用冷底子油，待其干燥后及时由下而上热灌油膏。尽量减少热灌接头数量，以确保屋面防水工程质量。

(11) 清理

屋面工程施工完成后，要对面层上的各种污染（含油膏、水泥浆、锈斑、电焊渣灼伤、油漆等）进行清理干净，以达到质量目标要求的验收标准。

常见质量问题的处理：

屋面工程常见质量问题和控制及处理方法见表 6-35。

屋面工程常见的质量问题和控制及处理方法　　表 6-35

常见问题	原因分析	控制及处理方法
屋面渗漏水	屋面防水层未做好	屋面防水层施工完毕后必须进行 24h 蓄水试验。试验后发现渗漏，随即修补防水层，经再次试验合格
屋面落水口渗漏	屋面天沟与落水管接口未施工好	接口周边落水坡度未处理好，防水层未作细心施工，接口应严格按照设计要求做好防水层施工，修补后应再次做该部位的蓄水试验
柔性防水层粘贴后空鼓	粘贴时基层潮湿，以后水分蒸发形成	划破空鼓处后进行修补，修补后在该处进行局部蓄水试验合格
找平层表面不平整、起砂、起皮、开裂	施工操作不到位	应在操作时控制平整度，在表面收水后进行压光处理，可防止起砂、起皮和开裂
广场砖粘贴空鼓	施工操作不到位	检查到空鼓处返工重新粘贴
油膏嵌缝污染	施工操作不到位	擦洗污染

6.4.3 工程测量质量控制要点

1. 施工前的准备

(1) 认真熟悉规划设计图纸，明确由规划院（测绘院）以图上的控制点放样到实地的各控制点位置、方位作为建筑工程的首级控制。

（2）对施工单位的经纬仪作认真检查，同时对施工单位的测量人员进行检核。

（3）配备工程测量监理所必需的图表及对工程测量中的实际情况提出监理的具体意见。

2. 轴线控制测量

（1）施工单位依据已知控制点进行轴线放样的控制测量，监理必须全方位、全过程进行监测，发现问题及时检测、复测或令其整改。

（2）施工单位必须因地制宜做好首级控制点的埋设及保护工作，监理必须按工程测量规范进行指导。

（3）轴线控制测量完毕后，监理必须对控制网、轴线起始点的测量定位及各轴线的间距作认真检测，严格按工程测量规范进行验收，同时测得纵横轴线几何图形对角线数据值进行方正度的校核。

（4）施工单位必须绘制轴线控制测量成果图，图中必须注明工程名称、地点、时间、层次、施测方法及所使用何种仪器、测绘者、自检偏差数据等项，后向监理方报验。经监理方检测合格，由测量监理工程师签字认可。资料存档，数据上墙实行规范化监管。

（5）土方及桩基工程完工后，应根据现有资料，施工方需绘制竣工图，后经原设计及土建施工单位技术人员、监理工程师的审核、会签、存档，以便与土建施工单位顺利交接。

3. 高程控制测量

（1）根据规划院提供的水准点或导线点的位置及高程作为原始点（离工程施工现场不宜太远）来控制其标高。

（2）对土方工程开挖的标高控制，监理工程师必须对开挖深度、长宽度检测验收，合格后签字认可，资料存档。

（3）对工程±0点的设置，施工单位应将其高程引测至稳固建筑物或构筑物上，其精度不应低于原有水准点的等级要求，监理必须检核。

（4）对各层次标高的控制测量，应按工程设计要求从±0点用钢尺垂直向上引测丈量至设计标高＋50～100cm处作标志，以此标志用水准仪作全面抄平。施工人员经自检合格后将资料向监理报验。经监理工程师验收合格后签字认可，资料存档，数据上墙，实行规范化监管。

4. 沉降观测

（1）建筑物的沉降观测，首先对观测点应按设计要求或按工程测量规范进行布置，其首要条件是标志稳固、明显，结构合理且不影响建筑美观与使用，并便于观测及长期保存。监理工程师对施工单位设置观测点的实施进行检验及指导。

（2）观测的方法及精度要求，按工程需要采用相应等级规定，观测次数一般非高层建筑不应少于5次，建筑物第一层完工后必须测得初次沉降观测数据，以后每建一层测一次。其方法可采用附合或闭合路线水准测量方法，水准仪可采用DS，尺子一般不用塔尺，可自制刻度至1mm，长度约2m的沉降观测用尺，每次观测应由同一人观测，专人立尺，采用同一路线同一方法，以便提高其观测精度。

（3）观测记录用表应符合水准测量记录手簿格式要求。闭合差应达到其相应等级精度规范要求，通过平差算出各观测点的绝对高程，然后在沉降观测成果表上填写每次每点的绝对高程，算出其沉降量累计量，最后资料一并报验。测量监理工程师应对其资料进行核算无误后签字认可。同时每次观测沉降量时把各观测点展开绘制曲线图，上墙公布，资料存档。

（4）工程竣工时，对建筑物作一次垂直度检测，其偏差应符合规范要求，数据应列入存档资料。

6.5 竣工验收阶段的质量控制

6.5.1 建设工程竣工验收应当具备的条件

（1）《建设工程质量管理条例》第十六条规定：

1）完成建设工程设计和合同约定的各项内容；

2）有完整的技术档案和施工管理资料；

3）有工程使用的主要建筑材料、建筑配件和设备的进场试验报告；

4）有勘察、设计、施工、工程监理等单位分别签署的质量合格文件；

5）有施工单位签署的工程保修书。

（2）《房屋建筑工程和市政基础设施工程竣工验收暂行规定》第五条规定：

1）完成建设工程设计和合同约定的各项内容；

2）施工单位在工程完工后对工程质量进行了检查，确认工程质量符合有关法律、法规和工程建设强制性标准，符合设计文件及合同要求，并提出工程竣工报告。工程竣工报告应经项目经理和施工单位有关负责人审核签字；

3）对于委托监理的工程项目，监理单位对工程进行了质量评估，具有完整的监理资料，并提出工程质量评估报告。工程质量评估报告应经总监理工程师和监理单位有关负责人审核签字；

4）勘察、设计单位对勘察、设计文件及施工过程中由设计单位签署的设计变更通知书进行了检查，并提出质量检查报告。质量检查报告应经该项目勘察、设计负责人和勘察、设计单位有关负责人审核签字；

5）有完整的技术档案和施工管理资料；

6）有工程使用的主要建筑材料、建筑配件和设备的进场试验报告；

7）建设单位已按合同约定支付工程款；

8）有施工单位签署的工程保修书；

9）城乡规划行政主管部门对工程是否符合规划设计要求进行检查，并出具认可文件；

10）有公安消防、环保等部门出具的认可文件或者准许使用文件；

11）建设行政主管部门及其委托的工程质量监督机构等有关部门责令整改的问题全部整改完毕。

（3）《建筑工程施工质量验收统一标准》GB 50300 规定：

单位工程完工后，施工单位应自行组织有关人员进行检查评定，总监理工程师应组织专业监理工程师对工程质量进行竣工预验收，对存在的问题，应由施工单位及时整改。整改完毕后，由施工单位向建设单位提交工程竣工报告，申请工程竣工验收。

单位（子单位）工程质量验收合格，按《建筑工程施工质量验收统一标准》GB 50300 规定，应符合下列规定：

① 单位（子单位）工程所含分部（子分部）工程的质量均应验收合格；

② 质量控制资料应完整；

③ 单位（子单位）工程所含分部工程有关安全和功能的检验资料应完整；

④ 主要功能项目的抽查结果应符合相关专业质量验收规范的规定；

⑤ 观感质量验收应符合规定。

6.5.2 建设工程竣工验收的程序

根据《房屋建筑工程和市政基础设施工程竣工验收暂行规定》第六条规定：

（1）工程完工后，施工单位向建设单位提交工程竣工报告，申请工程竣工验收。实行监理的工程，工程竣工报告须经总监理工程师签署意见；

（2）建设单位收到工程竣工报告后，对符合竣工验收要求的工程，组织勘察、设计、施工、监理等单位和其他有关方面的专家组成验收组，制定验收方案；

（3）建设单位应当在工程竣工验收 7 个工作日前将验收的时间、地点及验收组名单书面通知负责监督该工程的工程质量监督机构；

（4）建设单位组织工程竣工验收。

6.5.3 项目监理机构组织工程竣工预验收与编写工程质量评估报告

（1）组织工程竣工预验收

根据《建设工程监理规范》GB/T 50319—2013 规定：项目监理机构应审查施工单位提交的单位工程竣工验收报审表及竣工验收资料，组织工程竣工预验收。存在问题的，应要求施工单位及时整改；合格的，总监理工程师应签认单位工程竣工验收报审表。

工程竣工预验收的方法与步骤如下：

1）当收到施工单位提出的竣工验收报告后，由总监理工程师组织建设、设计、施工、监理等单位各派出由土建、安装、资料人员参加的工程竣工预验收小组，即土建组、安装组、资料组。每组均由建设、施工、监理人员参加，由监理人员任组长。因为工程竣工预验收是由项目监理机构负责的，所以要由监理人员出任组长。

2）在工程竣工预验收时，土建、安装两组负责验收工程，资料组负责验收施工单位的工程资料和监理单位的监理资料。

3）当各验收小组结束验收工作后，各组应对验收结果作出评价。各自发表对工程或资料能否同意验收的书面意见。并对存在的问题提出需要整改的项目和处理意见。在处理意见中一般要求限期整改到位，并经复查合格，才能同意验收。

4）此时，监理工作的重点应放在督促检查施工单位需要整改的项目进行整改。而各验收小组的重点应放在当施工单位整改结束，通知要求复查时进行复查。在复查中不仅限于复查需要整改的项目，而且有可能发现新的问题需要整改。所以一次复查不可能全部解决问题。有可能需要进行多次，要一遍又一遍地进行复查、整改，一直整改到符合验收规范时为止。

5）当整改到合格后，工程竣工预验收小组可以表示同意竣工预验收的意见。以后由总监理工程师编制工程竣工预验收报告，并报建设单位。

（2）编写工程质量评估报告

根据《建设工程监理规范》GB/T 50319—2013 规定：工程竣工预验收合格后，项目监理机构应编写工程质量评估报告，经总监理工程师和工程监理单位技术负责人审核签字后报建设单位。

6.5.4　建设单位组织工程竣工验收

当建设单位收到施工单位的工程竣工报告和项目监理机构的工程质量评估报告后，可按下列顺序组织工程竣工验收。

（1）建设、勘察、设计、施工、监理单位分别汇报工程合同履约情况和工程建设各个环节执行法律、法规和工程建设强制性标准情况；

（2）审阅建设、勘察、设计、施工、监理单位的工程档案资料；

（3）实地查验工程质量；

（4）对工程勘察、设计、施工、设备安装质量和各管理环节等方面作出全面评价，形成经验收组人员签署的工程竣工验收意见。

当参与工程竣工验收的建设、勘察、设计、施工、监理等各方不能形成一致意见时，应当协商提出解决的方法或可请当地建设行政主管部门或工程质量监督机构协调处理，协商、重新组织工程竣工验收。

《建设工程监理规范》GB/T 50319—2013 规定：项目监理机构应参加由建设单位组织的竣工验收，对验收中提出的整改问题，督促施工单位及时整改。工程质量符合要求的，总监理工程师应在工程竣工验收报告中签署意见。

工程竣工验收合格后，建设单位应当及时提出工程竣工验收报告。工程竣工验收报告主要包括工程概况，建设单位执行基本建设程序情况，对工程勘察、设计、施工、监理等方面的评价，工程竣工验收时间、程序、内容和组织形式，工程竣工验收意见等内容。

工程竣工验收报告还应附有下列文件：

1）施工许可证；

2）施工图设计文件审查意见；

3）施工单位在工程完工后对工程质量进行了检查，确认工程质量符合有关法律、法规和工程建设强制性标准，符合设计文件及合同要求，并提出工程竣工报告。工程竣工报告应经项目经理和施工单位有关负责人审核签字；

4）对于委托监理的工程项目，监理单位对工程进行了质量评估，具有完整的监理资料，并提出工程质量评估报告。工程质量评估报告应经总监理工程师和监理单位有关负责人审核签字；

5）勘察、设计单位对勘察、设计文件及施工过程中由设计单位签署的设计变更通知书进行了检查，并提出质量检查报告。质量检查报告应经该项目勘察、设计负责人和勘察、设计单位有关负责人审核签字；

6）城乡规划行政主管部门对工程是否符合规划设计要求进行检查，并出具认可文件；

7）有公安消防、环保等部门出具的认可文件或者准许使用文件；

8）验收组人员签署的工程竣工验收意见；

9）市政基础设施工程应附有质量检测和功能性试验资料；

10）施工单位签署的工程质量保修书；

11）法规、规章规定的其他有关文件。

当建筑工程质量不符合要求时，应按《建筑工程施工质量验收统一标准》规定进行处理：

1）经返工重做或更换器具、设备的检验批，应重新进行验收。

2）经有资质的检测单位检测鉴定能够达到设计要求的检验批，应予以验收。

3）经有资质的检测单位检测鉴定达不到设计要求、但经原设计单位核算认可能够满足安全和使用功能的检验批，可予以验收。

4）经返修或加固处理的分项、分部工程，满足安全及使用功能要求时，可按技术处理方案和协商文件予以验收。

5）通过返修或加固处理仍不能满足安全使用要求的分部工程、单位（子单位）工程，严禁通过验收。

6.5.5   工程竣工验收备案

根据《房屋建筑工程和市政基础设施工程竣工验收备案管理暂行办法》规定：建设单位应当自工程竣工验收合格之日起 15 日内，依照本办法规定，向工程所在地县级以上地方人民政府建设行政主管部门备案。建设单位办理工程竣工验收备案应当提交下列文件：

（1）工程竣工验收备案表；

（2）工程竣工验收报告。竣工验收报告应当包括工程报建日期，施工许可证号，施工图设计文件审查意见，勘察、设计、施工、工程监理等单位分别签署的质量合格文件及验收人员签署的竣工验收原始文件，市政基础设施的有关质量检测和功能试验资料以及备案机关认为需要提供的有关资料；

（3）法律、行政法规规定应当由规划、公安消防、环保等部门出具的认可文件或者准许使用文件；

（4）施工单位签署的工程质量保修书；

（5）法规、规章规定必须提供的其他文件。

商品住宅还应当提交《住宅质量保证书》和《住宅使用说明书》。

建设单位在工程竣工验收合格之日起 15 日内未办理工程竣工备案的，备案机关责令限期改正，处 20 万元以上 30 万元以下罚款。

备案机关发现建设单位在竣工验收过程中有违反国家有关建设工程质量管理规定行为的，应当要收讫竣工验收备案文件 15 日内，责令停止使用，重新组织竣工验收。

建设单位将备案机关决定重新组织竣工验收的工程，在重新组织竣工验收前，擅自使用的，备案机关责令停止使用，处工程合同价款 2% 以上 4% 以下罚款。

建设单位采用虚假证明文件办理工程竣工验收备案的，工程竣工验收无效，备案机关责令停止使用，重新组织竣工验收，处 20 万元以上 50 万元以下罚款；构成犯罪的，依法追究刑事责任。

备案机关决定重新组织竣工验收并责令停止使用的工程，建设单位在备案前已投入使用或者建设单位擅自继续使用造成使用人损失的，由建设单位依法承担赔偿责任。

竣工验收备案资料齐全，备案机关及其工作人员不办理备案手续的，由有关机关责令改正，对直接责任人员给予行政处分。

6.5.6 工程质量的评优

按照《建筑工程施工质量验收统一标准》及其配套的各专业工程质量验收规范验收的工程为合格工程。为了鼓励施工企业创优，规范创优活动，国家有关部门制定了《建筑工程施工质量评价标准》GB/T 50375—2006，本标准适用于建筑工程在工程质量合格后的施工质量优良评价。工程创优活动应在优良评价的基础上进行。

工程创优活动包括创建"市优工程"、"省优工程"和"国优工程"等。经过施工企业的创建活动和建设、勘察、设计、监理等的共创支持；必须得到各级政府和行业协会大力支持，根据要求整改到位，符合评优标准后，经市、省、国家行业协会组织专家组的层层评选，有关工程有可能入选为"市优工程"或"省优工程"或"国优工程"。

创建优质工程的成功，对提高建设、勘察、设计、施工、监理等企业的荣誉和信誉度十分重要，"今天的优良，明天的口粮"，所以一般企业均十分重视。

7 建设监理信息管理

7.1 建筑工程监理信息及其管理

7.1.1 信息的概念

1. 信息的定义

通常，信息是指客观世界中各种事物的变化和特征的最新反映，是客观事物之间联系的表征，也是客观事物状态经过传送后的再现。从管理角度来说，信息是指经过加工处理的、对管理活动有影响的数据。而数据则是记录下来的事实，可以扩展到包含数字、文字、图形、声像等的集合。

数据和信息是两个不同的概念，不能混淆。一般来讲，数据具有客观性，而信息具有主观性，只有将数据经过分类、整理、分析之后，才能成为对管理活动有用的信息。在管理中，数据和信息是相对的，在不同的管理层次中，它们的地位是交替的。即：低层次决策用的信息，将成为加工高一层决策信息的数据。

2. 信息的特点

信息一般具有可扩充性、可压缩性、可更替性、可传输性和可分享性等特点。就建筑工程监理管理信息来说，除具有上述一般特点外，还具有以下几个方面的特点。

(1) 监理管理信息的非消耗性：监理管理信息可供多个子系统或一个子系统的不同过程反复利用。

(2) 信息的发生、加工，应用在空间、时间上的不一致性：在监理的不同阶段、不同地点都将发生、处理和应用大量信息。

(3) 信息的系统性：监理信息是在一定时空内形成的，与监理管理活动是密切相关的，而且，信息的发送、收集、加工、传递及反馈是一个连续的闭合环路，具有明显的系统性。

（4）信息来源的分散性：监理过程中产生的信息来自建设单位、设计单位、承建单位及监理组织内部等各个渠道。

（5）信息量大：监理过程中不断产生大量信息，来自投资、质量、进度等各个方面。

建设监理信息的上述特点，对于建设监理管理信息系统中的信息处理方法和手段的选择、信息流的组织和管理有着很大的影响。

3. 信息的分类

为了使信息得到有效管理，以便合理利用，须将信息进行分类。信息的分类可按具体要求进行。以监理信息管理为例，可以选择图 7-1 所示的分类方法之一，或几种方法结合使用。

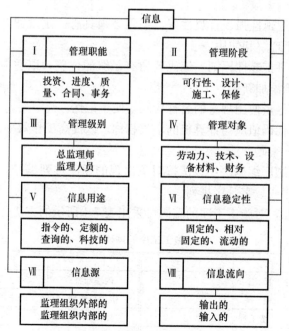

图 7-1 监理信息的分类

4. 信息的编码

在管理过程中，随时都可能产生大量的信息（如报表、数字、文字、声像等），用文字来描述其特征已不能满足现代化管理的要求。因此，必须赋予信息一组能反映其主要特征的代码，用以表征信息的实体或属性，便于计算机管理。代码可以是数字、文字或规定的特殊符号。信息的编码是监理信息管理的基础。

（1）编码原则

1）短小精炼的原则。代码的增加，不仅会带来出错率的增长，还会增加信息处理的工作量和信息存储空间，因而必须适当压缩代码值的大小，但缩减代码值也必须适当，要留有后备的号码。

2）唯一性原则。每个代码所代表的实体或属性必须是唯一的。

3）逻辑性强、直观性好。编码必须具有一定规律，直观简明，便于理解和使用。

4）可扩充性原则。编码要留有足够的位置，以适应变化需要，便于添加新码。

5）尽量使用现有的名称代码，便于记忆。

6）代码值应与计算机的字长相称，以提高工作效率。

（2）编码方法

1）顺序编码法：该法按对象出现的顺序排列编号，也可按字母顺序或数字升序排列。

例如，对施工工序的编码可采用表 7-1 所示的方法。

施工工序的编码　　　　　　　　　　　　表 7-1

工　序	代　码	工　序	代　码
土方工程	1	内墙与柱	5
基础工程	2	楼板与楼梯	6
+0.000 下外墙工程	3	屋面工程	7
外墙工程	4		

这种方法简明易懂，用途广泛，可以与其他形式编码组合使用，便于追加新码。缺点是不易分类，难以进行处理。

2）分组编码法：该法给每一组要编码的信息以一组代码，各组分别编码。每个组内应留有后备编码，便于添加新码。

例如，将建筑物装修分为三组：地面装修、内墙装修和外墙装修，每一组内又可分为若干种装修方法，其编码方法如表 7-2 和表 7-3 所示。

<table>
<tr><td colspan="4" align="center">分组编码法示例（一）</td><td align="right">表 7-2</td></tr>
<tr><th>组　　名</th><th>可能代码数</th><th>后备代码数</th><th colspan="2">组　代　码</th></tr>
<tr><td>地面装修</td><td align="center">15</td><td align="center">5</td><td colspan="2" align="center">00—19</td></tr>
<tr><td>内墙装修</td><td align="center">18</td><td align="center">2</td><td colspan="2" align="center">20—39</td></tr>
<tr><td>外墙装修</td><td align="center">7</td><td align="center">3</td><td colspan="2" align="center">40—49</td></tr>
</table>

<table>
<tr><td colspan="4" align="center">分组编码法示（二）</td><td align="right">表 7-3</td></tr>
<tr><th>工　程　项　目</th><th>编　码</th><th>工　程　项　目</th><th>编　码</th></tr>
<tr><td>普通水泥地面（配筋）</td><td align="center">00</td><td align="center">⋮</td><td align="center">⋮</td></tr>
<tr><td>美术水磨石地面（配筋）</td><td align="center">01</td><td>涂料地面</td><td align="center">15</td></tr>
<tr><td>磨光花岗岩石板地面</td><td align="center">02</td><td></td><td align="center">16</td></tr>
<tr><td>彩色釉面砖地面</td><td align="center">03</td><td align="center">（备用码）</td><td align="center">⋮</td></tr>
<tr><td>红缸砖地面</td><td align="center">04</td><td></td><td align="center">20</td></tr>
</table>

该法与顺序编码法相比，易于分类处理，且建立简便、标志位数较少。

3）十进制编码法：当要编码的信息具有若干类标志，且这些标志在信息处理时必须划分时，可采用十进制编码法。为每一类标志固定若干位十进制的代码，在这种代码中，为编制每一类标志的代码划分出等于 10 的倍数的号码数。

例如，对建筑材料可采用图 7-2 表示的代码结构。

该法编码、分类比较简单，易于计算机处理，但剩余号码较多，空间利用率低，处理速度慢。

4）组合编码法：组合编码法是上述一种或几种简单编码的

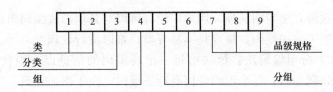

图 7-2　材料代码的结构

组合。适用于多标志的代码。

组合编码中，代码各部分不可分开的称为关联码，代码每一部分具有独立意义的称为非关联码。

监理管理信息的编码一般采用组合编码法。例如，对大中型项目，可采用图 7-3 所示的编码方法。

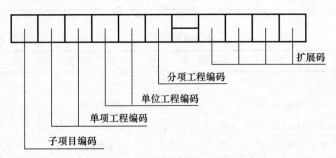

图 7-3　建筑工程监理信息编码图

图中扩展码可以包含如下内容：

① 信息的类型，即该信息反映的是投资信息、进度信息，还是质量信息等；

② 信息的流向，即该信息可以是外部流向监理组织内部，或是内部流向外部，也可是监理组织内各部门间的信息；

③ 信息的形式，即该信息是文字类，还是图表类、音像类等；

④ 阶段名称，即该信息发生在哪一阶段。

7.1.2　建筑工程监理信息管理

1. 信息流

从控制论的观点来看，监理是一个信息的收集、传递、加工、判断和决策的过程。任何一个建设项目建设过程中的所有活动都可用图 7-4 表示。

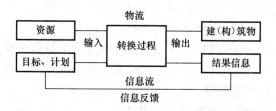

图 7-4 项目建设活动示意图

从图 7-4 中可以看出，信息流是伴随物流而产生的，即项目建设过程中伴随着信息的不断产生，同时，信息流要规划和调节物流的数量、方向、速度和目标，使之按一定的目标流动。监理的实际工作就是帮助建设单位通过信息的收集、加工和利用对建设项目的投资、质量和进度进行规划和控制。

监理过程存在三种信息流，如图 7-5 所示。一是自上而下的信息流；二是自下而上的信息流；三是各部门之间的信息流。这三种信息流都必须畅通。

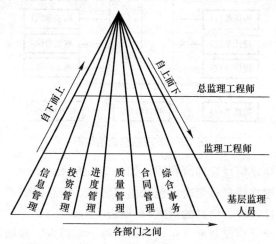

图 7-5 监理信息流示意图

信息流是双向的，即要有信息反馈。在监理过程中，要用好信息反馈的方法，同时要注意以下几点：

（1）信息的反馈应贯穿于项目监理的全过程，仅依靠一次反馈不可能一劳永逸地解决所有问题；

（2）反馈的速度应快于客体变化的速度，且修正要及时；

（3）力争做到超前反馈，即要对客体的变化发展有预见性。

2. 监理信息管理

监理信息管理可按以下步骤进行：

（1）建立信息流结构图（反映参加部门、单位间的信息关系），如图 7-6 所示。

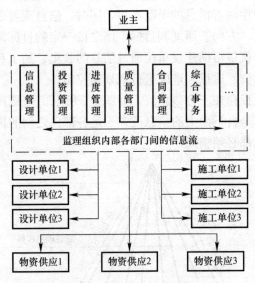

图 7-6 监理信息流结构图

（2）建立信息管理流程图，如图 7-7 所示。

（3）建立信息目录表（包括信息名称、信息提供者、提供时间、信息接收者、信息的形式），见表 7-4。

（4）建立会议制度（包括会议名称、主持人、参加人、会议举行的时间等），见表 7-5。

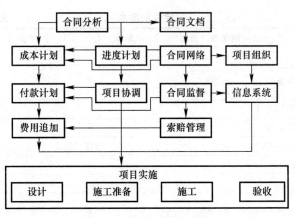

图 7-7　信息理信流程图

信息目录表　　　　　　　　　　　表 7-4

表　名	信息目录表（通用）	编号		本表号	
工程项目名称 ⋯⋯⋯⋯⋯⋯⋯⋯⋯⋯					
项目编号 ⋯⋯⋯⋯⋯⋯⋯⋯⋯⋯					
信息名称	收集时间		信息提供者		信息接受者
填表人			填表日期		

会议制度表   表 7-5

表　名	会议制度表（通用）	编号		本表号	

工程项目名称 ....
　项目编号 ....

会议召开时间	
会议名称	

会议主持人		会议参加人	

会议主要内容

填表人		填表日期	

（5）信息的编码系统，如图 7-3 所示。

（6）根据投资、进度、质量、合同四个方面组织信息，建立相应的子系统。

（7）建立信息的收集、整理及保存制度。

监理组织内部应设有专人负责将监理过程中形成的各种信息集中整理、分类,以供随时查询利用。在利用计算机进行管理时,对于重要的信息应及时备份,以免丢失。在一项工程完成或告一段落后,必须将形成的材料加以系统整理,组成保管单位,注明密级,由工程负责人审查后,送交档案部门及时归档。

监理组织内部应建立健全收发文件制度,以提高工程管理水平。

(1)凡由上级单位、设计单位、施工单位、建设单位的来函文件,或由监理工程师签发的发往施工单位、建设单位等的文件均需编号,并登记入收发文本;

(2)收发文本应统一设置,按收发文日期顺序登记填写;

(3)收发文必须有签字手续。收文由收件人及保管人签字,发文由发往单位的有关人员签字;

(4)技术资料应按下述分项整理

1)技术交底;

2)材质与产品检验;

3)施工试验报告;

4)施工记录。

3. 监理信息管理的特点

监理信息管理除满足一般信息管理的要求外,还具有以下特点:

(1)监理信息系统的各个子系统都存在生产、技术、经济、资源类信息,但侧重点不同,主次不同,各子系统具有相对独立性。

(2)监理信息管理系统既需要大量的即时数据,也需要大量的历史数据。建设前期需要大量历史数据,用于可行性研究等,建设期则更多地需要即时数据,以便及时调整和控制过程。因此,不同时期对信息的要求不同。

(3)不同的监理层次、不同的监理岗位也有不同的信息要求,如信息的类型、信息的精度、信息的来源等。

（4）监理信息管理具有强烈的时效性、系统性。

建设过程中随时都在产生大量信息，用常规的管理工具无法及时、准确地收集、处理、存贮和传递大量的信息，因而，建立以计算机为核心的监理管理信息系统是十分必要的。

7.2 监理管理信息系统

7.2.1 监理管理信息系统的涵义

监理管理信息系统是一个由人、计算机等组成的能进行管理信息的收集、传递、存储、加工、维护和使用的集成化系统，它能够为一个监理组织进行建设项目的投资控制、进度控制、质量控制及合同管理等提供信息支持。

7.2.2 监理管理信息系统的作用

监理管理信息系统的作用是收集、传递、处理、存储、分发建设监理各类数据和信息给建设监理各层次、各岗位的监理人员，为高层次建设监理人员提供预测、决策所需的数据、数学分析模型、手段，提供决策支持。为监理工程师提供标准化的、有合理来源和一定时间要求的结构化的数据，提供人、财、物、设备诸要素之间综合性强的数据和对编制计划、变动计划、实现调控提供必要的科学手段，提供必要的应变程序，保证对随机性问题处理时的多方案选择，做到事前管理；提供必要的办公自动化手段，使监理工程师能摆脱繁琐的日常事务工作，集中精力分析数据产生信息。

7.2.3 监理管理信息系统的结构形式

监理管理信息系统的结构形式与管理组织机构的形式相对应，具有多种形式。主要结构形式有以下几种：

（1）职能结构。即管理职能部门既是管理工作机构，也是管理信息系统的一个子系统，担负各种信息管理工作。

（2）横向综合结构。即把管理各个职能部门的信息系统联合起来，组成一个统一的管理信息系统。它是把每个管理职能部门内部同类的管理信息集中在一起，建立若干个专业性信息子系统。

（3）纵向综合结构。即下层管理信息及时传递给上层信息管理机构进行信息加工，加工后的信息及时传递给下层管理机构，使每一级管理机构都能获得全部信息，实现信息共享。

（4）全面综合结构。即将横向综合结构和纵向综合结构结合起来的管理信息系统，兼有两者的特性。

7.2.4 监理管理信息系统的模型

监理管理信息系统的模型如图 7-8 所示。

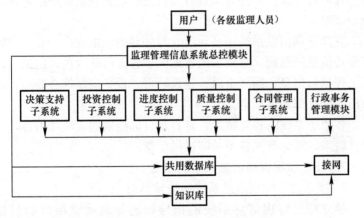

图 7-8 监理管理信息系统的模型

监理管理信息系统由多个子系统构成，它们是：决策支持子系统、投资控制子系统、进度控制子系统、质量控制子系统、合同管理子系统、行政事务管理子系统等。各子系统功能的实现依靠公用数据库及知识库的支持。

数据库是按最小冗余数据，以多种应用共享为原则，将数据以一定方式存储起来的数据组织形式。监理信息系统中的公用数据库，就是将各子系统共同的数据按一定的方式组织起来，并存储在其中，以实现各子系统的数据共享。

知识库则是以数据库为基础，将专门知识和信息以一定方式存储起来的数据组织形式，是决策支持系统的基础。

决策支持系统包括决策者、决策对象和信息处理三个基本要素，是决策者在科学决策理论指导下，采用科学的决策方法和现代化的决策手段，通过内外信息的传递、沟通和反馈，对决策对象进行加工处理，并做出决策的过程。

决策支持系统以计算机为基础，由大型数据库、完善的模型库、知识库和专家系统组成。监理管理信息系统的决策支持子系统可为监理高层领导对规划性、发展性问题提供决策支持，即提出各种可行方案，对各方案进行分析处理，并提供处理结果作为决策依据。

监理管理信息系统还必须建立与外界的联络通信，如：与国家经济信息网联网，收集国内各地区、各部门建设项目信息、国际工程招标信息、国际金融、建设物资、设备信息等必要的、决策所需的外部环境信息。

各个子系统既相互独立，有自身目标控制的方法和内容，又相互联系，互为其他各子系统提供信息。

7.2.5 监理管理信息系统的建立

1. 建立监理管理信息系统的指导思想

建立监理管理信息系统的指导思想是以建设项目的目标（工期、质量及投资目标）管理为中心，通过项目实施前的目标规划与项目实施过程中的目标控制，使项目目标尽可能好地实现。

建设项目的监理工作中，监理规划是指导监理工作全过程的文件，它是进行三大控制（即投资控制、进度控制、质量控制）的依据，它实现了监理工作流程程序化、监理记录标准化、监理报告系统化，是实现建设监理管理系统的前提。监理规划的主要内容有：工程概况、项目总目标、项目组织、监理班子的组织、信息管理、投资控制、进度控制、质量控制等。

建设监理规划的主要内容如图 7-9 所示。

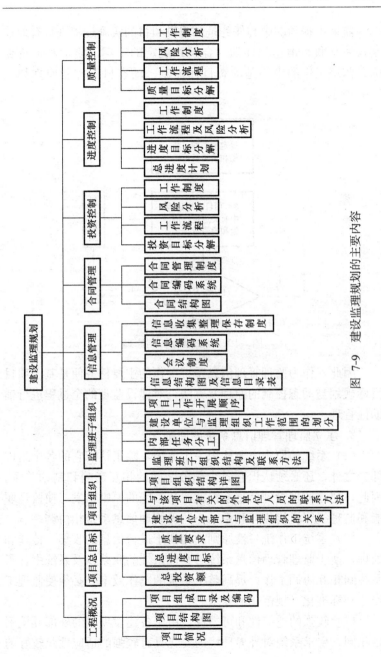

图 7-9 建设监理规划的主要内容

监理工程师的中心任务是对建设项目的实施过程进行有效控制，使其顺利地达到计划（合同）规定的工期、质量和造价目标。监理工作的中心是动态目标控制。动态目标控制原理如图7-10所示。

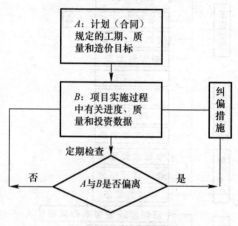

图 7-10   动态目标控制原理

因此，作为监理管理信息系统工作的主要任务便是基于项目目标规划与动态控制的原理及方法，对建设监理的全过程进行辅助性管理。

2. 建立监理管理信息系统的原则

（1）系统的原则：要认识一个系统，除了认识它的各个组成部分之外，还必须认识它各个部分之间的相互影响和制约关系。因此，建立监理管理信息系统就要从系统的原则出发，使监理职能和监理组织机构相互联系，与监理管理信息系统相协调。

（2）系统工作统一性原则：为便于进行信息的收集、传递和处理，便于监理管理信息系统与其他系统的联系以及系统中各子系统间相互协调工作，提高整个系统的工作效率，必须使监理工作达到标准化、规范化的要求。

（3）较强的适应性和可靠性：由于各建设项目的外部环境不尽相同，要求系统对外界环境的变化具有较强的适应性及较好的灵活性。

3. 建立监理管理信息系统的前提

(1) 合理的组织机构：要明确各执行工作任务部门之间的上下级关系，建立层次清楚、路线明确的命令系统，以便确定究竟需要何种信息，以及信息的流向。

(2) 合理的工作流程组织：要明确各执行工作任务部门的分工、权力、任务及责任，确定各项工作任务执行的先后顺序，尤其要注意它们之间的连接，既不可重叠，又不可中断。

(3) 合理的信息管理制度：要实现日常业务的标准化，报表文件的规范化，数据资料的代码化和完整化，便于计算机处理，实现高效的管理。

4. 建立监理信息管理系统的方式及开发过程

建立监理管理信息系统的方式有三种：

(1) 自上而下的方式：将建设监理单位看成一个整体，利用系统的观点和系统工程的方法进行开发，即以最高决策层的信息需求分析开始，由上而下逐层分析，所有子系统的划分和各程序模块的确定都紧紧围绕实现系统的总目标来进行。监理单位的各职能部门的设立根据系统的运行要求安排。这种方式的优点是：系统整体性好，数据一致性好，便于通信和共享；缺点是开发周期长，技术力量要求高，一次投资大。

(2) 自下而上的方式：从基层做起，即从一个单项的业务信息系统开始逐步建立，逐步扩充和完善总的管理信息系统。这种方式由浅入深、由简到繁，容易被管理人员所接受；缺点是系统整体性差，各子系统间的接口和数据难以共享，数据一致性差，冗余量大。

(3) 自上而下分析、自下而上实现的方式：在系统开发前，认真仔细进行总体设计，并在总体设计的指导约束下，从各子系统开始逐步建立，首先开发数据库比较完善、收效明显的子系统，再逐步扩大和完善。这是目前较常用的方式。

监理管理信息系统的开发过程如表 7-6 所示。

监理管理信息系统的开发过程　　　　表 7-6

阶　　段	开发步骤	任　　务
系统分析阶段	确定系统目标	了解用户要求及现实环境，研究并论证开发系统的可行性，确定系统性能和功能
	软件需求分析	确定软件的运行环境，提出系统流程图及数据处理方式，制定开发计划
系统设计阶段	软件设计	建立系统的总体结构和模块间的关系，设计全局数据库、数据结构，设计各功能模块的内部细节
	软件实现	建立数据库、知识库及模型库，编制源程序
系统实施阶段	软件测试	对软件进行组装测试和系统综合测试，提出测试分析报告，编制用户手册
	软件运行与维护	对投入运行的软件系统进行维护和鉴定，提供综合评价以供改进

7.3　监理管理信息系统的主要内容

7.3.1　投资控制子系统

1. 投资控制子系统的控制方法

投资控制的核心是投资计划值与投资实际值的比较。为此，在从事投资控制工作之前，首先要对项目的总投资进行分解，将总投资逐层由粗到细划分成若干条块，并进行编码，以掌握每一项投资费用发生在总投资的哪一部分，以及是哪一部分的实际投资超过了计划投资，从而分析超额的原因，采取纠偏措施。

2. 投资控制子系统的功能

投资控制子系统用于收集、存储和分析有关工程项目投资方面的信息，在项目实施的各个阶段制定计划投资，提供实际投资信息，做实际投资与计划投资的动态跟踪比较，控制每个投资分块、每一阶段的实际投资，以达到工程项目投资总目标的实现。

投资控制子系统具有如下功能：

（1）投资数据输入：完成投资计划的编制和实际投资数据的收集和存储；

（2）投资数据修改与查询：完成对投资计划的修改与补充；满足各管理层次对各种投资数据的查询要求；

（3）投资数据比较：完成各种投资计划值与投资实际值的比较；

（4）财务用款控制：用于工程项目的资金控制。

投资控制子系统的各功能模块可用图 7-11 表示。

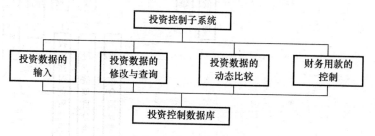

图 7-11　投资控制子系统功能模块图

3. 投资控制子系统各功能模块的主要内容

图 7-11 中各功能模块具有如图 7-12 所示的具体内容。图 7-12 中：

（1）投资按合同分类进行比较是指：跟踪每一份合同执行情况，将合同范围内的实际投资与合同价进行比较；

（2）投资按项目分类比较是指：跟踪每一子项目的合同价及实际投资情况，将本子项目的实际投资与合同价进行比较；

（3）投资按时间阶段进行比较是指：根据进度计划编制月、季、年度投资计划，与月、季、年度实际投资进行比较。

4. 投资控制子系统的任务

投资控制子系统在项目实施各阶段可完成表 7-7 所示的各项任务。

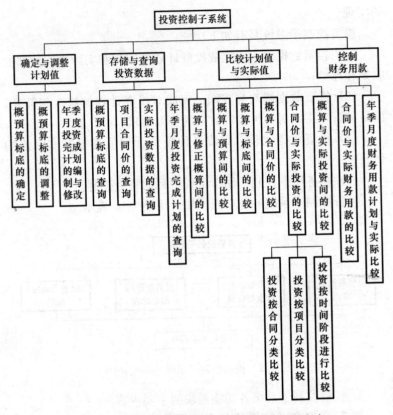

图 7-12 投资控制子系统各功能模块的主要内容

投资控制子系统的任务 表 7-7

项目实施阶段	投资控制子系统的任务
设计准备阶段	编制粗概算，初步确定投资目标，在粗概算范围内编制修正概算
初步设计阶段	编制总概算，确定投资目标，对结构和设施进行优化和协调 编制修正概算，使设计深化严格控制在初步概算所确定的投资计划值之内
招标发包阶段	编制标底，根据投资切块，在投资分目标范围内把握住各合同价，使合同价及以后的合同调整额控制在概预算之内

续表

项目实施阶段	投资控制子系统的任务
施工阶段	不断收集和计算实际投资数据，将实际投资与计划投资进行动态跟踪比较，将投资费用在各切块部分间均衡地分配
竣工验收阶段	审查竣工决算，将竣工决算控制在合同价之内

7.3.2 进度控制子系统

1. 进度控制子系统的功能

项目进度控制子系统的主要功能：为监理工程师提供编制和调整网络计划，对工程的实际进度与计划进度进行动态比较和控制，及时发现影响计划进度执行的不利因素，进行优化调整处理，在保证总工期的前提下调整总体统筹控制计划。

进度控制子系统的功能模块如图 7-13 所示。

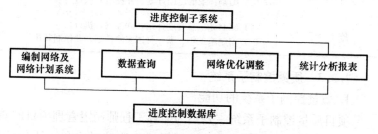

图 7-13 进度控制子系统功能模块图

2. 进度控制子系统的内容

(1) 编制双代号网络计划或单代号搭接网络计划；

(2) 编制多阶网络（多平面群体网络）计划；

(3) 总网络与子网络计划的协调分析；

(4) 提供现有时间坐标的网络图和相应的横道图计划；

(5) 工程实际进度的统计分析；

(6) 实际进度与计划进度的动态比较；

(7) 工程进度变化趋势预测；

(8) 计划进度的定期调整；

(9) 工程进度的查询;

(10) 提供不同管理层次工程进度报表;

(11) 绘制网络图。

3. 进度控制子系统的任务

项目实施各阶段进度控制子系统的任务如表 7-8 所示。

进度控制子系统的任务 表 7-8

项目实施阶段	进度控制子系统的任务
设计准备阶段	(1) 为建设单位提供有关工期的信息,协助建设单位确定工期总目标 (2) 编制项目总进度计划 (3) 编制准备阶段详细工作计划并控制该计划的执行 (4) 施工现场条件调研、分析
设计阶段	(1) 编制设计阶段工作进度计划,并控制其执行 (2) 编制详细的出图计划,并控制其执行
施工阶段	(1) 编制施工总时度计划,并控制其执行 (2) 编制施工年、季、月度实施计划,并控制其执行

7.3.3 质量控制子系统

1. 质量控制子系统的功能

项目质量控制子系统主要是为监理工程师制定管理项目的质量要求和质量标准,对已建工程质量进行跟踪对比和统计分析,及时发现质量问题,加以控制。

质量控制子系统的功能模块如图 7-14 所示。

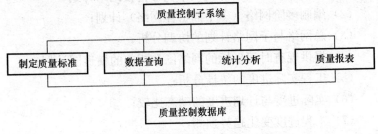

图 7-14 质量控制子系统功能模块图

2. 质量控制子系统主要内容

(1) 项目质量要求与质量标准的制定；

(2) 分项、分部、单位工程的验收记录与统计分析；直方图、控制图等管理图表的绘制；

(3) 工程材料的验收记录；

(4) 机电设备安装验收记录；

(5) 工程设计质量验定记录；

(6) 安全质量事故及处理记录等。

3. 质量控制子系统的任务

项目实施各阶段质量控制的主要任务如表 7-9 所示。

质量控制子系统的任务 表 7-9

项目实施阶段	质量控制子系统的任务
设计准备阶段	(1) 确定质量要求、标准 (2) 确定设计方案竞赛的有关质量评选原则 (3) 审核各设计方案是否符合质量要求
设计阶段	在设计进展过程中，审核设计是否符合质量要求，根据需要提出修改意见
招标发包阶段	(1) 审核施工招标文件中的施工质量要求和设备招标文件中的质量要求 (2) 评审各投标书中的质量部分 (3) 审核施工合同中有关质量的条款
施工阶段	(1) 检查材料、构件、制品及设备的质量情况 (2) 监督施工质量 (3) 中间验收和竣工验收

7.3.4 合同管理子系统

1. 合同管理子系统的功能

合同管理子系统主要是通过公文处理与合同信息统计的方法，为监理工程师起草、签订合同、跟踪合同执行提供辅助。

合同管理子系统的功能模块如图 7-15 所示。

2. 合同管理子系统各功能模块的内容

(1) 合同分析模块

1) 合同结构分解、编码（建立合同编码表）；

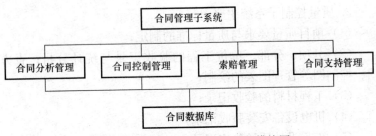

图 7-15   合同管理子系统的功能模块图

2）建立合同事件表（见表 7-10），将合同目标和合同规定落实到合同实施的具体问题上和具体事件上，并建立合同事件网络，以反映合同事件之间的逻辑关系。

合同事件表   表 7-10

表名	合同事件表	编号		本表号	
工程项目名称：_____ 项目编号：_____				日期 变更次数	
事件名称的简要说明：					
事件内容说明：					
前提条件：					
本事件主要活动：					
负责人（单位）：					
费用 计划 实际		其他参加者		工期 计划 实际	

（2）合同控制模块

1）将被审查的合同与合同的标准结构进行对比、分析、审查，确定风险制度，并提出修改建议与对策；

2）对合同进行分析，提出风险对策，确定不同层次监理人员的职责；

3）将合同事件的实际情况与合同事件表对比分析，并提出建议与对策。

（3）索赔管理

1）合同变更分析审查；

2）索赔报告审查分析；

3）反索赔报告的建立、审查、分析，提出索赔值的计算方法；

4）特殊问题的法律分析。

（4）合同支持模块

1）合同资料和与合同有关的工程资料的编辑、登录、修改、删除、查询、统计、排版等；

2）合同管理各类统计报表；

3）提供和选择使用各类标准合同；

4）各类经济法规的查询等。

各功能模块的主要内容可用图 7-16 表示。

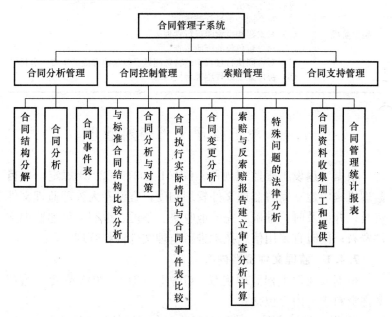

图 7-16 合同管理子系统各功能模块的主要内容

3. 合同管理子系统的任务

项目实施各阶段合同管理的主要任务可用表 7-11 表示。

合同管理子系统的任务 表 7-11

设计准备阶段	合同管理子系统的主要任务
设计准备阶段	（1）编制设计招标文件 （2）协助建设单位对合同进行审查分析，提供修改建议，为合同谈判和合同签订提供决策信息
设计阶段	检查设计承包单位执行设计合同情况，为合同修改提供法律方面的审查
招标发包阶段	（1）编制施工招标文件 （2）协助建设单位审查投标单位资质 （3）拟定施工承包合同 （4）协助建设单位签订施工承包合同 （5）为合同修改提供法律审查
施工阶段	（1）跟踪检查施工承包合同的执行情况，将实际情况与合同资料进行对比分析 （2）对合同变更进行管理 （3）对索赔和反索赔进行管理 （4）对分包单位的资质审查 （5）对合同执行过程中的特殊问题进行法律方面的审查、分析 （6）协助业主处理施工合同纠纷

7.4 施工监理文件资料管理

根据《建设工程监理规范》GB/T 50319—2013 规定，项目监理机构应建立完善监理文件管理制度，宜设专人管理监理文件资料；并应及时、准确、完整地收集、整理、编制、传递监理文件资料；同时宜采用信息技术进行监理文件资料管理。

7.4.1 监理文件资料内容

根据《建设工程监理规范》GB/T 50319—2013 规定，监理文件资料主要内容包括：

① 勘察设计文件、建设工程监理合同及其他合同文件；

② 监理规划、监理实施细则；

③ 设计交底和图纸会审会议纪要；

④ 施工组织设计、（专项）施工方案、应急救援预案、施工进度计划报审文件资料；

⑤ 分包单位资格报审文件资料；

⑥ 施工控制测量成果报验文件资料；

⑦ 总监理工程师任命书、工程开工令、暂停令、复工令、开工/复工报审文件资料；

⑧ 工程材料、构配件、设备报验文件资料；

⑨ 见证取样和平行检验文件资料；

⑩ 工程质量检查报验资料及工程有关验收资料；

⑪ 工程变更、费用索赔及工程延期文件夹资料；

⑫ 工程计量、工程款支付文件资料；

⑬ 监理通知、工作联系单与监理报告；

⑭ 第一次工地会议、监理例会、专题会议等会议纪要；

⑮ 监理月报、监理日志、旁站记录；

⑯ 工程质量/生产安全事故处理文件夹资料；

⑰ 工程质量评估报告及竣工验收监理文件资料；

⑱ 监理工作总结。

7.4.2 监理文件资料归档

（1）根据《建设工程监理规范》GB/T 50319—2013 规定，项目监理机构应及时整理、分类汇总监理文件资料，按规定组卷、形成监理档案，并向有关部门移交监理档案。

（2）按《建设工程文件归档整理规范》GB/T 50328—2001 中规定的监理资料内容整理、归档：

① 监理委托合同；＊♯

② 工程项目监理机构及负责人名单；＊♯

③ 监理规划；＊△

④ 监理实施细则；＊△

⑤ 监理部总控制计划等；△

⑥ 监理月报中有关质量问题；＊＃

⑦ 监理会议纪要中的有关质量问题；＊＃

⑧ 工程开工/复工审批表；＊＃

⑨ 工程开工/暂停/复工令；＊＃

⑩ 不合格项目通知；＊＃

⑪ 质量事故报告及处理意见；＊＃

⑫ 有关进度控制的监理通知；＃

⑬ 有关质量控制的监理通知；＃

⑭ 有关造价控制的监理通知；＃

⑮ 工程延期报告及审批；＊＃

⑯ 费用索赔报告及审批；＃

⑰ 合同争议、违约报告及处理意见；＊＃

⑱ 合同变更材料；＊＃

⑲ 专题总结；△

⑳ 月报总结；△

㉑ 工程竣工总结；＊＃

㉒ 质量评价意见报告；＊＃

㉓ 检验批质量验收记录；＃

㉔ 分项工程质量验收记录；＃

㉕ 分部（子分部）工程质量验收记录；＊＃

㉖ 基础、主体工程验收记录；＊

㉗ 幕墙工程验收记录。＊

（3）按城建档案馆规定的归档目录内容分别归档：

1）建设、设计、施工、监理分别按城建档案馆规定的归档目录内容归档，详见《建设工程文件归档整理规范》GB/T 50328—2001。属于由城建档案馆保存的监理档案，详见上述第（2）款中带"＊"的内容。在监理档案中带"＃"的档案属于长期保存的档案（长期是指保存期等于该工程的使用寿命）；带"△"的档案属于短期档案（短期指档案保存 20 年以下）。

2）归档文件的质量要求，应根据《建设工程文件归档整理

规范》GB/T 50328—2001 中规定的要求进行:

① 归档的工程文件应为原件。

② 工程文件的内容及其深度必须符合国家有关工程勘察、设计、施工、监理等方面的技术规范、标准和规程。

③ 工程文件的内容必须真实、准确,与工程实际相符合。

④ 工程文件应采用耐久性强的书面材料,如碳素墨水、蓝黑墨水。不得使用易褪色的书面材料,如红色墨水、纯蓝墨水、圆珠笔、复写纸、铅笔等。

⑤ 工程文件应字迹清楚,图样清晰,图表整洁,签字盖章手续完备。

⑥ 工程文件中文字材料幅面尺寸规格宜为 A4 幅面(297mm×210mm)。图纸宜采用国家标准图幅。

⑦ 工程文件的纸张应采用能够长期保存的韧力大、耐久性强的纸张。图纸一般采用蓝晒图,竣工图应是新蓝图。计算机出图必须清晰,不得使用计算机出图的复印件。

⑧ 所有竣工图均应加盖竣工图章(图章内容按规范规定)。

⑨ 利用施工图改绘竣工图,必须标明变更修改依据。凡施工图结构、工艺、平面布置等有重大改变,或变更部分超过图面 1/3 的,应当重新绘制竣工图。

⑩ 不同幅面的工程图纸应按《技术制图复制图的折叠方法》GB/T 10609.3—2009 统一折叠成 A4 幅面(297mm×210mm),图标栏露在外面。

3) 归档文件立卷的原则和方法,应根据《建设工程文件归档整理归范》GB/T 50328—2001 规定的进行:

① 立卷应遵循工程文件的自然形成规律,保持卷内文件的有机联系,便于档案的保管和利用。

② 一个建设工程由多个单位工程组成时,工程文件应按单位工程组卷。

③ 工程文件可按建设程序划分为工程准备阶段文件、监理文件、施工文件、竣工图、竣工验收文件 5 部分。

④ 工程准备阶段文件可按建设程序、专业、形成单位等组卷。

⑤ 监理文件可按单位工程、分部工程、专业、阶段等组卷。

⑥ 施工文件可按单位工程、分部工程、专业、阶段等组卷。

⑦ 竣工图可按单位工程、专业等组卷。

⑧ 竣工验收文件可按单位工程、专业等组卷。

⑨ 案卷不宜过厚，一般不超过 40mm。

⑩ 案卷内不应有重份文件，不同载体的文件一般应分别组卷。

7.4.3 建设工程监理基本表式

根据《建设工程监理规范》GB/T 50319—2013 规定的表式见如下附录。

附录 A 工程监理单位用表

A.0.1 总监理工程师任命书应按本规范附录表 A.0.1 的要求填写。

总监理工程师任命书　　　　　表 A.0.1

工程名称：　　　　　　　　　　　　　　　编号：

致：_____（建设单位）

　　兹任命_____（注册监理工程师注册号：_____）为我单位_____项目总监理工程师。负责履行建设工程监理合同、主持项目监理机构工作。

工程监理单位（盖章）
法定代表人（签字）
年　月　日

填报说明：

本表一式三份，项目监理机构、建设单位、施工单位各一份。

A.0.2 工程开工令应按本规范附录表 A.0.2 的要求填写。

<table>
<tr><td colspan="2" align="center">**工程开工令**</td><td align="right">**表 A.0.2**</td></tr>
<tr><td>工程名称：</td><td></td><td align="right">编号：</td></tr>
</table>

致：_____（施工单位）

　　经审查，本工程已具备施工合同约定的开工条件，现同意你方开始施工，开工日期为：____年____月____日。

　　附件：开工报审表

项目监理机构（盖章）

总监理工程师（签字、加盖执业印章）

年　　月　　日

填报说明：

本表一式三份，项目监理机构、建设单位、施工单位各一份。

A.0.3 监理通知应按本规范附录表 A.0.3 的要求填写。

<table>
<tr><td colspan="2" align="center">**监理通知**</td><td align="right">**表 A.0.3**</td></tr>
<tr><td>工程名称：</td><td></td><td align="right">编号：</td></tr>
</table>

致：_____（施工项目经理部）

　　事由：_____

_____

_____

_____

　　内容：_____

_____

_____

_____

项目监理机构（盖章）

总/专业监理工程师（签字）

年　　月　　日

填报说明：

本表一式三份，项目监理机构、建设单位、施工单位各一份。

A. 0. 4　监理报告应按本规范附录表 A. 0. 4 的要求填写。

监理报告　　　　　　　　　表 A. 0. 4

工程名称：　　　　　　　　　　　　　　　　　　　编号：

致：＿＿＿＿＿＿＿＿＿＿（主管部门）
　　由＿＿＿＿＿＿＿＿＿（施工单位）施工的＿＿＿＿＿＿＿＿＿＿（工程部位），存在安全事故隐患。我方已于＿＿年＿＿月＿＿日发出编号为：＿＿＿＿＿＿＿的《监理通知》/《工程暂停令》，但施工单位未（整改/停工）。
　　特此报告。

　　附件：□监理通知
　　　　　□工程暂停令
　　　　　□其他

　　　　　　　　　　　　　　　　项目监理机构（盖章）：
　　　　　　　　　　　　　　　　总监理工程师（签字）
　　　　　　　　　　　　　　　　　　　年　　月　　日

填报说明：
本表一式四份，主管部门、建设单位、工程监理单位、项目监理机构各一份。

A. 0. 5　工程暂停令应按本规范附录表 A. 0. 5 的要求填写。

工程暂停令　　　　　　　　　表 A. 0. 5

工程名称：　　　　　　　　　　　　　　　编号：

致：＿＿＿＿＿＿＿＿＿＿（施工项目经理部）
　　由于＿＿＿＿＿＿＿＿＿＿＿＿＿＿＿＿＿＿＿＿＿＿＿＿＿＿＿＿＿

＿＿＿＿＿＿＿＿＿＿＿＿＿＿＿＿＿＿＿＿＿＿＿＿＿＿＿＿＿＿＿＿＿＿＿

原因，现通知你方于＿＿＿＿＿＿年＿＿月＿＿日＿＿时起，暂停＿＿＿＿＿＿＿部位（工序）施工，并按下述要求做好后续工作。
　　要求：

　　　　　　　　　　　　　　　　项目监理机构（盖章）
　　　　　　　　　　　　　　　　总监理工程师（签字、加盖执业印章）
　　　　　　　　　　　　　　　　　　　年　　月　　日

填报说明：
本表一式三份，项目监理机构、建设单位、施工单位各一份。

A. 0. 6 旁站记录应按本规范附录表 A. 0. 6 的要求填写。

旁站记录　　　　　　　　　　表 A. 0. 6

工程名称：　　　　　　　　　　　　　　　　　　　　　　　编号：

旁站的关键部位、关键工序		施工单位	
旁站开始时间	年　月日时　分	旁站结束时间	年　月日时　分
旁站的关键部位、关键工序施工情况：			
旁站的情况：			
存在问题及处理结果：			

旁站监理人员（签字）：
　　　　　　　　年　　　月　　　日

填报说明：
本表一式一份，项目监理机构留存。

A.0.7　工程复工令应按本规范附录表 A.0.7 的要求填写。

工程复工令　　　　　　　　　　表 A.0.7

工程名称：　　　　　　　　　　　　　　　　　编号：

致：＿＿＿＿＿＿＿＿＿＿＿＿＿（施工项目经理部）
　　我方发出的编号为＿＿＿＿＿＿停工令，要求暂停＿＿＿＿＿＿＿部位（工序）
施工，经查已具备复工条件，经建设单位同意，现通知你方于＿＿年＿＿月＿＿
日＿＿时起恢复施工。
　　附件：复工报审表

项目监理机构（盖章）
总监理工程师（签字、加盖执业印章）
　　年　　月　　日

填报说明：
本表一式三份，项目监理机构、建设单位、施工单位各一份。

A.0.8　工程款支付证书应按本规范附录表 A.0.8 的要求填写。

工程款支付证书　　　　　　　表 A.0.8

工程名称：　　　　　　　　　　　　　　　　　编号：

致：＿＿＿＿＿＿＿＿＿＿＿＿＿（施工单位）
　　根据施工合同约定，经审核编号为＿＿＿＿＿＿施工单位工程款支付申请表，
扣除有关款项后，同意支付该款项共计（大写）
＿＿＿＿＿＿＿＿＿＿＿＿（小写：＿＿＿＿＿＿＿）。

　　其中：
　　1. 施工单位申报款为：
　　2. 经审核施工单位应得款为：
　　3. 本期应扣款为：
　　4. 本期应付款为：

　　附件：1. 施工单位的工程款支付申请表及附件
　　　　　2. 工程款支付审核表

项目监理机构（盖章）
总监理工程师（签字、加盖执业印章）
　　年　　月　　日

填报说明：
本表一式三份，项目监理机构、建设单位、施工单位各一份。

附录 B 施工单位报审/验用表

B.0.1 施工组织设计报审表应按本规范附录表 B.0.1 的要求填写。

施工组织设计/(专项) 施工方案报审表　　表 B.0.1

工程名称：　　　　　　　　　　　　　　　　　编号：

致：　　　　　　　　　　　　（项目监理机构） 　　我方已完成　　　　　　　工程施工组织设计/(专项) 施工方案的编制，并按规定已完成相关审批手续，请予以审查。 　　附：□施工组织设计 　　　　□专项施工方案 　　　　□施工方案 　　　　　　　　　　　　　　施工单位（盖章） 　　　　　　　　　　　　　　施工单位技术负责人（签字） 　　　　　　　　　　　　　　　　　年　　月　　日
审查意见： 　　　　专业监理工程师（签字） 　　　　　　　　　　　　　年　　月　　日
审核意见： 　　　　　　项目监理机构（盖章） 　　　　　　总监理工程师（签字、加盖执业印章） 　　　　　　　　　　　　　年　　月　　日
审批意见（仅对超过一定规模的危险性较大分部分项工程专项施工方案）： 　　　　　　　建设单位（盖章） 　　　　　　　建设单位代表（签字） 　　　　　　　　　　　　　年　　月　　日

填报说明：
本表一式三份，项目监理机构、建设单位、施工单位各一份。

B.0.2 工程开工报审应按本规范附录表 B.0.2 的要求填写。

开工报审表   表 B. 0. 2

工程名称：   编号：

致：_____（建设单位）
    _____（项目监理机构）
    我方承担的_____工程，已完成相关准备工作，具备开工条件，特申请于__年__月__日开工，请予以审批。
    附件：证明文件资料
 	
<div style="text-align:right">施工单位（盖章）
项目经理（签字）
年   月   日</div>

审查意见：   <div style="text-align:right">项目监理机构（盖章） 总监理工程师（签字、加盖执业印章） 年   月   日</div>
审批意见：   <div style="text-align:right">建设单位（盖章） 建设单位代表（签字） 年   月   日</div>

填报说明：
本表一式三份，项目监理机构、建设单位、施工单位各一份。

B. 0. 3 复工报审表应按本规范附录表 B. 0. 3 的要求填写。

复工报审表   **表 B. 0. 3**

工程名称：   编号：

致：_____（项目监理机构） 　　编号为_____（工程暂停令）所停工的_____部位，现已满足复工条件，我方申请于___年___月___日复工，请予以审批。 　　附：证明文件资料   　　　　　　　　　　　　　　　施工项目经理部（盖章） 　　　　　　　　　　　　　　　项目经理（签字） 　　　　　　　　　　　　　　　　　　年　　月　　日
审查意见：   　　　　　　　　　　　　　　　项目监理机构（盖章） 　　　　　　　　　　　　　　　总监理工程师（签字） 　　　　　　　　　　　　　　　　　　年　　月　　日
审批意见：   　　　　　　　　　　　　　　　建设单位（盖章） 　　　　　　　　　　　　　　　建设单位代表（签字） 　　　　　　　　　　　　　　　　　　年　　月　　日

填报说明：

本表一式三份，项目监理机构、建设单位、施工单位各一份。

B. 0. 4　分包单位资格报审表应按本规范附录表 B. 0. 4 的要求填写。

分包单位资格报审表　　　　　　表 B. 0. 4

工程名称：　　　　　　　　　　　　　　　　编号：

致：＿＿＿＿＿＿＿＿＿＿（项目监理机构）
　　经考察，我方认为拟选择的 ＿＿＿＿＿＿＿＿＿＿＿＿＿＿＿（分包单位）
具有承担下列工程的施工/安装资质和能力，可以保证本工程按施工合同第
＿＿＿＿＿条款的约定进行施工/安装。分包后，我方仍承担本工程施工合同的全部
责任。请予以审查。

分包工程名称（部位）	分包工程量	分包工程合同额
合　　　　计		

附：1. 分包单位资质材料
　　2. 分包单位业绩材料
　　3. 分包单位专职管理人员和特种作业人员的资格证书
　　4. 施工单位对分包单位的管理制度

施工项目经理部（盖章）
项目经理（签字）
年　　月　　日

审查意见：

专业监理工程师（签字）
年　　月　　日

审核意见：

项目监理机构（盖章）
总监理工程师（签字）
年　　月　　日

填报说明：
本表一式三份，项目监理机构、建设单位、施工单位各一份。

B. 0. 5 施工控制测量成果报验表应按本规范附录表 B. 0. 5 的要求填写。

施工控制测量成果报验表　　　　表 B. 0. 5

工程名称：　　　　　　　　　　　　　　　　　　编号：

致：_____（项目监理机构） 　　我方已完成_____的施工控制测量，经自检合格，请予以查验。 　　附：1. 施工控制测量依据资料 　　　　2. 施工控制测量成果表   　　　　　　　　　　　　　　施工项目经理部（盖章） 　　　　　　　　　　　　　　项目技术负责人（签字） 　　　　　　　　　　　　　　　　年　　月　　　日
审查意见：   　　　　　　　　　　　　　　项目监理机构（盖章） 　　　　　　　　　　　　　　专业监理工程师（签字） 　　　　　　　　　　　　　　　　年　　月　　　日

填报说明：
本表一式三份，项目监理机构、建设单位、施工单位各一份。

B.0.6 工程材料/构配件/设备报审表应按本规范附录表
B.0.6 的要求填写。

工程材料/构配件/设备报审表 　　**表 B.0.6**

工程名称：　　　　　　　　　　　　　　　　　编号：

致：＿＿＿＿＿＿＿＿＿＿＿＿＿（项目监理机构） 　　于＿＿年＿＿月＿＿日进场的用于工程＿＿＿＿＿＿部位的＿＿＿＿＿＿，经我方检验合格，现将相关资料报上，请予以审查。 　　附件：1. 工程材料/构配件/设备清单 　　　　　2. 质量证明文件 　　　　　3. 自检结果   　　　　　　　　　　　　　　　　施工项目经理部（盖章） 　　　　　　　　　　　　　　　　项目经理（签字） 　　　　　　　　　　　　　　　　　　年　　月　　日
审查意见：   　　　　　　　　　　　　　　　　项目监理机构（盖章） 　　　　　　　　　　　　　　　　专业监理工程师（签字） 　　　　　　　　　　　　　　　　　　年　　月　　日

填报说明：
本表一式二份，项目监理机构、施工单位各一份。

B.0.7 隐蔽工程、检验批、分项工程质量报验表及施工试验室报审表应按本规范附录表B.0.7的要求填写。

_____报审/验表　　　表 B.0.7

工程名称：　　　　　　　　　　　　　　编号：

致：_____（项目监理机构） 　　我方已完成_____工作，经自检合格，现将有关资料报上，请予以审查/验收。 　　附：□隐蔽工程质量检验资料 　　　　□检验批质量检验资料 　　　　□分项工程质量检验资料 　　　　□施工试验室证明资料 　　　　□其他   　　　　　　　　　　　　施工项目经理部（盖章） 　　　　　　　　　　　　项目经理或项目技术负责人（签字） 　　　　　　　　　　　　　　　年　　月　　日
审查、验收意见：   　　　　　　　　　　　　项目监理机构（盖章） 　　　　　　　　　　　　专业监理工程师（签字） 　　　　　　　　　　　　　　　年　　月　　日

填报说明：
本表一式二份，项目监理机构、施工单位各一份。

B.0.8 分部工程报验表应按本规范附录表 B.0.8 的要求
填写。

分部工程报验表   表 B.0.8

工程名称：   编号：

致：＿＿＿＿＿＿＿＿＿（项目监理机构）
　　我方已完成＿＿＿＿＿＿＿＿＿＿＿（分部工程），经自检合格，现将有关资料
报上，请予以审查、验收。

　　附件：分部工程质量控制资料

施工项目经理部（盖章）
项目技术负责人（签字）
年　　月　　日

审查意见：

专业监理工程师（签字）
年　　月　　日

验收意见：

项目监理机构（盖章）
总监理工程师（签字）
年　　月　　日

填报说明：
本表一式三份，项目监理机构、建设单位、施工单位各一份。

B.0.9 监理通知回复应按本规范附录表 B.0.9 的要求填写。

监理通知回复单   **表 B.0.9**

工程名称：   编号：

致：＿＿＿＿＿＿＿＿＿＿＿（项目监理机构）

    我方接到编号为＿＿＿＿＿＿＿＿＿＿＿的监理通知后，已按要求完成相关工作，请予以复查。

    附：需要说明的情况

施工项目经理部（盖章）
项目经理（签字）
年　　　月　　　日

复查意见：

项目监理机构（盖章）
总/专业监理工程师（签字）
年　　　月　　　日

填报说明：
本表一式三份，项目监理机构、建设单位、施工单位各一份。

B. 0. 10 单位工程竣工验收报审表应按本规范附录表
B. 0. 10 的要求填写。

单位工程竣工验收报审表   表 B. 0. 10

工程名称：   编号：

致：＿＿＿＿＿＿＿＿＿（项目监理机构） 　　我方已按施工合同要求完成＿＿＿＿＿＿＿＿＿工程，经自检合格，现将有关资料报上，请予以验收。 　　附件：1. 工程质量验收报告 　　　　　2. 工程功能检验资料   　　　　　　　　　　　　　　　　　施工单位（盖章） 　　　　　　　　　　　　　　　　　项目经理（签字） 　　　　　　　　　　　　　　　　　　　年　　月　　日
预验收意见： 　　经预验收，该工程合格/不合格，可以/不可以组织正式验收。   　　　　　　　　　　　　　　　　项目监理机构（盖章） 　　　　　　　　　　　　　　　　总监理工程师（签字、加盖执业印章） 　　　　　　　　　　　　　　　　　　　年　　月　　日

填报说明：
本表一式三份，项目监理机构、建设单位、施工单位各一份。

B. 0. 11 工程进度款及竣工结算款支付报审表应按本规范附录表 B.0.11 的要求填写。

工程款支付报审表　　　　　　　　**表 B. 0. 11**

工程名称：　　　　　　　　　　　　　　　　　　编号：

致：_____（项目监理机构） 我方已完成_____工作，按施工合同约定，建设单位应在___年___月___日前支付该项工程款共（大写）_____（小写：_____），现将有关资料报上，请予以审核。 附件： □已完成工程量报表 □工程竣工结算证明材料 □相应的支持性证明文件 <div align="right">施工项目经理部（盖章） 项目经理（签字） 年　　月　　日</div>
审核意见： 1. 经审核施工单位应得款为： 2. 本期应扣款为： 3. 本期应付款为： 附件：□相应支持性材料 <div align="center">专业监理工程师（签字）</div><div align="right">年　　月　　日</div>
审核意见：   <div align="center">项目监理机构（盖章） 总监理工程师（签字、加盖执业印章）</div><div align="right">年　　月　　日</div>
审批意见：   <div align="center">建设单位（盖章） 建设单位代表（签字）</div><div align="right">年　　月　　日</div>

填报说明：

本表一式三份，项目监理机构、建设单位、施工单位各一份；工程竣工结算报审时本表一式四份，项目监理机构、建设单位各一份、施工单位二份。

B. 0. 12　施工进度计划报审表应按本规范附录表 B. 0. 12 的要求填写。

施工进度计划报审表　　　　　　　**表 B. 0. 12**

工程名称：　　　　　　　　　　　　　　　编号：

致：＿＿＿＿＿＿＿＿＿＿＿＿（项目监理机构） 　　我方根据施工合同的有关规定，已完成＿＿＿＿＿＿工程施工进度计划的编制，并经我单位技术负责人审查批准，请予以审查。 　　附件：□施工总进度计划 　　　　　□阶段性进度计划   　　　　　　　　　　　　　　　施工项目经理部（盖章） 　　　　　　　　　　　　　　　项目经理（签字） 　　　　　　　　　　　　　　　　　年　　月　　日
审查意见：   　　　　　　　　　　　　　　　专业监理工程师（签字） 　　　　　　　　　　　　　　　　　年　　月　　日
审核意见：   　　　　　　　　　　　　　　　项目监理机构（盖章） 　　　　　　　　　　　　　　　总监理工程师（签字） 　　　　　　　　　　　　　　　　　年　　月　　日

填报说明：

本表一式三份，项目监理机构、建设单位、施工单位各一份。

B.0.13 费用索赔报审表应按本规范附录表 B.0.13 的要求填写。

费用索赔报审表 表 B.0.13

工程名称： 编号：

致：_____（建设单位）
　　_____（项目监理机构）
　　根据施工合同_____条款，由于_____的原因，我方申请索赔金额（大写）_____，请予批准。
　　索赔理由：_____
　　_____
　　_____
　　_____

　　附件：□索赔金额的计算
　　　　　□证明材料

施工项目经理部（盖章）
项目经理（签字）
年　　月　　日

审核意见：
　　□不同意此项索赔。
　　□同意此项索赔，索赔金额为（大写）_____。
　　同意/不同意索赔的理由：_____
　　_____
　　_____
　　_____

　　附件：□索赔审查报告

项目监理机构（盖章）
总监理工程师（签字、加盖执业印章）
年　　月　　日

审批意见：

建设单位（盖章）
建设单位代表（签字）
年　　月　　日

填报说明：
本表一式三份，项目监理机构、建设单位、施工单位各一份。

B. 0. 14 工程临时及最终延期报审表应按本规范附录表
B. 0. 14 的要求填写。

工程临时/最终延期报审表　　　　表 B. 0. 14

工程名称：　　　　　　　　　　　　　　　　　编号：

致：＿＿＿＿＿＿＿＿＿＿＿（建设单位）
　　＿＿＿＿＿＿＿＿＿（项目监理机构）
　　根据施工合同＿＿＿＿＿＿（条款），由于＿＿＿＿＿＿＿＿＿＿原因，我方申
请工程临时/最终延期＿＿＿＿（日历天），请予批准。

附件：
1. 工程延期依据及工期计算
2. 证明材料

施工项目经理部（盖章）
项目经理（签字）
年　　月　　日

审核意见：
　　□同意临时/最终延长工期＿＿＿＿＿＿＿（日历天）。工程竣工日期从施工合
同约定的＿＿年＿＿月＿＿日延迟到＿＿年＿＿月＿＿日。
　　□不同意延长工期，请按约定竣工日期组织施工。

项目监理机构（盖章）
总监理工程师（签字、加盖执业印章）
年　　月　　日

审批意见：

建设单位（盖章）
建设单位代表（签字）
年　　月　　日

填报说明：
本表一式三份，项目监理机构、建设单位、施工单位各一份。

附录 C　通　用　表

C.0.1　工作联系单应按本规范附录表 C.0.1 的要求填写。

<table>
<tr><td colspan="2" align="center">**工作联系单**　　　　　　　　　　　　**表 C.0.1**</td></tr>
<tr><td>工程名称：</td><td>编号：</td></tr>
<tr><td colspan="2">

致：＿＿＿＿＿＿＿＿＿＿＿

发文单位
负责人（签字）
　年　　月　　日

</td></tr>
</table>

C.0.2　工程变更单应按本规范附录表 C.0.2 的要求填写。

工程变更单　　　　　　　　　　**表 C.0.2**

工程名称：　　　　　　　　　　　　　　　　　编号：

致：＿＿＿＿＿＿＿＿＿

　　由　于　＿＿＿＿＿＿＿＿＿＿＿＿＿＿＿　原　因，兹　提　出
＿＿＿＿＿＿＿＿＿＿＿＿＿＿＿工程变更，请予以审批。

　　附件
　　　　□变更内容
　　　　□变更设计图
　　　　□相关会议纪要
　　　　□其他

　　　　　　　　　　　　　　　　　　　变更提出单位：
　　　　　　　　　　　　　　　　　　　负责人：
　　　　　　　　　　　　　　　　　　　　　年　　月　　日

工程数量增/减	
费用增/减	
工期变化	

施工单位（盖章） 项目经理（签字）	设计单位（盖章） 设计负责人（签字）
项目监理机构（盖章） 总监理工程师（签字）	建设单位（盖章） 负责人（签字）

　　填报说明：
　　本表一式四份，建设单位、项目监理机构、设计单位、施工单位各一份。

C.0.3 索赔意向通知书应按本规范附录表 C.0.3 的要求填写。

索赔意向通知书　　　　　表 C.0.3

工程名称：　　　　　　　　　　　　　　　编号：

致：＿＿＿＿＿＿＿＿＿＿

　　根据《建设工程施工合同》＿＿＿＿＿＿＿＿（条款）的约定，由于发生了＿＿＿＿＿＿＿＿事件，且该事件的发生非我方原因所致。为此，我方向＿＿＿＿＿＿（单位）提出索赔要求。

　　附件：索赔事件资料

提出单位（盖章）

负责人（签字）

年　　月　　日

附　录　A

附录 A 是工程监理单位用表，是工程监理单位或项目监理机构签发的监理文件。附录 A 表式中总监理工程师应签字并加盖执业印章的有以下 4 类表式：

1　表 A.0.2　工程开工令；

2　表 A.0.5　工程暂停令；

3　表 A.0.7　工程复工令；

4　表 A.0.8　工程款支付证书。

填写说明：

表 A.0.1 总监理工程师任命书

1 根据监理合同约定，由工程监理单位法定代表人任命有类似工程管理经验的注册监理工程师担任项目总监理工程师。负责项目监理机构的日常管理工作。

2 工程监理单位法定代表人应根据相关法律法规、监理合同及工程项目和总监理工程师的具体情况明确总监理工程师的授权范围。

表 A.0.2 工程开工令

1 建设单位对《开工报审表》签署同意意见后，总监理工程师才可签发《工程开工令》。

2 《工程开工令》中的开工日期作为施工单位计算工期的起始日期。

表 A.0.3 监理通知

1 本表用于项目监理机构按照建设工程监理合同授权，对施工单位提出的要求。专业监理工程师现场发出的口头指令及要求的，也应采用此表予以确认。

2 监理通知应包括以下主要内容：针对施工单位在施工过程中出现的不符合设计要求、不符合施工技术标准、不符合合同约定的情况、使用不合格的工程材料、构配件和设备等行为，提出纠正施工单位在工程质量、进度、造价等方面的违法、违规行为的指令和要求。

3 施工单位收到《监理通知》后，应使用《监理通知回复单》回复，并附相关资料。

表 A.0.4 监理报告

1 项目监理机构在实施监理过程中，发现工程存在安全事故隐患，发出《监理通知》或《工程暂停令》后，施工单位拒不整改或者不停工时，应当采用本表及时向政府有关主管部门报告。

2 情况紧急下，项目监理机构通过电话、传真或电子邮件方式向政府有关主管部门报告的，事后应以书面形式监理报告送达政府有关主管部门，同时抄报建设单位和工程监理单位。

3 "可能产生的后果"是指：①基坑坍塌；②模板、脚手支撑倒塌；③大型机械设备倾倒；④严重影响和危及周边（房屋、道路等）环境；⑤易燃易爆恶性事故；⑥人员伤亡等。

4 本表应附相应《监理通知》或《工程暂停令》等证明监理人员所履行安全生产管理职责的相关文件资料。

表 A.0.5 工程暂停令

1 本表适用于总监理工程师签发指令要求停工处理的事件。

2 总监理工程师应根据暂停工程的影响范围和程度，按照施工合同和监理合同的约定签发暂停令。

3 签发工程暂停令时，应注明停工的部位。

表 A.0.6 旁站记录

1 本表是监理人员对关键部位、关键工序的施工质量，实施全过程现场监督活动的实时记录。

2 表中施工情况是指旁站部位的施工作业内容，主要施工机械、材料、人员和完成的工程数量等记录。

3 表中监理情况是指监理人员检查旁站部位施工质量的情况，包括施工单位质检人员到岗情况、特殊工种人员持证情况以及施工机械、材料准备及关键部位、关键工序的施工是否按（专项）施工方案及工程建设强制性标准执行等情况。

表 A.0.8 工程款支付证书

本表是项目监理机构收到施工单位《工程款支付报审表》后，根据施工合同约定对相关资料审查复核后签发的工程款支付证明文件。

附 录 B

附录 B 是施工单位报审/验用表，是由施工单位或施工项目经理部填写后报工程监理单位或项目监理机构，附录 B 表中施工项目经理部是指施工总承包单位在施工现场设立的施工项目管理机构。附录 B 表中总监理工程师应签字并加盖执业印章的有以下 5 类表式：

1　表 B.0.1　施工组织设计/（专项）施工方案报审表；

2　表 B.0.2　开工报审表；

3　表 B.0.10　单位工程竣工验收报审表；

4　表 B.0.13　费用索赔报审表；

5　表 B.0.14　工程临时/最终延期报审表。

填写说明：

表 B.0.1　施工组织设计/（专项）施工方案报审表

1　＿＿＿＿＿工程施工组织设计/（专项）施工方案，应填写相应的单位工程、分部工程、分项工程或与安全施工有关的工程名称。

2　对分包单位编制的施工组织设计/（专项）施工方案均应由施工总施工单位按规定完成相关审批手续后，报送项目监理机构审核。

表 B.0.2　开工报审表

1　表中证明文件资料是指能够证明已具备开工条件的相关文件资料。

2　一个工程项目只填报一次，如工程项目中含有多个单位工程且开工时间不一致时，则每个单位工程都应填报一次。

3　总监理工程师应根据本规范 3.0.7 条款中所列条件审核后签署意见。

4　本表经总监理工程师签署意见，报建设单位同意后由总监理工程师签发工程开工令。

表 B.0.3　复工报审表

1　本表用于工程因各种原因暂停后，具备复工条件的情形。工程复工报审时，应附有能够证明已具备复工条件的相关文件资料。

2　表中证明文件可以为相关检查记录、有针对性的整改措施及其落实情况、会议纪要、影像资料等。

表 B.0.4 分包单位资格报审表

1 分包单位的名称应按《企业法人营业执照》全称填写。

2 分包单位资质材料包括：营业执照、企业资质等级证书、安全生产许可文件、专职管理人员和特种作业人员的资格证书等。

3 分包单位业绩材料是指分包单位近三年完成的与分包工程内容类似的工程及质量情况。

表 B.0.5 施工控制测量成果报验表

1 本表用于施工单位施工测量放线完成并自检合格后，报送项目监理机构复核确认。

2 测量放线的专业测量人员资格（测量人员的资格证书）及测量设备资料（施工测量放线使用测量仪器的名称、型号、编号、校验资料等）应经项目监理机构确认。

3 测量依据资料及测量成果：

1）平面、高程控制测量：需报送控制测量依据资料、控制测量成果表（包含平差计算表）及附图；

2）定位放样：报送放样依据、放样成果表及附图。

表 B.0.6 工程材料/构配件/设备报审表

1 本表用于项目监理机构对工程材料、构配件、设备在施工单位自检合格后进行的检查。

2 填写此表时应写明工程材料、构配件、设备的名称，进场时间，拟使用的工程部位等。

3 质量证明文件指：生产单位提供的合格证、质量证明书、性能检测报告等证明资料。进口材料、构配件、设备应有商检的证明文件；新产品、新材料、新设备应有相应资质机构的鉴定文件。如无证明文件原件，需提供复印件，但应在复印件上加盖证明文件提供单位的公章。

4 自检结果指：施工单位对所购材料、构配件、设备清单、质量证明资料核对后，对工程材料、构配件、设备实物及外部观感质量进行验收核实的自检结果。

5 由建设单位采购的主要设备则由建设单位、施工单位、项目监理机构进行开箱检查，并由三方在开箱检查记录上签字。

6 进口材料、构配件和设备应按照合同约定，由建设单位、施工单位、供货单位、项目监理机构及其他有关单位进行联合检查，检查情况及结果应形成记录，并由各方代表签字认可。

表 B. 0. 7 ＿＿＿＿＿＿＿报审/验表

1 本表为报审/验的通用表式，主要用于隐蔽工程、检验批、分项工程的报验。此外，也可用于施工单位试验室等其他内容的报审。

2 分包单位的报验资料应由施工单位验收合格后向项目监理机构报验。

3 隐蔽工程、检验批、分项工程需经施工单位自检合格后并附有相应工序和部位的工程质量检查记录，报送项目监理机构验收。

表 B. 0. 8 分部工程报验表

1 本表用于项目监理机构对分部工程的验收。分部工程所包含的分项工程全部自检合格后，施工单位报送项目监理机构。

2 附件包含：《分部（子分部）工程质量验收记录表》及工程质量验收规范要求的质量控制资料、安全及功能检验（检测）报告等。

表 B. 0. 9 监理通知回复单

1 本表用于施工单位在收到《监理通知》后，根据通知要求进行整改、自查合格后，向项目监理机构报送回复意见。

2 回复意见应根据《监理通知》的要求，简要说明落实整改的过程、结果及自检情况，必要时应附整改相关证明资料，包括检查记录、对应部位的影像资料等。

表 B. 0. 10 单位工程竣工验收报审表

1 本表用于单位（子单位）工程完成后，施工单位自检符合竣工验收条件后，向建设单位及项目监理机构申请竣工验收。

2 一个工程项目中含有多个单位工程时，则每个单位工程都应填报一次。

3 表中质量验收资料指：能够证明工程按合同约定完成并符合竣工验收要求的全部资料，包括单位工程质量控制资料，有关安全和使用功能的检测资料，主要使用功能项目的抽查结果等。对需要进行功能试验的工程（包括单机试车、无负荷试车和联动调试），应包括试验报告。

表 B.0.11 工程款支付报审表

本表中附件是指和付款申请有关的资料，如已完成合格工程的工程量清单、价款计算及其他和付款有关的证明文件和资料。

表 B.0.12 施工进度计划报审表

本表中施工总进度计划是指工程实施过程中进度计划发生变化，与施工组织设计中的总进度计划不一致，经调整后的施工总进度计划。

表 B.0.13 费用索赔报审表

本表中证明材料应包括：索赔意向书、索赔事项的相关证明材料。

表 B.0.14 工程临时/最终延期报审表

应在本表中写明总监理工程师同意或不同意工程临时延期的理由和依据。

附 录 C

附录 C 是通用表，是工程参建各方通用的表式。

填写说明：

表 C.0.1 工作联系单

本表用于工程监理单位与工程建设有关方相互之间的日常书面工作联系，有特殊规定的除外。工作联系的内容包括：告知、督促、建议等事项。本表不需要书面回复。

表 C.0.2 工程变更单

附件应包括工程变更的详细内容，变更的依据，对工程造价及工期的影响程度，对工程项目功能、安全的影响分析及必要的图示。

8　施工监理中的安全生产管理

　　《建设工程监理规范》GB/T 50319—2013 第 2 章第 2.0.2 条对"监理"的定义中，明确指出工程监理单位在施工中的安全生产管理职责为：履行建设工程安全生产管理法定职责的服务活动。这里边很明确为"法定职责"。因此，本章编写的目的，就是帮助有关读者能熟悉现有的法规、规章所规定的监理在安全生产管理方面的职责，以便监理能承担起安全生产管理职责，更好地为安全生产服务。

8.1　国家有关法规、规章的规定

　　本节摘录了国务院和建设部对安全生产管理的监理工作所做的规定。其中国务院制定的《建设工程安全生产管理条例》是主线，《建设工程安全生产管理条例》中第十四条明确了在安全生产管理工作中监理的责任。这一条分三个层次，首先告诫监理单位要按照工程建设强制性标准去审查施工组织设计中的安全技术措施或者专项施工方案；第二是在实施过程中发现安全隐患要求立即整改；情况严重的，可发指令暂停施工；拒不接受监理指令的，要及时向有关主管部门报告；第三是如果监理违反上述两个层次的规定，监理要承担责任。这一条规定与《建设工程监理规范》GB/T 50319—2013 第 2 章第 2.0.2 条中规定的"履行建设工程安全生产管理法定职责"是一致的，违者必究。必究的内容，《建设工程安全生产管理条例》中第五十七条和第五十八条有具体规定。

　　建设部《关于落实建设工程安全生产监理责任的若干意见》

（建〔2006〕248 号）和建设部《建筑工程安全生产监督管理工作导则》建质［2005］184 号这两个文件对监理的安全责任和对监理的监督管理规定得很具体和细致。

8.1.1 《建设工程安全生产管理条例》中规定的监理安全责任

［（国务院令第 393 号）（2003 年 11 月 24 日发布）］

第十四条 工程监理单位应当审查施工组织设计中的安全技术措施或者专项施工方案是否符合工程建设强制性标准。

工程监理单位在实施监理过程中，发现存在安全事故隐患的，应当要求施工单位整改；情况严重的，应当要求施工单位暂时停止施工，并及时报告建设单位。施工单位拒不整改或者不停止施工的，工程监理单位应当及时向有关主管部门报告。

工程监理单位和监理工程师应当按照法律、法规和工程建设强制性标准实施监理，并对建设工程安全生产承担监理责任。

第二十六条 施工单位应当在施工组织设计中编制安全技术措施和施工现场临时用电方案，对下列达到一定规模的危险性较大的分部分项工程编制专项施工方案，并附具安全验算结果，经施工单位技术负责人、总监理工程师签字后实施，由专职安全生产管理人员进行现场监督：

（一）基坑支护与降水工程；

（二）土方开挖工程；

（三）模板工程；

（四）起重吊装工程；

（五）脚手架工程；

（六）拆除、爆破工程；

（七）国务院建设行政主管部门或者其他有关部门规定的其他危险性较大的工程。

对前款所列工程中涉及深基坑、地下暗挖工程、高大模板工程的专项施工方案，施工单位还应当组织专家进行论证、审查。

本条第一款规定的达到一定规模的危险性较大工程的标准，

由国务院建设行政主管部门会同国务院其他有关部门制定。

第五十七条　违反本条例的规定，工程监理单位有下列行为之一的，责令限期改正；逾期未改正的，责令停业整顿，并处10万元以上30万元以下的罚款；情节严重的，降低资质等级，直至吊销资质证书；造成重大安全事故，构成犯罪的，对直接责任人员，依照刑法有关规定追究刑事责任；造成损失的，依法承担赔偿责任：

（一）未对施工组织设计中的安全技术措施或者专项施工方案进行审查的；

（二）发现安全事故隐患未及时要求施工单位整改或者暂时停止施工的；

（三）施工单位拒不整改或者不停止施工，未及时向有关主管部门报告的；

（四）未依照法律、法规和工程建设强制性标准实施监理的。

第五十八条　注册执业人员未执行法律、法规和工程建设强制性标准的，责令停止执业3个月以上1年以下；情节严重的，吊销执业资格证书，5年内不予注册；造成重大安全事故的，终身不予注册；构成犯罪的，依照刑法有关规定追究刑事责任。

8.1.2　《关于落实建设工程安全生产监理责任的若干意见》

［建设部（建市〔2006〕248号）（2006年10月16日发布）］

为了认真贯彻《建设工程安全生产管理条例》（以下简称《条例》），指导和督促工程监理单位（以下简称"监理单位"）落实安全生产监理责任，做好建设工程安全生产的监理工作（以下简称"安全监理"），切实加强建设工程安全生产管理，提出如下意见。

一、建设工程安全监理的主要工作内容

监理单位应当按照法律、法规和工程建设强制性标准及监理委托合同实施监理，对所监理工程的施工安全生产进行监督检查，具体内容包括：

（一）施工准备阶段安全监理的主要工作内容

（1）监理单位应根据《建设工程安全生产管理条例》的规定，按照工程建设强制性标准、《建设工程监理规范》和相关行业监理规范的要求，编制包括安全监理内容的项目监理规划，明确安全监理的范围、内容、工作程序和制度措施，以及人员配备计划和职责等。

（2）对中型及以上项目和《建设工程安全生产管理条例》第二十六条规定的危险性较大的分部分项工程，监理单位应当编制监理实施细则。实施细则应当明确安全监理的方法、措施和控制要点，以及对施工单位安全技术措施的检查方案。

（3）审查施工单位编制的施工组织设计中的安全技术措施和危险性较大的分部分项工程安全专项施工方案是否符合工程建设强制性标准要求。审查的主要内容应当包括：

1）施工单位编制的地下管线保护措施方案是否符合强制性标准要求；

2）基坑支护与降水、土方开挖与边坡防护、模板、起重吊装、脚手架、拆除、爆破等分部分项工程的专项施工方案是否符合强制性标准要求；

3）施工现场临时用电施工组织设计或者安全用电技术措施和电气防火措施是否符合强制性标准要求；

4）冬期、雨期等季节性施工方案的制定是否符合强制性标准要求；

5）施工总平面布置图是否符合安全生产的要求，办公、宿舍、食堂、道路等临时设施设置以及排水、防火措施是否符合强制性标准要求。

（4）检查施工单位在工程项目上的安全生产规章制度和安全监管机构的建立、健全及专职安全生产管理人员配备情况，督促施工单位检查各分包单位的安全生产规章制度的建立情况。

（5）审查施工单位资质和安全生产许可证是否合法有效。

（6）审查项目经理和专职安全生产管理人员是否具备合法资

格，是否与投标文件相一致。

（7）审核特种作业人员的特种作业操作资格证书是否合法有效。

（8）审核施工单位应急救援预案和安全防护措施费用使用计划。

（二）施工阶段安全监理的主要工作内容

（1）监督施工单位按照施工组织设计中的安全技术措施和专项施工方案组织施工，及时制止违规施工作业。

（2）定期巡视检查施工过程中的危险性较大工程作业情况。

（3）核查施工现场施工起重机械、整体提升脚手架、模板等自升式架设设施和安全设施的验收手续。

（4）检查施工现场各种安全标志和安全防护措施是否符合强制性标准要求，并检查安全生产费用的使用情况。

（5）督促施工单位进行安全自查工作，并对施工单位自查情况进行抽查，参加建设单位组织的安全生产专项检查。

二、建设工程安全监理的工作程序

（1）监理单位按照《建设工程监理规范》和相关行业规范要求，编制含有安全监理内容的监理规划和监理实施细则。

（2）在施工准备阶段，监理单位审查核验施工单位提交的有关技术文件及资料，并由项目总监在有关技术文件报审表上签署意见；审查未通过的，安全技术措施及专项施工方案不得实施。

（3）在施工阶段，监理单位应对施工现场安全生产情况进行巡视检查，对发现的各类安全事故隐患，应书面通知施工单位，并督促其立即整改；情况严重的，监理单位应及时下达工程暂停令，要求施工单位停工整改，并同时报告建设单位。安全事故隐患消除后，监理单位应检查整改结果，签署复查或复工意见。施工单位拒不整改或不停工整改的，监理单位应当及时向工程所在地建设主管部门或工程项目的行业主管部门报告，以电话形式报告的，应当有通话记录，并及时补充书面报告。检查、整改、复查、报告等情况应记载在监理日志、监理月报中。

监理单位应核查施工单位提交的施工起重机械、整体提升脚手架、模板等自升式架设施和安全设施等验收记录，并由安全监理人员签收备案。

（4）工程竣工后，监理单位应将有关安全生产的技术文件、验收记录、监理规划、监理实施细则、监理月报、监理会议纪要及相关书面通知等按规定立卷归档。

三、建设工程安全生产的监理责任

（1）监理单位应对施工组织设计中的安全技术措施或专项施工方案进行审查，未进行审查的，监理单位应承担《条例》第五十七条规定的法律责任。

施工组织设计中的安全技术措施或专项施工方案未经监理单位审查签字认可，施工单位擅自施工的，监理单位应及时下达工程暂停令，并将情况及时书面报告建设单位。监理单位未及时下达工程暂停令并报告的，应承担《条例》第五十七条规定的法律责任。

（2）监理单位在监理巡视检查过程中，发现存在安全事故隐患的，应按照有关规定及时下达书面指令要求施工单位进行整改或停止施工。监理单位发现安全事故隐患没有及时下达书面指令要求施工单位进行整改或停止施工的，应承担《条例》第五十七条规定的法律责任。

（3）施工单位拒绝按照监理单位的要求进行整改或者停止施工的，监理单位应及时将情况向当地建设主管部门或工程项目的行业主管部门报告。监理单位没有及时报告，应承担《条例》第五十七条规定的法律责任。

（4）监理单位未依照法律、法规和工程建设强制性标准实施监理的，应当承担《条例》第五十七条规定的法律责任。

监理单位履行了上述规定的职责，施工单位未执行监理指令继续施工或发生安全事故的，应依法追究监理单位以外的其他相关单位和人员的法律责任。

四、落实安全生产监理责任的主要工作

（1）健全监理单位安全监理责任制。监理单位法定代表人应对本企业监理工程项目的安全监理全面负责。总监理工程师要对工程项目的安全监理负责，并根据工程项目特点，明确监理人员的安全监理职责。

（2）完善监理单位安全生产管理制度。在健全审查核验制度、检查验收制度和督促整改制度基础上，完善工地例会制度及资料归档制度。定期召开工地例会，针对薄弱环节，提出整改意见，并督促落实；指定专人负责监理内业资料的整理、分类及立卷归档。

（3）建立监理人员安全生产教育培训制度。监理单位的总监理工程师和安全监理人员需经安全生产教育培训后方可上岗，其教育培训情况记入个人继续教育档案。

各级建设主管部门和有关主管部门应当加强建设工程安全生产管理工作的监督检查，督促监理单位落实安全生产监理责任，对监理单位实施安全监理给予支持和指导，共同督促施工单位加强安全生产管理，防止安全事故的发生。

8.1.3　《建筑工程安全生产监督管理工作导则》中对监理单位的监督管理

［建设部建质［2005］184号（2005年10月13日发布）］

（1）建设行政主管部门对工程监理单位安全生产监督检查的主要内容是（《导则》第5节）：

1）将安全生产管理内容纳入监理规划的情况，以及在监理规划和中型以上工程的监理细则中制定对施工单位安全技术措施的检查方面情况。

2）审查施工企业资质和安全生产许可证、三类人员及特种作业人员取得考核合格证书和操作资格证书情况。

3）审核施工企业安全生产保证体系、安全生产责任制、各项规章制度和安全监管机构建立及人员配备情况。

4）审核施工企业应急救援预案和安全防护、文明施工措施费用使用计划情况。

5）审核施工现场安全防护是否符合投标时承诺和《建筑施

工现场环境与卫生标准》等标准要求情况。

6）复查施工单位施工机械和各种设施的安全许可验收手续
情况。

7）审查施工组织设计中的安全技术措施或专项施工方案是
否符合工程建设强制性标准情况。

8）定期巡视检查危险性较大工程作业情况。

9）下达隐患整改通知单，要求施工单位整改事故隐患情况
或暂时停工情况；整改结果复查情况；向建设单位报告督促施工
单位整改情况；向工程所在地建设行政主管部门报告施工单位拒
不整改或不停止施工情况。

10）其他有关事项。

（2）建设行政主管部门对监理单位安全生产监督检查的主要
方式可参照本导则 4.2.1 相关内容（日常监管）。

1）听取工作汇报或情况介绍。

2）查阅相关文件资料和资质资格证明。

3）考察、问询有关人员。

4）抽查施工现场或勘察现场，检查履行职责情况。

5）反馈监督检查意见。

8.2 《工程建设标准强制性条文》房屋建筑部分、
施工安全方面的强制性条文

《建设工程安全生产管理条例》第十四条规定要按照工程建
设强制性标准去审查施工组织设计中的安全技术措施或者专项施
工方案。所以，监理人员必须熟知《工程建设标准强制性条文》
房屋建筑部分第九篇施工安全的强制性条文。条文中所使用的规
范应为现行的最新版本，如：《施工现场临时用电安全技术规范》
JGJ 46—2005；《建筑施工高处作业安全技术规范》JGJ 80—91；
《建筑机械使用安全技术规程》JGJ 33—2012；《建筑施工扣件式
钢管脚手架安全技术规范》JGJ 130—2011；《龙门架及井架物料

提升机安全技术规范》JGJ 88—2010;《建筑桩基技术规范》JGJ 94—2008;《建筑地基处理技术规范》JGJ 79—2012。

8.3   监理规划和监理实施细则中的安全监理条款

8.3.1   监理规划中有关安全生产管理的监理工作条款

根据《建设工程监理规范》GB/T 50319—2013 的规定,在监理规划内容中应包含有"安全生产管理的监理工作"条文。根据建设部《关于落实建设工程安全生产监理责任的若干意见》(建〔2006〕248 号)的规定:监理单位应根据《条例》的规定,按照工程建设强制性标准、《建设工程监理规范》的要求,编制包括安全监理内容的项目监理规划,明确安全监理的范围、内容、工作程序和制度措施,以及人员配备计划和职责等。根据上述规定,在监理规划中有关"安全生产管理的监理工作"的基本内容条款应包括:

(1) 安全监理的范围

应根据《监理合同》所确定的,建设单位委托的监理范围而定。

(2) 安全监理内容

应根据工程实际情况,按照法律、法规、工程建设强制性标准和监理合同,有针对性的确定安全监理内容。具体内容可参阅建设部《关于落实建设工程安全生产监理责任的若干意见》(建〔2006〕248 号)的规定中的第一条。

(3) 安全监理工作程序

根据建设部《关于落实建设工程安全生产监理责任的若干意见》(建〔2006〕248 号)文件的规定中的第二条。

(4) 安全监理制度措施

建立制度措施为的是确保安全监理的实现。应根据工程实际,建立有针对性的会议协调制度,值班制度、参建各方联合检查制度,奖罚制度,机构、人员落实机制,报表制度,方案审批制度，停、复工报批制度，事故处理制度等。

（5）人员配备计划和职责

安全监理对项目监理机构中的每个人来说，都应该重视。特别针对某个专业，都存在有安全监理问题。所以，从微观来说，安全监理是人人有份的。但从宏观来说，根据工程规模大小，设置专职或兼职人员管理安全监理，也是必要的。从职责来说，应该从宏观和微观两个方面去分工负责。根据我们的经验，如果只强调专职人员管理安全监理，就会顾此失彼。因为目前的安全监理工程师，不可能懂得所有专业，而有关施工安全的强制性条文又是十分专业的，所以不可能要求他把安全监理工作做到各专业中去。因此，目前情况来说，双管齐下是个好办法。

8.3.2 监理实施细则中有关安全生产管理的监理工作条款

根据《建设工程监理规范》GB/T 50319—2013 规定：采用新材料、新工艺、新技术、新设备的工程，以及专业性较强、危险性较大的分部分项工程，应编制监理实施细则。根据建设部《关于落实建设工程安全生产监理责任的若干意见》（建〔2006〕248 号）的规定：对中型及以上项目和《条例》第二十六条规定的危险性较大的分部分项工程，监理单位应当编制监理实施细则。实施细则应当明确安全监理的方法、措施和控制要点，以及对施工单位安全技术措施的检查方案。根据上述规定，在监理实施细则中有关"安全生产管理的监理工作"的基本内容条款应包括以下内容。

（1）安全监理的方法和措施

1）巡视

监理人员按"安全监理实施细则"要求，每天定时下现场进行巡视检查，发现问题及时以书面或口头通知施工单位整改；若施工单位不及时整改或拒不整改，应及时报告建设单位、监理公司法人和政府主管部门，要求监督监管，并记入监理日志、月报。

2）旁站

对高危部位，要求专业监理人员需实行间隔式的在现场旁站监督。

3）指令性文件

通过监理工程师通知单、联系单等文件，监督各施工单位接受监理指令，改进工作。

4）工地会议

通过每一次工地监理例会和各种专业会议，协调解决安全生产和文明施工中存在的有关问题。

5）专家会议

对于工程上符合高危范围的内容，按政府主管部门要求，需施工单位组织专家论证。

6）严格执行安全监理工作程序。

（2）安全监理控制要点

根据《建设工程监理规范》GB/T 50319—2013 规定，安全监理实施细则控制要点应包括：

1）检查施工单位现场安全生产规章制度的建立和落实情况；

2）检查施工单位安全生产许可证；

3）检查施工单位项目经理、专职安全生产管理人员和特种作业人员的资格证书；

4）检查施工机械和设施的安全许可验收手续；

5）定期巡视检查危险性较大的分部分项工程施工作业情况；

6）审查施工单位报审的专项施工方案；

7）在项目实施过程中发现安全事故隐患及时处理。

8.4　项目监理机构审查施工单位报审的安全专项施工方案的程序和内容

《建设工程安全生产管理条例》（国务院令第 393 号）第二十六条规定：施工单位应当对达到一定规模的危险性较大的分部分项工程编制专项施工方案，并附具安全验算结果，经施工单位技术负责人、总监理工程师签字后实施。对本章 8.1.1 节所列工程

中涉及深基坑、地下暗挖工程、高大模板工程的专项施工方案，
施工单位还应当组织专家进行论证、审查。

《危险性较大工程安全专项施工方案编制及专家审查办法》
建设部（建质〔2004〕213 号）文件又规定：

（1）对下列范围与规模的工程，必须编制安全专项施工
方案。

1）基坑支护与降水工程

基坑支护工程是指开挖深度超过 5m（含 5m）的基坑（槽）
并采用支护结构施工的工程；或基坑虽未超过 5m，但地质条件
和周围环境复杂、地下水位在坑底以上等工程。

2）土方开挖工程

土方开挖工程是指开挖深度超过 5m（含 5m）的基坑、槽的
土方开挖。

3）模板工程

各类工具式模板工程，包括滑模、爬模、大模板等；水平混
凝土构件模板支撑系统及特殊结构模板工程。

4）起重吊装工程。

5）脚手架工程

① 高度超过 24m 的落地式钢管脚手架；

② 附着式升降脚手架，包括整体提升与分片式提升；

③ 悬挑式脚手架；

④ 门型脚手架；

⑤ 挂脚手架；

⑥ 吊篮脚手架；

⑦ 卸料平台。

6）在建工程在施工中涉及拆除、爆破的。

7）其他危险性较大的工程

① 建筑幕墙的安装施工；

② 预应力结构张拉施工；

③ 隧道工程施工；

④ 特种设备施工；

⑤ 网架、索膜和索拱等特殊结构的施工；

⑥ 采用新技术、新工艺、新材料、新设备，可能影响建设工程质量安全，已经行政许可，尚无技术标准的施工。

（2）由施工单位组织专家组论证审查的工程范围应符合下列规定：

1）深基坑工程

开挖深度超过 5m（含 5m），或深度虽未超过 5m，但地质条件和周围环境及地下管线极其复杂的工程。

2）地下暗挖工程

地下暗挖及遇有溶洞、暗河、瓦斯、岩爆、涌泥、流沙、断层等地质复杂的隧道工程。

3）高大模板工程

水平混凝土构件模板支撑系统高度超过 8m，或跨度超过 18m，施工总荷载大于 $10kN/m^2$，或集中线荷载大于 $15kN/m$ 的模板支撑系统。

4）作业面距离坠落基准面 30m 及以上高空作业的工程。

（3）对组织专家组的要求

施工单位应当组织不少于 5 人的专家组，对已编制的专项施工方案进行论证审查。参加专项施工方案论证审查的专家应具备以下条件：

1）遵纪守法、廉洁自律、作风正派、坚持原则、热心服务；

2）熟悉工程建设领域的法律、法规、技术标准、规范和规程；

3）从事相关专业勘察、设计、施工、监理工作十年以上并具有高级以上技术职称。

（4）安全专项施工方案编制与审查程序应符合相关规定

其主要内容包括：

1）按法律、法规等文件规定，该编制的"方案"，施工单位一定要编制，编制的"方案"，在封面上一定要明确规定编制人、

审核人、批准人，并经这些人签字确认。对批准人的要求，一定
要是施工单位（法人）的技术负责人。

2）经施工单位技术负责人批准并加盖法人单位公章后，按
《建设工程监理规范》GB/T 50319—2013 规定报项目监理机构
审查，并提出审查意见，再经总监理工程师审核后报建设单位。
对超过一定规模的危险性较大的分部分项工程专项施工方案，需
要经建设单位审批后才能实施。

3）有关专家对专项施工方案进行论证审查时，施工单位技
术负责人和"方案"编制人员及监理单位专业监理工程师、总监
理工程师应当列席论证会。

4）施工单位应明确一名专家担任组长，专家组应当对专项
施工方案是否合理可行、内容是否完整、计算是否准确完整以及
是否符合有关工程建设强制性标准等进行论证审查，并提出书面
论证审查意见，专家组成员应在论证审查意见书上签字，专家组
书面论证审查意见书应当作为专项施工方案的附件。

5）施工单位应当根据专家组提出的论证审查意见对原专项
施工方案进行修改、补充和完善，企业技术部门负责人审核、企
业技术负责人批准，报经监理单位专业监理工程师审核、总监理
工程师签字后方可实施。

6）当专家组认为该专项施工方案需要做重大修改时，施工
单位应当在专项施工方案修改完善后重新组织专家论证审查。

7）专项施工方案专家审查论证意见书按附件填写。

8）"方案"报审必须填写"专项施工方案报审表"，经施工、
监理、建设单位相关人员审查、审核、批准后签字确认，并加盖
相关法人单位公章后才能有效。

（5）安全专项施工方案审查的基本内容

根据《建设工程监理规范》GB/T 50319—2013 基本规定中
对"方案"审查的基本内容：

1）编审程序应符合相关规定。

2）安全技术措施应符合工程建设强制性标准。

根据《关于落实建设工程安全生产监理责任的若干意见》规定（一）施工准备阶段安全监理的主要工作内容中的第 3 条要求，审查的主要内容应当包括：

① 施工单位编制的地下管线保护措施方案是否符合强制性标准要求；

② 基坑支护与降水、土方开挖与边坡防护、模板、起重吊装、脚手架、拆除、爆破等分部分项工程的专项施工方案是否符合强制性标准要求；

③ 施工现场临时用电施工组织设计或者安全用电技术措施和电气防火措施是否符合强制性标准要求；

④ 冬期、雨期等季节性施工方案的制定是否符合强制性标准要求；

⑤ 施工总平面布置图是否符合安全生产的要求，办公、宿舍、食堂、道路等临时设施设置以及排水、防火措施是否符合强制性标准要求。

8.5 项目监理机构对于安全事故隐患的发现与处理

《建设工程安全生产管理条例》第十四条规定：工程监理单位在实施监理过程中，发现存在安全事故隐患的，应当要求施工单位整改；情况严重的，应当要求施工单位暂时停止施工，并及时报告建设单位。施工单位拒不整改或者不停止施工的，工程监理单位应当及时向有关主管部门报告。作为项目监理机构必须做好下列三项工作：

（1）如何发现存在安全事故隐患，并及时通知施工单位整改。

1）通过现场巡视。监理人员发现有安全隐患，应当即用口头或书面或先口头后书面（根据情节严重性而定）通知施工单位及时整改。

2) 通过监理人员的科学计算或对施工单位送审的计算书的审核。发现不安全因素，应及时通知施工单位进行修正。

3) 通过参建单位定期或不定期的安全联合检查。发现安全事故隐患，监理机构要及时签发通知，限定时间内要求施工单位整改到位。

4) 通过群众举报发现安全事故隐患。经监理及时复查证实后，通知施工单位整改。

通过以上各种渠道发现安全事故隐患后，监理机构必须及时通知施工单位在限期内进行整改。这里边必须强调的有二点：一为要做到及时；二为要在限期内整改完毕。当施工单位接到监理要求整改的通知书后，又必须做到二点：一为根据监理指令要求的内容及时整改，并书面回复监理；二为当监理接到施工单位整改回复单后必须对整改情况进行复查，并将复查合格后的情况在回复单上签署监理意见。这种封闭式的管理方式，对处理安全事故隐患是十分有效的。

(2) 情况严重到什么程度，才能通知施工单位暂停施工？

根据我们的经验认为有下列情况之一者，属于情况较严重，应立即告知施工单位及时整改。若整改不认真或拖延整改，项目监理机构应及时取得建设单位同意后签发暂停施工令，及时制止野蛮施工行为，以避免安全事故的发生。

1) 危及到结构安全。例如：在楼板浇灌混凝土时集中堆积混凝土，危及模板支撑的结构安全；拆除旧建筑时集中在楼板上堆积垃圾，危及楼面载荷超载；装修建筑时拆除承重墙或在无支承加固的楼板上砌砖墙等使结构受力状况改变，遭遇结构开裂直至破坏等；

2) 危及到人的生命安全。例如：在搭设外脚手架或外墙悬挂式吊架上操作的人员不备安全带、不戴安全帽、不穿软底鞋；在高压电线下操作，无防击措施；在人工挖孔桩施工中无防毒、通风措施、起重运输设备无安全保障；现场施工用电的电缆不架空或采用裸体电缆或接线电箱中无漏电保护装置等。

3）危及到财产损失。例如：现场发生火险或发生偷盗或已完产品遭受破坏等。

4）危及到施工机械的安全操作。例如：在塔吊回转半径内有高压线，而塔吊未能设置限位装置；塔吊、外用双笼式电梯等大型施工机械在使用前未经市安检部门检查，并发给准用证者等。

5）危及到现场周边环境的安全。例如：现场排污、施工扬尘、施工噪声和施工垃圾处理等。

（3）施工单位拒绝接受监理指令后，监理单位应向哪些部门报告后才能免除监理的安全责任？

建设工程安全生产的监理责任，在《建设工程安全生产管理条例》第五十七条规定中列举了四种情况，当监理违反四种情况之一者，应要承担监理的安全责任。

在一般情况下，施工单位不会拒绝接受危及施工安全的监理指令。除非特殊情况，如：施工单位的野蛮施工行为，受到因特殊任务需要的有关方的支持。现实中存在这种可能性。否则，为什么建成的楼会倒塌？大面积模板支架会压垮？有些监理也受到追究。我们在近20年来的监理工作中，与参建各方一起十分重视安全生产与文明施工，从未见过拒绝接受监理指令的行为，一般都比较顺利。所以，监理也未曾有过因监理安全责任而受到指责。但在监理安全责任方面毕竟还需小心谨慎的。由于安全生产、文明施工有利于工程质量、进度、造价的控制，因而加强对安全的监督与管理是十分必要的。一旦施工单位与监理不合作，拒绝接受安全监理指令时，项目监理机构首先向建设单位反映情况，通过建设单位协调；当建设单位协调不成时，在取得建设单位同意后再书面向市安全监督主管部门报告；如果建设单位不同意监理上报，项目监理机构根据情况可书面向监理公司法人反映情况，由公司法人确定是否上报市安全监督主管部门；如果公司法人也不同意上报，项目监理机构根据情节严重程度，自行判断是否需要越级上报。经过项目监理机构的反复努力无效，而安全事故发生了，我想作为现场监理，其安全责任也尽到了。否则，在一定程度上，监理要负有不可推卸的责任。

8.6　工程监理单位如何预防监理承担安全责任

在《建设工程安全生产管理条例》第五十七条中列举了四种行为，工程监理单位有下列行为之一的，要承担监理的安全责任。

（1）未对施工组织设计中的安全技术措施或者专项施工方案进行审查的；

（2）发现安全事故隐患未及时要求施工单位整改或者暂时停止施工的；

（3）施工单位拒不整改或者不停止施工，未及时向有关主管部门报告的；

（4）未依照法律、法规和工程建设强制性标准实施监理的。

所以，在《关于落实建设工程安全生产监理责任的若干意见》的第三条中提出了"建设工程安全生产的监理责任"，包括：

（1）监理单位应对施工组织设计中的安全技术措施或专项施工方案进行审查，未进行审查的，监理单位应承担《条例》第五十七条规定的法律责任。

施工组织设计中的安全技术措施或专项施工方案未经监理单位审查签字认可，施工单位擅自施工的，监理单位应及时下达工程暂停令，并将情况及时书面报告建设单位。监理单位未及时下达工程暂停令并报告的，应承担《条例》第五十七条规定的法律责任。

（2）监理单位在监理巡视检查过程中，发现存在安全事故隐患的，应按照有关规定及时下达书面指令要求施工单位进行整改或停止施工。监理单位发现安全事故隐患没有及时下达书面指令要求施工单位进行整改或停止施工的，应承担《条例》第五十七条规定的法律责任。

（3）施工单位拒绝按照监理单位的要求进行整改或者停止施工的，监理单位应及时将情况向当地建设主管部门或工程项目的行业主管部门报告。监理单位没有及时报告，应承担《条例》第五十七条规定的法律责任。

(4) 监理单位未依照法律、法规和工程建设强制性标准实施监理的，应当承担《条例》第五十七条规定的法律责任。

监理单位履行了上述规定的职责，施工单位未执行监理指令继续施工或发生安全事故的，应依法追究监理单位以外的其他相关单位和人员的法律责任。

在《关于落实建设工程安全生产监理责任的若干意见》的第四条中，又提出了预防监理承担安全责任的三条措施。

(1) 健全监理单位安全监理责任制。监理单位法定代表人应对本企业监理工程项目的安全监理全面负责。总监理工程师要对工程项目的安全监理负责，并根据工程项目特点，明确监理人员的安全监理职责。

(2) 完善监理单位安全生产管理制度。在健全审查核验制度、检查验收制度和督促整改制度基础上，完善工地例会制度及资料归档制度。定期召开工地例会，针对薄弱环节，提出整改意见，并督促落实；指定专人负责监理内业资料的整理、分类及立卷归档。

(3) 建立监理人员安全生产教育培训制度。监理单位的总监理工程师和安全监理人员需经安全生产教育培训后方可上岗，其教育培训情况记入个人继续教育档案。

附件 8.1

建设工程安全生产管理条例

（2003 年 11 月 12 日国务院第 28 次常务会议通过，2003 年 11 月 24 日中华人民共和国国务院令第 393 号公布，自 2004 年 2 月 1 日起施行）

第一章　总　　则

第一条　为了加强建设工程安全生产监督管理，保障人民群众生命和财产安全，根据《中华人民共和国建筑法》、《中华人民共和国安全生产法》，制定本条例。

第二条　在中华人民共和国境内从事建设工程的新建、扩建、改建和拆除等有关活动及实施对建设工程安全生产的监督管理，必须遵守本条例。

本条例所称建设工程，是指土木工程、建筑工程、线路管道和设备安装工程及装修工程。

第三条　建设工程安全生产管理，坚持安全第一、预防为主的方针。

第四条　建设单位、勘察单位、设计单位、施工单位、工程监理单位及其他与建设工程安全生产有关的单位，必须遵守安全生产法律、法规的规定，保证建设工程安全生产，依法承担建设工程安全生产责任。

第五条　国家鼓励建设工程安全生产的科学技术研究和先进技术的推广应用，推进建设工程安全生产的科学管理。

第二章　建设单位的安全责任

第六条　建设单位应当向施工单位提供施工现场及毗邻区域内供水、排水、供电、供气、供热、通信、广播电视等地下管线资料，气象和水文观测资料，相邻建筑物和构筑物、地下工程的有关资料，并保证资料的真实、准确、完整。

建设单位因建设工程需要，向有关部门或者单位查询前款规定的资料时，有关部门或者单位应当及时提供。

第七条 建设单位不得对勘察、设计、施工、工程监理等单位提出不符合建设工程安全生产法律、法规和强制性标准规定的要求，不得压缩合同约定的工期。

第八条 建设单位在编制工程概算时，应当确定建设工程安全作业环境及安全施工措施所需费用。

第九条 建设单位不得明示或者暗示施工单位购买、租赁、使用不符合安全施工要求的安全防护用具、机械设备、施工机具及配件、消防设施和器材。

第十条 建设单位在申请领取施工许可证时，应当提供建设工程有关安全施工措施的资料。

依法批准开工报告的建设工程，建设单位应当自开工报告批准之日起 15 日内，将保证安全施工的措施报送建设工程所在地的县级以上地方人民政府建设行政主管部门或者其他有关部门备案。

第十一条 建设单位应当将拆除工程发包给具有相应资质等级的施工单位。

建设单位应当在拆除工程施工 15 日前，将下列资料报送建设工程所在地的县级以上地方人民政府建设行政主管部门或者其他有关部门备案：

（一）施工单位资质等级证明；

（二）拟拆除建筑物、构筑物及可能危及毗邻建筑的说明；

（三）拆除施工组织方案；

（四）堆放、清除废弃物的措施。

实施爆破作业的，应当遵守国家有关民用爆炸物品管理的规定。

第三章 勘察、设计、工程监理及其他有关单位的安全责任

第十二条 勘察单位应当按照法律、法规和工程建设强制性标准进行勘察，提供的勘察文件应当真实、准确，满足建设工程安全生产的需要。

勘察单位在勘察作业时，应当严格执行操作规程，采取措施保证各类管线、设施和周边建筑物、构筑物的安全。

第十三条　设计单位应当按照法律、法规和工程建设强制性标准进行设计，防止因设计不合理导致生产安全事故的发生。

设计单位应当考虑施工安全操作和防护的需要，对涉及施工安全的重点部位和环节在设计文件中注明，并对防范生产安全事故提出指导意见。

采用新结构、新材料、新工艺的建设工程和特殊结构的建设工程，设计单位应当在设计中提出保障施工作业人员安全和预防生产安全事故的措施建议。

设计单位和注册建筑师等注册执业人员应当对其设计负责。

第十四条　工程监理单位应当审查施工组织设计中的安全技术措施或者专项施工方案是否符合工程建设强制性标准。

工程监理单位在实施监理过程中，发现存在安全事故隐患的，应当要求施工单位整改；情况严重的，应当要求施工单位暂时停止施工，并及时报告建设单位。施工单位拒不整改或者不停止施工的，工程监理单位应当及时向有关主管部门报告。

工程监理单位和监理工程师应当按照法律、法规和工程建设强制性标准实施监理，并对建设工程安全生产承担监理责任。

第十五条　为建设工程提供机械设备和配件的单位，应当按照安全施工的要求配备齐全有效的保险、限位等安全设施和装置。

第十六条　出租的机械设备和施工机具及配件，应当具有生产（制造）许可证、产品合格证。

出租单位应当对出租的机械设备和施工机具及配件的安全性能进行检测，在签订租赁协议时，应当出具检测合格证明。

禁止出租检测不合格的机械设备和施工机具及配件。

第十七条　在施工现场安装、拆卸施工起重机械和整体提升脚手架、模板等自升式架设设施，必须由具有相应资质的单位承担。

安装、拆卸施工起重机械和整体提升脚手架、模板等自升式架设设施，应当编制拆装方案、制定安全施工措施，并由专业技术人员现场监督。

施工起重机械和整体提升脚手架、模板等自升式架设设施安装完毕后，安装单位应当自检，出具自检合格证明，并向施工单位进行安全使用说明，办理验收手续并签字。

第十八条 施工起重机械和整体提升脚手架、模板等自升式架设设施的使用达到国家规定的检验检测期限的，必须经具有专业资质的检验检测机构检测。经检测不合格的，不得继续使用。

第十九条 检验检测机构对检测合格的施工起重机械和整体提升脚手架、模板等自升式架设设施，应当出具安全合格证明文件，并对检测结果负责。

第四章 施工单位的安全责任

第二十条 施工单位从事建设工程的新建、扩建、改建和拆除等活动，应当具备国家规定的注册资本、专业技术人员、技术装备和安全生产等条件，依法取得相应等级的资质证书，并在其资质等级许可的范围内承揽工程。

第二十一条 施工单位主要负责人依法对本单位的安全生产工作全面负责。施工单位应当建立健全安全生产责任制度和安全生产教育培训制度，制定安全生产规章制度和操作规程，保证本单位安全生产条件所需资金的投入，对所承担的建设工程进行定期和专项安全检查，并做好安全检查记录。

施工单位的项目负责人应当由取得相应执业资格的人员担任，对建设工程项目的安全施工负责，落实安全生产责任制度、安全生产规章制度和操作规程，确保安全生产费用的有效使用，并根据工程的特点组织制定安全施工措施，消除安全事故隐患，及时、如实报告生产安全事故。

第二十二条　施工单位对列入建设工程概算的安全作业环境及安全施工措施所需费用，应当用于施工安全防护用具及设施的采购和更新、安全施工措施的落实、安全生产条件的改善，不得挪作他用。

第二十三条　施工单位应当设立安全生产管理机构，配备专职安全生产管理人员。

专职安全生产管理人员负责对安全生产进行现场监督检查。发现安全事故隐患，应当及时向项目负责人和安全生产管理机构报告；对违章指挥、违章操作的，应当立即制止。

专职安全生产管理人员的配备办法由国务院建设行政主管部门会同国务院其他有关部门制定。

第二十四条　建设工程实行施工总承包的，由总承包单位对施工现场的安全生产负总责。

总承包单位应当自行完成建设工程主体结构的施工。

总承包单位依法将建设工程分包给其他单位的，分包合同中应当明确各自的安全生产方面的权利、义务。总承包单位和分包单位对分包工程的安全生产承担连带责任。

分包单位应当服从总承包单位的安全生产管理，分包单位不服从管理导致生产安全事故的，由分包单位承担主要责任。

第二十五条　垂直运输机械作业人员、安装拆卸工、爆破作业人员、起重信号工、登高架设作业人员等特种作业人员，必须按照国家有关规定经过专门的安全作业培训，并取得特种作业操作资格证书后，方可上岗作业。

第二十六条　施工单位应当在施工组织设计中编制安全技术措施和施工现场临时用电方案，对下列达到一定规模的危险性较大的分部分项工程编制专项施工方案，并附具安全验算结果，经施工单位技术负责人、总监理工程师签字后实施，由专职安全生产管理人员进行现场监督：

（一）基坑支护与降水工程；

（二）土方开挖工程；

（三）模板工程；

（四）起重吊装工程；

（五）脚手架工程；

（六）拆除、爆破工程；

（七）国务院建设行政主管部门或者其他有关部门规定的其他危险性较大的工程。

对前款所列工程中涉及深基坑、地下暗挖工程、高大模板工程的专项施工方案，施工单位还应当组织专家进行论证、审查。

本条第一款规定的达到一定规模的危险性较大工程的标准，由国务院建设行政主管部门会同国务院其他有关部门制定。

第二十七条 建设工程施工前，施工单位负责项目管理的技术人员应当对有关安全施工的技术要求向施工作业班组、作业人员作出详细说明，并由双方签字确认。

第二十八条 施工单位应当在施工现场入口处、施工起重机械、临时用电设施、脚手架、出入通道口、楼梯口、电梯井口、孔洞口、桥梁口、隧道口、基坑边沿、爆破物及有害危险气体和液体存放处等危险部位，设置明显的安全警示标志。安全警示标志必须符合国家标准。

施工单位应当根据不同施工阶段和周围环境及季节、气候的变化，在施工现场采取相应的安全施工措施。施工现场暂时停止施工的，施工单位应当做好现场防护，所需费用由责任方承担，或者按照合同约定执行。

第二十九条 施工单位应当将施工现场的办公、生活区与作业区分开设置，并保持安全距离；办公、生活区的选址应当符合安全性要求。职工的膳食、饮水、休息场所等应当符合卫生标准。施工单位不得在尚未竣工的建筑物内设置员工集体宿舍。

施工现场临时搭建的建筑物应当符合安全使用要求。施工现场使用的装配式活动房屋应当具有产品合格证。

第三十条 施工单位对因建设工程施工可能造成损害的毗邻建筑物、构筑物和地下管线等，应当采取专项防护措施。

施工单位应当遵守有关环境保护法律、法规的规定，在施工现场采取措施，防止或者减少粉尘、废气、废水、固体废物、噪声、振动和施工照明对人和环境的危害和污染。

在城市市区内的建设工程，施工单位应当对施工现场实行封闭围挡。

第三十一条 施工单位应当在施工现场建立消防安全责任制度，确定消防安全责任人，制定用火、用电、使用易燃易爆材料等各项消防安全管理制度和操作规程，设置消防通道、消防水源，配备消防设施和灭火器材，并在施工现场入口处设置明显标志。

第三十二条 施工单位应当向作业人员提供安全防护用具和安全防护服装，并书面告知危险岗位的操作规程和违章操作的危害。

作业人员有权对施工现场的作业条件、作业程序和作业方式中存在的安全问题提出批评、检举和控告，有权拒绝违章指挥和强令冒险作业。

在施工中发生危及人身安全的紧急情况时，作业人员有权立即停止作业或者在采取必要的应急措施后撤离危险区域。

第三十三条 作业人员应当遵守安全施工的强制性标准、规章制度和操作规程，正确使用安全防护用具、机械设备等。

第三十四条 施工单位采购、租赁的安全防护用具、机械设备、施工机具及配件，应当具有生产（制造）许可证、产品合格证，并在进入施工现场前进行查验。

施工现场的安全防护用具、机械设备、施工机具及配件必须由专人管理，定期进行检查、维修和保养，建立相应的资料档案，并按照国家有关规定及时报废。

第三十五条 施工单位在使用施工起重机械和整体提升脚手架、模板等自升式架设设施前，应当组织有关单位进行验收，也可以委托具有相应资质的检验检测机构进行验收；使用承租的机械设备和施工机具及配件的，由施工总承包单位、分包单位、出租单位和安装单位共同进行验收。验收合格的方可使用。

《特种设备安全监察条例》规定的施工起重机械,在验收前应当经有相应资质的检验检测机构监督检验合格。

施工单位应当自施工起重机械和整体提升脚手架、模板等自升式架设设施验收合格之日起 30 日内,向建设行政主管部门或者其他有关部门登记。登记标志应当置于或者附着于该设备的显著位置。

第三十六条 施工单位的主要负责人、项目负责人、专职安全生产管理人员应当经建设行政主管部门或者其他有关部门考核合格后方可任职。

施工单位应当对管理人员和作业人员每年至少进行一次安全生产教育培训,其教育培训情况记入个人工作档案。安全生产教育培训考核不合格的人员,不得上岗。

第三十七条 作业人员进入新的岗位或者新的施工现场前,应当接受安全生产教育培训。未经教育培训或者教育培训考核不合格的人员,不得上岗作业。

施工单位在采用新技术、新工艺、新设备、新材料时,应当对作业人员进行相应的安全生产教育培训。

第三十八条 施工单位应当为施工现场从事危险作业的人员办理意外伤害保险。

意外伤害保险费由施工单位支付。实行施工总承包的,由总承包单位支付意外伤害保险费。意外伤害保险期限自建设工程开工之日起至竣工验收合格止。

第五章 监 督 管 理

第三十九条 国务院负责安全生产监督管理的部门依照《中华人民共和国安全生产法》的规定,对全国建设工程安全生产工作实施综合监督管理。

县级以上地方人民政府负责安全生产监督管理的部门依照《中华人民共和国安全生产法》的规定,对本行政区域内建设工程安全生产工作实施综合监督管理。

第四十条 国务院建设行政主管部门对全国的建设工程安全生产实施监督管理。国务院铁路、交通、水利等有关部门按照国务院规定的职责分工，负责有关专业建设工程安全生产的监督管理。

县级以上地方人民政府建设行政主管部门对本行政区域内的建设工程安全生产实施监督管理。县级以上地方人民政府交通、水利等有关部门在各自的职责范围内，负责本行政区域内的专业建设工程安全生产的监督管理。

第四十一条 建设行政主管部门和其他有关部门应当将本条例第十条、第十一条规定的有关资料的主要内容抄送同级负责安全生产监督管理的部门。

第四十二条 建设行政主管部门在审核发放施工许可证时，应当对建设工程是否有安全施工措施进行审查，对没有安全施工措施的，不得颁发施工许可证。

建设行政主管部门或者其他有关部门对建设工程是否有安全施工措施进行审查时，不得收取费用。

第四十三条 县级以上人民政府负有建设工程安全生产监督管理职责的部门在各自的职责范围内履行安全监督检查职责时，有权采取下列措施：

（一）要求被检查单位提供有关建设工程安全生产的文件和资料；

（二）进入被检查单位施工现场进行检查；

（三）纠正施工中违反安全生产要求的行为；

（四）对检查中发现的安全事故隐患，责令立即排除；重大安全事故隐患排除前或者排除过程中无法保证安全的，责令从危险区域内撤出作业人员或者暂时停止施工。

第四十四条 建设行政主管部门或者其他有关部门可以将施工现场的监督检查委托给建设工程安全监督机构具体实施。

第四十五条 国家对严重危及施工安全的工艺、设备、材料实行淘汰制度。具体目录由国务院建设行政主管部门会同国务院其他有关部门制定并公布。

第四十六条   县级以上人民政府建设行政主管部门和其他有关部门应当及时受理对建设工程生产安全事故及安全事故隐患的检举、控告和投诉。

第六章   生产安全事故的应急救援和调查处理

第四十七条   县级以上地方人民政府建设行政主管部门应当根据本级人民政府的要求,制定本行政区域内建设工程特大生产安全事故应急救援预案。

第四十八条   施工单位应当制定本单位生产安全事故应急救援预案,建立应急救援组织或者配备应急救援人员,配备必要的应急救援器材、设备,并定期组织演练。

第四十九条   施工单位应当根据建设工程施工的特点、范围,对施工现场易发生重大事故的部位、环节进行监控,制定施工现场生产安全事故应急救援预案。实行施工总承包的,由总承包单位统一组织编制建设工程生产安全事故应急救援预案,工程总承包单位和分包单位按照应急救援预案,各自建立应急救援组织或者配备应急救援人员,配备救援器材、设备,并定期组织演练。

第五十条   施工单位发生生产安全事故,应当按照国家有关伤亡事故报告和调查处理的规定,及时、如实地向负责安全生产监督管理的部门、建设行政主管部门或者其他有关部门报告;特种设备发生事故的,还应当同时向特种设备安全监督管理部门报告。接到报告的部门应当按照国家有关规定,如实上报。

实行施工总承包的建设工程,由总承包单位负责上报事故。

第五十一条   发生生产安全事故后,施工单位应当采取措施防止事故扩大,保护事故现场。需要移动现场物品时,应当做出标记和书面记录,妥善保管有关证物。

第五十二条   建设工程生产安全事故的调查、对事故责任单位和责任人的处罚与处理，按照有关法律、法规的规定执行。

第七章　法　律　责　任

第五十三条　违反本条例的规定，县级以上人民政府建设行政主管部门或者其他有关行政管理部门的工作人员，有下列行为之一的，给予降级或者撤职的行政处分；构成犯罪的，依照刑法有关规定追究刑事责任：

（一）对不具备安全生产条件的施工单位颁发资质证书的；

（二）对没有安全施工措施的建设工程颁发施工许可证的；

（三）发现违法行为不予查处的；

（四）不依法履行监督管理职责的其他行为。

第五十四条　违反本条例的规定，建设单位未提供建设工程安全生产作业环境及安全施工措施所需费用的，责令限期改正；逾期未改正的，责令该建设工程停止施工。

建设单位未将保证安全施工的措施或者拆除工程的有关资料报送有关部门备案的，责令限期改正，给予警告。

第五十五条　违反本条例的规定，建设单位有下列行为之一的，责令限期改正，处 20 万元以上 50 万元以下的罚款；造成重大安全事故，构成犯罪的，对直接责任人员，依照刑法有关规定追究刑事责任；造成损失的，依法承担赔偿责任：

（一）对勘察、设计、施工、工程监理等单位提出不符合安全生产法律、法规和强制性标准规定的要求的；

（二）要求施工单位压缩合同约定的工期的；

（三）将拆除工程发包给不具有相应资质等级的施工单位的。

第五十六条　违反本条例的规定，勘察单位、设计单位有下列行为之一的，责令限期改正，处 10 万元以上 30 万元以下的罚款；情节严重的，责令停业整顿，降低资质等级，直至吊销资质证书；造成重大安全事故，构成犯罪的，对直接责任人员，依照刑法有关规定追究刑事责任；造成损失的，依法承担赔偿责任：

（一）未按照法律、法规和工程建设强制性标准进行勘察、设计的；

（二）采用新结构、新材料、新工艺的建设工程和特殊结构的建设工程，设计单位未在设计中提出保障施工作业人员安全和预防生产安全事故的措施建议的。

第五十七条　违反本条例的规定，工程监理单位有下列行为之一的，责令限期改正；逾期未改正的，责令停业整顿，并处10万元以上30万元以下的罚款；情节严重的，降低资质等级，直至吊销资质证书；造成重大安全事故，构成犯罪的，对直接责任人员，依照刑法有关规定追究刑事责任；造成损失的，依法承担赔偿责任：

（一）未对施工组织设计中的安全技术措施或者专项施工方案进行审查的；

（二）发现安全事故隐患未及时要求施工单位整改或者暂时停止施工的；

（三）施工单位拒不整改或者不停止施工，未及时向有关主管部门报告的；

（四）未依照法律、法规和工程建设强制性标准实施监理的。

第五十八条　注册执业人员未执行法律、法规和工程建设强制性标准的，责令停止执业3个月以上1年以下；情节严重的，吊销执业资格证书，5年内不予注册；造成重大安全事故，终身不予注册；构成犯罪的，依照刑法有关规定追究刑事责任。

第五十九条　违反本条例的规定，为建设工程提供机械设备和配件的单位，未按照安全施工的要求配备齐全有效的保险、限位等安全设施和装置的，责令限期改正，处合同价款1倍以上3倍以下的罚款；造成损失的，依法承担赔偿责任。

第六十条　违反本条例的规定，出租单位出租未经安全性能检测或者经检测不合格的机械设备和施工机具及配件的，责令停业整顿，并处5万元以上10万元以下的罚款；造成损失的，依法承担赔偿责任。

第六十一条　违反本条例的规定，施工起重机械和整体提升脚手架、模板等自升式架设设施安装、拆卸单位有下列行为之一的，责令限期改正，处 5 万元以上 10 万元以下的罚款；情节严重的，责令停业整顿，降低资质等级，直至吊销资质证书；造成损失的，依法承担赔偿责任：

（一）未编制拆装方案、制定安全施工措施的；

（二）未由专业技术人员现场监督的；

（三）未出具自检合格证明或者出具虚假证明的；

（四）未向施工单位进行安全使用说明，办理移交手续的。

施工起重机械和整体提升脚手架、模板等自升式架设设施安装、拆卸单位有前款规定的第（一）项、第（三）项行为，经有关部门或者单位职工提出后，对事故隐患仍不采取措施，因而发生重大伤亡事故或者造成其他严重后果，构成犯罪的，对直接责任人员，依照刑法有关规定追究刑事责任。

第六十二条　违反本条例的规定，施工单位有下列行为之一的，责令限期改正；逾期未改正的，责令停业整顿，依照《中华人民共和国安全生产法》的有关规定处以罚款；造成重大安全事故，构成犯罪的，对直接责任人员，依照刑法有关规定追究刑事责任：

（一）未设立安全生产管理机构、配备专职安全生产管理人员或者分部分项工程施工时无专职安全生产管理人员现场监督的；

（二）施工单位的主要负责人、项目负责人、专职安全生产管理人员、作业人员或者特种作业人员，未经安全教育培训或者经考核不合格即从事相关工作的；

（三）未在施工现场的危险部位设置明显的安全警示标志，或者未按照国家有关规定在施工现场设置消防通道、消防水源、配备消防设施和灭火器材的；

（四）未向作业人员提供安全防护用具和安全防护服装的；

（五）未按照规定在施工起重机械和整体提升脚手架、模板等自升式架设设施验收合格后登记的；

（六）使用国家明令淘汰、禁止使用的危及施工安全的工艺、设备、材料的。

第六十三条　违反本条例的规定，施工单位挪用列入建设工程概算的安全生产作业环境及安全施工措施所需费用的，责令限期改正，处挪用费用 20％以上 50％以下的罚款；造成损失的，依法承担赔偿责任。

第六十四条　违反本条例的规定，施工单位有下列行为之一的，责令限期改正；逾期未改正的，责令停业整顿，并处 5 万元以上 10 万元以下的罚款；造成重大安全事故，构成犯罪的，对直接责任人员，依照刑法有关规定追究刑事责任：

（一）施工前未对有关安全施工的技术要求作出详细说明的；

（二）未根据不同施工阶段和周围环境及季节、气候的变化，在施工现场采取相应的安全施工措施，或者在城市市区内的建设工程的施工现场未实行封闭围挡的；

（三）在尚未竣工的建筑物内设置员工集体宿舍的；

（四）施工现场临时搭建的建筑物不符合安全使用要求的；

（五）未对因建设工程施工可能造成损害的毗邻建筑物、构筑物和地下管线等采取专项防护措施的。

施工单位有前款规定第（四）项、第（五）项行为，造成损失的，依法承担赔偿责任。

第六十五条　违反本条例的规定，施工单位有下列行为之一的，责令限期改正；逾期未改正的，责令停业整顿，并处 10 万元以上 30 万元以下的罚款；情节严重的，降低资质等级，直至吊销资质证书；造成重大安全事故，构成犯罪的，对直接责任人员，依照刑法有关规定追究刑事责任；造成损失的，依法承担赔偿责任：

（一）安全防护用具、机械设备、施工机具及配件在进入施工现场前未经查验或者查验不合格即投入使用的；

（二）使用未经验收或者验收不合格的施工起重机械和整体提升脚手架、模板等自升式架设设施的；

（三）委托不具有相应资质的单位承担施工现场安装、拆卸施工起重机械和整体提升脚手架、模板等自升式架设设施的；

（四）在施工组织设计中未编制安全技术措施、施工现场临时用电方案或者专项施工方案的。

第六十六条 违反本条例的规定，施工单位的主要负责人、项目负责人未履行安全生产管理职责的，责令限期改正；逾期未改正的，责令施工单位停业整顿；造成重大安全事故、重大伤亡事故或者其他严重后果，构成犯罪的，依照刑法有关规定追究刑事责任。

作业人员不服管理、违反规章制度和操作规程冒险作业造成重大伤亡事故或者其他严重后果，构成犯罪的，依照刑法有关规定追究刑事责任。

施工单位的主要负责人、项目负责人有前款违法行为，尚不够刑事处罚的，处 2 万元以上 20 万元以下的罚款或者按照管理权限给予撤职处分；自刑罚执行完毕或者受处分之日起，5 年内不得担任任何施工单位的主要负责人、项目负责人。

第六十七条 施工单位取得资质证书后，降低安全生产条件的，责令限期改正；经整改仍未达到与其资质等级相适应的安全生产条件的，责令停业整顿，降低其资质等级直至吊销资质证书。

第六十八条 本条例规定的行政处罚，由建设行政主管部门或者其他有关部门依照法定职权决定。

违反消防安全管理规定的行为，由公安消防机构依法处罚。

有关法律、行政法规对建设工程安全生产违法行为的行政处罚决定机关另有规定的，从其规定。

第八章 附 则

第六十九条 抢险救灾和农民自建低层住宅的安全生产管理，不适用本条例。

第七十条 军事建设工程的安全生产管理，按照中央军事委员会的有关规定执行。

第七十一条 本条例自 2004 年 2 月 1 日起施行。

主要参考文献

[1] 中国建设监理协会. 建设工程监理相关法规文件汇编. 北京：知识产权出版社，2005.

[2] 欧震修，欧谦编著. 创建鲁班奖（优质奖）工程施工监理指南. 北京：中国建筑工业出版社，2013.

[3] 新版建筑工程施工质量验收规范汇编. 北京：中国建筑工业出版社，2002.

[4] 江苏省建设厅. 监理人员培训教程. 南京：南京大学出版社，2005.

[5] 中华人民共和国国家标准. GB/T 50319—2013 建设工程监理规范. 北京：中国建筑工业出版社，2013.

[6] 中华人民共和国国家标准. GB 50300—2001（含 2011 征求意见稿）建筑工程施工质量验收统一标准. 北京：中国建筑工业出版社，2001.

[7] 工程建设标准强制性条文房屋建筑部分. 北京：中国建筑工业出版社，2002.

[8] 中华人民共和国国家标准. GB/T 50328—2001 建设工程文件归档整理规范. 北京：中国建筑工业出版社，2002.

[9] 《建筑安装工程费用项目组成》建标［2013］44 号文住房和城乡建设部.

[10] 中华人民共和国国家标准. GB 50500—2013 建设工程工程量清单计价规范. 北京：中国建筑工业出版社，2013.

[11] 中华人民共和国国家标准. GB 50854—2013 房屋建筑与装饰工程工程量计量规范. 北京：中国建筑工业出版社，2013.